哥特式风格

建筑　雕塑　绘画

哥特式风格
建筑　雕塑　绘画

[德] 罗尔夫·托曼　主编

中铁二院工程集团有限责任公司　译

阿希姆·贝德诺尔茨　摄影

丛书翻译：朱　颖　许佑顶　秦小林　魏永幸　金旭伟　王锡根　苏玲梅　张　桓　张红英　刘彦琳　祝　捷　白　雪
毛晓兵　林尧璋　孙德秀　俞继涛　徐德彪　欧　眉　殷　峻　刘新南　王彦宇　张兴艳　张　露　刘　娴
周泽刚　毛　灵　彭　莹　周　毅　秦小延　胡仕贲　周　宇　王朝阳　王　平　蔡涤泉

华中科技大学出版社
http://www.hustp.com
中国·武汉

图书在版编目（CIP）数据

哥特式风格：建筑、雕塑、绘画 /（德）罗尔夫·托曼 (Rolf Toman) 主编；中铁二院工程集团有限责任公司译 .
— 武汉：华中科技大学出版社，2020.8
ISBN 978-7-5680-6184-1

Ⅰ .①哥… Ⅱ .①罗… ②中… Ⅲ .①哥特式建筑 - 建筑艺术 Ⅳ .① TU-098.2

中国版本图书馆 CIP 数据核字〔2020〕第 108910 号

Gothic:
© for this Chinese edition: Huazhong University of Science and Technology Press Co., Ltd., 2017(or 2018).
© Original edition: h.f.ullmann publishing GmbH
Original title: Gothic, ISBN 978-3-8480-0402-7
Editing and design: Rolf Toman, Birgit Beyer, Barbara Borngässer
Photography: Achim Bednorz
Diagrams: Pablo de la Riestra
Picture research: Barbara Linz, Silvia Mayer
Cover design: Carol Stoffel
Printed in China

本书简体中文版由德国 h.f.ullmann publishing GmbH 出版公司通过北京天潞诚图书有限公司授权华中科技大学出版社有限责任公司在中华人民共和国境内独家出版、发行。
湖北省版权局著作权合同登记号　图字：17-2020-124 号

哥特式风格：建筑、雕塑、绘画
GETESHI FENGGE: JIANZHU、DIAOSU、HUIHUA

[德] 罗尔夫·托曼　主编
中铁二院工程集团有限责任公司　译

出版发行：华中科技大学出版社（中国·武汉）　　　　　　　　电话：（027）81321913
　　　　　武汉市东湖新技术开发区华工科技园　　　　　　　　邮编：430223
出 版 人：阮海洪

责任编辑：陈　骏　周怡露
责任校对：周怡露
责任监印：朱　玢
印　　刷：深圳市雅佳图印刷有限公司
开　　本：889mm×1194mm　1/16
印　　张：32.25
字　　数：1167 千字
版　　次：2020 年 8 月第 1 版第 1 次印刷
定　　价：598.00 元

目录

布尔日圣艾蒂安大教堂
始建于 12 世纪晚期
回廊

罗尔夫·托曼

绪论

在距离沙特尔（Chartres）30km 开外的地方，也就是说还要走上好几个钟头的位置，人们便会明白为什么这座城市单凭城中雄伟壮观的天主教堂及其两座尖塔就闻名遐迩。沙特尔圣母院大教堂是这座城市的标志性建筑（右图）。正是由于这座大教堂，沙特尔在整个中世纪得以繁荣兴旺。如今，沙特尔在经历与教堂共风雨、共兴衰之后，依然保留着昔日风采。在这里，房屋围着教堂簇拥而立，街道以教堂为中心辐射延伸；人们把目光从田间、牧场和村庄转向了这座大教堂……在这座教堂长达几个世纪的修建和发展的过程中，无论是住在简陋小屋的农民，还是住在城堡的达官贵人，他们都过着同样的教堂生活，有着同样的体会……每个人都无一例外地参与到共同的教堂生活中来。

"如果意识不到在外面，或近或远，也有属于自己的财富，人在夜晚就免不了因贫困而感到绝望。"这一句话摘自意大利作家埃利奥·维托里尼（Elio Vittorini）的《公开日记》（Open Diary）。作家表达了这样一个愿望：人们普遍渴望一个理想的世界，一个完整而又含蓄的世界。同样，19 世纪的浪漫主义作家维克多·雨果（Victor Hugo）、弗朗索瓦·雷内·夏多布里昂（François René Chateaubriand）、弗里德里希·施莱格尔（Friedrich Schlegel）、卡尔·弗里德里希·辛克尔（Karl Friedrich Schinkel）、约翰·拉斯金（John Ruskin）等看到哥特式教堂时也被深深打动，他们洞察到了哥特式教堂宽阔、高大的空间所蕴含的灵性与超脱，直到今天人们对此仍有同感。20 世纪著名的哥特式建筑学者汉斯·扬岑（Hans Jantzen）显然就是一个极好的例子，他至今仍秉承部分浪漫主义传统。他认为，哥特式建筑的显著特点是用"丧失了重量和直冲云霄的无形东西""半透明结构"和"象征无限空间的空间"使周围自然环境中实实在在的物质消失于无形。哥特式建筑的主题一直是超验的。

哥特式大教堂对于汉斯·泽德尔迈尔（Hans Sedlmayr）同样十分重要。这位学者曾于第二次世界大战后立即发表了其著名的作品《大教堂的出现》（The Emergence of the Cathedral，1950 年）。泽德尔迈尔将代表欧洲艺术最高水平的教堂视作复杂而多层面的作品，试图用大教堂的闪亮光芒一扫时代的阴霾。正如扬岑已发现的半透明墙壁结构，泽德尔迈尔同样将他的目光向上投向穹顶，确定了他所谓的哥特式大教堂华盖由细长的立柱支撑的穹顶系统。但除了结构分析和形而上的

解释外，泽德尔迈尔还增加了一项内容——时间与哲学。他所撰写的大教堂著作与其极端保守的文艺批判著作——《危机中的艺术：遗失的中心》（Art in Crisis: The Lost Center，1957 年，德语原版发表于 1948 年）——在这方面是一脉相承的。书中所表现的种族观念和思想基础含糊不清。

在德国，关于哥特式风格的保守文艺批判与过于崇拜之间的关系密切。哥特式风格以这种方式融入思想意识，与人们长期相信哥特式风格（而非罗马式风格）才是真正的日耳曼风格这一想法密切相关。在这一错误基础上进行的最终分析中，我们发现哥特式概念在意大利文艺复兴的艺术理论中被冒用了。舒茨和米勒认为："意大利文艺复兴的艺术理论认为，就本质而言，中世纪艺术总体上属于日耳曼风格或哥特式风格。意大利的新文艺复兴艺术也最终从中世纪艺术解放出来。一直到 1800 年左右，哥特式与日耳曼画上了等号，成为欧洲文化的传统，一种几乎无人质疑的文化传统。由此，德国产生了对哥特式作品的全国性热潮，人们认为透过这些作品可以看到先辈们最伟大的成就……但后来，刚刚出现的一门学科——艺术史——迅速确认了哥特式，尤其是哥特式大教堂，其实是德国当时的'劲敌'法国的原创成果。这一令人痛苦的'确认'导致人们对德国中世纪的评价发生了变化。"

这一错觉源于民族优越性思想，即使是某些艺术史学家也无法避免这种错误。对哥特式的起源这一错误认识是何等根深蒂固，着实令人吃惊，值得我们铭记心头。对于此类观点，甚至在泽德尔迈尔的教堂著作中也可体会到，只不过这本书比德国纳粹出版物的观点更委婉一些，措辞似乎更文明一点罢了。

泽德尔迈尔对哥特式大教堂本源的研究总结，告诉我们：就大教堂的整个结构而言，北日耳曼（北欧）元素提供了结构部件，好似骨架；所谓的哥特式（西欧）元素提供了"诗意"；地中海（欧洲南部）元素提供了全面而人性化的元素……从历史上讲，这些元素并非在大教堂修建时同时出现，而是以一定顺序出现……地中海元素从一开始就发挥了作用，但它最初与其他元素叠加在一起，看似作用不大。到1180年后，地中海元素才活跃起来，进而确立了大教堂的古典主义阶段。但自1250年开始，它又受到了坚决压制。因此，古典大教堂成功地融合了最优秀的特点。就艺术而言，它创造了"法国性"；而就这种充分的融合而言，它代表了最高意义的欧洲性。今天，这种从生物、民族和种族角度开展的研究，或者为了解释"大教堂的实质"所做的人类心理研究，正如威廉·沃林格（Wilhelm Worringer）对其的命名和做法一样，已被看作是过时的做法。

我们理解中世纪艺术和生活的主要障碍在于，我们很难让自己置身于当时人们的思想和情感世界中，而理解上的决定性障碍是中世纪基督教。中世纪基督教涵盖了生活的方方面面，完全决定了那个时期人们的思想和情感。就这一方面而言，今天的我们比浪漫主义时代的人更远离中世纪生活。泽德尔迈尔在其1976年再版的关于天主教堂书籍的编后语中提到了这一障碍。他认为"必须以中世纪人的眼光来审视大教堂"这一做法完全没必要，因为这必然是一个抽象的概念。相反，泽德尔迈尔建议从建造者、圣丹尼斯男修道院院长叙热（Abbot Suger of St.Denis）及建筑师的角度来审视大教堂，这才是一项明确的工作，由此我们才可能找到方法完成这项工作。即使我们不能完全苟同泽德尔迈尔的乐观看法，但我们在此还是采用了这一方法，我们可以开始把注意力转向哥特式的起源和叙热所发挥的核心作用。至少对于这一点，艺术史学家们的看法是一致的。

圣丹尼斯男修道院院长叙热与哥特式起源

哥特式风格起源于法国，即于1140年左右诞生在法兰西（Francia）。当时，法兰西的疆土包括从贡比涅（Compiègne）到布尔日的区域，并以皇城巴黎为中心。相比今日的法国，当时的疆土简直微不足道，但这里却迅速相继建造了许多最宏伟的新哥特式大教堂。那时的法兰西国王，尽管声望不小，但是仍然势单力薄。他的政治和经济权力比不上诺曼底公爵（即同时期的英格兰国王），也赶不上西南和东部邻国公爵和香槟省（Champagne）的伯爵。

然而，法兰西国王因在加冕礼上涂抹了圣油，不同于其他封建主，他被赋予了神性，从而拥有较高威望。

而这一切的幕后功臣是12世纪法兰西的领军人物之一圣丹尼斯的叙热（1081—1151年）。叙热虽然出身卑微，却是路易六世的发小，他们一起在圣丹斯修道院接受修道士教育。之后，他是路易六世（1108—1137年）和路易七世（1137—1180年）的亲信，为两任君主出谋划策，并担任外交官。路易七世及其皇后于1147—1149年参与第二次十字军东征（Second Crusade）时，国王任命叙热为摄政王，而叙热亦不负重托，表现十分出色。叙热的传记作者修道士威廉姆斯（Willelmus）记录道：从那时起，叙热就被称为"国父"。叙热将加强法兰西的君主制度作为自己的终生事业。法兰西国王的世俗权力受限很大，所以，他明白提高君主的精神威望至关重要，这正是叙热的奋斗目标。

1122年叙热在就任圣丹尼斯男修道院院长时，他一边开展其他的工作，一边坚持不懈地追求自己的梦想，即翻修长期无人使用的教堂，借此恢复修道院原先的声望（见上图）。这座教堂也是梅罗文加王朝（Merovingian）的皇家安葬之所，在卡洛林王朝（Carolingians）时期曾享有盛名，是法国最重要的教堂之一。

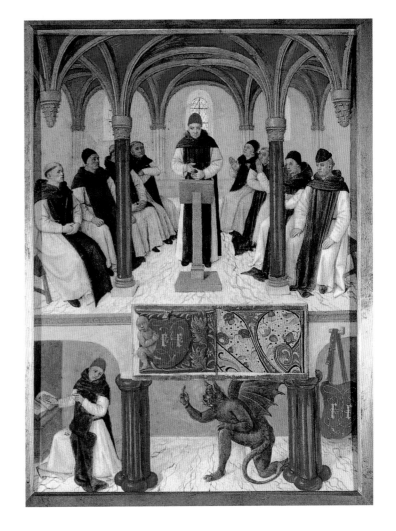

也就是在这个历史重镇,院长叙热因为对修道院所做的贡献(1137—1144 年)而成为教堂建筑新空间秩序的开创人。他和他的建筑师们在采用其他革新措施的同时,首次将勃垦第(Burgundian)的建筑元素(尖券)和诺曼底的建筑元素(肋架拱顶)紧密结合在一起。因此,他实际上成为哥特式的创始人。

此举在艺术史上意义重大,所以哥特不是诞生在政治真空中的,它是宗教、美学和政治动机的产物。关于这一点,将在本书的第一部分"法国及其邻国哥特式建筑的起源"中进行详细的介绍。布鲁诺·克莱因(Bruno Klein)列举了使叙热及其建筑师能够创造新教堂建筑的社会、文化、经济和技术条件。这种新教堂建筑是一种"心灵之光建筑"(architecture of light),它将朝拜者的目光从物质提升到非物质。不久后,富有革新精神的建筑师能够拓展叙热的宗教建筑新理念,从而建造出伟大的哥特式大教堂。

1180—1270 年哥特式风格鼎盛时期结束,其间仅法国就建造了约 80 座大教堂,这仅仅是指城市主教建筑,并未包括众多其他形式的教堂,比如修道院、牧师会和教区教堂。正是在这些教堂建筑中,我们找到了新哥特式建筑特有的表现形式。大教堂首先出现在法兰西国王领地(以巴黎为中心的皇室领地),随后出现在更多其他地区,它是威望与权力的有力展示。12 世纪晚期到 13 世纪,教堂的扩大与法兰西君主的扩张政策齐头并进。实际上,某些史学家认为哥特式大教堂的修建是欧洲中世纪法兰西地位上升的重要因素之一。法兰西的地位上升总的来说发生于国王菲利普 - 奥古斯特(Philippe-Auguste,菲利普二世,1180—1223 年)在位期间,又在路易九世(圣·路易斯,1226—1270 年)统治时期得以进一步巩固。从 13 世纪 20 年代起,欧洲的其他国家(英国早在 1170 年前后)开始吸纳法兰西风格,大都因为该风格代表了最新的建筑技术,但这不是唯一原因。至此,哥特建筑成为一种欧洲风格。

叙热和圣·贝尔纳(St. Bernard)

史学家埃尔温·帕诺夫斯基(Erwin Panofsky)曾撰写《哥特式建筑与经院哲学——关于中世纪艺术、哲学、宗教之间对应关系的讨论》,对中世纪艺术、哲学和宗教之间的关系进行了深入研究。他对圣丹尼斯的叙热进行了简单的介绍。在其大部分作品中,埃尔温·帕诺夫斯基都是以思想文化史作为艺术史的基础,这便是他解读叙热的方法。

在埃尔温·帕诺夫斯基的著作中,他把叙热生动地描绘成一个富有个性的人:一位强烈的爱国者,一位高尚的修道院院长;虽有点夸耀和喜欢讲排场,但处理实际事务时是完全务实的,而且个人习惯良好;勤劳、友善、性格温和、见多识广、自负、诙谐幽默、活力四射。叙热非常会享受生活,尤其对美好事物的闪光点与奇妙之处十分敏感。

叙热对漂亮物件非常喜爱,这一点明显有别于同时代另一位主要人物——克莱韦尔的圣·贝尔纳(St. Bernard of Clairvaux,1090—1153 年)。这位伟大的西多会(Cistercian)院长是 12 世纪最雄辩的辩论家和最有权势、最有影响力的修道士(上图)。他认为修道士的生活就是恪守信条的生活,而在个人舒适、饮食和睡眠等物质条件方面,人应当竭力克己。他有满腔的传教热情,斗志昂扬地投身于修行和礼拜活动。而在他看来,各种宗教态度要么不够严格,要么疏于对基本教条的重视。圣·贝尔纳还极其强烈地反对神学异教。然而,院长叙热虽赞同戒律和节制,但他也坚决反对屈从与禁欲,即"苦行僧式的美德"。然而,他无法漠视圣·贝尔纳的观点,因为圣·贝尔纳对罗马教皇有巨大影响。当然,圣·贝尔纳肯定不会放过一段时期,那一段时期在圣丹尼斯修道院发生了与法兰西君主密切相关的事与愿违的事情:"没有怀疑或伪装,他们将属于恺撒(Caesar)的归还恺撒,却没有同样自觉地将属于上帝的归还给上帝。"

无可否认，在 1127 年，即叙热担任院长的第六年，圣·贝尔纳曾恭祝这位更世俗的同行成功改革圣丹尼斯修道院。然而，正如埃尔温·帕诺夫斯基所评论的，这次"改革"绝非削弱修道院在政治上的重要性，而是赋予其独立性和威望，并使之繁荣，从而有助于叙热加强修道院与皇室的传统联系，并使关系正常化。圣·贝尔纳通常对那些不符合他苛刻标准的修道院表现得很不屑一顾，是什么使他对圣丹尼斯修道院的情况表现出更多的宽容呢？圣·贝尔纳通常对那些与他意见相左的人态度强硬，又是什么让他对待院长叙热那么心慈手软呢？埃尔温·帕诺夫斯基推断这两位潜在对手在利益上彼此心照不宣，意识到他们彼此为敌可能造成两败俱伤——一位是皇室的参谋，一位是罗马教廷的导师以及欧洲最伟大的精神力量，因此他们决定成为朋友。

院长叙热与圣·贝尔纳之间的对立，从圣丹尼斯修道院的修缮特点也可见一斑。院长叙热喜欢宗教画和各种教堂装饰，钟爱金子、珐琅和宝石，实际上他喜欢各种花里胡哨的东西，尤其对彩色玻璃窗情有独钟。圣·贝尔纳则相反，他谴责这种装饰。这倒不是因为他不接受这种装饰的魅力，而是因为他认为这类东西会扰乱人们虔诚的思想，而使人们无法专心祈祷和冥想。12 世纪和 13 世纪西多会修道院和教堂在欧洲遍地开花，这意味着建造者不得不遵循圣·贝尔纳朴拙美学的许多条条框框（见第 11 页图）。尽管如此，日益壮大的西多会对哥特式风格在整个欧洲传播起了重要的作用。因为西多会接受哥特式建筑的技术进步，且西多会本身一贯具有创新精神，例如，为修建于偏远山沟的西多会修道院开发了水利工程技术。

彼得·阿伯拉尔（Peter Abelard）

为了反驳中世纪的人缺乏鲜明个性这一观点，我们现在可以通过纵观整个中世纪文化，简略地审视另一位与院长叙热同时期的人物。这个人与圣·贝尔纳同样有矛盾，实际上他们俩发生过直接冲突，他就是彼得·阿伯拉尔（Peter Abelard，1079—1142 年）。

约瑟夫·皮珀（Josef Pieper）的著作《经院哲学》（Scholasticism）生动地介绍了中世纪哲学。在该著作中，他向我们简单介绍了这位学者的情况："彼得·阿伯拉尔在著名的洛色林（Roscelin）哲学学院上学的时候，他还只是一个小男孩。20 岁时，他就只身前往巴黎，只用两三年就完成了学业，之后，他自己创办了巴黎郊区的第一家哲学学院。29 岁时，他的学校从郊区迁往巴黎市区，并在今天的大学校园落成，这标志着这所学校的成功建办。1115 年，他成为圣母院（Notre Dame）教堂学校的院长，那年他 35 岁。不久后，他认识了埃洛伊兹（Héloïse）。阿伯拉尔曾在自传《我的苦难史》（Story of My Adversities）中讲述他如何出于情欲而非爱情，开始引诱他的一个女学生。但当埃洛伊兹怀有他的孩子后，他们便秘密结婚了。"结果，埃洛伊兹的监护人对阿伯拉尔进行了残酷的报复，将他痛打之后再将其阉割。这位著名而自信的教授被迫沦落到去修道院避难的地步，圣丹尼斯修道院接纳了他。然而，这个著名的爱情故事并未就此结束。埃洛伊兹后来也住进了女修道院，但我们从他们往来的书信中了解到，这一对恋人在余生中一直保持着深厚的精神友谊。

通过阿伯拉尔，我们了解了一类新型学者、专业思想家或知识分子的早期代表。在 12 世纪，他公开支持城镇的复兴，最初担任过学校校长，后来到了 13 世纪，担任过大学教授。意大利学者乔尼瓦·桑廷（Giovanni Santini）在其对摩德纳大学（University of Modena，建于 12 世纪末，意大利最早的大学之一）早期历史的研究中曾写道："作为社会新成员的'知识分子'的诞生，预示着城市劳动力的分化。同样，大学机构的兴起预示着公共文化圈的形成。在公共文化圈，出现了这些新型'知识性大教堂'，它们不断繁荣发展，公共文化圈相互之间能够自由地开展辩论。"

巴黎是活跃的哲学和神学辩论中心，阿伯拉尔对其发展起到了决定性的作用。在这里，中世纪的学者找到了机会磨砺自己的思想。那时学者们辩论的主题之一就是中世纪哲学。在关于宇宙的长期辩论中，阿伯拉尔是那个时代最重要的代言人。他凭借专著《是与否》（Sic et non）跻身经院哲学的创始人之一，并与约翰·斯克特斯·埃里杰纳（John Scotus Erigena）、坎特伯雷（Canterbury）的兰弗朗克（Lanfranc）和安塞尔姆（Anselm）齐名。中世纪哲学和神学阐释的主要形式——经院哲学，通过冗长的论证和反证阐释得出若干结论，最后由阿伯拉尔定夺。因此，阿伯拉尔是鼎盛经院哲学晚期"思想性大教堂"的奠基人之一。与叙热一样，阿伯拉尔通过重建其教堂成为哥特式教堂修建的发起人之一。正如我们前文提到的埃尔温·帕诺夫斯基的《哥特式建筑与经院哲学——关于中世纪艺术、哲学、宗教之间对应关系的探讨》，或许我们也应该在此指出，有时这样的比较可能做得实在太草率，往往经不起仔细推敲。

阿伯拉尔的思想具有将逻辑学单独作为哲学学科的显著特点，我们可根据其批判性和反教条主义倾向将其理解为中世纪启蒙运动的早期尝试。

阿伯拉尔的这种思想通常表现为对人的关注多于对神的关注。举例子来说，就道德问题而言，他强调若动机不是邪恶的，则无所谓罪恶。凭良心做事时，我们有可能犯错，但我们并不会因此而被视为有罪，因为我们的行为是善意的。

当时的一个重要话题就是信仰和理性的关系问题。在这个问题上，阿伯拉尔的看法非常先进，认为只有公正的学术看法才需要确定信仰。换句话说，阿伯拉尔是早期城市知识分子的代表，他的信仰与基督教的信仰是一致的，但他的思想更开放，喜欢寻根问底。

信仰对理性的支配

然而，在一些人的眼里，巴黎犹如现代的巴比伦（Babylon），一座骄奢淫逸与文化自豪并存的城市。阿伯拉尔最可畏的对手圣·贝尔纳向巴黎的教师和学生发出呼唤："逃离这座巴比伦，快逃吧，拯救你们的灵魂。所有人都可投奔各个庇护城（即修道院），在那里你们能忏悔过去，过着当下的体面生活，并安心地等待未来。你们会从森林中感悟到比书本更多的东西。树林和岩石教给你们的也会远远多于任何大师的讲授。"

圣·贝尔纳在这里表达了一种与阿伯拉尔完全相反的态度。这位站在基督教前沿的西多会院长采取了一种截然不同的姿态。

如雅克·勒戈夫（Jacques Le Goff）所记载："那个乡下人依然是中世纪最重要的战士，他理解不了城市知识分子。他认为只有一种做法可以对抗异教徒或者没有信仰的人——暴力。作为十字军武力东征的拥护者，他不相信文化远征。当修道院院长彼得尊者（Peter the Venerable，修道院的最后一位杰出院长，死于 1155 年）要求他读一下《古兰经》（Koran）译本，以便书面答复穆罕默德（Mohammed），圣·贝尔纳根本不予理睬……这位宗教领袖过着避世隐居的生活，但随时准备与他认为危险的革新作战。在他生命的最后几年中，他基本统领了信奉基督教的西欧。那时，他向罗马教皇下达命令，赞同军事修士会，梦想创造一支西部骑兵——基督的部队；他是一位超时代的伟大宗教法庭审判官。"

圣·贝尔纳曾用上文引用的话语愤怒地责难"假导师"阿伯拉尔。阿伯拉尔从罗马哲学中感受到了基督精神，所以他将哲学家苏格拉底（Socrates）和柏拉图视为基督教出现之前的基督教徒。圣·贝尔纳对此并不信服："把柏拉图说成基督徒，只能说明你自己就是一个异教徒。"另一方面，阿伯拉尔也随时准备挑战这些卫士，他甚至准备公开抗辩圣·贝尔纳。尽管他对此类抗辩信心十足，而且他自己在聪明才智上比这位伟大的院长也更胜一筹，但由于政治力量上与圣·贝尔纳的悬殊，所以他感到爱莫能助。

11

阿伯拉尔从来就没有机会与圣·贝尔纳对质，否则他就能用自己的武器与之对抗。计划辩论的头一晚，圣·贝尔纳将主教们召集起来，并发给他们一份文件，宣称阿伯拉尔是危险的异教徒。这么一来，这场辩论就变为审讯，让阿伯拉尔不得不证明自己的清白。那时，阿伯拉尔能做的就是对圣·贝尔纳安排的辩论会提出异议，并直接向教皇上诉。结果，主教们对这个被指控为异教徒的人作出了温和的判决，并将该案提交罗马。圣·贝尔纳知道了此事后，插手干预，并强硬地陈述了自己的观点。这场"争辩"以阿伯拉尔被教皇定罪而告终，而他的书籍也在圣彼得教堂被烧毁。之后，阿伯拉尔到克鲁尼寻求庇护，在那里他受到了修道院长彼得尊者的盛情款待。彼德尊者后来帮助阿伯拉尔免于被罗马逐出教会的命运，甚至调和了阿伯拉尔与圣·贝尔纳的关系。阿伯拉尔最后死于索恩河畔夏龙市（Chalons-sur-Saone）的圣马赛尔（St.-Marcel）修道院。

阿伯拉尔与圣·贝尔纳之间的分歧可看作是更广泛冲突的代表。这是理解与信仰、理性与权威、科学与教会之间长期斗争的早期小冲突。这场斗争始于中世纪鼎盛时代，一直到 18 世纪德国哲学家伊曼纽尔·康德（Immanuel Kant，1724—1804 年）将神学从世界知识中分离出来时才停止。阿伯拉尔被颇有影响力的圣·贝尔纳打败了，而最重要的是，这场辩论发生的方式表现了权力的显著失衡，而这种失衡直到近代才开始改变。伽利略（Galileo，1564—1642 年）便是一个例子，他因拥护哥白尼理论而遭受宗教审判，然后被要求公开否认这一理论。这表明思想解放的过程是何等漫长。

13 世纪，大学成为城镇的新兴力量，经院哲学达到了鼎盛，而科学在初期仍缺乏方法和客观性，尚不能从基督教教义中解放出来，向世人揭示一个崭新的世界。雅克·勒戈夫在其著作《中世纪时代的知识分子》（*Intellectuals in the Middle Ages*）中简要描绘了早期大学兴起的情况。他们必须维护自己的权利，起初是与教会力量尤其是与当地主教斗争，后来又是与世俗力量（尤其是皇室）斗争，而那时他们的同盟者是教皇。最后一个阶段便是从教皇统治中赢得意义深远的独立。在中世纪相当长的一段时间里，教会压制自由和独立的思想，从而维系了几个世纪的地位和权力。

解读哥特式教堂的方法

上面简单介绍了哥特式建筑的文化和历史背景。长期以来，对哥特式建筑的研究却很少关注这些内容。

在浪漫主义者采用哥特式风格之后，受维奥莱 - 勒 - 杜勒（Viollet-le-Duc）的《法国 11 世纪至 16 世纪建筑辞典》启发而出现了一系列新的解读。《法国 11 世纪至 16 世纪建筑辞典》从结构和技术的角度（即在 19 世纪钢结构发展背景下应运而生的一种解读方法）考察了哥特式大教堂的发展。实质上，此方法就是从工程师的视角看哥特式建筑。虽然人们并未通过这种方法提炼出与扬岑的"精致墙壁"或泽德尔迈尔的"华盖系统"一样精炼的解读概念，但 20 世纪的几位作家，特别是维克托·萨布雷（Victor Sabouret）和波尔·亚伯拉罕（Pol Abraham），弘扬了这一解读方法。学者奥托·冯·西姆松（Otto von Simson）继承了扬岑和泽德尔迈尔正统的分析解释传统。弗朗茨·库格勒（Franz Kugler）凭借其关于哥特式大教堂的研究著作《艺术史手册》（*Handbook of Art History*）和《建筑史》（*History of Architecture*）开创了这一先河。更重要的是奥托·冯·西姆松还借鉴了埃尔温·帕诺夫斯基从思想史的角度解读哥特式的方式。埃尔温·帕诺夫斯基曾于 1946 年就哥特式建筑与经院哲学的关系发表了演说，他介绍了修道院院长叙热如何看待光在新教堂中所发挥的作用。冯·西姆松则从此话题谈起，着重强调在哥特式大教堂发展方面，光的精神理念所起到的决定性作用。1956 年，他拓展了自己的方法，并发表了《哥特式大教堂：哥特式建筑之起源与中世纪的柱式理念》（*The Gothic Cathedral: Origins of Gothic Architecture and the Medieval Concept of Order*），以此作为对泽德尔迈尔的《大教堂的出现》的回应。此后，人们曾做过许多努力，解释那些透过彩色玻璃窗的光线在大教堂修建中的确切意义，而所有此类解释都源自叙热本人所做的评述。最近的一个例子就是迈克尔·卡米尔（Michael Camille）的《哥特艺术：辉煌的视像》中"神圣之光"（Heavenly Light）章节。

修道院院长叙热曾在两本短篇作品中介绍了修道院教堂的重建。这两本书分别为《圣丹尼斯教堂献祭仪式掠影》（*Libellus de consecratione ecclesiae Sancti Dionysii*）和《斯人有待负责完成的工作》（*De rebus in administratione sua gestis*），写于 1145—1150 年，从此证明他的教堂项目是让上帝满意的工程（见上图）。正是由于以上两个原因，叙热提出了光的特殊重要性，将物质中产生的美（窗户和宝石折射的光辉）提升到精神（上帝之光）层面。叙热谈到了神奇之光（lux mirabilis）与最圣洁的窗户（sacratissimae vitrae）。埃尔温·帕诺夫斯基认为可根据新柏拉图哲学对光的理解来解释叙热的这两部作品和其他论著。很明显，这种方法为奥托·冯·西姆松阐释"光的形而上学"（metaphysics of light）奠定了基础，几位艺术史学家继

承了他的衣钵。但近几年，从奥托·冯·西姆松得出的结论的不足之处来看，他对此问题的看法并没有很强的说服力。

因而，比如京特·宾丁（Günther Binding）在其论文《新哥特风格：合理性与错觉》（*The New Cathedral: Rationality and Illusion*，1995 年）中认真研究了中世纪修建建筑的通常做法：将哥特式建筑理解为对一种超自然力量存在的反映，或更准确地说，哥特式建筑是一种对超自然力量存在的体现。此外，他既不赞同冯·西姆松所认为的叙热力图"将朝拜者引向新的圣地，继而让他们感受到叙热自己从艺术中获得的宗教体验"，也不同意他所声称的"叙热的教堂设计，即哥特风格的创造，源于那种宗教体验"。宾丁认为，上述错误理解的根源在于奥托·冯·西姆松及前辈埃尔温·帕诺夫斯基，二人采纳的论据均属于断章取义，或本身就以一种带偏见甚至是错误的方式来解读这些原始资料。宾丁指出，早在叙热之前，《圣经》所述的建筑物，如诺亚方舟（Noah's Ark）、摩西（Moses）神堂、所罗门（Solomon）神殿、伊齐基尔（Ezekiel）想象的天堂，以及世界末日（Apocalypse）的新耶路撒冷（New Jerusalem），已经具有中世纪资助人的象征价值，他总结说："奥托·冯·西姆松所选择运用的原

始资料不能建立新式大教堂（即圣丹尼斯的哥特式唱诗堂）的'理论'。它们既没有创造也没有建立哥特式大教堂，却被明确地归为学术学科和神学范畴，并采用 12 世纪之前的传统方法加以解读。埃尔温·帕诺夫斯基尝试确定哥特式建筑与经院哲学之间的相似性，也属于这种情况。"

对宾丁而言，大教堂是庆祝神圣主显节和举行常规仪式首选的最佳场所。他认为 1190—1235 年出现的建筑构造的改变有赖于 12 世纪下半叶的经济发展，还依靠经济发展产生的大批熟练工人。然而，宾丁并未将自己的思路局限于经济和技术条件，因为他用了这样一句话作为总结：新教堂的哥特元素是建筑、想象、理性和神学巧妙而和谐的融合。

哥特式建筑出现的社会和经济背景

法国历史学家乔治·达比（Georges Duby）在其著作《大教堂时代》（*The Age of the Cathedrals*）中 "上帝即光"（God is Light）章节，将叙热的建筑视为修道院院长的 "应用神学的里程碑"。他认为叙热所创造的新建筑是一支赞美上帝之子的圣歌。他在书中提出了一套全面解读哥特式大教堂的方法。而该书实质上是一部关于艺术创作的历史社会学著作，旨在将大教堂明确限定在特殊的社会和思想大环境中加以讨论。我们看到 12 世纪的城镇已发展成艺术中心，而哥特文化就是在那里得以生根发芽的。哥特式大教堂是这种新兴城市文化最高的成就之一，而 13 世纪的大学则是城市文化最重要的机构。

乔治·达比正是在城市复兴的大背景下审视大教堂的艺术："在整个 12 世纪和 13 世纪中，城镇不仅规模扩大了，而且更富有生机，同时城市边缘的街区也沿着道路向外扩张。它们是吸引财富的天然磁石。经历了长时间无人问津的状态后，那些城市成为阿尔卑斯北部的中心，拥有最先进的文化。然而，城市的所有活力都来自周围的乡村，而且只是暂时的。当时，多数庄园主决定从他们的住处迁往城市，因而他们的土地所生产的产品也随之涌向城市。在那些城市中，最活跃的商品是小麦、红酒和羊毛制品。因此，尽管大教堂艺术是城市艺术，但仍旧依赖于附近的农村向前发展，正是土地开垦者、蔓藤植物的种植者、沟渠的挖掘工、堤防的建造者等无数先驱的努力和农业的兴旺共同成就了大教堂艺术。"（右图）

乔治·达比提醒我们新式大教堂诞生于 "人的神圣理想仍旧是修道理想，而且未来亦是如此" 的社会，圣·贝尔纳的强烈个性和西多会的势力便是有力证明。在许多方面，西多会仍代表基于土地

所有制的旧农村修会。除西多会以外，13 世纪头三十几年里还出现了两个托钵修会（the mendicant orders）——方济各会（Franciscans）和多明我会（Dominicans）。

托钵修会作为新型修会出现，完全不同于修道院的老群体，或大教堂和神学院的圣堂参事会。其成员必然履行他们发誓遵循的生活准则，而不是某种特殊的修道生活。这种新修会不仅要求每位修道士发誓安贫守道一生，而且要求他们在修道生活中不得拥有任何物质财富。该修会的（男）成员将他们的时间都花在工作、学习和精神援助上，同时以乞讨施舍物为生。作为托钵修会和劝诫修会，方济各会和多明我会集中在城市。13 世纪，托钵修会的各大教堂简朴至极，通常是厅堂式教堂，并以哥特式为主要风格。这些没有侧堂的教堂旨在拥有尽可

意大利托斯卡纳区圣吉米尼亚诺（San Gimignano）
不同人家的塔楼
建于归尔甫派（Guelph）与吉柏林派（Ghibelline）冲突时期
约1300年

安德烈亚·达菲伦泽（Andrea da Firenze）
《多明我会寓言》（*Allegory of the Dominican Order*），1366—1368年
讲道场景局部
佛罗伦萨圣母玛利亚教堂
西班牙人礼拜堂（Cappella degli Spagnuoli）

能多的会众，因为训诫是托钵僧行使其天职的一个重要部分。这些教会对中世纪城市的发展有着重要的影响。此外，这些托钵修会在与众多异教宗派斗争中也发挥着重要作用。

对于正统基督教，最大的危险来自在法国南部迅速扩张的卡塔尔派（Cathars）。在卡塔尔教徒聚居的朗格多克（Languedoc），圣·贝尔纳企图说服这些异教徒改变他们的信仰，然而他的这一想法完全落空了。之后，他在西多会的协助下多次尝试通过武力改变他们的信仰。而多明我会传教士则首先努力采用劝说而非武力手段（上图）。用乔治·达比的话说，方济各会和多明我会"懂得如何让最大范围的大众倾听他们的布道"。他们就敏感的话题用日常的通俗语言进行讲解，而避免使用抽象的概念，同时利用引人注目的图画帮助人们理解。讲经时，他们根据其所听众的社会地位，掺杂了各式各样的轶事奇闻。在第一部圣迹剧的表演后，他们与传道总会联合，开始运用戏剧增加感召力。尽管艺术至此已成为一种祈祷和表达敬意的形式，以颂扬神之

意大利托斯卡纳区圣吉米尼亚诺（San Gimignano）
不同人家的塔楼
建于归尔甫派（Guelph）与吉柏林派（Ghibelline）冲突时期
约1300年

荣光，但急于说服世人并使其皈依的托钵修会将艺术用作彻底感化芸芸众生的一种手段。

方济各会和多明我会这两派为了用最有效的方式传教而经常争论不休，最终在哲学和神学的争辩中以及为提高在教会内部的影响力的斗争过程中相互利用，并且二者在绘画发展和哲学与神学教学方面起到了革新作用。中世纪一些伟大的哲学家就来自这两派，如多明我会的阿尔贝图斯·马格努斯（Albertus Magnus）、托马斯·阿奎那（Thomas Aquinas）和方济各会的圣·波拿文都拉（Bonaventura）、邓斯·斯科特斯（Duns Scotus）。但由于多明我会的发展与罗马教会密切相关，因而他们赞同用圣战捍卫基督教正统，他们不回避使用武力。作为"实施审判"的宗教法庭的主要代理人，他们应对中世纪教会历史上最黑暗的一个时期负责。

有关哥特式艺术和建筑的最新法语和德语著作有如下：阿兰·埃尔兰德-布兰登堡（Alain Erlande-Brandenburg）的《哥特式艺术》（*Gothic Art*，1983年）、迪特尔·坎佩尔（Dieter Kimpel）和罗伯特·萨克卡尔（Robert Suckale）的《法国的哥特式建筑：1130—1270年》（*Gothic Architecture in France，1130—1270*）（1985年）、维利巴尔德·绍尔兰特尔（Willibald Sauerländer）的《大教堂的世纪：1140—1260年》（*The Century of the Great Cathedrals，1140—1260*）（1990年）、阿兰·埃尔兰德-布兰登堡《哥特的胜利：1260—1380年》（*Triumph of Gothic，1260—1380*）（1988年）、阿尔贝·沙特莱（Albert Châtelet）和罗兰·雷希特（Roland Recht）《中世纪之末：1380—1500年》（*The End of the Middle Ages，1380—1500*）（1988年）以及上

15

文提到过的京特·宾丁和迈克尔·卡米尔的著作，等等。当然，所有上述著作均以针对形式分析、思想史、肖像学及经济和社会史的大量研究为基础，这正是他们比过去的研究者强的地方。然而，鉴于专业性研究数量与日俱增，新的研究越来越难以对本书所述的哥特式艺术和建筑重新进行总结。

对于上述著作，我们简要介绍其中一本关于哥特式建筑社会和经济方面的作品——坎佩尔和萨克卡尔的《法国的哥特式建筑：1130—1270 年》，这本书堪称是有关法国早期和哥特式建筑鼎盛时期的经典之作。两位作者的论点是：哥特式发源地以及在 1200 年之前受哥特式影响之处完全位于法国皇室统治的疆域。直到 1270 年，法兰西的共济会才成为真正的变革中心。他们写道："哥特式风格及与之相适应的社会制度具有动态特征。"因而指出，他们认为政治和经济因素在哥特式的兴起和发展进程中起到了同等重要的作用。在院长叙热记述他的修建工作的流水账式作品中，前 25 章正是采用的这一典型解读方法，其中提到了至今仍被大多数艺术史学家忽视的建筑项目的若干历史和经济因素。

坎佩尔和萨克卡尔采用的方法具有多面性，在他们的第一章中明确体现出了这一点。其中，他们将亚眠（Amiens）大教堂作为研究哥特式大教堂的引子。除了关于建筑史和形式与功能的详细说明以外，他们试图重现建筑的原始风貌，考察建筑工程的早期情况，并探讨建筑资助人及建筑功能等情况。

为此，他们分析了主教（首先倡导新建筑的人）、教堂的牧师会、民众（公民）和国王（其他建造者）之间错综复杂的关系，并考虑他们各自在新建大教堂中起到的作用。简言之，他们将政治和建筑工程看作是主教、牧师会、民众和国主共同利益推动的结果，即"压制封建贵族的专制"。展现在我们面前的是一种典型的合作，也是这种合作决定了那个时代和那个时代的建筑。对当时的建造者、石匠、工具和场所等的进一步详细研究加深了我们的印象，两位作者实际上是在说明大教堂修建时的社会和经济因素。虽然我们不能否认他们具有思想意识上的局限性，但 20 世纪 80 年代初期确有必要强调中世纪建筑的因素。与此同时，他们也关注形式、美学和肖像学等因素。对于人们长期争议不休的问题：修建大教堂时，建筑技术和思想哪个更重要，两位作者采取了中立的态度。"我们想公开承认没有技术创新和建筑创新就没有哥特式的出现，但我们决不认为哥特式建筑仅仅是工程技术的雏形。只有从美学、建筑、政治、宗教、经济和思潮的辩证关系来看，才能完全理解哥特式。"这种方法也是本书所采用的方法。

本章并未讨论任何"辨证学"，并且所采用的视角与坎佩尔和萨克卡尔的相反，并再次义无反顾地转向形式比较分析。这正反映了艺术史上的风格变化。

哥特式与文艺复兴

"13 世纪的哥特式大教堂与 12 世纪的罗马式建筑在许多方面大不相同：尖拱取代圆拱，扶壁取代土墙，空间分明的薄墙取代设有窗户的厚墙，网眼窗格取代梯级式或壁龛式表面。最重要的是哥特式建筑创造了统一的空间，而非仅仅按照当时的惯常做法增加空间单元。"京特·宾丁详细描述了这些特征，并在此基础上增加了更多的元素，以上元素共同构成了中世纪石工的全部内容，其中包括建筑外观突破性元素，比如三角墙、小尖塔、尖顶和卷叶饰。（凡属于哥特式大教堂元素的术语，读者可参见第 18—27 页。凡在 18—27 页未做解释的术语，可参见附录"术语表"。）

对哥特式大教堂与其他带有哥特式特点的教堂 [比如，具有部分哥特风格特征的西多会修道院、托钵修会教堂和普瓦图（Poitou）的哥特风格厅堂式教堂] 的关系问题，泽德尔迈尔已做出说明："与哥特式大教堂相比，这些'哥特式'的确吸纳了个别的哥特式特征元素：尖拱、拱顶形状、集柱、玫瑰花窗及唱诗堂里辐射状小教堂，但上述特征元素在其新环境中每次都被赋予了新的意义……因此，这里的'哥特式'不是指产生哥特式大教堂的哥特式，而是指产生'哥特式'的大教堂。"

讨论完哥特式起源之后，我们将简单介绍哥特式建筑与文艺复兴时期建筑的关系，从而加以归纳总结。因为哥特式出现于中世纪末，而文艺复兴出现在近代之初，难怪对这两段时期的分水岭，人们没有确切的时间划分。人们争论的焦点一直都是文艺复兴的概念，因为根据文艺复兴的具体概念得出的过渡时间站不住脚。新时代的界限曾经似乎长期与 1500 年左右的伟大发现时代联系在一起。在此之后，经过不断深入研究具体细节，历史和文学研究领域最终爆发了一场温和的"中世纪研究家反叛"，直指两个时代的分离。通常视为具有文艺复兴特点的许多东西，在中世纪晚期已经出现，而同样地，一些中世纪现象也可能出现在近代……

因而，诺伯特·努斯鲍姆（Norbert Nussbaum）在 1994 年曾说过：今天我们明白近代的开端并不是以 1500 年左右作为分水岭，而是经历了一个从 1300—1600 年逐步过渡的过程。

艺术史还可以提供令人信服的理由反对将中世纪与文艺复兴之间

的界限划得太清。从哥特式的诞生到其作为一种风格风靡整个欧洲，跨越了一个世纪，这是一个渐进的过程，这也为确定中世纪末的时间提供了依据。现在被看作是文艺复兴的特征在中世纪晚期艺术中随处可见，有时它们是孤立出现的，在一些地方出现较早，在另一些地方却出现较晚。德国的文艺复兴艺术发展得特别晚，它的出现也不像在意大利那样轰动。在德国，中世纪的哥特式艺术一直延续至 16 世纪。同样，尽管人们普遍认为乔托（Giotto）是文艺复兴发展历程中的重量级人物，但就其建筑作品的空间深度而言，他算不上文艺复兴艺术家。此外，尽管让·范艾克（Jan van Eyck）的画作富有新意，但他也不能做到作品中不带一点儿中世纪的痕迹。因此，荷兰历史学家约翰·赫伊津哈（Johan Huizinga）在其文化历史巨著《中世纪的衰落》（*The Waning of the Middle Ages*，1919 年）中，对将中世纪晚期中表现出新颖的任何艺术都草率地归为"文艺复兴"提出质疑。

赫伊津哈在《文艺复兴的问题》（*The Problem of the Renaissance*，1920 年）论文中，概述了从瓦萨里（Vasari）、伏尔泰（Voltaire）、米舍莱（Michelet）到伯克哈特（Burckhardt）等哲学家有关文艺复兴思维方式的发展历程，得出结论："中世纪与文艺复兴之间的差异尚缺乏

真凭实据，无法予以明确界定。他认为，作家和学者曾反复以中世纪文化这一模糊概念为依据，并将此当作文艺复兴的一个原始对照背景。文艺复兴这一概念可与个人主义和世俗画等号。他们最终用一个过于宽泛的定义为其画上了句号："中世纪文化现象无一例外地至少有一个方面符合文艺复兴概念。"

通常被视为文艺复兴艺术标志的现实主义就是其中一个方面。14 世纪末和 15 世纪的雕塑与绘画就是现实主义的体现。例如，比利时艺术史学家赫法尔特（Gevaert）在 1905 年指出，佛兰德（Flemish）现实主义是北部文艺复兴的主要特点。最近海因里希·克洛茨（Heinrich Klotz）在《新风格》（*The Style of the New*，1997 年）中再次提出这一观点。克洛茨认为文艺复兴始于勃垦第的第戎（Dijon）："早期文艺复兴的第一件标志性作品为加尔都西会（Carthusian）商莫修道院的雕塑大门。这是克洛斯·斯吕特（Claus Sluter）的作品，作品相当新颖，以致难以相信它诞生在 1390—1400 年间。"本书本卷不仅收录了斯吕特的雕塑大门，还收录了被一些艺术史学家归类为早期文艺复兴的其他作品。同时，本书还收录了让·富凯（Jean Fouquet）、尼古拉·弗罗芒（Nicolas Froment）、让·范艾克和早期荷兰画家到希罗尼穆斯·博斯（Hieronymus Bosch）的画作。这些作品与昂盖朗·卡尔东（Enguerrand Quarton）的画作《圣母加冕》（*Coronation of the Virgin*，见左图）一样，它们被视为哥特式与文艺复兴之间的过渡期作品。

卡尔东所绘的人物比例的特点，反映出他的艺术创作明显属于中世纪。另一方面，就细节而言，例如在画作下方审判场景中的小人物和小镇风景，我们可以从写实表现中感受到一种真正的愉悦。

哥特式建筑中的宗教与世俗元素

巴勃罗·德拉·列斯特拉（Pablo de la Riestra）

长方形厅堂式教堂

长方形厅堂式教堂布局包括一个中堂和两个以上的侧堂，中堂与侧堂由连拱廊连接。中堂高于侧堂，这使其内部能够被高侧窗的光线照亮。若高高的中堂不能以这种方式利用上部窗户采光，则这种教堂就称作假长方形厅堂。哥特式长方形厅堂相当高大，其外部通常有扶壁支撑。哥特式长方形厅堂的侧堂数量可多达六个之多，如安特卫普Antwerp大教堂。

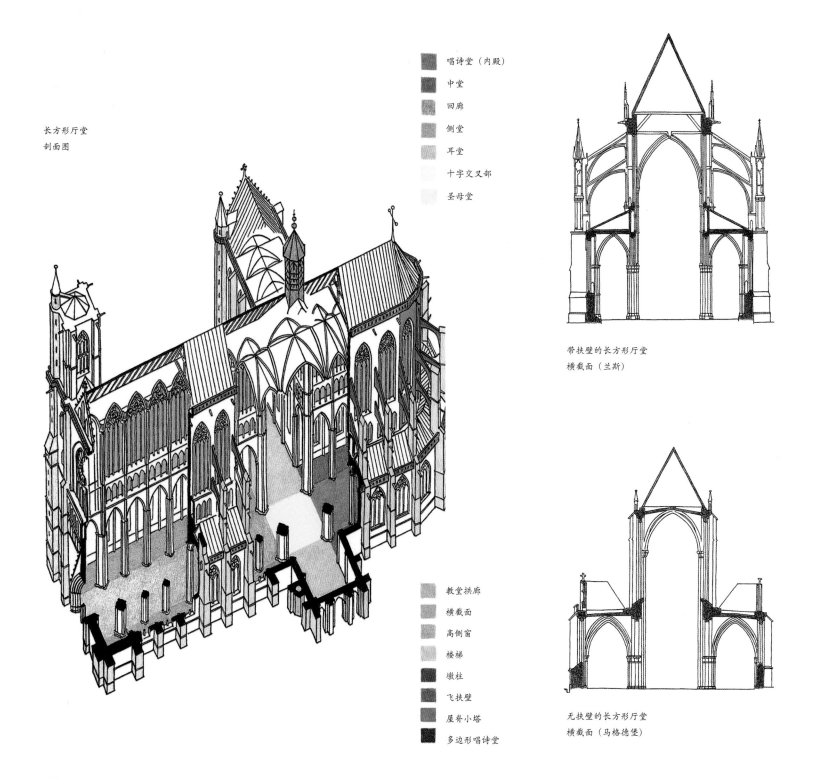

长方形厅堂
剖面图

- 唱诗堂（内殿）
- 中堂
- 回廊
- 侧堂
- 耳堂
- 十字交叉部
- 圣母堂

带扶壁的长方形厅堂
横截面（兰斯）

- 教堂拱廊
- 横截面
- 高侧窗
- 楼梯
- 墩柱
- 飞扶壁
- 屋脊小塔
- 多边形唱诗堂

无扶壁的长方形厅堂
横截面（马格德堡）

中心放射型教堂

与长方形厅堂式教堂沿横轴而建的形式不同，中心放射型教堂以单个点为中心设计。中心放射型教堂呈圆形或多边形（六边形及以上多边形）。那些基于希腊十字样平面图（含四条等长的"臂"）而建的教堂也被看作是中心放射型教堂。

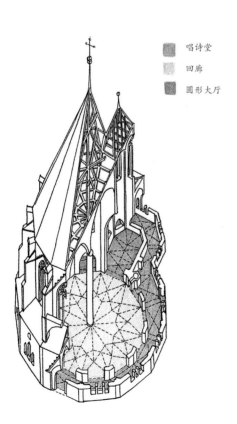

唱诗堂
回廊
圆形大厅

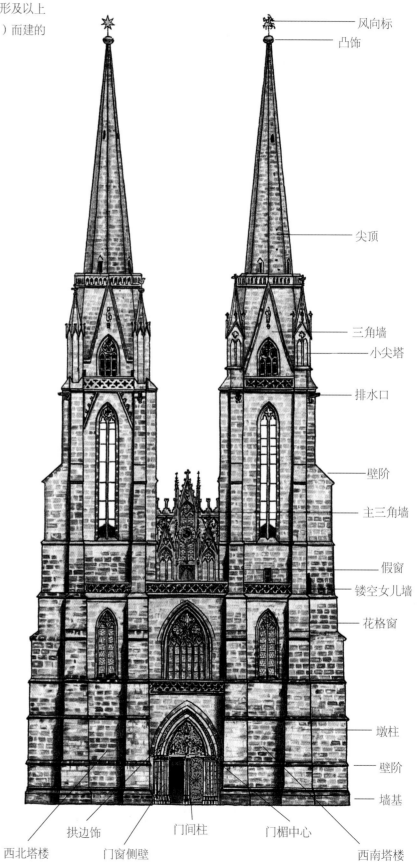

风向标
凸饰
尖顶
三角墙
小尖塔
排水口
壁阶
主三角墙
假窗
镂空女儿墙
花格窗
墩柱
壁阶
墙基
拱边饰
门间柱
门楣中心
西北塔楼
门窗侧壁
西南塔楼

拱顶

拱顶是指石砌或砖砌的曲面天顶或屋顶。在哥特式建筑中，拱肋常用于屋顶脊饰，可用作支承结构的一部分，也可仅用作装饰。就拱顶的形状而言，交叉拱完全不同于网状拱和星形拱顶。

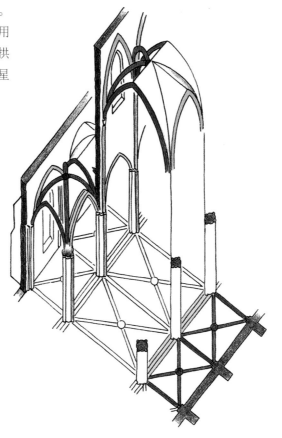

▰	交叉肋或斜肋
▰	横截面
▰	跨间
●	壁联柱
▰	连拱廊或波形拱
▰	拱顶石
▰	横拱券
□	墙拱

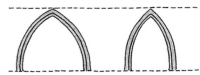

尖拱高度可在各种宽度上保持一致。

1a

2a

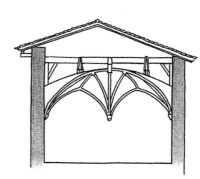

3a

1. 网状拱顶。
   a. 立面；b. 平面。
2. 星形拱顶。
   a. 立面；b. 平面。
3. 木质星形拱顶（阿拉萨特，巴斯克地区）。
   a. 立面；b. 平面。

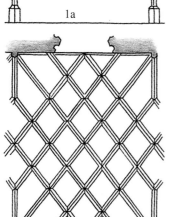

1b

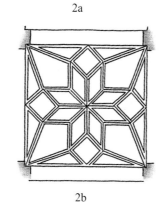

2b

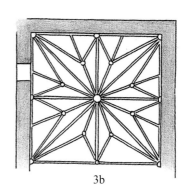

3b

22

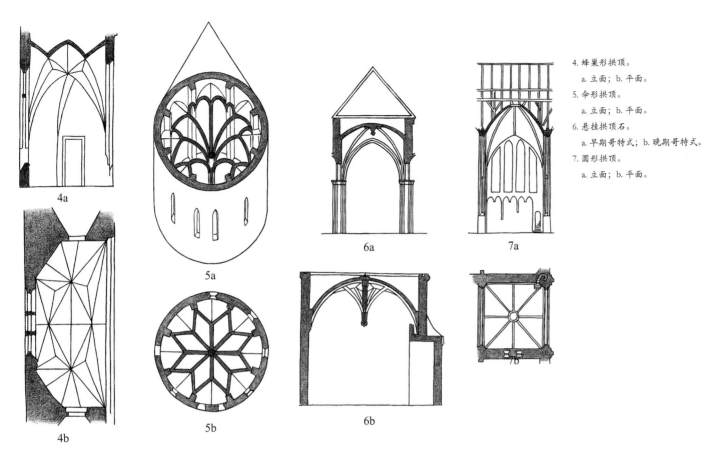

4a

5a

6a

7a

4b

5b

6b

7b

4. 蜂巢形拱顶。
　　a. 立面；b. 平面。
5. 伞形拱顶。
　　a. 立面；b. 平面。
6. 悬挂拱顶石。
　　a. 早期哥特式；b. 晚期哥特式。
7. 圆形拱顶。
　　a. 立面；b. 平面。

花饰窗格

　　花饰窗格是指一种在哥特式建筑窗户中采用细条石拼成各种有趣的几何图案或流线型图案的装饰方法。它最初仅用于分隔大型窗户的冠饰，几经衍变，形式越来越复杂，不仅用于窗户，还用于墙面、三角墙等。花饰窗格的基本样式为卷曲窗格及梭饰。其中，卷曲窗格分为三叶形卷曲窗格、四叶形卷曲窗格和多叶形卷曲窗格；梭饰是带尖头或是尖角的椭圆形，在晚期哥特式建筑中出现。花饰窗格通常由一个冠饰和支撑冠饰的直棂组成。

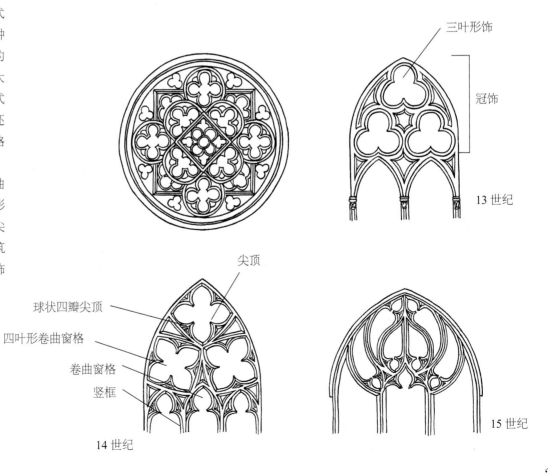

三叶形饰

冠饰

13 世纪

尖顶

球状四瓣尖顶

四叶形卷曲窗格

卷曲窗格

竖框

14 世纪

15 世纪

23

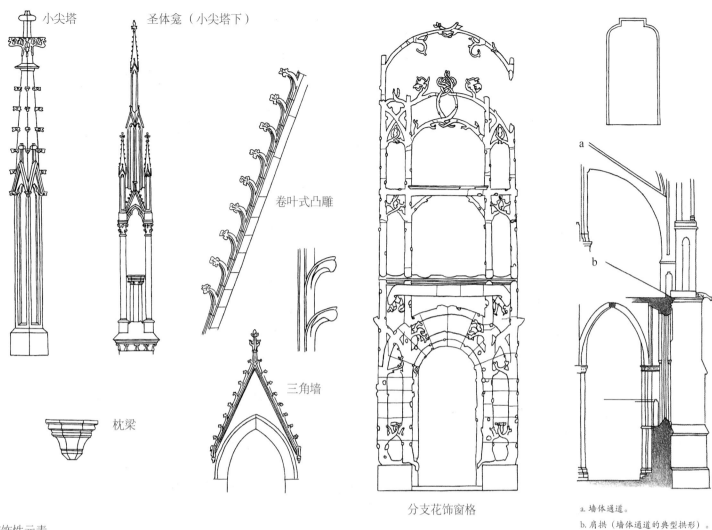

小尖塔　　　　　　圣体龛（小尖塔下）

卷叶式凸雕

三角墙

枕梁

分支花饰窗格

装饰性元素

a. 墙体通道。

b. 肩拱（墙体通道的典型拱形）。

1

2

3

石砌尖顶

图1和图2为雕花格尖顶。

图1为无卷叶式凸雕的半面图。

图3为"乌鸦巢"式尖顶。

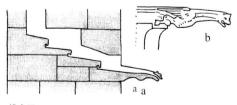

b

a a

排水口

a. 扶壁墩的纵向截面。

b. 滴水嘴。

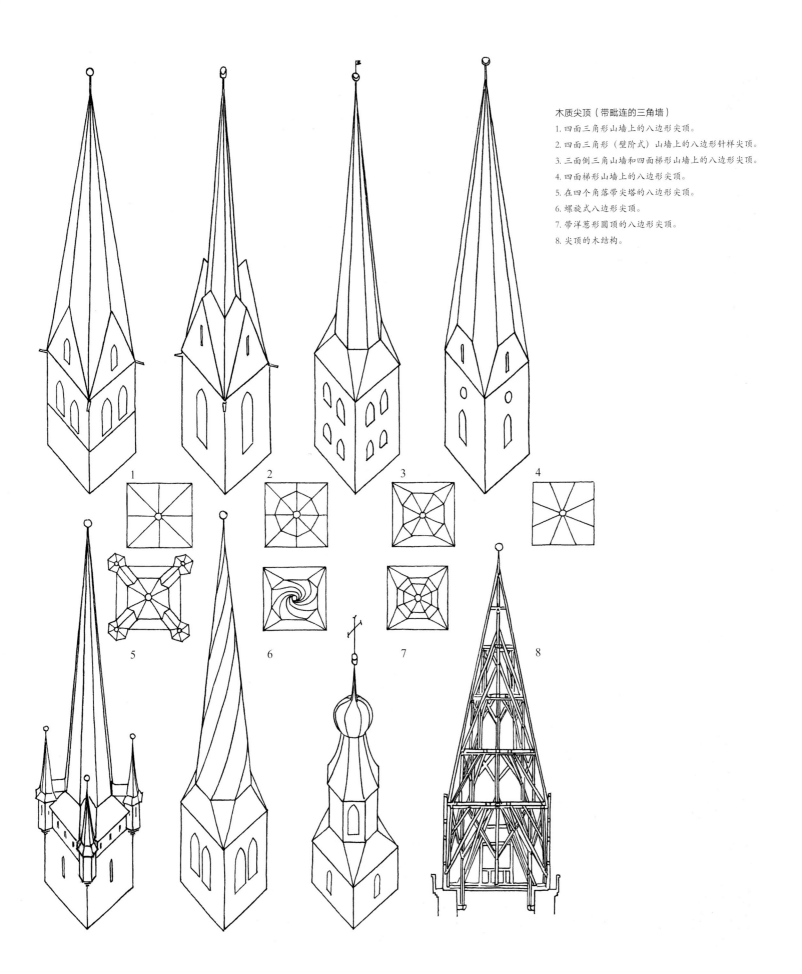

木质尖顶（带毗连的三角墙）

1. 四面三角形山墙上的八边形尖顶。

2. 四面三角形（壁阶式）山墙上的八边形针样尖顶。

3. 三面倒三角山墙和四面梯形山墙上的八边形尖顶。

4. 四面梯形山墙上的八边形尖顶。

5. 在四个角落带尖塔的八边形尖顶。

6. 螺旋式八边形尖顶。

7. 带洋葱形圆顶的八边形尖顶。

8. 尖顶的木结构。

25

圣坛隔屏与唱诗堂隔屏

圣坛隔屏是唱诗堂与中堂之间的隔墙，其目的是在中堂里将唱诗堂的修道士和神职人员与俗人分隔开来。在许多情况下，圣坛隔屏通过前方的连拱廊延伸，从而在内殿前形成一座低矮的"横向建筑物"。在某些情况下，圣坛隔屏之下是圣坛。圣坛隔屏的顶端是为唱诗班建造的平台，其外部通常为镂空女儿墙。

唱诗堂隔屏是分隔唱诗堂与回廊的矮墙。对于多边形的唱诗堂隔屏，偶尔有栏杆穿过，有的甚至采用栏杆建造。

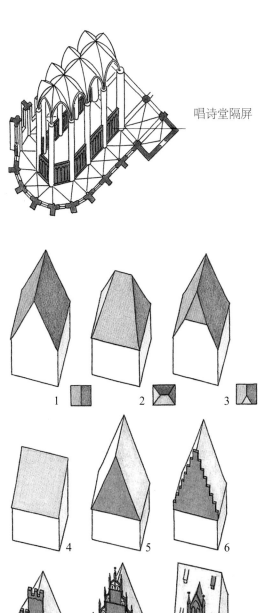

圣坛隔屏

唱诗堂隔屏

立柱形状
1. 角饰立柱。
2. 复合式。
3. 所罗门式。
4. 圆弧形。
5. 八边形。

拱券形状
1. 尖型。
2. 尖型三叶形。
3. 三心拱。
4. 局部。
5. 洋葱形拱。
6. 幕墙。

屋顶和三角墙形状
1. 斜屋顶。
2. 四坡屋顶。
3. 假四坡屋顶。
4. 单斜面屋顶。
5. 三角形山墙。
6. 踏步形山墙。
7. 锯齿形山墙。
8. 尖顶饰阶梯式山墙。
9. 屋顶采光窗。

木架结构

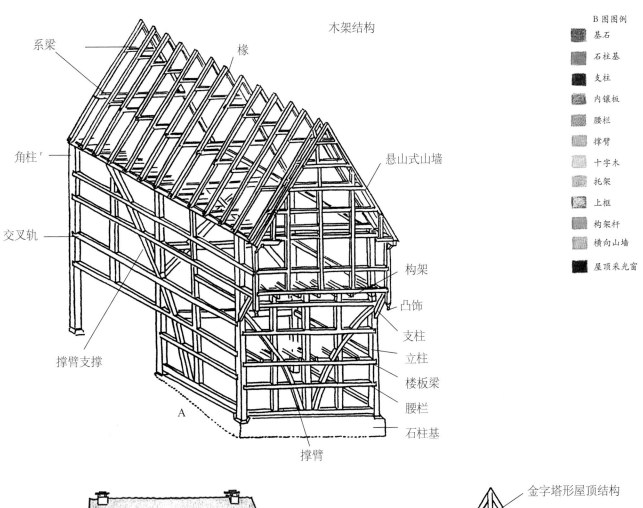

系梁

橼

角柱

交叉轨

撑臂支撑

A

撑臂

悬山式山墙

构架

凸饰

支柱

立柱

楼板梁

腰栏

石柱基

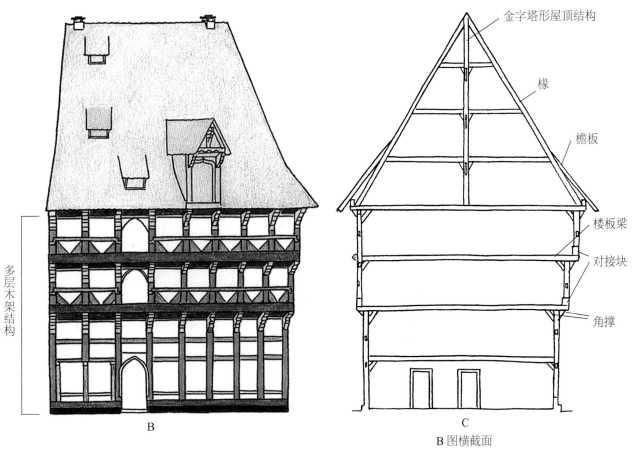

多层木架结构

B

金字塔形屋顶结构

橼

檐板

楼板梁

对接块

角撑

C

B 图横截面

布鲁诺·克莱因（Bruno Klein）

法国及其邻国哥特式建筑的起源

政治和建筑背景

也许有人会说，哥特式建筑始于1140年7月14日。因为在那一天，圣丹尼斯本笃会修道院的唱诗堂在修道院院长叙热（Abbot Suger）的鼓动下开始在巴黎往北几千米的地方重建。这座唱诗堂是一项享有极高艺术成就的工程，它拥有我们现在视为哥特式特征的元素和基本特点，从而为哥特式风格的产生奠定了基础。由此可见，这座唱诗堂的重要性是毋庸置疑的。然而，我们不能孤立地看待它的修建，而应看到这项建筑工程是社会、政治和哲学历经数十年发展的结果。此外，这座唱诗堂在建筑史上的突出地位应归功于其资助人圣丹尼斯修道院院长叙热（1081—1151年）的力量和能力，是他的远大抱负与非凡眼光成就了这座唱诗堂。

考虑圣丹尼斯本笃会修道院的重要意义时，应牢记两个重要的历史因素：首先，自10世纪以来，法兰西的北部地区与其他地区一样经历了贸易与商业的逐步繁荣，地区人口和经济都得到了稳定的增长；其次，圣丹尼斯教堂的重建始于12世纪早期，法兰西君主政权至少在皇室统治的巴黎周边地区已经相当稳固。作为路易六世（1108—1137年）和路易七世（1137—1180年）的朋友和参谋，修道院院长叙热在巩固皇室政权的过程中起到了决定性的作用。这使他能够通过谈判或武力收回那些曾被当地贵族占用的属于修道院的土地。当完成土地收回之后，正如他撰写的自己的成功史——《斯人治下完成的工作》（*Work Done Under His Administration*）中所记述的，开始着手修复修道院教堂。这座教堂不仅成为该修道院及其大片土地的中心，而且，正如我们将看到的，它对法兰西君主制度的建立起到了至关重要的作用。

我们应记得，重建圣丹尼斯修道院唱诗堂之所以在建筑史上如此重要，是因为它是法兰西岛（以巴黎为中心，受君主制直接统治的地区）上最具创新性的建筑。诚然，此区域的罗马式建筑不如勃艮第（Burgundy）或诺曼底（Normandy）建筑那样形式丰富而富于变幻；然而，到了1125—1150年间，新颖而卓越的建筑趋势开始出现。叙热就亲自为圣丹尼斯本笃会修道院教堂的西面设计了新的正立面。虽然这座建筑并非严格的哥特式，但此正立面与当时巴黎及周围地区的建筑创新非常吻合。因而，圣丹尼斯本笃会修道院的唱诗堂不应被看作是哥特式风格的全新开端，而应视为推动变革的重要催化剂，而这种变革早在几年之前就开始了。这一点在唱诗堂肋形拱顶的运用中尤为明显。肋形拱顶在当时正在发展成为哥特式建筑最重要的特征之一。

这一拱顶构造方法在技术上与美学上的可行性于 1100 年之后就在欧洲的几个地区得到了证实，包括意大利北部、莱茵河上游的施派尔（Speyer）、英格兰的达勒姆（Durham）。拱顶构造方法就是从这些地区传入了诺曼底。法兰西岛的建筑师从这些地方学到了拱顶构造方法，并于 1140 年左右开始将这种方法用于教堂，例如位于诺曼底边界的博韦（Beauvais）圣安堤雅（St.-Étienne）教堂。大约在同一时间，位于瓦茨省（Oise）圣洛伊德埃塞仁特（St.-Leu-d'Esserent）的克吕尼修会（Cluniac）修道院在其正立面后的内部空间也采用了肋形拱顶。此外，这种新式拱顶还以一种非常原始的方式设于茉莉安佛（Morienval）的圣母院（Notre-Dame）修道院教堂。在 1122 年收复圣安诺贝特斯（St. Annobertus）废墟之后，开始整修该教堂。在这里，后堂的外墙被分成两层，中间是一个带有肋形拱顶的狭窄空间。这个空间非常狭小，以至于无法形成唱诗堂与回廊之间的接合。因此，这面分割的墙壁效仿了诺曼底后堂的双层墙，其作用很可能仅仅是加固伫立于斜坡之上的后堂。不管是什么原因，重要的是这表明早在修建圣丹尼斯本笃会修道院以前就有唱诗堂采用肋形拱顶的做法。这一点意义重大，因为它说明法兰西岛的建筑师比诺曼底的建筑师更乐于尝试，而直到更晚的时候，在诺曼底肋形拱顶才专门用于方形区域的构造。肋形拱顶在设计复杂的唱诗堂中和不规则跨间的使用开创了建筑空间的接合方法，让人意想不到。

从早期例子——法兰西岛与诺曼底交界处的圣热尔梅德弗利（St.-Germer-de-Fly）本笃会修道院教堂中便可窥见一斑。1132 年，修道士们成功地收回了圣热尔梅鲁斯（St. Germarus）教堂，这件事使前来参拜教堂的朝圣者人数激增。甚至英格兰国王亨利一世也为之动容，他慷慨地捐赠施工用的木材。在这一时期，法兰西国王限制当地贵族的权力，这一举动不仅巩固了王室的地位，还提高了圣热尔梅德弗利等拥有可自行支配大量土地的修道院之地位。因此，13 世纪三十年代，圣热尔梅德弗利本笃会满怀信心，大张旗鼓地修复教堂。他们建造了一座带楼廊的长方形厅堂式教堂，包括一个中堂、两个侧堂、一个不带侧堂的耳堂、一个带回廊和辐射状小教堂的唱诗堂（见右图）。该建筑的外部没有豪华的装饰，而整个建筑反而因此显得更加精致。各楼层时而延续，时而断开。它们各具特色，要么突出窗户与墙壁的关系，要么强调扶壁的不同形态。辐射状小教堂与各窗户一一对应，体现出一种韵律美，由此也明确限定了下一层建筑的特色：楼廊层再次出现的小型窗户与中堂的大型窗户一一对应。这样的结构设置让光束从上部和侧面射向高高的祭坛，宽敞的唱诗堂配合着小教堂

29

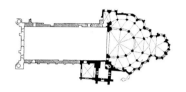

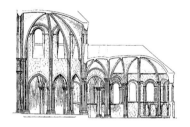

圣马丁香榭丽舍

平面图（上图）

唱诗堂正视图（下图）

形成的紧凑光环，共同强化了这一信念：在这里举行的宗教活动极为庄严肃穆。

教堂的内部比外部更能说明这幢建筑对附近诺曼底建筑的效仿程度。连拱廊上的锯齿形拱顶、绵延的柱身和肋形拱顶等建筑元素显然来自诺曼底建筑。然而，无论是突兀的集柱与深凹的柱间墙面之间，还是承重构架与非承重幕墙之间，都展现了当时任何一座诺曼底教堂都不具备的强烈反差。由此可见，教堂的总建筑师随心所欲地在各处运用这种对比。构成墙体一部分的连拱廊拱券，其轮廓似乎在立柱背后消失了，高侧窗前面的敞口通道显示出墙体在这里已经变得非常薄。这种通道亦可见于罗马式诺曼底建筑的相同部位，但它们通常是设于极厚的墙壁之内，从来不会设于高侧窗前并暴露于外。

圣热尔梅德弗利本笃会修道院教堂的许多其他部位亦可见到不同形式的精妙运用。比如，在后堂连拱廊的拱券中，圆形轮廓看似在锯齿形幕墙之间或高侧窗内部延伸；在尖拱壁龛内设置圆拱窗户。因而，从整体来看，这座教堂的结构通过运用各种传统形式展现了一种新的自由。事实上，这种处理传统形式的创新方式间接地表明总建筑师有意识地将自己与传统分离，从而创造出全新的东西。而这种努力创新、乐于尝试的精神正是早期哥特式风格的特征。

除了上文所提及的巴黎以北的建筑物外，这座首都的建筑也呼应了上述新理念。这一点可见于圣马丁香榭丽舍（St.-Martin-des-Champs，见上图）克吕尼修会小修道院的唱诗堂等地。这座建筑在 1130—1142 年普利奥尔·雨果（Prior Hugo）任职期间修建。第一眼见到圣马丁香榭丽舍的平面图时，你可能会因其缺乏对称性或明确的几何结构而感到迷惑不解。这座建筑尝试性地融合了两种不同风格：一是唱诗堂配有呈对角线布局的祈祷室，祈祷室的后堂高度增加；另一种是带回廊的唱诗堂。因而，这座建筑包含了一个半圆形后堂，后堂周围是不规则回廊，回廊带有一连串祈祷室。因此，在南面，这些祈祷室层层叠叠地向东延伸。这样一来，这些祈祷室看起来好像重叠交错在一起。其实，祈祷室并不像以往的设计那样分布于公共中央轴线周围，而是以平行的方式相互前后交错。这种样式从南面起，并有意向北面延续，然而北面又建造了辐射状祈祷室，因而打破了建筑的对称性。

俯瞰拱顶，这座唱诗堂呈纵向延伸而非集中式。肋形拱顶往往标志着最重要的区域，而在此处它仅沿着内部唱诗堂的中心轴线分布，横跨轴向祈祷室及其之间的跨间。其余区域则采用弧棱拱顶或圆顶分隔。设计者对轴向祈祷室同样给予了特殊的考虑。

轴向祈祷室比其他所有部分都大，而且其外壁向外延伸，因而从平面图上看，它形成了苜蓿草叶式布局。祈祷室内部看起来像是一间

配有近代肋架圆形拱顶的房间，尽管肋形拱顶在此处仅作装饰而无任何结构性作用。设计者似乎有意不把拱顶系统的技术可行性完全发挥出来，因为那些窗户并不像圣热尔梅德弗利的教堂那样高高伫立于拱顶网架之上，以至于看起来像是消失于拱顶结构中。相反，圣马丁香榭丽舍的那些窗户位置略低，好似在巨大的拱顶网架下形成了一条均匀的光之缎带，将祈祷室紧紧环绕。圣热尔梅德弗利和圣马丁香榭丽舍教堂均体现出建筑师对窗户更重视，他们让窗户和墙座之间的墙壁像真的一样渐渐隐去。在圣马丁香榭丽舍教堂内，饰边轮廓鲜明的窗户像是用各种宝石做成的环带围绕在墙座与拱顶中间。总之，圣马丁香榭丽舍没有统一形式的设计，而是通过突出窗户这个单一的元素，浓缩各种各样的形式。而与圣热尔梅德弗利一样，圣马丁香榭丽舍也通过唱诗堂再次表达了创新的愿望，将结构的精妙发挥到了极致。

巴黎的蒙马特圣皮埃尔（St.-Pierre-de-Montmartre）修道院教堂可能于 1133 年重建，此时该修道院已变为本笃会女修道院。虽然后来经历了大改动，但它仍体现了承重墩柱与薄骨架式墙壁的分离，而这在当时非常时髦。即使是这样，这座建筑的建筑学意义仍比不上其政治重要性。因为圣皮埃尔矗立于"殉道山"（Martyrs' Mount），据传说，这里是圣狄奥尼修斯（St. Dionysius）及其随从被处死的地方。因而，该建筑成为了圣狄奥尼修斯的圣祠，一个在中世纪被看作是发生救赎故事的重大事件现场。路易六世之妻阿德莱德（Adelaide）希望这里是她最后的长眠之地，这是修道院改革和教堂重建的真正原因。多位法兰西国王都葬在圣狄奥尼修斯的安葬之地——圣丹尼斯原本笃会修道院教堂，所以皇后在这一点上效仿了她丈夫家族的做法。圣狄奥尼修斯是法兰西卡佩王朝（Capetian）的守护神。因此，从 1133 年起，该教堂被迫在圣狄奥尼修斯殉难的地方接受了这一做法，而没过多久在圣狄奥尼修斯墓地也接受了这一做法。

求变创新：法兰西圣丹尼斯修道院和修道院院长叙热

12 世纪早期的几任法兰西国王与其他统治者相比，显得有点无足轻重，他们的领土是继承而来的，周围的疆域属于势力远超法兰西国王的其他统治者。然而，法兰西国王们凭借自己的雄心壮志，仍享有很高的地位，他们将自己看作是整个法兰西的统治者，声称他们是查理曼大帝（Charlemagne）皇权的继承者。754 年，查理曼大帝于圣丹尼斯加冕为法兰西国王，而他的孙子"秃头王"查理大帝（Emperor Charles the Bald）后来就埋葬于此。修道院院长决心从"秃头王"查理二世的纪念碑开始整修圣丹尼斯，由此可见延续这一卡洛林（Carolingian）传统是何等重要。

这里不仅仅埋葬着法兰西和梅罗文加王朝（Merovingian）的国王，圣丹尼斯同样保存着法兰西守护神圣狄奥尼修斯之墓。中世纪，人们曾将这位巴黎第一任主教与古希腊最高法院法官狄奥尼修斯混淆，后者是使徒保罗的追随者，伪狄奥尼修斯的杰出著作（可能在叙利亚写于公元 500 年）就出自他之手。正是这些颇具影响力的著作详细描述了天界等级关系，据此国王被视为神在凡间的代表。对于上述理论的倡导者而言，王权复辟并不是目的，而是主的神圣救赎计划中不可或缺的一部分，即法兰西国王要在其中扮演重要的角色。那时，古代神文化与法国君主制度紧密相连，特别是在叙热的新唱诗堂奉献典礼上，路易七世亲自将圣狄奥尼修斯的骨灰从旧地窖转移到地面上的新唱诗堂。

31

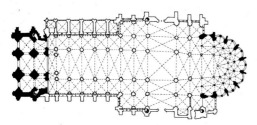

圣丹尼斯
原本笃会修道院所属教堂
平面图

圣丹尼斯原本笃会修道院所属教堂对法国君主制度在国策上起到了复杂而重要的作用。这座教堂的结构体现了12世纪追求王权复辟之梦的两种思想策略：一是重申古代传统，便于法兰西国王确立自己作为正统皇室的地位，并证明他们应成为皇室家族的继承者；二是引入新思想，以便法兰西国王取代刚被废除的统治者。换句话说，政治和建筑的新兴思想被视为一种承认和恢复旧制度的方式。起源于圣丹尼斯的哥特式建筑就切实地传达了这一思想。

叙热重建圣丹尼斯原本笃会修道院时，并未急于求成。他首先从西面塔堂入手（见第31页图）。尽管这项工程在18和19世纪大费周章（教堂北塔就因检修失败而不得不拆除），但它仍见证了12世纪30年代的新主张。从西面塔堂的平面设计图（见上图）中可见两道高跨间和三道宽跨间。三扇崭新的大门方便人们出入老教堂，同时它们还掩盖了上面几层的祈祷室。西正面的教堂前厅采用了粗大集柱和一种新式交叉肋形拱顶，因而从外面看，它给人一种富有象征意义的印象。该正立面的顶端是一个个雉堞，粗大的扶墙烘托出了雉堞的韵律感和雕塑之美，因而整座建筑看起来像是一道凯旋门或一座城堡。这既体现了圣丹尼斯原本笃会修道院院长掌握的强大世俗力量，又是刚巩固的王权获得胜利的象征。大门的华丽雕饰、叙热亲手设计的铜门原作、解释性铭文及教堂正立面墙上反复出现的数字3的图案，使这座教堂成为通往天国的入口。

类似的特点可见于卡昂（Caen）圣安堤雅（St.-Etienne）教堂的旧正立面。这里埋葬着多位诺曼底公爵，以及征服者威廉一世所属，而威廉一世的继任者后来又成为法兰西君主的大敌。然而，在圣丹尼斯本笃会修道院教堂，老式风格无论在建筑学技术上还是在象征意义上都被超越了。叙热设计的新西立面不仅是诺曼底式建筑的一种进步，而且是卡洛林式西面塔堂的再创造，以此承认当地的一种重要传统。

就在西立面工程结束时，叙热对重建教堂的唱诗堂之初步工作感到（用他自己的话来说）"非常激动"。这正是他仅花了4年（1140—1144年）时间完成的工程（见第33页图）。虽然唱诗堂的直接象征意义不如西立面那样明显，但从另一方面讲，这座唱诗堂具有非凡的品质，精妙绝伦。原教堂的地下墓室是封闭的，此处新建的地下墓室和回廊仍采用原来简朴的罗马样式，上面的新唱诗堂会过多采用金银丝装饰，以至于到1231年，因为它濒临倒塌而必须被拆除重建。回廊内部几乎看不到墙面，由细长的圆柱承受着拱顶的重量。

相比之下，窗户几乎延伸到地面，其所占据的空间总体上要大得多，从而让整个室内充满阳光。新教堂没有采用原来的简式回廊，而是重新铺设了一条双回廊，回廊中双侧堂由典雅的整体柱分开，整体柱有力地支撑着肋形拱顶，好似拱顶完全没有重量。外回廊的拱顶与祈祷室的拱顶融合，从而营造了单独而统一的空间。

这座唱诗堂所使用的元素，如勃艮第式尖顶和诺曼底式肋形拱顶，在当时是相当新潮的。最引人注目的是教堂中各种元素的结合。建筑师将这些元素用于建造一座圣殿，圣殿既能赋予整座教堂无上光荣，又能强有力地说服淳朴的朝拜者，就像它带给能够对圣殿进行寓意性解释的修道院院长的感受一样。其实，修道院院长叙热曾希望将罗马式古代立柱引入毗邻旧中堂的新唱诗堂，而按照习俗，中堂是由基督徒亲自供奉的。这一事实让我们明白早期哥特式建筑这种普遍被认为是新的、非古典的风格，其实从另一种角度看也是对恢复旧制的一种尝试。与此同时，新唱诗堂和新西立面必须致力于提升古老中堂的当代意义。单从政治动机上看，教堂的新旧元素相辅相成，用这位修道院院长的话来说就是"合二为一，形成更强大的整体"。

显然，修道院院长叙热在重建圣丹尼斯原本笃会修道院教堂的过程中吸取了古典修辞学的精华，为重建工程找到了理论依据和应用实例。多变性是修辞学的基本技巧之一，而在建筑学中，可结合各式各样的建筑构件而得以实现。因而，不同风格适用于不同主题这一理论造成了地下墓室和地上唱诗堂的风格差异。与此类似，效仿即是从之前获得高度认可的典范（如圣丹尼斯原本笃会修道院带圆柱的中堂）中创造新的东西，而这种典范是衡量新生事物的样板。

圣丹尼斯的哥特式建筑并不仅仅是罗马式风格的发展，而是批判性地审视过去而创造新事物的伟大尝试。不可否认，12世纪三十年代创新建筑为这种发展提供了前提。然而，仅就圣丹尼斯修道院而言，它对法兰西国王相当重要，并且在精明能干的修道院院长叙热的主导下，它似乎满足哥特式风格迈出决定性一步所需的全部条件。

法国各省的建筑

建筑设计中新旧结合的做法在哥特式出现之前当然已存在了相当长的一段时间。与修院院长叙热一样，卡洛林和奥图（Ottonian）等建筑师已将古典建筑融入其建筑设计中。

圣丹尼斯
原本笃会修道院所属教堂
回廊，1140—1144年

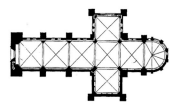

下一页：
萨尔特省勒芒圣朱利安大教堂
中堂墙体，11 世纪晚期
拱顶，约 1137—1158 年

之前无人知晓这种结构。应注意的是，当时的政治背景为法兰西南部的图卢兹（Toulouse）与英吉利海峡上的诺曼底，通过 1152 年阿基坦（Aquitaine）的埃莉诺（Eleanor）和昂热的亨利·普朗塔热内（Henry Plantagenet）的联姻而合并，而这绝非偶然。

在圣丹尼斯和昂热的建筑中，新旧风格并列呈现，格外显眼。在区域性的各种建筑形式中，重新应用旧元素，这样的新旧结合方式使人几乎觉察不到新元素。而同样建于金雀花王朝（Plantagenet）时期的勒芒（Le Mans）圣朱利安大教堂采用了另一种结合方式。此处也体现了将老建筑元素融入新建筑元素中，但它是以一种让人一看便知而又不太显眼的方式（见第 35 页图）。

勒芒圣朱利安大教堂始建于 11 世纪晚期，这座平顶教堂曾多次被烧毁，最后一次是在 1137 年，就是在那时人们才决定为它建造石砌拱顶。这项工程重新塑造了中堂的整片高侧窗，而其下方的旧连拱廊区域大部分被保留，因为它承载着现有侧堂拱顶的重量。原有拱券队列的一致性被新加入的壁联柱打破。每隔两根墩柱就有一根壁联柱，以便支撑中堂的拱顶。尽管余下的墩柱都被翻新了，但大部分还是采用原来的形式。我们可清晰地看到，在那突出而富有韵律感的新连拱廊之上，老式圆拱在新墩柱之后沿壁分布。而石材色泽的略微差异突出了新旧部分的对比。

修建石砌拱顶以抵御火灾，这本身并不能解释为什么当时人们花重金整修勒芒圣朱利安大教堂。直接完全拆除中堂内陈旧的部分肯定比采用复杂技术保留原连拱廊并更换墩柱更省钱。这让我们猜想：在勒芒，建筑师们并不想完全抹除修复的痕迹，恰恰相反，他们更愿意展示这种痕迹，以此让这座建筑的历史更清晰。因而，这种解决方式是明智的、美观的，让人为之折服。如果我们沿着中堂的走向从侧堂向上望去，便发现这座大教堂被赋予了更为时髦的外观。完全由新墩柱支撑的华盖般的巨大肋形拱顶，与侧堂上楼层的假拱廊、幽深的窗户及许多立柱一样，都是建筑奢华的表现。如此铺张的原因可能是，勒芒圣朱利安大教堂之于金雀花王朝的国王，就像圣丹尼斯修道院之于法兰西国王一样，它是一个朝代的丰碑。勒芒圣朱利安教堂最重要的支持者之一是英格兰国王亨利二世。亨利二世的父母安茹（Anjou）王朝伯爵杰弗里·普朗塔热内（Geoffrey Plantagenet）和英格兰皇族后裔玛蒂尔达（Matilda）于 1128 年在此结婚；他曾于 1133 年在此行施浸礼；他的杰弗里于 1151 年也安葬于此。

正如我们所知，1152 年，亨利二世迎娶了法兰西国王路易七世的前妻——阿基坦的埃莉诺，从而使金雀花王朝成为法兰西疆土上更大

此外，与圣丹尼斯修道院新建部分同时建造的其他宗教建筑中，有几座也运用了近代的诺曼底式肋形拱顶。圣莫里斯大教堂（St.-Maurice，见上图）在主教莫尔曼·德杜埃（Mormand de Doué，1149—1153 年）的带领下采用上述方式重建：原来的内壁的确被保留了下来，但几乎被由尖拱和粗大立柱构成的新盲连拱廊全部遮掩。此处，拱顶跨过粗大的横向拱券和斜向拱肋，而斜向拱肋跨越的高度非常大，以至于石砌拱顶不像以往那样与横向拱券和假拱券的顶端在同一高度上，而是远在它们之上。如此，不带侧堂的老式教堂（即法兰西西南部的普遍风格——各列圆顶层层叠叠的样式）转变为带跨间的诺曼底式肋形拱顶。也许有人会问，这是否足以让圣莫里斯大教堂成为一座真正的哥特式建筑呢？尤其是圣莫里斯大教堂的基本结构仍是传统样式。

然而，重点并不是如何从风格上将圣莫里斯大教堂划分归类，而是 12 世纪中叶，在昂热的宗教建筑中开始出现肋形拱顶式结构，而

的地主。1154年，亨利最终登上英格兰王国的宝座。这一切都发生于1158年勒芒圣朱利安大教堂重建的那一年。

像圣丹尼斯修道院一样，勒芒圣朱利安大教堂的重建也表明人们珍视建筑过去的形迹，而复兴过去就能为未来创造新的希望。通过对两座建筑的比较也解释了为什么圣丹尼斯修道院终究更引人注目。除了圣丹尼斯现有部分的扩建比勒芒的重建工程更容易以外，圣丹尼斯的唱诗堂并没有设置像勒芒那样厚重的墙壁。这就意味着，修道院院长叙热及建筑师更愿意使用旧中堂的墩柱作为新建筑的基本元素。

换句话说，圣丹尼斯新唱诗堂仅以纤细元素（比如圆柱、柱身和拱肋）为特征。与之相反，勒芒的重建以罗马式厚壁为创新的起点，以至于一切元素都变得更厚重而宏大起来。

圣丹尼斯修道院的影响

12世纪50年代早期，圣丹尼斯修道院唱诗堂竣工不久，同样位于巴黎北部而规模相对较小的桑利斯（Senlis）教堂开始修建（见第36页图）。桑利斯教堂的风格明显受到圣丹尼斯修道院创新的影响。虽然多次因大火烧毁而重建的教堂内部具有令人震撼的晚期哥特式风格，但这座建筑仍保留了旧回廊和配以整体柱与辐射状祈祷室的唱诗堂。

虽然祈祷室相互分隔，而且未与回廊的拱顶融为一体，但桑利斯教堂的平面图清晰地展示了一种基于圣丹尼斯修道院的风格。尽管桑利斯教堂只修建了一层，但它的创造者们并未借此机会建造一座更新潮的正立面或一个与唱诗堂更匹配的正立面。相反，他们却效仿了圣丹尼斯修道院的西立面。因而，与圣丹尼斯修道院的西面塔堂相似，

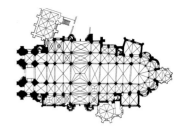

瓦茨省桑利斯
原圣母院
约1151—1191年
平面图（右图）

直延伸至拱顶，加强了唱诗堂在风格上的统一性。而这种统一性常常让参观者们忽略了唱诗堂后堂及立面墙的那些外部壁联柱，它们支撑着形式迥异的拱券和拱肋。参观者们只看到了唱诗堂的协调一致与结构逻辑，却没有注意到这些元素与未改动的平整的中堂顶棚形成了鲜明的对比。

圣日耳曼佩德教堂的唱诗堂内部立面有三层。相比两层中堂，这座教堂又加盖了一层三拱式拱廊。在13世纪时，为了让教堂更明亮，高侧窗被拉长，从而摒弃了三拱式拱廊式拱券。这一改动亦可见于外部，因为现在侧堂的顶棚仍比原来的平坦，以至于现在窗户侧壁下的旧窗台看似悬在墙壁中间一样。然而，飞扶壁却从未改动过，因而今天的圣日耳曼佩德教堂拥有现存最古老的哥特式教堂飞扶壁。

该建筑内部同样体现了建筑师如何巧妙地展现教堂不同的结构。若侧堂大部分墙壁仍是平坦的，且仅适合圆拱式窗户，则唱诗堂祈祷室的窗户采用尖拱，这一特色又通过壁联柱和装饰性的拱边饰在高侧窗中得以加强。与之相似，教堂内大小不同的结构也采用了渐变的方式。因而，即使是在巴黎市内重修教堂，也应与圣丹尼斯修道院一样，必须考虑不同风格的修辞理论适用于不同主题。事实上，若我们不把圣日耳曼佩德教堂看作是圣丹尼斯修道院的翻版，则无法理解它的精妙之处。其实与圣丹尼斯修道院一样，这座教堂仅有几处被重建，若单从节约经费的角度来解释，则难以完全让人理解，因而我们必须将它看作是建筑师深思熟虑后的结果。那时，与圣丹尼斯修道院一样，圣日耳曼佩德教堂希望通过整修埋葬于此的梅罗文加王朝的国王纪念碑基石和墓碑，来宣称自己历来就是一座皇陵。

兰斯（Reims）圣雷米教堂的传统与创新

那些与法国君主制紧密相关的建筑清晰地体现了新旧结合的特点。这在兰斯——历届法兰西国王在这里加冕和涂抹圣油——尤其明显。此处同样为旧中堂配备了新式正立面和新式唱诗堂。可惜的是，13世纪人们将整座建筑全部翻新，因而这座教堂原来的印迹到今天已荡然无存。

相比之下，尽管兰斯的圣雷米（St.-Remi）教堂在第一次世界大战中受到严重破坏，但它融合了几个不同时代的建筑样式，仍是这种特征性建筑风格最具有代表性的典范。

桑利斯的西面为两道深跨间，好似西面应与旧中堂相连一样。换句话说，尽管桑利斯教堂是一座全新的建筑，但它只是部分采纳了圣丹尼斯修道院融合的几种不同风格，而即使是在圣丹尼斯，这些风格也只是更改了建筑设计的结果。

大约在此时，巴黎市圣日耳曼佩德（St.-Germain-des-Pres）本笃会修道院也开始重建教堂。尽管中堂采用流行的雕塑式大门，但这里连同教堂的旧西塔均保留了11世纪的原貌。与圣丹尼斯的情况一样，圣日耳曼佩德教堂也只是彻底重建了唱诗堂和辐射状小教堂（见第37页左图和右上图）。其后堂并未采用常规的细长整体式墩柱，而是选用带高柱头的粗大圆柱。重建教堂的经费由罗马教皇亚历山大三世（Alexander Ⅲ）于1163年捐资。

后堂圆柱呈黄金比例，不仅外观精美，而且实用性强，可用于唱诗堂内部的各个角落。也就是说，旁侧的立面墙与唱诗堂的圆形后堂之间不再出现牵强的间隔。此外，高大而形式统一的壁联柱从墩柱一

左图和右上图：
巴黎塞纳省
原本笃会修道院所属圣日耳曼佩德教堂
唱诗堂，落成于 1163 年

右下图：
兰斯马恩省
原本笃会修道院所属圣雷米教堂
唱诗堂，于皮埃尔·德塞勒（Pierre de Celles）领导下兴建（约 1161—1182 年）

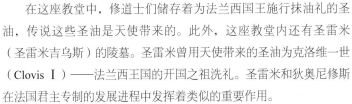

在这座教堂中，修道士们储存着为法兰西国王施行抹油礼的圣油，传说这些圣油是天使带来的。此外，这座教堂内还有圣雷米（圣雷米吉乌斯）的陵墓。圣雷米曾用天使带来的圣油为克洛维一世（Clovis Ⅰ）——法兰西王国的开国之祖洗礼。圣雷米和狄奥尼修斯在法国君主专制的发展进程中发挥着类似的重要作用。

这座教堂的重建始于 1165 年，以西立面为开端（见第 38 页右图）。尽管原来的上层建筑已不复存在，现存的下面两层还是让我们清晰地看到了 12 世纪 60 年代新式正立面的模样，它建造于两座老式边楼中间。从塔楼外部向内看，装饰图案越来越丰富，浮雕越来越厚，从窗户射进的光线越来越强。与众不同的是，其正门采用两根古典圆柱架构，圆柱细长的柱身拔地而起，而这一元素亦重现于教堂内部。

11 世纪的中堂墩柱前方有整体柱，以便与细长的成簇壁联柱融合，而壁联柱用于支撑新安装的哥特式拱顶。如同勒芒大教堂一样，

圣雷米教堂给人的印象是在一座非常陈旧的教堂内另外修建一座新教堂。而在这座崭新的唱诗堂中，建筑师再次采用了中堂的风格，值得一提的是，将这种风格用于宽敞的连拱廊和分成两条拱券的高大楼廊敞口（见第 38 页左下图）。与圣日耳曼佩德的情况一样，一列连续的粗大墩柱围绕在整个内部唱诗班席周围。柱身矗立在墩柱上，与楼廊连拱饰间的柱身连成一片，放眼望去像是一片细长立柱之林。拱廊和高侧窗通过细长的窗棂相互连接，而高侧窗装饰采光用的金银丝饰品。甚至，拱券的数量也自下而上地按照特征性序列增多：连拱廊各跨间设一个拱券，楼廊设两个拱券，高拱廊和高侧窗设三个拱券。

回廊与辐射状祈祷室之间的连接尤为出众，这是成功的原创性设计（见第 38 页左上图）。圣雷米教堂的祈祷室的布局呈圆形，可与回廊贴合，而这与圣丹尼斯修道院将祈祷室和回廊设于同一个拱顶之下的布局完全相反。

马恩省兰斯
原本笃会修道院所属圣雷米教堂

左上图：
唱诗堂的回廊与祈祷室
于阿博特·皮埃尔·德塞勒（Abbot Pierre de
Celles）的领导下修建
（1161—1182 年）

左下图：
中堂
11 世纪重建，12 世纪下半
叶修建拱顶

右图：
唱诗堂西立面
建于 11 世纪上半叶到 12 世纪下半叶

马恩省香槟沙隆
原圣母院（Notre-Dame-en-Vaux）牧师会教堂
唱诗堂（底图），12世纪晚期

这两种螺旋形元素相交之处是教堂中常见的元素——细长的整体柱。这些柱子拔地而起，支撑着回廊和祈祷室的拱顶。而在祈祷室余下各边的墙壁前，有更为纤细的整体式壁联柱支撑着拱顶。这样的设计所产生的视觉效果是让祈祷室拱顶成为独立架构的华盖。

这座唱诗堂出类拔萃的外观（见第37页右下图）让所有其他老式建筑黯然失色。从这里，我们可看到上文所提及的建筑装饰自上而下的渐变。此外，我们还可见到一扇扇窗户镶嵌于各个墙壁之间，这些窗户几乎构成了这种非凡结构的全部。另外，一根根倚墙而立的细长扶壁与飞扶壁支撑着整座唱诗堂，它们仿佛自豪地展现着建筑师巧夺天工的本领：所有窗户均清晰可见，并巧妙地实现了力的平衡。

香槟沙隆（Châlons-sur-Marne）原圣母院牧师会教堂的唱诗堂（见右图）位于兰斯东南方向40km的地方。这座建筑同样酷似圣雷米教堂，尤其是它的立面与辐射状祈祷室的布局。人们尚未确定这两座建筑在年代学上的准确关系，但可以肯定的是圣雷米教堂为巴黎圣母院提供了良好的范本。在圣雷米教堂以此典型方式所展示的不同建筑风格的融合，肯定对小型牧师会教堂的建筑师们产生了吸引力。在12世纪，由于规划的变化，那里的修建活动就没有间断过，直到成功地融合了奢侈的圣雷米形式（即当时盛行的不一致风格），人们才可能最终接受设计不断改动的建筑缺乏一致性的事实。此外，那时圣母院的建筑规则变得多样化，因而，通过各种风格的展现记录这座教堂珍贵的历史，此刻应该是最佳时机。

综上所述，香槟沙隆圣母院牧师会教堂可算作是上述教堂的综合版，这里各式各样的建筑风格展示了过去的峥嵘岁月。在早期哥特式建筑中，各种不同风格的元素并存发展，其中新元素演绎了对过去的一种重新评判，意义重大。尽管如此，这座圣母院同样标志着这种新旧格局并存的终结。诚然，后来的历史中仍存在此类复合式教堂，但就12世纪下半叶总体而言，建筑风格明显转向形式更统一的教堂，尽管它们往往与这种复合式教堂共存。

哥特式大教堂：一种新形式的出现

12世纪时，坐落于巴黎东南方的桑斯（Sens）大教堂是大主教的所在地。至高无上的大主教是"神主教"（Primate of God），就连巴黎主教也得听命于他。

尽管桑斯大教堂与圣丹尼斯修道院几乎同时兴建，但其风格极为简朴，它最初的设计没有耳堂，仅在回廊的后堂处设有一间四方形祈

祷室。该教堂的三层式立面（见第40页左图）与勒芒大教堂相似，但其墙体非常薄。这一点可从成对立柱的柱头看出，它们将六肋拱顶下的巨大跨间分隔开来。

39

　　每对立柱之上都有一块宽大的顶板向中堂突出，似乎没有任何东西支撑；同时，中堂的墙面也恰到好处地跨过成对立柱的上空。这一切好似建筑师带着一丝幽默，有意卖弄他设计的中堂墙面是多么轻薄。细长的柱身伫立于双柱之上，直接冲向拱顶，而柱身并未附着在其背后的墙壁上。因此，主要的墩柱最为粗大，承载着整个拱顶的重量。这些拱顶的侧网架原来位于较低的位置，因为下面的窗户比现在的窗户小。而那时拱顶肯定看似撑杆支起的华盖。尽管这座教堂缺乏规模小一些的圣丹尼斯修道院所具有的细腻之美，桑斯大教堂为勒芒大教堂的建筑奢华之美提供了一种更为雅致的选择。

　　努瓦永（Noyon）大教堂的唱诗堂（见右上图），曾在 1131 年因一场大火遭到了严重破坏，大火之后得以兴建。

　　努瓦永大教堂建于桑斯大教堂之前还是之后目前尚无定论。就辐射状祈祷室的外壁而言，这座教堂的历史很可能比圣丹尼斯修道院还

要久，也就是说它出现于大量新式设计涌现的变革之前。尽管如此，我们仍可假设 1157 年开展的教堂改建与室内唱诗堂的落成之间有着某种联系，因为努瓦永大教堂与 1163 年落成的巴黎圣日耳曼佩德教堂的唱诗堂有某些相似性。这座教堂拥有四层楼（见第 41 页左图），采用了一版老式教堂的布局，尤其是与努瓦永大教堂有着长期密切关系的图尔奈（Tournai）大教堂。这里采用了一连串细长的整体柱围绕在后堂。连拱廊的拱券看似切入墙面，而楼廊层的拱券特色更为丰富多样。对整座建筑的装饰而言，尤其是壁联柱的构造，此处的柱身条形圆箍线脚所发挥的作用比在前文提到的任何其他教堂都更为重要。最下端的柱身条形圆箍线脚基本将壁联柱在柱头和第一蛇腹层之间的部分从中断开；下一处的圆箍线脚则与该蛇腹层的高度完全一致。

　　高处的柱身条形圆箍线脚似乎与其他建筑特征没有联系，这让壁联柱看起来像是与墙壁完全分离的，直冲云霄。

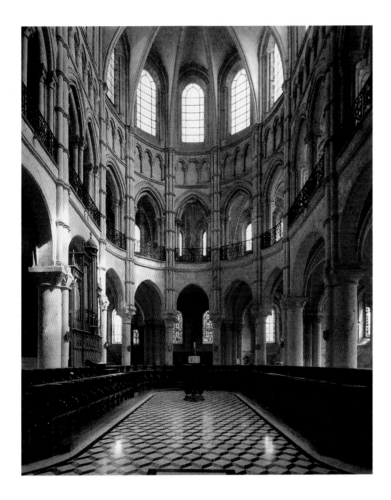

这种分离墙面和垂直支撑物的做法在这座唱诗堂中并不是特别显眼，却在耳堂（见右上图）之中得到更充分的展现。耳堂的墙体可分为几层。在这镂空式墙壁前，矗立着简朴的壁联柱。壁联柱以一种律动的方式向上，穿越柱身条形圆箍线脚和柱头，越往上就越与墙壁分离。此外，支撑拱顶的柱头位置极低，以至于第二层的尖拱窗户看起来像是被吸入拱顶内一样。这种对墙面层次细致入微的精巧处理再次运用到大教堂的中堂，尽管东面结构对礼拜仪式更为重要，但这里显然还保留了主要的建筑装饰。不过，虽然各元素的布置和谐一致，但努瓦永大教堂并未就此形成统一的整体，而是显现出建筑设计的各式改动。

就整体统一性而言，只有拉昂（Laon）圣母院大教堂近乎完美，它的建筑师从努瓦永大教堂借鉴了许多样式。这座建筑始建于 1160 年，其最重要的部分在 1200 年后完成。作为重要的朝圣中心，该教堂最

初是一座带楼廊的长方形厅堂式教堂，带有一个回廊和一个狭长的耳堂。通过双塔楼突出了教堂西立面与耳堂的正立面，而这项设计仅完全运用于教堂的正面、西面及其外观部位；另一塔楼则耸立于十字交叉处。由于拉昂圣母院大教堂屹立于高山之上，从上可以俯视山下辽阔的景色，因而这样的设计让整座建筑超凡脱俗的轮廓在很远的地方就能望见。

四层楼的主内壁前，三根一簇或五根一簇的壁联柱轮次更迭（见第 42 页图），每簇壁联柱的一根柱身与六肋拱顶的一根拱肋对接。与努瓦永大教堂的壁联柱不同，这些壁联柱与等距间隔的蛇腹层相交，从而将壁联柱分成看似一致的几个单元节段。

壁联柱的两节位于楼廊的柱头和蛇腹层之间。另外三节需一直延伸至高拱廊，而高拱廊的高度与在此之上的又一节壁联柱一致。十字交叉部的西面，在两组成对的墩柱上，壁联柱甚至一直延伸至

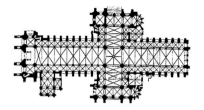

楼面标高, 如此一来, 这座建筑在此就完全呈壁联柱单元式结构。多根整体式壁联柱的柱身对应楼廊、高拱廊和高侧窗上大量细长立柱的柱身, 甚至与拱顶的拱肋对应。因而, 教堂内看似富丽堂皇, 却并未过分装饰。这样的室内装修并未让各种装饰杂乱无章, 而是形成一种合乎逻辑、连贯流畅的空间结构, 从而与整座建筑结构融为一体。

与巴黎的圣丹尼斯修道院和兰斯的圣雷米教堂不同, 拉昂大教堂值得称道之处并不是不同建筑组分的对比, 而是整座建筑结构和装饰上的和谐统一、自成一体。拉昂圣母院大教堂的建造者和建筑设计师在后来的教堂整修中继续遵循这一原则。1200 年, 拥有 40 年历史的低矮唱诗堂再次被推倒, 最终扩建成一座高大雄伟的唱诗堂。

新唱诗堂的风格与教堂未改建的部分十分协调, 可谓绝配。换言之, 一种存在了几十年的建筑风格得以再现, 尽管与此同时多种建筑

风格也早已以不同的方式得到了发展。我们现在仅能推测, 唱诗堂拆除重建的原因可能是富裕而显赫的拉昂圣母院大教堂教士认为旧唱诗堂太小了, 或者是担心上层楼廊内的朝圣者会溜到自己的专用会场。显然, 新唱诗堂内原来沿东面墙壁铺设的楼廊确实已被封堵。

唱诗堂的重建肯定也有美学上的原因。因为新扩建的唱诗堂与中堂差不多一样长, 所以从十字交叉处看来, 整座建筑的两个部分基本对称。此外, 新东立面的三扇尖顶窗上面的玫瑰花窗简直就是西立面玫瑰花窗的翻版。鉴于两间耳堂的西立面早在新建工程开始之前就设有玫瑰花窗, 因此在东立面加入这扇玫瑰花窗就意味着, 从十字交叉部来看, 教堂的四个方向均可见到一扇巨大的圆形窗户。也就是说, 唱诗堂的改建大大提高了整座建筑内部布置的统一性。

拉昂圣母院大教堂的西立面 (见第 43 页图) 建于 12 世纪的最后几年, 彰显了哥特式建筑与众不同的风采。这座建筑在这里淋漓尽致地体现了旧的双塔式正立面结构, 这是教堂正立面第一次融入建筑之内, 而不是作为一块独立的墙面矗立于教堂之前。同时, 西立面体现了一种强烈的韵律感和立体感: 三座凯旋门似的大门突出于外; 而大门之上, 以中央的玫瑰花窗为主要特色的窗户又深嵌于内。此外, 各个小塔从建筑的下部向上延伸, 富有逻辑性, 而不像圣丹尼斯修道院那样采用牵强的添加方式。这种做法是可行的, 因为拉昂圣母院大教堂的建筑师在西立面巧妙地掩盖了前面的扶壁, 使人几乎看不出来。其实, 这些扶壁起于大门, 一直向上延续至各窗户之间。因此, 拉昂圣母院大教堂呈现了一幅与桑利斯大教堂截然不同的画面。桑利斯大教堂正立面从地面一直到塔楼最主要的特点是扶壁。当时, 拉昂圣母院大教堂的西立面享有极高的赞誉, 并被其他建筑师频频效仿。中世纪艺术家维拉尔·德亨考内将该立面的画面收录于其在 13 世纪 20 年代创作的著名写生簿中, 并称这是他所见过的最美丽的塔楼。

除了我们已介绍的几座四层式建筑 (兰斯的圣雷米教堂和拉昂的努瓦永大教堂) 以外, 我们还可加上目前最新的一座——苏瓦松 (Soissons) 的大教堂 (见第 44 页图)。其四层式南耳堂在 1177 年得到捐赠的这块建筑用地后就紧跟着修建了。在这里, 金银丝装饰这一技术达到了顶峰: 不采用一个跨间配一个拱券的底层连拱廊和第二层楼廊构成的常见布局, 而是让底层连拱廊和上层楼廊采取同样的形式, 两个墩柱之间设三个特别纤细的拱券。

特式建筑的原型。这么说并不是因为它是第一座哥特式教堂建筑（桑斯和桑利斯的教堂更早），而是因为这是第一次尝试建造一座新式的标志性建筑，其具备哥特式特征，而又独具匠心。巴黎圣母院有 130m 长，从地面到拱顶有 35m 高，远远超出了哥特式教堂的惯用尺寸。难怪为了实施这一工程，整座街区的建筑管理规定都不得不更改。然而，鉴于这座建堂位于首都，靠近日益强大的国王的居住地，人们认为所有的这一切都不过分，而是理所当然的。

巴黎圣母院是一座长方形厅堂式教堂，带有多个楼廊和两个侧堂（第 45 页上图）。这种结构仅见于某些著名的建筑，比如克卢尼（Cluny）的修道院教堂和罗马的圣彼得大教堂。单凭这一点足以看出巴黎圣母院的特权地位，特别是其采用的双侧堂后来成为哥特式教堂一种特例。由粗大的立柱分隔，中堂左右两边的双侧堂在后堂形成一条双回廊。该回廊以半径递增的方式向外扩散，而这一难题通过成倍增加立柱及相对而设的三角拱顶得以解决，从而让圣母院的整条回廊呈现出一种匀称、协调之美。

与此类似，中堂的连拱廊也设有一系列形式统一的立柱，就像圣日耳曼佩德教堂一样，让唱诗堂未改建的垂直部分与圆形部分之间形成韵律感。又因为圣母院的教堂拥有六肋拱顶，从而显得越发宏伟壮观。而在别处，六肋拱顶通常是根据拱肋数量的变化由粗壮或细长的立柱交替连接而成的。墩柱之上，形式统一的壁联柱高高耸立，它们通常三根一簇，从而避免让每簇柱必须对应不同的拱顶轮廓。此处的不规则性采取了一种与圣日耳曼佩德的唱诗堂后堂前端类似的方法进行掩盖：三根一簇的壁联柱支撑着两根附壁拱肋和一根横肋；下一个三根一簇的壁联柱支撑着两根斜向拱肋和一根横肋及两根附壁拱肋（在视线之外）。只有采用这样的方法，才能构建一组完全一致的拱肋、楼廊和窗户，也只有这样做才能实现最协调的比例。

相比跨度小的四肋拱顶，六肋拱顶形成的巨大网架要大很多，从而与宽大的墙面相对应。也就是说，巴黎圣母院的建造者并不希望彻底打通墙面（如苏瓦松的南耳堂），而是想在更为平整的薄墙与细长的壁联柱（无柱身条形圆箍线脚）和拱肋之间形成显著的对比效果。本来，如果楼廊之上的墙面更大的话，这种效果可以更为突出，即整个上部的墙面只被玫瑰花窗打断，而玫瑰花窗的开孔大小又是适度的。

由于大教堂内太黑，这项设计安排并未沿用到最后；早在 13 世纪时，窗户就被扩大，而 19 世纪时维奥莱 - 勒 - 杜勒（Viollet-le-Duc）重新构造了十字交叉部的窗户。

这样一来，拱券的拱肩墙面积大大缩减，以至于整座建筑好似只由壁联柱和拱券构成。与圣丹尼斯修道院一样，这里的高拱廊的拱券数量增至一个跨间六个，高侧窗的拱券也增至三个，从而有助于让墙面逐渐消失于无形。这里并未设置带有韵律分布式柱身条形圆箍线脚的壁联柱，却更容易达到艺术效果，因为对于这座精致纤巧的建筑而言，其重点不再是装饰主题的结构功能，而是一个个跨间之间的流畅性。此外，向上冲的带窗户的外墙通过将建筑边界向外推而拓展了整个建筑的空间。

苏瓦松的大教堂是早期哥特式建筑顶尖水平的代表作之一，但如果把该建筑看作是在人为的风格发展过程中刻意追求的目标性建筑，那我们就错了。在同时代的建筑中，有些就体现出与苏瓦松的大教堂风格迥异的潮流，其中最典型的例子就是巴黎圣母院。

经过相当长时间的精心策划，可能老式建筑的各部分都已重建时，教皇亚历山大三世才正式为一座崭新的建筑奠基，而这座建筑堪称哥

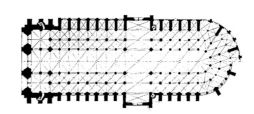

在巴黎圣母院的中堂内，一位新建筑师为墙面与支柱的对比系统带来了一些变化。现在拥有三个敞口的楼廊通过平整的半露柱而不是圆形柱身在两侧获得支撑。因此，中堂内，这些半露柱与壁联柱形成对比。而此处的壁联柱比唱诗堂的壁联柱还要纤细，它们由高耸的整体柱身构成，而不再与墙面齐平（见左下图和第 46、47 页图）。

巴黎圣母院的西立面再次采用了平整墙面的主题（见右下图），与拉昂大教堂的风格类似，但被赋予截然不同的特色。因为巴黎圣母院的塔楼与拉昂大教堂的塔楼不同，它位于双侧堂之上，形式更宽，也更稳，所以扶壁不必延伸得很远。此外，塔楼几乎嵌入第一层向前凸出的墙壁内，这样一来，此处的大门与拉昂大教堂一样深陷于内。

巴黎圣母院给人留下了这样一种印象：人们望着凯旋门和皇家楼廊，楼廊上陈列着一组历代法兰西国王的雕像，体现出历史的延续性和君主政权的威信。任何其他中世纪建筑都不曾在皇室楼廊内陈列历代君王的雕像，而这里，一尊尊君王雕像紧密排列，场面威严，令人敬畏。之所以能取得这样的效果，是因为巴黎圣母院的建造者不同于拉昂大教堂的建造者，在以正立面装饰重点为中心的同时避免了对其韵律感的强化。而只有到了上层和塔楼，其外观的精美雅致才会削弱其威严，而这并不影响整座建筑的宏伟壮丽。

巴黎圣母院的影响力究竟有多大，从芒特（Mantes）的牧师会教堂就可看出。这座教堂位于法兰西皇室领地与后来属于英格兰的诺曼底的交界处。正因如此，该教堂对法兰西国王来说意义非凡。芒特牧师会教堂大约始建于 1160 年。根据原设计，后堂内采用细长的整体墩柱及交错式支柱。这项建筑设计很快就被修改成效仿巴黎圣母院的建筑。

巴黎圣母院
始建于 1163 年
唱诗堂

巴黎圣母院
中堂拱顶

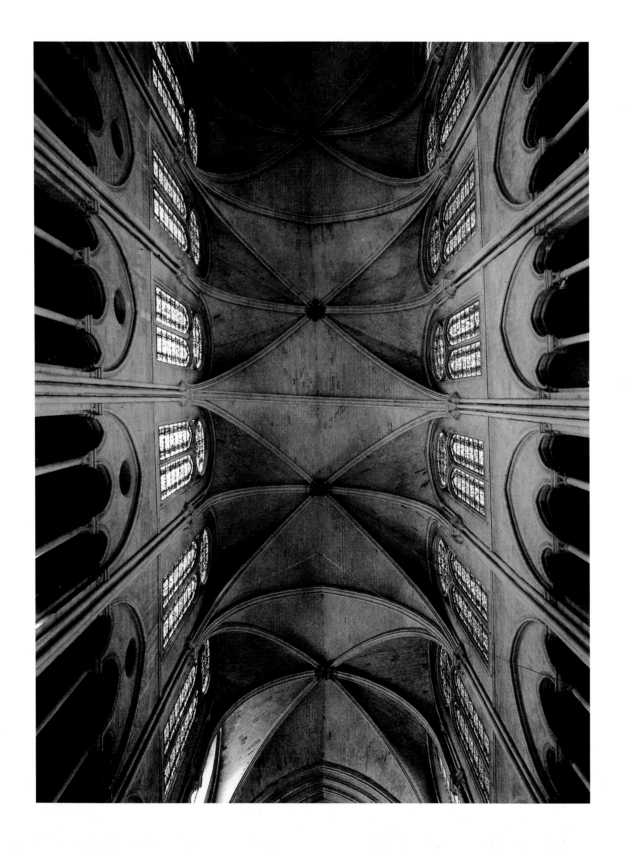

巴黎圣母院
中堂拱顶

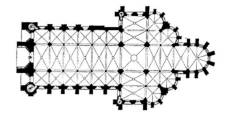

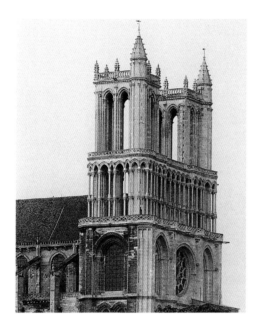

在这里我们再次见到了薄膜样的大片墙壁——一个未设高拱廊和粗大拱顶网络的立面（见中图），细长的壁联柱拔地而起，与墙面形成鲜明对比。芒特牧师会教堂西立面（见左图）的设计让人疑惑不解，该立面虽不如巴黎圣母院的西立面宏伟壮观，却与巴黎圣母院水平方向的突出特色一致，尽管人们尚不清楚巴黎圣母院与芒特牧师会教堂哪个先出现。

芒特牧师会教堂是逐步吸纳各种建筑元素的典范。它借鉴了被证实为 12 世纪后三十几年具有代表性的几类特殊教堂的建筑风格。虽然独具个性的设计并未就此消失，但此时的哥特式建筑越来越具有系统性，甚至变得标准化起来。这一趋势的典范就是布雷纳（Braine）的伊夫德（St.-Yved）修道院教堂（见右上图和右下图）。布雷纳坐落于拉昂和苏瓦松附近，是法兰西国王的兄弟德勒（Dreux）公爵的官邸所在地，他后来的妻子于 1200 年前不久鼓励人们兴修教堂。自那时起，这座教堂就用作德勒公爵的陵墓，因而它与大教堂肯定不是同一类建筑。布雷纳的伊夫德修道院教堂并不是这片土地上第一家庭的栖息之所，因此其建筑风格以简约著称，这一风格就是拉昂大教堂所采用的丰富形式的简化。因此，这里省略了楼廊，仅有三层楼而不是四层。该教堂的中堂既没采用壁联柱交替更迭的精妙处理，也没在壁联柱上用柱身条形圆箍线脚进行节律性划分。布雷纳没有拉昂大教堂一样的回廊，而是拥有一个颇具原创性的唱诗堂，两侧的祈祷室呈对角线布置。

与拉昂大教堂一样，该教堂也拥有开放式的交叉部塔楼，这些塔楼在 19 世纪时遭到破坏，而教堂的西端与拉昂大教堂极为相似。

将拉昂大教堂和布雷纳修道院教堂进行对比具有特别的指导意义，因为它显示出中世纪建筑师仅通过简化就可吸纳某个代表性建筑的特色，从而将其重新塑造，形成新的特色。因为在这一地区有类似特点的其他教堂，布雷纳就有一座——类似的修道院教堂——圣米歇尔与圣蒂埃拉什（St.-Michel-en-Thiérache），所以，拉昂大教堂似乎充当了 12 世纪末真实版的"建筑模板"。

1200 年左右哥特式大教堂风格的多样性

1200 年左右，出现了一系列形式迥异的教堂。通过重建拉昂的唱诗堂，一些老式建筑带着所有的繁杂细节重返建筑的舞台。恰巧，苏瓦松的情况却不同。苏瓦松的资助人并没有根据现有四层耳堂的柔美风格继续重建大教堂，而是选择了另外的方式，即以布雷纳修道院教堂所采用的风格建造新唱诗堂和中堂，进而采用三层式立面和少量的壁联柱。除此之外，苏瓦松大教堂的总体层高高于拉昂大教堂，甚至比其旧耳堂的层高还要高。楼层总数的减少意味着巨大的层高增益。因而，在哥特式建筑中，首次出现高拱廊和高侧窗大小近乎相同的情况，这一效果是通过扩大窗户区域并抬升拱顶实现的。

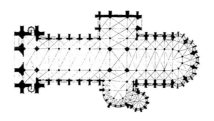

这种简约化潮流亦可见于布雷纳修道院教堂的外观（见上图），若将其与兰斯的圣雷米教堂相比较，这一特点则变得尤为明显。两座唱诗堂的外观均采用了井然有序且富于韵律的扶壁阵列，即便苏瓦松的教堂少了一层，它们都极为相似。然而，在苏瓦松，窗户开口与扶壁之间并不存在任何动态关联；而这种关联却出现于兰斯，正如层与层之间的装饰存在细微变化一样。创造苏瓦松的教堂那样的效果，并不是靠添加复杂而精细的装饰，而是靠标准化的、仿雕塑的砌石。

苏瓦松的唱诗堂所展现的简约与壮观，完全不同于精巧的装饰细节之美，而这在老耳堂展现得淋漓尽致。大量证据表明唱诗堂重建时，负责重建的人希望拆毁旧耳堂，以便重建一座崭新的且更为壮观的耳堂。即使当时因资金不足而在重建过程中仅更换了教堂北面的垂饰，这一特点仍十分显著。因而，苏瓦松的教堂展现了与拉昂大教堂完全相反的风格。重建的负责人并没有像拉昂大教堂那样对老式苏瓦松的大教堂大肆扩建，而是决定除旧迎新。尽管中世纪的整修者采用了截然不同的方式处理这两座教堂，他们的目的却是一致的：建造完全统一的建筑，且此类建筑的过去很难理解。

在沙特尔——法兰西最重要的圣母玛利亚圣地，一座不朽的新式苏瓦松风格建筑在 1194 年老教堂遭遇大火之后开始重建。尽管老教堂只有地下墓室和西立面留存下来而得以再次使用，但它们当时并不引人注意，因而也没有被看作是珍贵的"文物"。到 12 世纪末，人们越来越希望建造崭新的建筑，而不是尽量保留原有的建筑。这在有关那场灾难性的大火以及有关后来教堂重建的故事和传说中有详细描述。起初，人们认为这场大火是一场巨大的灾难，主要是因为他们认为圣母玛利亚塑像的残骸与教堂一起消失了。而当人们发现这些残骸完好无损时，人们的态度又改变了，这场大火就被解释为圣母希望借此表明她想要一座更漂亮的新教堂的愿望。如果我们认为 50 年前，修道院院长叙热曾对重建这座旧教堂忧心忡忡，并对教堂的一砖一瓦怀有深深的敬意，用他的话来说是他"把它们当真正的遗体一样埋葬"。那么看到沙特尔的人们将上帝之母看作是教堂的破坏者，这就更令人震惊。由此我们能得出下面的结论吗？法兰西王国主宰的地区上新哥特式建筑已受到高度尊敬，与此同时人们使用这种风格不再需要任何理由。

就基础结构而言，沙特尔大教堂与苏瓦松大教堂的内部难以区分。二者都是通过高拱廊分隔的连拱廊和高侧窗使高度骤增，因而当时它们大致一样高（见第 50 页图）。

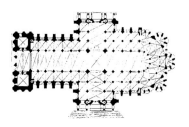

苏瓦松与沙特尔的大教堂虽有相似性，但肯定是不同的。这几乎可从每个建筑元素的对比中看出。例如，尽管苏瓦松大教堂的墩柱十分高挑，但却像拉昂大教堂的墩柱一样纤细，且只有一根细长的壁联柱与之伴行；而沙特尔大教堂的墩柱比苏瓦松的两倍还要粗，并且被四根壁联柱围绕，而壁联柱差不多是苏瓦松大教堂主要立柱的平均大小。沙特尔大教堂墩柱的最大厚度为 3.7m；而苏瓦松大教堂仅为 1.4m 厚。墩柱厚度的巨大差异不可归因于建筑高度的差异，因为沙特尔大教堂仅比苏瓦松大教堂略高一点。其根本原因在于苏瓦松大教堂的建造者为了使其高于教堂他大教堂，仅延长了墩柱。而沙特尔大教堂的建造者不仅延长了墩柱，还使之更粗壮。沙特尔大教堂不仅是当时最大的一座哥特式大教堂，而且是最为宏伟壮观的一座，甚至其最细微之处都体现了这一特点。尽管沙特尔大教堂的拱顶很高，甚至高于巴黎圣母院，但其所呈现的效果并不是巨大的和缥缈的，而是厚重的和强大的。与此同时，它并未丧失精妙性：八角形与圆形的墩柱更迭交替，圆形壁联柱攀附于八角形墩柱的中心。因为这种差异性延续至壁联柱，而壁联柱又延伸至拱顶，所以中堂的整个墙面拥有精巧而令人难以察觉的韵律。

从外观上看也一样，沙特尔大教堂看似是标志性建筑的化身。中堂无比粗大的扶壁主要是为了体现力量，然后才是用于稳固建筑和支撑拱顶（见下图和第 51 页图）。在唱诗堂中（见第 54 页右图），这种扶壁虽并未改变其基本结构，却变得更轻了。显然，建筑师明白设计不仅仅是出于结构的需要，否则他不会采用墙通道完全穿通回廊的内扶壁，而且墙通道从外面是看不到的，同时这也是对摆阔行为的嘲弄。

沙特尔大教堂借鉴了各种建筑风格，几乎成为哥特式建筑老样式的集合体。例如，与巴黎圣母院一样，它也设有双回廊；与圣丹尼斯修道院一样，在一个拱顶下，双回廊之间连接的礼拜堂，每隔一个礼拜堂为回廊开间（见上图）。然而，沙特尔大教堂的回廊规模及其粗大的圆柱让人难以想起巴黎圣母院和圣丹尼斯修道院内宽阔而舒适的回廊。同样，拉昂大教堂正面所采用的图案也在沙特尔大教堂出现了两次，然而，它不是出现在教堂西面，而是出现在耳堂里，因为在教堂西面，重建旧立面时稍做了一些改动。墙面几乎完全消失于尖顶窗和玫瑰花窗中（见中图、第 52、53 页）。与之相似，西大门上的门廊转换为丰富的形式和多样的雕塑式凯旋门。

厄尔 - 卢瓦尔省沙特尔圣母院大教堂
中堂
平面图（法图）

厄尔 - 卢瓦尔尔省沙特尔圣母院大教堂
北玫瑰花窗（第 52 页）
南玫瑰花窗（第 53 页）

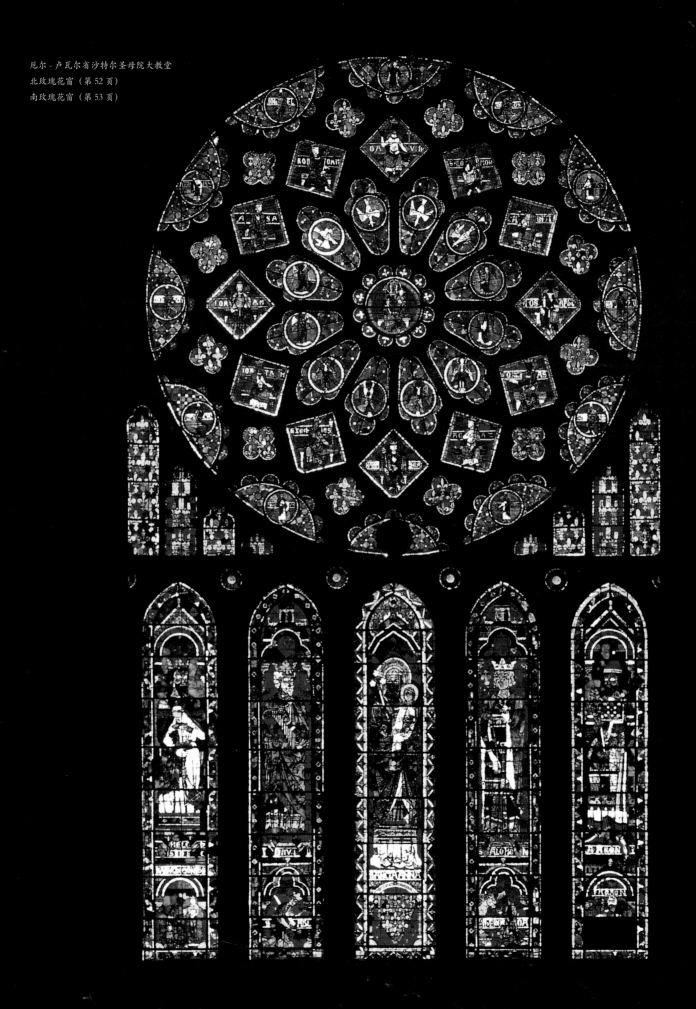

城堡建筑与沙特尔

　　毫无疑问，沙特尔的建筑师对同时代的教堂建筑颇有研究，特别是位于拉昂周边地区的教堂。然而，当时的军事建筑独具匠心，其创新力不可能逃脱建筑师的注意。雄伟壮观是沙特尔市内频频强调的特质，也是其必不可少的特征。甚至是单个建筑元素都可能受到这种特征的影响。在沙特尔唱诗堂下那条奇怪的通道就是一个例子。这座唱诗堂将由多座祈祷室构成的多边形区域与向内的半圆形结构连接起来，因而底部这条通道在结构上完全是多余的（见左图）。这个元素让人感觉它是由坚固的大块石头切割而成的，因而它的作用就是让人们注意墙体的巨大力量。这种通道在构筑防御工事的塔楼中具有实用性，恰恰就是从这里产生了这样的通道。费尔塔德努瓦（Fère-en-Tardenois）城堡的塔楼建于 1200 年，其下部区域与上层建筑展现了一种类似的变化（见第 57 页图）。

　　无比厚重的墙体并不是圣母院与当时的城堡相联系的唯一建筑元素。在法兰西国王菲利普 - 奥古斯特（Philippe-Auguste，1180—1223 年）的统治下修建的一些工程意义最为重大，且最具创新性。更为重要的是，这些城堡与大教堂和修道院教堂一样，兼备象征意义和实用功能：通常，它们的表观力量远胜于其实际的防御能力。盖亚尔城堡（Château Gaillard，见第 56 页图）便是这一观点的最佳例证。这座堡垒由英格兰国王查理一世（狮心王，1189—1199 年）建造，用于在诺曼底边界截断塞纳河，而诺曼底曾属于英格兰，后来成为法兰西皇室领地。这座雄伟壮观的堡垒始建于 1196 年，耗资巨大，仅用了一年的时间就竣工了，然而在 1204 年，菲利普 - 奥古斯特通过长时间的围攻就占领了这座城堡。外部城堡阻断了唯一的天然通道，而在此之后圆形主城堡拔地而起。从正面看，主城堡似乎仅由紧密排列成一线的塔楼构成。整座建筑以城堡为主，城堡由几层楼构成，在这些楼层上形如山嘴的托架突出于外，以支撑上面雄壮的扶垛，而扶垛的形态与主城堡的形态又形成鲜明的对比。

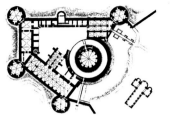

埃纳省库西勒沙托城堡，
约 1225—1242 年（右上图）
城堡草图（右中图）
平面图（左图）
横截面（最左图）

右下图：
曼恩 - 卢瓦尔省昂热城堡
1225—1250 年
西向视图

这样的设计无疑全是出于军事需求，然而同样很明显的是该设计有意表现城堡的强大支承力量。

建于 1225—1242 年间的库西勒沙托城堡（见左图、最左图、右上图和右中图）坐落于努瓦永、拉昂和苏瓦松三座主教制城镇的中央，其结构稍有些复杂，这与差不多同一时期建于昂热的巨大城堡一样（见右下图）。库西勒沙托（Coucy-le-Château）城堡并不单纯是一座防御性建筑。它的位置同样非常接近有权势的库西公爵居住的小镇。这座城堡修建者昂盖朗三世（Enguerrand Ⅲ）在路易九世（1226—1270 年）王朝之初曾试图利用当时不稳定的政治局势扩张势力。那时，国王尚未成年，他的母亲卡斯提尔（Castile）的布朗什（Blanche）垂帘听政。而这座城堡正是公爵野心勃勃的体现。与盖亚尔城堡相比，库西城堡并非构建于悬崖峭壁上最突出的位置，而是位于主城堡和外部城堡之间，三者呈一条直线。因此，人不仅能站在这里远眺前方，还能俯视城镇的居民，而城内的居民必须向这里进贡。由于这座城堡也为昂盖朗三世家族提供起居住所，所以它设有三间宽敞而温暖的房屋。各房间又带有肋架拱顶，似祈祷室一般。然而由于窗户很小，这些房间内很黑。换言之，库西城堡结合了教堂和军事建筑的风格。

与之相比，在昂热，建筑的军事作用占主导地位。这里，皇太后卡斯提尔的布朗什下令建造了堡垒性建筑，以便保护皇族不受昂盖朗等有野心的男爵侵犯。现在堡垒的塔楼伫立于护城河之上，高达 50 米，而原来的塔楼甚至更高，因而整座堡垒的原貌远比现在更为宏伟壮观。此外，这里并没有建造城堡，说明整座建筑旨在构筑防御工事以便驻扎军队，而并非皇家居住地。

正如我们在盖亚尔城堡和库西城堡所看到的那样，这一时期的城堡建筑与其说具有实用性，倒不如说具有象征意义。城堡的建造者，比如盖亚尔城堡的狮心王查理一世，往往不懂得如何明确区分建筑的实际功能与象征意义。若以现代实用主义的观点来看，这似乎令人震惊。然而，中世纪的战争常常就是仪式化和象征性的事件。尽管如此，城堡与教堂建筑的比较也可明确反映出宗教建筑在整体或细节上具有纯粹的理性——这一论述总的来说是不恰当的，因为即便是这段时期内实用性相当强的军事建筑有时也不完全具备"理性"。

现在让我们回到沙特尔。虽然这座大教堂的建筑师并不是一位军事建筑师，但他显然了解此类建筑一系列的设计理念，并将其融会贯通，以构成他希望达到的效果——或者说至少他被要求应实现的效果。

厄尔 - 卢瓦卡省盖亚尔城堡
1196—1197 年间被占领
1204 年遭到破坏
西向视图

埃纳省费尔塔德努瓦城堡，约 1200 年

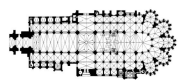

由于沙特尔是法兰西重要的朝圣地，其重要性远胜于苏瓦松，因而建筑师能力必须超越苏瓦松的建筑师。所以，单单扩大教堂规模显然是不够的。他选择一种更为宏大的风格，一种与城堡建筑密切相关的风格。

因而，苏瓦松和沙特尔被认为是两派风格迥异的哥特式大教堂。沙特尔的建筑师虽摒弃了苏瓦松提供的指导方针，但这最终并未让他的成就有任何减损。撇开那些条条框框，建筑师创造了一些新的东西，一些超越了过去一切成就的东西。在此之前，他可能只建造过一座与同时期的圣康坦牧师会教堂（见上图）基本相似的大教堂。圣康坦位于苏瓦松主教郊区，这座牧师会教堂包含了早期建筑所有可用的建筑元素和风格元素。它的创新不是这些元素给人的总体印象，而是这些元素富于想象力的融合。因此，圣康坦牧师会教堂与兰斯的圣雷米教堂一样，设有回廊和分隔的祈祷室，又同布雷纳的圣伊夫德教堂一样，将呈对角线布置的祈祷室作为整座教堂的多个末端。

然而，这座教堂不仅借鉴了 1200 年之前的典范建筑。在圣康坦，建筑师们似乎认真考虑了当时最新的建筑潮流，使其能够在设计中产生超越时代的创造性，比如位于亚眠和博韦（Beauvais）的大教堂的创造性。正因为如此，圣康坦的建筑特色并不单调。它从各种建筑原型中汲取精华。对我们而言，圣康坦的价值在于它提供了一种明确而具有指导意义的典范，该典范与同时代的沙特尔不尽相同，它是在哥特式建筑实现了某种标准化时才创造出来的。在圣康坦，建筑师们乐于合成众所周知的建筑形式与图案。而在沙特尔，新的建筑通过创新性地重塑常见建筑特色而得以实现。

沙特尔的影响与不同风格的发展

沙特尔为哥特式教堂建筑设立了一项高标准，一种看似不能被超越的标准，但是，哥特式建筑并没有达到顶峰。这可能仅仅是因为该大教堂修建得太豪华，太昂贵，以至于给人一种无法被后人超越的印象。

采用模仿的办法去超越沙特尔的案例便是整修兰斯大教堂（见右图）。这与当时的政治需求完全吻合，因为就是在这里兰斯的大主教们将法兰西国王神圣化的，而当时的大主教必须决定怎样做才能让这座大教堂体现传统盛会的重要性。因而，当这座老教堂在 1210 年被烧毁时，人们必须快速将其重建。此时，国王菲利普 - 奥古斯特已接近 50 岁了（当时的人很少活过 50 岁），因而必须为他的继任者举行加冕礼。而事实上，1223 年路易八世和 1226 年路易九世的加冕礼是在同一个正在修建的场地相继举办的。

沙特尔大教堂的影响力究竟有多大，我们从兰斯圣母院大教堂挣脱了当地建筑传统的束缚这一点便可看出。与同城的圣雷米教堂一样，老教堂融合了不同时期的几种建筑风格。因而，兰斯圣母院大教堂更要具有统一性。教堂内低矮的唱诗班座席让整个新中堂看似更加幽深（见第 60 页图），这提醒我们这里仍保留了当地的建筑传统。然而，加冕礼的举行也可能在这里起到了决定性的作用，因为该教堂大部分空间布局都没有改动，这意味着加冕礼的进行包含同样精巧复杂的礼节。因此，新大教堂的建筑师并未采用当时兰斯随处可见的设计——不同历史时期建筑的综合体现，而是依照沙特尔教堂的样式设计。

沙特尔大教堂的美丽在兰斯没有丝毫削弱，因为在兰斯沙特尔样式通过当地建筑传统的细节元素而得以进一步丰富。例如，第一层窗户前内通道的修建、圆室内高拱廊与高侧窗以延续的竖框连接。尽管从附近或远处的教堂还可借用更多元素，但是真正意义不大，借用此类建筑元素，无非是对整体风格加点修饰罢了。有些牵强地说，它们最多体现了建筑师希望借鉴某些历史性的建筑元素，因为新大教堂所采用的建筑风格与沙特尔大教堂的风格不尽相同。

然而，兰斯圣母院大教堂也有意义深远而光彩夺目的建筑元素，它们甚至超越了沙特尔的元素。例如，在兰斯，花窗格的形式取代了沙特尔大教堂中高侧窗上错综复杂的玫瑰花窗，这让兰斯圣母院大教堂顺理成章地划入哥特式建筑，因为窗户开口中的这种精美花窗格有利于丰富彩色玻璃窗的表面形式和窗户的装饰。况且，从技术上讲，相比沙特尔一体成型的玫瑰花窗，花格窗的工艺更为简单，也更易于制作，它只需借助模板一块又一块地拼接玻璃即可。

这样的建筑设计在当时是十分新潮的，因而关于兰斯大教堂及该地区其他教堂的最早的精确建筑草图流传至今，即保存在维拉尔·德亨考内（Villard de Honnecourt）石砌小屋的资料并不是偶然的。

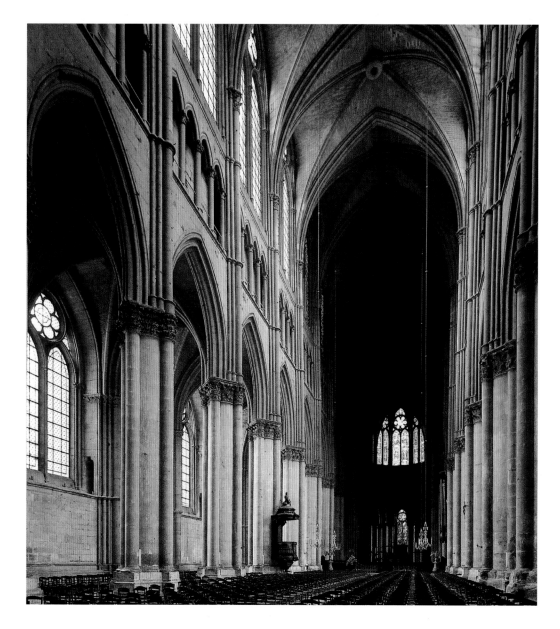

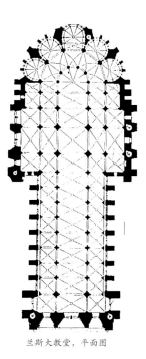

兰斯大教堂，平面图

　　兰斯的唱诗堂同样脱离了沙特尔的建筑风格。由于在兰斯没有必要像沙特尔那样将早期建筑的地下墓室融入地基之中，因而工程量也大大简化。此外，兰斯没有苏瓦松似的坚硬外形，而拥有极为奢华的装饰。辐射状小教堂上有高高的连拱尖顶；扶壁顶部的神龛中伫立着高大的天使雕塑。这样的建筑特色反复在大教堂的外观各处出现，看起来就像是来自天堂的主人们守卫着这座大教堂（见第61页图）。这种样式在沙特尔大教堂中也有。在这里，带雕塑的神龛镶嵌于中堂粗大的扶壁之内，然而它们太小了，无法将扶壁转换为雕塑神龛，也就不能掩饰真实的结构功能。

　　沙特尔仅呈现了技术上的解决方案，兰斯却以细腻的方式展现了丰富的建筑元素。例如，就柱头的统一装饰而言，兰斯采用了独具匠心的装饰性设计，力图模仿自然的叶片，并使其尽量逼真。因此，柱身的直径决定柱头的高度，这一从古代流传下来的原则在兰斯被忽略了，这也是它首次被排除在哥特式建筑之外的原因。在沙特尔也一样，

粗大连拱墩柱顶部的柱头较高，而墩柱两侧小细圆柱顶部的柱头较短。相比之下，在兰斯最古老的部分，细长圆柱的柱头与粗大的墩柱中心一样高，以至于到最后，在大教堂新修的部分中，柱头看似均匀分布的雕带缠绕在墩柱中间和和壁联柱周围。

　　兰斯试图超越沙特尔，但最终不得不遗留下未完成的尝试性部分，因为进一步改动的花费实在太高了。尽管之后的建筑并未构筑于沙特尔和兰斯的奢华建筑群上，即便如此，它们的建筑元素也已逐渐成为哥特式建筑的基本元素。后来的建筑以苏瓦松为效仿对象。从技术上讲，这些建筑更为考究、雅致，也更经济实惠，尽管它其实也是通过效仿沙特尔和兰斯而建成的。

　　亚眠大教堂（Amiens Cathedral）的第一任建筑设计师并不期望亚眠大教堂的富丽堂皇程度能与沙特尔和兰斯比肩。老亚眠教堂于1152年被奉为神殿，它在一场大火中毁于一旦，而这为建造一座全新的建筑提供了契机。在主教埃夫拉尔·德富尤瓦（Evrard de

马恩省兰斯圣母院大教堂
始建于 1211 年
唱诗堂

索姆省亚眠圣母院大教堂
始建于 1220 年
中堂与唱诗堂

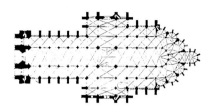

Fouilloy）的主持下，新教堂于 1220 年开始修建。罗伯特·德鲁扎舍（Robert de Luzarches）是公认的第一任建筑设计师和总建筑师，托马·德科尔蒙（Thomas de Cormont）和其子雷诺（Renaud）追随这位建筑师。他于 1288 年完成了大教堂楼层上的第一座迷宫，但保留至今的是迷宫的仿制品。这座迷宫是用来提醒人们铭记这座建筑历史中最为重要的人物和日子。亚眠大教堂前前后后取得的辉煌建筑成就一定源自精确绘制的建筑设计图，而该图为教堂后来的发展奠定了基础，因为老教堂只有新教堂的中堂那么大。新中堂的东面（即后来建造唱诗堂的地方）曾是城墙；西面曾耸立着圣约翰医院；而设计中北耳堂的所在地曾是圣费尔门（St.-Firmen）教堂。因此，新亚眠大教堂奠基时，并不是所有的土地都可用，甚至这些土地都还不属于该资助人。

这种情况在中世纪的建筑中并不特殊，但对亚眠大教堂而言，这就不同寻常了。人们必须从大教堂的中部开始修建，确切地说，是从南耳堂开始的，以便在未来某个时候修建正立面、唱诗堂和北耳堂。尽管如此，这座宏伟的建筑于 1220—1288 年迅速拔地而起。由于工程施工速度快，所以施工所用的具体工期曾在长达几年的时间内都无明确定论。造成这种困惑的主要原因是这座大教堂曾按照中堂和唱诗堂的不同装修风格重建的。到头来，这些不同点原来是统一设计的结果，正是这样的设计赋予了这座建筑不同部位的不同风格。

只有这种与建筑技术结合的完美设计，才让富尤瓦有可能在亚眠建造一座比沙特尔和兰斯更宏伟的教堂。富尤瓦决心避免石块砖瓦层层叠叠的简单堆砌，他没有效仿兰斯和沙特尔的粗大墩柱，而是选择苏瓦松的细长墩柱。虽然单从结构上看，这种墩柱足以承重，但他又采用了沙特尔的四根纤细柱身合围的体系（见第 62 页图）。在亚眠大教堂，支柱体积的缩小换来了支柱高度的增加，所以总体耗费不会超出老式大教堂太多。此外，亚眠的建筑师甚至在唱诗堂内省去了高拱廊的后墙，这在当时是哥特式风格不可缺少的部分。因而，以往哥特式教堂黑暗的高拱廊层现在变得格外明亮，与高侧窗上精心设计的花格窗融为一体。

与苏瓦松、沙特尔和兰斯的大教堂相比，亚眠大教堂的连拱廊和高侧窗并不等高，而连拱廊相当于高拱廊和高侧窗合起来的高度。因此，任何人从西大门进入后，平视四周，几乎找不到任何固定的着眼点。一根根细长的支柱支撑着中堂四壁，而尤为引人瞩目的叶形蛇腹层又将墙壁上部的连拱廊分隔出来，因而墙壁看似被分成了许多空间。与此同时，幽深而高耸的中堂就像是一条长长的隧道，将唱诗班席推

向远方。如此一来，从正门看去，亚眠大教堂的内部给人以强大的震撼力。因为这座建筑最初的修建部位与其他建筑不同，所以它可被看作是了不起的成就。

况且，亚眠大教堂的第一任建筑设计师肯定还将观察者的视角以一种在当时不为人知的方式纳入了他的设计。中世纪时，教堂西立面前，无数小房屋在此密集地扎堆建设，以至于人们难以观赏它的全貌，而现在伫立于教堂前的西立面实际上只是一面薄薄的墙壁，大大削弱了拉昂、巴黎和沙特尔大教堂那样的厚重宏伟之感（见下图和左图）。更令人震撼的景象是大门的完美布局。站在教堂前，平视前方，我们仅可看到大门上的小型浮雕，而这些浮雕描绘的正是救赎故事中的人物与场景。这些浮雕深深嵌于墙壁之内，甚至比之前建筑还要深很多。

它们迫使虔诚的信徒自下而上注视正门，以便他们采用同样谦卑的态度观赏整座建筑，而且教堂内部的陈设布局也会迫使他们采用这种态度。

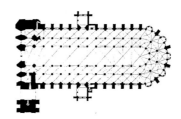

从亚眠大教堂的唱诗堂的外观看（见上图），建筑形式自下而上变得丰富起来。祈祷室之间简朴的扶壁高高耸立，其装饰元素到这里变得丰富起来，从而成为精雕细琢的时尚构件。同时，带透孔拱券的飞拱从扶壁一直上升到中堂的墙壁。在那里，精心装饰的三角墙（每跨间各有一个）与屋檐下的窗台相交，从而构造出一连串尖顶三角墙，好似模仿圣城的正立面。这种三角墙的样式也出现于唱诗堂中高拱廊拱券之上的结构，让人们一看便知这里是高坛，主教和牧师们就在高坛前面的地方聚集。尽管亚眠这座富饶城市的市民在重建大教堂的过程中发挥了重要作用，可它的建筑结构却并未让人们有归属感——事实上，人们觉得自己不属于这里。

就空间的开拓而言，布尔日（Bourges）大教堂可能是亚眠大教堂的效仿对象之一（见右上图和第 65 页图）。从建筑学上讲，布尔日虽与苏瓦松、沙特尔的大教堂在同一时间建造，但却呈现出截然不同的风格。该建筑没有耳堂，内外结构呈现出完全统一的景象。统一的风格通过巧妙地使用陡峭的飞扶壁得到加强。飞扶壁相当薄，并未遮掩建筑的主体。此外，布尔日大教堂拥有双侧堂，这与巴黎圣

母院和罗马式克卢尼修道院教堂一样。侧堂向中堂靠拢时产生了令人震撼的效果。外侧堂虽采用常规高度，但内侧堂却超越了外侧堂，而且拥有自己的窗户。外侧堂的高大连拱廊与中堂的连拱廊相呼应，同时承载了高拱廊和中堂高侧窗的重量。因此，第一层的建筑非常宽敞，而高拱廊和高侧窗与亚眠大教堂一样，越往上越转化为不可及的高度。

布尔日大教堂的墩柱结构非常具有原创性，它忽略了支撑的经典理论。墩柱并未在柱头处结束，而是向上冲向拱顶，成为拱顶中央圆形结构的一部分，突出于墙面之外。这给人的印象是整座大教堂基本由上面是墙壁和拱顶的各组粗大的墩柱组成。这种感觉又因纤细的柱身得以加强，纤细的柱身使夹在它们中间的大部分墩柱暴露在外面。此外，在后堂中，拱顶壁板不得不向下延伸到窗户之间，整个拱顶看起来薄如纸翼。

虽然布尔日大教堂并未采纳北部法兰西哥特式建筑的经典比例，但它迅速成为一座极具影响力的建筑物，尤其是在皮卡迪。所以，亚眠大教堂内增强的空间张力可能就是受到布尔日大教堂的启发。

然而，我们能够确定的是，这种情况发生在始建于 1226 年的博韦大教堂。这座城市曾是法兰西最繁华的地区之一（由于第二次世界大战期间博韦曾遭到严重破坏，我们现在很难想象昔日盛世之景），尽管巴黎的重要性日趋增加，从而让博韦逐渐沦为省府。尽管如此，所有哥特式大教堂中最宏伟壮丽的一座就在此地修建，而且这座大教堂效仿了一些最了不起的典范。正因为如此，博韦的空间结构采用了带侧堂的设计，效果令人震撼，即侧堂在向中心靠拢时高度陡升。正如我们已看到的那样，这与皮卡迪的牧师会教堂一样。

同时，这座建筑与亚眠大教堂有着密切的联系，而人们至今仍难以确认两者究竟是谁影响谁。因为博韦的回廊和内侧堂均比祈祷室和外侧堂还要高，所以这里仍可以像布尔日那样建造一条高拱廊和一排短小的窗户（见 66 页右图）。正因为如此，北部法兰西非比寻常的高拱顶就建于内部回廊之上，从而导致唱诗堂的连拱廊也必须比其他地方的连拱廊陡峭很多。这一效果又因圆室的拱券而得以加强，而此处的拱顶比布尔日大教堂的更狭小。这一元素在博韦唱诗堂的各边本来就不同，此处连拱廊的宽度与布尔日大教堂相同，事实上，甚至超过布尔日大教堂。

谢尔省布尔日圣安堤雅大教堂
始建于 12 世纪晚期
东南向视图（下图）
中堂（左下图）
侧堂（右下图）
平面图（左图）

我们现在无法观摩博韦大教堂的原貌，因为大约在 13 世纪中叶，它的设计发生了变化，那时这座建筑已比最初建造之时改动很多。高拱廊采用金银丝装饰，光线充足，细长的窗户高高耸立着。这座建筑的内部空间超过 48m（见左上图）。这座唱诗堂于 1272 年投入使用，却在 1284 年就坍塌了。造成这场悲剧的具体原因并不完全清楚。显然，这不仅是高度的原因。扶壁的建造可能也出现了失误。这座建筑甚至直到今天都还未完全落成。尽管在 1284 年坍塌后的重建过程中，人们曾让墩柱数量加倍，使必要的支撑方式越来越昂贵。由于唱诗堂是多边形，在坍塌中幸存下来，唱诗堂那紧密排列的拱券样式可继续得到利用，新墩柱设于各边连拱廊的中间。

这意味着大教堂要失去其内部原有的开口，但是因为跨间的序列更为紧密，从而加深了人们对高度的感受。

16 世纪，耳堂竣工之后，接下来的工程并未从中堂开始，而是选择标志性的十字部塔楼。这一选择是灾难性的。1573 年，十字塔楼刚刚竣工就倒塌了，而且造成了严重的破坏。在唱诗堂的第一层，可看见 1575 年再一次重建这个拱顶的过程。在此之后，它就再也没有完成，直到今天。

虽然人们尚不知晓第一次坍塌的明确技术原因，但是博韦大教堂再也不会丝毫不改动原设计而像之前那样修建了。而博韦大教堂也由此成为一座拥有像苏瓦松、沙特尔、兰斯和亚眠那样巨型高侧窗的大教堂。若整座建筑遵照北部法兰西流行的教堂的标准设计，那么它从布尔格借用的空间布局设计就会逊色许多。

在回廊和祈祷室之上，那高耸入云而又巧妙融合的各空间最终仅仅充当了一面背景墙，把内部唱诗堂推向遥不可及的高空。

为什么 1200 年左右的布尔日是唯一一座具有如此非凡风格的
法国哥特式大教堂？原因有很多。作为法兰西中心地区著名的大主
教管区的教堂，布尔日大教堂当然享有极高的政治地位。布尔日大
教堂同样继承了巴黎圣母院和克卢尼修道院教堂等一系列重要建
筑的建筑主题。许多细节提示我们建筑设计师来自法兰西北部莱昂
和苏瓦松附近，那里的建筑文化得以高度发展。然而，所有这一切
并不能真正解释为什么布尔日大教堂不仅在各个方面均与哥特式
风格起源的中心——法兰西岛的哥特式教堂不同，而且与香槟省
（Champagne）和皮卡迪省邻近地区的教堂也表现出如此大的差异。
那么布尔日大教堂的独特风格是因为它远离该地区的政治和建筑学
中心，因而建筑师可随心所欲地进行更自由的尝试吗？这个问题通
常只会引人思索，而不会有任何明确的答案。然而，它最终让我们
将注意力转向建于 12 世纪末到 13 世纪之初位于哥特式起源和发展
的中心地带之外的那些哥特式建筑。在这些地区，伟大的修道院教
堂和大教堂曾一次又一次地树立典范。

香槟省与皮卡迪省的哥特式建筑

从地缘和政治上讲，香槟省的兰斯主教管区和延伸至勃垦第的桑
斯（Sens）主教管区应归入哥特式风格的中心地带。与巴黎相比，这
些中心地区位于皇室领地的边缘，也就是在这里，建筑的原创性很早
以前就体现出来。因为，建筑师们从这里不仅了解了法兰西岛的早期
哥特式风格，而且看到了同时期勃垦第地区的罗马式建筑。所以，这
里的教堂能够体现出高度原创性，后来成为哥特式建筑的起源。

1157 年，由香槟省伯爵修建的普罗万（Provins）的圣吉瑞亚斯
（St.-Quiriace）牧师会教堂就是个例子（见右上图）。普罗万是声名
远扬的香槟节举办地之一，欧洲的商人们定期会在这里集会。圣吉瑞
亚斯牧师会教堂就坐落于桑斯的主教管区之内，因而该建筑肯定具备
桑斯大教堂的基本特征。最明显的就是它的三层式立面，以及承受拱
顶重量的突兀墩柱与极为细长的圆支柱的对比。然而，普罗万的建筑
师有更多的发挥：他为高拱廊配备了更多柱身，数量甚至远多于桑斯
的大柱身；他通过辅以引人瞩目的锯齿形图样，重塑了厚重的横向拱
券，使之更富有装饰性。

就空间给人留下的印象而言，这里拱顶的变化尤为重要。普罗
万教堂并没有像桑斯大教堂那样将拱顶分成六个部分，导致拱肋数

量增多，建筑结构的装饰性大大增强。普罗万教堂比桑斯大教堂小
很多，在大教堂中装饰元素的效果会因巨大的内部空间而受到抑制，
所以建筑的装饰性元素对普罗万教堂而言肯定比对桑斯大教堂要重
要得多。

蓬提尼属于勃垦第地区，蓬提尼（Pontigny）西多会修道院教堂
到桑斯的距离与普罗万到桑斯的距离一样。最初活跃于整个欧洲的修
会曾以五大修道院作为中心，而蓬提尼是其中唯一一座留存至今的建
筑。而其他四座修道院——西都（Cîteaux）、克莱尔沃（Clairvaux）、
拉菲特（La Ferté）——没能在法兰西大革命等灾难中幸免。整个
12 世纪下半叶，蓬提尼西多会修道院都一直在施工中。整座教堂刚
刚竣工之后，仅有几十年历史的东唱诗堂就被立即推倒，以便修
一座更大的建筑（见第 68 页图和第 69 页左上图）。这么做是必要的，
这为越来越多的牧师和修道士提供了每日做弥撒读经的机会，而这是
西多会规定的准则。

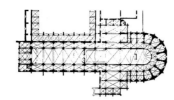

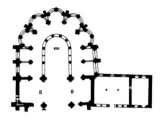

　　虽然修建唱诗堂的具体时间尚无人知晓，但从其风格来看，它被认为是 12 世纪最后三十几年的作品。这座教堂呈现出了西多会教堂不同于以往的奢华风格，而西多会明文禁止在建筑上超额花费。因平面设计图的匀称性，呈辐射状分布的七座祈祷室与多边形的各边一一对应。出于西多会的惯例，这里的祈祷室数目众多。这就意味着这座教堂的祈祷室数量达到了当时之最，超越了所有大教堂。蓬提尼圣母院西多会修道院教堂后堂的构成包括十四边形的七条边，外加半个开间（标准为十边形的五个侧面）。因此，这座教堂拥有更多圆柱和窗户，而圆柱和窗户的轮廓与唱诗堂拱顶的拱肋让高大的唱诗堂成为一座精美绝伦的建筑。虽然，就建筑学而言，回廊内精美的拱肋以及外部雅致的飞扶壁等都是必需的，但从理论上讲，人们很难将这座建筑与西多会倡导的简朴之风联系起来。

　　蓬提尼的修道士仅用了几十年的时间就修建了自己的教堂，而且竣工后又立即对其进行整修。由此可看出，尽管他们发誓一生甘于贫穷，但实际上这些修道士非常富有。相反，规模比它小很多的圣吉瑞亚斯牧师会教堂却一直都没有完成修建。

　　大约在修建蓬提尼的同时，另一座新的唱诗堂也在勃垦第地区的维泽莱（Vézelay）圣马德莱娜（Ste.-Madeleine）教堂修建。当时，因为传说圣玛利亚·玛达肋纳（St. Mary Magdalene）的圣骨保留于此，众多的朝圣者前来参拜，使得维泽莱门庭若市。可是后来，人们在普罗斯旺（Provence）的圣玛德琳又发现了玛达肋纳的圣骨，而且教皇称这才是真正的圣骨。因此，到 1270 年后，维泽莱圣马德莱娜教堂的朝圣者数量骤减，这座昔日的朝圣名城就此沉寂了。

　　与圣丹尼斯修道院和兰斯的圣雷米教堂一样，维泽莱的哥特式唱诗堂（见右图）与其罗马式旧中堂形成鲜明对比，而唱诗堂看起来就是中堂的聚光地。这座唱诗堂不仅勾勒了内部的空间轮廓，而且突出了整座教堂的宏伟外观。因为教堂坐落于山尖，可俯视整个维泽莱，人们在很远的地方就能望见这座教堂。而这座教堂内部精雕细琢的设计需要我们进行细致入微的分析。首先，与普罗万的教堂一样，维泽莱的唱诗堂采用了桑斯大教堂的三层式立面，它甚至还采用了更细微的元素——柱身由条形圆箍线脚划分。双墩柱的样式再次在这里出现，尽管只在北边出现了一处，南边还是采用单根细长圆柱。这种独特的对称性却将参观者的目光引向明确视点。细长的双圆柱是这座唱诗堂最纤细的支柱，而它们所在的位置恰恰是其他教堂采用最粗大的墩柱支撑的部位，即立面墙与多边形区域之

间的位置。如此一来，维泽莱的建筑师就巧妙地解决了教堂东端各部分的过渡问题。况且，这一解决方式不仅新颖，而且与前人的所有设计完全不同，特别与桑斯和普罗斯旺的教堂所采用的设计截然不同。

　　此外，我们还可从拱顶入手彻底弄明白维泽莱的问题：拱顶设计并不是一系列相似的构件，而是大小相同的隔间。六分、四分以及多边形拱顶一个接一个地跨过圆室。因它们拥有同样狭小的开间，而在此没有展现明显的结构差异。横向拱券一般比拱肋更纤细，在这里却和拱肋一样粗壮，因此从视觉上看它们并未明显将一个个拱顶分隔，而是与拱肋混杂在一起，构成均匀的立体建筑装饰。

　　维泽莱的建筑师结合其他几项装饰效果，更加突出了各式各样的拱顶所产生的视觉结果。不同的是，他并没有让墙拱抬升至拱顶石的高度。此外，拱顶起于高拱廊的上蛇腹层，这也是打破常规的做法。这样有助于将拱顶从一个与墙面垂直而设的突出建筑结构转化为一个

下一页：
约讷省欧塞尔圣安堤雅大教堂
始建于 1215 年
外观（上图）
中堂和唱诗堂（左下图）
唱诗堂的轴向祈祷室（右下图）

硕大无比的华盖。奇怪的细墩柱，或单或双结合拱顶的布局考虑，这些细墩柱的作用就变得清晰可见——标记跨间的实际边界，而人们原以为这是其紧邻的粗大墩柱所起的作用。换言之，连拱廊区域内跨间的结构与拱顶并不匹配，而这显然偏离了哥特式建筑通用的结构原则。

在维泽莱，建筑师对视觉效果的重视远远高于对建筑逻辑连贯性的重视。相邻墩柱之间的宽大间隔通过细长的支柱而分隔，以至于支柱上的拱顶变得轻薄，实际像圆室的拱顶一样低矮，从而使圆室的结构向外延伸至两侧墙壁。

从回廊和辐射状祈祷室的结构来看，显然维泽莱的建筑师巧妙地将底层平面与上部结构分成两个实体来设计。底层只有回廊和几座幽深的祈祷室。而从窗户高度来看，分隔的墙壁消失了，各祈祷室在两侧相互连通。如此一来，维泽莱在这一层面的平面图与圣丹尼斯修道院相似：极其狭小的各祈祷室与双回廊连在一起，同时又在与外回廊共用的拱顶下连成一体。因而，当时广为人知且最重要的两种不同设计，即带双回廊的祈祷室、后单回廊的祈祷室，在维泽莱得以并列呈现。综上所述，这座唱诗堂充分展现了 12 世纪最后几年，即使建筑师对法兰西岛的哥特式风格已烂熟于胸，也可建造在风格上如此与众不同的建筑。

正如维泽莱的建筑师找到了统一墙体连拱和拱顶结构的办法，几十年后，欧塞尔（Auxerre）的设计师也发现了分隔墙体与结构元素的方法。大教堂唱诗堂的重建始于 1215 年，尽管规模比沙特尔大教堂小，但它基本参照了沙特尔大教堂的样式，采用三层式立面（见第 71 页上图和左下图）。事实上，建筑师就是想造小一点的教堂，因为这里采用的墩柱、壁联柱和高拱廊柱身等承重元素要纤细许多。与沙特尔大教堂的墩柱相比，欧塞尔大教堂的圆形墩柱更精致，而且明显更纤细。为了避免单簇集柱过于突出，墙肋的柱身并未设于墙体之前，而是以壁龛的方式嵌入墙体内。这一构思显然不是新想法，因为兰斯圣雷米大教堂的轴向祈祷室也采用了同样的方式。然而，只有在欧塞尔大教堂，这种方式才在整座建筑中发挥最大作用。此外，欧塞尔大教堂窗龛顶部的收尾方式非常独特，即在拱顶和窗玻璃中间形成单独的空间。

建筑师巧夺天工的技术与精雕细琢的设计通过唱诗堂的轴向祈祷室（至今未改动）得以充分展现。在那里，拱顶犹如一块独立的

华盖（见第 71 页右下图），而祈祷室开口处的两根圆柱看起来就像是华盖的两根撑杆。

第戎（Dijon）圣母院教区教堂的中堂建于 1225—1250 年（见第 72 页右图），其外观呈现了欧塞尔大教堂的样式，但并未完全模仿此类建筑风格。第戎圣母院教区教堂的规模当然小很多，因而高侧窗也相对矮小许多。此外与欧塞尔大教堂不同，圣母院教区教堂拥有统一的圆墩柱，这些圆柱还结合六肋拱顶形成韵律感。巴黎圣母院就是拱顶结合的经典范例。此处，三根一簇的壁联柱攀附至拱顶的半黑暗区域，与更迭的拱肋结构融为一体。第戎圣母院教区教堂的建筑设计师采用完全不同的办法解决壁联柱与拱肋的搭配问题。因为拱肋在拱顶起拱点的数量有变，下方壁柱的数量也发生了相应变化。前一根墩柱带有三根壁柱，后一根墩柱带有一根壁柱，沿着整个中堂的墩柱就如此更迭交替。因此，拱顶和壁联柱为整个结构空间增添了韵律美。又通过形式一致的成行圆墩柱、高拱廊以及与欧塞尔一样设于壁龛内的高侧窗，从而使这种韵律美得以加强。如此一来，两种不同的序列重叠在一起。为了突出这一效果，建筑设计师将拱顶横向拱肋下的三根一簇的壁联柱远远相隔，以至于人们无法看见壁联柱之间的墙体。这一特点在连拱拱券的起拱点尤为明显，拱券的轮廓在壁联柱后延续。

此外，欧塞尔侧堂壁的建筑元素再次在这里出现，即每个跨间内，窗户呈统一高度，排成一条线。这些窗户三扇一组，与由相似的三部分构成的高拱廊相呼应，整片高侧窗看似要被一系列精致小巧而大小一致的尖顶窗打破。这个元素同样强化了中堂壁的一致性与密集分布的序列感，从而突出了与拱顶宽壁拱券的对比。

正立面（见第 72 页左图）为独特的法国哥特式建筑，成行拱券重叠叠的样式再次出现。在精心设计的大门上，展示性的墙壁巍峨耸立，采用浮雕楼廊和紧凑的成排雕塑装饰，给人留下了极为深刻的印象。

即使是法兰西岛东南部，即勃艮第地区的建筑，或多或少都会以中心地区大教堂的建筑风格修建。尽管如此，建筑师们似乎还是保留了一定的独立性。

建筑师发现的那些精妙绝伦的处理方法，如维泽莱大教堂底层和上层的分隔方式，欧塞尔大教堂支承结构的缩减方式，第戎圣母院教区教堂墙面各层间韵律的变幻方式，在 13 世纪中叶及后来都对巴黎的建筑有着深远的影响。

70

71

诺曼底的哥特式建筑

　　令我们诧异的是，毋庸置疑，尽管诺曼底的哥特式建筑具有非凡的品质，但学者和历史学家并未像关注法兰西岛或勃艮第地区同时期的建筑那样关注诺曼底的哥特式建筑。当时，法兰西岛早期哥特式建筑的知识迅速传遍整个诺曼底及其周围地区。早在诺曼底还属于英格兰皇室，尚未在 1204 年被法兰西国王菲利普 - 奥古斯特征服之前，哥特式风格就已开始在这里出现。例如在利雪（Lisieux），大教堂的重建始于 12 世纪 50 年代，这些教堂非常逼真地效仿了莱昂的立面，但并未采用其高拱廊的建造形式。

　　征服者威廉的葬身之所——卡昂的圣安堤雅教堂，其唱诗堂结构非常与众不同，富有极大的创意。12 世纪末，老后堂被流行的带回廊的唱诗堂取代（见第 73 页右上图和右图）。新建筑上铭刻的碑文告诉我们这位建筑师的名字是吉杨穆斯（Guillelmus）。这座建筑的平面设

计图显然效仿了圣丹尼斯修道院，因为该建筑也将祈祷室添至回廊，从而使两者相互连通；同时，装饰元素又明显源自坎特伯雷大教堂（Canterbury Cathedral）。然而，老教堂的建筑设计师也发挥了重要作用，老教堂的高拱廊、楼廊和高侧窗等各层次的结构在新唱诗堂中得以保留。更为重要的是，诺曼底式做法中典型的罗曼式厚壁也被保留了下来。正因为如此，圣安堤雅教堂的墩柱和拱券比同时期法兰西岛教堂内的粗壮许多，因而可采用大量柱身和轮廓进行装饰。这种厚壁的一大特点是可分为层层叠叠的几层墙壁。吉杨穆斯显然热衷于运用这一特点：他在连拱廊的拱肩上凿出圆花饰，似乎有意呈现墙体内部的面貌，又在高侧窗前建造了一条阶梯式连拱廊。这种层叠式的墙壁结构从圆室的墩柱看尤为明显。这里，墩柱由相互重叠的两根圆柱构成，看起来像是内圆柱支撑着中堂的内层，而外圆柱支撑着中堂的后壁。

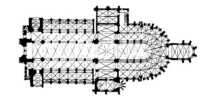

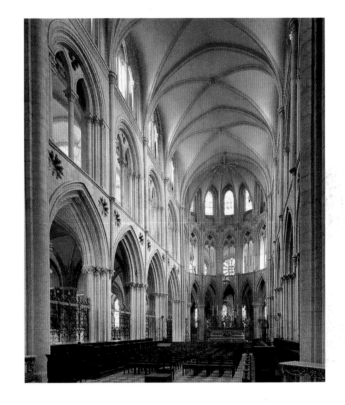

　　圆柱这一元素可追溯至桑斯早期的哥特式大教堂，以及以此为基础建造的坎特伯雷大教堂等建筑。然而，圣安堤雅教堂的这种"双诺曼底式圆柱"超越了前人，极大地丰富了建筑的装饰性，甚至增添了不少乐趣。这一设计的特点在于柱头上的圆形顶板让双圆柱的每根圆柱看起来是分离的。而在桑斯大教堂，两根圆柱设于同一四方形顶板之下。

　　圣安堤雅教堂圆室的双圆柱结合圆形柱基和柱头上的顶板，是诺曼底哥特式风格最受欢迎的样式。库唐斯大教堂（Coutances Cathedral，见右下图和右图）也采用这种样式，且大约从 1180 年以后逐步自东向西整修。正立面仅有些许改动，大部分中堂结构得以重建，以至于人们几乎意识不到这里仍保留了大部分罗马式墙壁。中堂的正立面与卡昂的圣安堤雅教堂的唱诗堂类似。然而，这里三根粗大的壁联柱拔地而起，并与斜向和横向拱肋相连，从而让墙壁与拱顶的布局构成逻辑上更为连贯的关系。而在卡昂的圣安堤雅教堂，这种墩柱元素仅出现在唱诗堂后堂的起始部位。此外，与细长的壁联柱一样，立面墙上此类墩柱起于底层水平，向上延伸至楼廊下的蛇腹层水平时就变得更为突出，最终成为拥有复杂轮廓的拱顶拱肋。

　　库唐斯圣母院大教堂的唱诗班席可能于 1220 年左右开始修建，它代表了一种全新的建筑。其侧堂转化为双回廊和祈祷室。祈祷室并不是很狭长，从而与外回廊共享一个拱顶，即与圣丹尼斯、卡昂和沙特尔教堂的结构相似。然而，库唐斯圣母院大教堂的侧堂也并非处于同一高度，而是像布尔日那样，越向中堂靠近的部位越高。适用于中堂的三层式立面仅见于唱诗堂的内侧廊，而中堂的中部仅采用了连拱廊和高侧窗，这样简单的格局看起来似乎很宽敞。罗曼底的传统后壁也被分成几层，以至于内部的结构元素完全与外墙和窗户分离。

　　后堂中与双圆柱类似的建筑元素也效仿卡昂的圣安堤雅教堂，分隔了唱诗堂内垂直部分的集柱。因此，两种支柱看起来像是融为一体的，前连拱廊支撑着中堂拱顶，而后连拱廊支撑着侧堂的拱顶。

　　库唐斯的唱诗堂外观（见第 74 页图）的特点是：突出的楼层与粗大的扶壁（实际上是三角墙）之间形成强烈的反差。连同以石砌小塔为顶的楼梯塔，三角墙将人们的视线引向十字交叉部塔楼。虽然它并未成为整个外观的焦点，但从里面看时，它又给人一种非凡的印象。

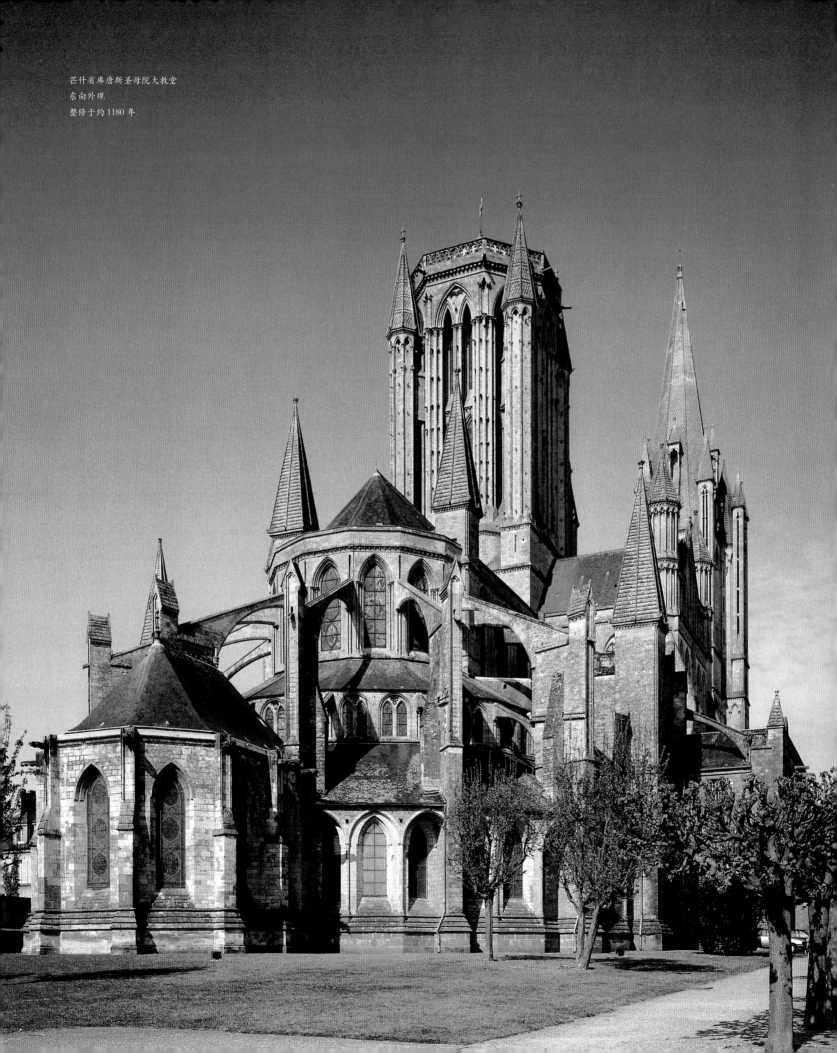

塔楼之上耸立着富于装饰的交叉拱，好似一尊硕大无比而又精雕细琢、流光溢彩的灯笼。十字交叉部塔楼建造完成之后，正立面的塔楼就要建造得更高。也就是说，13 世纪中叶所开展的整修工程终止于 70 年前开始修建的教堂西面。

巴约圣母院大教堂（Bayeux Cathedral，见右图）被称为库唐斯的姊妹教堂，两者均效仿了卡昂的圣安堤雅教堂的唱诗堂在扩建时所采用的风格。巴约圣母院大教堂的重建从唱诗堂（约 1230—1245 年）开始，其豪华的建筑装饰与库唐斯圣母院大教堂形成了鲜明的对比。除了圆室的双圆柱以外，所有墩柱均取自卡昂的圣安堤雅教堂，由大量带金银丝装饰的柱身将其合围，而拱券的拱腹也形成各式各样的形态。带有方形、八边形或圆形顶板的大量柱头以史的新颖方式将墩柱、拱券和拱顶联系起来。

1150—1175 年建造的巴约圣母院大教堂南耳堂正立面上，丰富多彩的装饰与一系列效仿当时法兰西岛辐射式建筑的元素融合在一起，相得益彰，妙趣横生。比较巴约和库唐斯圣母院大教堂的外观，我们可发现其中一座教堂的设计师实际上是运用了大量精细的装饰元素，而他的同行却努力通过大块砖石的对比达到期望的效果。

这两种设计趋势同时出现于 1210—1228 年在圣米歇尔山（Mont-St.-Michel）修建的梅尔维尔修道院（Merveille，见第 76 页左下图和左上图）。法兰西国王菲利普-奥古斯特征服诺曼底之后，梅尔维尔修道院就不再仅仅是一座矗立于诺曼-英格兰（Anglo-Norman)领域的修道院。那时，梅尔维尔修道院已成为法兰西的边关，以英吉利海峡为界与英格兰分隔。因而，人们在那时重建了这座极为奢侈的修道院。

这座峭壁上的教堂实在没有更多的空间，所以石屋、修道院的各种客房、修道院回廊等合在一起形成一幢建筑。因此，这里修建了坚实的地基，整座建筑呈堡垒样的外形。这种外观背后隐藏着一系列精美的房屋，从下至上越来越典雅别致。

顶部的修道院回廊是圣米歇尔山上的一件绝世精品（见第 76 页右上图和右下图）。从这条未设拱顶的回廊中，参观者们透过两条相对而设的连拱廊可观赏到内院的风景。

纤细的拱顶跨过这两列拱券形成狭小空间，拱顶的拱肋又部分交叉。这可能是模仿大自然的一种尝试，因为连拱廊的拱肩上也有

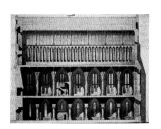

壁，这种风格是不可能实现的。

相比之下，唱诗堂的建筑结构则朴素许多，它借鉴了来自法式哥特式风格的各种元素。与卡昂圣安堤雅教堂的唱诗堂一样，这里丝毫没有表现出要装饰墙面和墙体轮廓的意思。然而，因为这座唱诗堂拥有由连拱廊、高拱廊和高侧窗组成的三层式立面，不同于诺曼底地区的惯常做法，所以它与法兰西岛的联系更多。

与此类似，在该地区内其他建筑中，在中堂正面窗户前铺设通道的做法比比皆是，而在这里却被省略了。然而，因为各层次的分隔抬升了中堂蛇腹层的高度，设计师又对教堂原来的陈旧部分做了一些考

许多诺曼底建筑的叶形圆花饰，花饰的种类异常丰富，雕刻手法浑厚。通常带有叶形装饰的细圆柱柱头却没有添加任何装饰，这是设计者有意体现圆柱和连拱廊的"纯粹"结构与以大自然为装饰元素的拱顶区结构之间的对比。

若上述建筑体现了诺曼底的哥特式建筑具有的独立性，那么其他建筑则反映了与法式哥特式风格忽远忽近、若即若离的关系。其中之一座是鲁昂（Rouen）圣母院大教堂。整个 12 世纪中，这座建筑一直在扩建和整修。从鲁昂圣母院大教堂的正立面仍可看到这个时期的一些形迹。1200 年，一把大火烧毁了整座城市和大教堂，因而有必要建造新的建筑。可当时事情并未照着一般逻辑发展。1237 年，在中堂竣工之前，按照琼·德安德斯里（Jean d'Andeli）的设计，一座时髦的唱诗堂被奉为神殿，而这与建筑设计师安吉利（Enguerran）有关。

鲁昂圣母院大教堂中堂（见第 77 页左图）看起来像分成四层，然而，侧堂上的连拱廊和楼廊之间显然没有拱顶。拱顶的起拱点本来应是拱肩完成的地方，这里却仅采用了分离式柱身构造。这些柱身的作用仅仅是增添装饰性吗，还是掩盖建成后又因设计的改变而废弃的侧堂拱顶的柱基？人们对此仍有争议。

无论如何，中央中堂的墩柱和连拱廊的拱券呈现了丰富多样的轮廓与样式。这被视为典型诺曼底地区的风格，因为如果没有传统的厚

虑。同样，带有三间伸展祈祷室（中间一间于 1302 年重建）的回廊肯定仿制了原来 11 世纪的建筑结构。

十字交叉部塔楼楼顶在 1822 年遭闪电毁坏，因而重建时采用铸铁建造，直到 1876 年才竣工。该塔楼是 12 世纪和 13 世纪诺曼底哥特式建筑的另一典型建筑样式。两座耳堂正立面的相似性尤为明显，即使自 1280 年起，这里又融入了全新的巴黎辐射式风格。因此，在鲁昂（Rouen），不同来源的风格以独特的方式融合在一起。此外，这里综合运用了传统与时兴的建筑样式，因而这座大教堂本质上具有诺曼底特色。在哥特式风格最先出现的地区中，资助人既想同时展现新与旧的风格，又想以一种纯粹的样式建造风格一致的教堂。与之相比，诺曼底的设计师显然更乐于不停地修改建筑设计（事实上，通常是没有必要的），而对风格的一致性或纯粹性不做太多考虑。如此一来，这里就产生了许多具有高度原创性而不单调乏味的建筑。

勒芒大教堂正是这样一个例子，我们之前已提到了它的中堂（见右图）。与北部边塞的诺曼底一样，1204 年，萨尔特省的勒芒市与其他英格兰国王的法属领地一起落入法兰西君王的手中。1217 年，

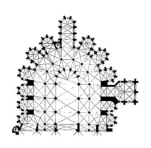

国王菲利普 - 奥古斯特恩准大教堂的牧师会推倒城墙，并在原地建造一座规模宏大的新唱诗堂。虽然那时因为发生了地面滑坡，需要首先进行一些造价颇高的基础工程，但还是在 1254 年就准备就绪并开始修建了唱诗堂。

整座唱诗堂效仿了布尔日大教堂的样式，即侧堂由外向内逐步升高，但它并未采用布尔日小巧的祈祷室，而是用一圈大而深的祈祷室与唱诗堂的外回廊相连（见上图）。这属于大教堂的扩建。由于原有部分有棱角和粗大的扶壁，看起来与苏瓦松大教堂有许多相似之处。所以，人们普遍认为勒芒的雏形源自苏瓦松。

勒芒建筑师的继任者完成中部唱诗堂高侧窗下的剩余部分，建筑师肯定也来自诺曼底附近。因为他不仅运用了该地区一系列的典型建筑元素，比如圆室的成对圆柱和各式各样的连拱廊，而且他还设计了与巴约（Bayeux）圣母院大教堂唱诗堂回廊相似的，由连拱廊、回廊和高侧窗构成的唱诗堂回廊的正立面。楼廊连拱廊上拱肩的装饰又似乎是出自 1228 年完成了圣米歇尔山工作的雕刻师之手。

中堂的上层由另一位建筑设计师于 13 世纪中叶开始建造，这位建筑师引入了当时流行的法兰西岛的风格。花格窗的构造明显反映了这一点，它再度采用了圣夏贝尔教堂（Ste.-Chapelle）的样式以及建于巴黎圣母院北面的小教堂的风格。然而，除了这些风格上的差异以外，勒芒大教堂的原唱诗堂似乎在整体上更为统一，这主要是因为明显一直都在遵循总体设计方案，而仅在细节上有所变化。例如，唱诗堂虽然与 12 世纪的中堂仅在规模上不同，但设计师并未无视它的存在。若参观者从西门进入中堂，首先映入眼帘的是令人难忘的场面，越往里走时，场面就越壮观。

也许，勒芒大教堂就是这样一种哥特式大教堂的完美典范，它不仅融合了不同时期、不同地域的风格，而且还兼具各式各样的建筑类型，因而它看起来是那样驳杂，完全没有章法。自 13 世纪中叶以后，勒芒大教堂呈现的风格逐渐成为整个欧洲的典范，这绝非意外。

西部法兰西的哥特式风格

西部法兰西的资助人和建筑设计师跟其他地区的不同，他们不仅没有采用法兰西岛的建筑发展成果，而且在很大程度上不了解法兰西岛建筑的发展成果。即使他们可能采用了某些单个元素，比如窗户的花饰窗格，但绝对不是效仿经典哥特式大教堂，比如长方形厅堂式立面、回廊和辐射状小教堂。

普瓦捷（Poitiers）大教堂拥有几座带回廊的罗马式教堂，而这座城镇的大教堂仍呈四方形，中堂和东部两边的耳堂在同一高度上（见第 79 页左图）。这座大教堂大约于 12 世纪 50 年代开始修建，1162 年，因英格兰国王亨利二世及其妻子阿基坦的埃莉诺慷慨捐资，工程进度大大提前。三座平行而极为狭窄的后堂切入西面绵延的立壁，这不仅让回廊和辐射状小教堂就此消失，而且没有一丁点儿圆室的痕迹。相反，教堂里里外外给人的主要印象是结构和空间的高度统一，尤其因为它是一座厅堂式教堂，中堂和侧堂差不多是在同一高度上。

该设计反对建筑不同构件之间有强烈反差，而这在其他地区是哥特式建筑的重要特征。即使是普瓦捷大教堂效仿的原型——西部法兰西常见的更为古老的厅堂式教堂，也没有呈现出像普瓦捷大教堂那样匀称一致的中堂和侧堂。

维也纳普瓦捷圣皮埃尔大教堂
12 世纪下半叶
平面图（右图）

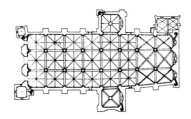

曼恩 - 卢瓦尔省昂热
原圣赛日本笃会修道院
唱诗堂，13 世纪早期
平面图（右图）

普瓦捷大教堂内壁效仿普瓦图省的传统立面，即高高的墙连拱饰之上耸立着带有大窗户的浅壁龛。与昂热大教堂一样，拱顶像圆顶那样向中部突起，而唱诗堂西面的两个跨间（与此相比，大教堂的中堂还要高一些）被极为细长拱肋分成了几个部分。这些拱肋将每个拱顶分成八块，因为拱肋的设计像通常那样不仅呈对角线式斜向延伸，而且在横肋和墙拱之间。这就意味着只有一半的拱肋可通过壁联柱向下延伸。

因此，墩柱之间出现了奇怪的差异，粗大的半壁柱与拱顶之间的拱券以及拱顶对接，拱顶如同窄窄的风帆横跨在墩柱之间。因此，墩柱与拱顶之间的结构联系也相对变得薄弱。可见建筑师不遵守流行的哥特式建筑规则。整个施工过程持续至 13 世纪后期，在这期间设计方案经过了几次改动。然而，就是在这一时期末，修建西向正立面时，普瓦捷大教堂终于和另一种哥特式建筑风格画上等号了。

普瓦捷大教堂入口区域的结构与布尔日大教堂相似，而一直到 13 世纪后半叶才修建的玫瑰花窗又仿造了巴黎圣母院的玫瑰花窗。诺

曼底和普瓦捷均于 1204 年成为法兰西的领土，而早在这以前，皇室领地的哥特式风格就已经流传到了这些地区。即使在此之后的很长一段时间内，皇室领地的哥特式风格对西部法兰西的意义仍然不大。

在昂热的圣赛日（St.-Serge），建筑师们建造了带有延伸的轴向祈祷室的双侧堂式四方形唱诗堂（见右图）。

汇聚于顶部中央的纤细拱顶网架相互支撑，没有必要添加任何扶壁。由于正面跨间已拥有昂热那样的八面拱顶，唱诗堂末端以及墙角处拱肋的数量也进一步增多。这样更为丰富的布局不仅达到了装饰的目的，而且还承受了拱顶的纵向压力，特别是建筑边缘处的拱顶。由于拱顶的斜向压力减轻了，唱诗堂的墩柱也就变得极为纤细，好像稍微大一点的压力墩柱就会坍塌一样。

圣赛日修道院的唱诗堂成为拥有最多金银丝装饰的哥特式会堂。原因可能是当地善用肋架拱顶。12 世纪中叶，肋架拱顶就已开始运用于修建昂热当地的大教堂。在这里，法兰西皇室领地的影响甚微，至多有一点儿作用。

维拉尔·德亨考内
《石匠的草图》
墩柱和窗户石制品的草图
巴黎国家图书馆（Bibliotheque Nationale）

辐射式哥特风格

新建造方法与风格创新

直到 13 世纪 20 年代初，大至大教堂，小到教区教堂，许许多多哥特式教会建筑已在皇室领地及其周围地区拔地而起。频繁的建筑活动同样促进了技术的进步。因此，巴黎圣母院等建筑中墙面与支承系统的"解体"不仅仅是出于美学的考虑，而且是修建技术进步的产物。在这方面，13 世纪的建筑师比他们的前辈拥有更为丰富的经验，在建筑设计方面更加游刃有余。同时，建筑方法也更合理化：石料成品的制作方式不再是单块石头的切割，而是成批生产，既节约了成本，又提高了施工的速度。此外，整个施工过程也得以更好地规划，这不仅影响整个工程安排，还影响建筑本身。

这一优势最重要的工具便是建筑草图，建筑草图在短时间内就获得了巨大进步。小比例平面图大约出现在 1220 年，它是用圆规和直尺在抹灰底层或墙上勾画的平面图。它由在建筑用地上用绳索和标杆标记的大棋盘式平面图演变而来，这种大平面图只能提示教堂的基本布局。这些小平面图最初能显示容易勾勒的单个几何细节，比如玫瑰花窗，但小平面图开始反映整个设计平面还是很久以后的事情了。

在 1220—1230 年，建筑师和建筑设计师迈出了决定性的一步，他们开始在羊皮纸上绘制小型草图。采用这种方法，大大小小的形状均可被临摹和复制，以便为雕刻师和石匠提供更为精确的细节。那个时候，维拉尔·德亨考内（Villard de Honnecourt）的名作《石匠的草图》（见右图）全面描述了建筑草图的各种功能和类型。事实上，维拉尔可能并不是一位建筑设计师，但他的手稿展现了人物、动物、设备、装饰物、雕塑以及许多与教堂无关的东西，这说明那段时期大教堂住宿区的布局与细节意义重大。他曾亲自到康布雷（Cambrai）、拉昂、兰斯、沙特尔和洛桑乃至匈牙利绘制草图。

这种采用羊皮纸作画的新建筑设计方法使在羊皮纸上绘制临时草图成为可能，进而可通过图解来尝试新的构思。此外，草图容易传阅，这样建筑设计师就不用亲自跑到现场，而在任何其他地方都能了解到最新的发展动态。例如，无论当时巴黎流行修建怎样的建筑，其他地方的人都可以迅速知晓，因而这类建筑才能传播到更远的地方。如此，人们就克服了主要因建筑设计师或石匠的行动所决定的老式做法的局限性。

此外，建筑草图的发展所产生的另一结果是建筑至少部分符合绘图人原本要表现的构思。13 世纪最后二十八年，哥特式建筑看起来就像是一系列不同平面图如同阶梯一般堆叠起来的。

13 世纪 20 年代后在法兰西修建的哥特式建筑，因为当时精美的玫瑰花窗能透过太阳光线，被称为辐射式风格。由于技术的革新，窗户花饰窗格的样式已变得更加丰富，更强调金银丝装饰的运用。金银丝装饰设计复杂，首先要在羊皮纸上提前将其绘制成草图。然而，尽管金银丝装饰结构繁复，但仍是平面的。

当时，整个欧洲都在努力效仿这些玫瑰花窗的设计。它们甚至出现在与法式建筑毫无联系的建筑上。这又涉及了另一个重要因素。13 世纪，在整个西欧和中欧，即使是在当时法兰西皇室领地之外取得巨大发展的地方，人们也已经开始关注法兰西文化，特别是以圣路易（路易九世）的巴黎宫廷风格作为模型的文化。人们不仅努力效仿法兰西的时尚、仪式和诗歌，而且还效仿它的建筑风格。因而，最迟到

13 世纪中叶，哥特式风格已成为一种欧洲风格。诚然，并不是所有哥特式风格都如此受欢迎，主要是巴黎风格。

这种哥特式风格如此有名，以至于建筑设计师只要声称自己已经掌握法兰西首都最时新的建筑，即使他至多只是一位巴黎哥特式流派的中等设计师，也会因此被任命为某工程唯一的石匠大师。

人们自然无法确认辐射式风格起源的具体时间。甚至早期哥特式也不是全然横空出世的，而是逐步发展的，直到它成为一种独特的事物，一种可被当时的人们视为与众不同的东西。因此，辐射式哥特风格的许多特征可见于亚眠大教堂，它将新旧风格在不同程度上融合在一起。

法国宫廷及其环境

早在 12 世纪时，在修道院院长叙热领导下的圣丹尼斯修道院教堂就曾对哥特式风格的发展起到了极其重大的作用，因而圣丹尼斯修道院再次成为最早的新式建筑之一，这绝非偶然。可能是因为叙热时期建筑的上部分已濒临崩塌，也可能只是为了最终建造一座全面时尚的教堂（见上图）。1231 年，修道院院长厄德·克莱芒（Eudes Clement）下令再次整修该教堂。

无论如何，新教堂虽然保留了修道院院长叙热任职时期的唱诗堂，但舍去了从古代留存下来的卡洛林式中堂。

建筑设计师首先加固了唱诗堂的内墩柱序列，即采用复杂工艺取代墩柱，而不影响上面的连拱廊和拱顶。如此一来，他就从结构和美学上兼顾了唱诗堂原来的部分，基本保留老圆墩柱的形状，只在老圆墩柱之前设置了一些柱身。而教堂的余下部分专门采用了呈十字形分布的支柱。然而，因为多数墩柱的中心都消失于柱身之后，所以人们几乎看不到。如此，中堂连拱廊的早期圆墩柱第一次就这样在圣丹尼斯修道院被省略了。之前，圆墩柱不是单根圆柱，就是由数根附壁柱身构成的圆柱。摒弃圆墩柱取得了深远的效果，从那时起柱头才打断了墩柱的连贯性。

奥布省特鲁瓦
圣皮埃尔大教堂
唱诗堂，始建于 1208 年
高侧窗，翻修于 1228 年倒塌后

那时集柱可从底层一直延续至拱顶。此外，连拱廊的墩柱与十字部或塔楼的墩柱也都采用了截然不同的结构，这种做法没有必要。墩柱大多是坚固的十字形，并带有连续的集柱。因此，这种新式支承系统不仅在纵向结构上而且在横向的跨间序列上遵循统一化的趋势。该系统的发展在建筑学上有重大意义，因为它意味着拒绝使用最终可追溯至古代的圆柱连拱廊系统。

圣丹尼斯修道院的建筑设计师再次运用了唱诗堂的旧圆墩柱，符合叙热任职时期回廊和辐射状小教堂的一致性。同时，建筑师也借此体现唱诗堂是这幢建筑原来的部分，与现在新修的部分明显区别开来。问题是，人们猜想，其实，这种新墩柱结构的设计是否为了说明这种对比。

墩柱与毗邻的壁联柱融合在一起，有助于构建中堂上部的合理结构。精美亮堂的高拱廊和高侧窗通过延伸的竖框联系起来。

这样，此区域的浮雕样式就自然而然地根据壁联集柱衍生出来。上楼层的结构统一性在后来修建（见第 81 页左图）的中堂得以进一步加固。此处，高侧窗的竖框拉长了，从而将冠部推高，使窗户的尖端与旁边拱顶的柱头处于同一位置上。也就是说，高侧窗内，壁联柱和竖框达到同一高度。虽然这种处理方式无法从美学上得到合理的解释，但它与之前耳堂和唱诗堂内窗户的设计原则相反。在圣丹尼斯修道院，花饰窗格的重点并不是窗户下部的竖直尖顶样式，而是窗户之上带六叶形卷曲花饰窗格的冠部，这与耳堂内巨大的玫瑰花窗的大花样是一脉相承的。因此，耳堂玫瑰花窗的中央点还与高侧窗冠部的下六叶形卷曲花饰窗格的顶点呈统一高度。事实上，恰恰是耳堂正立面的玫瑰花窗设定了教堂高侧窗的全部标准，因为玫瑰花窗完全占据了从拱顶顶部到高拱廊之间的空间，其他区域也就因此被限定，不可能更高或更低。然而，因为玫瑰花窗的直径与耳堂的宽度一致，耳堂又决定了教堂其他部分的整体比例。因此，法兰西国王的陵寝恰恰就建在耳堂内并非偶然。陵寝用的新塑像刻于 13 世纪 60 年代。崭新的圣丹尼斯修道院并非重建的，这旨在强调教堂作为皇陵的重要性。因此，耳堂拓宽至前所未有的比例，甚至配以双侧堂。在外侧堂的跨间之上，塔楼直冲云霄，以便突显陵寝的位置，使其在教堂之外就能被认出来，然而，这些塔楼一直没有完成。玫瑰花窗连接教堂内外的空间，内外空间又以玫瑰花窗为主。

特鲁瓦大教堂（Troyes Cathedral）的上部结构明显呈圣丹尼斯式风格（见左上图）。13 世纪早期，这座建筑就在施工，后因暴雨的严重破坏而不得不于 1228 年翻修。圣丹尼斯修道院和特鲁瓦大教堂的建造时间不可能相隔很远，因为两座建筑在许多地方极为相似，以至于人们难以确定它们的先后顺序。然而，内部建筑的逻辑提示先修建圣丹尼斯修道院，其设计工作比特鲁瓦大教堂复杂得多。此外，圣丹尼斯修道院改建之前，附近的区域已经出现了对整修建筑的初步尝试，而特瓦鲁并未出现这种情况。

在圣丹尼斯，勃垦第式墙壁结构结合了建筑的富丽与雅致。这种新式结构在 13 世纪 30 年代被运用于相对较小的建筑——圣日耳曼昂莱（St.-Germain-en-Laye）原皇宫圣母院小教堂（见第 83 页图）。此处，所有的墙壁都被分成了几层。

墙座在装饰雅致的拱廊后渐渐隐去。所有的窗户，包括西面的玫瑰花窗（现已被填平）均设于壁龛之内。壁龛垂直延伸至顶部，且在上下层空间内镶有玻璃，正好位于拱顶肋板之后。因此，内外层的分隔显得十分醒目。建筑设计师甚至设计了外部光滑的薄壳屋顶与内部柱身和拱顶系统，内外设计的风格差异显著。花饰窗格因其大量装饰性的冠部而与内部光洁的柱身形成对比。这类元素当然只在小教堂内具有重要意义，因为这里的窗户比长方形厅堂的高侧窗更接近参观者。那时，建筑设计师就只能指望参观者在某个位置留心观察，感知和欣赏这些微妙之处。

圣日耳曼昂莱的资助人国王路易九世可能会注意到这些细微之处，但他可能认为这样的设计对巴黎圣沙佩勒教堂（Ste.-Chapelle）而言还是太过于奢华了。这座教堂于 1248 年被奉为神殿，其修建时间在 1240—1245 年。这座教堂高度与许多老教堂一致，它矗立于皇宫中央，犹如一座石砌神殿。事实上，它就是神殿，因为修建它的目的是存放"耶稣的荆棘之冠"。1239 年，这件圣物从拜占庭（Byzantine）帝王鲍德温二世（Baldwin II）那里获得，通过盛大的迎神游行被带到了巴黎，以此来提高法兰西国王的神圣威望。毕竟，在此之前的很长一段时间内，国王涂抹据说是从天堂直接带回来的圣油。作为皇冠的典故，荆棘之冠是一种不会被误解的象征。在圣沙佩勒教堂的圣台上，国王将荆棘王冠高高举起以示致敬，那时他仿佛像基督一样站在信徒中间，而基督和信徒的雕像就位于墩柱之上。此外，位于圣徒雕像后上下层空间内的天使正在举行礼拜仪式。对于目睹了仪式的人而言，肯定觉得自己像国王一样伫立于天堂耶路撒冷在尘世的象征地的中央。

若将像圣沙佩勒教堂这样具有重大政治意义的建筑仅按照最新的巴黎建筑风格设计，那肯定是考虑不周的。其不受时间限制的或永不泯灭的重大意义可通过适当的"经典"建筑得以更好表现。因此，其他辐射式建筑所运用的结构分析方法，用在圣沙佩勒教堂必然是不恰当的。至少，教堂的楼上礼拜堂和楼下礼拜堂属于这种情况：两层均采用皇室小教堂风格，是极为复杂的建筑结构。支撑楼上礼拜堂地板的是楼下的拱顶，而拱顶又是由远离墙壁的细长圆柱支撑的（见第 84、85 页图）。精致的花饰窗格拱券将拱顶的侧向压力分解至外墙。若该拱顶在墙壁之间延伸，那么拱券不仅会变得更宽，而且会更高，以至于拱券必须从地面水平升起。

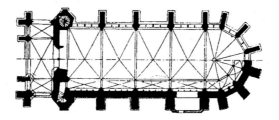

巴黎圣沙佩勒
原皇宫小教堂
落成于 1246 年
楼下礼拜堂
平面图（右图）

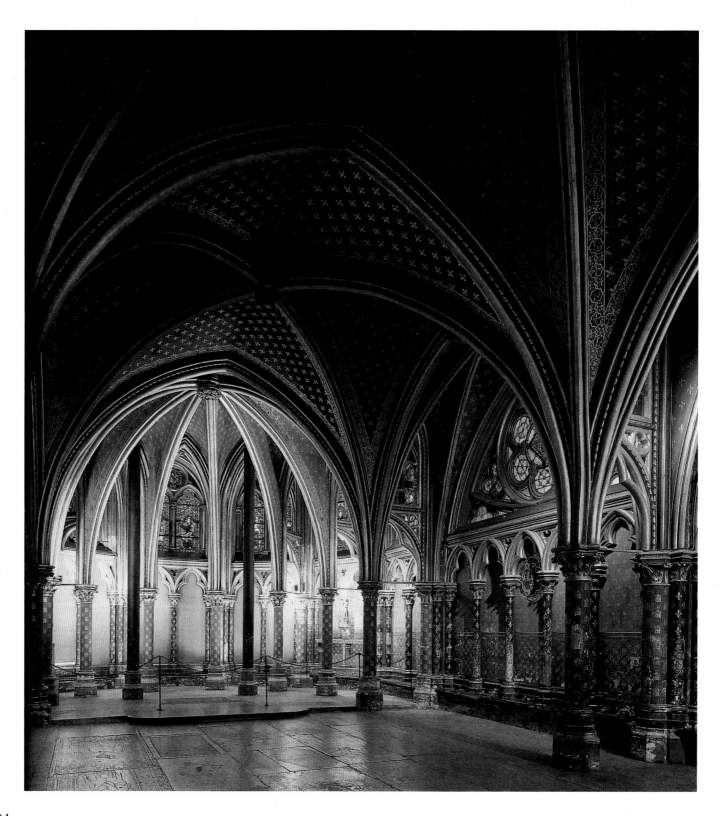

巴黎圣沙佩勒
楼上礼拜堂

瓦茨省圣热尔梅德弗利
原本笃会修道院教堂
玛丽小教堂，约 1260—1265 年

　　上层教堂的结构没那么复杂，但与楼下礼拜堂相比，这里巧妙地掩盖了实施这一工程所采用的、由张力杆和环形支架构成的复杂系统。为了让楼上礼拜堂既简约又雅致，建筑师不得不放弃能高调展示他才华的任何做法。墙壁完全转化为狭长的壁联拱饰和又高又窄的窗户，每扇窗户都有一个不太引人注目的冠部。大小不一的细长壁联柱从高处起拱，支撑着拱顶。整间祈祷室都采用皇室盾形纹章的颜色和图样喷绘，而拱顶网格勾勒出繁星点点的夜空。虽然教堂大部分进行了修复重建，但现在的颜色可能接近原来的颜色——以深红与深蓝色为主。

　　这里体现了圣路易的外表与圣沙佩勒教堂建筑结构之间的联系。这位国王从未在衣着和行为上体现出任何奢侈之处，而皇家小教堂也没有采用任何过于时新的元素。圣沙佩勒教堂既不盲目抛弃旧风格，也不完全重返旧风格，他在很长一段时间内遵循经典哥特式风格的标准。

　　在法兰西之外，人们正尝试效仿法兰西君主制，圣沙佩勒教堂就是哥特式建筑的标准；相反，法兰西之内，人们趋于建造不那么宏伟的建筑，因为没有任何一座建筑能跟圣沙佩勒教堂相提并论。

　　建于 13 世纪 60 年代早期的圣热尔梅德弗利修道院教堂的玛丽小教堂（见上图及第 86 页图）可视为迷你型教堂。尽管它不及圣沙佩勒教堂那样高耸入云，但其外观的装饰更为富丽堂皇和精致，特别是金银丝装饰的三角墙和工艺复杂的飞檐。延伸至老教堂的连接通道亦是如此，这使得扩建的部分远远不止一座新修的轴向小教堂。扶壁在这幢迷你型建筑中的作用并不是特别突出，所以这里将装饰物的作用发挥到了极致。窗户的冠部并未采用圣沙佩勒教堂的四叶形卷曲花饰窗格，而是采用较大的梅花形，窗户的顶端和三角墙聚拢到一起，所以这幢建筑的奢华装饰从窗户可见一斑。

　　在这条连接通道内，圣沙佩勒教堂所回避的双层式壁又重新出现在这里，墩柱的数量也比实际需要的多，它们似乎是根据小教堂门厅内样式丰富的拱腹衍生而来的。带有尖顶的连拱廊拱券产生了自己的韵律，而这种韵律与花饰窗格的韵律并不一致。与此相反，小教堂内部之所以看起来光洁平整，是因为壁联柱并不突出。具有原创性的彩绘装饰也强调这一效果。圣热尔梅德弗利的玛丽小教堂的建筑师深谙装饰效果、立体感和逼真效果的营造之道，以及如何以细微差别的方式运用它们。

这座富于微妙变化的建筑效仿约于 1250 年修建的巴黎圣母院两座耳堂的正立面。之所以必须修建这些新正立面，是因为 1220—1230 年整个工程从大教堂扶壁之间的礼拜堂开始。原北向正立面的建筑设计师名叫让·德谢勒（Jean de Chelles），他在去世之前还奠定了南向正立面基石（见第 89 页上图）。我们现在能知道他的名字，还要感谢他的继承者皮埃尔·德蒙特勒伊（Pierre de Montreuil），是他在新修正立面的基座上刻下了相应的铭文。南向正立面主要效仿北向正立面的设计，但在许多细微之处仍有所不同。例如，玫瑰花窗的花饰窗格变得更为复杂而精巧。虽然其外观因几次整修而有所改动，但它仍然显示出人们为什么要在创始人皮埃尔·德蒙特勒伊的墓碑上刻下学术头衔"石匠大师"。

建筑和建筑师的个性

上文中，我们讲到了首批巴黎建筑设计师——皮埃尔·德蒙特勒伊和让·德谢勒。亚眠大教堂拥有总建筑师罗伯特·德鲁扎舍（Robert de Luzarches）及其两位继承者托马·德科尔蒙（Thomas de Cormont）和勒尼奥·德科尔蒙（Regnault de Cormont）。兰斯大教堂的迷宫（现已消失）里呈现了建筑设计师让·德奥尔巴斯（Jean d'Orbais）、让·德卢普（Jean de Loup）、戈什斯·德兰斯（Gaudies de Reims）和贝尔纳·德苏瓦松（Bernard de Soissons）的名字。此外，在兰斯，我们还可见到圣尼盖斯（St.-Nicaise）修道院教堂的建筑设计师格·里贝格尔（Hugues Libergier，见右图）的墓碑，而这块墓碑在法国大革命时曾被拆除。经史料证明，我们才知道戈蒂埃·德温瑞福伊（Gauthier de Varinfroy）是莫城（Meaux）大教堂和埃夫勒（Evreux）大教堂的总建筑师。上述建筑设计师的名字在 12 世纪上半叶之前无人提及，而恰恰是在那之后，后世的石匠大师才效仿亚眠、巴黎和兰斯大教堂的做法，为已故的前辈竖立墓碑，这很难用巧合来解释。

显而易见，那个时期，人们不再将顶级建筑设计师单单视为能工巧匠，人们钦佩设计师的组织技巧以及他们的创造才华。因此，就是

在艺术史的这个时期，人们竭力将某些作品全部归结为单个艺术家的特性，主要依据并不是文字材料，而是对各建筑设计师"艺术签名"进行鉴别。

正因为如此，这些建筑师才会努力创造与其他同行区别开的可识别的风格。这种做法在理论上叫做"赶超"（aemulatio），即与公认的典范竞争。例如，皮埃尔·德蒙特勒伊在修建巴黎圣母院的耳堂正立面时，就指名其继承者让·德谢勒根据其他人的样本修改他本人的建筑。就在几十年前，还是由工程的资助人挑起建筑设计师之间的竞争，现在变成设计师自发相互比拼。

随着建筑的专业性逐步加强，资助人也渐渐丧失了对工程的控制权。同时，建筑设计师的专业性也逐步体现。建筑设计师能够为自己以及石匠工会中已逝的前辈竖立丰碑，由此可见，他们此时获得了崇高的社会地位。几代建筑设计师通过铭文纪念建筑设计师的做法越来越普遍，而以前只有贵族和高级神职人员才有这类纪念性铭文。勒尼奥·德科尔蒙可能在这方面做得最好，他曾在自己设计的亚眠大教堂的迷宫里将名字刻在前辈名字的旁边。从入口看去，这座纪念碑出现在首先提供资金修建哥特式大教堂的亚眠主教的坟冢之后。迷宫将大教堂的主教和石匠大师置于同一水平。单个建筑设计师的重要性日益增强，这一现象首先集中于各大中心，如巴黎、亚眠和兰斯。

马恩省兰斯圣母院大教堂

圣尼盖斯修道院教堂北耳堂建筑设计师在格·里贝格尔的墓碑

巴黎圣母院
从东南面拍摄，1258 年后

　　与此同时，在其他地区内，有能力创造高品质和高原创性作品的建
筑师显然也更加自信起来，并成为自食其力的人，尽管他们往往没有机
会把名字留给后人。圣叙尔皮斯德法维埃（St.-Sulpice-de-Favières）
朝圣教堂（见右下图）是 13 世纪中叶之后效仿首都巴黎新式教堂的完
美典范。人们可通过圣丹尼斯修道院和圣日耳曼昂莱教堂，清楚了解底
层的独立墙连拱饰、窗前壁龛、花饰窗格以及墩柱的样式等。另一方面，
以三根墩柱为一组镶以玻璃的多边形唱诗堂是完全独立的创新设计。

　　在特鲁瓦市内，圣于尔班（St.-Urbain）的石匠大师对此进行了更
高水平的创新。这座建筑如此具有原创性，以至于人们非常想知道这
位建筑设计师的姓名。于是，一些建筑设计师，比如若阿内斯·安杰
利卡斯（Johannes Angelicus），曾努力确定这位建筑师的身份，最终认
为他是人们耳熟能详的时尚设计师让·朗格卢瓦（Jean Langlois）。
然而，有资料称他为"工程负责人"，也就是石匠工棚的管理者。这
些资料尚有争议，这就意味着，事实上，圣于尔班建筑设计师的身份
至今无人知晓。

埃松省圣叙尔皮斯德法维
埃朝圣教堂
唱诗堂
13 世纪中叶

教皇乌尔班四世（Pope Urban IV）于 1262 年在他的出生地建造了这座教堂，随后几年他又修建了唱诗堂和耳堂（见上图）。这座建筑的各种特征中，尤为出众的是那薄如纸翼的墙壁。这些墙壁实在太薄，以至于人们感觉这不是坚固的墙壁而是伸展于扶壁之间的织物，这些墙壁通常是层层叠叠的几层。下层内部结构各部件之间自然而然地强化了内外壁的差异（这在第戎圣母院和圣日耳曼昂莱的玛丽小教堂被建筑师掩盖了），前面独立花饰窗格与后有花饰窗格的壁联柱完全不一致。而这里完全没有高拱廊或从侧堂顶升起的痕迹。相反，高侧窗的窗户却尽量向下延伸。

这座建筑的外观看似可分为三种元素：结构性必要的扶壁、构筑内部空间所需的装饰性玻璃表面和装饰物。这里，高侧窗和扶壁之间的区域很宽。有时，窗户和拱顶如同超大的棉布一般，在建筑框架之上延伸。装饰物，尤其是三角墙，往往独立设于墙面之前，从而大幅减少了承重元素。金银丝装饰的耳堂门廊亦是如此，其压力以不同的方式分解至门廊前突兀的扶壁之中。

通过独立地展现基本元素（空间界限、支柱和装饰物），特鲁瓦

的建筑以独特的方式被分解。从这一点可看出每逢接到如此特殊的任务（教皇派给的任务）时，建筑设计师当时对发展自己的事业是多么自信。

然而，正因为如此，这座建筑必定独一无二，因为它彻底超越了那个时代的美学理念。因此，并不是说在其他越保守的地方，建筑就越低劣，而是说那里的资助人和建筑设计师不像特鲁瓦圣于尔班教堂的那样出乎意外而又万分幸运，他们不得不满足众多教堂使用者的综合需求。

南部法兰西卡尔卡松（Carcassonne）大教堂的唱诗堂和耳堂（见第 91 页及第 92 页左上图），虽然可能只是在 1280 年左右进行了规划，但比圣于尔班教堂的更接近圣沙佩勒教堂的建筑理念。诚然，其墩柱样式以及花饰窗格的雕刻方式追寻潮流，而比圣沙佩勒教堂略微出众，但它并未效仿圣于尔班的分层式墙壁所彰显的奢华特色。因为建筑设计师的自主权极少，所以以让唱诗堂与一系列礼拜堂连在一起，并让唱诗堂与小教堂左右连通。这产生了一个巨大而连续的空间，其中合并的部分又仅以精巧而独立的花饰窗格和带透孔装饰的护墙板为界。

奥德省卡尔卡松
圣纳戴荷大教堂
唱诗堂和耳堂
始建于 1280 年

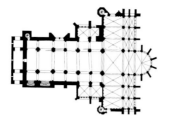

多姆山省（Puy-de-Dôme）
克莱蒙费朗教堂
圣母院大教堂
唱诗堂
始建于 1248 年
唱诗堂平面图（右图）

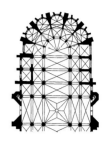

　　从中堂看去，唱诗堂像是一座四周用玻璃围住的神殿，它的窗户构成了一片光芒四射的墙壁。这座采用金银丝装饰的建筑设计如此大胆，仅通过看不见的拉杆构成的复杂系统给予辅助就能够被稳定。

　　卡尔卡松证明了 13 世纪中叶之后的哥特式建筑不再是局限于法兰西岛及其周围地区的区域性风格。那时，无论建在哪里，只要是杰出的建筑都被视为值得学习的典范。因而，纳尔博纳（Narbonne）大教堂位于法兰西南部，它的建筑准则通过说明效仿"在法兰西王国内……宏伟而隆重修建的教堂"的需要，证明该大教堂确实具有新式结构。正因为如此，法兰西内建筑活动的主要焦点逐渐向转向周边地区，也因为毕竟在哥特式风格的中心地区，大教堂、修道院和小修道院很早以前就开始采用新式风格修建，虽然那时尚未竣工。

　　哥特式风格在流行区域的影响力超越了其发源地，其典型例子便是始建于 1248 年的克莱蒙费朗教堂（Clermont-Ferrand，见右上图）。

　　克莱蒙费朗教堂的建筑设计师是让·德尚（Jean Deschamps）。内部的墙立面遵循了经典的三层样式，即连拱廊、黑暗的高拱廊和高侧窗，然而它也结合了圣丹尼斯修道院的墩柱形式，以及来自亚眠大教堂唱诗堂带三角墙的高拱廊这一元素。

　　这座位于法兰西中部的大教堂，其创新之处在于高拱廊和高侧窗与亚眠大教堂的高拱廊和高侧窗形成鲜明对比。这里的两层楼并没有通过连续的窗户竖框相互连接，也没有摒弃两层楼之间的蛇腹层，让·德尚只是将高拱廊设于高侧窗的区域之内。高拱廊成为花饰窗格的一部分。无论花饰窗格是否镶以玻璃或直接敞开，透明或不透明，高拱廊的重要性已降低。

　　从技术上讲，克莱蒙费朗教堂设置高拱廊并没有什么大不了，因为侧堂之上并没有采用别处覆盖高拱廊的斜坡屋顶，而采用了平台，平台之上又是整片高侧窗，高侧窗包含简单竖立的高拱廊。因此，高拱廊之所以被保留下来，可能是因为精雕细琢而最引人注目

比利时埃诺省图尔奈
圣母院大教堂
唱诗堂
落成于 1253 年
平面图（右图）

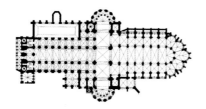

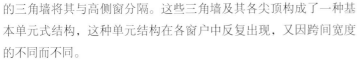

的三角墙将其与高侧窗分隔。这些三角墙及其各尖顶构成了一种基本单元式结构，这种单元结构在各窗户中反复出现，又因跨间宽度的不同而不同。

　　不同寻常的是，此处的窗户并未被界定为两根墩柱之间的空间，而是由上述单元结构形成的独立元素。其优势在于上述外部窗户条常常位于同一高度，即窗户冠部以下的部分与唱诗堂的各个部分呈同一高度，这是前所未有的。

　　这意味着唱诗堂的高侧窗实现了匀称的视觉效果。在多边形唱诗堂狭窄的墙体区域中，高侧窗正好与墩柱相互配合。而垂直跨间内，一堵狭长的墙体在窗户区域旁延伸，克莱蒙费朗教堂的窗户由三个尖顶窗组成。这并不意味着让·德尚偏离了使墙壁分离支柱和窗户的经典原则，或者他开创了墙壁的新美学。正如人们常说的：他仅仅是采用了全新的方式解决每座唱诗堂常碰到的问题——垂直部分与多边形部分之间的复杂转换。对维泽莱圣马德莱娜（Ste.-Madeleine）教堂的分析已让我们明白这个问题可产生高度原创性的处理方式。

　　图尔奈大教堂建于 1243—1255 年，其唱诗堂由无名建筑师设计，设计师同样关注该教堂区域不同部分的问题（见上图）。该建筑设计师将圆室的窗户条用作窗户在上层楼余下部分的分隔点，然而他并未在墙缘处添加墙条，而是通过附加极细长而别致的尖顶窗将墙体分成两条带，并在高拱廊重复此结构。

　　由于并不是要在图尔奈建造一座崭新的大教堂，而只是为原来的罗马式建筑扩建一座唱诗堂，因而建筑设计师在唱诗堂内可任意使用的空间很少。苏瓦松大教堂仅要求唱诗堂的规模要小，因此，设计师选择了那里的平面设计。于是，直立式礼拜堂矗立于扶壁之间的平坦部位，而辐射状礼拜堂与回廊聚拢到一起而处于同一拱顶之下，以便节约空间。

　　然而，在图尔奈，礼拜堂不再是独立的空间，而是回廊的波浪式墙壁区域的一部分，这种布局让人感觉特别宽敞。由于有成片的窗户，礼拜堂最初看起来像是内唱诗堂连拱廊的玻璃背景。为了产生更好的视觉效果，连拱廊的墩柱也相应较细。事实上，墩柱实在太细了，不久后就不得不被加固，而这种空间感也就随之消失了。

圣加尔加诺（San Galgano）
原本笃会修道院教堂
始建于约 1224 年
中堂

法兰西之外哥特式风格的早期和鼎盛时期

哥特式风格作为法国出口文化

　　记述法兰西哥特式建筑发展历程以图尔奈结尾，这并非偶然。因为这座城镇那时已不再属于法兰西王国的领土，而是神圣罗马帝国的边境。尽管如此，法兰西政治和文化仍对这座城镇有着决定性的影响，特别是图尔奈的人们从未提到日耳曼。因此，图尔奈大教堂可被视为属于法兰西哥特式风格，实质上等同于法兰西边境的其他建筑。

　　无论如何，12 世纪末到 13 世纪初哥特式建筑传播的唯一难题就是如何根据当时的政治疆界来表述它。例如，首批哥特式建筑在诺曼底建造时，从法律上讲，诺曼底属于法兰西，实际却处于英格兰的统治之下，而法兰西国王在那里并无任何实权。因此，英吉利海峡两岸的早期哥特式建筑极为相似。除法兰西之外，首先形成哥特式风格并迅速实现风格独立的国家其实是英格兰，因此本书用单独的一章专门介绍英格兰的哥特式风格。哥特式风格的发源国与法兰西的关系并不十分紧密，所以法兰西对新风格的吸收也不尽相同。

　　以下内容将讨论哥特式风格作为法兰西的出口文化对外传播的情况，这一时期即是哥特式风格在其他国家生根发芽，并完全被转化为独立风格之前的时期。这并不意味着在法兰西之外的首批哥特式建筑仅看作是派生建筑，尤其是就目前的情况而言，它们之中没有任何一座可能修建在法兰西境内。然而，英格兰国王亨利三世曾希望把新建的巴黎圣夏贝尔教堂放在四轮马车之上运到伦敦，这反映出当时人们普遍认为法式建筑指明了建筑发展的方向。对法式建筑的崇拜程度因国家的不同而不同，并最终在不同时间在不同国家终止。

意大利哥特式建筑的起源

　　在法兰西的邻国之中，意大利对早期法兰西哥特式风格吸收得最少。因而，与其他欧洲国家截然不同的是，自 12 世纪或 13 世纪起，意大利就没有一座完全基于法式风格的教堂或大教堂。在意大利，新风格最初主要通过西多会传播，且传播的样式也不是法兰西岛的风格，而是以勃垦第晚期罗马式风格的变体为基础。因此，意大利本土建筑风格仅有细微改动，比较突出的是——肋

架拱顶，它已成为 12 世纪早期意大利北部家喻户晓的重要哥特式建筑结构元素。

　　鉴于上述原因，真正接受法兰西哥特式建筑的时间是很短的，而且到 13 世纪中叶后不久便结束了。那时，意大利建造了非常具有独立风格的建筑，它们具有哥特式之名，而无法兰西哥特式之实。

　　托斯卡纳（Tuscany）的圣加尔加诺教堂（见第 94 页图）遗迹是意大利境内众多哥特式西多会教堂的典型。这座始建于 1224 年的建筑仍然采用了十字形墩柱，四分之三的圆柱设于前部，是典型的诺曼底罗马风格。尽管如此，从平面图看，它仍是法式西多会教堂的变体，极富逻辑性。因而，只有以砖块和凝石灰材料来看是意大利的。

　　在意大利，有几座教堂与北部法兰西哥特式风格的关系十分明确。其中一座便是韦尔切利（Vercelli）的圣安德烈（St Andrew's Church）教堂。1219 年，主教古阿罗（Gualo）作为教宗使节从英格兰返回后，便修建了这座教堂。而早在 1224 年，圣安德烈教堂就被奉为神殿（见上图及第 96 页图），虽然那时距离工程竣工为时

韦尔切利圣安德烈教堂
于1219年修建，1224年奉为神殿

尚早，但进度肯定十分迅速，因为该主教能从一家英格兰大修道院获得丰厚的收入，因而拥有大笔可随意使用的资金。

就意大利而言，不同寻常的是，圣安德烈教堂吸纳了哥特式建筑风格，这肯定与它是根据巴黎圣维克多（St.-Victor）修道院的教规来管理的有关。该教堂的平面图已呈现出法式特色的风格：一个中堂、双侧堂、耳堂和交错的后堂。这是典型的拉昂圣文森特（St.-Vincent）教堂和布雷纳圣伊夫德教堂样式。与意式风格不同，墩柱采用了柱身紧紧围绕的样式，这是根据巴黎圣母院中堂的双侧堂演变而来的。然而，异乎寻常的小巧高侧窗已体现出这座建筑与法兰西哥特式风格的差异有多大，尤其它又与亚眠大教堂几乎在同一时间开始修建。从外面看，这座教堂按照意大利北部的惯例全部采用砖块建造，平整的假屏式正立面内设矮小的楼廊，两侧耸立着四方形双塔。所有这些特色已在意大利流传了一百多年。圣安德烈教堂表明意大利完全吸纳哥特式建筑的样式与风格是不可能的。若真是要尝试性吸收，也要取决于其具体情况。

伊比利亚半岛的哥特式建筑的起源

伊比利亚半岛对哥特式风格的借鉴与意大利不同，开始得更早，结束得更晚。因为这里与法兰西在地缘上和政治上关系更为密切。早在11世纪，基督教制度下的西班牙就脱离了阿拉伯的统治（1492年以前，西班牙曾不得不与该半岛南部的穆斯林统治相抗衡），而朝向法兰西文化的演进已成为西班牙重新融入西方基督社会的重要手段。与罗马教廷密切相关的克吕尼法式修道院此时发挥了重要作用，反过来说，这座宏伟的教堂也是用从阿拉伯夺取来的西班牙货币修建的。前往加利西亚（Galicia）圣地亚哥（Santiago）的朝圣之路上，法兰西文化发挥了尤为重要的作用，因为在这条法兰西之路上不仅有来自法兰西的众多朝圣者，而且沿线还有一系列城镇，那里全部或部分居民是法籍居民。因此，法式建筑与雕塑首先出现在圣地亚哥大教堂内，这绝不是巧合。

教堂的西部结构始建于1168年，其正门（罗马式荣耀之门，1188年竣工）、肋架拱顶和整个设计理念体现出总建筑设计师马特奥（Mateo）对当时法兰西，尤其是勃垦第地区的艺术动向的了解程度。诚然，所有法式元素均以一种原创的方式被转化，以至于人们很难将罗马式荣耀之门说成是哥特式风格，更不用说是法式风格。

西起泰罗迪亚（Catalonia）东至加利西亚的许许多多其他建筑亦是如此，比如萨莫拉（Moreruela）、圣克雷乌斯和波夫莱特（Poblet）的西多会教堂及萨拉曼卡（Salamanca）、莱里达（Lleida）的大教堂。这些建筑的结构虽按传统结合了西班牙元素（比如粗壮的成型墩柱、效仿法式原型的肋架拱顶），但也能够使伊比利亚半岛在早期就产生哥特式风格的原创性变体。然而，对该趋势不利的是，西班牙各王朝的国王常常重视与法兰西文化的直接联系，因而导致其在建筑领域越来越多地吸纳哥特式风格新潮流。

卡斯蒂亚（Castille）的阿维拉（Ávila）自1142年起就是大主教管区，阿维拉圣萨尔多瓦大教堂的重建始于12世纪70年代左右。特别的是，这项工程开始于小国国王阿方索八世（Alfonso，1158—1214年）于1157年与卡斯蒂亚和拉昂王国分离之后临时居住于阿维拉之时。它是一项如此宏伟的工程，以至于为了修建教堂回廊（见第97页左图和上图），连几十年前才修建的高大城墙都必须推倒。如果

阿维拉圣萨尔瓦多大教堂
12 世纪最后三十几年
回廊（左图）
平面图（上图）

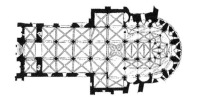

右图：
布尔戈斯拉斯韦尔加斯
原西多会修道院教堂
13 世纪早期
唱诗堂和耳堂

设计师决定不把教堂的东面修建得如此华丽，即采用西班牙惯有的后堂，那么推倒城墙的做法本来是没有必要的。然而，他们甚至建造了带辐射式礼拜堂的双回廊，其中心恰巧位于老城墙的中心线上。那时，欧洲只有一座建筑可充当该东面结构的效仿模型，即圣丹尼斯修道院，这里保存着法兰西国王和该国守护圣徒狄奥尼修斯（Denis）的陵寝。我们可假定阿维拉圣萨尔多瓦大教堂也用作皇室的建筑，因而它与建于西班牙的其他建筑不同，而又堪称欧洲时尚精巧的皇室教堂。

与此同时，从一开始就显而易见的是，在阿维拉建造圣丹尼斯修道院的精确复制品是不可能的。因为对法式修道院教堂而言，窗户的过度开放是十分重要的，而阿维拉圣萨尔多瓦大教堂的唱诗堂是城墙的一部分，几乎无法对外开放。然而，这可能也不是特别重要，因为将阿维拉圣萨尔多瓦大教堂唱诗堂融入城墙的做法让国王参与的部分变得十分清晰：他要对拆除和重建城墙的决定负责。因此，宏伟的外观与金银丝装饰的精巧内室通过细长的圆柱、壁联柱和肋架拱顶而相映成趣，从而勾勒出阿维拉圣萨尔多瓦大教堂回廊的特

征。该建筑的设计师就是弗吕谢（Fruchel）大师。

此处对哥特式风格的借用具有高度的选择性而且极为有限，因为唱诗堂的其余部分已经呈现了传统西班牙专有风格的各种样式。

1183 年，已忙于修建阿维拉圣萨尔多瓦大教堂的阿方索八世在布尔戈斯的城门前建造了皇家居住地——拉斯韦尔加斯的西多会修道院。该教堂最早可追溯至 13 世纪早期（见右图），它反映出当时的资助人与建筑师仍以法式建筑为基础，尽管对哥特式风格的吸收在当时已变得比阿维拉圣萨尔多瓦大教堂的修建更为复杂。例如，建筑以近乎完全精准的方式效仿来自拉昂地区的法式模型，而从一些更为复杂的拱顶样式中，我们可以推断出当地的建筑师还了解卢瓦尔地区的哥特式建筑。

教堂的圆室最初包括多边形后堂和楼下两侧的后堂，越靠近轴线，空间高度越高。这种做法效仿了拉昂，可能还效仿了布雷纳的样式。与此同时，该地区建筑的影响也在法兰西境内流传，布尔日、沙特尔和勒芒等不同地区都受到了这种影响。

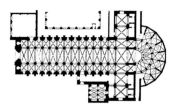

这幢建筑的一些特征性元素，比如设于窗帮之内的柱身，或宽大水槽之上以狭窄墙体延伸的扶壁，甚至再次出现在葡萄牙阿尔科巴萨（Alcobaca）西多会修道院教堂的井室。因井室不可能在 13 世纪二十年代之前就出现，我们假定当时教堂的大部分工程已经完成。因为仅当教堂可用作宗教活动时，人们才会扩建修道院的回廊。可惜，鉴于目前尚无可信的历史依据，要探讨这座宏伟而引人注目的建筑需要借助一些小道消息。

阿尔科巴萨西多会修道院教堂由葡萄牙开国之祖阿方索一世恩里克斯（Afonso I Henriques，1139—1185 年）于 1153 年修建。原教堂于 1178 年被现存的新教堂取代（见上图及第 99 页图）。然而，当时受到摩尔人的袭击，僧侣们不得再次不放弃阿尔科巴萨，所以施工进度很慢。该工程可明确划分为几个修建阶段。例如，从交叉部来看，第四个中堂跨间就出现了许多西多会教堂都出现的施工中断的痕迹，

因为首先完成的部分是牧师和修道士所必需的东面结构——高坛、侧坛和唱诗班席。根据记录，该教堂于 1223 年奉为神殿，这可能与此修建阶段的结束有关。在此之后，后面修建的是中堂余下的部分，直至 1252 年最终完成。

我们很难准确地对阿尔科巴萨西多会修道院教堂进行历史分期，因为它的平面图反映出它是对克莱韦尔的圣贝尔纳教堂的精确复制，而后来建造的部分却并不能进行如此简单的划分。非凡的高唱诗堂结构亦是如此。与蓬提尼等西多会教堂相比，这座唱诗堂在当时看来十分新潮，长长的窗户间接地反映出大教堂设计的影响，然而唱诗堂却又被相当老式的圆拱顶覆盖。

该教堂的中堂和耳堂设有十字肋架拱顶，且侧堂与中堂一样高，而西多会建筑中并没有效仿此类的模型。

对于这种不凡建筑风格的产生至今尚无令人满意的解释。也许，

我们能想象，在 1200 年左右，在西班牙的阿尔科巴萨，建筑师们深谙皮卡迪的哥特式建筑，尤其熟悉法兰西西部，那里建有普瓦捷大教堂等厅堂式教堂。然而，法兰西西部的教堂跨间较宽大，而阿尔科巴萨的粗大墩柱底部向四周散开，是不折不扣的西多会风格。墩柱之间的距离太过狭窄，一眼望穿侧堂几乎是不可能的。

不管怎样，宏伟壮丽的阿尔科巴萨西多会修道院教堂的设计师显然从总体上并不在意法兰西岛的哥特式风格，尽管许多细节显示建筑师非常熟悉这种风格。相反，这座建筑给人的感觉更像是 12 世纪末夸张的勃垦第式西多会教堂。换言之，它并未反映一种时尚，而是表现一种风格。

因为若不是皇室的参与，这座教堂不可能有如此规模，因而该建筑也折射出了皇室的利益与雄心。

就在 13 世纪 20 年代后不久，西班牙以最时兴的法兰西主教教堂

为直接原型建造了哥特式大教堂。实际上，虽然西班牙在此之前已拥有昆卡等哥特式风格的教堂，然而这些教堂仅以新哥特式风格的某些元素为基础，并非根据哥特式大教堂原型建造。1229 年，在布尔戈斯，卡斯蒂亚（Castilian）国王费尔南三世（Ferdinand III，1217—1252 年）的心腹主教毛里西奥（Mauricio）为国王的新教堂奠基，其唱诗堂于 1230 年投入使用（见左下图）。

起初，这座长方形厅堂式教堂设有突出的不带侧堂的耳堂，并与布尔日大教堂一样，拥有带六肋拱顶和小礼拜堂的回廊。细长壁联柱围绕圆墩柱的样式也是从这里发展而来的。墩柱的中心仍位于中堂正面墙壁之前。由假拱所覆盖的高拱廊样式源自法式大教堂模型，而多边形唱诗堂的肋架拱顶经小圆孔穿透。

布尔戈斯大教堂并不是布尔日大教堂的翻版，因为这座西班牙大教堂仅设单侧堂。正因为如此，布尔戈斯大教堂不可能仿造布尔日大教堂双侧堂内越向中堂靠拢高度越高的序列设计。然而，这种结构的

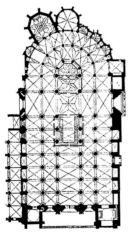

确出现于建造托莱多总主教教堂之时，布尔戈斯大教堂竣工不久之后。该结构基本以小型法式模型为基础。托莱多大教堂作为西班牙的大主教建筑，它是 13 世纪西班牙最大的建筑。且不说其中堂和双侧堂，这座教堂还拥有带侧堂的耳堂，因而它不仅超越了其法兰西的原型建筑，还超越了布尔戈斯的西班牙式姊妹教堂。此外，托莱多大教堂的双回廊（见第 100 页右下图）还多了一层辐射状礼拜堂。根据哥特式大教堂的记录，它原来为 15 间相互交错的方形和半圆形礼拜堂。

为了建立唱诗堂内六根墩柱与辐射式礼拜堂的 18 个角的联系，这里采用了复杂的拱顶顺序，从中央开始，各墩柱后面都有一个三角形拱顶，继而构成一个大的四方形拱顶。

虽然托莱多的石匠大师（曾为马丁）无法在此处效仿布尔日大教堂的设计，但他却以那时刚开始修建的勒芒大教堂的唱诗堂为基础建

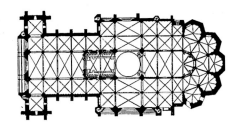

造了外部回廊。内回廊以玫瑰花窗为冠的高拱廊样式曾频频出现在巴黎周围地区的无数小教堂中。那里的教堂与托莱多一样，高侧窗相对于尖顶窗户的位置而言偏低。托莱多大主教教堂可不仅仅是稍微现代化的布尔日大教堂模型，还是在继续考虑了伊斯兰元素后，将最新的法式建筑融入整个建筑范围内的一次尝试。这幢建筑的目的明显是成为整个伊比利亚半岛的宗教中心，并且即使没有超越西班牙以外的大教堂，至少也要与之不相上下。如此一项雄心建筑工程仅在 15 世纪末就能够得到满意的结果，并不令人感到意外。

始建于 1255 年左右的莱昂大教堂，代表法国哥特式风格在伊比利亚岛又迈进了一步。在这种情况下，建筑式样的选择并未像托莱多大教堂那样随意，而采用了法国皇家建筑型式。唱诗堂的平面图与兰斯大教堂的相似，而西面和耳堂以及中央走廊旁塔楼的布局（见第 101 页右上图），仿造了圣丹尼斯修道院皇家陵墓耳堂的外观模式。室内精美的装饰以及巨大的花格窗（见第 102 页图）肯定同样源于圣丹尼斯修道院，尽管精美的效果显示可能以圣沙佩勒教堂为模型。墩柱类型可以视为兰斯桥墩与圣丹尼斯修道院连续拱肋系统之间的纽带。

莱昂大教堂结合了对法国统治者很重要的一些建筑所包含的元素。同时，这种主张只能在形式上展现出来，因为莱昂大教堂不是皇家加冕教堂（即特别重要的国家圣人陵墓），也不是重要的政治遗迹所在地。

在当时，原打算对已具有相当规模的圣地亚哥大教堂进行的扩建。作为圣詹姆斯的安葬之所，圣地亚哥大教堂是最重要的朝圣地之一，并且自收复失地运动（西班牙在基督教的旗帜下进行的收复运动）开始起，就被视为基督教统治下的重要中心之一。规划是按照巴黎式样风格对教堂高坛进行扩建。设计图上共有 19 间礼拜堂，甚至使托莱多大教堂都逊色不少。最终，巴黎辐射式建筑大约在 1260—1280 年作为建成的布尔戈斯大教堂扩建部分的模型。在这些建筑中，可以看出与国王阿方索十世（1252—1284 年）的特殊关系。与一百多年前的法兰西国王一样，阿方索十世想要建立一个君主政体中央集权国家。然而，由于贵族阶层的抵抗使西班牙陷入内战，他并未达成这个愿望。

卡斯蒂利亚法式辐射式建筑的影响可视作是，国王通过建筑提出那些事实上并未实现的要求和主张的一次尝试。因此，哥特风格形式并没有明确地被广泛采用，与托莱多大教堂的情况一样。采用的形式都是那些专有的皇家法式哥特风格形式。在法国，这样的风格本身只是众多形式之一。

阿方索十世的政策失败对哥特风格在卡斯蒂利亚的进一步发展产生不利影响。之后哥特式只在阿拉贡和加泰罗尼亚再次取得成功，因为在这些地区，人们对小范围的法式建筑并没有关注，也就意味着建筑发展更加独立和多样化。

神圣罗马帝国哥特式建筑的起源

第一次邂逅

当时，神圣罗马帝国在政治和文化方面是一个异类。各个部分之间存在着一种宽松的联系。因各种各样的因素，罗马帝国的潜在赞助人开始对法国哥特式建筑感兴趣。罗马帝国的领土从西西里开始，横穿意大利广阔区域，一直扩张到了北海和波罗的海。罗马皇帝的职责是让帝国团结一致、上下一心，但他仅在一些地区拥有实权。因为自 12 世纪起，皇帝权力在意大利北部地区就没有得到执行。

此处讨论到的阿尔卑斯山脉以北的地区，必须区分东部地区和现在主要属于法国的西部地区。在讲法语的西部地区，哥特式建筑很难与相邻法国地区的建筑区分开。在东部地区，尽管没有让人容易弄错式样的相关建筑物，但还是最早出现了个别哥特式建筑元素的运用。直到 13 世纪下半叶，哥特式风格方才成为标准风格。正是在这之后，一种独立的哥特式建筑风格开始在德国兴起。

仅仅以现实的或历史上偶尔存在过的政治疆界作为出发点来讨论哥特式建筑是非常不恰当的，这点从日内瓦湖的洛桑大教堂的修建就可以看出来。主教教区属于贝桑松（Besançon）大主教教区管区，因此地理位置选在西部，教会政事处理也在西部地区。然而，令人惊讶的是，在 1160—1170 年开始修建大教堂的过程中，建了一个在当时非常与众不同的哥特式回廊，让人隐隐约约记起桑斯大教堂。在更改了设计图后最终开始修建唱诗堂内部时，洛桑大教堂的建筑者把目光投向了更远的西部：三层高的墙立面（见第 104 页图）带有一个高拱廊和一扇隐藏式高侧窗，显示出与坎特伯雷大教堂（Canterbury Cathedral）墙立面惊人的相似之处。洛桑大教堂的许多其他形式也可以在坎特伯雷大教堂中找到来源。

103

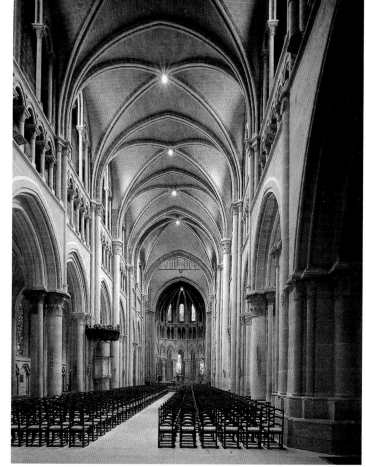

在坎特伯雷大教堂之后，洛桑大教堂的确是法国之外最古老的哥特式建筑。或许这就是具有哥特式中心地带建筑特色的一致性和风格在洛桑大教堂被忽视的主要原因。

在法国哥特式建筑中，没有一座教堂如同洛桑大教堂那样将不同墩柱排在一起。另外，这幢建筑明显让法国建筑师产生了兴趣：维拉尔·德亨考内（Villard de Honnecourt）来到此地学习南面耳堂中的玫瑰花窗，并将其复制下来。自作为首批哥特式建筑之一的大教堂拥有一个两层高侧窗后，随后洛桑大教堂在法国勃垦第地区变得很重要。如今，洛桑大教堂室内绘画装饰基本保存完好，因此在哥特式建筑研究中占有特殊地位。

西多会修士对哥特式建筑的传播与发展做出了重要贡献。这个组织严格的教团将总部设在勃垦第。在德国西多会修道院中，最初并没有完全采用法国哥特式建筑，而是将地区传统和现代元素混合在一起。因而，斯瓦比亚莫奥尔布朗（Maulbronn）西多会修道院仍然完全为罗马式风格（见第 105 页图），但周围的修道院建筑却清楚地显示了哥特式的影响力：在 1220 年左右修建的教堂门廊，有一个穹顶式肋架拱顶。因为斜拱、假拱以及拱廊拱券的宽度均不相同，直径大小也各不相同，因而呈现的层面也不同。

随后修建的带有两个侧堂的食堂（见 104 页图）已采用了普遍承认的尖拱，从而使所有拱顶起拱点定位在同一高度，然而建筑师为了达到统一效果，放弃了这种可能性。拱肋为红色，其中一些向外弯曲，而一些则装饰华丽，从而使得拱顶与光滑的浅棕色墙面形成鲜明对比。在食堂当中，拱顶由七根圆柱支撑。这七根圆柱是食堂的主要装饰，却又富于变化。

　　根据使用的拱肋数量，圆柱粗细一致。方形柱基与八角形柱头相对应，八角形柱头也与方形柱基相对应，甚至方形顶板上面还有八角形柱头。

　　我们看到，莫奥尔布朗西多会修道院当时在德国如此超前，以至于当地的工作坊也参与到较远地方的建筑建设之中。在哈尔茨山（Harz）瓦尔肯里德（Walkenried）西多会修道院发生的这种情况，一点都不奇怪，但马格德堡大教堂新建项目发挥的作用，就需要进行讨论了。大教堂重建于 1209 年，而原教堂在 1207 年因火灾被烧毁了（见左下图）。与以往一样，重建工程从回廊及其辐射状小教堂开始。但马格德堡大教堂的结构和形式均不是真正的哥特式风格。教堂的赞助人大主教阿尔布雷希特二世（Archbishop Albrecht II）曾在巴黎留学。他似乎知道一座哥特式大教堂应该呈现出怎样的式样，但他未能详细地将想法传达给修建者。而且，当时可能还缺少有技术的建筑师和建设者实现这项工程。

　　直到在建设工程的第二阶段，即修建主教回廊——高坛走廊时，方才出现了真正的哥特式特征。正是修建这部分带有柱式墩柱和相应肋架拱顶的结构时（见右下图），莫奥尔布朗工作坊参与其中。然而，令人惊讶的是，恰在这一时期，为了能够利用原来教堂中的圆柱，突然停止了内坛中已开工的墙座建设。这些圆柱是奥托一世皇帝（Emperor Otto I）为了赋予其大教堂一种贵族气派而借鉴的意大利古式圆柱。在奥托一世统治时期，马格德堡大主教教区于 968 年成立。在哥特式大教堂中重新使用这类圆柱，明显参照了其创建者大主教以及第一座大教堂的传统。然而，原教堂的历史价值被大主教阿尔布雷希特二世完全否定了。在众多反对声中，阿尔布雷希特二世在原来教堂的基础上修建了一座全新的大教堂，但又具有一定的倾斜角度，因此就不可能再使用原地基及其墙壁了。因此，马格德堡大教堂代表性地显示出，神圣罗马帝国对早期哥特式建筑的接纳过程是多么复杂。

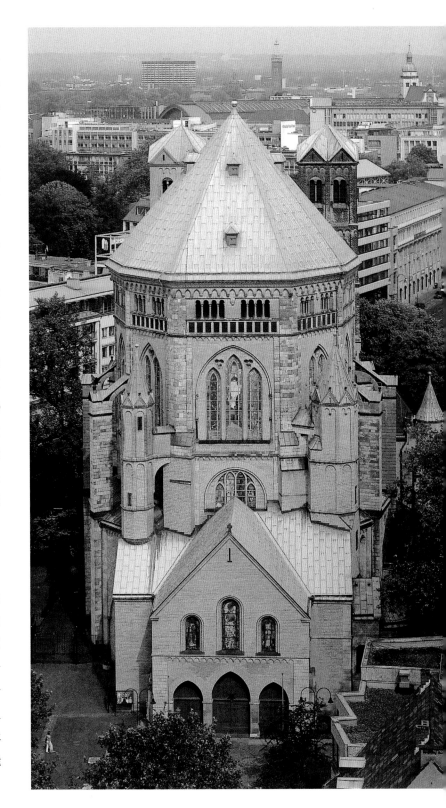

只有 1266 年建成的高坛高侧窗反映出法式建筑风格，因为只能分阶段地修建一座现代哥特式大教堂，所以新建的大教堂通过与再次使用的圆柱相结合，再一次与传统相连。马格德堡大教堂清楚地说明了这些结构上的变化。与新旧建筑和谐相处的法国哥特式建筑相比，马格德堡大教堂给人一种拼凑在一起的感觉。

与马格德堡大教堂完全不同的是科隆原圣格利恩联合教堂。它有意识地对新旧建筑进行了对比（见右图）。起源于 4 世纪的十字中心式建筑，一直沿用至 11 世纪下半叶，这个历史中心建筑最终成为整个教堂最低且最难看到的部分。教堂最终于 13 世纪 20 年代开始重建，修建者面临的问题就是，如何在重建过程中完整保持将教堂的这个早期基督核心转变成教堂中心。建筑者将底楼的一圈壁龛放置一旁，并在此修建了一幢底层与原建筑底层一致的新哥特式建筑，从而解决了这个难题。这样，通过在原教堂顶上扩建一幢法式哥特式建筑，圣格利恩联合教堂从内到外、从上到下变得越来越现代化。

在教堂内部装饰上，唯一真正具有现代化（哥特式）元素的是中心结构的上层部分，它已完全摆脱了在此之前科隆大教堂一直尊奉的正规罗马式规范。高窗和肋拱穹顶显示出与苏瓦松（Soissons）大教堂相似的窗饰类型。教堂外侧还添加了扶壁，尽管这些扶壁太高，不能横向作用于穹顶。除此之外，整座建筑的顶部覆盖了一层罗马式风格的小型楼廊。因此，圣格利恩联合教堂并不是一座完全的哥特式建筑，而是一座将个别哥特元素作为背景使用，从而珍藏原建筑中心的建筑。

哥特式建筑在神圣罗马帝国的系统发展

那些在 13 世纪 30 年代后修建，并且系统地采用了哥特式风格的教堂，在这些早期修建的教堂映衬下显得格外醒目。尤其引人注目的是，大多数的新建建筑都是在特里尔（Trier）大主教教区内。该教区包括当时仍位于罗马帝国境内的洛林大区的图勒、凡尔登及梅茨三个主教管区。因直接与香槟省接壤，并且居民主要讲法语，所以这三个教区特别容易接纳新的法式建筑理念，一点也不稀奇。遗憾的是，人们未广泛学习整个地区的艺术和建筑，并且在艺术历史方面，对洛林或默尔特 - 摩泽尔（Meurthe et Moselle）地区哥特式建筑的研究不能与对勃垦第哥特式建筑相比。

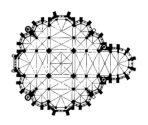

第一层很高，由通往礼拜堂的连拱廊构成，而上层主要包括只在顶部装有玻璃的窗户，只有圆室以及十字形臂端的窗户才完全装上玻璃。这给人的感觉像是教堂室内被分成两个空间区域。在下层区域，各个方向都十分明亮，而在以十字架形状敞开的上层则昏暗得多。上下两层经由双层窗图案相互连接。

墩柱的尺寸从内到外依次减小，从墩柱的形状即可看出，准确计算单个空间区域的重要性。墩柱上方耸立着另一座塔的十字交叉部建有桥墩式墩柱，并在连拱廊之间建有细长的柱式桥墩，而外墙上，只有稀疏的壁联柱。窗台继续作为墩柱周围的层拱，从而再次强调所有空间区域，尤其是底层的连接方式。

特里尔圣母大教堂中几乎所有的单个图案都能追溯到法式模型上。在墩柱上方的层拱顶上，窗户前方的过道以及窗饰图案都是以兰斯大教堂中的特征为模型的，尽管可以推测出，不久之前开始修建的图勒大教堂作为中介。但这些形式完全以非法式的方式近乎准确地相互连在一起，即使我们没有注意到，正是法国哥特式合理、正式的语言使得特里尔的系统化建筑成为可能。最后，很显然特里尔圣母大教堂可以说处于非常传统的互相对立的两极之间：平面设计由早期建筑决定，因而教堂以一座完全与哥特式无关的十字交叉部塔楼结束。为了进行补充，教堂朝向毗邻具有优越地位的大教堂外观做出一个巧妙动作。因而，二者看起来不像是竞争关系，反而像互补关系，不可否认，原教堂为圣母教堂哥特式建筑的发展规划出了框架结构。

没有坐落于特里尔教区但在风格方面与特里尔圣母大教堂关系非常密切的是马尔堡（Marburg）圣伊丽莎白教堂（St. Elisabeth）。该教堂自1235年开始修建，地基为图林根（Thuringia）的圣伊丽莎白墓。伊丽莎白于1231年去世，并且刚被追封为圣徒。伊丽莎白是一位"现代"圣徒，有两方面的原因：一方面，她过着清贫的生活，并致力于照顾穷人和病人；另一方面，她作为一个服务于穷人的君主，她打破了根深蒂固的社会屏障，从而树立了虔诚行为的榜样。因为她是一名女性，所以意味着她可能能够更好地通过这种方式表现虔诚。同样也意味着，由于对她的崇拜包含了典雅爱情传统和大众对圣母玛利亚的虔诚两方面的元素，伊丽莎白很快变得非常受欢迎。

有迹象显示，这一地区的哥特式建筑首先出现在离法国以及都市中心特里尔最近的图勒。然而，哥特式风格从西向东的行进过程并不清楚。大主教管辖区内哥特式建筑的发展，可以从不同赞助人之间的复杂关系网络，以及建筑物之间的复杂关系网络方面看出。

特里尔原圣母大教堂（Liebfrauenkirche）是在大教堂旁边为大教堂的全体教士大会所修建的，代替了原址上的一座旧的中心建筑。新哥特式教堂采用了原教堂的基本形状，因而中堂与耳堂的十字形四臂长度相等，尽管新建的高坛稍微向东突出（见第109页图）。该教堂高坛的平面图基础是一个十边形的五条边，而其他翼部结构则是一个八角形的五条边，各边的下对角礼拜堂与翼部相连。在十字交叉部上方耸立着一座塔楼。依照当地传统设计了独特的独特的两层立面图（见左上图）。

教堂的赞助人条顿骑士团（Teutonic Order）以及伊丽莎白的妹夫——图林根的康拉德伯爵都在政治和领土方面具有伟大抱负。因此，

特里尔，原圣母大教堂
东向视图

马尔堡，原圣伊丽莎白
医院与朝圣教堂，始建于1235年
平面图（左上图）

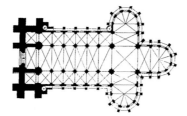

马尔堡，原圣伊丽莎白
医院与朝圣教堂
室内西向视图

二者出于个人目的充分利用了人们对伊丽莎白的崇拜之情，并使其成为自己的守护圣徒。建设马尔堡教堂的目的是加强信徒对伊丽莎白的崇拜，让该教堂成为朝拜中心，从而满足所有相关利益方的要求。

教堂包括一座厅堂式中堂以及双子塔。平面图为三个半圆形（见左上图），即独特的莱茵兰罗马式风格。在教堂中部，条顿骑士团负责礼拜；而在南面半圆形穹顶建筑中，图林根的康德拉伯爵维护着家族墓地。正是他们负责保护各自家族的守护圣徒，因为圣徒埋葬在北面半圆形穹顶建筑中。这些建筑以及三个半圆形穹顶结构的作用，在此前从来没有像在马尔堡教堂这样被精确地定义过。原建筑的两侧是宏伟统一的空间区域，而在马尔堡教堂中，实际上增加了三间同类型的高坛。这种空间部署正是原建筑的三个半圆形类型所不能提供的，因为附属于中央十字交叉部的西后堂太小了。

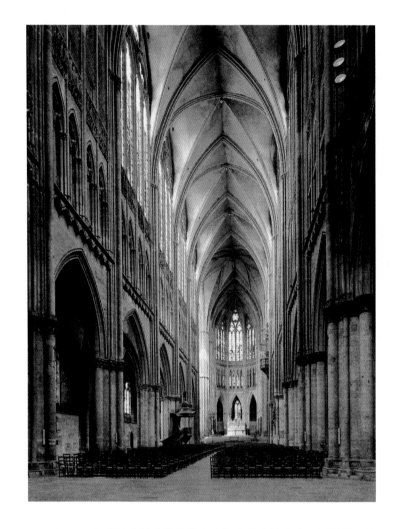

在马尔堡，这座旧建筑结合了新哥特式的长方形高坛形式，仿效了特里尔圣母大教堂中的高坛形式。

马尔堡教堂的三区式高坛成为其他建筑效仿的标准。但带两排窗户的东端墙面只有在连续外墙也出现时，才能移至中堂，所以建筑的主体修建成一座厅堂式教堂（见第 110 页图）。在这种类型的建筑中，中堂和侧堂高度相同，因此外墙的高度可以与高坛的高度一致。不能使用长方形厅堂式教堂，因为侧堂外墙比中堂外墙要矮一点。没有必要在马尔堡教堂的中堂中使用这种形式，因为厅堂式教堂设计已经使用了很长一段时间了。通过利用一系列狭窄跨间，该教堂中采用了哥特式高坛的形式。因此，几乎排成一条直线的墩柱完全遮住了侧堂，完全看不到原来宽敞的威斯特伐利亚式会堂了。

哥特式风格在马尔堡教堂的作用似乎与在特里尔圣母大教堂的作用一样，即以现代化的方式使传统建筑类型适应当代需要。因而，建筑者不能完全与传统脱离，相反，他们努力尝试利用传统。例如，在修建教堂时，圣伊丽莎白金神龛的建造方式再次采用了原亚琛（Aachen）圣母玛利亚神龛的基本类型，但稍微现代化一点。与受法国风格启发的德国这一时期哥特式建筑不同的是，哥特式建筑出现了不同的使用目的，即哥特式建筑不再仅用于修建比以前更大规模、更壮观以及"更好"的教堂。

仅在 13 世纪 40 年代时期，才在特里尔西南地区修建梅茨圣艾蒂安大教堂（见右图）。圣艾蒂安大教堂的一个主要问题是两端空间受到限制。因而，东端的唱诗堂和耳堂只能在之后的 1486—1530 年修建。因计划向西延伸教堂，一个独树一帜的解决方案是将旺德圣母（Notre-Dame-la-Ronde）神学院教堂与新建筑结合在一起。中堂中央与众不同的塔楼位置在今天仍然展示了大教堂最初修建的末端位置。很可能原本计划修建的建筑要矮一些，正如低矮的连拱廊展现的那般，但在修改了设计图后，就被改造成最现代的法式建筑了。因而，该建筑中不仅加入了特别高的、充满光感的教堂拱廊，还有巨大的高侧窗。但教堂中的这些构造并没有给人一种比例不协调的感觉，因为这些结构构造精致，并且有很尖的拱顶。梅茨圣艾蒂安大教堂标志着神圣罗马帝国哥特式建筑的转折点，因为在改建方式上并没有任何独创性，建筑师乐于仅按照法国建筑式样进行建造。

在 1248 年开始修建的梅茨圣文森特本笃会教堂中，可以更加清楚地看见哥特式风格在洛林的区域性变体，因为这幢建筑并不是按照任何法国式样的设计图而建的。因此，该建筑仿造了图勒大教堂的两层立面及其后堂。一排连续的大型窗户装有玻璃。尽管建筑墙上并没有像梅茨圣艾蒂安大教堂的上墙区域那样进行精致装饰，但在修改大教堂设计图之前，该建筑是同一城镇中最先谨慎进行改造法国建筑式样的一个重要例子，这是在结构方面朝向更大胆的风格迈进的决定性一步。在某种意义上，梅茨镇是神圣罗马帝国早期哥特式建筑的试验基地，为人们接纳哥特式风格铺平了道路。

另一个重要的中心为斯特拉斯堡（Strasbourg）圣母大教堂。1240年左右，就在晚期罗马风格的教堂唱诗堂和耳堂建成之后，一种新的

哥特式中堂形成（见上图和第113页左图）。这说明了对最新法式建筑形式的完美控制。即使乍看起来，各建筑部分之间的风格似乎是完全分开的，但过渡依旧若隐若现。最近的耳堂部分结构已经证明与新建中堂的外形一致，从而得出结论：同一个建筑师从事大教堂这两部分的建造工程。而且，中堂还考虑了原教堂部分结构：通常继续使用11世纪建筑的地基。中堂高度须确保现有的十字交叉部不能超过尺寸，至少在十字交叉部，外面不能超过其尺寸。因而，对于哥特式教堂而言，中堂的比例与众不同：兰斯和斯特拉斯堡的教堂中堂宽度分别为30m和36m，而高度却分别为38m和32m。然而斯特拉斯堡圣母大教堂的建筑师却建造了当时德国最现代化的建筑，其外观主要依据前几年开始修建的圣丹尼斯修道院的新工程。

大教堂借鉴了圣丹尼斯修道院的许多特征，例如连续柱式墩柱、装有玻璃的教堂拱廊、窗饰以及侧堂中带有壁龛和无窗连拱饰的墙体。不过，这些特色并不是完全仿造圣丹尼斯修道院的，在一定程度上还受到香槟沙隆（Châlons-sur-Marne）大教堂等更现代化的建筑风格的影响。但是，墩柱四周较多柱子的细部却是全新的。因此，斯特拉斯堡圣母大教堂中堂不仅完整采用了法国哥特式结构，甚至还有了进一步的超越，但并不像在特里尔或马尔堡那样。此处的哥特式建筑并没有通过融合传统的地区元素进行改进，反而继续按照法国最新的建筑趋势发展。

斯特拉斯堡圣母大教堂的正面也是这样。正面建筑于1275年中堂建成之后不久开始修建。特鲁瓦圣于尔班（St.-Urbain）著名的火焰式建筑墙栅充分利用了竖琴状的窗饰，在大门上一层一层地交错排列成三层：前面为精心装饰的三角墙，其后为一排花窗格，然后才是实际的墙壁。由于拱肩为玫瑰花前方独立的几圈花窗格，因而立面中央巨大的玫瑰花窗也从背景中突显出来。

在这一立面上，斯特拉斯堡哥特式建筑趋势的变化显而易见。如果中堂仍与法国古典标准风格建筑相契合，那么立面上有明显的朝向

上一页：
斯特拉斯堡圣母大教堂
中堂（上一页），约1235—1275年
教堂内景（左下图）
平面图（左上图）

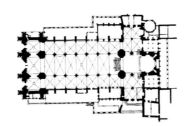

右图：科隆大教堂
始建于1248年，唱诗堂于1322年落成

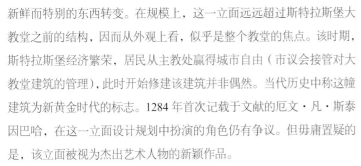

新鲜而特别的东西转变。在规模上，这一立面远远超过斯特拉斯堡大教堂之前的结构，因而从外观上看，似乎是整个教堂的焦点。该时期，斯特拉斯堡经济繁荣，居民从主教处赢得城市自由（市议会接管对大教堂建筑的管理），此时开始修建该建筑并非偶然。当代历史中称这幢建筑为新黄金时代的标志。1284年首次记载于文献的厄文·凡·斯泰因巴哈，在这一立面设计规划中扮演的角色仍有争议。但毋庸置疑的是，该立面被视为杰出艺术人物的新颖作品。

斯特拉斯堡圣母大教堂对上莱茵河而言所代表的意义就像科隆大教堂对于下莱茵河所代表的意义，因为它在1248年为新的大教堂奠定了基础。在大主教恩格尔贝特（Archbishop Engelbert，1216—1225年）统治时期，就已经有许多设计规划，因为与美因兹（Mainz）和特里尔大主教教堂相比，甚至与级别低一级的一些主教教堂相比，追溯至加洛林王朝和奥斯曼帝国时代现存的大教堂，已变得非常小而且过时了。科隆人的抱负可根据对罗马帝国具有重要

政治意义的一个晚期罗马式的东方三贤人遗迹圣殿的规模和奢华程度判断出来。该圣殿不仅仅是所有圣殿中最大的一个，而且建造技术达到了顶峰。同样地，新教堂也达到了以往一切教堂发展的顶峰。

大主教一直在努力尝试将法国哥特式风格在科隆大教堂的应用与当时大主教康拉德·冯·霍赫斯塔顿（Konrad von Hochstaden）的政治方针联系在一起。在这种情况下，强势的大主教为了表现自己和科隆神学院的地位，不得不为大教堂选择了要求最高的式样，研究者对这一点关注得很少。

大主教教堂须采用法国哥特式风格：雄伟的晚期罗马式建筑肯定会在该镇以及周围地区引起注意，但仅仅是在帝国内。

与此同时，显而易见的是，在科隆并不允许建造具有斯特拉斯堡圣母大教堂西面风格的奢华建筑。这肯定是一座古典式大教堂（见右图和第115页图）。法国国王在修建圣沙佩勒教堂（1248年落成）时，也拒绝太个性化和现代化的风格，因此科隆大教堂应用的正是

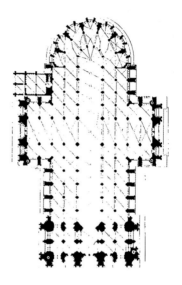

圣沙佩勒教堂的风格，它以亚眠大教堂作为原型，这一点也不令人感到惊讶。因而，科隆建筑师修建了一座主要以亚眠大教堂为原型的大教堂。亚眠大教堂仍有一些形式上的变化，因而为科隆大教堂选择了一个标准的解决方案。赞助人没有选择上下两层必须分开的桥墩，而是选择了圣丹尼斯式簇墩，但并不是在十字形平面图上。墩柱位于圆形设计图上，以亚眠大教堂高坛的侧堂之间的墩柱为模型。因为在这种形状的墩柱中，壁联柱与肋拱之间的联系会更紧密，所以亚眠大教堂中大型的连续柱头可以省去，在壁联柱与肋拱之间只有一根单独的柱头。还采用了亚眠大教堂高坛的明亮拱廊，但三角墙由更加精致的教堂拱廊代替。该拱廊源自博韦教堂的启发，按照巴黎圣母院耳堂立面的式样融合了透雕细工的拱肩。因此，科隆大教堂高侧窗的高度与连拱廊的高度相同，就像在苏瓦松、沙特尔以及兰斯一样，不再像亚眠大教堂的高侧窗那样低，并且，中堂要比苏瓦松、沙特尔以及

兰斯的中堂要稍微高一点（见上图）。此外，科隆大教堂有两个侧堂，与唱诗堂一样。因此每座塔笔直地位于四间侧堂跨间上，而不是像亚眠大教堂那样实际上只有一个装饰正面。这意味着可以修建一面宏伟的西立面，然而立面的设计图在1300年方才完成。

1322年，在科隆大教堂的唱诗堂落成时，已完成了教堂的第一部分。这样的发展过程不会在法国出现：在异常活跃的法国建筑界，与以前的发展形式划清界限并建造出完美的教堂是不可思议的。相反，科隆大教堂力图有完美的形式，而不受任何特定作品的暗示。

因此，大教堂的第一批建筑师——建筑大师格哈德、阿诺尔德和约翰内斯并未得到颂扬，与他们在斯特拉斯堡的同仁厄文·凡·斯泰因巴哈一样。斯泰因巴哈的风格明显显示出高度个性化的趋势。仅仅在数十年之后，建筑师的亲笔签名再次变得非常重要，但科隆在修建理想的哥特式大教堂过程中，建筑师的签名并被不看重。

科隆大教堂
唱诗堂，1322年落成

芭芭拉·博恩格赛尔（Barbara Borngässer）

法国南部地区的异教流派卡特里派

奥德省方若
旋环式十字架，13世纪

蒙塞居尔（Montségur）、佩雷佩图斯（Peyrepertuse）、凯里比斯（Quéribus）、皮韦尔（Puivert）等法国南部地区的卡特里派教徒城堡建造在浅灰色的岩石上（见下图和上图）。12至13世纪，法国南部地区遭受的宗教危机对这一时代的遗迹造成了严重的破坏。这些遗迹代表了受到欧洲历史包袱重压的一个宗教派别所受的苦难。一个以改革开始，而以将"异教徒"野蛮而系统地歼灭告终的故事。成千上万的人死去，其中大部分人被烧死在火刑柱上。整个城镇大火弥漫，被抢劫一空，如1209年的贝齐耶（Béziers），无论是否是卡特里派教徒，都死在法国士兵的手里。教皇和法国国王破天荒地一致同意的十字军东侵和声名狼藉的宗教法庭，留下一片焦土，使得神职人员和俗人背井离乡。

至今都很难对卡特里派教徒进行历史性的分类，乌托邦思想者、教会改革者或异教徒？被贴上南部非国教徒标签的范围非常广泛。卡特里派教徒想要什么呢？是什么驱使卡特里派教徒与教会争论，从而造成广泛而悲惨的结局，并且使得改革者变成了殉教者。这一切始于对天主教神职人员的合理批评。在12世纪，欧洲大部分地区可以听到同样的批评声音。但是对于其他人而言，例如四处游走的传教士和托钵修会神职人员，这种改革愿望成功地融入教会中，并用于传道。相反，就卡特里派教徒而言，这种批评的声音不知不觉就成为异端学说，因此在教会和政府的双重关注下，使得卡特里派教徒犯下了背叛基督教信仰的罪。

卡特里派教徒的信仰包括对福音真理原则的绝对遵守，即禁止杀生（戒绝荤腥）、完全禁欲、工作戒律和斋戒。他们的世界观倾向于二元论：他们认为漏洞百出的世界不是一个造物者的杰作，因此在世界中包括两大对立原则，存在着"好"与"坏"。前者是上帝创造的精神领域方面的内容，而后者是与物质世界等同并且视作撒旦的创造物。

事实上，类似的哲学观念已经存在于晚古时期的诺斯替教派哲学中：人类是由两个对立部分组成的，因为他们的灵魂是神圣的，而身体确是世俗而污浊的。对于卡特里派教徒而言，摆脱这种进退两难境地的唯一方法就是通过严格遵守《新约》戒律，使思想和身体变得"纯洁"，从而战胜邪恶。

名词"Cathar"（卡特里派教徒）来源于希腊词语"katbaros"（"纯洁的"），表明对简单而纯洁生活方式的追求。卡特里派信徒对这种内在纯洁的追求通过洗礼达到一种完美（parfait）状态。

这类在精神上觉醒的人即牧师，他们备受信徒尊重。这些信徒会请求牧师赐福，并行三鞠躬礼。这些听起来对我们完全无害的信仰，包含着潜在的危险：在只承认唯一的圣礼——洗礼（进一步做全新的阐释）的情况下，卡特里派教徒企图打破天主教教义的根本原则。但另一个信仰经证明更具有危险性。因为尘世间属于魔鬼，所以通常情况下，教会的有效威慑，即永久惩罚恐吓，大大减弱。在面对"日常地狱经历"中，最后的审判对卡特里派教徒而言并不可怕，因此，他们几乎没有准备好进行惯例的特赦仪式或者支付教会税。因而，不仅是教会信仰受到挑战，教会结构、行为和制度也受到挑战。教会觉得应该有所行动。

然而，信奉异教只是卡特里派教徒无意间引发流血冲突的一方面。更重要的是，卡特里派教徒与那些希望抵制法国南部势力扩张的地方统治者之间的关系。很长一段时间以来，宗教信仰问题并不是主要的问题：比利牛斯山脉山脚、郎格多克以及阿基坦地区肥沃富饶的土地的所有权一直是法国王权的老大难问题。郎格多克地区民族在历史和文化方面的倾向，使他们与控制了从巴塞罗纳到地中海地区的阿拉贡王国紧密相连。当南部开始出现不信奉国教的宗教问题时，法国人乐于让教皇来解决。然而，1208年教皇使节皮埃尔·德卡斯泰尔诺（Pierre de Castelnau）在圣吉勒（St.-Gilles）附近被杀。他被杀害的情形不是很清楚，但他的死使得局势急剧紧张，为教皇英诺森三世发动十字军打击异教徒的战争铺平了道路。法国北部的封建领主加入这场"圣战"中，并为此建立了十字军。他们被许诺获得罪行宽恕以及对异教徒的财产所有权。早在1209年，贝齐耶和卡尔卡松（Carcassonne）就处于未定的统治之下，形势严峻。1210年，密涅瓦、特米（Terme）以及皮韦尔堡垒失守。在密涅瓦，似乎有140名卡特里派教徒自愿跳进大火中接受火刑。

在西蒙·德蒙福尔（Simon de Montfort）的率领下，十字军开过乡村地区，四处烧杀抢掠。

奥德省佩雷佩图斯，12世纪早期至13世纪末

奥德省凯里比斯，11世纪至13世纪，从堡垒上看到的景象

奥德省凯里比斯石柱厅，13世纪晚期

奥德省皮韦尔，14世纪，乐师型梁托

奥德省皮韦尔，14世纪

卡尔卡松

边城，始建于 1228 年，19 世纪由欧仁·埃马纽埃尔 - 维奥莱 - 杜勒（Eugène Emmanuel Viollet-le-Duc）重建

卡尔卡松圣纳泽尔大教堂（St. Nazaire Cathedral）

围攻场景浮雕，13 世纪上半叶

1211 年，军队占领拉沃尔（Lavaur），攻打卡斯泰尔诺达里（Castelnaudry），并包围了图卢兹（Toulouse）。1213 年，阿拉贡国王佩雷二世在一场小规模战斗中被杀，他的军队撤退后，第一轮战争在米雷（Muret）城堡结束。法国对南部的控制暂时安全。西蒙·德蒙福尔在 1218 年图卢兹的战斗中去世。西蒙的儿子已掌握军权，他对十字军的功利主义感到很失望——他们承诺延长 40 天兵役，这个时间一到，他们就立即返回法国北部了，而这恰好是围攻图卢兹的时间。

在很短的一段时间内，卡特里派教徒及其政治支持者至少能够活着。但他们活着的时间并不太长。1223 年，路易八世登基。他是一位孜孜不倦的领土扩张运动者，决定将其帝国扩展至地中海地区。1226 年，路易八世率军再次进入法国南部地区，进行了一次血腥的征服战役。该战役于 1229 年结束，莫城图卢兹的伯爵雷蒙七世投降。因而，法国南部的政治局势清楚明了，地区独立也彻底地丧失了。然而，与

阿列日省蒙塞居尔　1204 年，岩石（Le Pog）与堡垒

卡特里派教徒之间的冲突仍在酝酿中，教皇格列高利九世建立了一个长久证明教会权力的机构：宗教法庭。多明我会被赋权组建宗教法庭，唯一的作用就是对异教进行压制。他们的终极武器就是火刑。火刑的使用具有针对性，但却十分有效。自《莫城条约》（*Treaty of Meaux*）签订后，卡特里派教徒就退守在那些令人难以接近的堡垒中。弗努耶德（Fenouillèdes）、皮洛伦斯（Puilaurens）、佩雷佩图斯以及凯里比斯城堡名称都代表了其居住者抵制教会起义者势力的传奇故事。那些起义者的唯一武器就是"灵魂的纯洁"。

这次抗战中最引人注目的例子就是 1244 年蒙塞居尔"安全山"的沦陷（见左下图）。该山曾抵挡住皇家军队一年多。最终这座据称是固若金汤的堡垒因有人变节而失守。堡垒中男女老少有四五百人。堡垒中的人面临着一个严峻的选择：要么放弃"错误信仰"，要么被烧死。200 名卡特里派教徒一直坚守信仰，死于大火中。根据传说，只有四名波梵缔（perfecti，纯洁的精英）成功逃走。

据说，他们将卡特里派的传奇宝藏带到了安全的地方，并且将其藏在一个至今无人知晓的地方。

自那时起，关于卡特里派的文学真相和传说一直不断。那些不加渲染的历史事实被编成为自由和独立而英勇斗争，以及强烈反对教权和反对帝国主义的传奇故事。与卡特里派教徒有关的故事成为一类神话。20 世纪 30 年代，作家里夏德·瓦格纳（Richard Wagner）以及一些文学评论家等人甚至认为，蒙塞居尔是帕西发尔传奇故事的发生地点。实际上，该史诗在蒙塞居尔城堡沦陷前的数十年创作而成。

从历史观点来看，存在的问题是一个带有激进主张的小团体如何能够吸引如此多的民众的，甚至还鼓舞其中一些人最后做出牺牲——以死殉教。卡特里派对神职人员奢侈而放荡的生活方式感到厌恶，以及对严格的道德约束和坚定信念的渴望，只是做出了部分解释。核心问题则是怎样能够将充满悖论和邪恶的尘世理解成上帝的创造物。对卡特里派教徒而言，有关天使与魔鬼、撒旦堕落以及灵魂轮回的神话故事只是为令人困惑的存在提供了更有说服力的解释，而不是对相对抽象的耶稣舍身概念或天主教会的枯燥教条做出解释。卡特里派布道者清楚地知道怎样通过比喻将这些关注和精神渴望生动地带到生活中。他们将圣经场景和传奇故事交织在一起，直到圣经场景（现已不可考证的）在最令人信服的故事和人物中描写善恶之争为止。换言之，卡特里派布道者能够深深打动那些长期以来拒绝无能国教的人。神话故事成为卡特里派教徒信条不可分割的组成部分，并且在其日常生活中留下了很深的烙印。或许正因如此，卡特里派教徒自身成为神话故事的一部分，一点也不足为奇。

乌特·恩格尔 (Ute Engel)

英国的哥特式建筑

中世纪盛期和晚期的英国历史

由于与法国之间的历史渊源，英国从 12 世纪下半叶开始，成为最先采用法国哥特式建筑风格的国家之一。1154 年，亨利二世（Henry II，1154—1189 年）登上英格兰皇位，他是法兰西安茹王朝的继承人，所以他能够凭借在法兰西西部地区拥有的土地扩大在整个欧洲大陆的地盘。自 1066 年诺曼征服（Norman Conquest）以后，诺曼底并入英格兰。1152 年，阿基坦的埃莉诺女公爵（Eleanor of Aquitaine）与法兰西国王路易七世离婚，嫁给亨利二世，她拥有的法兰西西南部地区也并入了英格兰。这样，在 12 世纪下半叶，英格兰就占据了整个法兰西西部地区，面积超过法兰西国王所辖的领土面积。但是，如此的辉煌并未持续多久。亨利二世的儿子约翰王（King John，1199—1216 年）很快就在与法兰西王室和教皇的冲突中，丧失了诺曼底和法兰西西部的大部分地区。在亨利三世（Henry III，1216—1272 年）摄政的 1259 年，英格兰又丧失了普瓦图。这样一来，英格兰仅剩下法国以南的部分地区，与法兰西的直接联系几乎完全断绝。所以，在 13 世纪的英国社会，独立自主的民族意识应运而生。当然，英格兰的贵族们仍然讲法语，但是到了 14 世纪，英国社会逐渐形成了自己独立的语言，并与盎格鲁 - 撒克逊语（Anglo-Saxon，即古代英语）逐渐融合，形成现代英语语言。

在爱德华三世（Edward III，1327—1377 年）统治时期，英国与法国的矛盾激化，终于爆发了百年战争（Hundred Years' War）。英国在战争初期小获胜利，但最后还是以失败告终，除了还占有小城加莱（Calais）以外，失去了前前后后所占领的所有法国领土。英国国王的政权逐渐衰落，直到都铎（Tudor）王朝的亨利七世（Henry VII，1485—1509 年）统治时期，真正的政治稳定才得以恢复。亨利七世的儿子亨利八世（Henry VIII，1509—1547 年）在英格兰开始推行宗教改革，此项改革随解散寺院而达到高潮。宗教改革影响到了无数的教堂，一半教堂不是由大教士团成员管理，而是由本笃会修道士管理。王室接管了教堂财产，修建了若干个修道院作为补充。英国开始进入文艺复兴时代。

英国建筑艺术的经典之作：索尔兹伯里大教堂（Salisbury Cathedral）

中世纪的英国历史就是一部与法国之间持续几个世纪的战争史。两国之间彼此对立的局面可以从英国哥特式建筑的发展过程反映出来：从一开始，英国就选择独立发展哥特式建筑艺术。英国建筑师具有强烈的意识，要尽可能地保持从 10 世纪和 11 世纪之间形成的盎格鲁 - 撒克逊建筑方法，以及在 1066 年诺曼底征服之后进入英国的诺曼底建筑风格。即便到了哥特主义时期，他们也仅采用法国建筑形式中与盎格鲁 - 撒克逊风格相匹配的成分。

英国的建筑从来没有像德国建筑，比如科隆大教堂（Cologne Cathedral）那样采用完整的哥特式建筑风格。建筑师通常会对哥特式风格加以创新改造，以更符合英国传统建筑的特征。所以，英国兴起了独立的哥特式建筑风格，而索尔兹伯里大教堂便是这种风格的经典之作，我们可以通过对教堂的详细研究来了解这种风格的一些共同特点。

索尔兹伯里大教堂始建于1220年，与亚眠大教堂（Cathedral of Amiens）同年开建，于1266年在亚眠大教堂建成不久后完工。然而，虽然修建时间大致相同，两座教堂却大不相同。索尔兹伯里大教堂位于城市边上的宽阔地带，而亚眠大教堂位于城市的中心区域，周围环绕着其他建筑。索尔兹伯里大教堂的北面原本建有一座独立的意大利风格钟楼，教堂的南面建有回廊，回廊四周是高高耸立的多角修道院。如此多角形或者圆形的修道院是英国特有的建筑形式，这种形式最早出现于1110年的伍斯特（Worcester）大教堂。

索尔兹伯里大教堂的平面图完全由长方形构成，中间长长的耳堂把整座教堂一分为二（见右图）。从教堂外部来看，耳堂顶部的塔楼起到了分隔作用。在耳堂以东，还建有另一座稍小的耳堂。这座小耳堂后面是唱诗堂，构成唱诗堂的几座建筑高度自西向东依次递减：较高的唱诗堂、长方形回廊、低矮的东边小教堂。这样的平面布局与中世纪连锁形式的教堂设计一致，是当时的常规设计。只是教堂的中堂设计可供崇拜者进入，也可直达教堂东面的区域，它与教士专用的唱诗班台中间用唱诗堂隔屏隔开。位于两个耳堂之间的是唱诗班台，小耳堂东边是设有高高祭坛的教堂内殿。在两个耳堂东边的侧堂里，设有更多的祭坛。回廊以东是东边的小教堂，也是整座教堂的后堂区，人们在那里崇拜"三圣一"（Holy Trinity）。此外，小教堂还用以崇拜童贞（Virgin）玛利亚，这是当时英国很重视的宗教仪式。从12世纪开始，英国就开始盛行每天在专门的圣母堂（Lady Chapels）举行这种仪式，这类小教堂大多作为后堂建在整座教堂的东边，而很少建在唱诗堂的北面。

在英国哥特式的教堂内，数不胜数的唱诗堂都设计为长方形，类似法国带回廊和辐射小教堂的多边形设计非常罕见。12世纪下半叶，在英国不同区域发展形成两种不同形式的长方形唱诗堂，一种是以低矮的回廊和突出的后堂为特征的索尔兹伯里风格，在南部和西部地区更加盛行；另一种是在北部和东部地区盛行的唱诗堂风格，不附设任何建筑，教堂的中堂高度一致，这样使得东部端墙一边没有缓冲而显得直立突兀。这样在长方形唱诗堂的大范围空间内，再由栏杆分隔为单独的小空间。

索尔兹伯里大教堂的外部没有明显的扶垛支撑，这跟法式建筑中最引人注目的特征截然不同。我们今天所看到的飞扶壁是后来新增的，教堂内原本的扶垛被隐藏在侧堂边上的顶棚之下，这是与盎格鲁-诺曼传统建筑风格紧密相连的英式风格。这样的设计基于两大原因。第

索尔兹伯里大教堂
东北向视图，1220—1266年
平面图（底图）

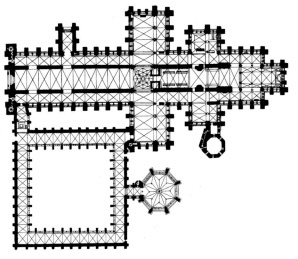

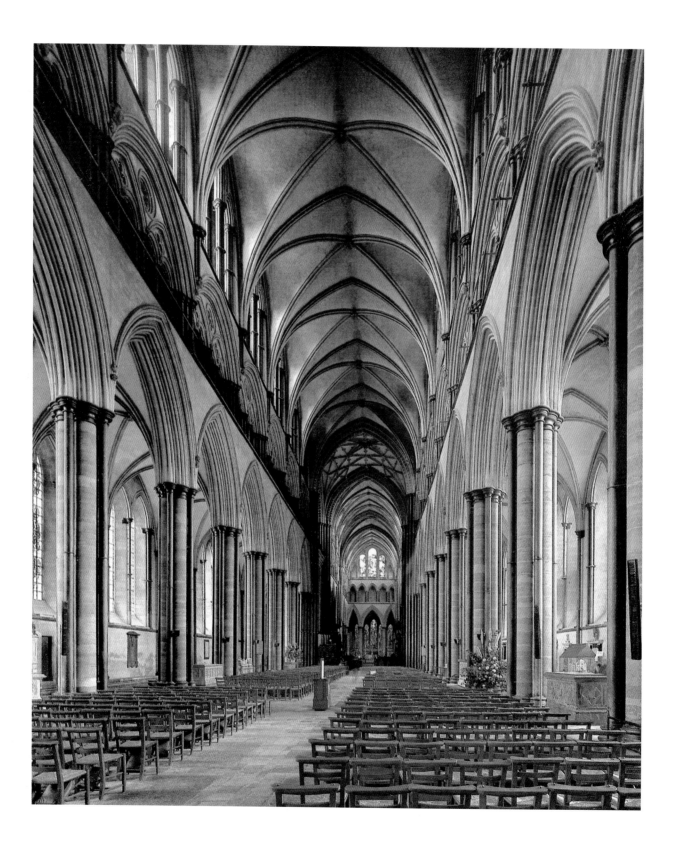

一个原因是英国的哥特式建筑高度相对较小，索尔兹伯里大教堂的高度为25.6m，而亚眠大教堂的高度为43.5m；第二个原因是英国沿用了盎格鲁 - 诺曼传统建筑中"厚壁"的方法，这就意味着他们所建造的墙壁非常厚实，甚至可以包含几层，中间可以穿插画廊和走廊。这样使得在采用低矮的飞扶壁支撑或毫无支撑的情况下，可以修建石造的拱顶中堂。所以，从技术上来说，英国哥特式建筑跟法国哥特式建筑中高耸和框型的大胆设计截然相反。

然而绝对不能就此认定英国哥特式风格相对于法国要简单朴素些，恰恰相反：英国教堂在高度上的不足都通过建筑的宽度和装饰有效地弥补了。比如，古老的伦敦圣保罗大教堂（St. Paul's Cathedral），其建筑宽度可达179m，而兰斯大教堂（Reims）却只有139m高。不仅如此，英国的哥特式建筑相对于法国哥特式建筑更注意细节处理和材质运用，因而显得更加精致丰富。很明显，似乎英国的教会更注重建筑结构之间的宽度，更在意建筑所呈现出的灿烂与辉煌。这反映了英国在中世纪的繁荣昌盛，尤其是英国中世纪教会的殷实富足（13世纪在欧洲发展最好的40个教区中，英国就占了12个）。因此，人们认为，英国的哥特式建筑在建筑技术方面并无多大的过人之处，而在墙壁、拱顶和玻璃上使用的装饰却别具匠心。

索尔兹伯里大教堂跟英国其他的建筑类似，内部装饰显得非常华丽丰富（见第120页图），充分显示出英国的建筑师对内部装饰的热爱。朝教堂中堂的东边望去，其丰富多样的装饰材料便展现在眼前。浅色的石灰石与类似大理石的黑色细长柱身、基座和柱头形成强烈的反差。这种黑色的石头叫做珀贝克（Purbeck）大理石，它是一种产于英国南部地区的沉积岩，经过抛光、打磨以后可以当作大理石。这种石头从12世纪开始在英国建筑中被广泛使用。黑色的石头，再加上在拱券、拱顶上的彩色绘画及精细的彩色玻璃，就形成了英国哥特式建筑五彩斑斓、奢华大气的内部装饰风格。

在索尔兹伯里大教堂内，周围环绕着多根柱身的扶垛形状多样，教堂各个跨间的扶垛各不相同，充分展现了英国建筑大师独特的创造力。这些扶垛支撑起巨大的拱券及拱券所呈现出的多重切面在法国建筑中是见所未见的。因为采用英国传统盎格鲁 - 诺曼厚壁设计会使墙体看起来过厚，而多重切面利用装饰的线条层次可以掩饰墙壁的厚度。

教堂底层的扶垛与中层拱顶的壁联柱并不相交。这种壁联柱以细小的切头形式竖立在枕梁之上，又跟底层支柱和柱身互不相交的设计，是英国哥特式建筑的另一典型特征，而法国哥特式建筑的壁联柱和柱身是连在一起的。教堂的扶垛被设计为独立的建筑结构，可以从教堂内的各个方向看到。教堂中层的设计体现了建筑师对于盎格鲁 - 诺曼风格的钟爱，拱券的拱肩上有花叶的图案装饰，甚至明窗都采用了典型英国盎格鲁 - 诺曼风格的元素，用彼此交错的三重连拱廊来进行设计。此处的墙分为内外两层，内墙与外墙之间有一条狭窄的通道。

英国大多数的教堂并不是同时基于同一类的设计方案修建的。它们一点点地被修建起来，起初依照盎格鲁 - 撒克逊的传统风格，然后在改造过程中保留部分之前的结构——最好新建一些建筑，同时拆除一些备受推崇的古老建筑，然后又开始重建。如此一来，许多英国的哥特式建筑包含了不同时代修建的各个部分，所以经常会出现差异很大的设计同时存在的情况。在以下关于哥特式建筑在英国的发展情况的讨论当中，我们会经常遇到这种同一建筑中存在不同类型建筑结构的情况。

英国哥特式建筑发展的主要阶段：早期阶段、建筑装饰性阶段和垂直设计阶段

英国哥特式建筑的发展可以划分为三个主要阶段，与欧洲大陆的学者们所熟知的英国哥特式建筑发展的早、中、晚期三个阶段有所不同。"英国哥特式建筑"这个词汇，是由托马斯·里克曼（Thomas Rickman）于1817年在他所著的《英国建筑的建筑风格初探》（*An Attempt to Discriminate the Architectural Styles of English Architecture*）一书中提出的，一直沿用至今。这三个主要阶段均从吸收法国哥特式建筑的特征开始，再逐渐加以调整以符合英国本土的传统建筑方式。

英国哥特式建筑发展分为三个阶段。第一个阶段是早期阶段，是指从1170—1240年。属于这一阶段的建筑有坎特伯雷大教堂（Canterbury Cathedral）的唱诗堂。这座建筑由来自法国桑斯（Sens）的设计师设计，他采用了桑斯圣德尼修道院（St.-Denis）和法国其他哥特式建筑的设计风格。英国哥特式建筑发展的第二个阶段是在1240—1330年被认为是建筑装饰性（Decorated Period）阶段。这一阶段从基于兰斯大教堂设计风格的威斯敏斯特大教堂（Westminster Abbey）的翻新改造开始。最后是垂直设计阶段，该阶段是哥特式建筑在英国发展的最后阶段，同时也是最长的阶段，约从1330年开始，到1530年结束。该阶段具有法国辐射式设计的根源，但这个阶段却是受法国哥特式建筑风格影响最小的阶段。

英国哥特式建筑风格的开始阶段：盎格鲁 - 诺曼传统风格中的新元素

从 12 世纪中叶开始，英国与法国之间的艺术交流甚为密切，一些新的建筑元素，比如尖拱券、中堂和走廊之上的交叉肋架拱顶及精致细长的柱身等，逐渐出现在英国后巴洛克时期丰富的建筑词汇里。其中，交叉肋架拱顶的采用尤为重要，虽然从约 1100 年建成的杜伦教堂（Durham Cathedral）起，英国的建筑师们就开始采用这种结构，但主要还是运用于侧堂的拱顶。

西多会（Cistercians）在把法国建筑的形式传播到英国起到了重要作用，当然也对传播到其他国家起到了重要作用。几乎所有修道会在英国所建的建筑都成了断壁残垣，比如建于 1165—1170 年间的罗氏西多会修道院（Church of Roche，见上图）。这座修道院模仿了北部法国，尤其是皮卡迪（Picardy）的设计样式，其特点是尖拱占主导地位，扶垛由龙骨状、锐楞状柱身组成，有的爬高到高侧窗拱顶的起拱点。

整座建筑的拱顶都为交叉肋架型，建筑拱券上方高拱廊上面装饰的凹凸连拱饰，在整座建筑中看起来尤为显眼。

在早期英国哥特式建筑风格的发展过程中，具有更加重要意义的是宗教的继位。因为跟欧洲大陆有着紧密的联系，主教在自己的规模宏大的建筑项目中，开始采用法国的一些创新手法。其中最为突出的是约克大主教（Archbishop of York）罗杰·庞特（Roger of Pont l'Évêque，1154—1181 年）。在他继任后不久，他就重新修建了教堂的唱诗堂，但是后来这座建筑遭到毁坏，我们只能从残存下来的建筑中略知一二。瑞盆大教堂（Cathedral of Ripon）是按照罗杰的设计建造的，修建于 1160—1175 年，教堂的一小部分得以保存（见第 123 页上图）。令人诧异的是，教堂唱诗堂的建造，几乎完全模仿了法国早期哥特式建筑，比如努瓦永（Noyon）大教堂或者拉昂大教堂（Laon）的风格。细长而又层层叠加的扶垛上面拖着尖顶的连拱廊，中堂的墙壁相对于英国通常的墙壁厚度来说很小。

上图：
瑞盆大教堂（原学院教堂）
唱诗堂的西跨间，朝西北方向，约 1160—1175 年

下图：
伍斯特大教堂
中堂，西跨间，朝西北方向，1175 年之后建成

扶垛之上是梁托，直接竖立于梁脱之上的是壁联柱，壁联柱的五根柱身完全自然指向交叉肋型拱顶。虽然最初的设计就包含了拱顶，但木制的拱顶却是后来才增建的。教堂高拱廊后来才进行了上釉处理，也是按照法国的传统风格设计的。教堂窗户为两两并列的尖头窗，两扇窗户中间有中梃，两边还各有一扇封闭的尖拱券窗户。后来英国北部其他一些建筑的设计也采用了类似的风格，其中包括白兰教堂（Byland Abbey）和泰恩茅斯修道院（Tynemouth Priory）。瑞盆大教堂的连拱廊设计为三个叠加并留有通道的形式，延续了盎格鲁 - 诺曼的传统设计风格。

英国南部的地区因为与法国隔海相望，自然与法国有着密切的沟通和联系。法国早期哥特式建筑对该地区的影响，在这座温切斯特（Winchester）主教，即卢瓦（Blois）的亨利（Henry，1129—1171 年）的建筑上面，显得尤为明显；温切斯特的圣十字医院（St. Cross Hospital）也是一个很好的例子。然而，在英国西部地区，一种新型的早期哥特式建筑风格逐渐发展起来。这种风格最初出现在伍斯特大教堂（Worcester Cathedral，见下图）中堂的两个跨间内。但不得不提，因为在 1175 年教堂内的一座塔楼倒塌之后，人们对教堂的老旧部分进行了修补改造，所以其中仍然存在大量罗马式的传统元素。在伍斯特大教堂，我们也能看到厚墙的设计，即高高的楼廊和我们所熟知的带通道的明窗设计，走廊的后墙是整体建筑不可或缺的一部分（如在高拱廊中一样）。然而，新元素也非常明显：尖状拱券和圆形拱券的穿插设计，从扶垛上面凸现出来用以支撑肋型拱顶（后来被改造翻新的）的垂直成簇壁联柱。最重要的是，扶垛、连拱廊和教堂各种支撑上面细长的装饰线条构成层次感。教堂中层有好几层墙壁，上面雕刻的花卉，显得尤为华丽大气。

坎特伯雷大教堂对英国哥特式建筑的影响

12 世纪 70 年代，坎特伯雷大教堂几乎无人不知。1170 年，主教托马斯·贝克特（Thomas a Becket，1118—1170 年）在他自己教堂的中间位置，被国王亨利二世（Henry II）安排的人所杀害。从 1173 年开始，人们就开始了到他墓地的朝圣之旅，后来他被罗马教皇封为圣徒。一年之后，坎特伯雷大教堂被大火烧毁（有人认为此事绝非偶然），于是人们开始了教堂的重建工作，并建造出英国历史上最宏伟的建筑。教堂修道院的修道士最初只想采用英国的传统风格，在最大程度上恢复被焚毁的建筑，但是他们接受了一些新思想，于是便组织进行了一次设计比赛。一位法国设计师在比赛中夺得桂冠：坎特伯雷的修道士森斯·杰维斯的威廉（William of Sens. Gervase）。他记载了直至 1184 年唱诗堂建造完工的整个过程，这一记载是中世纪建筑建造过程最重

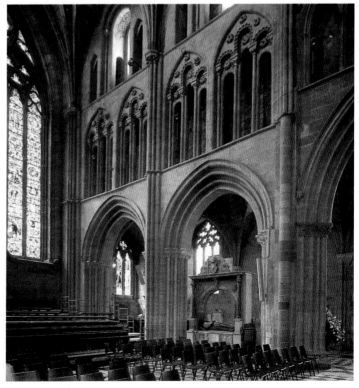

要的资料来源。这位法国设计师把新增建筑置于先前建筑的院墙以内，又把唱诗堂向东加宽（见第 125 页图）。

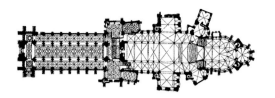

经过这样的改造，坎特伯雷成为英国第一座对唱诗堂进行哥特式改造的建筑。但是，在建筑的其他方面，修道士们却没有丝毫妥协，他们要求地窖必须位于唱诗堂下方，采用唱诗堂扶垛之间间隔距离的罗马式地窖。而且，修道士要求新建筑跟之前的建筑一样，扶垛要以方柱和圆柱穿插的形式设计。不仅如此，新增建筑中堂的高度不能超过之前的建筑中堂，明窗的设计还必须有传统的通道。在满足这些条件的基础上，威廉还是竭尽全力，按照他所了解的自己国家的建筑风格，建造了一座法式大教堂。

在对第一部分，即位于教堂西面的修道士唱诗堂进行改造时，威廉把扶垛设计得又高又细，以求达到高挑、纤细的效果。他还模仿桑斯修道院的形式，把教堂楼廊的连拱廊设计为双层结构，但由于扶垛之间的狭小空间，坎特伯雷大教堂的走廊显得较为拥挤。此外，他用法国东北部流行的黑色大理石柱身替换教堂内已有的大量柱身。

由于教堂的高度较低，这样做显得不太可能。威廉以法式风格建造起六肋结构的肋型拱顶，下面仅用平行的飞扶壁支撑。在东部的耳堂和教堂的圣殿内他进行了更为大胆的设计，用珀贝克大理石柱身把里面所有的扶垛包在其内。如此恢宏的光芒显然让教会的成员们兴奋不已。但1178年，威廉遭遇不测，从脚手架上跌下来，不得不返回法国。另一位同名的英国建筑大师，最终完成了坎特伯雷大教堂的建造。

威廉建造了教堂最为非凡的部分，三一教堂（Trinity Chapel）一直延伸至祭坛以外，与外面的回廊形成一个半圆的后堂，末端是花冠礼拜堂，花冠礼拜堂也是一座接近圆形的轴向教堂（见右上图）。这两个部分都是用来崇拜圣·托马斯·贝克特，他的神龛设置在三一教堂之内，是整座教堂的最高位置，他的头骨被安放在教堂的冠状顶部里面。新建教堂最辉煌的部分集中在两两并列的不同颜色的大理石扶垛，以及用色彩表明这位圣人神迹的大型彩色玻璃窗户（见左图）。不仅如此，建筑还有更多的创新之处：教堂楼廊的高拱廊被改造成法式风格，教堂外墙上面细长的柱身并不附着在墙面上，而是腾空而起。

虽然坎特伯雷大教堂的新唱诗堂是在特殊条件下建造起来的，但是产生的影响却非常大，以至决定了未来75年英国建筑的发展情况。原因之一当然是教堂里面安放的圣人遗骨。出于对圣·托马斯·贝克特的崇敬，源源不断的朝圣者前来瞻仰。于是，所有较大的教会便纷纷开始宣扬他们的圣人，并以坎特伯雷大教堂展示圣·托马斯·贝克特遗骨的方式来展示圣人遗骨。如此一来，在坎特伯雷大教堂新式建筑风格的影响之下，许多教会开始修建新的唱诗堂，因此，唱诗堂便成了英国哥特式建筑风格第一个阶段的标志。

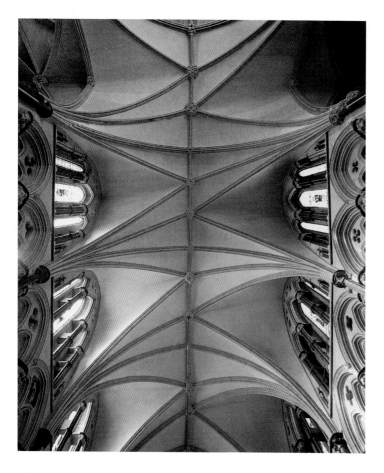

英国哥特式建筑的早期阶段：三种不同风格

林肯大教堂与英国北部的哥特式建筑

在坎特伯雷大教堂之后最先修建的大型建筑之一，便是林肯大教堂（Cathedral of Lincoln）。该教堂是在一次地震之后从 1192 年开始修建的。跟坎特伯雷大教堂类似，该教堂也有两间耳堂，中轴位置建有独立小教堂的回廊，同时也是三层楼的结构，顶部也是六肋结构的肋型拱顶。但是，这些元素都已经被升级改造，现已不存在。林肯大教堂的设计者似乎想要最大程度地采用每一种建筑形式，以避免对某种建筑形式的重复使用。这样一来，林肯大教堂就成为众多风格的试验建筑，它以一种难以想象的方式，丰富了英国的哥特式建筑风格。此后好几代的设计师都从林肯大教堂的建筑形式中汲取了养分。

林肯大教堂最为特别的地方是最先修建的唱诗堂，它以该建筑的主人——休·阿瓦隆主教（Bishop Hugh of Avalon）命名。唱诗堂由杰弗里（Geoffrey，来自诺伊尔斯，从这个地名不能确认他是英国人还是法国人）修建，约竣工于 1210 年。跟坎特伯雷大教堂相比，整座教堂的内外都有奢华壮丽、形状不一的装饰设计，其风格往往出人意料，比如在柱身的柱头上饰有卷叶浮雕装饰。林肯大教堂的两项创新设计具有特别重大的意义：侧堂内切分开的双层隐形连拱廊以及高高的唱诗堂内所谓的"疯狂的拱顶"（见

上图）。在唱诗堂内，杰弗里把坎特伯雷大教堂跨间之间的六肋型拱顶增加到了八肋。他对肋拱棱进行了再分，但却不采用对称结构：对立的肋拱棱被斜向分开，然后在跨间的中间位置在左右各自相交，这样就具有斜向拉长跨间两角之间菱形结构的效果。跨间对面的两根肋拱棱向上延伸出来，在跨间的中间位置与另外两根肋拱棱相交，形成弯曲的 Y 形结构。另一根纵向的肋拱棱延伸至整个屋脊，把教堂的拱顶全部连接起来。这样复杂的结构设计是哥特式建筑中首个规模宏大、装饰华丽的肋型拱顶，它充分反映出设计师开创性的设计风格。所以，一位当代的史学家把该结构与飞鸟的羽翼作比。

林肯大教堂的中堂由另一位设计师设计，他对前任设计师的试验设计做了总结（见第 127 页图）。中堂的空间很大，扶垛的珀贝克大理石柱身的设计彼此间不尽相同。建筑的装饰技术非常精湛，柱头和落地架上面饰有静物描绘的树叶，叶子与其间的花朵和花蕾纠结缠绕，仿佛在风中摇曳。拱顶也是中堂的最高位置，其上纵向的屋脊肋拱棱非常醒目，让视线自然往东转移。在每个起拱点的位置，七根肋拱棱以扇形向上打开延伸，与对面延伸出来的七根肋拱棱相交于屋脊的肋拱棱。圣休（St. Hugh）唱诗堂"带有疯狂的拱顶"被加以对称处理，肋拱棱数量也大大增加。除了纵向和斜向的肋拱棱之外，还有被称为三重肋或者居间拱肋的肋拱棱。斜向最里面的肋拱棱与短小的横向屋脊肋拱棱相交以后，形成一个星形结构。虽然

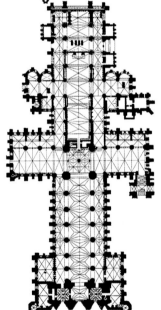

把顶棚作为整体时，星形结构显得并不那么明显，但这座于 1239 年完工的拱顶仍然是欧洲建筑史上第一座星形拱顶。对比之下，这座教堂跨间的边缘似乎消失了，从侧墙延伸出来的一根根肋拱棱共同形成夸张的巨大拱顶图案。

之后，在英国北部地区，人们直接继承了林肯大教堂的创新设计。在 1200 年左右，人们在那里大规模地修建教堂、牧师会和修道院，人们甚至开始互相竞争重建唱诗堂。英国北部的哥特式建筑采用零星的彩色柱身设计，因为珀贝克大理石产于英国南部沿海地区，在北部地区很难找到。教堂通常以成簇的扶垛作为支撑，拱顶也不采用石头为材料，木造的拱顶就足以让教会满意。北部建筑的另一大显著特征便

是唱诗堂东墙和耳堂正立面的设计。因为中堂的高度从西到东保持不变，所以在东墙上采用了一系列飞腾的平面装饰图案。

细长的柳叶形窗户层层叠起，正如位于惠特比（Whitby）的班尼迪克修道院（Benedictine abbey，见第 129 页图）。最底层的尖头窗与中堂连拱廊的拱券同高，中间的窗户与楼廊和明窗同高，最高层的窗户起到修饰三角墙的作用。在所有这些英国北部的建筑中，正立面最为杰出的要数约克大教堂（York Minster）的北部耳堂的正立面。该建筑建于 1234—1251 年，位于连拱廊之上的是五扇细长的尖头窗，它们便是名声在外的"五姐妹"（见第 128 页图），这"五姐妹"几乎占据了端墙的整个空间。

约克大教堂
耳堂东北向视图，教堂约修建于1234—1251年。
"五姐妹"是英国最高的尖头窗之一，拱顶由木
质材料建成。教堂体现了英国北部哥特式建筑的
典型特征，即在楼廊大大的连拱廊之下，还另开
有四个小的拱廊，这跟惠特比的班尼迪克修道院
的唱诗堂（见右图）一样。

惠特比班尼迪克修道院遗址
东部正立面（上图）
东北向内景（中图）
西北向唱诗堂的内景（下图）

索尔兹伯里大教堂与英国南部的哥特式建筑

12 世纪末到 13 世纪初的英国南部地区，在坎特伯雷大教堂建成以后，又有好几座重要的建筑开始动工，其中就包括罗切斯特教堂（Cathedral of Rochester）和查切斯特教堂（Cathedral of Chichester）的改造和温切斯特教堂（Winchester）后堂的修建。然而，在英国早期哥特式建筑中，最重要的建筑要算我们已经讨论过的索尔兹伯里大教堂，这是唯一一座完全以英国哥特式风格修建的原始大型建筑。原来的教堂修建在山头上，跟一座皇家城堡挤在一起，而新建的教堂则选址在河谷中，周围是绿色的田野。在修建之初，教堂似乎要与林肯大教堂奢侈华丽的实验性风格"针锋相对"，所以设计显得中规中矩，而又简单质朴（见上图）。建筑内各个部分的设计没有明显的差异，只能从它们个各自的宗教用途看出细微的区别。唱诗堂内的扶垛上有八根不同形状的柱身，而中堂内的扶垛则形状相同，且只有四根大理石柱身。从教堂的拱顶可以明显看出，设计师非常注重建筑语言表达的

规范性。坎特伯雷大教堂采用了传统四肋结构的交叉肋型拱顶设计，这跟林肯大教堂大不相同。而且，教堂内青墨色的釉彩使得教堂结构显得更加平衡协调。大教堂以东三圣一教堂（见第 131 页图）的设计更是达到了建筑的顶峰，又高又细的大理石立柱支撑起上方的拱顶，在教堂下方形成宽敞明亮的内部空间。

13 世纪上半叶，如索尔兹伯里大教堂一般的简约设计成为英国南部地区建筑的主要特征，比如伦敦圣殿教堂（Templar Church）的唱诗堂、南华克（伦敦）的修道院教堂（Priory Church）、坎特伯雷和兰伯斯（伦敦）大主教官邸内的小教堂。这些建筑都设计有细高的扶垛、巨大的窗户及类似大厅的宽敞空间。坎特伯雷大主教（Archbishop of Canterbury）史蒂芬·兰顿（Stephen Langton）是当时宗教改革的重要推动者，这些建筑的主人们都是他身边一些具有影响力的牧师。索尔兹伯里主教理查德·普尔（Richard Poore）便是其中的牧师之一。他基于建筑的有序性和实用性推行的宗教改革，成为英国许多教堂建设的典范，这种建筑风格的秩序清晰明了，也为索尔兹伯里大教堂周围的建筑所采用。

威尔斯大教堂（Wells）与英国西部的哥特式建筑

英国西部地区的建筑风格与其地区迥然不同。约在 1175 年，另一种不同形式的建筑语言在这里呈现，比如伍斯特大教堂，就反映出这种建筑语言。采用这种风格修建起来的教堂，不会有大理石和柱身构成的华丽装饰，但是由于其细致入微的设计，仍然在众多教堂建筑中显得出类拔萃。

英国哥特式建筑发展的顶峰之作是约建于 1180 年的威尔斯大教堂（见第 132 页图）。建筑内部的墙壁质朴素净，清晰而又雅致的线条游走其间。中堂内长排的扶垛样式统一，外面都包裹着薄薄的柱身，柱身以三根为一组，支撑着交错连拱廊构成的相应拱券肋拱楼。中间水平的腰线清晰地划分出教堂的楼层。教堂中层显得比之前英国哥特式建筑的楼层低矮，其楼廊内拱券紧挨着排在一起，间隔均匀，明显是基于法国高拱廊的设计而建的。明窗设计的位置通常很高，但没有附带相应的开口。壁联柱设计得很短，几乎看不出它跟楼层平面间的垂直角度，上面支撑着斜的交叉肋架拱。但是，教堂内多样的建筑元素仍然令人感叹不已，其中既包含多元化的建筑形式，也包含柱头上画面丰富的雕刻，上面描绘了人和动物间嬉闹欢笑的场面。

格拉斯顿伯里教堂（Church of Glastonbury）位于威尔斯教堂不远的地方，1184 年在这里发生了一场火灾，之后教堂被重新修建。

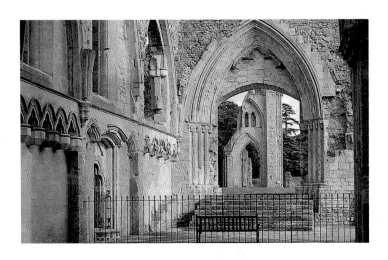

12 世纪，威尔斯、坎特伯雷和巴斯大教堂（Bath）这三座教堂，为了争夺成为所在地区的大主教堂，彼此间展开了激烈的竞争。到了 13 世纪，这场角逐最终才以威尔斯大教堂的胜利告终。威尔斯大教堂教士与坎特伯雷大教堂修道士之间的竞争，也从他们各自修建的建筑中反映出来。威尔斯大教堂代表着哥特式正统建筑语言的新样式，而坎特伯雷大教堂则代表了在传统建筑风格之上谨慎进行的现代化处理。一些历史背景可以让我们更好地理解这一点。坎特伯雷大教堂是英国最古老也是最富有的教堂，传说教堂内独立的圣母堂，即老教堂（etusta ecclesia），是由亚利马太的约瑟夫（Joseph of Arimathea）最初修建的。当时，面对来自新建的威尔斯大教堂的竞争，坎特伯雷大教堂的修道士想要在自己的建筑中表现自己令人景仰的光荣传统。

圣母堂是坎特伯雷大教堂内最为辉煌壮丽的建筑，它是整座教堂的核心，也是教堂的展览品（见上图和中图）。这座不大的长方形建筑，里里外外到处都是尖叶形的拱券，一些装饰性的元素，诸如蜿蜒的线条和玫瑰花，也随处可见。建筑内外都粉刷一新，并安装上了彩色的玻璃窗户。尽管建筑采用了设计师钟爱的后罗马时代装饰风格，并持续运用了圆形拱券的设计，但建筑也包含了哥特式的创新元素，比如类似大理石的蓝色材料（现已几乎不存在）构成的柱身、法国式静物树叶绘画的柱头、正门前方的三角墙和交叉肋型的拱顶等。试图使传统和现代有机结合的坎特伯雷大教堂，以及包含典型现代建筑风格的威尔斯教堂，就分别代表了两种使教堂建筑看起来更加宏伟壮观的基本设计理念。然而，两座教堂间仅有 10km 的距离，而且两座教堂的修建时间完全相同，甚至连建筑材料都来自同一个采石场，但却具有截然不同的风格。这就特别体现出这些中世纪的教会成员和杰出的建筑大师们运用不同建筑形式和语言的超凡能力。

伍斯特大教堂（见下图）的情况也有所不同，教堂新的唱诗堂建于 1224 年。教堂一直以来藏着盎格鲁 - 撒克逊的主教伍尔夫斯坦（Wulfstan）的遗骨，伍尔夫斯坦在 1203 年被教皇封为圣人，1216 年，依照他的遗愿，约翰王（King John）把他埋葬在这座教堂。所以，教堂的设计也为了在建筑形式上体现这一情况。英国西部哥特式的建筑风格只在教堂的外墙和侧堂体现出来，此外，教堂的设计者还把索尔兹伯里大教堂简约而层次鲜明的风格，与林肯大教堂奢侈华丽的装饰风格和谐地结合在一起，从而创造了早期英国哥特式建筑华丽斑斓的外在效果。一些独立元素，比如带有新造型拱券的高拱廊等，就是个明显的例子。但是唱诗堂高耸的东墙及端墙上成组的尖头窗，说明建筑的总体结构还是效仿了英国北部地区的哥特式风格。教会显然想要通过对英国所有地区建筑风格元素的选择利用，彰显教堂皇家遗骨埋葬之地的特殊地位。

英国早期哥特式建筑的独特风格：屏隔式立面

在英国哥特式建筑的发展过程中，建筑师逐渐摸索出修建西立面的独特方式。在英国，很少有建筑像法国一样采用双塔结构的正立面。英国大教堂和修道院的建筑师要么满足于单一直立的正立面设计，要么竞相修建如展品般精致奢华的大面积正立面，即所谓的隔屏正立面。这样的正立面并不与后面的中堂直接相连。正立面的设计覆盖整座建筑，塔楼的位置或者在一侧，或者位于正立面之后。

英国的建筑并不十分看重西立面的大门，与法国建筑的大门不同，英国教堂的大门通常开在正立面外墙的下端，而且没有雕塑装饰。其原因之一是在盎格鲁-撒克逊时代，英国教堂的主要入口开在侧面，通常是教堂的北面，可能是为了保护教堂免受恶劣天气的破坏，所以北面的门廊会装饰得非常华丽漂亮，以突出教堂的大门。

威尔斯大教堂拥有英国最华丽美观的屏隔式立面（见第 135 页图）。1239 年，教堂在投入使用时，正立面还未完成。位于中堂旁边的塔楼和突出的树干扶壁，把整座建筑从垂直方向分开，几排隐形的连拱廊以层层堆砌的方式，从水平方向横跨整个建筑。正立面上还设计有很多的雕塑作品，包括拱角表面上的浮雕、扶壁上如真人大小的圣人雕像，以及处于最高位置的耶稣主持最后审判（Last Judgment）的雕像，整个基督教救赎的故事在这面巨大的画墙上逐一呈现。此外，教堂的正立面在大型宗教节日游行的礼拜仪式中，还有其他用途。参加仪式的歌唱家和音乐家们站在封闭的开口处表演，声音通过整个立面回响，由此制造出一种"天堂的耶路撒冷"（Heavenly Jerusalem）般的生动场面。

彼得伯勒大教堂（Peterborough Cathedral）西边耳堂的屏隔式立面采用了大型拱窗的设计（见上图）。正立面依照罗马式建筑正立面的手法，采用大型门上壁龛的设计，同时采用诺曼式的凯旋门设计。教堂高调地把大门设计成人们心中天堂之门的样式，表达进入教堂大门即是进入救赎之门的含义。教堂的塔楼高高耸立于巨大的拱券之后，仅在顶部高高的三角墙位置设计有雕塑。

威尔斯大教堂
西立面，1230—1240 年
塔楼约完工于 1400 年

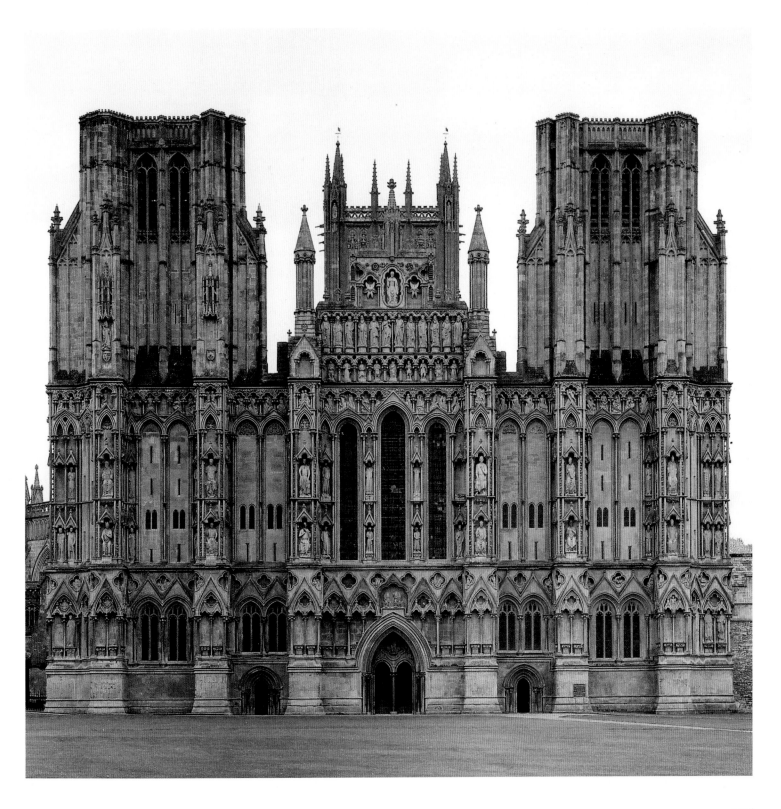

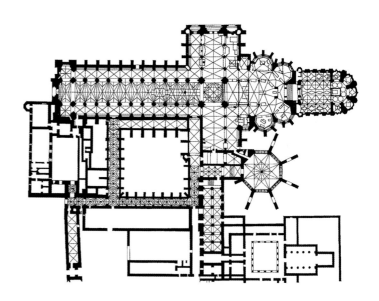

威斯敏斯特大教堂（Westminster Abbey）：国王要求从法国吸收的新思想

伦敦的威斯敏斯特大教堂在英国中世纪的建筑中占有特殊地位（见右图）。教堂在其唯一的客户，即国王亨利三世（King Henry III）的要求之下于 1245 年开始兴建，修建成本几乎国王自掏腰包。他的祖先忏悔者爱德华（Edward the Confessor，1042—1066 年）就埋葬在这座罗马式教堂内，忏悔者爱德华在 1161 年被封为圣人，但人们对他的疯狂崇拜却始于亨利三世。当时亨利三世正在竭力振兴英国的君主政权，以与日益强大的法国相抗衡，而忏悔者爱德华正是他手中的王牌，因为当时的法国国王手里还没有一位真正圣贤先辈式的人物。因此，教堂的重建实际上是英国国家政治企图的一部分，目的就是加强英国王室的权力。新建的威斯敏斯特大教堂不仅是基督教教堂中最为奢华壮丽的教堂之一，而且重要的是，它体现出浓厚的法式教堂的建筑风格。如此一来，威斯敏斯特大教堂就成为英国哥特式建筑中最具有法国特色的建筑。

国王当时雇用了瑞斯（Reyns）一位名叫亨利的设计师，这也许让你疑惑不已：瑞斯到底是英国的一个小村庄的名字呢，还是法兰西岛（Ile-de-France）上的兰斯？又或者他就像桑斯的威廉一样，是一位不得不适应英式建筑风格的法国人呢？尽管受到许多因素的限制，这位建筑师还是创造出了法式设计风格，其中包括后堂构成八角形中五条边的法式多边形后堂、带辐射式教堂的回廊（见第 137 页左图）和带环形侧堂的耳堂。从教堂的正视图可以看出，高耸的连拱廊、低矮的中间楼层及高高的明窗设计，也参照了法式风格（见 137 页右图）。

唱诗堂的高度是其最显著的特点，在威斯敏斯特大教堂之前，没有任何一座宗教建筑的高度可以达到 32m，兰斯大教堂也只有 38m。此外，威斯敏斯特大教堂的设计还有另一个在当时完全不为人知的元素：楼廊窗格的设计和无壁间通道的薄壁明窗设计。耳堂的正立面由透孔拱肩的巨大玫瑰形窗户装饰，一组飞扶壁支撑着中堂高高的外墙。

虽然到了 13 世纪中期，辐射式的创新设计风格已经超越了兰斯大教堂，但是威斯敏斯特大教堂的重要模型还是兰斯，这点从设计大师的名字可以看出。但是对亨利三世来说，这种设计的政治意义才是最为重要的：兰斯是法国国王举行加冕仪式的教堂，而英国君王们也要在威斯敏斯特大教堂举行加冕仪式。

亨利也非常了解亚眠和巴黎建筑设计的新发展。圣夏贝尔教堂（Ste.-Chapelle）由法国国王路易四世（1226—1270 年）开始兴建，后来又由圣·路易继续修建，专门用于存放耶稣基督荆棘头冠，这给亨利三世和他的建筑师留下了极其深刻的印象。

威斯敏斯特大教堂的楼廊也采用了该教堂高度较低的小教堂（Lower Chapel）的环形三角窗格设计。不仅如此，这座巴黎教堂华丽的室内设计似乎也给威斯敏斯特大教堂的建造者们带来了灵感，他们在教堂内的整块墙面上雕刻了细小的玫瑰图案（菱形组饰），再对这些玫瑰图案进行抛光和描绘处理。他们也在教堂的各个位置，比如枕梁、隐形连拱廊的拱肩和耳堂的端墙上雕刻图像。威斯敏斯特大教堂是中世纪装饰最为华丽宏伟的建筑之一，它就像是一个保存着忏悔者爱德华遗骨的巨大圣骨匣。

尽管威斯敏斯特大教堂具有浓厚的法国哥特式建筑风格，但是仔细观察会发现其实这座建筑首先应该是一座英式建筑。建筑采用了个别法国建筑元素，但这些元素一经采用，立马就与英国的传统建筑风格融合在一起。因此，建筑的中层没有像法国传统的教堂一样，采用高拱廊的设计，而采用了英国的楼廊设计。盎格鲁-诺曼典型的双层设计也在教堂得到充分的体现，楼廊入内处的窗格就采用了双层的设计。连拱廊拱券的支撑设计也采用了法国式的码头设计，但是全部采用珀贝克大理石作为材料，而且柱身跟索尔兹伯里大教堂中堂扶垛一样。

威斯敏斯特大教堂对英国和法国哥特式建筑风格兼收并用，只有透过其明显的皇室使用功能，才能得以充分理解，而这也使得该建筑具有伟大的纪念意义。在教堂修建的过程中，英国哥特式的建筑元素也日益增多。到了 1253 年，建筑设计大师格洛斯特的约翰（John of Gloucester）接替了亨利的工作，1260 年，贝弗利的罗伯特（Robert of Beverley）又接任了约翰的工作，他们给中堂的扶垛额外加装了柱身，又给中堂顶部的拱顶安上了居间肋。1269 年，教堂举行了献堂典礼，当时唱诗堂、耳堂、东边中堂的四个跨间及大部分装修工程都已经竣

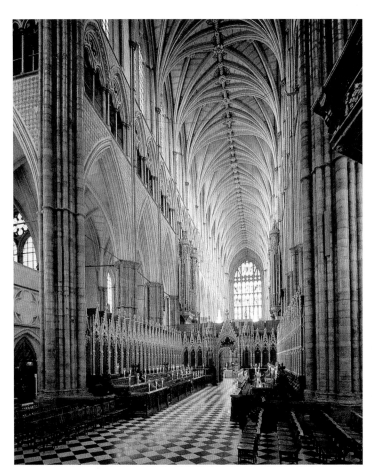

工。1272 年，在亨利三世逝世时，教堂还未完全竣工。到了 1375 年，教堂的中堂才最后完工，而西立面到 18 世纪末才最后完工。

建筑装饰性阶段：装饰、窗格和拱顶

威斯敏斯特大教堂开启了英国建筑历史的新纪元，这座建筑所包含的多种建筑新理念，在后来的几百年未被英国建筑采用。但不可否认的是，之后的建筑师很快转而采用英国传统建筑的方法，比如双层的后墙设计等，但无论如何，威斯敏斯特大教堂还是打开了英国教堂建筑装饰设计新的可能性。事实证明，其中最具影响力的设计是在建筑的窗户和墙面采用的窗格设计。此外，通过各个建筑部分与雕塑间的紧密相连，以形成一个完整的艺术作品，是建筑另一项具有影响力的设计。不久之后，拱顶也融入整体效果，并艺术性地与林肯大教堂所形成的肋拱棱结构有机结合。如此一来，英国建筑的装饰性阶段，正如其名字所包含的意思，主要是指建筑表面

装饰设计的发展创新。这一过程有两种平行发展的装饰风格，其主要区别在于窗格的设计样式。

威斯敏斯特大教堂的传统几何设计风格，跟法国辐射式的几何窗格设计风格紧密相连，但同时其基于新龙骨或爪型拱券（双弯曲性拱券）的曲线型窗格（流线型窗格），也探索到整体流线型设计的可能性。

威斯敏斯大教堂的影响

13 世纪下半叶，在威斯敏斯特大教堂巨大的影响力之下，英国又兴建了大量的建筑。赫里福德（Hereford）教堂和利奇菲尔德（Lichfield）教堂就借鉴了一些诸如弧边三角窗的独立元素。在 13 世纪 60 年代到 70 年代之间修建的索尔兹伯里大教堂（见第 138 页图），就以瑞斯的亨利所建造的教堂内的小教堂为模型修建。索尔兹伯里大教堂两座中心建筑的外墙全部安装玻璃，墙面看上去就好像是巨大的玻璃窗户。窗户中间的扇梃被打磨得非常精细，在阳光照射之下几乎就看不到它的存在。

索尔兹伯里大教堂
教堂内小教堂，北向视图
建于13世纪60年代到70年代，或者1279年以后

林肯大教堂
被称为"天使唱诗堂"的后堂区
东北向视图
1256—1280 年
安放圣休头部圣骨匣的基座位于左方

低墙拱券拱角上面的浮雕描绘了圣经《旧约》中的故事，也体现出当时的人们对建筑装饰的极大热情。

1256—1280 年，林肯大教堂的唱诗班向东扩建。这座被称为"天使唱诗堂"（Angel Choir，见第 139 页图）新建箱体建筑，用来妥善保存圣休主教的遗骨匣，所以唱诗堂的窗户以及楼廊都采用了几何形窗格设计。

林肯大教堂采用了比威斯敏斯特大教堂更为丰富多彩的不同设计形式。设计师们第一次在英国传统的平整东部端墙上采用新的窗格设计元素，这样与教堂西立面的窗户设计相对，在教堂东边形成大量垂直方向的格子窗。与威斯敏斯特大教堂内昂贵的墙壁装饰比较，林肯大教堂的墙壁装饰也要略高一筹。教堂墙壁全部采用隐形窗格的设计，楼廊的拱肩上雕刻有天使在欢唱的浮雕，与"天使唱诗堂"这一名字相照应。

典型法式建筑：约克大教堂

在 13 世纪最后的 25 年间，约克大教堂开始重建，随之而来的是一次完全在几何形窗格风潮影响之下的设计新发展。重建教堂内小教堂和入口庭院的窗格设计样式，跟法国辐射式教堂的设计风格，尤其是位于特鲁瓦的圣于尔班教堂相差甚微。建于 1291 年的教堂中堂（见左图）更多地采用了法国风格的设计元素，必然是由于教堂主人的身份。大主教琼·勒·罗梅因（Jean le Romeyn，1286—1296 年）曾经是巴黎大学（University of Paris）的神学教授，所以只有在约克大教堂的中堂，我们才能见到英国唯一的法国哥特式建筑框架薄墙的设计。

教堂连拱廊的拱券呈尖状，楼廊位置用高拱廊代替，高拱廊与上方的明窗之间以连续的垂直柱身相连。拱券和高拱廊与内部墙面之间间隙很小，没有墙间通道。然而，从教堂的高拱廊可以看到另一个法国建筑元素，即用卷叶装饰的三角墙把拱券框在中间，也就是被称为三角墙形连拱廊的设计。壁龛和华盖顶采用这种设计以展示雕塑作品，后来一些大型建筑的法国辐射式正门也采用此种设计。从教堂西边的 1339 年上釉的大窗户可以清楚地看到，窗格的几何形设计正在逐渐过渡到曲线型设计。锡箔片被设计成树叶的形状用作装饰，教堂中间拱顶的位置，双弯曲型拱券形成一个巨大的心形图案。

英国西南部地区的创造性建筑

13 世纪最后 25 年间，装饰性风格的另一个中心地区在英国西南部。通过该地区的几座建筑，可以看出纯粹几何形的设计风格正在发生改变，而且一种独特的设计风格在逐渐发展，尤其是室内装饰的设计风格。

其中的一座建筑是埃克塞特大教堂（Exeter Cathedral），在 1280 左右，教堂的东西两面同期进行改造翻新。这座规模相对较小的建筑，其内部最显著的特征便是拱顶几乎完全由肋拱棱构成，而且肋拱棱的起拱位置也比较低（见 141 页右上图）。教堂的拱顶是英国最为精致的三重肋拱顶，拱棱的数量也从林肯大教堂中堂的七肋增加到了十一肋。教堂内连拱廊和许多叠加的扶垛构成教堂内错综复杂的层次结构，与教堂肋拱棱密实的排列结构相得益彰。教堂的内部装修非常奢侈华丽，甚至连窗户的窗格也设计得非常讲究，挨着的两扇窗户的窗格各不相同。

1316—1342 年，当时最具有创造力的设计大师之一，威特尼的托马斯（Thomas of Witney）负责埃克塞特大教堂的修建工作。他负责修建教堂的中堂、西立面以及唱诗堂的装饰装修工作。他在教堂繁复的装饰中，尤其是在建于 1315—1324 年之间的主教宝座和唱诗堂隔屏的装饰中，引入了几个非常重要的创新概念。

右上图：
埃克塞特大教堂
中堂东向视图，约 1310 年
下方是威特尼的托马斯修建的唱诗堂隔
屏（1317—1324 年），左边高拱廊之内是
唱诗楼廊。

其中最重要的便是各种不同风格的双弯曲线拱券，我们可以从唱诗堂隔屏看出其早期的形式，从隔屏通道上的拱顶也可以看出新的枝状肋结构。枝状肋是交叉肋型拱顶上额外的肋拱棱（与居间肋不同），它并不与拱顶的起拱点相连。枝状肋使得拱顶设计更加精致。

跟威特尼的托马斯一样，当时很多的设计师都喜欢通过小型建筑尝试新的设计形式，然后再运用于大型建筑。威特尼的托马斯就是通过一项重要的英国建筑项目，即威斯敏斯特王宫内的圣史蒂芬双教堂（Double Chapel of St. Stephen），掌握了枝状肋和双弯曲线拱券的设计方法，然后再运用于埃克塞特大教堂的。但这座小教堂建成后便遭到破坏，早已不复存在。它由坎特伯雷的迈克尔（Michael of Canterbury）从 1292—1297 年间开始兴建，但是直到 1326 年才最后建造完成。

埃克塞特大教堂（1329—1342 年）西立面上有巨大的中央窗户，窗格的图案从几何形过渡到曲线形（见左下图），代表了英国后哥特时代典型的平整型端墙立面设计。教堂最为独特的设计，即在十四到 15 世纪增建的隐形雕刻式教堂正立面，体现出早期哥特式隔屏立面设计在当时依然留存下来。

同时，就在附近的布里斯托尔（Bristol），欧洲后哥特时期最具有创新性的建筑之一——奥古斯丁本笃会教堂（Augustinian Monks of the Cathedral）正在进行修建改造（见 142 页图）。改造从教堂的唱诗堂开始，于 1332 年完工，改造后作为英国的权贵伯克利（Berkeley）家族的埋葬之地。这座教堂是英国少见的殿堂式教堂，我们甚至不知道它是由谁设计的，但是他必定是位极具天赋的杰出设计师，他创造

出一种独特的殿堂式教堂设计新形式。教堂宽宽的中堂通过高大的拱券与窄小的侧堂相连，教堂的拱顶与中堂间的角度适宜，类似于早期西多会教堂的筒形穹顶。教堂侧堂的跨间是由四根小的交叉肋架构成的拱顶，拱顶由下方横向的拱券支撑，拱券的位置远远低于中堂内连拱廊的拱券。然而，这些拱券的拱肩都饰有透雕细工装饰，装饰一直水平延伸至雉堞般图案的雕饰位置。拱顶的上方是敞开的空间，但没有网状的拱顶结构，这样就提供了相邻的敞开空间，使得教堂侧堂内横向拱券看起来好像是连接起来的桥。布里斯托尔教堂非凡的设计灵感来源于巴黎圣沙佩勒教堂的小教堂。设计该教堂的杰出设计师在伯克利教堂也采用了这种无网状拱顶结构，而让肋拱棱悬在空中，并在这座教堂中将这种独特的拱顶设计风格运用到极致。

教堂设计师自由不羁的独创设计也体现在其他方面。中堂中间位置的扶垛跟连拱廊的拱券之间没有柱头和拱墩，而是彼此直接相连，这也是欧洲哥特式建筑中最早采用这种设计的建筑。

布里斯托尔大教堂
原圣奥古斯丁本笃会教堂
唱诗堂东向视图
1298—约1332年

扶垛波浪形的层次设计（双弯曲线成形的设计）也具有创新性。中堂中间的穹顶以三肋结构起拱，到了拱脊便形成由支肋构成的一排排巨大的菱形结构。此外，支肋上面有窗格式的装饰，其一端悬挂于拱顶的表面。但是，设计教堂的这位无名设计师最为非凡的设计，却体现在建筑的装饰上，尤其是伯克利家族埋葬处的装饰。葱形拱陡峭地层层叠起，倒立的繁叶饰拱券构成了这座伊斯兰风格建筑的怀旧画面。

位于英国西南部地区的第三座建筑，即我们在谈到英国早期建筑时就讨论过的威尔斯大教堂，同样呈现出这一地区建筑艺术在14世纪早期的活力。13世纪90年代，英国修建起一座八角形教堂，这座教堂也成为英国最美的建筑之一（见右图）。教堂竣工于1307年，它跟威斯敏斯特大教堂和索尔兹伯里大教堂的牧师会堂不同，它的基本结构并不是玻璃框式，而是经过奢华装饰的拱顶结构。会堂内厚重结实的中心立柱支撑起上面铺展开的穹顶，穹顶上无数紧密相连的居间肋的肋拱棱向上延伸。

威尔斯教堂新建唱诗堂的拱顶同样引人注目。这座建筑位于早期哥特式唱诗堂的东侧，与位于回廊和唱诗堂中堂之间的圣母堂同时开建。我们之前在谈到埃克塞特大教堂时讨论过的设计师史威特尼的托马斯，也从1323年开始积极参与了该建筑的设计。教堂的圣母堂竣工于1326年。

跟英国的同类建筑相比，这座建筑采用了拉长的八角形平面设计，而不是一般长方形的平面设计。建筑的拱顶就像穹窿一样高高耸立，上面用构成星形的肋拱棱作装饰。设计师在这里的任务，就是把该建筑八角形的空间结构与周围长方形的回廊有效地融为一体。于是，设计师巧妙地将两个空间相互渗透，而这种手法直到很久以后的巴洛克时期才为人们所熟知。回廊的支撑立柱以八角形排列，其东面与圣母堂的西面布置完全相同。游客很容易在唱诗堂东面密集的细长立柱中间迷失方向，通常如果找不到方向，他们只有抬起头仔细观察拱顶，从星形图案中分辨出六角形的中心位置，然后才能重新找到方向。

唱诗堂（见第144页左图）也从1333年开始在杰出的设计师威廉·乔伊（William Joy）的主持下进行改造。这座三层建筑的楼层之间由扶垛相连，跟我们熟悉的布里斯托尔教堂相似，所有扶垛上均饰有波浪形的装饰图案。唱诗堂中间采用类似高拱廊的设计，高拱廊上用垂直竖条构成的网状图案装饰，上面还有双曲线拱券构成的三角墙连拱廊，其间摆放雕像作品。垂直的竖条起始于连拱廊的拱券，一直延伸到明窗的窗格位置。窗格采用流线或者网状的设计，这样使得窗格的图案可往任意方

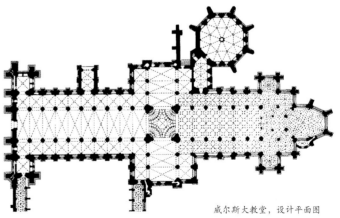

威尔斯大教堂，设计平面图

向延伸。长廊通道一直延伸到倾斜的窗户侧壁，其敞开位置饰有向外往上蜿蜒的葱叶拱。

143

威尔斯大教堂
唱诗堂东向视图
唱诗班由杰出建筑大师威廉·乔伊从1333年开始
建造，威特尼的托马斯建造的圣母堂竣工于1326
年，可从连拱廊一直看到东面

伊利大教堂
十字交叉部的八角房，1322—1340年
木质的拱顶和灯笼式天窗由杰出的木匠威廉·赫尔利建造

威特尼的托马斯在建造埃克塞特大教堂的主教宝座时，引入了这种被称为"点头的双曲线"（nodding ogee）的设计。最后，在唱诗堂的拱顶上，跨间的边缘几乎完全消失，网眼形状的支肋覆盖了整个拱顶的表面，形成菱形、六角形和星形等多种图案。唱诗堂内部的墙壁、窗户和拱顶表面全部覆盖了一层细细的金丝网。

实用是创造之母：伊利大教堂

14世纪初，英国东部伊利大教堂的修道士们也想要依照辉煌华丽的新风格来修建教堂。1321年，他们开始在教堂唱诗堂以北的圣母堂小规模地尝试这种新设计。但是第二年教堂发生的一次灾难让牧师不得不重新建造一座大型建筑，结果就使得伊利大教堂成为中世纪时期最为不同寻常的大型建筑之一。

1322年2月22日，教堂的交叉部塔楼倒塌，同时也摧毁了其下

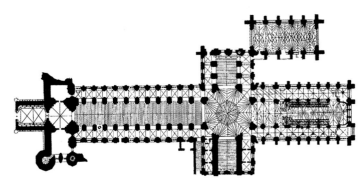

伊利大教堂，设计平面图

的跨间扶垛和与之相连的跨间。于是，伊利教堂的看守人沃尔辛厄姆的艾伦（Alan of Walsingham），收到委任组织教堂的重建工作。也许是他主张不以传统形式修建跨间建筑，而把它建成为一座八角形结构的建筑（见第114页右图）。该建筑有巨大的窗户，光线透过窗户照进建筑内部，照亮了原修道士唱诗班台的教堂中心位置。窗户上方的拱顶也设计得富丽堂皇。拱顶表面直径约22m，覆盖了一层精细的木制结构，该结构是由教堂专门从伦敦请来的皇家木工威廉·赫尔利（William Hurley）建造的。居间肋的肋拱棱从十字交叉部的边角往中间向上延伸，以支撑其上的八角形灯笼形塔楼，塔楼上还设有与地面成45°角的宽大窗户。木制拱顶被刷成石头的颜色，后面看不见的地方是建筑的扶壁。这座八角形的建筑及其上面灯笼状的塔楼、建筑的扶壁和小尖塔，在周围平坦的乡村沼泽间高高耸立，构成了一幅远远就能看到的优美剪影。

伊利大教堂唱诗堂旁边的跨间也必须进行改造，该建筑的改造工作完工于1336—1337年。跨间装饰非常精美，完全掩盖了建筑本身的结构。教堂圣母堂（见上图）的最后部分完工于1345年，内部装饰金碧辉煌，1353年教堂举行了奉献礼，尽管它只是一座简单的箱体结构建筑，但从装饰的复杂性来看，它的成就超过了之前的任何一座建筑。圣母堂内部的多种建筑形式，包括各种装饰物、雕塑和画幅，均以微妙的方式彼此相连。所有的建筑表面都覆盖了一层装饰，不同形状的装饰图案时隐时现，显得非常精巧别致。建筑内部占据主导地位的是三角墙的连拱廊，上面刻有向外蜿蜒的立体双曲线拱券（即点头的双曲线）。建筑内部雕塑随处可见，讲述的是圣母玛利亚的生平。雕塑最初都经过了上釉和彩绘处理，可以想象，原来的伊利大教堂圣母堂就像一座藏着宝藏的宫殿。该建筑是英国哥特式建筑装饰性阶段的顶峰之作，它所达到的建筑成就是当时其他建筑都无法企及的。

格洛斯特大教堂（原本笃会教堂）
唱诗堂东向视图
约 1337—1360 年

坎特伯雷大教堂
中堂东向视图
1375—1405 年
可能由建筑大师亨利·伊夫利设计

垂直设计阶段：繁复装饰性风格的反叛

如此复杂而又千变万化的细节装饰手法引发了建筑设计领域的反叛。14 世纪 30 年代，一些装饰性风格的建筑正在修建，与此同时，一种截然相反的一种建筑形式开始在英国西部的格洛斯特（Gloucester）大教堂逐渐形成。国王爱德华二世（King Edward II，1307—1327 年）与他的王后和情人被囚禁于伯克利城堡（Berkeley Castle），后被杀害，遗体安放在格洛斯特大教堂。在国王被杀后不久，出人意料的是，英国的朝圣者开始了到国王寝陵的朝圣之旅。朝圣者们的捐款，加上国王儿子爱德华三世（Edward III，1327—1377 年）的奉献，这座古老的罗马式教堂开始重建。1330 年后不久，南边耳堂的改造开始，教堂的重建由此开始。根据推测，曾负责威斯敏斯特大教堂内圣斯蒂芬双教堂修建的杰出宫廷建筑大师——坎特伯雷的托马斯（Thomas of Canterbury），被特意请到格洛斯特参与教堂建设。因此，格洛斯特大教堂的设计沿用了圣史蒂芬双教堂的设计元素，不过这次这些元素被运用于大规模建筑，一种新的建筑样式便由此诞生。托马斯的一位继任者在 1337—1360 年对教堂的唱诗堂进行了改造（见第 146 页图），同时完善了托马斯的设计风格。

格洛斯特大教堂的本笃会修士们具有强烈的传统意识，他们想尽可能地保留原来建筑的样式。托马斯这位杰出的建筑大师，采用纵横交错的格子饰面板，来装饰、掩盖原来侧堂和楼廊的墙面，这样就满足了修士们保留原来建筑样式的要求，而只重建了耳堂的明窗。格洛斯特大教堂的唱诗堂沿用了装饰性风格的正统表达方式，在教堂的每一寸墙面都采用了图案装饰。然而，比起采用装饰性风格的其他建筑，这座教堂的装饰更加简单一致，图案设计也不再千变万化。教堂装饰最基本的元素是镶板，即细长窄小、顶部包含尖形拱券的长方形木板。类似的镶板以对称的网格形式覆盖在教堂的墙面、开口和窗户上。这样井然有序的网格设计与装饰性风格自由洋溢的创造性设计，形成鲜明的对比。于是，垂直设计这种线条纵横交叉形成网格的新型装饰风格由此形成。

垂直设计具有独特的网格结构元素，也开创了另一类鲜明的建筑设计系统，即采用突出的垂直性元素，把建筑的墙面分隔成若干跨间的设计。这样秩序井然的设计手法可从唱诗堂东面大窗户的设计中清楚地看出。东面窗户的总面积多达 185m²，是当时面积最大的窗户，它全部采用玻璃作为材料，用窗条装饰镶板，镶板上还设计有窗格栅。窗户的中梃很粗，把整个大窗户分为三个垂直的部分。唱诗堂内随处可见垂直元素，甚至由网格状支肋覆盖的建筑拱顶也迎合了这种新型的正统表达方式：三根平行的肋拱棱横穿整个拱脊，以强调拱顶的中轴线。虽然乍一看，长方形镶板的定式重复会使建

筑看上去显得单调乏味，但是托马斯这位杰出的建筑大师在体现建筑空间连贯性方面不比之前的任何一位建筑师逊色。因为格洛斯特大教堂的窗户完全由玻璃构成，所以只有通过镶板的运用，其开口才可能如此之大。长久以来，建筑师们梦寐以求的愿望就是修建一座内部光线通透的哥特式建筑，这个愿望在格洛斯特大教堂得以实现。

从 14 世纪中叶起，英国的建筑师开始不遗余力地采用格洛斯特大教堂所形成的建筑可能的表达方式。镶板设计成为英国建筑的常用形式，因为镶板可以设计成任何形状，用来装饰任意大小的表面，所以在建造过程中非常灵活、实用。而且，比起装饰性阶段的各种不同样式的图案形状，镶板的制作过程简单，制作过程也能实现标准化。因此，镶板设计很快运用于不同尺寸、不同类型的建筑中，涉及主体和装饰的各个方面。垂直性设计快速发展的势头可能也与 1348 年和 1349 年黑死病的蔓延有关。当时设计师数量减少，整个社会充满哀伤和忏悔，所以幸存下来的建筑师也摒弃了之前铺张华丽的设计风格。

14 世纪最后 20 年，垂直设计风格最初也是最后运用于英国的教堂建筑。这期间，坎特伯雷大教堂和温切斯特大教堂分别开始修建各自的中堂。坎特伯雷大教堂的中堂建于 1375—1405 年（见上图），可能由当时最活跃最成功的建筑师，也是宫廷建筑师的亨利·伊夫利（Henry Yevele）所设计。坎特伯雷大教堂最引人注目的地方是其垂直设计，它的连拱廊尤其高，扶垛也特别细长。拱顶的支撑就像排水

147

管一样向上延伸,跟格洛斯特大教堂的唱诗堂一样,这些支撑把中堂的跨间分隔开来。两条并排的波形曲线从中堂的扶垛向上一直延伸至明窗,把整个中堂的墙面连在一起,形成巨大的连拱廊,这是我们从威尔斯大教堂的中堂熟知的设计。跟英国的传统设计不同,连拱廊的拱券非常窄小,上面带镶板的高拱廊和明窗看上去同样窄小,好像是开槽后被插进后面的大拱券。与格洛斯特大教堂密集的网格拱顶相比,坎特伯雷大教堂的拱顶设计更趋保守,支肋只是在拱脊的位置形成星形图案,起到强调跨间中心位置的作用。

温切斯特大教堂的中堂大约于1360年从西边立面开建,该立面同样采用平整端墙(见右上图)的设计,是英国最后建设的一批教堂立面之一。这个立面上明显突出的扶壁和小尖塔把侧堂和中堂分开,两者之间的墙面和窗户全用镶板覆盖,中堂西面巨大的窗户是格洛斯特大教堂东边窗户的变体。教堂的门廊采用都铎式拱券。这些拱券是典型的垂直设计风格,用以替代装饰性风格的双曲线拱券。它弯曲的边角设计能与长方形的镶板网格轻松接合。

温切斯特大教堂的第一位主人埃丁顿主教(Bishop Edington)逝世以后,教堂中堂(见左上图)的重建在1366年一度停工,直到1394年,才在威廉·温福德主教(Bishop William Wykeham)的主持下又开始重建。威廉·温福德主教是当时最有影响力的人物之一,也是一位重要的艺术品收藏家。

跟伊夫利一样同为宫廷设计师的威廉·温福德担任建筑师。为了节省资金,温福德并没有拆除教堂的罗马式中堂,而对中堂原本的结构进行了艺术性的改造。这样一来,尽管中堂还是保持了原有的基本结构,但却形成了截然不同的建筑风格。改造后的扶垛和连拱廊的拱券结实厚重,连拱廊上方的胸墙掩饰了其上方大幅度退后的墙面。这里的中堂墙面并不似坎特伯雷大教堂细小紧凑的风格,而是采用一种三维结构的多层次设计形式。中堂高高的拱顶一直向下延伸,直至插入中堂的罗马式厚墙。

在坎特伯雷大教堂和温切斯特大教堂的中堂修建完成之后,大教堂就失去了在英国建筑艺术方面的领先地位。15世纪和16世纪早期的杰出建筑其实是一些小规模的宗教建筑,比如礼拜堂和教区教堂,当然还有当时重点建设的牛津和剑桥大学。实际上,至少有一部分的小型建筑项目跟早些时候修建的大教堂和修道院一样富丽堂皇,尤其一些标志英国中世纪建筑时期结束的王室教堂。英国的国王们又一次成为这些著名建筑的奠基人。亨利四世(Henry VI)就在1446年为剑桥大学的国王学院礼拜堂(King's College Chapel)奠基,爱德华四世(Edward IV)为温莎城堡(Windsor Castle)里的圣乔治教堂(St. George's Chapel)奠基,亨利七世(Henry VII,1485—1509年)在1502—1509年对教堂东边的圣母堂进行了改造,后来圣母堂以他的名字命名。因为所有三间小教堂都要作为王室的

剑桥大学国王学院王礼拜堂
东向视图
1466—1515 年

12.66m，采用了英国独有的建筑技巧——扇形拱顶。扇形拱顶大约在1360—1370 年，就已经运用于格洛斯特大教堂的回廊，但直到修建国王学院礼拜堂，才开始在大型建筑中应用。扇形结构由居间肋构成的拱顶、掌状散开的肋拱棱和垂直设计的镶板组合构成，其基本形式为多个顶部水平的倒立半锥形结构，它们交会于拱脊，下面由横向的拱券支撑。半锥体用格子镶板作装饰，跟锥体形状相同，镶板也随着高度变低而逐渐变成锥形，上面垂直的线条类似于玫瑰窗的辐条。这样组合起来的效果非常精巧雅致，又显得层次鲜明。在这座礼拜堂已经被广泛运用于窗户和墙壁的窗格及镶板又在拱顶的设计中占据了一席之地。国王礼拜堂采用英国后哥特式建筑风格，创造出了一个完整统一的建筑空间，其伟大的建筑成就令欧洲其他所有的建筑都无法企及。

即便单从建筑方法来看，英国后哥特式风格的扇形拱顶也算得上是一部杰作。扇形拱顶不再像传统的拱顶一样采用有独立肋拱棱的网状结构拱顶，而由单独的弧状石板彼此拼搭而成，镶板的窗格线也从这些石板中雕刻而出。位于锥体拱角间的是水平方向的石板，国王礼拜堂的单块石板重量可达 1.5 吨。

人们可能会认为，剑桥大学已经达到英国建筑艺术的顶峰，再也没有任何建筑可以达到其高度，但亨利七世（Henry VII）想要建造一座超越剑桥大学的建筑。他下令拆除威斯敏斯特大教堂东面的圣母堂，并重建该建筑以作为自己过世后的埋葬之地，他还对亨利三世所建造的唱诗堂也进行了两次重建。亨利七世礼拜堂里里外外的墙面全部了精美的镶板装饰。

亨利七世礼拜堂内最伟大的成就同样也是拱顶（见左图）。剑桥大学国王礼拜堂内最基本的拱顶设计，与亨利七世礼拜堂丰富多变的拱顶设计相比，就显得相形见绌。这座礼拜堂的拱顶也是扇形，但是下面还悬挂了一块被称为悬饰的较大凸饰。拱顶上面的锥体数量有所增加，而且整个锥体都悬挂在半空中，非常令人惊讶。实现这一杰出设计的手法也不是那么显而易见：横向的拱券隐藏于拱顶的顶棚，它们所产生的推压力传到外部的扶壁上，中间的石板上也雕刻出窗格样式的线条。这样就使整个拱顶看上去非常轻盈，而真正的拱顶藏在其后，只能隐约可见。

威斯敏斯特教堂的亨利七世礼拜堂是英国中世纪建筑艺术结束的标志。亨利七世寝陵由意大利文艺复兴时期的雕塑大师彼得罗·托里贾诺（Pietro Torrigiano）设计，位于礼拜堂中间镶板隔屏之后的封闭位置。

埋葬之地，所以这三座建筑也都达到了大教堂的设计水平。

亨利四世 1441 年在剑桥创建国王学院，国王学院礼拜堂（见第149 页）是该学院的重要组成部分。1471 年，亨利四世逝世，所以教堂的修建进展缓慢。后来到了 1508 年，亨利七世才又下令开始继续修建这座教堂，他甚至把建成这座教堂的方法列入遗嘱，教堂最终得以于 1515 年竣工。

这座礼拜堂是垂直设计的缩影。它的墙壁几乎完全被改造为玻璃墙，只是在墙脚的位置还保留石墙，石墙上还有窗格样式的设计，窗格上精细的线条强调了墙面的垂直效果，让视线自然转移到礼拜堂的拱顶。作为 16 世纪初期开始的垂直设计阶段建筑之一，这座礼拜堂的拱顶被认为达到了整个中世纪拱顶设计的顶峰。拱顶的跨度达到

温切斯特大教堂
后堂，西北向视图，主教小礼拜堂
博福特红衣主教，逝于 1447 年（前面）
韦恩福利特主教，逝于 1486 年（背景部分的右面）
福克斯主教（Bishop Fox），逝于 1528 年（左面）
小礼拜堂底部的壁龛内，安放福克斯主教骷髅形塑像

英国中世纪后期三种特别的建筑类型：小礼拜堂、教区教堂和城堡

小礼拜堂

最后，我们可以简单地了解一下在英国中世纪建筑中占据特别地位的三种建筑类型。第一种类型是安魂教堂，也被称为小礼拜堂（chantry chapel）。在 14 世纪，尤其是在黑死病爆发之后，社会需要一种更强烈的宗教表达方式，人们更加重视对于逝者的缅怀和自己往生后的安排。根据中世纪的一些说法，逝者的灵魂需要通过生者的祈祷才能从地狱到达天堂。因此这些虔诚的宗教信徒在世时就会付钱请人在他们过世以后，在某个特定教堂特定的祭坛前为他们做安魂祈祷（或唱弥撒曲）。英文中"捐献的小堂"（chantry）这个单词起源于拉丁语的"cantaria"（安魂曲）。

那些特别富裕的家庭有能力修建自己的小礼拜堂来纪念亲人，教堂内会安放逝者的寝陵和祭坛。在欧洲大陆，类似这样的小礼拜堂通常沿着大教堂的侧堂而建。但是在英国，从 14 世纪下半叶起，这样的小礼拜堂就被建在大教堂的中心位置，由一个通常被称为"石笼"的小型独立结构构成。后来人们的想法也非常简单：小礼拜堂距离祭坛或者大教堂的圣骨盒越近越好。由于垂直设计风格自由灵活的表达方式，小礼拜堂微型建筑通常以最好的透空镶板方式建成。

从 13 世纪中期开始，小礼拜堂开始采用社会重要人物墓葬顶上的华盖设计，使这种私人教堂进一步得到发展。这种华盖设计的顶峰是国王爱德华二世（King Edward II）的墓葬，它位于格洛斯特大教堂唱诗堂的东面，建于 1330—1335 年。该建筑采用了后装饰性阶段奢华大气的设计风格，用包括双曲线、扶壁、三角墙型的连拱廊及卷叶花型小尖塔等层层叠加的复杂元素，来装饰墓葬的华盖。

温切斯特大教堂的主教，算得上是英国最富裕的主教了，他们把这种装修得奢华大气的墓葬形式逐渐发展成为小礼拜堂的形式（见右图）。教堂中堂的两位主人，尤其是自高自大的温福德主教，首先采用了这种教堂的形式。温福德主教把自己的墓葬设计在南边的一个连拱廊之下，在其周围建起小教堂，小教堂的熟铁结构把墓葬和整个连拱廊的拱券分隔开来。小教堂还开了小门，里面设有祭坛，祭坛上有祭饰。透过小教堂镶板的镂空窗格，可以看到这位逝于 1404 年的主教斜躺着的塑像，在他双脚一边还有一些小型修道士雕塑，他们在为拯

救主教灵魂而祈祷。这座纪念性的小教堂体现了虔诚的宗教信仰与表现主义的奇妙结合。

温切斯特的博福特主教（Bishop Beaufort of Winchester）逝世于 1447 年，他曾经是红衣大主教，他想让自己的小礼拜堂超过他的前任主教。他生前留下了大笔资金，用以改造高坛和圣斯威森（St Swithin）的圣骨匣。1476 年，这块圣地往东移至早期哥特式风格的教堂后堂。博福特主教（Beaufort）为自己预留了教堂后堂南边的位置，来修建自己的墓葬堂。他的小礼拜堂采用陡峭的高塔设计，顶部有富丽堂皇的华盖。小礼拜堂的边墙只修到教堂的中间位置，其目的是凸显出其内身着红衣主教袍骄傲地站立着的主教塑像。他的继任者韦恩福利特主教（Wayneflete，逝世于 1486 年）也不甘落后，他在这块圣地北面为自己修建了一座同样富丽堂皇的小礼拜堂。这样一来，不论是为神职人员还是为普通信徒修建的小礼拜堂，开始从温切斯特大教堂逐步扩展到整个英国。许多施主在葬礼小教堂的地基上竖立了代表自己的骷髅形塑像，作为死亡象征供参观者赡养。

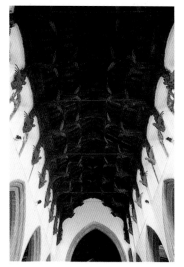

摩拉瓦圣温瑞达教区教堂的中堂和悬臂
托梁式的屋顶，约完工于 1500 年

伦敦威斯敏斯特议会大厅，议会大厦
臂托梁式的屋顶（1394—1401 年），由总建
筑师雨果·埃兰设计

教区教堂

在英国的后哥特时期，普通群众也同样留下了他们虔诚信仰的深刻例证。15 世纪，英国农业急速发展，为英国东部和西南地区的牧羊人及羊毛布匹商人创造了可观的财富。于是，他们把挣来的财富捐献出来，用于教区教堂的装饰和重建，以至于各个城市和村庄都在相互竞争成为最为富丽堂皇的教区教堂。

萨福克（Suffolk）、诺福克（Norfolk）和剑桥郡（Cambridgeshire）这三个地区拥有数量最多的垂直设计教堂，这些教堂一座座都装修得美轮美奂。龙梅尔福特（Long Melford）的三圣一教区教堂（Holy Trinity，建于 1460—1496 年）是其中最为奢华壮丽的教堂之一（见左上图），它是整座村庄的骄傲。当地盛行一种嵌入打火石和浅色石灰石组合的装饰技巧（石材组合）。三圣一教堂的外墙全部采用这种装饰技巧，且在当地所有建筑中运用得最为高明。但是，在教堂所有不同寻常的风格特征当中，最引人注目的是整座建筑上面都刻有铭文。铭文记录了所有为教堂捐献的人的姓名和捐献的时间，还有为这些捐献者祈祷祝福的文字。

在这些教区教堂的内部，建筑师的主要兴趣表现在木制顶棚上，很少有英国的教区教堂采用石材的拱顶结构。因为英国是一个造船大国，英国的建筑师们喜欢采用木制顶棚。而且我们从伊利大教堂八角形结构的顶棚也可以看到，他们对木制顶棚的设计相当精通。在英国后哥特时期，有一种类型的屋顶设计显得非常成功，即悬臂托梁式屋顶。这种屋顶的横梁水平突出延伸至半空，其上支持小段拱券，拱券延伸至屋脊后再彼此相交。这样的结构使得屋顶在无中间支撑的情况下也可以跨越较大的空间。约建于 1500 年，位于摩拉瓦的圣温瑞达教区教堂（St. Wendreda）更是把这种设计手法运用得淋漓尽致。教堂屋顶设有两两叠加的两排悬臂托梁（见左下图），还有固定于枕梁、横梁和屋脊的一个个天使雕塑作为装饰。天使们的双臂展开，整个屋顶看起来仿佛就是充满活力的天堂之所，尤为真实地表现了教堂作为圣城和上帝之家的概念。

城堡

最后，我们要来看看英国的城堡建筑。英国最为壮观的城堡位于威尔士，是爱德华一世（1272—1307）摄政时期所建的。爱德华一世经过长期的征战，在 1283 年占领了位于英国以西的凯尔特半岛（Celtic Peninsula）。当时他想建立坚固的城堡来构成一道防线，以加强他对该地区的统治。同样也是为了展示英国雄厚的财政实力和高超的建筑技术，他先后总共修建了 17 座城堡，其中的一些城堡在整个欧洲来看都甚为壮观。来自萨芙伊（Savoy）的建筑大师雅克·德·圣-乔治-德艾斯派然齐（Jacques de St.-Georges-d'Espéranches）受到爱德华一世的任命负责这些城堡的设计工作，他在所有可能的情况下优先采用对称结构的设计，把同心的圆形围墙、圆形角楼加固作为堡垒的门房以对称的形式排列起来。

这些坚固的城堡均按当时最新的军事和技术标准修建，其主要目的是为了展示英国国力的强盛，令叛乱的威尔士人臣服。卡那封城堡（见上图）很好地体现了这种作用。1283 年，城堡外建起一座新城，只对英国居民开放，后来成为北威尔士的首府。卡那封城堡处处体现了英国君王的专制权力。城堡位于沿海位置，占据了狭长的空间。城堡建有八角形瞭望塔，土石工程采用红色砂岩和浅灰色石灰石相互交替的细条纹设计，显得非常突出。八角形瞭望塔和细条纹土石的设计元素均来源于 5 世纪后经典主义时期君士坦丁堡（Constantinople）的城墙。英国建筑师把飞鹰雕像放在城堡的雉堞上，就更加体现出它与古代帝王传统建筑的关联：卡那封城堡就是北方的君士坦丁堡，爱德华一世就是统领世界的基督教帝王。

在中世纪后期，非宗教建筑日益朝着舒适实用的方向发展。随着英法百年战争的结束，建筑的军事和技术成分逐渐淡化。大厅成为城堡内生活的中心区域，也是社会名流聚会的地方。建筑巨大长方形房间内安装巨大的窗户，内部跨间也相当大。在房间狭长一端的高台上，摆放着一张高桌，另一端是进入工作区域的入口。在草图上，它们与大厅的主体用一条走廊（也被称为屏风通道）和一道墙隔开。

英国保存最完好的重要大厅之一是威斯敏斯特大教堂前皇家宫殿的大厅，也就是现在的英国国会大厦（Houses of Parliament，见第 152 页右下图）。威斯敏斯特大教堂的大厅是在 1834 年一场毁灭性的大火以后，这座中世纪宫殿唯一留存下来的部分。大厅的外墙始于诺曼国王威廉·鲁弗斯（William Rufus，1087—1100 年）。后来查理二世（Richard II）请他的御用建筑大师亨利·伊夫利（Henry Yevele），在 1394—1401 年对大厅进行了改造。大厅最杰出的设计是由宫廷木匠雨果·埃兰（Hugo Herland）建造的木制顶棚，它是英国第一批大型悬臂托梁式屋顶，其跨度高达 20m。

我们之前在讨论英国哥特式建筑时，屡屡见到建筑师们非凡的创造力，雨果·埃兰设计的精巧屋顶，也体现出同等的创造力。英国哥特式建筑最为重要的特征便是其创造力，也许法国的设计特点会时而显现，但从未阻碍英国哥特式建筑的独立发展。英国在不同发展阶段所取得的建筑成就跟法国相比不相上下，而且英国哥特式建筑发展的独立道路，非常值得重视。

克里斯琴·弗赖冈（Christian Freigang）

中世纪的建筑方法

直到最近，人们一直认为，哥特式建筑大体上是石块表达出的中世纪神学或者宇宙学。这样一种观点完全忽视了一个现实，那就是在创造这些建筑奇迹的过程中，中世纪的建筑师们广泛采用了高超的建筑手法和结构方面的技艺。正因为这些技艺如此受人推崇，从 12 世纪开始，这些伟大的建筑师的名字和成就开始被记录下来。

重建后的坎特伯雷大教堂就是中世纪建筑方法很好的例证。1175 年，当时的主教和牧师会让威廉这位极受尊敬的建筑大师从遥远的巴黎桑斯回到英国，修复在一场大火中严重受损的教堂唱诗堂。威廉对建筑的损坏情况进行了仔细考察，认为修建一座新建筑安全性更高，而且结构也更加适宜。他全力说服了教堂的主人接受这项宏伟的计划，他也充分证明了自己并非浪得虚名。他不仅将新建筑的设计完全付诸实践，而且还创新出许多独特方法来解决一些技术问题。然而不幸的是，他被脚手架上掉下来的东西砸到而严重受伤，后来不得不在病床上指挥教堂的修建工作。建筑工人和修士们一直在等他的身体康复，教堂的施工甚至一度中止。最后，他不得不回到自己的家乡。另一位也叫威廉的建筑大师，这次是英国人威廉接替了他的工作。但我们没有找到关于这两位名叫威廉的设计师的任何历史记录。

威廉·森斯代表了当时建筑行业的同仁，他采用了何种类型的设计计划和建筑草图呢？我们手头最早有详细记录的设计方案和技术数据始于 15 世纪，但也有一些 13 世纪及以后的小型建筑草图，这些草图为建筑新思想奠定了基础。大约绘制于 1260 年的兰斯大教堂两幅耳堂正立面草图，就是以这种形式到我们手上的。这两幅草图显然是在建筑设计阶段，作为备选方案的设计草图。一个世纪以后，建筑师们仔细研究了斯特拉斯堡大教堂正立面的初期草图，而且可以看出，羊皮纸上的有些大型设计方案最终被采纳（见左下图一）。

布拉格圣维特大教堂高拱廊上总建筑师彼得·巴勒的半身像，约 1370 年

大约在 1230 年，维拉德·德亨考内（Villard de Honnecourt）就在他著名的速写本上画满了建筑草图。虽然他本身并不是建筑师，而是一位来自皮卡迪的画家和绘图人员，但他尽可能准确无误地描绘已有建筑的每个细节部位，他对兰斯大教堂所作的描绘（见左下图二）尤其细致。他甚至还画一些人们想象中建筑的草图。

建筑师们显然在想办法画出大型建筑的草图，这样就能为其他城镇的教堂主人提供设计建议。到了 13 世纪后期，出现了许多画满好几页羊皮纸的大型建筑设计草图，最后被采用的大多数是德国、西班牙和意大利建筑师的大型建筑草图。我们可以从 1300 年绘制的科隆大教堂西立面（见第 204 页左图）看出类似草图的可读性和准确性。也是由于这样详细的建筑草图，在 19 世纪，科隆大教堂终于完工。我们还看到其他一些很好的例子，包括斯特拉斯堡大教堂西部立面的设计。

中世纪的建筑草图并不完全是某个具体项目实际的修建图纸。教堂主人的宏伟壮志及不同建筑项目间的激烈竞争，使得许多的建筑大师们不得不在旅途中寻找现代最美的建筑，为项目寻找新的灵感。这样的旅行变得非常普遍，尤其是到了 14 世纪以后。比如，众所周知，在准备建造托尔托萨大教堂（Tortosa）和特鲁瓦大教堂以及位于埃诺（Hainault）的蒙斯（Mons）学院教堂时，建筑师们都有类似的游历经历。中世纪的建筑师们一般都会频繁地到处游

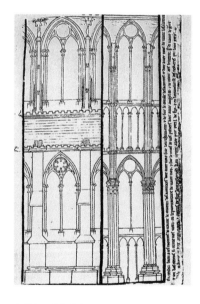

维拉尔·德亨考内
兰斯大教堂中堂立视图
《石匠的建筑草图》，巴黎国家图书馆

斯特拉斯堡大教堂
西墙立面，1365—1385 年画在羊皮纸上，高 4m，斯特拉斯堡圣母院建筑博物馆（Musee de l'Oeuvre Notre Dame）

历：1268 年，一位来自巴黎的建筑大师受雇到塔拉（Tal）的温普芬（Wimpfen）参与骑士教堂（Knight's Church）修建工作；1287年，另一位同样来自巴黎的建筑大师受雇到瑞典参与乌普萨拉教堂（Uppsala）的修建。人们知道，有好几位法国的建筑大师在好几个建筑项目之间来回奔波。比如，从 13 世纪中期到 14 世纪早期，戈蒂埃·德温瑞福伊（Gautier de Varinfroy）和雅克·德·德福朗（Jacques de Fauran）这两位建筑大师都参与了桑斯、埃夫勒（Evreux）、沙特尔（Chartres）、纳尔博纳（Narbonne）和赫罗纳（Gerona）等教堂的建设。

当时杰出的建筑大师因为一技在身，所得的报酬也颇为丰厚。他们可以穿上根据自己职位定制的服装，有些建筑师的墓碑上还刻有篆文描述其生平贡献。我们可以从布拉格的哥特式教堂的两位建筑师身上看出，中世纪建筑大师们的社会地位到底有多高，他们是阿拉斯的马修（Matthew of Arras，1344—1352 年）和彼得·巴勒（Peter Parler，1356—1399 年，见 154 页右上图）。他们享有的特权包括过世以后被安葬于教堂新建唱诗堂的中间，同时他们的墓碑上还篆刻的文字记述他们的丰功伟绩。而且更为重要的是，他们两人的画像跟国王查理四世（Emperor Charles IV）及其家族成员、布拉格的第一批主教以及修建教堂的管理人员的画像一起，被雕刻在圣维特大教堂（St. Vitus' Cathedral）的高拱廊上。建筑大师们显然跟新教堂创始人的地位相当，不会被人遗忘。当然，也不是所有中世纪的建筑大师都享有如此特权。大多数的建筑师只是一些建筑工匠，他们只知道建筑技术的基本技能，而且会参与多种项目的修建——不仅限于教堂，还包括桥梁、堡垒、房屋等的修建。

人们经常感到疑惑，不知道这些大师们采用什么数学工具来设计建筑，尤其考虑到他们的设计是复杂的几何形状结构，比如圆形、三角形、正方形、五角形、八角形和由这些线条形成的复杂结构。他们可能只运用了一些简单的几何形状和将其旋转后产生的形状（如正方形在旋转以后变成八角形），以及正格网设计方案和几个基本模块。此外，还使用了一些诸如英尺、腕尺等绝对度量单位。所有建筑合同和建筑规范描绘都采用了以上这些度量单位。

在施工正式开始之前，必须先开展大量的准备工作。地面要平整，老建筑拆除后的材料要清理，还要挖地基并找到大量的建筑工人等。此外，建筑师还要密切关注材料的价格和质量。因为长距离的陆路运输费用很高，所以通常采用水路运输。对于建筑的很多部分，比如地基和墙体的填充料，使用质量差的石块已经能满足要求，但这样的石材当然不能用于体现建筑特色的外观部分，比如 12 世纪法国北部地区单块石头构成的昂贵柱身。对于砖砌的建筑，就要建造一座砖厂，同时还要制作必要的砖模。施工还需要大量用于搭建脚手架和修建屋顶的木材，这些木材都需要经过处理，所以每一个大型的建筑工地都设有独立的木工坊。在有些情况下，建筑项目由一位木工出身的建筑大师来指挥整个建造过程。此外，工地里一些金属工具的制造和维修也需要一间锻造车间，同时车间也要制造一些固定石工建筑用的铁销钉、铆钉和用于固定的夹具等。

工地上所有这些事项必须协调有序地进行。即使总体来说中世纪的英国要比现在英国的气候暖和，但是到了寒冬季节，一旦砂浆开始冻结，就必须马上停止施工。然而，哥特建筑技术的一个重要发展却是，工程可能因为严寒而停止，但工人们仍然可以继续做其他事情。在繁忙的石匠工坊内，匠人门可以以连续加工的方式按照预定模型制作标准尺寸的石材，作为储备材料。拱顶肋、基石和窗门竖框从原料石材中加工而来，并且具有相同的形状，它们累加起来的长度可达到几百米，甚至上千米。匠人们在制作大多数石料的过程中，都会采用模板以使石块成形，同时用模板来检测成形后的石料是否符合标准尺寸。他们甚至也用这种办法来制作肋拱棱拱券上的弧形石料。因为这些模板很容易丢失或者磨损，建筑师们也绘制大幅的工程总图（通常在地板上），该图被永久刻上地板，图上有建筑重要的轮廓形状。比如，这样的工程总图在约克大教堂得以保存下来，克莱蒙费朗教堂（Clermont-Ferrand）和纳尔博纳大教堂（Narbonne）也保留有类似的工程图。

模板在中世纪建筑中是重要工具，甚至被运用于拱顶这个建筑中最复杂部分的修建过程中。在用斜向拱肋棱作为拱顶支撑时尤其如此，不同模板制作出的拱肋棱之间可以完全

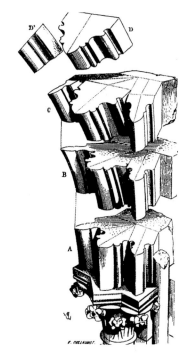

拱顶基石的支撑结构，选自维奥莱·勒-杜勒爵的《法国 11 世纪至 16 世纪建筑辞典》，1854—1868 年，第四卷第 93 页。

中世纪时期正在干活的工匠们，选自《吉拉尔骑士的故事》(*Romance of Girart de Roussillon*)，维也纳，收藏于奥地利国家图书馆

切合，这样就解决了由于采用拱顶基石的建筑方法（见 155 页图），需要通过复杂的数学计算才能解决的三维空间设计问题。基本上来说，不同类型的拱顶都有各自相应的一组模板，同时不同模板也有相应的使用介绍。设计这些模板并制作使用介绍，是建筑总建筑师的主要任务之一。这样的解决方案标准统一，即便总建筑师不在工地现场，工程也能照常进行。这样一来，总建筑师相对比较自由，也可以把自己的知识技能运用于其他建筑项目。

当事故发生时，威廉·森斯仍在脚手架上的这一事实说明，这样理论上的方案在 12 世纪并不十分普遍。但是到了 13 世纪，这样的工作方法变得很普遍，甚至还设有相应的投诉机制。一些人就评述说，总建筑师就跟高级教士一样，他们只负责发号施令而不用自己动一根手指头，但仍然可以拿到很高的俸禄。

大型的建筑项目设有建筑管理委员会负责项目的组织工作，该委员会通常附属于大教堂，但又具有独立的法律地位。直到今天，有些教堂都还存在类似的委员会，比如科隆大教堂和斯特拉斯堡大教堂。办公室的工作人员负责工程的财务和人事工作，同时还负责与工程的总工匠签订合同。和斯特拉斯堡大教堂一样，很多情况下，建筑管理委员会手中掌握了大片的土地和采石场，还有独立的经济来源，这样一来工程的财务预算就可以更加灵活。委员会的某个成员可以长期或者终生担任委员职务，他对相应的教堂主人负责。在大多数教堂，这个人就是教堂教士，不一定是主教或者修道院院长。因此，几乎所有教堂修建的财务情况都被完整地记录下来，但只有其中少部分被保存下来，其中有名的比如布拉格教堂、特鲁瓦教堂、赫罗纳大教堂和阿维尼翁教堂。

这些资料详细记录了材料价格及工人酬劳的情况，以及雇佣时间和合同类别等。

资料显示，建筑工人的流失率很高。这一点也可以理解，因为大型工程牵涉的工种类别很多。挖掘地基首先需要大量非技术工人，砌墙需要相对较少的技术工人，比如石匠和砖匠（见第 156 页图和上图）。而且，工程所需的资金主要来源于外部，所以资金来源也不稳定。资金来源于一种被称为赎罪卷的集资方式，是指教堂办公室提供的特别捐赠、信徒的捐赠、教堂收藏品及其他一些类似的来源。

当然，教堂并不总是计划重建新堂。比如，在勒芒大教堂，唱诗堂就和罗马式中堂并肩而立。另一方面，在图卢兹教堂（Toulouse），建筑师在一座侧堂边建起另一座侧堂，而只对里面唱诗堂的一半墙面进行了临时性的打磨修整，然后在教堂屋顶覆盖上一层木结构。在雷

根斯堡教堂（Regensburg），为了保护建筑免受恶劣天气的破坏，建筑师挨个在教堂跨间之间建起一道道临时护墙。

　　当然，哥特式风格中的杰出建筑既可被看作是建筑主人权力和愿望的表达，同时也体现了中世纪人们对上帝恩典的虔诚信仰。但是，这些建筑也显示，为了体现虔诚的信仰，必须解决一系列复杂的技术和逻辑问题，而只有广泛采用先进的建筑技术，才能解决这些复杂的问题。

彼得·库尔曼（Peter Kurmann）

法国和荷兰的晚期哥特式建筑

卢瓦尔省北部的教堂建筑：传统与创新

在建造出早期和盛期哥特式大教堂之后，不论是在研究方面，还是在文化意识方面，这个阶段法国建筑的创新性都未得到应有的评价。很久以来，人们一直持有这样的偏见：自1270年圣路易去世以后，法国的建筑师们就再也没有任何实质性的创新。19世纪末期，奥尔格·达豪（Georg Dehio）用"教条主义"这个词汇来概括1270—1400年法国宗教建筑的特点。按照他的观点，毫无疑问，这个时期法国的建筑师能够取得辉煌的技术成就，一是他们大胆采用了在结构方面积累的经验；二是石料切割工艺已经接近完美。但同时他也认为，他们的创作没有灵感，建筑成果毫无生气，缺乏真正的独创性。他们用冰冷的学术和矫饰取代了创造性的想象力。然而，在这一时期真的存在一种哥特式经院主义。

毋庸置疑，1231年重建后的圣丹尼斯修道院达到了法国教堂建筑的顶峰。就卓越品质和结构逻辑而言，圣丹尼斯修道院几乎无法被超越。圣丹尼斯修道院被改造成了一座精致的笼状建筑，门间墙在连拱廊和高拱廊上已经缩减成了墙板。教堂各种建筑元素的高度融合也达到极致。因此，建筑前墙上的柱身一直沿着扶垛的前部延伸到拱顶，而高拱廊的窗格和上层窗户结合到一起，形成浅色统一的背景。13世纪40年代以后，法国所有主要的长方形厅堂式建筑都效仿了重建的圣丹尼斯修道院。这座修道院设立了一个品质标准，新的修建者自然不能让所修建筑低于这个标准。所以，圣丹尼斯修道院实际上在法国成了接下来150年重要宗教建筑的标准。然而，单就该阶段建筑形式的丰富性和建筑成果的种类而言，如果认为该阶段陷入了教条主义的框框，甚至说它是建筑艺术的堕落，那就大错特错了，除非我们把精致和优雅也看作是不可取的东西。

这个阶段进一步发展的建筑元素主要是扶垛和窗格。圣丹尼斯修道院的扶垛为十字形，立柱与十字部位形成恰当的角度，这样的设计是基于罗马式的支柱设计。然而，这样把本质上很老式的支柱设计推陈出新以后，所形成的设计注定不会成功。当时设计发展的总体方向是簇形扶垛，扶垛的表面用交替的细长立柱和凹弧饰作装饰。圣丹尼斯修道院的窗格只设计了四扇尖顶窗和三扇圆顶窗，在接下来的时期，建筑的窗格设计变得越发复杂。不仅窗格的数量有所增加，而且还出现了冠状、复杂弧线形、弧边三角形和长方形的设计，它们以多种方式组合在一起。

对大型主教教堂和修道院教堂来说，三层楼的设计（即带连拱廊的中堂、高拱廊和明窗）仍然是经典的教堂设计传统。在圣丹尼

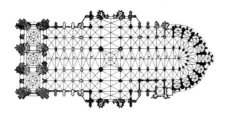

斯修道院建成以后的 50 年内，法国北部再也没有修建跟这座经典教堂一样的大型建筑。其原因可能是大型建筑工程修建完毕：卢瓦尔以北的大部分教堂在之前的一百年间都已经被部分或全部改造过了。

1287 年，奥尔良的圣科瓦大教堂（Cathedral of Ste.-Croix，见上图和下图）开建，希望凭它气派的高度和宽度超越鼎盛时期的经典哥特式建筑。教堂以内所有纵向排列的部分都设计了四个侧堂，唱诗堂设计了六个跨间，后堂设计有九间放射式小教堂，这样奢华的建筑设计也创下了历史纪录，因为此前教堂从没有这么多的放射式小教堂。教堂大部分工程完工成于 13 世纪后期到 16 世纪初期，但教堂一直没有完全竣工。建筑原来的部分只有放射式小教堂、唱诗堂侧堂的外墙和两间完整高度的中堂跨间（位于六个跨间中间位置的两间）得以保留至今，其余所有的建筑都在 1568 年被胡格诺教徒摧毁。整体上讲，重修部分的教堂始终按照哥特式建筑风格进行设计，而且完全参照后期哥特式老教堂遗留下来的两个跨间而建，所以该教堂是早期历史主义建筑中杰出的代表性建筑。但是不可否认，从 16 世纪开始重修的教堂唱诗堂，在个别细节方面，尤其是在窗格的设计构成方面，当然不能与原来建于 13 世纪后期到 14 世纪初期之间，后来遭到摧毁的唱诗堂同日而语。但是，重建的后期哥特式跨间仍然延续了唱诗堂的原本设计。而且，在胡格诺战争中保存下来的放射式教堂保留了 13 世纪后期原本的教堂建筑风格，这种风格可以追溯到 13 世纪 40 年代的巴黎建筑。

在个别的细节层面上，圣科瓦大教堂魔术般地回到 13 世纪早期的哥特式建筑时代。教堂主后堂内大量的窄边设计，令人想起沙特尔大教堂的唱诗堂，而其外墙的扶垛上两个飞扶壁结合构成的竖琴状结构，则是以亚眠大教堂的唱诗堂为模型设计的。中堂高拱廊位于连拱廊和明窗之间，几乎占据了中堂的中心位置，高拱廊与明窗互不相连，这样中堂设计实际上回归了苏瓦松大教堂、沙特尔大教堂和亚眠大教堂的设计风格。教堂也体现出一些现代特征：跟莫城大教堂（Meaux）和科隆大教堂一样，圣科瓦大教堂的高拱廊置于方框内，而且原来的连拱廊下面必定是簇状扶垛。总体而言，圣科瓦大教堂的设计体现出对多种建筑元素的自由选择，自此以后，这也成为哥特式建筑的一个核心特征。

诺曼底地区建筑持续发展了圣丹尼斯修道院的建筑风格。这一区域性风格首先受到早期英国建筑的影响，所以长久以来对法国鼎盛时期的哥特式建筑风格持排斥态度。大约 1300 年，这个地区的建筑

设计成为优雅的巴黎辐射式风格最为杰出的表达方式之一。随着位于埃夫勒圣母大教堂唱诗堂（见第 160 页左图）竣工，这座 12 世纪早期罗马式建筑的精美改造完毕了。埃夫勒圣母大教堂在 1195—1198 年法国君王攻占诺曼底时期，遭受到法兰西国王菲利普 - 奥古斯特（Philippe-Auguste）军队的严重毁坏。早在 13 世纪初，就有人提出重建的建议，但重建工作可能直到 1250 年才开始进行。1253 年，莫城大教堂的主教和教士们与建筑大师戈蒂埃·德温瑞福伊订立合同，规定德温瑞福伊每年在埃夫勒的石匠坊最多工作两个月。这份合同跟埃夫勒圣母大教堂中堂内高拱廊和明窗的修建相关，换言之，也就是跟德温瑞福伊在原来罗马式建筑的连拱廊上增建的部分有关。按计划，大教堂的唱诗堂要完全重建，但是却没有相关资料记录其开始重建的情况。

埃夫勒圣母大教堂中堂内的楼层采用哥特式设计，重建后的中堂面积要比原来的罗马式中堂大很多。但是，负责重建的建筑师从来没

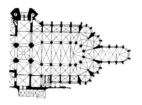

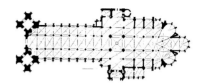

有想过拆除原来的中堂，因为从一开始，他们就把挨着唱诗堂最西侧跨间的中堂墙壁与十字交叉部扶垛连在一起。十字交叉部扶垛之间距离很近，所以从中堂看唱诗堂拥有很好的视野。从 1298—1310 年用以装饰唱诗堂高拱顶上拱肋棱的大主教武器图案，历史学家们得出结论，教堂唱诗堂开始修建的时间大约是在 1270 年甚至是 1260 年。但是，既然如此，为什么回廊内祭坛和彩绘玻璃的建造却到了 14 世纪的第一个十年才开始？为什么唱诗堂内明窗的上釉处理到了 14 世纪 30 年代才开始进行？这些年份说明，唱诗堂应该是在 13 世纪之前不久动工修建的，其拱顶上大主教武器图案是在不久后竖立起来的，用来纪念最初开始修建唱诗堂的两位主教。

事实证明，埃夫勒圣母大教堂的唱诗堂是对圣丹尼斯修道院辐射式风格的改进和精美化。罗马式的支柱变成簇状扶垛，即对角布置的立柱形成大致的正方形结构，四条边形成连续的圆弧向对侧方向延伸。所有扶垛的轮廓都会作为墙壁支撑、拱顶或者连拱廊拱腹的一部分，

得以精致地延续。几乎所有高拱廊的内层连拱廊都被改为后期哥特式的风格，高拱廊经过了上釉处理，其高度几乎达到明窗高度的一半。这样对于高拱廊高度的强调在经典教堂设计中是闻所未闻的，可能意在让人们想起诺曼底每间大型罗马式教堂都会有的高楼廊。但是，这种夸张的强调在建筑整体结构中也有一定的功能。在哥特式"玻璃笼"（glass cage）的建筑结构中，这样的设计使得光线在照进教堂时，有一个逐渐变化的过程。在建筑顶部，强烈的光线毫无遮拦地照进教堂，经过后高拱廊上的透空装饰后光线强度减弱，视线就会从强光弥漫的明窗转移到光线稍微暗些的连拱廊上。圣丹尼斯修道院内半透明的高拱廊只是构成了明窗基座，而对光线的递减效果，却没有埃夫勒圣母大教堂的高拱廊这么明显。

位于法国鲁昂（Rouen）的圣欧恩教堂（Abbey Church of St.-Ouen）宽 137m，中堂拱顶高 33m，是哥特式建筑鼎盛时期最大的主教教堂（见右图）。教堂附近有另一座教堂，其宽度为 135m，拱顶高

28m。毫无疑问，圣欧恩教堂的本笃会修士们想要超越这座教堂。圣欧恩教堂的重建始于 1318 年，到了 1339 年，就已经完成了唱诗堂、耳堂外墙、十字交叉部位和支撑它的底层塔楼以及侧堂内与中堂相邻跨间的修建。与法国所有地区一样，在百年战争时期，施工时断时续。北侧耳堂完工于 1396 年。据记载，让·德贝尼沃（Jean de Berneval）建造了南侧耳堂的大型玫瑰花窗，他于 1441 年逝世。看起来似乎是在他逝世后不久，旁边的明窗才安装上去。教堂的中堂从 15 世纪 50 年代起开始修建，在 16 世纪 30 年代完工。教堂后期哥特式风格的正立面没有完工，但呈一定角度的塔楼设计，却具有很强的独创性。19 世纪哥特式复兴时期的纯化论者，竭力批判教堂的正立面设计，后来在 1846—1851 年，教堂不得不对正立面进行改造，但改造结果却平淡无奇。

尽管圣欧恩教堂的修建总是断断续续，但直到中世纪所有建筑师们都按照 14 世纪的初始设计进行施工，只有中堂的窗格显示出后期哥特风格的流线型设计，明显偏离了教堂的最初设计。从圣欧恩教堂中堂正视图可以看出，其设计与埃夫勒圣母大教堂内唱诗堂的设计有一定相似之处，即高拱廊几乎占据了连拱廊以上一半高度的空间。教堂连拱廊的拱角上画有在三叶草间唱歌的天使，绘画采用了装饰画法。换言之，建筑师在教堂内唯一剩下的墙面上，采用幻象绘画的方法，让人觉得教堂完全用玻璃建成。

后堂沿着八边形结构的五条边而建，其结果是从中堂的中心轴线看过去，只能看到八边形的三条边。唱诗堂这一面的设计及中心位置三座极其宽大的放射式小教堂，均模仿了位于兰斯的圣尼盖斯教堂（St.-Nicaise），三种放射式小教堂中的主轴堂可以从外面的跨间辨认出来。通过这种方式，圣欧恩教堂紧紧跟随经典教堂的设计方法，圣尼盖斯教堂基本上是兰斯大教堂的精炼版本，符合修道院教堂的规模尺寸。

位于欧塞尔（Auxerre）的圣艾蒂安教堂（St.Etienne）与许多法国教堂一样，在 13 世纪中期以前完成唱诗堂的修建以后，工程施工就开始逐渐放缓。跟其他教堂一样，圣艾蒂安教堂的中堂和耳堂修建从 14 世纪延续到 15 世纪，工程耗时整整 2 个世纪。工程建设速度缓慢，一方面是由于当时的经济情况，另一方面是由于受到百年战争的影响，其中有好几个阶段施工停止了很长时间。教士们于 1547 年开始建造教堂的西立面，但一直没有最后完工。

圣艾蒂安教堂的中堂（见右图）始建于 14 世纪 20 年代，大约在 1400 年教堂的明窗建造完成，整个项目竣工。工程建造对最初的设计

方案没有作任何重要改动，其最后结果跟早些建起的唱诗堂一样美轮美奂。两座建筑风格不一，却同样都是杰作。唱诗堂的设计精巧轻盈，显得飘忽迷离，而中堂的设计则凝重典雅，有种难以撼动的宏伟气派。中堂的长方形扶垛形成合适的角度，扶垛支撑力要比唱诗堂的细长扶垛大好几倍。12 世纪末唱诗堂发生了结构性损坏，因此人们不得不对其进行维修，这显然让 14 世纪早期的建筑师们从中汲取了重要教训。

既然中堂扶垛直径尺寸如此之大，相应地中堂底楼的墙壁厚度也不小。连拱廊的拱腹很深，看起来就好像从厚厚的墙壁里面雕刻而出。在底楼以上，位于支撑拱顶的管状柱身之间的是采用透孔窗格设计的高拱廊和顶层的窗户，高拱廊和窗户都以坚固的外框合围，位置略为凹进。顶楼的窗户位于高拱廊上面突出的基石上，通过采用与经典教堂一样的设计，高拱廊和明窗再次分开。

普西圣路易修道院教堂
（已被毁），1297—1331 年

下图：
圣帝博昂诺克西奥教堂
唱诗堂，约 1300 年
外观（左图）
内景（右图）

下一页，左图
鲁昂大教堂
南立面，1300—1330 年

下一页，右图：
里昂大教堂
西立面

然而，每个跨间的高拱廊分别有两个拱券，其连拱廊的设计与 13 世纪下半叶开始的巴黎辐射式设计有一定联系。设计欧塞尔圣艾蒂安教堂的建筑师技艺非凡，他把所有这些建筑元素综合运用到一起，却具有一气呵成的效果，形成教堂独有的醉人魅力。

欧塞尔圣艾蒂安教堂的中堂设计在传统与创新之间找到了平衡点，但位于普西（Poissy）的圣路易修道院教堂（Priory Church of St.-Louis）则完全把设计交给了过去。这座教堂在法国大革命（1789—1799 年）期间被毁。从朱尔·阿杜安 - 芒萨尔（Jules Hardouin-Mansart）1695 年制作的教堂北侧正视图（见上图）可以明显看出，1240—1260 年的正统宗教建筑具有浓厚的巴黎风格。教堂耳堂的正立面直接复制了圣夏贝尔教堂的正立面设计（该设计最初出现于波尔·德·林堡和让·富凯的微型建筑），其玫瑰窗格的设计样式也是巴黎圣母院北立面窗户的翻版。中堂内侧堂窗户和明窗上大小相同的三角墙，让人想起巴黎圣母院的两间侧堂及其顶楼。

圣艾蒂安教堂带有回廊和七座辐射式小教堂，但是却没有双塔结构的东立面，这样的构造实际代表了大教堂与小教堂设计模式间的相互妥协。教堂西立面类似于比利时尼威尔斯（Nivelles）圣格特鲁德教堂（St.-Gertrude）略小一侧的神龛设计。该神龛设计规模比教堂立面小很多，同样体现出圣人遗骨的教堂与大教堂之间的平衡。圣艾蒂安教堂实际上是一座大型遗骨盒，因为其内安放了圣路易的遗骨。因此，自圣路易这位皇族圣人的时代开始，在正式提到这座建筑时，都称其为纲领性建筑。教堂于 1297 年由美男子腓力（Philippe the Fair，1285—1314 年）开始修建，同年，在圣路易孙子的竭力劝说之下，圣路易被封为圣人。圣艾蒂安教堂和与之相连的多明我会（Dominican）修道院的修建有两个作用：一是表示对圣人的敬仰，二是对教堂创建者的救赎。

与普西的圣路易修道院教堂截然相反，圣帝博昂诺克西奥教堂（St.-Thibault-en-Auxois，见下图）的唱诗堂全然是一座高度创新的建筑。教堂的唱诗堂约从 1260 年起开始修建，中堂和耳堂早在大约在 1200 年建成。不知道是出于什么奇怪的原因，工程施工是从耗资大的正门开始的，而北侧的耳堂，作为朝圣之旅的重要场所，却尚未建造雕像。13 世纪 90 年代，唱诗堂的两间侧堂建成完工。此后，教堂新圆室的修建开始进行，新圆室是巴黎辐射式风格的经典之作。当然哥特式建筑中有一种常见的代表性圆室设计，即常被称为"上釉后堂"的圆室设计，但这种常见设计要求对地面、高拱廊和明窗做出的必要分割，在这间圆室以新颖、精巧的方式得以重新注解。不仅如此，圆室内还运用了类似于辐射式长方形厅堂式教堂中堂的设计手法，把窗户与其下方封闭拱券上的窗格相连。实际上，圣帝博昂诺克西奥教堂的高拱廊是一道封闭后墙。

从结构上讲，圣帝博昂诺克西奥教堂的建筑师便由此达到两个目的：第一，防止了整个圆室陷入网状玻璃笼中而使其形状完全被吞没，同时也在一定程度上保持了圆室宏大的气势；第二，高拱廊的封闭设计加强了下面上釉通道的三维效果，如果不注意看的话，还以为是回廊。所以说，高度的视觉错觉是圆室独具的一大特色。这种效果是令人称叹叫绝的，毫无疑问，这种效果源自教堂主人想要激发大众对于普罗万的圣人圣帝博（St. Thibault of Provins）遗骨朝圣之旅的兴趣。

教堂的正立面大约设计于 1300 年，该立面体现出法国辐射式的建筑设计拥有广泛的可变空间。鲁昂大教堂的耳堂正立面建于 13 世纪早期，但其设计很快就过时了。

在 1281—1330 年，鲁昂大教堂两间耳堂正立面的中间部分被重新设计整修。教堂的南立面（见左上图）显然是后来建造的。因为根据资料显示，从 1340 年起，它被称为"九正门"或"新正门"。

鲁昂大教堂的正立面设计仿效了巴黎圣母院两间耳堂，两者都试图采用带双塔的正立面设计，这种设计是专门为有中堂而无侧廊的耳堂构思的。通过更加复杂多变的精致窗格及覆盖整个立面的雕刻艺术，鲁昂大教堂更加丰富了巴黎圣母院的设计。而且，鲁昂大教堂的建筑师们更加强调立面的双层结构，并对这种模型进行了新的诠释。立面的上层包含中央正门的三角墙及其外面框着的神龛状扶壁塔，上层稍高的位置有紧挨在花窗上面的三角墙，底层由正门、正门的门楣、高拱廊的窗格以及玫瑰花窗构成。这就跟拉昂大教堂西立面一样，玫瑰窗位于阴暗的壁龛内，也跟兰斯大教堂的正立面一样，装有玫瑰窗的壁龛外面框着雕塑作为拱边饰。

同样地，鲁昂大教堂正立面主三角墙上巨大的圣母玛利亚头冠雕塑，也参照了兰斯大教堂西立面的设计，但鲁昂大教堂紧挨着正门上方的中央三角墙上，还设计有一组象征性的人物塑像。很难想象还有什么其他建筑能以比鲁昂大教堂以更为精纯的方式来展现不同风格的建筑模式。

法国南半部的教堂建筑：结合当地情况，运用北方模式。

就在鲁昂大教堂南边耳堂的正立面施工期间，里昂大教堂的西立面也同时开始修建（见右上图）。教堂建于 1308—1332 年，其正门上方设计有封闭高拱廊，西立面建成以后，工程暂时停止。玫瑰花窗上的褶皱部分到了 14 世纪 90 年代才完工，教堂的塔楼却一直没有修完（遗留下来的塔楼下半部建于 15 世纪初期）。然而，虽然立面上半部分的设计显得有点简单，但是整个立面还是基于统一的设计理念而建的。里昂大教堂正门本身和上面的雕塑，都模仿了鲁昂大教堂两间耳堂立面的设计模式。在里昂沦陷前不久，这座城市的建筑师们还保持了巴黎周围地区最为现代化的设计模式，也许这样的情况并非偶然。对里昂大教堂正立面的设计师来说，基于巴黎圣母院两间耳堂正立面的三角墙设计，也是一个重要因素。然而，巴黎圣母院链状排列的三角墙只有薄薄一层，还与实际的墙体分离，而里昂大教堂的三角墙被当作浮雕，因为三角墙看起来就像是立面墙壁的一部分。里昂大教堂的立面没有采用双层设计。立面上扶壁扶垛的柱身非常纤细修长，由此可以看出它是如何被当作一块完整的浮雕进行设计的。显而易见，里昂大教堂的建筑大师们已经厌烦了三维结构的立面设计，因为他们在巴黎风格的辐射式哥特建筑中已经过多地采用了这种结构。

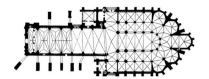

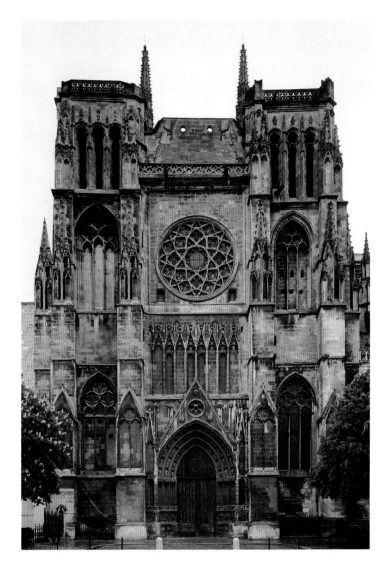

波尔多大教堂耳堂正立面（见上图）基于法国北部经典的设计模式，强调立面的垂直结构。这座波尔多的新式哥特式建筑始建于 13 世纪 60 年代，工程建设从唱诗堂开始，其平面设计高度模仿了兰斯大教堂的唱诗堂设计。该工程很有可能是由皮埃尔·德伦塞斯瓦列斯（Pierre de Roncevaux）率先启动的，他曾任香槟省（Champagne）伯爵宫的法官，后来教皇乌尔班八世（Pope Urban IV）封他为波尔多教堂的大教士。我们可以从教堂的平面图中看出德伦塞斯瓦列斯在宗教上采用的政治手腕，尤其是耳堂双子塔楼构成的正立面设计图。这两座耗费巨资修建的双子塔楼，把波尔多教堂的地位提升到跟兰斯大教堂和鲁昂大教堂同等的总主教教堂地位。然而，说到一些教堂修建细

节，在临近 13 世纪时开始修建的正立面，按照传统采用了圣路易在位末期的巴黎辐射式建筑风格，后来又在英国国王查理二世（Richard II，1377—1399 年）统治时期完成修建——虽然波尔多教堂还是迎合了英国统治者的品位。这些事实也让我们带着谨慎的态度，不要基于历史事件或政治因素，匆忙地采用某种建筑表达形式。

法国南部一些大教堂的设计师却不够谨慎。比如纳尔博纳（Narbonne）教堂的唱诗堂、图卢兹（Toulouse）教堂和罗德兹圣母（Rodez）大教堂，就被阐释成代表法国北部的"文化帝国主义"的建筑。克里斯琴·弗赖冈曾经表明，这样的阐释是错误的。当这三座建筑于 13 世纪 70 年代开建之时，距离路易八世占领卡特里派教所在地区已经间隔了很长的时间。而且据纳尔博纳教堂教士们记载，此时他们想要"模仿贵族的方式，并大规模地修建教堂"，"这些教堂是在法兰西王国时期修建的"。当然，他们并不是在表明大教堂象征了法兰西王国的统治，而是承认了新型教堂压倒一切的影响力。

跟纳尔博纳教堂和图卢兹教堂相反，罗德兹圣母大教堂（见第 165 页左图）在中世纪时期就已经基本建成，但是由于 1277 年以后，工程长期缺乏资金来源，教堂直到 1550 年才真正完工。14 世纪最初 30 多年，教堂的设计方案发生了改变，其中最显著的变化是，采用了一种将柱身和柱墩结合在一起的制造方式，柱身的波浪状弧线围绕柱墩的中心。这种设计把连拱廊轮廓与中堂墙面相互结合在一起，是一种把各种建筑元素融为一体的结构性设计理念。这样，后期哥特式建筑形式最早在 14 世纪初，就开始在罗德兹圣母大教堂逐渐发展起来。

在罗马时代，法国南部地区的大教堂已经开始倾向于采用无侧廊的简单设计。阿尔比圣塞西尔大教堂（见第 165 页右图），就是采用这类哥特式建筑设计的杰出教堂之一。教堂内成排的扶垛形成了一排连续的筒状侧堂，侧堂几乎达到中堂拱顶的高度。由辐射式教堂形成的圆室高度也几乎达到了中堂拱顶的高度，形成别具一格的唱诗堂。

可惜，15 世纪后期其他地方的教堂却在这些大块统一空间周围环绕的"明亮柱身"之间穿插楼廊，这样柱身的效果就严重受损。阿尔比圣塞西尔大教堂外观的重要特征便是其飞扶壁的立面设计。飞扶壁向外突出，形状为直径较大的圆柱体，这样的设计使大教堂看起来就像是一座城堡。该教堂的设计理念很鲜明，就是要以堡垒般的外观设计来体现教堂绝对的权威，并以此警醒这座城市，因为它长期以来一直是卡特里派宗教异端发展的温床。

罗德兹圣母大教堂
始建于 1277 年（下图）

阿尔比圣塞西尔大教堂（Cathedral of Ste.-Cécile）
1287—1400 年
教堂外观（右上图）
教堂内景（左上图）
平面图（底图）

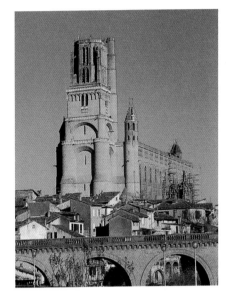

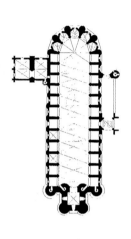

　　1247 年的一封赎罪信记录了原先的大教堂被"战乱和异端"所摧
毁的历史。事实上，阿尔比圣塞西尔大教堂的重建计划是 1287 年由
贝尔纳·德卡斯塔内（Bernard de Castanet）提出的，该计划在他担任
教堂主教后的第一天就提出来了。德卡斯塔内精力非常充沛，他当时
还是朗格多克法官（Inquisitor of Languedoc）和法国国家副法官。教
堂的唱诗堂建成于 1330 年。1365 年，教堂上方巨大而又笨重的城堡
主垒式塔楼开工修建，这样到 14 世纪末教堂中堂的建设才最后完工。

　　我们知道，多明我会传教士的一项首要任务就是对付异端邪教。
多明我会的牧师会成员每年都会在图尔兹城里聚集一次。

图尔兹多明我会雅各宾教堂
13 世纪后期至 1385 年
教堂内景（下图）
平面图（右图）

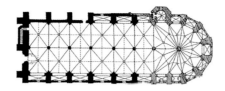

166

拉菲特米洛城堡
1398—1407 年
西侧

这样说来，图尔兹的雅各宾教堂（Jacobin Church，见第 166、167 页图）便是该会的母堂。法国多明我会给教堂命名为"雅各宾"（Jacobins），是因为他们在巴黎的第一个集会地就在圣詹姆斯教堂（St. James）附近，而"圣詹姆斯"在拉丁文中意为"雅各布斯"（Jacobus）。因为没有一座托钵修会教堂在哥特式建筑的中心地区得以保留下来，所以图尔兹的雅各宾教堂就显得越发珍贵。

雅各宾教堂的修建历经好几个阶段。最初，教堂于 1230 年开工修建双中堂，到了 1244—1263 年间，又在中堂增建两间跨间和一间多边形后堂。在 13 世纪后期，教堂才被改造成我们现在看到的样子，后来到了 1385 年，教堂才最后完工。教堂高大的空间内结实坚固的柱状扶垛整齐排列，其效果令人吃惊；教堂的窗户从侧堂底部一直向上延伸至整座建筑，显得非常宏伟奢华；同样重要的是后堂往中心聚集的拱顶，拱顶从最东面的扶垛开始呈星形辐射开来（通俗的说法叫做"棕榈树形"）。所有一切营造出一种富丽堂皇的视觉效果，让人感觉美不胜收。基于巴黎辐射式风格的形状设计和法国北部多明我会经常采用的双侧堂风格，雅各宾教堂形成了一种新的建筑设计理念，这种理念为后来法国南部地区发展协调大气的教堂内部设计奠定了基础。

14 世纪和 15 世纪后期的宫廷建筑

13 世纪末期及其后的一段时间，有几位建筑师接受了法国国王和王室家族成员委任项目的设计工作，我们对他们的名字耳熟能详。然而，我们却不能因此就认为他们是宫廷建筑师，因为他们并没有承担宫廷委任的一些建筑的设计工作。

然而这种情况在查理六世（Charles VI，1380—1422 年）摄政时期有所改变。虽然当时法国宫廷已经痛失其在文化领域的领先地位，但是国王的皇叔总揽宫廷大权，他在宫廷内却发展起一种我们之前也从未见过的建筑形式。当时所有宫廷之间都在展开竞争，这样一来建筑师们几乎只能为他们各自设计的宫廷工作，同时还要满足赞助人独特的审美要求。其中一位国王的皇叔是简·德贝利公爵（Duke Jean de Berry），德贝利公爵把他位于布尔日（Bourges）里翁（Riom）、耶夫尔河畔默安（Mehun-sur-Yevre）和普瓦提埃（Poitiers）的府邸装饰成皇宫的样式。装饰的过程分为不同阶段，其中还包括修建一些耗资很大的新建筑。他雇佣的宫廷建筑大师居伊·德达马丁（Guy de Dammartin）是巴黎皇家建筑大师雷蒙·德唐普勒（Raymond de Temple）的学生，他在德唐普勒建造卢浮宫时在他手下工作。

居伊·德达马丁在 1370 年之前，开始参与简·德贝利公爵的宫廷项目。14 世纪 80 年代，他对公爵先祖，即阿基坦公爵们位于普瓦提埃的早期哥特式宫殿进行了设计改造。

这座宫殿壁炉一边的墙面（见上图）位于大厅稍窄一边的南端，精美得就跟展品一样。壁炉由三部分构成，其前面有几步台阶，这样整个壁炉看起来就好像是舞台的背景。壁炉上方的楼廊是音乐家演出的场地，上方是带窗格设计的窗户，窗户由五部分组成。带有装饰的三角墙位于窗户上方，三角墙几乎占据了整个墙面上半部分的空间。壁炉的墙面本身有三层不同的结构，下面层由与最边上窗户重叠的两组螺旋上升形台阶组成，中间一层包括三组位于墙面中间、被高尖顶分开的窗户，最上层是上釉处理过的尖顶窗，尖顶窗中间有高高耸立的烟囱。这三座烟囱对于中间层的三组窗户起到淡化颜色的作用。我们可以由此看出建筑师在设计同高度的墙面时的精巧构思。德贝利公爵对君王政权的认同感，可以从竖立在中央顶峰位置的查理六世和伊莎贝尔王后（Queen Isabelle）塑像看出来，而贝利公爵把自己和他妻子珍妮·德·布洛涅（Jeanne de Boulogne）的塑像并排竖立在离中心较远的尖顶位置。

在贝利公爵之后，他的侄子路易·奥尔良公爵，也是这个时期最为活跃的建筑设计赞助人之一。在他的一生中，他总共投资改造或者修建了六座城堡，其中奥莱 - 勒 - 杜勒在 19 世纪重建的皮埃尔丰城堡（Pierrefonds）最为奢华壮丽。路易修建这些城堡的目的可能并不仅仅在于抵御外敌侵犯，更重要的是为自己修建方便舒适而又张扬显赫的行宫，方便寻访各地时居住。跟简·德贝利公爵一样，路易·奥尔良公爵经历了从城堡设计到宫殿设计的转变，尤其是在拉菲特米洛城堡（La-Ferte-Milon，见第 168 页图）中明显看到这种转变，但城堡的修建在 1407 年路易·奥尔良公爵逝世以后就停止下来。位于西侧墙面两座半圆柱形、杏仁状的中央塔楼中间，是城堡带尖顶拱券的巨型大门。在大门上方外面有装饰框的是一块浮雕，浮雕描绘了圣母升天的画面，圣母升天也是当时那个时代常见的艺术主题。然而，在城堡的大门上采用宗教图画却非常少见，可能建筑的赞助人意欲让人们把这座城堡看作是现世的天堂耶路撒冷。

雅克·克尔（Jacques Coeur）是国王查理七世（King Charles VII，1422—1461 年）的宫廷财务总管。1441 年被封为贵族以后，雅克·克尔在布尔日兴建了一座府邸，这座府邸超越了中世纪后期所有的城镇建筑（见第 170 页左图）。这座建筑西翼呈不规则的四边形，上面还附有城堡般的延伸结构，其设计部分采用了高卢 - 罗马式（Gallo-Roman）城镇建筑的墙面设计风格。宫殿的东翼和主要门厅，则运用多种建筑元素营造出宫殿般的视觉效果。建筑屋顶的窗户上是外框尖顶，并在顶上放置雅克·克尔所获的皇家荣誉勋章。装饰华丽的窗户以及梯形的塔楼和上层带有窗格的窗户，使得这座建筑看上去就像一座精致的教堂。在入口拱券的华盖顶上，本来还竖立有查理七世骑着骏马的塑像。雅克·克尔既在自己的府邸放置所获的皇家荣誉勋章，又竖立起标志君王至高权力的查理七世塑像。通过这样的建筑装饰设计，这位富有的贵族不仅表达了他对君王的忠诚，同时也把自己与其他贵族成员们列到了相同的位置。所以，在靠近查理七世塑像的壁龛的半开假窗内，看到这位新晋贵族同他夫人正仔细注视着国王的图案，也不会觉得有多么吃惊。

圣路易修建的圣沙佩勒教堂（Ste.-Chapelle）享有如此的盛名，以至于有一些赞助人要在自己的城堡或府邸修建类似的小教堂。出现这种现象有不可缺少的条件，就是要获得神圣的耶稣受难艺术品的遗物。巴黎的圣沙佩勒教堂在很多情况下成为一种建筑模式，正如它显然是温森城堡（Castle of Vincennes，见第 170 页右图和第 171 页图）效仿的模式一样。国王查理五世（King Charles V，1364—1380 年）在 1379 年开始修建这座教堂，甚至是在修建教堂神学院之前就开始修建这座教堂。1422 年，他的继任者国王查理六世（King Charles VI）逝世，这座建筑当时仍然没有建起屋顶、扶壁扶垛和拱顶，这几部分到 1550 年才最终完工。温森城堡内圣沙佩勒教堂的多面窗户建于 1380—1420 年，窗户采用了早期矫饰主义风格的设计形式。

布尔日雅克·克尔的府邸
1443—1453 年
内墙立面

温森城堡内的小教堂
1375—1550 年
内部西向视图
菲利贝尔德洛姆楼廊（Philibert Delorme,）

里翁的奥弗涅城堡小教堂
1395—1416 年

法国后期哥特式建筑风格之所以被称为矫饰主义，是因为其窗格的设计。窗格上的线条彼此交错叠加而形成火焰的形状，显得非常精美绝伦。在英国，这样精巧的设计早在 13 世纪后期就已经出现，这种风格在法国的盛行却并不是到了 15 世纪 30 年代英国占领法国才开始的。就像我们从温森城堡的圣沙佩勒教堂和普瓦提埃公爵府邸的壁炉墙面上看到的一样，矫饰主义风格在 14 世纪 80 年代就已经在法国盛行。

让·德贝利公爵还在里翁的奥弗涅（Auvergne）府邸，以法国建筑模式修建了圣沙佩勒教堂（见第 172 页图）。教堂在 1395 年开始动工修建，就像它在温森城堡的姊妹堂一样，里翁的奥弗涅教堂也是一座只由一层上部结构构成的建筑，换言之，也就是教堂建筑省去了带拱顶的低教堂。窗户是后来才修建的，教堂所有的窗户都采用了后期哥特式的设计风格。教堂在 1416 年让·德贝利公爵逝世前就已经完工，但公爵却从来没有使用过这座教堂。只是在教堂建成半个世纪以后，公爵的子嗣用彩色玻璃来装饰教堂，这才使公爵的家族跟教堂有了些联系。

百年战争以后的法国后期哥特式建筑

不难理解，在 15 世纪初期的 30 年间，也就是正值英法百年战争最为激烈、英国已经占领半个法国的时期，法国的建筑艺术逐渐衰落。到了 15 世纪 30 年代，英国在战争中的胜利局势最终扭转，法国的大型建筑项目才开始进行。随着经济情况和政治结构的逐渐恢复，大约在 1450 年，法国部分地区的建筑艺术又重新走向繁荣。法国后期哥特式建筑的鼎盛时期一直持续到了 16 世纪 30 年代，当时的赞助人和建筑师开始逐渐转向文艺复兴时期的设计风格。

在法国后期哥特式建筑时期，城市人口数量稳定增加，因此有必要修建大的城市教堂，而这一时期的建筑也受到这些城市教堂的巨大影响。但是，大教堂和大修道院的时代还远未结束。当时许多城市的大教堂和大修道院都要增建部分建筑，比如特鲁瓦、沙隆（Chalons）、圣艾蒂安、莫城、图勒（Toul）、图尔（Tours）、奥尔良、罗德兹、梅兹（Metz）等教堂。其他一些已经建成的教堂，比如亚眠、桑利斯（Senlis）、桑斯、埃夫勒和鲁昂教堂等，也需要进行改造或者延伸，以使建筑更富有当代的特征。

然而，南特圣皮埃尔大教堂这座巨型大教堂后来被重新设计，到了很晚的后期哥特式建筑时期，教堂才修了一半。15 世纪，南特城逐渐发展成为布列塔尼（Brittany）地区的中心城市，因而这座城市想要建起一座主教堂，以与其在该地区的重要地位相匹配。1434 年，南特的公爵和教堂的主教一起为新教堂的奠基。新教堂从西立面的双子塔

楼开始建造，该立面与教堂中堂（但不包括中堂拱顶）在 1498 年建成完工。此后，工程一度停工，直到 17 世纪才建起中堂哥特式的拱顶和南侧耳堂。到了 1835—1891 年哥特式建筑复兴的高峰时期，教堂才建起唱诗堂、回廊及新设计的五座辐射式小教堂，这样整个教堂才算最后完工。其实采用后期哥特风格进行建筑设计也不是那么顺理成章的事，因为哥特式复兴时期的理论家们只接受 13 世纪早期的哥特式建筑形式。但是，南特圣皮埃尔大教堂却保留了早期中堂所有的建筑形式，尽管哥特式复兴的支持者们认为这些其实是堕落的形式。因此，南特圣皮埃尔大教堂成为一块瑰宝，它成为法国留下的唯一一座后期哥特式主教教堂。南特圣皮埃尔大教堂高大气派而且气势雄伟，可以与 13 世纪的任何一座教堂媲美（见上图）。

从设计风格来看，南特圣皮埃尔大教堂代表了后期哥特式的建筑风格。这样，无数线形的花环和镶边与细细的凹弧饰交替呈现，占据了建筑承重结构的表面，向上一直延伸到拱券和拱顶，中间并不穿插其他水平切割结构。根据后期哥特式建筑的结构原则，扶垛、连拱廊拱腹和拱顶柱身应该形成一个整体结构，然而，南圣皮埃尔特大教堂

173

圣米歇尔山修道院教堂
1446—1500/1521 年，南向视图
唱诗堂平面图（右图）

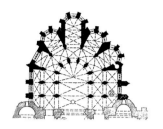

克莱瑞大教堂圣母教堂
1425—1450 年
建成于 1483 年之后不久

的建筑师知道如何本着 13 世纪哥特式建筑风格的设计理念，通过把拱顶和柱身设计成似乎完全独立于墙壁而且清晰连贯的三维立体结构，把教堂的隔间清晰地分开。

圣米歇尔山修道院的唱诗堂（见左上图）始建于 1446 年，完工于 1521 年，这座教堂也效仿了大教堂的设计形式。唱诗堂带有纵深的辐射式小教堂，高拱廊的位置很高，而且光线很好，拱顶的支撑纤小细长，扶壁几乎构成了"扶垛的林子"。这些设计都体现了从埃夫勒圣母大教堂唱诗堂的设计转化而来的后期哥特式设计风格。

克莱瑞大教堂（Notre-Dame of Cléry，见右上图）始建于 1425 年，在 1483 年国王路易十一逝世不久后建成完工。路易十一为教堂的建设提供了资金支持，还把这座教堂升格为王室教堂，并在 1473 年买下整座教堂，将它作为自己最终的安息之地。受到巴黎圣母院的影响，教堂设计有回廊，却没有辐射式教堂和三角形拱顶。教堂中堂的立视图上位于底部连拱廊和高明窗之间的宽阔墙面，也是大型教区教堂的设计风格。

从后期哥特式风格（在法国持续了很长时间）到文艺复兴时代的过渡时期产生了一些重要的建筑，建于 1580—1626 年的巴黎教区教堂，即圣艾蒂安迪蒙教堂（St.-Étienne-du-Mont）的中堂，便是其中之一（见第 175 页图）。这间中堂的连拱廊占据了很大的面积，明窗的位置不高，这样的设计重复了建于 1492—1540 年的文艺复兴式唱诗堂的布局模式。然而，尖顶的连拱廊插入柱形扶垛，窗户窗格上有火焰状图案，这些俨然是后期哥特式风格。中堂内高高的连拱廊让人想起了布尔日大教堂，而侧堂上方就像枝条一样绕在光滑支柱上的楼廊，其设计灵感可能来源于鲁昂大教堂。中堂内独特的唱诗堂隔屏最早出现于 1541 年，它实际上是横跨整个中堂的透孔拱券，其设计理念基于天主教的特利腾大公会议礼仪改革（Catholic Church's Tridentine reform of the liturgy），因为这次改革允许参加弥撒的信徒清楚地看到唱诗堂。人们通过盘旋向上的楼梯可以直达唱诗堂的隔屏，这样的楼梯设计实为神来之笔。楼梯在几次环绕东边支柱以后，最后到达把唱诗堂内部包在其内的楼廊。

巴黎圣艾蒂安迪蒙教堂
1492—1626 年
唱诗堂

图尔圣加襄教堂（Cathedral of St.-Gatien）
西立面，1440—1537 年

下一页，左上图：
埃夫勒圣母大教堂
北侧立面，约 1500 年

下一页，左下图：
图勒圣艾蒂安教堂（Cathedral of St.- Étienne）
西立面，1460—1500 年

下一页，右上图：
让·勒姆瓦纳
阿朗松圣母教堂
西立面，1506—1516 年

后期哥特式时期的人们可以看到，这个阶段很多教堂建筑的施工都经过了长时间的中断。因为教堂大型主立面的修建耗资巨大，通常只有在教堂其他部分完工以后才开始修建，所以 15 世纪和 16 世纪后期哥特式的建筑师们要完成这么多大教堂立面的修建，就显得尤为困难，但他们也有聪明的应对办法。图尔圣加襄大教堂是法国最早出现的采用后期哥特式立面设计的教堂之一，这座建筑的修建时间从 1440 年一直持续到了 1537 年（见左图）。其实建筑师要做的事情很简单，只需要给教堂罗马式的双塔立面做点新的最后装饰。图尔圣加襄大教堂立面设计蓝本是亚眠大教堂和鲁昂大教堂立面，它们的立面采用了鼎盛时期的哥特式建筑风格。教堂凹进的门内及环绕在扶壁周围成排的高大雕像，已起到了突出建筑垂直主轴的作用。教堂透孔的三角墙、玫瑰花窗及扶壁上雕像壁龛的设计，让人感觉好像把鼎盛哥特式的风格转化变成了矫饰主义的风格。然而，立面上的双塔却截然不同。图尔圣加襄大教堂位于早已接纳文艺复兴式设计风格的区域中心，而且这片区域还建有很多城堡，通过无分层带小穹顶的双塔立面装饰，教堂把这种新式设计传播到很远。

虽然洛林（Lorraine）的图勒圣艾蒂安大教堂位于罗马帝国的圣地，但教堂自 13 世纪早期开建以后，它的设计风格却一直跟兰斯大教堂的哥特式风格紧密联系。教堂西立面建成于 15 世纪晚期，是后期哥特式风格最伟大的杰出建筑之一（见第 177 页左下图）。该立面始建于 1460 年，在 1500 年前建成完工，它依照统一的设计方案而建，是鼎盛时期哥特式建筑一种变化形式。然而，跟鼎盛时期哥特式建筑形式的不同之处在于，图尔圣加襄大教堂的设计大刀阔斧地减去了一些厚实的扶壁，取而代之的是具有一定角度的侧向扶壁。侧向扶壁随着高度变化而逐渐变细，就形成了协调、流畅且富有韵律的立面结构。八角塔从下层到上层的间隔装饰有带窗格的壁龛，窗格非常精美。大三角墙的尖顶越过楼层间分割线而出的设计，尤其是玫瑰花窗上大三角墙，让立面显得更统一，而这也是尤为典型的特征。

诺曼底地区修建的塔楼众多，所以自然有许多后哥式风格的塔楼。这一时期，塔楼基础通常已经完工，比如，位于鲁昂（Rouen）圣欧恩教堂交叉部的塔楼（见第 179 页左图）。其正方形结构二楼之上的八角形塔楼，采用了 15 世纪 40 年代的早期矫饰主义。塔楼是由阿博特·波黑尔（Abbot Bohier）于 1492—1515 年设计的，塔楼周围设计有四座角塔，塔楼与角塔之间以精美雕饰的飞扶壁相连，看起来好像一个巨型的皇冠。科德贝克恩科圣母教堂（Notre-Dame in Caudebec-en-Caux）建成于 1382 年，教堂上方高耸的八角形塔楼也是以同样的原理建造的（见第 179 页右图）。然而，这座塔楼的角塔数量是鲁昂圣

欧恩教堂的两倍，这样每座角楼就有两个叉状的飞扶壁从多边形的各边延伸出来。多边形的角楼开建于 1491 年，大约在 1520 年随着尖顶完成修建而完工。尖顶有精美的窗格设计，其上环绕着两个皇冠状装饰，另外还设计有十六个不同切面。如此一来，这样的大型建筑也越发显示出如同金匠精心雕刻而成的"微型建筑"效果。

尽管采用后期哥特式风格设计的建筑立面种类繁多，但总的来说，这些立面都是基于传统模式的新型设计。埃夫勒圣母大教堂的北侧耳堂立面约建于 1500 年，该立面呈现出灵动的流线型窗格设计，但如果没有早在 180 年前修建的鲁昂大教堂南立面，埃夫勒圣母大教堂也很难能有那样的耳堂立面（左上图）。桑斯圣埃蒂安大教堂的耳堂立面（见第 178 页图）建于 1490—1517 年之间，该立面的中央玫瑰花窗尽管被嵌入巨大的窗格装饰窗户，但它还是占据了立面的主要位置，这就回归了 13 世纪末期已经消失的设计方法，即把花窗放在主要位置。

自 12 世纪开始，在哥特式的立面设计当中就偶尔包含门厅，阿朗松圣母教堂（Alengon）西侧的门厅（见右上图），则通过覆盖整个墙面的设计，显得格外引人注目。门厅前墙为拱顶设计，拱顶上冠有金丝窗格，整体看起来就像是大一点的唱诗堂隔屏。这样的门厅设计明显体现出最大限度地自由采用各种建筑风格的优越性，而这也构成后期哥特式建筑一个重要特性。随着建筑元素越来越具有互换性，人们也越来越少地关注这些具体元素的真正含义。在阿朗松圣母教堂，一些通常是内部装饰的建筑元素，也成为建筑表面设计的重要组成部分。

桑斯圣艾蒂安教堂（Cathedral of St.-Etienne）
南耳堂立面
1490—1512 年

鲁昂，圣欧恩教堂
交叉部的塔楼，1440—1515 年

科德贝克恩科圣母教堂
带塔楼的正立面
1382 年至 16 世纪末

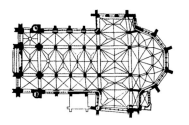

迪南圣母教堂
1227—1247 年
平面图（左图）

修侬圣母教堂
1311—1377 年
唱诗堂

荷兰的后期哥特式建筑：建筑是民族信心的表达方式

历史上来讲，荷兰（或者是低地国家）包括现在的荷兰、比利时和法国北部边缘的地区。中世纪，尽管在语言和政治上并没有统一，荷兰还是形成了一个出类拔萃的文化整体。这样一来，法国国王统治了讲荷兰语的佛兰德地区，而讲法语的比利时（Hennegau）、布拉班特（Brabant）和荷兰隶属于神圣的罗马帝国。

13 世纪末，随着早期工业化的进程，尤其是在织布和毛纺领域的工业化进程，以及资本主义的初步发展，荷兰在中世纪后期取得了杰出的经济成就，这也对荷兰的建筑和艺术产生了决定性的影响。作为发达的经济型社会特征的构成部分，城镇中统治阶层在经济上和政治上变得强大起来，他们利用前所未有的经济财富，为自己树立成功的口碑，这些成就通常会在一些宗教或者世俗的经典建筑中体现出来。从 14 世纪开始，在有石材的地区，这种现象也产生了以奢华装饰为重要特征的建筑。佛兰德和荷兰的沿海地区却没有石材，从而兴起一种砖混的建筑形式。这样建筑形式占地宽广，建筑结构疏松，在审美层面上体现出海边平地的萧瑟与落寞。

从一开始，荷兰哥特式的教堂建筑是以法国周边地区，如阿图瓦、皮卡迪和香槟的主要教堂为模型修建的。因此，早在 13 世纪初，斯海尔德（Schelde）和玛斯（Maas）地区的大型教堂，都是基于典型的法国风格进行设计的，带耳堂、唱诗堂、回廊和侧堂的大教堂，以及三层楼的中堂（连拱廊、高拱廊和明窗）。然而，荷兰的教堂对某个方面进行了重要简化：连拱廊并不采用扶壁作支撑，而采用简单的圆形立柱。这里非常关键的一点是，这些圆形立柱，比起 12 世纪很多法国建筑所采用的厚重结实的圆形立柱，更像是哥特式建筑从早期到鼎盛时期的过渡阶段，在苏松瓦大教堂（Soissons Cathedral）和一些西多会修道院，比如龙邦（Longpont）和维里尔斯（Villers-la-Ville）修道院内采用类似支柱的细长支撑结构。

迪南圣母教堂（见左上图）位于默兹（Meuse），现在位于比利时境内，是荷兰早期哥特式建筑中一座尤为漂亮的教堂。教堂的唱诗堂建于 1227—1247 年。与法国哥特式建筑中心区域那个时代的教堂相比，这座唱诗堂体现了某种老式的特征，比如采用组合窗户而不是窗格窗户的设计及以枕梁支撑拱顶肋的设计。然而，唱诗堂高拱廊上细长的连拱廊，就跟苏松瓦、沙特尔和兰斯大教堂的设计类似。后堂连拱廊下面细长立柱的设计非常精美，透过立柱可以毫无障碍地看到回廊（不带小教堂）的大窗户。唱诗堂连拱廊后面的区域，被改成了一

个光线充足的精巧空间，而这也是自阿博特·叙热（Abbot Suger）设计的圣丹尼斯修道院教堂以来的典型法国式设计特征。

早期的梅赫伦（Mecheln）学院教堂当时已经是一座大教堂，它于 1342 年从唱诗堂（见第 181 页左图）开始修建。这座建筑开创了一种新的教堂设计形式，综合了 13 世纪法国大教堂的风格（虽然在西立面没有采用双塔结构的设计）和以精美窗格为主的内部华丽装饰风格，这样的设计形式也被后来的建筑师多次采用。教堂还带有七座辐射式小教堂，其中堂也采用了三层的结构，这样的平面设计方案完全模仿了经典法国式教堂的设计形式。

建于 1311—1377 年的修侬圣母教堂（见右上图），也仿效了12 世纪末期的苏松瓦大教堂，尤其是在其立柱设计方面。但是教堂内高拱廊上连拱廊细网状的设计和明窗前的楼廊设计，可能是从勃垦第的区域性哥特式建筑风格演变而来的。其唱诗堂的形状设计与后堂相似，而且不带回廊，有两座高大的塔楼竖立在唱诗堂的两侧，这样的设计体现出 13 世纪法国洛林地区教堂的风格（比如位于梅斯的图勒大教堂和圣文森特大教堂）。教堂东端的外部设计也非常巧妙，唱诗堂高高的细长全玻璃窗户与正方形的低矮塔楼形成鲜明的对比，塔楼的几个底层显得很沉重，大部分窗户都是用窗帘挡住的。

教堂结实坚固的圆形立柱稳稳地支撑着其上细致精巧的建筑物，而圆形立柱也是这座教堂唯一的区域性建筑因素。薄薄的窗格成网状紧密交错在一起，形成连续的单层图案，用以装饰教堂的内部或者整座建筑。这样的设计似乎还不仅限于建筑立视图上的常见部位，也包括连拱廊的拱肩部分，它还覆盖了整个高拱廊及明窗的窗户和明窗旁边的暗墙。

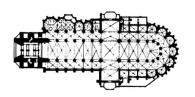

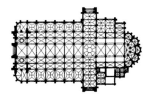

这样采用拱形或者叶子形状的法国辐射式格子装饰，在欧洲大陆首次亮相。这样的装饰理念在英国出现得早些，同样持续均衡的格子装饰，早在14世纪30年代对罗马式的格洛斯特大教堂的改造中就已经出现。跟格洛斯特大教堂一样，梅赫伦教堂这座罗马式建筑的三层结构上面，覆盖了一层由精美线条的小块窗格形成的哥特式装饰层（见左图）。当然也不能排除英国建筑的影响。从实际上来看，在连拱廊拱肩部分及其上方的图案装饰，就很像13世纪以后英国宗教建筑中华夫元素的放大版。梅赫伦教堂把英国建筑华丽的装饰风格与法国建筑基本的简单设计融为一体，形成一种所谓的"布拉班特式哥特风格"（Brabant Gothic），然而，这种风格却并不仅仅局限于布拉班特这一地区。

第二座采用布拉班特式哥特式风格设计的大型建筑，是位于安德卫普的圣母教堂（Lieb-frauenkirche，见右图）。该教堂始建于1352年，

其设计反映了梅赫伦教堂的风格。这座教堂平面图的主要特征是其"宽阔的跨间"，换言之，安德卫普圣母教堂把梅赫伦教堂的横向长方形中堂隔间，即一般教堂采用的隔间设计，换成了纵向延伸的形式。这样的中堂设计，除了在意大利和西班牙加泰罗尼亚地区的地中海式哥特式建筑中有所体现之外，其他地方从未出现过。这样的结构设计使得中堂出现了一个宽敞的大厅空间，与一般哥特式建筑设计的类似空间形成强烈对比。另一方面，教堂后堂的平面设计带有回廊和五座辐射式小教堂，这又模仿了兰斯大教堂的设计手法。唱诗班小教堂外飞扶壁之间连拱廊构成的高幔也让人联想到兰斯大教堂。

然而，安德卫普圣母教堂的内部立面图只有两层楼的设计。其连拱廊由成组的扶垛支撑，而不跟梅赫伦教堂一样，采用圆形的立柱支撑。而且，教堂的立视图中间有一道水平方向的连拱廊带，用以强调教堂的整体高度。

威廉·范·凯赛尔（Willem van Kessel）
斯海尔托亨博斯圣约翰教堂
始建于 14 世纪 70 年代
唱诗堂

窗户位于墙壁上较深的壁龛以内，壁龛的下部与穿过整个墙壁的沟状通道相连。这样双层明窗的墙壁设计是 11 世纪和 12 世纪期间，盎格鲁 - 诺曼风格罗马式建筑的标准设计，后来甚至也成为英国哥特式建筑的一大特征。安德卫普圣母教堂的明窗设计可以与自 12 世纪 80 年代年开建的威尔士大教堂西侧明窗相比，自 14 世纪 40 年代开建的切斯特大教堂（Chester Cathedral）礼堂也采用了同样的设计方法。这种形式的天窗不会在隔间内的所有空间中设置，这是为了保证墙壁断面有更好的强度。

跟梅赫伦教堂一样，连拱廊上方的墙面也有一层装饰覆盖。然而，与相对建得早些的梅赫伦教堂相比，安德卫普圣母教堂不仅有合围起来的装饰图案，还有成组的柳叶形图案自上而下覆盖中堂的拱券。这些小叶尖和玫瑰花的图案以及四片叶子的栏杆设计，构成了中堂内一道清晰的带状水平线。其实这样的设计最初源于英国。因为只需要在切斯特大教堂的耳堂墙壁上，覆盖一些简单的装饰和英国类似的叶片装饰——例如，最初在伦敦威斯敏斯特宫内圣史蒂芬教堂的窗户拱肩上发现的叶片装饰——就可以达到与安德卫普圣母教堂同样的效果。

不得不承认，安德卫普圣母教堂根本就没有生搬硬套英国教堂的设计模式。实际上，教堂后堂、扶壁和双塔立面的设计体现出它与法国哥特式建筑风格的密切联系。而且，它还把英国的建筑形式进行了改革创新。比如，教堂墙面的网格装饰图案，就不像英国的建筑那样采用一块遮住了建筑墙面的独立表面结构。相反，所有装饰性元素都服从于更为重要的建筑整体结构。教堂对结构的强调，以及由长隔间组成的厅形空间，给人留下深刻的印象。当然，建筑设计采用这样的单一手法绝对是有原因的。这样单一的设计手法是利用基本设计方法以建成宏伟建筑的完美证明，而这也是法国哥特式建筑鼎盛时期的重要特征。

布拉班特式哥特风格是 14 世纪和 15 世纪时期，在英国和法国的建筑元素之间有目的的成功结合之下，产生的独一无二的欧洲建筑形式，尤其是在安德卫普的圣母教堂，这样的结合产生了充满和谐与平衡的建筑艺术。但即便是这样，大多数后期主要的布拉班特式哥特风格建筑，还是沿用了梅赫伦教堂三层楼结构，没有采用带通道的双层明窗墙面设计。然而，一些设计师，尤其是一些奢华建筑的设计师，认为安德卫普的圣母教堂至少在一方面是建筑的典范：采用组合扶垛而不是圆形立柱作为支撑。位于斯海尔托亨博斯（S' Hertogenbosch，见左图）的圣约翰教堂（St. John's Church）始建于 14 世纪 70 年代，这座教堂意在与 13 世纪的建筑典范，如亚眠大教堂和科隆大教堂，在建筑外观装饰的奢华程度上一比高低。

教堂扶壁上的图案装饰和窗户上的三角墙（现在经过了改造，但改造还是依照其最初设计）的设计都非常新颖独特。

圣约翰教堂的建造晚于梅赫伦教堂和安德卫普的圣母教堂，它是布拉班特式哥特风格建筑中最重要的一座建筑，对以后好几座教堂的修建起到了决定性的影响，尤其是其中的两座学院式教堂：鲁汶（Louvain）的圣彼得教堂（St. Peter's，见左图）和蒙斯（Mons）的圣沃德吕教堂（St. Waudru）。圣彼得教堂大约始建于 1400 年，唱诗堂完工于 1448 年之前；圣沃德吕教堂始建于 1450 年，它实际上直接复制了在 50 年之前修建的圣彼得教堂的设计。

然而，并非所有荷兰北部地区华丽的后期哥特式建筑，都是基于大教堂的模式而修建的。哈勒（Halle，见中图）这座朝圣者教堂的唱诗堂建于 1389—1409 年，唱诗堂没有侧堂，在扶垛的扶壁之间设计了小教堂。从外观看上去好像是回廊，实际上只是一排小教堂。但是，明窗墙上的壁龛和半遮住壁龛的独立窗格，明显地体现出这座教堂又一次采用了英国式教堂的设计风格。与哈勒教堂相应的是英国东北部地区的布莱德灵顿教堂（Bridlington），这座教堂建于 1275—1300 年。

代尔夫特（Delft）的新教堂（Nieuwe Kerk，见右图）唱诗堂建于 1453—1476 年，唱诗堂明窗的窗户只占据了明窗所在墙壁的一半位置，这就体现出建筑设计对明窗所在墙壁的结构性运用。我们可以从拱腹切面固定后留下的痕迹看出，壁龛下面隐藏的部分原本设计有窗格遮挡。唱诗堂内结实的圆形立柱、回廊的设计及在中堂窗户底下的高拱廊拱券，让这座新教堂的唱诗堂内部，在那个时候看起来比今天更像是梅赫伦的学院式教堂。布鲁塞尔（Brussels）萨布隆圣母教堂（Notre-Dame du Sablon）的西立面始建于 15 世纪下半叶，该立面也模仿了梅赫伦教堂的设计模式。然而，教堂始建于 1400 年的唱诗堂，还是采用了法国 13 世纪传统"玻璃笼子"的设计风格。

这些教堂及其他的一些建筑全都表明，荷兰建筑艺术大约在 1350 年以后就处于停滞不前的状态。直到 15 世纪末期，其建筑设计都表现出刻意参照哥特式建筑鼎盛时期经典风格的痕迹，尤其是很大程度上依赖了法国辐射式的建筑设计。位于布雷斯地区布尔格（Bourg-en-Bresse）附近，建于 1513—1532 年间的布罗教堂（Brou，见第 184 页左图），尽管这座建筑有着星形的拱顶设计，但从建筑的表达方式上来看，它的设计风格趋于保守。荷兰哈布斯堡（Habsburg）王室摄政时期，这座建筑在奥地利的玛格丽特（Margaret of Austria）委任之下，由建筑师洛伊斯·范·博根（Loys van Boghem）设计完成。当时后期哥特式建筑风格主要体现在教堂铺张华丽的十字梁隔屏、唱诗堂座位及其内著名的墓葬等设计。目前，人们都还没有弄清楚，为什么当时要建造这样一座落伍的建筑。但是很显然，富有的赞助人更加倾向于采用经过测试检验的设计模式，而不愿意采用夸张奢华的设计风格。

虽然星形拱顶和网状拱顶的设计已经广泛运用于 15 世纪的建筑设计中，但布拉班特式哥特风格的建筑大多数都不会采用这两种设

计，其原因也并非偶然。当时严肃的中产阶层管辖着富裕的城镇，他们不仅对教区教堂，也对城市的学院式教堂产生了很大影响。在安德卫普和布鲁塞尔，同一个家族的姓名，既会出现在学院式教堂牧师会成员的名单里，又会出现在行政长官的名册上。梅赫伦和鲁汶的学院式教堂塔楼，也是城市大厦和钟楼市政厅，一些重要的市政文件都在此保存。

教堂的这种功能也符合它作为城市及市民标志性建筑的特性，这也说明了为什么荷兰后中世纪时期的教堂塔楼，实际上后来都被建成了高楼大厦。因为市政厅强调教堂塔楼修建的高度，所以双塔结构的塔楼在荷兰哥特式建筑中也实属罕见。

安德卫普的大型学院式教堂——圣玛利亚教堂，其大型的五轴式西侧立面就依照"完美大教堂"的设计，在立面上修建起双塔结构，但只有北塔在 1500—1525 年间修建完成（见右上图）。这座教堂具有超出寻常的魅力特征和精致、细腻的结构特点，看上去就好像出自金匠之手的一件杰作。就像是安放圣体匣的哥特式教堂一样，纤细的尖顶环绕在塔楼顶部两层周围，尖顶与透明冠和八边形的塔楼主体之间，通过设计精致窗格装饰的跨间相连。

正如荷兰其他很多的教堂塔楼一样，安德卫普圣玛利亚教堂的设计同样沿用了乌得勒支（Utrecht）圣马丁大教堂（Cathedral of St. Martin）的风格特征（见第 185 页左下图一）。圣马丁大教堂始建于 1254 年，按照哥特式建筑鼎盛时期的经典风格（教堂也引用了图尔

奈的圣母大教堂和科隆大教堂的设计手法），建筑师在教堂的西侧立面建起一座大型塔楼，但塔楼在 1674 年倒塌。这样高 112m 的单一塔楼，并不符合哥特式教堂的设计标准，但是它必定同样显得非常宏伟气派。范·艾克（van Eyck）兄弟所作的《根特祭坛画》（*Ghent Altarpiece*）描绘了众人崇拜神秘的上帝羔羊的情景，画作把这座教堂置于天堂般的景色当中，也并非毫无缘由。

布雷达（Breda）圣玛利亚教堂（Liebfrauenkirche）的塔楼（见第 185 页右上图）建于 1468—1509 年之间，这座塔楼也沿用了乌得勒支教堂的设计模式。跟乌得勒支教堂塔楼一样，德国哥特式教堂上宏伟的塔楼顶部并不带削尖的金字塔形尖顶。因为荷兰教堂的塔楼都有数层，高度远大于德国教堂的塔楼（Freiburg Minster），所以八边形的塔楼主体已被视为完整的结构。即便就像布雷达圣玛利亚教堂，其上还设计有葱状的木质穹顶（圣玛利亚教堂原来的穹顶始建于 1509 年，但在 1702 年的一场大火以后，穹顶以其他的设计形式重建）。

荷兰许多伟大的教堂塔楼一开始便被构想成正方形的结构，因此阿尔苏拉里斯圣皮埃尔（Aire-sur-la-Lys，见第 185 页下图二）这座学院式教堂的塔楼就成了特别的例子。塔楼建于 1569—1634 年，它效仿了附近圣欧美尔镇的（St.-Bertin）修道院教堂，即建于 15 世纪后来又在 1947 年倒塌的圣贝尔坦修道院教堂（Abbey Church of St.-Bertin）及巴黎圣母院内大型塔楼的设计风格。阿尔苏拉里斯教

布雷达圣玛利亚教堂
1468—1509 年

堂的塔楼在战争中遭到毁坏，塔楼的顶部在 1735—1750 年以哥特式和文艺复兴式的建筑风格重建，塔楼建造之初可能就采用了这两种风格结合的设计。然而，改造后塔楼的结构仍然沿用了中世纪后期的建筑设计理念——塔楼也是路易十五时期（Louis XV，1715—1774 年）对早期建筑进行改造的典范。

荷兰的世俗建筑也修建得宏伟气派，鉴于管辖这些城镇的中产阶层在当时社会中所扮演的重要角色，他们所拥有的财富及其在政治上自信的态度，这样的建筑形式也不足为奇。其他同样重要的建筑包医院及其他慈善机构的建筑。

根特拜洛克医院（the Van de Bijloke，法语为 de la Biloque）是最早修建而且遗留至今的类似建筑之一，这是一座位于根特（Ghent）的大型西多会教堂医院。根特拜洛克医院建于 1228—1229 年（见第186 页左图）。教堂宽 16m，长 55m，其木制拱顶高度为 18m，这些数据也是荷兰主要城镇教堂采用的空间尺寸。跟其他神圣的宗教建筑相同，教堂纵向的墙面上有装饰繁复的窗格窗户，其东侧封闭狭窄的墙面上画有《最后的晚餐》和《圣母加冕》的巨幅壁画。壁画的创作始

于 14 世纪中叶，其用意是要鼓励生病或者年迈的人们参加弥撒圣礼，这样他们就可以像圣母玛利亚一样升入天堂。

正如城市的大型公共建设项目被称为市政大厅一样，荷兰集镇的大型公共建设项目被称为礼堂或镇务大厅。镇务大厅既是仓库，又是公众的集会场所，此外，它通常也是现代意义上的镇务大厅，换言之，也是集镇的行政中心。正如荷兰的教堂总是通过高耸塔楼来表达市民的自豪感一样，这些大厅塔楼多多少少也扮演了同样的角色，而且它们变得越来越像教堂的塔楼。

乌得勒支或者安德卫普的大教堂塔楼，与布鲁日（Bruges）的布馆塔楼（见第 187 页）及布鲁塞尔和阿拉斯（Arras）的市政大厅塔楼，本质是一样的。而且，它们主要的设计问题也一样：如何在正方形的塔楼基础与八边形的塔冠之间寻找和谐与平衡。布鲁日的布馆及其两层的方形钟楼建于 13 世纪末的最后 30 余年间。但直到1482—1486 年，布馆八边形塔楼才修建到其设计高度的三分之一，直到 1741 年塔楼的塔尖修建完成后，整座塔楼才最后完工。

布鲁塞尔的市政大厅始建于 1402 年（见第 188 页图），塔楼的基础同大厅的主体一同开建。勇敢者查尔斯（Charles the Bold）在 1449年为八边形塔楼埋下奠基石，塔楼最后完工于 1454 年。这座世俗建筑的设计非常优雅精致，从这方面来讲，其建筑成就甚至大大超过了当时的宗教建筑。八边形塔楼分为三层通透的楼层，它高高耸立于四

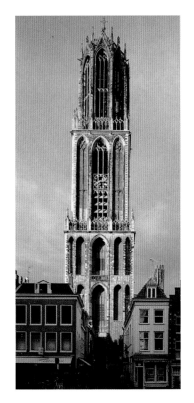

座牢固结实的独立塔尖中，塔尖起始于塔楼的基座，它们对基座四角起到强调作用。然而，跟许多荷兰塔楼不同的是，它采用了许多德国大教堂的塔楼设计，即用在塔楼顶部冠以窗格装饰的尖顶。而且最重要的是，布鲁塞尔的市政大厅正立面上一排排的雕塑及立面上窗格装饰的窗户，毫无疑问受到宗教装饰艺术的影响，尤其是圣骨盒式塔楼的影响，而设计建造起来的精美塔楼，使得整个市政大厅更接近于宗教建筑。

阿拉斯的市政大厅也是同样如此（右图）。这座建筑始建于 15 世纪 50 年代，于 16 世纪末建成完工。

虽然这座八边形塔楼的结构，看起来比布鲁塞尔市政大厅的塔楼显得更加紧凑，但二者的设计都源自相同的设计灵感。很明显，八角塔楼的封顶采用了配箍筋顶部设计。鲁汶的市政厅（见第 189 页图）建于 1448—1463 年，该建筑采用了模仿金匠设计制作的小比例尺建筑模型（尽管这种模型都是出于宗教目的）的方法，所以看起来非常富丽堂皇。因为这座市政大厅没有塔楼，其附近学院式教堂的塔楼就成为公共钟楼，建筑从外观看上起就像是神殿。大厅奢华的装饰、众多内置塑像的壁龛、高坡度的屋顶及狭窄一侧细长的尖顶，确实会让人联想到哥特式建筑的鼎盛时代和后期广泛盛行的圣骨匣式建筑设计。

布鲁日布馆
13 世纪 70 年代至 15 世纪 80 年代

布鲁塞尔市政大厅
始建于 1402 年

鲁汶市政大厅
1448—1463 年

克里斯琴·弗赖冈（Christian Freigang）

阿维尼翁的教皇宫殿

14世纪，教皇在法国南部小镇阿维尼翁（Avignon）修建了府邸，不论是从当时还是现在看来，这座府邸都是欧洲规模最大的堡垒式宫殿之一（见右上图和第191页左上图）。教皇的皇权，也让这座小镇突然间变成堪比伦敦、巴黎等的大都市。于是，教堂的重要人物和社会的达官显贵开始在阿维尼翁修建昂贵的府邸，其中留存至今的一座此类建筑便是小王宫（Petit Palais）的核心建筑。该建筑位于教皇宫殿前巨大广场的北端，它是红衣主教阿诺·德·维亚（Cardinal Arnaud de Via）的府邸，在1335年红衣主教逝世以后，该建筑成为主教宫殿。同样地，镇上的其他教堂也由一些大型新建建筑取代。

商人、外交家和律师，还有来自欧洲各地的艺术家，他们齐聚于这座飞速发展的城市。1303年，教皇博尼法切八世（Pope Boniface VIII）在阿维尼翁创办一所大学。为了保护城市免受百年战争（1337—1453年）遗兵的侵扰，14世纪中期，阿维尼翁城的城墙得以大范围地延伸和加固。在城市发展的同时，作为新时代城市的表现手法，也开始修建花园和公园。

那又是什么为阿维尼翁带来了巨大的变化呢？1274年，在与清洁派教徒（Cathars）的战争结束以后，教皇把阿维尼翁附近的弗内森（Venaissin）领地割让出去。教皇克莱门特五世（Clement V）于1305年，即在跟德国国王发生冲突及罗马的宗教政治斗争愈演愈烈以后，在法国国王的建议下搬迁到阿维尼翁。这样一来，他也成为附近弗内森领地的临时统治者。克莱门特五世的继任者，约翰二十二世（John XXII，1316—1334年），即阿维尼翁主教，把教皇的执政地点永久性地迁移至阿维尼翁，他把位于德多姆圣母大教堂（Cathedral of Notre-Dame-de-Doms）南侧的原主教宫殿作为自己的府邸。

后来直到教皇本尼狄克十二世（Benedict XII，1334—1342年）上任以后，才开始修建一座新的教皇宫殿，用以代替原主教宫殿，原教皇宫殿（Palais Vieux）位于新教皇宫殿的北侧。原教皇宫殿沿其内部庭院建有四翼，新教皇宫殿在东南角增加了一座独立翼楼，在宫殿内的天使塔楼（Angel Tower）完成竣工后，整座宫殿的工程也建成结束。教皇克莱门特六世（1342—1352年）、本尼狄克七世所建的独立翼楼延伸出两个单元，从而在宫殿南侧形成一个庭院，即大庭院，这样就使得整座宫殿看起来更加宽敞和规整。此后，教皇宫殿还有一些值得一提的建筑工程，其中最为重要的是教皇乌尔班五世（Urban V，1362—1370年）在宫殿东侧修建起来的大花园。

教皇在1377年回到罗马以后，基督教大分裂（Great Schism）的反教皇派们继续使用这座宫殿。从15世纪开始，这座宫殿成为教皇使节的府邸。法国大革命时期，仅有米迪的巴士底狱（bastille du Midi）幸存下来，教皇宫殿内的贵重物品被洗劫一空。教皇宫殿在19世纪作为

监狱和档案馆，建筑在这个阶段也遭到了重创，后来的翻新改造工作直到1906年才开始进行。

阿维尼翁宫、教皇宫殿和多姆圣母大教堂，平面图。

大量的资料显示宫殿修建的财务情况，同时这些资料也显示出参与工程建设的众多匠人们的情况。比如，来自卡尔卡松（Carcassonne）附近米尔普瓦（Mirepoix）的皮埃尔·普瓦松（Pierre Poisson）担任工程总建筑师，被认为是来自法国北部的让·德·卢夫尔（Jean de Louvres），参与了教皇克莱门特六世（Clement VI）时期的宫殿扩建工程。但是，这些资料却不能准确地给出关于建筑用途以及历史重要性方面的结论。这座教皇宫殿的墙壁和塔楼都修建得异常结实，它首先是一座位置险要的城堡：因为作为临时统治者的教堂需要切实可行的恰当保护。然而，大范围的防御工事也是体现教堂权威的手段，比如法国西南部地区维朗瓦特（Villandraut）的教皇城堡、卡奥尔（Cahors）教皇约翰二十二世的宫殿，以及拿邦（Narbonne）的主教宫殿。跟大多数宗教领袖的府邸一样，本尼狄克教皇的宫殿并不重视严格的设计规划，这与许多法国国王城堡的设计截然不同，比如卢浮宫与温森斯（Vincennes）和卡尔卡松的城堡之间的差别。阿维尼翁教皇宫殿建于教皇克莱门特六世时期，尤其体现了这座宫殿张扬的设计风格。皇宫西侧大型广场的立面更是如此。该立面下方大面积的封闭连拱廊和悬在立面中间，并被冠以尖顶的塔楼结合在一起，起到突出立面主入口的作用。这样以塔楼强调主入口的设计，该阶段在法国很多临时统治者的城堡内都可见到。不仅如此，本尼狄克六世还采取了措施，使整个宫殿基于两个大庭院形成统一整体，从而令布局更加标准。

从整体上来看，教皇宫殿的设计趋于保守，精巧细致的设计只体现在很少的建筑上。位于教堂南侧翼楼的克莱门特六大礼拜堂，宽度可达16m，其拱顶也是拱顶艺术的杰作。即便如此，宫殿内多数个体结构和窗格设计还是保持了结实坚固以及强行拉圆的特征（见下图）。实际上，13世纪末期法国南部地区广泛采用的是细长支柱和华丽窗格的设计，鉴于此种情况，教皇宫殿的设计就显得有些奇怪。

阿维尼翁教皇宫殿
大教堂的东侧圣器室，14世纪中叶

阿维尼翁教皇宫殿
绘有壁画的教皇寝宫，约1343年

阿维尼翁教皇宫殿和圣母大教堂

教皇宫殿主要代表了能迅速适应教皇生活和教会活动的功能性设计，而这也正是这座宫殿真正具有创新性的地方。教皇在 14 世纪末期回到意大利以后，他们新建的宫殿的建造也采用了阿维尼翁教皇宫殿的设计方案，甚至最后罗马梵蒂冈宫（Vatican Palace）的扩建也采用这种设计方案。

在本尼狄克十二世的维尤克斯宫（Palais Vieux），最为重要的公共建筑集中在开放式凉廊环绕的庭院周围：南侧的密会翼楼、西侧的教皇随从住宅区和北侧的教皇礼拜堂。特鲁亚斯塔（Trouillas Tower）位于宫殿最高位置，塔内设有储藏室、地下煤库、食品仓库，而且最重要的是里面还有军火库。宫殿的大厨房位于东侧翼楼内宫殿主要房间与大法院之间，厨房楼上是宫殿的大餐厅。法院成员在大厨房就餐，而大型的正式宴请则在大餐厅内进行。

但是，教皇的私人寝宫又在哪里呢？他的私人寝宫位于宫殿朝南方向的扩建部分，与大餐厅相连的建筑内。扩建建筑最初由两间房间构成，一间是教堂的衣物室，只用来放教堂的法衣，另一间是小餐室。在建筑的最南边就是教堂的寝宫，即所谓的天使塔楼或者教皇塔楼内，这里有教皇的卧室、健身室和私人书房。天使塔楼是一座独立结构的建筑，塔楼其他层分别是垂直相连的珍宝密室和图书室。私人寝宫位于主要建筑的周围，外面与一排连在一起的奢华房间相接，这些房间的装饰一间赛过一间，大餐厅的装饰最为华丽。这样新颖的结构布局也体现出这一时期教皇宫殿清晰、严谨的正统设计风格。寝宫可能是以加泰罗尼亚（Catalonian）的城堡为原型设计的，尤其是位于马略尔卡岛（Majorca）上帕尔马（Palma）的埃尔姆戴纳宫（Almudaina）。

这样的正统设计方法也被运用到俯视内部庭院的凉廊设计中，凉廊是当时法国城堡建筑中的一个新元素，在教皇宫殿第一次采用。凉廊与庭院之间以宽阔的台阶相连。在克莱门特六世时期，这些改变后的正统设计要素实际上被广泛地综合起来。还有其他一些改变，比如通过在宫殿的南侧翼楼增建一座大型观众厅和一座新的教皇礼拜堂，把教皇寝宫部分的建筑往外延伸，它们之间再新建一座以漂亮壁画装饰的建筑，即著名的雄鹿室（Chambre du Cerf，也叫 Stag Room）。教皇从楼上的大礼拜堂（Creat Chapel）下来，就进入了一个房间，里面安装的窗户是整座宫殿最豪华的，这组豪华窗户也被称为"仁爱之窗"（Indulgence Window），窗户后来经过了还原翻新。新教皇的加冕仪式在大礼拜堂的前庭举行，从所谓的本尼狄克凉廊（Benediction Loggia），他把仁爱和祝愿赐给聚集在庭院的人群。前来参加加冕仪式的重要宗教人士，可以通过教堂宽阔仪式性台阶靠近教皇。这样在马略尔卡庭（Majorcan court）形成的正统设计风格显然也为克莱门特六世修建庭院、台阶、凉廊和小礼拜堂提供了模型。

教皇宫殿原本的装饰非常辉煌华丽，但宫殿的装饰只有很少的部分得以幸存。其中最为重要的装饰元素是由教皇的宫廷画家马泰奥·焦瓦内蒂（Matteo Giovanetti）在 1336—1368 年创作的壁画。应该是本尼狄克十二世把马泰奥从意大利维泰博（Viterbo）请到阿维尼翁的。一位可能属于锡耶纳画派（Sienese）的意大利画家，被请来承担这样综合性的绘画工程，这种情况说明了当时新兴艺术品位已经超越了国界。同时，来自英国的雕塑师参与阿维尼翁宫殿的修建，来自比萨（Pisa）的雕塑师在巴塞罗那工作，而布拉格的工程又交给意大利的画家和镶嵌大师。这一现象表明当时杰出的艺术家享有国际盛名。宫殿大法院和宫殿的大餐厅内，马泰奥与他的同事们一起创作的巨幅壁画在中世纪不幸遭到毁坏。

唯一幸存下来的是位于宫殿附属的圣约翰礼拜堂和圣马夏尔礼拜堂内，以及教皇私人寝宫内的壁画。宫殿里大观众厅内的壁画还没有完成，礼拜堂内的壁画描绘了教堂圣人们的生活。宫殿壁画中最著名的是位于雄鹿室的壁画，这幅壁画可能由法国画家参与创作。壁画描绘了教皇宫内的一些娱乐活动，比如捕鹰、猎鹿以及垂钓等（见下图），所有的活动似乎都在小树林里展开。壁画制造出一种幻象的视觉效果，让欣赏壁画的人觉得仿佛自己也参与其中。

同样的幻象效果在教皇寝宫的壁画上也有采用。壁画下部分让人感觉是悬着的墙壁，高一点的墙面上布满了纵横交错的藤蔓和叶子，藤蔓和叶子中间还有小鸟。窗户的壁龛上藏着画出的鸟笼，多数鸟笼都是空的，仿佛在等着在宫殿的花园里到处乱飞的小鸟飞回自己的窝。

阿维尼翁教皇宫殿

《垂钓》（Fishing），雄鹿室壁画局部，1343 年

巴勃罗·德拉列斯特拉（Pablo de la Riestra）

"德国土地"上的哥特式建筑

德国哥特式建筑的性质

法国北部的哥特式建筑并未迅速被中欧国家接纳，但一旦被接纳，它就会本土化。因此人们长期以来认为哥特式建筑起源于德国，这也就不足为奇了。19世纪的艺术史推翻了哥特式建筑起源于德国的观点，但在文化领域，哥特式艺术被视为德国精神的自然流露却持续了好长一段时间。

德国哥特式建筑的特征有点微妙，常被人误解。因此，我们可能需要事先澄清几个问题，但不过多深究艺术史的细节。哥特式建筑并非一开始就确立了一种崭新的大教堂形式，而是创造了一个关于整个视觉文化发展的词汇，一个丰富了建筑内容并赋予了建筑新含义的词汇。法国北部的大教堂显然不能被视为唯一的哥特式建筑，建筑的技术特点和表达特点是通过新建物发展形成的。因此，先前并未成功完成的建筑任务，比如塔楼的修筑，是后来用哥特式建筑方法圆满完成的。此类解决方案对德国建筑的直接影响可在布赖斯高（Breisgau）大教堂中看出来。相反，科隆大教堂（Cologne Cathedral）展现的是对哥特式建筑做出的更有创意和自主风格的回应。虽然科隆大教堂的唱诗堂以亚眠（Amiens）唱诗堂为原型建造，但绝非象征着对法国哥特式建筑的被动接受，因为它在内部结构和外部结构的诸多方面上对原型进行了改进。这样建造的哥特式唱诗堂后来成为大教堂唱诗堂的典范。相反，亚眠大教堂（Amiens Cathedral）的唱诗堂远没有这么成功，尽管中堂墙壁的设计近乎完美。

科隆大教堂的其他重要成就还包括西面的双塔。在唱诗堂建后不久，双塔设计已体现出与法国哥特式建筑的显著差异。同样地，西面的巨大正立面毫无疑问是中世纪最为新颖的设计（未竣工的原因是经济因素而非技术因素）。未竣工的西南塔楼（19世纪恢复施工）也是所有中世纪时期塔楼中最宏伟、最新颖的塔楼。

科隆大教堂与德国其他哥特式教堂关系不太，但与法国大教堂之间的关系更为密切。德国本土上没有一个教堂严格遵循科隆（Cologne）教堂的风格，但科隆教堂的诸多因素为建造形形色色、独具一格的建筑物提供了依据，使它们借鉴的科隆元素可以用新的语言表现出来。比如，双侧堂风格可以营造厅堂式教堂的效果，还可同时采用高侧窗、圆柱、花窗格等诸多其他元素，这在明登（Minden）、吕贝克（Lübeck）、费尔登（Verden）、韦茨拉尔（Wetzlar）和奥本海姆（Oppenheim）都有明显的体现。

此处值得重视的事实在于，不同于法国哥特式建筑，德国哥特式建筑并非完全体现在大教堂（即有主教席的教堂）上。不是说德国在此时期没有修建哥特式大教堂，布拉格（Prague）和雷根斯堡（Regensburg）的大教堂便是哥特式的例子。但哥特式建筑更倾向于应用到社区教堂上，它们风格类似于大教堂，但都起不到像大教堂那样的作用，如克桑滕（Xanten）、亚琛（Aachen）、爱尔福特（Erfurt）、乌尔姆（Ulm）、伯尔尼（Berne）、美因河畔法兰克福（Frankfurt am Main）、维也纳（Vienna）、库特纳霍拉（Kutna Hora）及其他地方的教堂。更为普遍的哥特式教堂是规模与大教堂相当但不具备大教堂风格的教堂，比如吕贝克、罗斯托克（Rostock）、格但斯克（Gdansk）、斯特拉尔松（Stralsund）、克拉科夫（Cracow）和慕尼黑（Munich）的教堂；维斯马（Wismar）和斯特拉尔松的圣尼古拉教堂（St. Nicholas churches）；里加（Riga）的圣彼得大教堂（St. Peter）；兰茨胡特（Landshut）的圣马丁教堂（St. Martin）；格尔利茨（Gorlitz）的圣彼得大教堂和圣保罗大教堂（St. Paul）；奥格斯堡（Augsburg）的圣乌尔里希教堂（St. Ulrich）；安纳贝格（Annaberg）的圣安娜教堂（St. Anne）及诸多其他教堂。

最重要的现象之一是大多数德国大教堂都没按照法国北部大教堂风格来修建，其中包括吕贝克、费尔登 - 阿勒尔（Verden an der Aller）、什未林（Schwerin）、奥格斯堡、弗罗茨瓦夫（Wroclaw，旧称布雷斯劳 Breslau）和迈斯（Meissen）的主教堂。任何类型的教堂，不管是大教堂或是教区教堂，是否"乔装打扮成大教堂"模样出现，取决于具体的情况组合，而对具体情况的解释，个人有个人的看法。但如此众多教堂建筑没有采用大教堂风格，这本身就是一个重要标志，表明德国教堂建筑所走的路线与法国哥特式建筑并不相同。这点在主教教堂之间的关系中也可看出来。由于法国的统治阶层日趋集权化，宗教建筑也日益统一，当然这并不妨碍法国哥特式建筑中存在的多样性。但在德国，相比之下，主教在政治上和建筑上通常享有更大的独立性。

因此，现如今视为"德国土地"上修建的建筑（尽管存在地区差异和政治地理上的间断，但都独具某种特色）与法国建筑是截然不同的。即使哥特时期的德国教堂建筑乍看之下好似法国北部建筑的简化版，以上结论依然正确。通常德国教堂建筑的形式较为清晰，结构更为简单；许多德国哥特式教堂并不设耳堂、回廊或辐射状小教堂，许多教堂在高度方面均按照厅堂式教堂设计（侧堂与中堂等高或将近等高）。因为厅堂式教堂具有自承重结构，这意味着巴西利卡教堂的高侧窗所需的扶壁（墩柱扶壁和飞扶壁）已不必要。这也意味着连拱廊和高侧窗之间很少再设暗楼。甚至像马格德堡的大教堂此类气势宏伟的

巴西利卡建筑物，拥有轮廓分明的高大高侧窗，但却无飞扶壁（见第 106 页）。直到 19 世纪，诸如吕内堡（Lüneburg）的乌尔姆敏斯特大教堂（Ulm Minster）和圣尼古拉大教堂（St. Nicholas' Cathedral）等巴西利卡形制建筑才设计有飞扶壁，但其设计是基于风格需要而不是提供支撑。

大多数德国教堂都没有雕刻精美的故事性纪念碑式正门，而这种正门在法国哥特式建筑中起着至关重要的作用。几处有此种正门的，如马格德堡或弗赖堡（Freiburg）的教堂，它们的正门与立面相比也毫不起眼。这体现了德国与法国哥特式艺术的另一个重要差别。在德国，人们否认正门在整体设计中的重要作用，他们更看重内部结构，认为内部结构才是展现德国雕塑非凡成就的场所，才有更大的自由发挥空间，且不受外部建筑特征的约束。德国正门雕塑也有实例，如纽伦堡（Nuremberg）的圣母教堂（Frauenkirche）、科尔巴赫（Korbach）的圣克利安大教堂（St. Kilian），但德国最佳正门却是斯特拉斯堡大教堂，这绝非偶然，因为它是最像法国哥特式的德国大教堂。

但是，如果这么多"真正的"哥特式特征都没有得到体现，那什么是德国哥特式建筑的显著特点呢？哥特式建筑的修建有明确的政治目的和宗教目的，总的说来在这方面德国教堂和法国教堂的出发点是大不相同的。因此，认为因历史背景的不同，德国的哥特式缺乏普遍的具体特点或没有得到相应的发展，这一观点是不合理的。一个实例是，教堂不设那种带回廊和辐射状小教堂的复杂后堂，这在中欧的罗马式建筑中极少见，堪称哥特式建筑中的珍品。同样地，德国哥特式建筑也具有自己的特点，比如双唱诗堂，这在法国大教堂里是看不到的。

德国建筑师在参照法国北部的哥特式建筑时，不会生搬硬套，以便开辟新的艺术方向。因此，德国建筑师极大地丰富了欧洲建筑史。我们甚至可以说，在很多情况下，德国哥特式建筑师的出发之地正是法国建筑师止步之处。

因此，建筑历史学家诺贝特·努斯鲍姆（Norbert Nussbaum）称：将百花齐放的德国哥特式建筑视为"统一性的严重缺失"这一观点是完全错误的。我们应该按照德国本身的独特身份和文化地理背景来看待德国的哥特式建筑，不要拿任何所谓的"标准"哥特形式来衡量它的偏离程度，而应以历史的角度考察它的发展，最重要的是，看它在哪些地方对德国建筑做出了贡献。

这引出了另一个问题。对于许多德国历史学家（本文作者便是其中之一，指研究德国历史的学者，而非国籍为德国的历史学家）而言，"德

国"哥特式建筑这一问题在很大程度上因 20 世纪德国名称变更的历史而成为一道难题。诚然，如恩斯特·舒伯特（Ernst Schubert）所说，德意志帝国为"无首府的帝国"，纵观其历史，分权比集权更为常见。德意志帝国缺乏一种形成凝聚力所需的组织结构，尤其是没有形成由明确界定的王朝所提供的连续性。另外，重要的是要认识到，如今我们视为"德国"的概念与中世纪时期的相应概念无太大关联，甚至毫不相关。

现在作为国家观念的德国当时并不存在，甚至如"帝国"和"德国土地"等概念也具有不同的含义。

从建筑物本身来看，我们会得出这一出乎意料的结论，如下国家都保存了德国哥特式建筑的实例：德国、奥地利、瑞士、意大利（南蒂罗尔，South Tyrol）、法国（阿尔萨斯，Alsace）、卢森堡公国（Luxembourg）、波兰（Poland）、拉脱维亚（Latvia）、爱沙尼亚（Estonia）和捷克共和国（Czech Republic）。此外，还包括如特兰西瓦尼亚（Transylvania）等飞地中的一部分。丹麦和瑞典的哥特式建筑也与德国北部的哥特式建筑有紧密联系。如果考虑到对邻国心存芥蒂的德国战后历史学家拒绝接受德国领土之外的地方（比如波兰和波罗的海诸国）存在"德国式"建筑这一观念，上述结论所涉及的地域还是被不公正地缩小了的。如汉斯·约瑟夫·伯克尔（Hans Josef Boker）所指出，在试图研究这些地区的建筑时，由于"某种抵触的心态"而排除其哥特风格（比如砖砌建筑）与德国北部哥特式建筑之间存在的联系，这一做法是荒谬的。

然而，另一个问题是德国中世纪时期本土文化呈现显著的多样性，而且根深蒂固。这一问题与地区间深刻的政治分歧意味着某种具体意义上所谓"德国土地"的概念是很难确定的。这些关于"德国土地"定义问题当然绝对没有简单的解决办法。但应谨记，至少一些地区，以前曾有过明显的文化疆界。否则，德国北方人汉斯·冯·瓦滕海姆（Hans von Waltenheym）就不大可能在 1474 年对乌希特兰的弗赖堡镇（Freiburg in Ucbtland）作出评论，将这座小镇描述为"我见过的最不可战胜的设防城镇……一座欢闹的小镇，德国人和拉丁人各占半数"。

尽管欧洲中世纪时期盛行商品交换和思想交流，但深刻的文化鸿沟却阻碍了德语地区、法语地区和意大利语地区之间的沟通。德国地区与其相邻地区，如低地国家（Low Countries），斯堪的纳维亚国家和中欧、东欧的所有国家之间的文化交流问题非常错综复杂。尤其与中欧和东欧，这不是文化交流或影响的问题。相反，这里有诸多历史因素导致德国式建筑的修建要靠德国人。这些因素包括条顿族骑士团（Teutonic Order of Knights）引入基督教和占领领土、汉萨同盟（Hanseatic League）的组建（不止出现在波罗的海沿岸）以及众多德国移民和商人社区的形成。1310 年后，波希米亚（Bohemia，现为捷克共和国）通过继承卢森堡王朝的大权而建立。其影响在查理六世大帝（Emperor Charles VI，1355—1378 年）的统治下最为显著，他使布拉格成为一座大都市。查理大帝任命斯瓦比亚（Swabia）的著名建筑师彼得·巴勒（Peter Parler）来为其主持主要建筑项目。按费迪南德·赛布特（Ferdinand Seibt）的说法，这一时期"外围成为中心"，对欧洲建筑的发展产生了意义深远的影响。

因此，本文中的"德国土地"（German Lands）采用复数名词是有意为之。如果取单数形式（仅仅一种假设而已），则无疑体现的只是现代的发展与关注了。中世纪时期的辉煌尤其通过其多样性和日新月异的多面性来体现，而这种特征显著地区分了那一时期与我们当今世界的不同之处。

尽管确定德国哥特式建筑的范围无准则可言，但纵观德国以外的地区，尤其是考察更远的国度，可能有所裨益。至关重要的是，来自爱沙尼亚塔林（Tallinn）的艺术历史学家格奥尔格·达豪（Georg Dehio，1850—1932 年）成为德国文化的杰出编录者，说明这一遥远的汉萨同盟飞地的文化与德国中心地区的文化密切相关。他正是通过对外围的细心观察，最终深刻认识到德国建筑风格与文化景观设计的丰富多样和巨大活力，对此做出了客观评价，并将这些元素融为一体。

如果存在一种最能体现中欧和北欧哥特式建筑的特征，那就是缺乏固有的古典风格，实际上根本看不到与古代建筑古典风格相关的任何元素。考虑到中世纪时期人们要以神圣罗马帝国（Holy Roman Empire）的形式重塑罗马帝国（Roman Empire）雄风的强烈愿望，这种缺乏古典风格之说似乎又自相矛盾。整个建筑和视觉文化，甚至帝国鹰像（象征罗马帝国的图案）都因向阿尔卑斯山（the Alps）北部转移而变得与古代建筑的古典风格截然不同。尽管有明确的愿望，但结果形成了一种实际上完全独立的、替代古代建筑的文化——哥特式艺术与建筑。这种文化虽然与古典主义传统迥然不同，但仍扎根于欧洲，这无疑是因为第一股冲击力量来源于法国，也因为大部分欧洲文化已融入拉丁教会的体制中。为了用图示来概括这些差异，我们仅需将罗马的万神殿（Pantheon）与弗赖堡大教堂（Freiburg Minster）的图片放在一起加以比较。

本人的意图不在于系统而详尽地描述德国哥特式宗教建筑的传播范围及这种形式的后续创新，也不在于通览整个德国哥特式风格的演变。因为文章篇幅有限，本文将有选择性地介绍一些宗教建筑与世俗建筑的范例，以阐释哥特式理念的多样性和解决方案的新颖之处，注重这些地区对欧洲建筑做出的具体而独特的贡献。

吕贝克和波罗的海

吕贝克这座城市在波罗的海的经济结构中占主导地位。在 13 世纪至 15 世纪末，吕贝克曾是那片广阔土地上最为繁荣的城市。这种优越性在该城市的建筑中有清晰的体现。吕贝克从 1226 年起是神圣罗马帝国的自由城市，是教会势力薄弱的主教管区，主教没有任何世俗权力。这表明，这座城市的市议会仅由通过汉萨同盟（caput et principium omnium nostrorum，"我们的财富之源"）致富的富商组成，而吕贝克曾是汉萨同盟总部的所在地。1358 年文献中才记载了汉萨同盟，但自 12 世纪以来该同盟对这座城市的繁荣昌盛起着关键的作用。

吕贝克坐落在一个面积约为 2 平方千米的半岛上，这座半岛的中心略高。六座东向教堂有七个大尖塔矗立在地平线之上，这种无与伦比的形象向其他城市暗示着与之竞争的任何尝试均会徒劳无益。玛丽安教堂（Marienkirche，见右图和第 196 页、第 197 页图）的建筑结构是这座城市的商人——石匠铺的赞助商和管理人员的创意。这些商人不久便与大教堂教士在关于有权选举教区办事处候选人的问题上产生了冲突，这场发生在 1277 年的激烈争论最后迫使主教逃往奥伊廷（Eutin）。

这座城市的布局生动地反映了权力构架。大教堂，即主教所在地，位于城市南边，好像是被逼到了城市边线。而相反地，玛丽安教堂矗立在城市中心，旁边的市政厅映入眼帘，营造了一种令人印象深刻的组合效果。一簇簇小型塔和铜色尖塔如不朽的旗杆和尖旗般耸立，使整座城市旗帜飘飘，洋溢在节日气氛中。

玛丽安教堂的发展史体现了赞助商对纪念性建筑的努力争取。先前的建筑为单塔厅堂式教堂，但在竣工前不久，其设计方案被推翻，而改用更大的双塔巴西利卡形制。工程于 1277 年左右开工，于 1351 年竣工。这两座塔高 125m，中堂高 40m。

从平面图和立视图中可看出，新教堂为法国哥特式大教堂，但这些元素均被转变为一种与法国几乎毫无关联的全新风格。有人天真地想象，以为这是砖石修筑的缘故，但事实并非如此。德国哥特式建筑史表明，结构极其复杂的建筑物可用砖石修筑，如普伦茨劳（Prenzlau）、新勃兰登堡德（Neubrandenburg）和唐格明德

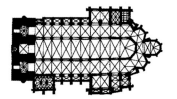

（Tangermünde）。此外，另外一座海滨城市的砖结构巴西利卡教堂，即布鲁日（Bruges）的圣母大教堂（Onze Lieve Vrouwkerk）施工略早于吕贝克教堂，但两者的风格却截然不同。吕贝克玛丽安教堂的独特外形是明确的建筑意图的体现，而不仅是材料造成的结果。似乎仅可得出砖石可强化设计上的某些形状的结论。建于北欧的砖结构教堂的特征在于轮廓鲜明、秩序井然、浑然一体。这种建筑的修建者在建造纯粹的纪念性建筑物方面把握十足。

吕贝克玛丽安教堂的西面直冲云霄。其塔楼（见左上图）被装饰四叶饰的飞檐隔开，并由三角墙包围起来，而三角墙又成为舵形尖塔的组成部分，这在许多德国罗马式教堂上都可看到，但这座教堂的尖塔比苏斯特（Soest）的圣帕特罗克卢斯大教堂（St. Patroklus）更为陡峭。这种尖塔风格是德国中世纪建筑中复现的一种样式，可在波罗的海地区至南蒂罗尔，再从莱茵兰（Rhineland）至弗罗茨瓦夫（布雷斯劳）

市政厅的教堂中看到。吕贝克玛丽安教堂的主体部分为不带耳堂的宽大巴西利卡形制，但设有回廊和辐射状小教堂。这座教堂宽敞的侧堂准是先前厅堂式教堂保留下来的遗产。平面图中的独特之处在于侧堂宽于回廊，五边形后堂仅设有三个祈祷室（见右上图）。六边形拱顶的一半遮盖这些祈祷室，另一半遮盖回廊。

人们曾认为这一组合方式效仿了法国北部坎佩尔（Quimper）大教堂，但近期更多研究表明这些唱诗堂为独立设计。但从平面图来看，这些唱诗堂的确像吕贝克大教堂（Lubeck Cathedral）厅堂式唱诗堂的翻版。立面设计中省掉了一个暗楼，而改用带花窗格栏杆和小尖塔的连续内楼廊，即在建筑物内运用了外部建筑元素。高侧窗设计为一体式凹入壁龛。那些设有可开窗口的高侧窗好似使玻璃披上了这种布局的"外衣"，由于某种不为人知的原因被称为"渡槽"。这种结构源自不来梅大教堂（Bremen Cathedral）。类似地，部分圆柱和柱身的外

197

形和窗户被分为三扇无花窗格的尖头窗等，这些均可追溯至科隆大教堂的圣器收藏室（1277 年开光献祭）。组合式墩柱和许多拱肋漆为红色，从而与白色墙壁形成鲜明对比。

直到进入 15 世纪后，波罗的海沿岸地区，甚至远至北部的里加，人们还一直在效仿吕贝克玛丽安教堂的风格。

吕贝克玛丽安教堂的平面图、立视图及其整体美感在整个北欧流传，被认为是教堂建筑的理想形制。第一批此类教堂是斯特拉尔松的圣尼古拉教堂（见左上图），这座教堂的一部分建于吕贝克玛丽安教堂施工期间。在这里，教堂和市政厅比肩而立。在圣尼古拉教堂的内部结构中，连拱廊与高侧窗之间的过道上设有亮色渲染的木护墙（作为高侧窗底座）、隔墙、连拱廊和圆柱。

这种彩饰特征特别值得一提，因为它通常是区分北欧建筑物内部和外部的界线。这使建筑的各个部分富有生命力，与肖像图案相辅相成，至少使人们更易于理解这座建筑。对于圣尼古拉教堂，其连拱廊的拱腹和拱肩

装饰得富丽堂皇，而楼层间隔通过黑色背景中的镀金叶片式檐壁凸显出来。音乐走廊也采用木质结构，修建日期可溯源到 1505 年。

靠近罗斯托克（Rostock）的德柏兰（Doberan）的西多会教堂（见第 199 页图）始建于 1294 年，其形制之清新史无前例。这座教堂也是以吕贝克玛丽安教堂唱诗堂为原型修筑的。但其平面图中有一个假耳堂，且由于西多会的规定，未设计塔楼。令人好奇的是，未用于教堂日常礼拜仪式的耳堂被轻视了，并通过双连拱廊将其与中堂隔开。

然而，佩尔普林的西多会教堂却与之不同，它的耳堂拱顶是德国哥特式建筑中最古老的网状拱顶之一，显得分外漂亮（见右上图）。佩尔普林的耳堂也因所创造的空间别具一格而引人注目。其平面图为正方形，耳堂均分成四个跨间，拱顶由单根八角立柱支撑，而八角立柱直抵拱顶，呈现简单又别致的过渡。这样一来这个巴西利卡教堂实际上拥有两个拱顶大厅，这种扩展空间的方式富有创造力，别致而优雅。

德柏兰西多会教堂
1294—1368 年
假耳堂视图

德柏兰西多会教堂
1294—1368 年
辐射状小教堂，东面视图（上图）
唱诗堂（中间）
西南面视图（下图）

晚期哥特式风格的发展

不来梅附近的费尔登（阿勒尔）大教堂（见左图）明显具有晚期哥特式建筑的雏形，这是一个小型主教管区，但由于是主教堂，其地位显得远比教堂本身更为重要。这座教堂在建筑史上的价值在于拥有多边形厅堂式唱诗堂，即各处等高的唱诗堂，这种形制前所未有。圣十字（Heiligenkreuz）教堂的厅堂式唱诗堂为正方形，但它修建于1288 年，比费尔登大教堂略晚。在某些方面，通过运用"早期哥特式风格"，费尔登青睐巴勒家族建造的厅堂式教堂，因为巴勒家族是德国土地上晚期哥特式建筑领域最伟大的建筑师。

该唱诗堂的平面图中展示了半个跨间后十面图形中的五面，这种布局间接地源于兰斯（Reims）。宽敞的连拱廊墩柱环绕着细长的附柱。所有这些特征均是首次出现在德国马尔堡（Marburg）圣伊丽莎白（St. Elizabeth）教堂中的元素，其设计以兰斯大教堂为原型。费尔登（阿勒尔）的厅堂式唱诗堂从外观上看好似一块支撑单坡顶的巨石。尽管其外形简单，但修筑这种大型坡屋顶比修建若干单个屋顶更为困难，因它需要更长的横梁，这使之成为一个重要特征。该多边形唱诗堂的轴形窗呈现了来源于科隆的花窗格形式。换言之，费尔登（阿勒尔）运用的所有建筑元素均源自有影响力的大教堂。

与费尔登（阿勒尔）的厅堂式唱诗堂迥然不同的形制可在奥地利圣十字西多会大教堂（见第 201 页上图）中看到。这种既无特定原型，又无后续仿效者的布局，已多次被诠释为平行中堂的三重奏及倾向于集中式的结构。这座教堂基于正方形平面且拥有四根独立墩柱。在此背景下，正是这些支柱之间宽大的间距成为比拱顶形式更为重要的因素，使唱诗堂与回廊的空间融为一体。该建筑的宏伟壮观表明，教堂可能与哈布斯堡王朝有联系。奥地利首次运用组合式墩柱，窗户上的花窗格图案日趋新颖，大量镶嵌的玻璃窗使人想起巴黎的圣沙佩勒教堂。其确切的开工日期不详，1288 年时已经在建，1295 年开光献祭。

13 世纪下半叶，德国中部黑森的伯爵领主的领土起着至关重要的作用。这些伯爵的王宫位于马尔堡。1288 年开光献祭的马尔堡城堡（Marburg Castle）的小教堂当之无愧是当时最具独创性的建筑物之一（见第 201 页下图）。这座城堡小教堂可能原来设计了两层，但作为该教堂一部分的底层却一直没有完成。这座小教堂在以下三个方面体现了 14 世纪建筑的特点：尖顶扶壁结构、模棱两可的花窗格形式和室内设计（特别是运用阶梯式剖面的室内设计）。

其室内设计明显运用和发展了科隆大教堂（1248—1322 年）唱诗

左图：
圣十字（奥地利）西多会教堂
始建于 1288 年
厅堂式唱诗堂

马尔堡，城堡小教堂
1288 年开光献祭
东面视图（下左图）
唱诗堂的墩柱剖视图（下右图）

堂暗楼的建筑要素。外部的支撑扶壁从底层的墙角处贴墙耸立，随墙壁向内倾斜显得更为突出。当支撑扶壁达到第三排窗户的高度时，用明显的壁阶加盖，使扶壁上部显得更小。扶壁的尖角形状通过搭在飞檐上的尖突出物予以复现。

　　花窗格的设计形状不规则，因为小型四射星状叶形片的下部线条很少与下方叶形片尖头窗的外形一致。在小教堂的内部，窗户下方的墙壁区域通过重叠的侧面构成。这些单个元素之间的分界线，虽在法国哥特式风格早期及鼎盛时期有明确界定，但看起来却截然不同。虽然这些元素可能有细微变化，但它们尤其在德国中部及德国以南、以东地区的后期建筑的表现力方面做出了重要贡献。

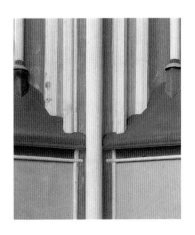

上莱茵河（Upper Rhine）的教堂塔楼和建筑

以斯特拉斯堡为中心的上莱茵河区域形成了哥特式建筑的聚集区。最初由厄文·凡·斯泰因巴哈设计的斯特拉斯堡大教堂的正立面（见第 203 页图），气势如此之磅礴，以至于放眼一瞥，便足以让人觉得这真正代表了基督教的中心。斯特拉斯堡小型砖石教堂与弗赖堡有密切联系，都是一种大教堂形式的教区教堂。弗赖堡大教堂建于乌拉赫（Urach）王庭统治的时期，乌拉赫伯爵们将自己的肖像雕刻在西塔的飞扶壁前方，飞扶壁位于开放式厅堂的侧面，那厅堂是伸张正义的地方。

这座塔楼（见左图）是两个建筑阶段的结晶。下部结构建于 1250—1280 年，八边房和尖塔建于 1280—1320 年。最后竣工后，这座塔被认为是世界上最漂亮的塔楼。在该塔的设计中可清晰地看到科隆大教堂正立面设计的影响。完全中空的八边房由三角形壁角来支撑，壁角支撑在平面中又构成了八角星形。这座塔呈现的逼人气势、尖角形元素和非古典哥特式风格的这一组合，通过下部和上部之间设计为十二角星的过渡而更为醒目。上部中空，因此未设置楼层。仅金字塔状塔尖的高度就达到 45m。塔尖有八根"拱肋"并水平分为八个完全贯穿的区域，这些区域具有交错设计的花窗格，这是哥特式建筑中的创新之处。这种金字塔结构的效果通过隐藏在墙壁中的小铁齿轮进一步加强。如果这一精湛的建筑技艺还不足以令人叫绝的话，那八边房的盘梯竟达到 33m 的高度，这堪称当时最大胆的楼梯建筑。

虽然弗赖堡花窗格尖塔的竣工时间要远早于科隆花窗格尖塔，但若不参照科隆中世纪时期的图纸（见第 204 页左图）恐怕难以实现，这份羊皮图纸高度大约为 4m，可追溯至 1300 年左右。近来的考古发掘表明，就在这份图纸编制后的第 50 年，南塔的地基建设竣工。1411 年，这座塔大约高 50m。这座大教堂的正立面分为五层，其中下面四层均有五根轴线，分别与中堂和四个侧堂相对应，但正面仅设有三个大门。第五层与塔尖相对应。八角形平面图中的巧妙过渡从第三层开始。从第三层向上看，塔楼的各层悬空而立。第三层的大窗户有一条中线，形成了下面两个窗户的分界线。引人注目的是，将各层隔开的飞檐其实是连续的。相比之下，甚至更古老的斯特拉斯堡大教堂的正面看起来却更现代，因为它未保持飞檐的连续性。

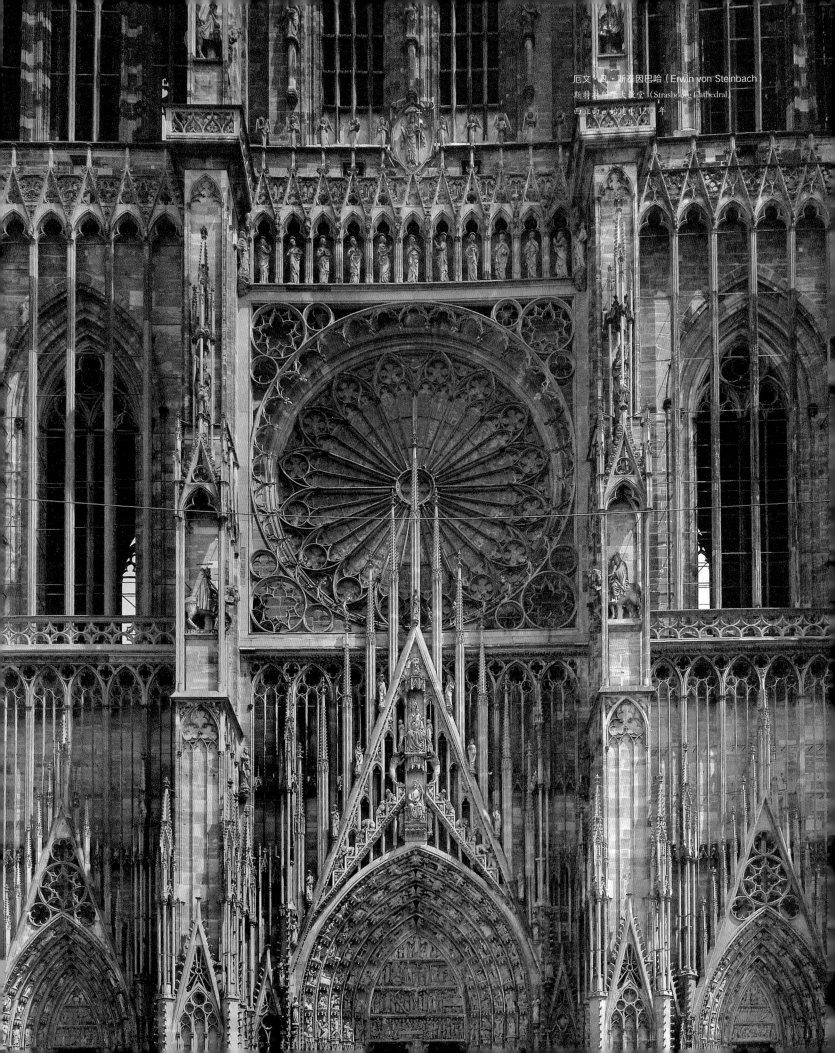

厄文·凡·斯泰因巴哈（Erwin von Steinbach）
斯特拉斯堡大教堂（Strasbourg Cathedral）
西立面·始建于 1277 年

在科隆,这种古代风格用于限定垂直线。尽管如此,科隆大教堂的重心已从正面下部转移至塔楼,塔楼气势非凡,使一切都显得微乎其微。如果将科隆大教堂与兰斯大教堂(Reims Cathedral)的正面相比较,重心转移显而易见。尽管科隆大教堂与法国风格大相径庭,但科隆大教堂仍可与兰斯大教堂媲美。科隆的建筑师可能是约翰内斯·申德勒尔(Johannes Schendeler),他不太侧重于大门的独立性,因此不太注重雕塑,玫瑰窗和雕刻有大型塑像的皇家门廊均被忽视了。总而言之,科隆大教堂彻底摆脱了可能仍被视为古典哥特式风格的所有元素的束缚。

这也是首次体现教堂西区的重要地位,使教堂西区实际上与东部结构复杂的后堂相互呼应。在12—13世纪,法国所有建筑重点都集中在东部,因为这是主祭坛的所在地。如阿诺尔德·沃尔夫(Arnold Wolff)称,科隆大教堂对西区建筑师的要求之高是在欧洲其他任何建筑中前所未有的。建于中世纪时期的南塔部分坐落在15m的地基上。

南塔立视图中显示了两个自由侧(南侧和西侧),其面积大约为4700m²,两侧布满了花窗格和圆柱,圆柱有连接式和独立式两种。这些塔楼设计在四个跨间上方,别具一格。相比之下,亚眠大教堂的塔楼仅占半个跨间。第二层的施工图纸与正立面略微不同。这座塔的施工于15世纪中断,直到19世纪下半叶才得以完工。

科隆大教堂西南塔的四跨结构与苏斯特维森教堂(Wiesenkirche)之间可能有一定联系。维森教堂是一座极其尖细的、用绿岩修筑的教区教堂(见第205页左上图和中上图)。据说是建筑师约翰内斯·申德勒尔(Johannes Schendeler)于1331年开始修筑的。拱肋从墩柱中显露出来,并不会妨碍柱头,墩柱内部中空,拱肋可承载更大的负荷,每根拱肋大约可承受10吨的重量。尽管东西朝向显著,且顶点位于万花筒状后堂,教堂内部却营造了浑然一体的空间,这主要是因为墩柱之间的大空间和细长的圆柱。

在精致性和尖细度方面,坡劳伯格(Pöllauberg)的朝圣教堂(见第205页右上图)会使人想起苏斯特维森教堂,但两者在地理和类型方面关联不大。

左图:
科隆大教堂
西面的羊皮平面图纸,约1300年
高度超过400cm

右图:
科隆大教堂
西南塔,约1350—1410年

人们对这座双侧堂厅堂式教堂的施工日期有争议：一些人称是1339年，而另一些人认为是1370年。这座教堂设有四根圆柱支撑的华盖形唱诗堂。中堂无柱头的墩柱径直耸入拱顶，而唱诗堂的墩柱却有细长的柱头。由于墩柱布局巧妙，参观这座教堂的许多朝圣者可在拱顶形成的华盖下围绕圣堂走动，而这仅可能在集中式建筑中实现。这种高成本的组合方式毫无疑问使唱诗堂成为设计的焦点。唱诗堂内的较低区域分为设计雅致的连拱廊和带小尖塔的"壁龛座"。

圣凯瑟琳教堂坐落于小城奥本海姆，这座城市曾是神圣罗马帝国的自由城市，以产酒致富。这座教堂的风格介于上莱茵河和下莱茵河的哥特式风格之间，主要影响了科隆、斯特拉斯堡和弗赖堡。圣凯瑟琳教堂的建筑可根据具体的背景情况来分析。这座教堂修建在可俯瞰葡萄园的高原上，其宏伟的南面（见下图）是城市风景中耀眼的一道风景线，始建于1317年，大约20年后竣工。其复杂的风格，尤其是花窗格，使之成为哥特式建筑中最华丽的教堂之一。但相比之下，北面景色一般，相当简单和素雅。美因兹（Mainz）主教管区的教区教堂和牧师会教堂为同时期修建。

乌尔里希·冯·恩森根（Ulrich von Ensingen）

巴塞尔大教堂（Basle Cathedral）

圣乔治塔（St. George's Tower），约 1430 年竣工

梅登·格赞奈（Madern Gerthener）

美因河畔法兰克福（Frankfurt am Main）圣巴托罗

缪教堂（St. Bartholomew）

塔楼，1415—1514 年

迈克尔·希纳柏（Michael Chnab）

维也纳圣玛利亚·安姆·根修塔特教堂（St. Maria am Gestade）

塔楼，1450 年前竣工

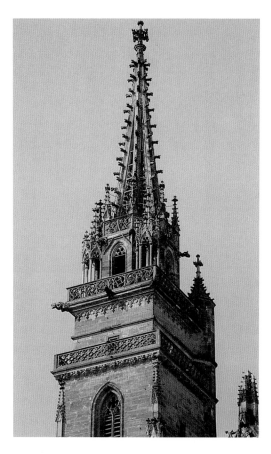  

　　巴塞尔大教堂的上面各层对德国尖塔风格传播至西欧具有重大意义（见左图）。这座塔根据乌尔姆的乌尔里希·冯·恩森根的设计，恰好在 1413 年召开巴塞尔议会（Council of Basle）前竣工。1435 年，西班牙主教阿伦索·德·卡塔赫纳（Alonso de Cartagena）出访巴塞尔（Basle），从那以后，他怀着一腔热情，就被委任为西班牙的布尔戈斯大教堂（Burgos Cathedral）修筑类似的尖塔。他肯定也看过其他设计图，因为布尔戈斯（Burgos）尖塔具有科隆尖塔的直筒型轮廓，而不是巴塞尔更为先进型的轻度弯曲型轮廓。乌尔里希·冯·恩森根为乌尔姆设计了类似的风格，但规模更大。这座塔位于巴塞尔，被称为圣乔治塔，于 1421 年开始破土动工。圣乔治塔位于方形窗的瞭望台之上，耸立在两个花窗格型护墙之间。但是这个塔室却遭到 19 世纪历史学家的抨击，他们并未意识到这个部分为纽伦堡具有代表性的圣塞巴杜斯教堂（Sebalduskirche）的塔室（建于 1482—1483 年）提供了原型。中世纪和 19 世纪的设计师对建筑的看法大相径庭。

　　弗赖堡塔楼八边房的自由变形建筑直到哥特式风格晚期（在美因河畔法兰克福，时间为 1415—1514 年）才开始修建。

　　这是圣巴托罗缪教堂的塔楼（见中图），设计者是建筑师梅登·格赞奈。这里的八边房也修建在正方形地基上，八边房的角形小尖塔通过小型飞扶壁与其相连。这种结构在风格上与弗赖堡塔楼不同。这种非传统型圆顶效仿当代皇冠，原因是神圣罗马帝国的七位选帝侯均推选了这位帝王。这一历史事实也说明了塔所采用的风格，这种风格仅限于大教堂。

　　维也纳圣玛利亚·安姆·根修塔特教堂的中堂建于 1398 年，塔楼（见右图）上面的各层于 1450 年前完工。这是建筑师迈克尔·希纳柏设计的杰作，其中的异域元素突显设计的精美高雅和贵族气息。西大门和南大门的圆顶型华盖好似雕塑作品的奇异建筑复制品。早在一个世纪以前，德国的纪念性绘画中出现的这些形状在位于兰河畔阿腾堡（Altenberg an der Lahn）的修道院教堂中悬挂的画作《贞洁女传教士的加冕仪式》（*Coronation of the Virgin Among the Apostles*）（见第 207 页左上图）中有所体现。或许，这些形状代表了圣城新耶路撒冷（New Jerusalem）。

兰河河畔的阿腾堡修道院教堂
《贞洁女传教士加冕仪式》
壁画，约 1300 年

七边形塔的圆形顶装饰了丰富多样的卷叶形浮雕，这种奇怪的图案由鲁道夫四世（Rudolf IV，1358—1365 年）引进，似乎既象征了法兰克福的皇冠，也象征了奥地利大公的王冠。京特·布吕歇尔（Günter Brucher）说过，圣玛利亚·安姆·根修塔特教堂塔楼的圆形顶在欧洲哥特式建筑中绝非独一无二。类似特征可在法兰克福、神圣罗马帝国的前自由城市普富伦多夫（Pfullendorf）及圣雅各布教堂（St. Jacob）教区教堂的塔楼中看到。

维也纳圣史蒂芬大教堂的塔楼（见右上图）早在 1433 年就已竣工，成为起初设计在唱诗堂两侧的两座塔楼之一（另一座塔未建成）。这座教堂于 1469 年成为大教堂。这座塔楼的皇家风格可追溯至其赞助人鲁道夫公爵四世（Duke Rudolf IV），即布拉格查理四世（Charles IV）的女婿。该教堂是德国哥特式建筑的杰作，但其混搭设计与原有建筑有所不同，可称作印象派建筑。这座塔可视为大型尖塔，轻巧的金银细丝工结构均不是德国哥特式塔楼的典型风格。这座教堂的陡坡屋顶值得一看，其特征是多色玻璃波形瓦的线形设计。该塔代表着通常可在勃垦第和阿勒曼尼地区发现的最佳范例之一。

14 世纪的创新平面图

苏黎世附近的格里芬湖湖畔有座教区教堂（见右下图），或许建于 1425—1450 年，它是一个范例，表明哥特式设计具有极大的自由度。该设计显然顺应了小城镇的城墙特点，其外墙形成了一个四分之一的圆圈。立于单根圆柱之上的拱顶系统由三肋拱顶构成，这些拱顶又组成一个星肋拱顶。巧妙地利用此类小区域使空间独具一格。1808 年，曾有人设想将其变成正方形（万幸的是，这座教堂没有遭此劫难）。哥特式建筑设计自由随意，而古典主义风格有许多约束，两者之间的对比不言自明。教堂建筑的上层修筑了一段防御工事，如神圣罗马帝国的诸多其他小型中世纪教堂那样，这座教堂历史上或许也有一段时间被当成仓库使用。

1351 年，施瓦本格明德（Schwäbisch Gmünd）的圣十字大教堂（Heilig-Kreuz Minster）的新唱诗堂正式奠基。这座唱诗堂可能也是科隆的海因里希·巴勒（Heinrich Parler）设计的，因为 1330 年海因里希·巴勒就承担了这座教堂中堂的设计工作。海因里希是著名的建筑设计师彼得·巴勒（Peter Parler）的父亲，彼得·巴勒也为这个唱诗堂的设计图贡献了一份力量。施瓦本格明德教堂出现了若干创新之处，但对这座教堂的现状仍需谨慎甄别。唱诗堂前方的

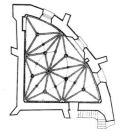

207

海因里希·巴勒或彼得·巴勒
施瓦本格明德圣十字大教堂唱诗堂
始建于 1351 年
东面视图（下图）
回廊和厅堂式唱诗堂（底图）
平面图（右图）

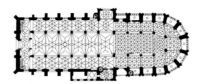

塔楼于 1497 年倒塌；唱诗堂的拱顶在 16 世纪的前 20 年被拆毁，修建了更为紧凑坚固的厅堂式唱诗堂（见上图和左图），其设计与费尔登（阿勒尔）的唱诗堂无关。第二层从低矮辐射状小教堂的地方开始修建。

底层的墩柱扶壁嵌入墙体，用于隔开各祈祷室，墩柱仅在上层才清晰可见。这些墩柱扶壁在底部八角形中的排列顺序通过双壁柱从外部可见，这一特征先前用于马尔堡（Marburg）和布赖斯高地区弗赖堡（Freiburg im Breisgau）的建筑中。花窗格型屋顶护墙下方的半圆拱也构成了一个重要主题。这些半圆拱被设计为扁平弓形拱，且通过雕刻的浮雕突出视觉效果。设计师引入一种美学元素，使半圆形连拱廊成为最大亮点，这一特征随后出现在德国诸多的大型建筑工程中。唱诗堂平面图中的最大创新之处在于：内后堂和外后堂不再彼此相关。外后堂的平面为十二面体的七面，与内后堂形成对比，而后者的平面为六面体的三面。在这座教堂中，彻底摒弃了旧后堂的对称性，这种变化远远超出了费尔登（阿勒尔）大教堂的创新。这种布局改变了整个建筑系统的逻辑性。内唱诗堂所占的空间通过横跨在跨间上的水平层拱显得浑然一体，各跨间又在每个轴身前形成支撑。立柱仿照旧中堂的式样，为圆柱形。

查理四世（Charles IV）统治下的纽伦堡和布拉格

皇城布拉格的伟大赞助人，即卢森堡王朝的查理四世大帝（1355—1378 年在位）也巩固了纽伦堡的地位。他曾 52 次住在纽伦堡城墙内，从而巩固了这座城市对神圣罗马帝国其他城镇的重要性。他支持在大型市场内修建纽伦堡圣母教堂（1350—1358 年，见第 207 页中图及第 209 页图）。圣母教堂用于重要的帝王仪式，这一用途可从以下布景中看出：带阳台的门廊；正面的帝王标志；给人以深刻印象的盾徽展示，包括神圣罗马帝国的盾徽、七位选帝侯的盾徽、纽伦堡的城市盾徽、罗马市的盾徽。许多帝王都在纽伦堡圣母教堂里加冕，但这座教堂外部的其他所有方面却朴实无华。

纽伦堡圣母教堂直接来源于巴拉丁小教堂，它位于纽伦堡最近的一座皇宫中。虽然其平面图为矩形，但该教堂是一座厅堂式教堂，带两个侧堂和一个供帝王使用的半圆形后殿，教堂的九个跨间由四根圆柱支撑。纽伦堡圣母教堂是由皇宫中罗马式小教堂原有的哥特式风格改建的建筑，罗马式小教堂可追溯至 1170—1180 年，并按照皇帝腓特烈·巴巴罗萨（Emperor Frederick Barbarossa，1152—1190 年在位）的命令修建。按照传统，当查理四世之子文策尔在纽伦堡出生时，帝

国徽章和圣骨盒至少要在圣母教堂的阳台上向民众展示一次。自 1423 年以来，这些所谓的帝国"圣物"就一直保存在纽伦堡，且每年进行公开展示。专门修建的木质平台主要用于展示圣物，并非作为教堂阳台使用，其象征意义远大于实用功能。

圣母教堂的豪华前廊有丰富多样的花窗格，三面均设有大门，大门的门窗框和拱门饰上装饰了雕塑（仅设两个拱门饰，所以这些大门并不像法国教堂那样复杂深邃）。

前廊上方的唱诗班楼廊为多边形，或许这意味着这个长廊要容纳双唱诗堂。中心轴上的阶梯式山墙和小型八角形楼梯塔的小尖塔清晰地暗示了教堂正面的世俗渊源。山墙分为若干壁龛，这些壁龛曾经用于陈列雕塑。被称为帝王阁楼或圣米歇尔教堂（St. Michael's）阁楼的唱诗堂阁楼，通过连拱廊通往中堂，连拱廊的拱顶缀满浮动花窗格，浮动花窗格由扇形拱支撑的三个圆花饰构成（见上图）。

圣母教堂的建筑最有可能与来自施瓦本格明德的年轻建筑师彼得·巴勒相关，他在 20 岁时（可能是 1353 年）被命令出访布拉格，这时彼得·巴勒为他的家乡和纽伦堡设计的建筑尚未竣工。从雕塑的风格、圣母教堂的立方体特征、圆柱的运用及扇形拱的独特运用等可初步判断出，这座教堂为典型的巴勒风格（Parleresque）。

正如可将圣母教堂视为纽伦堡帝王赋予的恩赐一样，相邻的圣劳伦斯教堂（见左图）的正面可代表纽伦堡地区市民对君主的贡礼：波希米亚（Bohemia）盾徽和西里西亚（Silesia）盾徽。前者献给查理四世，后者献给查理大帝的夫人安娜·冯·施韦德尼兹（Anna von Schweidnitz）。这两个盾徽固定在位于玫瑰窗底部的花窗格型护墙下方。这座教堂的施工日期不详，但显而易见的是，初步设计中未包括扶壁。

布拉格圣维特大教堂（St. Vitus's Cathedral）
由阿拉斯的马修（Matthieu d'Arras）设计低矮部分，
1344—1352 年
随后由彼得·巴勒设计高侧窗和扶壁

设有正门、玫瑰窗和山墙的西面中间部分好似一段中央楼梯，建于1353—1362 年。这两座巍峨而简约的高塔位于精致的中间部分的两侧，这是教堂正面的显著特征。玫瑰窗由两个平面构成，其中外部平面设有浮动的径向窗饰，内部平面由窗户构成，直径为 6m 左右。

径向窗饰营造了一种好似转动车轮的动态感，它通过系统性地挑战哥特式建筑的传统风格，带来了一种新发展，德国建筑在这个过程中需采取多种形式。如同建于中世纪的所有双塔正面一样，圣劳伦斯教堂的双塔正立面也不对称。北塔的半开放式铜塔尖于 1498 年镀色，这项工程的费用由这座城市的大贵族家族伊姆霍夫家族（the Imhoffs）支付，且他们的宅邸位于这座高塔的对面。

在查理四世（自 1346 年起任波希米亚国王，1355—1378 年在位）统治期间，布拉格于 1255 年升级为城市。它实际上曾是德意志帝国（German Empire）的固定首府。但这座城市与德国的密切联系可追溯至更早的时期。1230 年，巴伐利亚殖民者根据纽伦堡的法律，在紧靠旧城区（Old Town）的地区建立了新市场（New Market）区；1257 年，德国北部殖民者在赫拉德（Hrad）山脚建立了一个殖民地，随后称小城区（Lesser Town），这个殖民地受马格德堡（Magdeburg）法律的约束。1344 年，布拉格成为大主教辖区（在这之前，该城一直归美因兹管辖）。同一年，新圣维特大教堂（见右图和第 212、213 页图）铺设了基石。因为查理大帝在卢森堡的宅邸与法国有密切联系，因此新圣维特大教堂的第一任建筑师就是阿拉斯的马修。他为唱诗堂设计了平面图，并修建了回廊和辐射状小教堂的一部分。他于 1352 年去世。不久后，彼得·巴勒便被传唤到布拉格。实际上，巴勒才是将现代建筑风格引入教堂建筑中的建筑师。参观这座大教堂时，我们可强烈地体会到这位年轻建筑师对传统哥特式教堂风格的运筹帷幄并根据一种富有创新力的美学理想对其重新塑造的能力。

平面图的特征在于拱顶不按照跨间布置。这是通过省去横向脊肋，并增加当时平行设置的交叉穹肋数量得以实现的，从而形成了菱形、偏菱形和三角形的网状结构（见第 213 页的平面图）。视线在墙面之间来回审视，人们会发现这样的设计彻底打破了跨间连续性布置千篇一律的传统布局，使空间更加充满活力。在横截面中，拱顶具有独特的圆形尖角外形，筒形拱顶与镶窗的横向拱顶交错。所有拱肋均具有相同的直径。后堂（见第 213 页左图）的立视图根据科隆大教堂设计，但设计更简单，修建在十边形的五边（而非七边）上。这种组成方式也通过装上显眼的窗户框架并在屋顶下缘使

用护墙使主题更为明确，这让人想起兰斯大教堂更为古老的组成方式。总体上，纵向元素在组成中占主导地位。

在回廊祈祷室之间的外墩柱扶壁上可看到明显的现代图案，其中每个尖顶均穿透壁阶，使尖顶饰仿佛向上突起一般（见第 212 页左下图）。此类巧妙之处是前所未有的。对传统风格的颠覆可在建于 1367—1368 年的南大门的门廊上看到。门廊的连拱廊由外形华美的半圆拱构成，半圆拱设有遮盖雕塑的华盖（见第 212 页右下图和上图）。但独立拱肋似乎使该连拱廊为半开半闭式，独立拱肋无凸饰，并在凸式中央柱上相交。中央柱突出意味着门的翼部与墙壁呈一定角度设置。设计风格令人目不暇接：半圆形连拱廊前的拱

211

上一页：
彼得·巴勒
布拉格圣维特大教堂
南门廊，1367—1368 年（上图）
穿透壁阶的尖顶（左下图）
南门廊（右下图）

彼得·巴勒
布拉格圣维特大教堂
1352 年后
唱诗堂（下图）
唱诗堂平面图（右图）

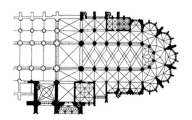

下图：
彼得·巴勒
布拉格圣维特大教堂
装饰有半身像的暗楼，1374—1385 年

肋凌空"飞架"，不用凸饰，石门框从墙壁上突出。这已彻底改变传统的建筑秩序。

暗楼和高侧窗始建于 1374—1385 年（见右上图）。暗楼有装饰了花窗格的护墙，装饰图案与马尔堡城堡小教堂的窗户很像，非常奇特。暗楼由下方楼层拱廊的柱身构成，其正面通过小型光滑拱门与高侧窗壁面连接。这一微妙技巧创造了略微倾斜的平面，实际上形成一个个小窗户，产生了窗套窗的效果。这些窗户上装饰有卷曲花窗格、尖顶饰和卷叶饰。专业人士运用其鉴赏力，便可看出彼得·巴勒对科隆、弗赖堡、马尔堡和施瓦本格明德原有主题的借鉴程度。值得注意的是，半身像楼廊设置在大教堂暗楼中。在这些半身像中，一些是理想化人物，而另一些却是现实的人物，包括帝王及其家族、大主教、建筑师——阿拉斯的马修和彼得·巴勒。现实的人物具有重大意义，因为这意味着他们具有很高的社会地位。

巴勒家族的影响

乌尔姆的主教区教堂是巴勒家族的杰作。海因里希·巴勒和米夏埃多·巴勒（Michael Parler）这两位大师设计了一座大型厅堂式教堂，长 126m，宽 52m。然而，该设计中的厅堂式结构改为巴西利卡形制，中堂最终高度达 42m，使这座教堂成为欧洲最宏伟的教堂之一（见第 214 页左上图）。这一改变是建筑师乌尔里希·冯·恩森根的主意，他自 1392 年以来在乌尔姆工作。为了完成这项任务，他必定要严格按照市议会下达的指示，因为市议会于 1395 年获得了教堂的委任权。冯·恩森根的功绩包括高塔的设计，后来这座高塔成为世界最高的教堂塔楼，高达 162m。他还设计了中堂拱顶，工程于 1471 年前竣工。

乌尔里希·冯·恩森根
乌尔姆大教堂（Ulm Cathedral）
中堂，1392—1471 年

班堡（Bamburg）圣母院（Obere Pfarre）
东向视图，1392—1431 年

汉斯·普尔豪泽（Hanns Purghauser）
萨尔茨堡（Salzburg）教区教堂
唱诗堂

　　尽管乌尔姆不是主教管区的所在地，但却建成了当时最大的教堂，这不仅反映在它巨大的规模上，还可通过运用关键的大教堂主题加以证明，唱诗堂拱顶以布拉格大教堂（Prague Cathedral）的拱顶为原型，中堂墩柱源于奥格斯堡大教堂（Augsburg Cathedral）的创意。厅堂改为巴西利卡形制后，唱诗堂就远低于中堂。内部设计的另一个显著特征是尖拱，这极大地增强了向上延伸的空间效果。

　　这座教堂的显著特点是对光线的处理。早在 1488 年，在凡人修士菲里克斯·法夫里（Felix Fabri）编撰的记载中就有相关记录。这类有迹可循的最早记录是关于光涌入教堂而营造"教堂一派灯火辉煌的景象"的方式。15 世纪形成的这一特点，即教堂充满明亮的光线，成为德国教堂建筑中一个与众不同的特征。法国大教堂，比如沙特尔大教堂（Chartres），其昏暗的室内充满了深色，已成为历史。明亮的室内效果不是通过开大窗户，而是运用创新的明亮玻璃窗来实现的。

　　当时，必然会视为"巴勒风格"的建筑（即圣母院）建在班堡（Bamberg），圣母院的新唱诗堂始建于 1392 年，并在 39 年后竣工（见中图）。设有回廊和祈祷室的多边形后堂露出了十六边形的九条边，而上一层则露出了八边房的五条边。回廊跨间的形状为交错三角形、近似正方形或略似梯形。这使与墙壁呈适当角度竖立而非设置在墙角的成对平行墩柱扶壁的修建成为可能。

　　值得注意的是每对飞扶壁均汇集在多边形高侧窗的各角落。在那之前，仅有一根飞扶壁收于墙角。这一特征的形成表明，在一些设计中，多达三根飞扶壁汇集在单个墙角处（如始建于 1471 年的弗赖堡大教堂）。班堡的飞扶壁也有呈角度的顶面，这一主题来源于纽伦堡圣劳伦斯教堂的中堂。这种倾斜表面似乎使飞扶壁的功能至少在视觉上存在争议。扶壁臂部中的"弯曲"使高侧窗建筑视野开阔。

　　当时彼得·巴勒也在波希米亚易北河河畔的科林（Kolin an der Elbe，1360—1378 年）修建了圣巴托罗缪教堂的唱诗堂。这座教堂的主要特征在于：唱诗堂的纵轴上设有多边形拱顶。这一主题后来成为德国哥特式风格的典型特征。多边形拱顶的重要性在于移除了中轴上的窗户。对法国古典大教堂基本秩序的颠倒出现在各类德国教堂中，但通常也摒弃了科林（Kolin）的巴西利卡形制，而倾向于厅堂式教堂结构。在兰茨胡特（Landshut）医院教堂（始建于 1408 年，见第 215 页下图）和同时修建的萨尔茨堡主教区教堂（见右上图）的厅堂式唱诗堂中，圆柱设置在多边形唱诗堂的中间。这使诸多拱顶元素汇集在圆柱上，阻碍了轴窗的视线，从而改变了空间感知度。两座教堂均出自杰出建筑师汉斯·普尔豪泽之手。

　　在海德尔堡（Heidelberg）的圣灵大教堂（Heilig Geist church，始建于 1398 年）和尼斯河河畔的圣雅各布教堂（始建于 1423 年，见第 215 页右上图）中，回廊的墙壁延续教堂中堂墙壁，并由外墩柱扶壁

<table>
<tr><td>

上图：

彼得·弗兰肯斯坦（Peter of Frankenstein）

尼斯河（Neisse）（波兰）圣雅各布教堂

中堂，始建于 1423 年

</td><td>

下图：

汉斯·克鲁姆内瑞尔（Hanns Krumrnenauer）

汉斯·普尔豪泽（Hanns Purghauser）

兰茨胡特圣马丁教堂（St. Martin）

1385 年至约 1460 年

</td></tr>
</table>

支撑。一部分由彼得·弗兰肯斯坦修建的圣雅各布教堂，最引人注目的是由错落有致的砖层和修琢石构成的巨大、坚固的双排八边形圆柱，营造了一种势不可挡的透视效果。慕尼黑圣母教堂在 20 世纪上半叶具有极大的影响力。

托伦（Torun，原位于普鲁士（Prussia），现属于波兰）方济各会教堂的中堂采用内墩柱扶壁修筑，借鉴了诸多德国哥特式教堂中的严格设计。建于 14 世纪中叶的方济各会教堂并不是第一座按此设计的教堂，这种设计具有巨大的优势，那就是使外墙空旷宽敞。这种设计在 13 世纪就已经家喻户晓，可在马尔堡教区教堂中看到。但其在托伦的影响力却前所未有。令人难以置信的是，这座建筑极度朴实的风格源于方济各会的法令。这种庄严肃穆的特殊形式不是法令的典型特征，后来更多地出现在教区教堂而非修道院教堂。教堂南侧设有一座从地面延伸至拱顶的壁龛。仅有的外部装饰是飞檐下的黏土檐壁。素色墙壁上开有高窗。

维特尔斯巴赫家族（Wittelsbach Family）的厅堂式教堂

美丽的哥特式风格城市兰茨胡特是下巴伐利亚（Lower Bavaria）公爵的驻地，与英格斯塔德（Ingolstadt）、慕尼黑和施特劳宾（Straubing）一起，是维特尔斯巴赫王朝的四个宫廷所在地。自 14 世纪末以来（尤其在 15 世纪），这四个城市修建了大型厅堂式教堂。兰茨胡特圣马丁教堂的教区教堂和牧师会教堂（见下图和第 216 页图）代表了建筑历史学家埃里希·斯塔赫莱迪尔（Erich Stahleder）号称的"公民自豪感和高贵体现的精髓"。细高的塔楼是最后修建的，于 1500 年完工。

塔楼高 130m，是世界上最高的砖塔。该塔的创始人是建筑师汉斯·史提海莫（Hanns Stetheimer，卒于 1460 年左右）。现今，人们认为上面的楼层由大师斯特凡·普尔豪泽（Stephan Purghauser）修建。这座塔结构复杂，分为多个假拱和明拱，且塔的多个部分采用亮色石头修筑。从施特劳宾的维特尔斯巴赫家族的复杂家谱可以看出，这座塔的风格可能与尼德兰建筑有某种渊源。缠结的葱形拱的顶部环绕这座塔的塔尖，顶部并未形成一个"鸟巢"结构，这种风格仍在乌尔姆、埃斯林根（Esslingen）、罗伊特林根（Reutlingen）和布尔戈斯大教堂错综复杂的塔尖传统中得到广泛运用。

兰茨胡特圣马丁教堂内部空间是哥特式建筑中最富有想象力的教堂空间之一。

汉斯·克鲁姆内瑙尔在 1385 年左右开始修建唱诗堂，而汉斯·普尔豪泽接任汉斯·克鲁姆内瑙尔的工作。中堂由九个跨间组成，并由两排超细墩柱支撑，墩柱的直径为 1m，高度为 22m。拱顶借鉴了布拉格的圣维特大教堂的风格，其中每个墩柱的细圆形柱身紧靠中心线。侧堂中的小祈祷室由兰茨胡特的同业公会和富有的贵族集资修建。

维特尔斯巴赫王朝统治区域内的最后一座厅堂式教堂是慕尼黑的圣母教堂（1468—1488 年，见第 217 页图），它是当时欧洲最大的和风格最新颖的教堂之一。这座教堂密闭的外部俨然像一座煤仓：塔楼上没有成排的小尖塔，除紧凑的建筑主体外没有别的装饰可以吸引人们的眼光。在该建筑中，建筑的所有基本艺术元素均展现得淋漓尽致。这种设计确实紧凑结实，缺乏富丽堂皇的外形并不会导致审美意识的缺乏。相反，这会增强建筑物所体现出的影响力。这种建筑风格和 20 世纪的建筑有诸多相似之处，其中大多基于"少即是多"的原则。这座纪念性建筑物所具有的确定性因素，连同其极端清晰的形式，融入紧凑的房屋结构之中，可靠程度令人叫绝。它仍是慕尼黑未来的象征，这无可厚非。教堂主体部分呈现了简约的风格，因为教堂中未设置耳堂，教堂按照宽阔的厅堂式结构修建，祈祷室与修筑在教堂周围的中堂具有同等高度。祈祷室的深度可从外部明显看出。

慕尼黑圣母教堂仅在 1524 年或 1525 年修筑，它的葱形圆顶或许设计的时间更早，但无疑可视为耶路撒冷所罗门王的圣殿（King Solomon's Temple，实际上是伊斯兰教圆顶清真寺（Islamic Dome of the Rock））的参照物。该教堂因布莱顿巴赫（Breydenbach）的著作《圣地之行》（Travels in the Holy Land，美因兹，1486 年）和舍德尔（Schedel）的著作《世界历史》（World History，纽伦堡，1493 年）中描述的木刻画，而在德国家喻户晓。对这座建筑物的精确雕刻展示可在艾希施泰特大教堂（Eichstätt Cathedral，1489—1497 年）的帕彭海姆（Pappenheim）祭坛装饰中看到。慕尼黑圆屋顶远非帝国的首批葱形圆顶，而是晚期哥特式传统风格中的一部分，这些葱形圆顶可能起源于布雷达（Breda）圣母大教堂的单塔，并经历了奥格斯堡（1506 年）圣安娜教堂的圣墓教堂（Holy Sepulcher）的祈祷室和靠近兰河河畔马尔堡（Marburg an der Lahn）的劳森伯格（Rauschenberg）教堂的中间发展阶段。

慕尼黑圣母教堂宽敞的内部令人过目不忘。现代形式意味着表面缺乏复杂性。拱顶不包括在内，但在这座教堂的拱顶却不能界定空间。这种建筑形式的巧妙之处令人叹为观止。杰出大师约尔格·冯·哈尔斯巴赫（Jörg von Halsbach）既使空间充满光线，同时又隐藏了光源：窗户隐藏在祈祷室的壁龛中，并被中堂的宽圆柱挡住。

约尔格·冯·哈尔斯巴赫
慕尼黑圣母教堂，1468—1488 年
中堂

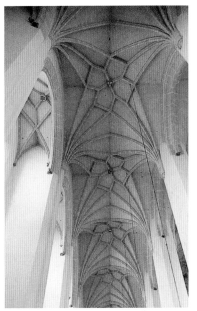

约尔格·冯·哈尔斯巴赫
慕尼黑圣母教堂，1468—1488 年
葱形圆顶，1524—1525 年
侧堂拱顶（上图）
东南面视图（下图）

斯特拉尔松玛丽安教堂
约 1384—1440 年 尖塔，1708 年
东南面视图（下一页）
前廊拱顶（左图）
后堂东北面视图（右图）

在某种意义上，我们在此所面对的是对兰茨胡特圣马丁教堂中堂的重新诠释：采用塔状支柱代替细长的圆柱，且附属礼拜堂的高度达到拱顶高度。

这座建筑物远非以前人们认为的那样，是千篇一律的，而是在德国实现哥特式建筑的创造力的一个典型例子。德国产生这种创造力时，其他国家还在探寻通过采用法国火焰式（Flamboyant）风格来弥补独创力的缺失。火焰式风格是用不断重复结构覆盖于更复杂的装饰形式上。实际上，火焰式风格从未扎根于德国。

德国北部的晚期哥特式建筑

德国北部的建筑丝毫不逊色于南部，虽然一些人对此持有异议，认为北部地区的艺术创作与汉萨同盟的政治和经济停滞之间存在因果联系，这样的结论是错误的。斯特拉尔松宏伟的玛丽安教堂（约 1384—1430/1440 年；见上图和第 219 页图）尽管在巴西利卡形制及效仿吕贝克方面表现出不同，但仍应当视为慕尼黑汉堡教堂（Hauptkirche）中所看到的简约形式的根源。所有墩柱扶壁均消失在加固的外墙中；为了使墩柱扶壁的复杂结构清晰可辨，飞扶壁隐藏在耳堂屋顶下方，从而最大程度地利用高侧廊。教堂西端如堡垒般耸立，其体量通过假耳堂增大，而假耳堂仅指延伸至侧部的教堂前廊。巨大的八角塔耸立在假耳堂上，八角塔的侧面有四座角塔，通过城垛护墙和雉堞构成真正的防御工事。

玛丽安教堂坐落在城市西南面，紧靠原来的城墙。尖塔高150m，这座塔楼高于吕贝克教堂的塔楼，甚至高过海因里希·许尔茨（Heinrich Hulz）修建在斯特拉斯堡的花窗格尖塔，该花窗格尖塔高为142m。现存的尖塔建于 1708 年。斯特拉尔松玛丽安教堂的创新之处在于摒弃了早期哥特式风格的基本原理，如建筑历史学家格奥尔格·达豪所定义的，将所有结构元素均置于外部，让人从建筑内部结构看不出来。

多边形后堂的外部（见右图）无疑是这座教堂的杰作。多边形的各个侧面分别具有三扇窗户。确切地说，侧面的中间为一扇完整的窗户，两边为半扇窗户，这一整体可视为开放式三联窗户（如果面对方形墙面的方向看去）或由墙角隔开的两个半扇窗户（如果从斜对墙面看去）。不足为奇的是，这种在视觉效果上大做文章的抽象建筑在 19世纪并不被人理解，当时花窗格贴在耳堂前部的窗户上，而司祭席大可不必使用壁联柱。

早在 1400 年前，建筑师欣里奇·布伦斯伯格（Hinrich Brunsberg）在什切青旧城（Stargard）开始修建宏伟庄严的玛丽安教堂的唱诗堂（见第 220 页图），这一唱诗堂是巴西利卡形制设有暗楼的砖结构的例子。墩柱柱头下方的雕塑壁龛也显得独具一格。在这座教堂中，上述元素均与整体设计浑然一体，但在米兰大教堂（Milan Cathedral）中，同时采用的这些元素则显得过于沉重和复杂，尤其是在柱子和壁龛的组合上。

　　15 世纪，阿尔卑斯山北部最大的建筑项目是格但斯克的玛丽安教堂，不过它并不是当地最后修筑的大型哥特式建筑（见第 221 页图）。完成重建工作后，这座教堂具有带侧堂的中堂、等高的祈祷室、唱诗堂和不对称的耳堂（北面有两个侧堂，南面有三个）。这座教堂的三大特征勾起了我们对下莱茵河和荷兰艺术的回忆：首先，每个侧堂均设有屋顶（类似于托伦的两座方济各会教堂的顶部）；其次，门廊和一大扇窗户位于尖顶式壁龛中；最后，建筑物设有带墩柱扶壁的塔楼（这一元素始终是德国哥特式砖砌建筑中所缺乏的）。这座玛丽安教堂与城市道路网络之间存在特殊的关系。门廊和道路均排成一行，包括与玛丽街（Frauengasse）衔接的独特门廊（位于东墙）。这座教堂值得强调的卓越创新之处在于两扇窗户在中堂和南耳堂的墙角处汇合，尽管这只在 15 世纪重建后才体现出来。

格但斯克（但泽）玛丽安教堂
约 1343—1502 年
北向视图（左上图）
中堂和耳堂西南墙角的角窗（左下图）

格但斯克（但泽）玛丽安教堂
格形拱顶

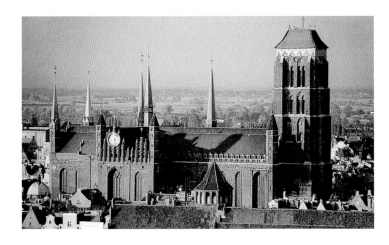

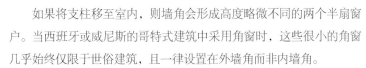

　　如果将支柱移至室内，则墙角会形成高度略微不同的两个半扇窗户。当西班牙或威尼斯的哥特式建筑中采用角窗时，这些很小的角窗几乎始终仅限于世俗建筑，且一律设置在外墙角而非内墙角。

　　外墙表面的处理即便缺乏装饰，仍显得辉煌壮观。连续式飞檐以一条白线吸引眼球，并嵌入石头内，衬托出墙壁的砖块。另外，外墙的独特之处在于墙角倾斜，各墙壁融为一体。这意味着角塔（以吕贝克的塔楼为原型）反映了这座建筑物的自然逻辑元素。这些角塔向大教堂赋予了世俗意义上的雄伟壮观景象。内部格形拱顶（见右上图）主要通过借鉴萨克森（Saxony）世俗建筑的"蜂窝技术"实现，正如我们将在迈斯（Meissen）的阿尔布莱希茨堡（Albrechtsburg）的宫殿中所见的那样。

　　不来梅大教堂的北侧堂是附属于罗马式巴西利卡形制的一座厅堂式教堂，无疑应该属于德国北部的晚期哥特式建筑的杰作（见

第 222 页上图）。这个侧堂由大主教约翰·罗德二世（Archbishop Johann Rode II，1497—1511 年）发起，于 1522 年完工。消除跨间划分的网状拱顶是德国教堂的特色，远远超出格但斯克玛丽安教堂中所采用的拱形圆顶，虽然后者为现代形式，但却是按照跨间来修建的。建筑师科德·珀佩尔肯（Cord Poppelken）运用其鉴赏力使新旧元素融为一体，重新运用了老教堂的柱头和其他特征。老教堂的一些特征运用得很广泛，比如建于 13 世纪的南墙所用的"渡槽结构"在 16 世纪修建的北墙中又得到运用。中世纪末期一些德国建筑师几乎都崇尚考古学方法，在他们看来这样的做法很容易理解，大家都有意识地将旧的形式融入新设计中。此类历史主义的实例包括科隆克莱因圣马丁教堂（Klein St. Martin，1460—1486 年）的塔楼和奥斯纳布吕克大教堂（Osnabrück Cathedral，1505—1544 年）的南塔。

上图：
不来梅大教堂
北侧堂，约 1500—1522 年

下图：
不伦瑞克（Brunswick）圣布莱斯牧师会教堂
（Cathedral of St. Blaise）
北侧堂，1469—1474 年

大约在重建不来梅大教堂北侧堂的 30 年前，不伦瑞克的圣布莱斯牧师会教堂的北侧堂也以类似的方式进行改建（1469—1474 年，见下图）。在未考虑当前罗马式建筑风格的情况下，这座双北侧堂以其极富表现力的现代风格与旧建筑物形成了鲜明的对比。类似的圆柱很早在南部就有人采用，比如艾希施泰特（Eichstätt），尤其是葡萄牙（Portugal）的塞图巴尔（Setúbal）和奥利文萨（Olivença）等。每根圆柱有四个盘旋的装饰，像藤蔓一样爬上相应的壁联柱。罗马式建筑中的螺旋形圆柱权且可以看做这种圆柱形式的来源，典型例子是不伦瑞克的圣吉尔斯（St. Giles）修道院。这种缠绕效果通过顺时针和逆时针交替变化的旋转方向得以加强。拱肋的布局每隔两个跨间变换一次。

维斯马（Wismar）的圣尼古拉教堂（The church of St. Nicholas）清晰地展现出，砖结构哥特式建筑也可精致典雅，即某些砖结构建筑物的庄严肃穆并不是建筑介质本身所致。南门廊上设有精雕细刻的 15 世纪山墙（见第 223 页左上图）圣尼古拉和圣母的配釉泥塑像分成两排，并围绕中心实心圆花窗以三角形组合方式重复排列，实心圆花窗的中间部分描绘的是太阳的脸。尽管装饰极其华丽，该组合展示的几何形状仍井然有序。

砖砌建筑物中典型的精致结构基于其平面，但在北方的传统建筑风格中，采用了更为复杂的墙壁结构，而这些结构又采用了花窗格、小山墙、卷叶饰凸雕和带竖框的窗户。这些砖砌山墙来源于新勃兰登堡的玛丽安教堂。14 世纪，砖砌山墙在普伦茨劳的玛丽安教堂（见第 224 页图）的运用中达到了顶峰，并于 15 世纪早期在勃兰登堡（Brandenburg）的圣凯瑟琳教堂（见第 223 页左下图）的运用中再次繁荣起来。

世俗石材建筑

1234 年，斯特拉尔松拟定了吕贝克法律。13 世纪，斯特拉尔松的市政厅修建在圣尼古拉教堂（见第 226 页右上图）的西面。结果玛丽安教堂和市政厅比邻而居。15 世纪，向斯特拉尔松的市政厅赋予了现有形式后，一个正立面建在了这座建筑物的北侧（狭小的一侧）。吕贝克的两种截然不同的正立面为之后的相关设计提供了灵感：一个位于玛丽安教堂的墓地，建于 14 世纪中叶；另一个位于市场，建于 1440—1442 年。吕贝克也为连拱廊的有顶过道、带弓形拱窗的主要楼层和上方的正立面提供了原型，它们均由带小尖塔的八角塔隔开。立面的墙面分为盲壁龛和开口，其中开口位于立面的独立部分。

左上图：
维斯马圣尼古拉教堂
南门廊山墙，15 世纪

右上图：
新勃兰登堡新大门（New Gate）
正立面，15 世纪

左下图：
勃兰登堡圣凯瑟琳教堂
"悬浮式"花窗格圆花饰，15 世纪

右下图：
吕内堡圣约翰教堂（St. John）
塔楼，15 世纪

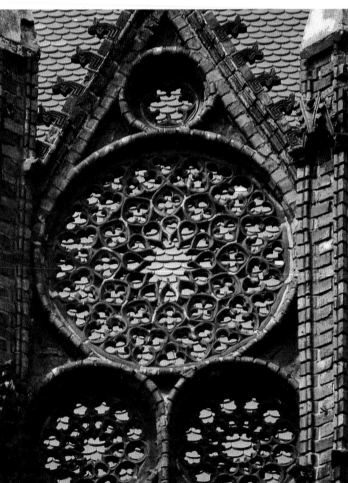

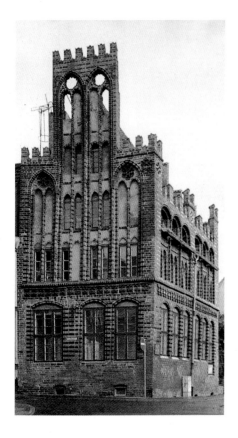

这面墙壁后面恰好是三个平行的半高斜屋顶。其典型特征通过开口更加明显，通过这些未被遮挡的开口便可看到广阔的天空。

镂空三角墙和细高塔楼这样的主题是吕贝克原形没有的，但它们却用于欣里奇·布伦斯伯格设计的唐格明德市政厅的正立面（1420—1430 年；见第 225 页图）。唯一的区别在于：斯特拉尔松眼洞窗的圆花饰由铜板构成，而唐格明德的圆花饰却由陶瓷花窗格构成。位于不伦瑞克的阿尔特斯塔德特（Altstadter）市政厅（建于 1302—1347 年）无疑应当视为这种三角墙塔楼主题的原型。

位于新勃兰登堡的特雷普托城门的外侧（见下图和第 223 页右上图）具有类似设计，且设有分立式塔楼和镂空三角墙。在 14 世纪和 15 世纪，新勃兰登堡这座城市顺利地修建了帝国中最美丽的城墙，且为砖墙。然而，这座环墙及其四扇金碧辉煌的大门在很大程度上仍然还是一个谜。城墙中包括双壁垒和双战壕、矮门和门楼，其中门楼与桥式外庭院连接。四扇城门，即哥特式凯旋门，均被视为这座城市的入口。随着塔楼防御功能的重要性日渐减弱，展示元素便显得日益重要。其他防御结构也具有审美差异，但新勃兰登堡代表全新的发展，因为审美效果是首要考虑的因素。虽然城门的基本设计为传统式，但城门上方的塔楼却展示了自由组合的特点和现代气息，而这是哥特式城市建筑中绝无仅有的。

维斯马的会吏总官邸（见左上图）为 15 世纪中叶的砖结构阶梯式山墙房屋提供了一个很好的范例。

事实上，阶梯式山墙可能起源于威斯特伐利亚（Westphalia），

为单层结构，但设有类似于位于罗斯托克（Rostock）或下莱茵河，比如卡尔卡尔（Kalkar）河畔房屋上的矮墙。山墙端上的墙壁在纵向上通过盲壁龛隔开，且装饰有眼洞窗、尖顶窗和连续式竖框，这些元素构成了吕贝克房屋。这类"巨柱式"风格的发展特别值得一提：山墙壁龛一直向下延伸至底层的飞檐。底层本身仍分隔为由配釉黏土构成的"柱基"、飞檐和几何形檐壁，从而产生分界线。

　　这些墙由错落有致的釉砖层和无釉砖层建成。由小型连拱廊支撑的棱角墙绵延于建筑侧面，而维斯马的圣尼古拉教堂也具有这一特征。值得注意的是，这里已形成了统一的建筑风格，并将宗教、军事和城市形式结合在一起。会吏总官邸的幸存弥补了维斯马文法学校（这座建筑的直接模型）的损失。

　　条顿族骑士团（Teutonic Knights）的主要城堡——马尔堡城堡（见上图）融合了修道院、军队和宫殿建筑这些元素。13 世纪下半叶，为它埋下了基石。这座城堡曾是条顿族骑士团的行政中心，而从 1309 年起，成为骑士团大团长的府邸。除了大量的防御工事外，这座城堡还包括两大部分，即由一座桥连接的上城堡和中城堡。

　　骑士团大团长的宫殿坐落在中城堡的西端，矗立在城堡围墙之上，是当时最精美的世俗建筑之一。主要房间为夏季餐厅（Summer Refectory）（见第 228 页右图）和冬季餐厅（Winter Refectory）。两层高的夏季餐厅的特征是一系列的石砌十字窗，其中十字窗位于墩柱扶壁之间，墩柱扶壁构成成对的花岗岩圆柱的壁龛，而花岗岩圆柱是该结构的主要承载元素。

　　圆柱一直向上延伸至扇形拱。锯齿状护墙包围这座建筑。1901 年，屋顶的范围扩大了，以便保护这些宝贵的建筑元素，但这隐藏了这座城堡的建筑渊源，即莱茵兰的世俗建筑。由坚固的枕梁支撑的两个"门房"使整个组合显得恰到好处。与法国建筑的联系在这座建筑外部的主题中突显出来；建筑内部可追溯至日耳曼修道院。

　　科隆市政厅的塔楼（见第 228 页左图）是世俗石材建筑的代表。如果不考虑与亚琛和荷兰早期城市建筑的联系，该建筑可谓是一件极其独立的创造。它与教堂建筑的关系也是如此。这座塔楼各层的功能从一开始就被精确地规定了，它被描述为欧洲最早的"高层建筑"。整座城市的葡萄酒曾储存在它的地下室里。档案室和财务管理室位于第一层，会议室位于第二层，另一个会议室设置在第三层，军械库设置在第四层和第五层。

　　圣米歇尔教堂的大钟位于科隆市政厅的尖塔内。充足的光线透过尖顶式拱形壁龛下面的大十字窗射入各层楼。1995 年，修复 124 座雕塑的综合性方案使这座塔楼再现了昔日的壮丽风貌。矗立在城堡要塞和市政厅中间的这座"塔楼"在哥特式建筑中独具一格。

恰好在科隆市政厅塔楼完工后的 100 年，建筑师大汉斯·贝海姆（Hans Behain the Elder）被接受对纽伦堡市政厅进行重建的委任。在 1500 年左右，汉斯·贝海姆是世俗建筑中最杰出的天才之一，为德国建筑增添了众多创新元素，最著名的便是拱廊式庭院。1509 年，该庭院首次出现在他为纽伦堡威尔斯尔霍夫（Welserhof）创作的设计中。汉斯·贝海姆最有可能借鉴了德国建筑师，如科隆的汉斯及其子西蒙（Simon）修建在卡斯蒂利亚的庭院。市政厅会议室的正立面（见第 229 页左下图）暗示了定期召开会议的重要性。这些会议被埃里希·穆勒（Erich Mulzer）称作是"神圣罗马帝国统治的这座城市的政治生活中的关键要素"。通过正立面，我们大概了解了真正意义上的教堂元素：由多个壁层构成的墙、一排排圆柱后面的花窗格型护墙和圆形入口拱均符合世俗建筑的格子设计。正立面与相邻建筑物的连接方式值得一提。底层上是通过石砌"斜梁"进行连接的，顶层通过弯曲的屋顶进行连接，屋顶高高耸立，为相邻建筑物的小窗户及雨水口腾出空间。

维也纳诺伊施塔特是皇帝腓特烈三世（Frederick III，1440—1493 年）统治时期的首都。圣乔治礼拜堂（见第 229 页右下图）建于 15 世纪中叶，坐落在前城堡内。这座通向西方城堡建筑群的礼拜堂，不仅属于宫廷小教堂，还是会议室。这座建筑物的世俗特征如此显著，以至于不由得将其与汉萨同盟宫廷进行比较。纹章图案是整个东面的主要风格。一百多枚盾徽突显了这座礼拜堂的政治职能。中间窗户的下方，腓特烈三世的塑像被哈布斯堡王朝（Habsburg lands）的盾徽围绕，而腓特烈三世塑像的位置通常应该放置一位圣人雕塑。仅在窗户上方和中轴上设有一个贞女塑像，但塑像很小，设置的位置又很高，以至于显得无足轻重。

尽管有诸多德国哥特式建筑可从政治角度来解读，但从世俗角度方面解读，没有哪个教堂像维也纳诺伊施塔特教堂表达得那么清楚。然而，圣乔治礼拜堂却是个例外，因为德国王室不是艺术的重要赞助人，他们与西班牙王室相比简直微不足道。

可确定与马克西米利安一世（Maximilian I，1493—1519 年）有直接联系的建筑物寥寥无几，因斯布鲁克（Innsbruck）的"黄金屋顶"（Goldene Dachl）是其中之一。这位统治者昔日的府邸仅有正立面保存了下来，其主要特点是凸窗，使人想起观赏的阳台。这座建筑由来自梅明根（Memmingen）的尼克拉斯·图林（Niklas Türing）修建，用于纪念因斯布鲁克的马克西米利安一世与米兰（Milan）的毕安卡·斯佛尔札（Bianca Sforza）的联姻，且用于观赏集市广场上举行的公共庆典的阳台。第一层楼设计为矩形凸窗，并贴满了纹章图案（盾徽和彩色标记物的浮雕）。顶部的凸出凉廊也用于节日场合。凉廊上展示了马克西米利安一世及其两位妻子的雕像以及摩尔人跳舞的浮雕。

德国大多数哥特式"凸窗"均受富人委托设计。毋庸置疑，标准的多边形设计可追溯至更早的私人小教堂，其中这些小教堂的后堂及多个墙角从房屋正面凸出来。在纽伦堡，凸窗起初修建在屋顶上。自 15 世纪至 17 世纪以来，这些屋顶成为欧洲最迷人的屋顶风景之一。

　　葡萄酒市场的一座房子（见右上图）建于 1482 年左右，运用了所有神圣形式的花窗格和墙墩扶壁，但此类形式也可视为城堡建筑所采用的异域元素。

　　迈斯的阿尔布莱希茨堡宫殿（见第 231 页图）堪称德国 15 世纪世俗建筑中最具创新力的杰作。直到文艺复兴后很久之后，整个欧洲中东部及东北部地区均借鉴了这座城堡的许多主题元素。1470 年，恩斯特·冯·韦廷（Ernst von Wettin）和阿尔布雷希特·冯·韦廷（Albrecht von Wettin）兄弟将这座新建筑委托给威斯特伐利亚的建筑师亚诺。后来，亚诺就建成了第一座堪称宫殿而非城堡的德国建筑。

　　阿尔布莱希茨堡宫殿用清晰的美学角度体现了一体化设计。它还体现了建筑的高度创新方式。其平面图体现了综合结构的现代性，体现了非凡的活力。由通往主侧楼和北侧楼的主盘梯可进入宫殿。北侧楼又通往另一座呈对角线设置的侧楼（位于东北角）。多边形小教堂的五边从宫殿的东侧延伸，西面附设了大盘梯。这座建筑的南面与一座哥特式大教堂相连，从而形成了立于易北河（Elbe）的宏伟建筑群。在立视图中，这座白色城堡的特点在于，其尖角形"表现主义"的风格。光滑的墙壁仅通过简朴的飞檐隔开，但被大拱形"窗幔"穿透，这种形式也为葡萄牙和墨西哥等地所知。继汉诺威（Hannover）市政厅后，堪称具有德国第二大古老屋顶采光窗（1453 年前）的屋顶风景也相当迷人。

　　极其新颖的双盘梯在连拱廊连通的塔状建筑中盘旋（见第 231 页左下图）。流线型楼梯展现了诸多卓越创新之处：台阶为弧形，楼梯的中间部分为中空，支柱为嵌入栏杆的三根细长圆柱。

　　除台阶外，所有这些部分均由砖构成。还设有拱肋极少的水晶般"格型拱顶"，这是亚诺大师创造的另一辉煌景象。楼梯由砖构成，而所有墙壁均采用石头修筑。如选帝侯的府邸等房间（见第 231 页右下图）将格形拱顶的壮观展现得淋漓尽致。唯一的传统元素便是靠墙放置的长凳。在其他方面，这个房间仿佛使人产生触摸的冲动。不足为奇的是，20 世纪 20 年代，高度创新的形式在表现主义风格的建筑和电影中有所体现。这种高大的不规则拱顶及其一系列凹部见证了哥特式建筑中独具的自由度。

　　在 16 世纪之初，萨克森无疑是德国文化最先进的地区之一。在这里，汉斯·维滕（Hans Witten）大师在 1508—1510 年为弗赖贝格（Freiberg）牧师会教堂创造了一座与众不同的布道坛（见第 232 页左上图），这一惊人的杰作中雕刻和建筑艺术各有特点，其中布道坛本身可能象征纯洁。布道坛的重要特点是楼梯，其台阶按照单块石板设置，而非采用楼梯踏步竖板。据我所知，这是前所未有的。萨克森晚期的哥特式建筑再次体现了 20 世纪的现代气息，可在 1500 年左右的精美植物图案建筑中出现了这种布道坛，其中最佳例子便是巴利亚多利德（Valladolid）圣格雷戈里奥学院（Colegio of San Gregorio）和开姆尼斯（Chemnitz）原本笃会教堂的布道坛。

　　大胆创新的楼梯可视为德国哥特式建筑的典型特征。马克西米利安一世委任设置的别具一格的双盘梯修建在格拉茨城堡（Graz Castle，见第 232 页右下图）内。此处，两座楼梯在每层楼上有一个共同的楼梯平台。但仅下楼梯有支撑：上楼梯形成了一个悬空结构。京特·布吕歇尔曾如此描述："一种强烈升腾的流动形态通过戏剧性的明暗效果得以加强，精雕细琢的结构呈现有规律的心跳。"

威斯特伐利亚的亚诺（Arnold of Westphalia）
迈斯阿尔布莱希茨堡宫殿（Albrechtsburg
Palace），约始于 1470 年
西侧或庭院部分（上图）
盘梯塔楼（左下图）
选帝侯的府邸（右下图）

木构架建筑

世俗建筑中的木构架结构在德国几乎随处可见。木构架结构在欧洲许多地方可谓是家喻户晓，在德国尤其盛行，在英格兰和诺曼底（Normandy）也有悠久的传统。试想一下，中世纪德国土地上 90% 的建筑均采用这一技术修建，那么显而易见，在讨论中世纪的任何工程时，如果忽视这种建筑形式，那便意味着严重的失误。自相矛盾的是，北海（North Sea）海岸上许多城市仍具有特有的中世纪风格，比如佛兰德斯的布鲁日，但随着时间的推移，它的所有木构架建筑不复存在，这意味着木构架建筑的外观发生了翻天覆地的变化。想去访问保存了原始木构架建筑的城镇，那就应当前往奎德林堡（Quedlinburg）、戈斯拉尔（Goslar）、策勒（Celle）、杜德施塔特（Duderstadt）、汉明登（Hannoversch Münden）、施瓦本哈尔（Schwäbisch Hall）或科尔马（Colmar）等城镇。

木构架结构由木梁的骨架结构构成，墙面铺满黏土或砖块。这意味着在木构架建筑中，结构和装饰是一回事。外部显而易见的承重元素，大胆而清晰地诠释了结构，从而不必使用古典建筑的标准元素，如飞檐、雕带和半露柱。木构架结构是通用的建筑形式：木构架建筑包括房屋、仓库、设防用建筑、医院、市政厅和小教堂。然而，木构架建筑的主要缺点在于：虽然橡树耐高温，但易燃。许多自治区曾采取下列防火措施，即禁用茅草屋顶或增建厚砌石防火墙，如奥斯纳布吕克（Osnabrück）。这些地区还鼓励人们用石砌面代替木构架外形，如纽伦堡。这或许要早于研究员目前所证实的时间。

例如，纽伦堡的 12 号奥贝尔克拉梅尔加塞（Obere Kramergasse）（见第 234 页右上图，图片左侧）早在 1398 年就有了石头砌成的正立面。正面的水平方向上仅有窗户改用石头修筑。起初，这些窗户分为三组，其中包括一扇稍微凸起的中央窗户，这一设计在整个高地德语（Upper German）地区，包括瑞士，均有采用。相比之下，石砌勒脚上相邻的木构架房屋，即 16 号和 18 号翁特尔克拉梅尔加塞（Untere Kramergasse，图片右侧）却可分别追溯至 1452 年和 1560 年。

市民的富有程度和修建这种建筑所用的材料之间有一定联系，但并非绝对如此。有影响力的行会或富裕的贵族委任修建的一些木构架大楼具有相当高的质量。从 1480 年起，一座典型的行会大楼，即米夏埃多协会的行会大楼（见右图）可在木构架城市弗里茨拉尔的市场上看到。这座大楼的地平面上设了开有两个连拱廊的会堂且三层楼上均配设凸窗，这显然与相邻建筑不同。屋顶上安装了一座带尖顶的八角塔。所有这些元素均突出了这座建筑的秀气，因为它必须遵守城市规划的规定，即带三角墙的小型建筑用地必须临街。这座建筑的结构属于德国中西部地区木构架建筑的弗兰克尼亚（Franconian）传统风格。

在斯瓦比亚的埃英根（Ehingen），圣灵医院（Heilig-Geist Hospital，见第 234 页右下图）的诺伊豪斯（Neuhaus）保存了风靡整个德国西南部地区典型的阿勒曼尼木构架结构。其中，通过挤在门槛和腰栏与大间距的柱子之间的小窗户便容易识别这种结构。大间距的柱子与支柱形成了各种几何形状，并为其赋予拟人化的名字。第一层楼供贫民使用，而第二层和第三层的房间提供给所谓的"学者"和服务人员。厨房起初位于第三层。

不伦瑞克 11 号汉莎律师协会（见第 230 页左上图）的大楼可作为使用下萨克森市（Lower Saxony）典型木构架结构的范例，但这种结构在整个德国北部地区也能看到。尽管这座大楼目前并不完整，但却清晰地展现了其风格特征：全部由直角构成的框架，显著凸出的楼层，一系列紧密排列的立柱，一排排连绵不断的窗户（即"天窗"）。窗台上装饰有雕刻品、楼梯雕带、铭刻和典型的晚期哥特式装饰，这些均采用了 16 世纪装饰豪华的风格。

1480 年，容克 - 汉森塔楼（Junker-Hansen Tower，见第 234 页左图）建在马尔堡附近的诺伊施塔特（Neustadt）。这座塔楼是一座设防的圆形建筑，其混合式结构由石头和木构架结构构成，用于保护城堡和小村庄。在建筑构造上，容克 - 汉森塔楼是城堡要塞和城墙堡垒的中间状态。

上图：
马托伊斯·罗雷切歇尔（Matthäus
Roritzer）
纽伦堡圣劳伦斯教堂
厅堂式唱诗堂的护栏楼廊，最迟
于 1466 年竣工

下图：
安纳贝格圣安娜教堂，1499—1525 年
北侧堂

萨克森的厅堂式教堂

15 世纪中叶的宗教建筑得益于巴勒风格建筑的创新，创造力得以长盛不衰。在纽伦堡的圣劳伦斯教堂（见上图）中，将施瓦本格明德巴勒教堂中唱诗堂的各层楼隔开的飞檐已成为带花窗格型护墙的墙式通道，向外伸出，仿佛一座布道坛。这个墙式通道最迟于 1466 年完工，迅速成为德国建筑的常用设计。整个萨克森地区的厅堂式教堂均采用了墙式通道，尽管稍有修改。较低一排的窗户通常符合墙式通道下方小教堂的风格。这种结构再次出现在弗赖贝格的牧师会教堂（始建于 1484 年）中，随后出现在茨维考（Zwickau）、皮尔纳（Pirna）和马林贝格（Marienberg）的圣母玛利亚教堂、开姆尼斯（Chemnitz）和施内贝格的圣沃尔夫冈（St. Wolfgang zu Schneeberg）的本笃会教堂及萨勒河河畔哈雷（Halle an der Saale）的市区教堂中。

然而，最佳实例是著名的安纳贝格圣安娜教堂（1499—1525 年，见下图）。在这座教堂中，护墙的花窗格被装饰华丽的浮雕代替。这座教堂具有许多其他显著特征。所有墩柱扶壁均已转至室内，墩壁充分穿透拱顶，绝妙至极。在弗赖贝格，圆柱边缘微微凹陷，这一主题依然来源于北部地区，效仿的是吕内堡圣尼古拉教堂（1407/1440 年）。这座教堂著名的拱顶（见第 237 页图）反映了德国建筑师在哥特风格后期所实现的艺术自由。与漂亮的"花式"设计或拱顶拱底石（来源于看似树枝的墩柱）的方式相比，连续交错的拱肋更值得注意，这些拱肋在三维方向弯曲并缠绕，即便在巴洛克时期最富创新性的建筑中也很少体现这种自由。

安纳贝格拱顶和所有类似设计的原型均来自德国南部地区的贝内迪克特·里德（Benedikt Ried）大师设计的一座世俗建筑，即布拉格赫拉德的维拉迪斯拉夫大厅（Vladislav hall，1493—1515 年，见第 236 页图）。长而弯曲的拱肋沿四面八方延伸，形成格子网，从而使这座大厅的空间从矩形惯有的束缚中解放出来。

除维拉迪斯拉夫大厅的拱顶外，无论其余的建筑对塑造空间的作用有多大，这些拱顶也不应根据这些建筑来研究。如果拱顶对空间感知度有特定的影响，这仅仅是因为整个空间的设计如此而已。总体上，拱顶不得独立于建筑物。对在建筑史上司空见惯的拱顶过分雕琢的原因在于未能读懂看似简单的建筑元素，且这些元素的真正价值通常极其难以理解。将 1400 年左右仍在广泛使用的传统拱顶形状（见第 237 页左下图）与 16 世纪早期的组合方式（如安纳贝格和施瓦本哈尔的组合）进行比较后，清晰地体现了向更复杂的设计和更纯熟的空间利用转变。

贝内迪克特·里德
布拉格赫拉德维拉迪斯拉夫大厅，1493—1515年

时间的推移，这两种建筑文化的碰撞会愈演愈烈，从而导致德国的建筑师和后期建筑历史学家均产生自卑情结。

从当时的记载可明显看出当时的情况可能有所不同，这种观点并不符合建筑史的情况，因为在建筑史上，意大利文艺复兴的影响时间长达500年。1517年，阿拉贡的红衣主教路易吉（Cardinal Luigi d'Aragon）的意大利同伴对一次中欧旅行作了如下记载："（德国人）非常重视弥撒和教堂，并修建了许多教堂，而当我将这一情况与意大利人对弥撒的看法进行比较时，才发现意大利摒弃了多少破旧的教堂，我非常嫉妒这些国家……"

结论

如果不考虑宗教改革运动和文艺复兴的介入，就不可能概括德国建筑会如何发展（如我们所见，德国建筑在1500年就实现了空前的现代化）。它们均带来了意义深远的影响。尽管德国的晚期哥特式建筑仍可满足新建教堂的需求，但教堂建筑因宗教改革运动的直接影响而日趋衰落。对于文艺复兴，我们可以想象意大利新型建筑对晚期哥特式建筑的石匠大师们带来的震惊、复杂而又矛盾的情绪，其影响与当代人关于经典建筑的形式和原理的争论截然不同。从长远来看，这种争论不会带来真正意义上的进步。

文艺复兴时期的建筑对德国的影响和文艺复兴时期的绘画对德国的冲击大不相同：在德国，寻找"丢勒式建筑"只会白费功夫。随着

安纳贝格圣安娜教堂
拱顶，1525 年竣工（上图）

阿斯菲尔德（Alsfeld）圣瓦尔普吉斯教堂（St. Walpurgis）
唱诗堂的拱顶石，约 1400 年（左下图）

施瓦本哈尔圣米歇尔教堂唱诗堂的拱顶石，1525 年后（右下图）

巴勃罗·德拉列斯特拉

斯堪的纳维亚和中东欧的哥特式建筑

罗斯基勒大教堂（Roskilde Cathedral）东向视图

欧登塞（Odense）圣克奴德教堂（St. Knud's Cathedral）东向视图

斯堪的纳维亚和中东欧的中世纪建筑几乎是被艺术历史学家完全忽视的边缘学科，他们显然觉得这一学科在整个欧洲范围内受到冷落，被看作异类。因此，我们会发现这些地区的建筑很少被看作是欧洲的文化遗产。然而，仅哥特兰岛（island of Gotland）就拥有91座中世纪教堂，而里加是最美丽的汉莎同盟城市之一，塔楼最多。据说维尔纽斯（Vilnius）的圣安娜教堂使拿破仑（Napoleon）神魂颠倒，因而拿破仑说过一番话："如果可以，我真想将这座教堂捧在手心里，然后带回巴黎。"

对于波兰，有一个特别的问题：因许多古迹位于德国历史疆域内，因此波兰没有多少古迹，更别提西里西亚（Silesia）、图林根（Thuringia）和布拉格外的波西米亚了。另外，波兰与同一时期的斯堪的纳维亚一样，其地方哥特式风格通常与德国各个地区的地方哥特式风格密切相关。

格哈德·艾默（Gerhard Eimer）曾说："在中世纪即将结束时，因波罗的海地区周围的民族之间的长期交流及其居民的紧密联系而形成了一个独立的文化领域……赋予了作为混合语的低地德语（Low German）一个重要功能，即作为这一共同身份的载体。低地德语的使用范围包括西佛兰德斯，乃至东波罗的海地区（尤其是北部城市），且和母语一同被人们理解。"

在这方面，汉萨同盟及其中心吕贝克拥有特殊的地位。还需要进行更为详尽的分析，以确认斯堪的纳维亚君主、西多会修士和行乞修道士各自所扮演的角色，而各种不同的思潮，如瑞典的"布里奇特主义"（Bridgetinism）也会纳入考虑之列。波罗的海地区的哥特式风格并非只有吕贝克和汉萨同盟的风格，也并非只有砖结构建筑风格，这可从爱沙尼亚和瑞典的众多石砌建筑中看出来。

丹麦和瑞典

丹麦和瑞典的哥特式建筑有不同的历史渊源。罗斯基勒大教堂（见右图一）接受的是早期法国哥特式风格，不久之后哥特式风格才首次在德国建筑中亮相。尽管罗斯基勒大教堂不同于努瓦荣（Noyon）、阿拉斯（Arras）和拉昂（Laon）的哥特式教堂，但若没有它们，简直难以想象。如果没有法国建筑和艾蒂安·德·搏尼埃尔（Estienne de Bonnueil）的作

吉斯灵厄教堂（Gislinge church）

品，难以设想在建筑史上意义重大的乌普萨拉（Uppsala）大教堂（见第239页左下图一）的设计风格。不过，特隆赫姆大教堂（Cathedral of Trondheim）却是英国教堂。马尔默（Malmo）的圣彼得教堂（St. Peter's）、里加的圣詹姆斯教堂（St. James）或斯德哥尔摩（Stockholm）的利达尔教堂（Riddarholm Church）可轻而易举地建在吕贝克。甚至威斯特伐利亚也具有波罗的海地区的哥特式建筑的显著特征。尽管教堂风格多样，但这整个地区几乎所有主要的教堂均装饰了吕贝克著名艺术家的双扇祭坛画和其他艺术作品，这一事实清晰地表明吕贝克是波罗的海中世纪时期的文化发源地。艺术家伯恩特·诺特科（Bernt Notke）独自构思了奥尔胡斯大教堂（Aarhus Cathedral）的祭坛、塔林圣灵教堂（Church of the Holy Ghost）的作品《死亡之舞》（Danse Macabre）、乌普萨拉的原高祭坛和斯德哥尔摩的圣尼古拉教堂。而奥尔胡斯（Aarhus）大教堂和欧登塞大教堂的圣母圣坛装饰画由克劳斯·贝格（Klaus Berg）负责。

丹麦哥特式教堂建筑的特征主要集中在室外的阶梯式山墙，如吉斯灵厄教堂。这一特征通常可用于教堂中所有的山墙，包括主山墙、塔顶及耳堂的鞍形屋顶（见左图）。尽管威斯特伐利亚采用非阶梯式三角墙，但该特征显然来源于此。丹麦阶梯式山墙结构简单，无尖顶，且采用带盲壁龛的吕贝克风格，这一特征显然源于世俗建筑。策勒附近的温豪森（Wienhausen）修道院便可证明，这种特征在德国教堂中也并不少见，但在丹麦，该特征被系统性地用于大小不一的建筑物中。相比之下，勃兰登堡或艾门兰（Ermland）教堂建筑中的阶梯式山墙要复杂得多。这些阶梯式山墙与丹麦风格区分显著。至于教堂的结构，通常设置为高侧窗处不易看到的假巴西利卡形制。这些教堂包括赫尔辛格（Helsingør）的圣玛利教堂（St. Mary）、克厄（Koge）的圣尼古拉教堂、奈斯特韦兹（Nastved）的圣彼得教堂和哈尔姆斯塔德（Halmstad）的圣尼古拉教堂。

丹麦领土上最重要的四座哥特式教堂中的三座教堂为：上述提及的罗斯基勒大教堂、奥尔胡斯大教堂和欧登塞圣克奴德大教堂（见右图二）。第四座为哈泽斯莱乌（Haderslev）原来的牧师会圣母教堂。罗斯基勒教堂自然地融入了法国北部带长廊唱诗堂（可追溯至13世纪最早期）的砖结构风格中。

值得一提的是，这种风格未得到进一步的发展。即使中堂楼廊未设窗户，欧登塞的圣克奴德教堂却和巴西利卡会堂等高，但这座教堂几乎与罗斯基勒大教堂毫不相关。14、15世纪这类大教堂最吸引人的特点在于连拱廊上精美的图案。15世纪，奥尔胡斯大教堂的圣坛被重建，成为一座带有巨大八边形墩柱的厅堂式教堂。与大多数位于德国北部和丹麦且属于晚期哥特式风格的教堂一样，奥尔胡斯大教堂的内部采用白色涂料粉刷。最后，哈泽斯莱乌的巴西利卡圣母教堂（建于1430—1440年）体现了吕贝克的影响力。位于哈泽斯莱乌的带高窗多边形圣坛或许是丹麦最精美的哥特式圣坛。

丹麦哥特式建筑还包括一系列不同凡响的小教堂，这些小教堂的内部均彻底上色（如瑞典的小教堂），包括位于法内菲约德（Fanefjord）、沙比（Säby）和图斯（Tuse）的小教堂。通常以这种方式粉刷主要大教堂的部分区域，而罗斯基勒大教堂的主显节祈祷室（Epiphany Chapel）却是例外。

在瑞典，最重要的哥特式教堂建筑中有三座保存了下来，不过风格大有改观。19世纪，对位于乌普萨拉（见左下图一）和斯卡拉（Skara）的大教堂以哥特式（Gothic Revival）风格进行了重建。而且乌普萨拉的大教堂在20世纪70年代又经历了一场大胆的"去除新假哥特式风格（de-neo-gothicking）的改建"，改建发生在人们对哥特式复兴产生兴趣之前不久，差一点被阻止——若阻止成功，这将是一笔惨痛的损失。

同样地，斯德哥尔摩大教堂（Great Church，圣尼古拉教堂）外部在更早时期（1763—1765年）也不幸经历了一场外部重建，目的是使之可与巴洛克建筑风格的斯德哥尔摩皇宫（Royal Palace）相媲美。

然而，如同丹麦的罗斯基勒，作为法国哥特式风格的标准承载体的乌普萨拉仍是个例外。瑞典的典型风格是威斯特伐利亚地区的厅堂式教堂，比如石头结构和砖结构。在哥特兰岛上，威斯特伐利亚的影响同样具有决定性的作用，其中德国北部的厅堂式教堂是位于谢宁厄（Skänninge）、韦斯特罗斯（Vasteras）和诸多其他城镇的教堂的原型。

维尔纽斯
圣安娜教堂，西立面

瓦斯泰纳（Vadstena）圣毕哲（布里奇特）修道院（见左下图二）尤其值得一提。这座修道院字面上符合其创始人圣女毕哲（St. Birgitta，布里奇特）的"神的"建筑指示。圣毕哲的建筑规格在精确性上在14世纪是独一无二的。供修女和僧侣用的教堂曾修建在皇家官邸的旧址上，对圣人来说，这象征着一种谦逊的自豪感。

这座教堂（建于1369—1435年）的材料为石头，但起初的设计图并非如此。未设有后堂的矩形室内是一座由具有五个跨间的三个侧廊构成的厅堂，跨间的测量面积为100m²。僧侣唱诗堂位于西侧，而修女唱诗堂曾由中堂中的"悬空"木结构（现已取消）构成，修女唱诗堂可从围绕区域（claustrum，修道院内的修女区），再经一座桥进入。作为一种宗教运动，布里奇特主义在15世纪早期就已经起着举足轻重的作用，从而于1435年在巴塞尔议会上引起了一场严肃而认真的讨论。

波罗的海国家

在波罗的海国家中，立陶宛（Lithuania）拥有的哥特式建筑最少。这与基督教的姗姗来迟（1386年）息息相关。因此，尽管立陶宛毗邻波兰和普鲁士（Prussia），但这个波罗的海国家受德国建筑史的影响最小。与拉脱维亚和爱沙尼亚不同，立陶宛既没有汉萨同盟城市，也没有由条顿骑士团建立的要塞。尽管如此，考纳斯（Kaunas）和维尔纽斯受马格德堡法律的管辖，因此这两座城市至少具有部分西化特征。

或许，立陶宛最引人入胜的建筑特征是一些砖砌立面，尤其是维尔纽斯西多会修道院的圣安娜教堂（建于1500年左右，见右图）的砖砌立面。从西欧建筑的角度来看，圣安娜教堂的砖砌立面似乎是一种完全独立的创造，充满异国情调。这是一种装饰奢华丽、轮廓张扬的表达：中间是圆拱窗，它在葱形装饰的下方被纵向一分为二，类似于很久以前流行的帕拉第奥风格（Palladian）的戴克里先式（Diocletian）窗户。这点使人想起了19世纪哥特复兴时期的独特创作。

乌普萨拉大教堂（Uppsala Cathedral）中堂，西向视图

瓦斯泰纳圣毕哲（布里奇特）修道院

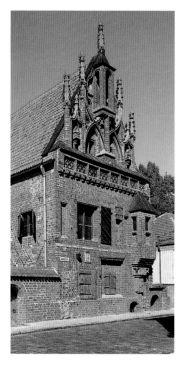

考纳斯超考纳斯风格（Perkaunas）的建筑街面

一个更倾向于西方化的组合是考纳斯的晚期哥特式超考纳斯风格的建筑。该建筑可能修建于1500年后，这类建筑可能被汉萨同盟商人修建成了仓库和总部（见左图）。

1201年，不来梅的阿尔贝特（Albert）将拉脱维亚的都城里加建成了一座德国城市。里加中世纪建筑风格的来源按时间先后顺序分别为威斯特伐利亚、吕贝克和格但斯克。里加最古老的4座教堂为里加大教堂、圣詹姆斯教堂、圣彼得教堂和圣约翰教堂，这些建筑可视为仅具有部分德国哥特式风格。同样地，著名的三兄弟（Three Brothers）行会会馆等世俗建筑及诸多其他建筑也是如此。

或许因罗斯托克的缘故，堪称最重要教堂建筑的里加圣彼得教堂（见下图一）是根据吕贝克的圣母教堂来设计的。1407—1409年，小鲁姆朔特尔（J. Rumeschottel）大师完成了宏伟的巴西利卡形制的唱诗堂的建造。然而，17世纪后期的巴洛克塔楼却使人回想起汉萨同盟城市汉堡的圣凯萨琳教堂（St. Catharine's Church）。

在13世纪建造的石砌厅堂式教堂或带阶梯式后堂的教堂中，爱沙尼亚塔林的哥特式风格并没受到威斯特伐利亚的影响。在15世纪，这种风格用于高耸巍峨的巴西利卡式建筑。圣尼古拉教堂和圣奥莱教堂（Church of St. Olai，见下图二）均很精美，其简单的结构由矩形墩柱支撑。横向拱由枕梁支撑，使墙面分离。自16世纪以来便成为遗迹的塔尔图多帕特大教堂（Cathedral of Tartu-Dorpat）呈现了一个巨大的巴西利卡立面，其中设有假暗楼和八边形墩柱，而附墙圆柱设置在墙角处。在爱沙尼亚的许多小教堂中，对早期哥特兰岛哥特式风格的借鉴是显而易见的。

芬兰在很长一段时间仍受到德国建筑和瑞典建筑的影响。图尔库（Turku，土著）大教堂在波罗的海地区是拥有最精美的砖结构大教堂之一（见下图三）。这个巴西利卡式结构的中堂高24m、宽9.9m，显得蔚然壮观。

波兰

波兰的哥特式建筑的密度远大于斯堪的纳维亚半岛的其他国家。13世纪，波兰王国较大的城镇根据德国法律进行了改革。在14世纪，建立了大量的居住地，而许多居住地的渊源可直接追溯至卡西米尔大帝（Casimir the Great，1333—1370年）时期。

德国人口在新老城市的居民中所占比例也相当庞大。

1350年后不久修建的维希利察教堂（Wislica）是最吸引人的建筑物之一。它是对教堂的一种独创性的改制，采用了半世俗建筑理念，比如修道院的餐厅和牧师会礼堂。

这座双侧廊建筑的星形肋架拱顶由无柱头的多边形墩柱支承。此类设计的原型应该是贝本豪斯（Bebenhausen）修道院或莫奥尔布朗（Maulbronn）修道院等。这座拱顶的原型可能是条顿族骑士团在普鲁士修建的建筑。

建筑历史学家经常提到西多会建筑在波兰哥特式建筑中的作用。这也适用于质量至上的建筑物，如克拉科夫瓦维尔（Wawel）的石砌砖结构大教堂（始建于1320年）。遗憾的是，其原始风格因后期的翻修和大量的室内陈设而变得模糊不清。

克拉科夫大教堂（Cracow Cathedral）的回廊设有巴西利卡立面和长方形东区，回廊这一结构分为两部分：下方连拱廊中的多个巨大开口和上方设有尖头窗的高侧窗，一对盲壁龛位于每个尖头窗的两侧。东区也具有类似的结构划分，从端部跨间的拱顶处开始。

拱顶的矩形区域再分为三个更小的矩形区域，这三个小矩形区域共同的端部位于墙壁的中心轴上。克拉科夫大教堂的东区胜过弗罗茨瓦夫（布雷斯劳）大教堂的东区，后者的连拱廊上方设有一扇窗户。

里加圣彼得教堂　东区

塔林圣奥莱教堂

图尔库（土著）大教堂　中堂，西向视图

波兹南大教堂（Poznań Cathedral），唱诗堂

克拉科夫圣母教堂

克拉科夫玛伊乌斯学院　内院

波兹南大教堂是一个无耳堂的巴西利卡式教堂（见第 240 页下图四），经 15 世纪的翻修后更令人心驰神往。回廊的东面、南面和北面耸立着三个塔式间隔区域，达到了高侧窗的高度。这些间隔区域产生了与众不同的效果，从而形成了与圣坛区隔开的连续式暗楼。遗憾的是，波兹南大教堂在巴洛克时期和新古典主义时期被改建，而且在第二次世界大战时期又惨遭破坏，因此如今的这座教堂是重建后的。虽然如此，波兹南却体现了一种高度发达的空间理念，该理念完全通过砖结构来实现。

克拉科夫的圣母教堂在 16 世纪前曾是这座城市的德国社区教堂。这座直冲云霄的巴西利卡教堂是 14 世纪由建筑师尼克拉斯·维尔纳（Niklas Werner）开创的高成本工程的结晶。未设有扶壁的西面有两座塔楼，其中西北塔楼归这座城市，而非这座教堂（见左上图）所有。

1478 年，木匠赫林吉克大师（M. Heringk）为克拉科夫圣母教堂的西面增加了一面带尖顶的护墙，堪称欧洲最好的护墙之一。这座护墙可与布拉格的泰恩教堂（Teyn Church）的护墙媲美，且彰显了最高超的几何技巧。这座护墙由八个突出部分（形成一个平面中的八角星）构成，上方是围绕一座高高耸立的中央尖塔的多个小尖塔。最矮的环绕壁架的下方是装饰性木雕雕带，这使人想起瑞士和东欧类似的木制装饰品。一个镀金皇冠使这座尖塔熠熠生辉（1666 年，将原来的皇冠更换为现在的皇冠）。这类金冠与欧洲的其他哥特式建筑物，如托莱多大教堂（Toledo Cathedral）和凯尼克斯费尔登（Königsfelden）修道院教堂中的王冠类似，但这些金冠具有不同的象征意义。

克拉科夫的瓦维尔大教堂曾拥有类似的尖塔式屋顶，但在文艺复兴时期被拆除了。

克拉科夫也拥有一座欧洲少数幸存的中世纪大学建筑物——玛伊乌斯学院（Collegium Maius），这所大学由约翰·马松（Johann the Mason）建于 1492—1497 年，是一个独创的建筑成就。耳房分布在庭院周围，各耳房的主要特征是设在墙壁前用于容纳上层走道的连拱廊，在上层走道的上方隐约可看见与上层走道等宽的挑檐（见右上图）。

在克拉科夫文艺复兴时期，瓦维尔的城堡以相同的原理修建。这座带连拱廊的哥特式庭院远离尘嚣，是阿尔卑斯山北部地区最古老的庭院之一。这些连拱饰使人想起了匈牙利（Hungary）维谢格拉德（Visegrad）国王马提亚斯·科维努斯（King Matthias Corvinus，1458—1490 年）的夏宫。

在许多细节上，如雕刻在连拱廊墩柱上的几何图案，可看出这所学院与奥地利晚期哥特式教堂中西面楼廊的建筑结构密切相关。哥特式建筑起源于波兰的东部和波罗的海三国、俄罗斯的南部。这些地区属于东正教教堂（Orthodox Church）的领地，因此具有典型建筑结构的哥特式建筑从未扎根于此。一幅假想的哥特式建筑世界地图会描绘以下画面：西部边境是位于加勒比海（Caribbean）的圣多明各（Santo Domingo）岛，卡斯提尔人在这座岛上修建了一座厅堂式大教堂；东南边境由圣地——十字军东征（the Crusades）的目的地构成；欧洲范围内最东边的地区为特兰西瓦尼亚（Transylvania），而哥特式风格随着德国殖民地化而传播至此。哥特式风格通过越境传入墨西哥和厄瓜多尔（Ecuador），它作为一种风格在十六世纪晚期和十七世纪得以延续下来，而哥特式风格复兴在十九世纪和二十世纪实际上成为一种世界性的建筑风格。

埃伦弗里德·克卢克特（Ehrenfried Kluckert）

中世纪的城堡、骑士和宫廷权贵爱情观

　　毫无疑问，除了教堂以外，中世纪最伟大的建筑是城堡。德国经过11世纪王宫式堡垒的发展以后，开始转而强调城堡的高度不仅具有实际用途，而且还有标志性意义，因此城堡当然越高越好。公爵或者王侯家族之间竞相比较，到底谁修建的城堡实际高度要"高"些？在中世纪的人们看来，城堡的高度直接表明城堡主人的权势和财富。

　　德国西南部地区是欧洲广泛修建城堡的地区之一，以该地区为例，我们可以简要回顾一下城堡修建的政治、社会和法律因素。索伦伯爵（Counts of Zollern）后裔霍恩贝格王朝（Hohenberg）修建的山顶城堡作为他们统治权力的象征，非常具有特色。12世纪，霍恩贝格王朝作为索伦家族的一脉，为所要修建的城堡，寻找到一个靠近丘陵草坪的石块山头，即现在靠近罗特维（Rottwei）的韦斯特瓦尔德山（Westerwald，也就是 Hummelsberg）。城堡高1000m，比霍亨索伦（Hohenzollern）的索伦城堡（castle of the Zollern）高出150m。为了强调这一情况，伯爵的家族以这座城堡的名字把他们的家族命名为"高山"（hohen Berg，英文为 high peak）。城堡所处的锥状地形四面十分陡峭，这也是斯瓦比亚地区丘陵的显著特征。这样的地形特征是表现权势与尊贵的理想象征。

　　中世纪的城堡是宫廷生活的中心区域。有资料显示，1286年圣诞节期间，霍恩贝格王朝的阿尔贝二世伯爵（Count Albert II）就在城堡内举行了长时间的盛大庆典，欢迎并宴请他的姐夫——德国国王鲁道夫一世（Rudolf I）。我们还知道城堡内雇佣了众多的宫廷官员，如管家、总管和司仪官等，这都表明城堡内经常举行庆典活动。

　　可以想象一下，典型的中世纪城堡是如何设计的？尽管不同区域修建的城堡类型有所不同，中世纪德国的城堡在很大程度上还是沿用了相同的设计风格。城堡首先必须满足两项基本要求：必须具备抵抗外敌入侵的防御性功能，同时又能够为公众，尤其是宫廷的社交活动提供完善的活动场地（见左下图）。

　　城堡的周围通常环绕着一圈以巨型扶壁支撑的护墙，护墙上通常建有带屋顶的过道，而护墙的其他部分通常以扶壁加固。城堡的入口

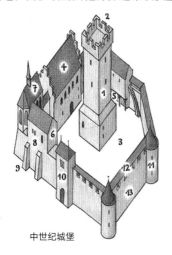

中世纪城堡

即是门房，城堡边角和护墙上都建有塔楼。出于安全的考虑，城堡的住宅部分和礼拜堂都建在塔楼附近。城堡用于家族居住和公共活动的区域是主楼（palas），也就是其他建筑的大礼堂。喂养牲畜的圈栏就在主楼一旁。城堡主塔位于护墙的中心位置，有时候靠近主楼或与主楼连在一起的建筑。

　　位于斯图加尔（Stuttgart）北部的利希滕贝格城堡（Lichtenberg Castle）是中世纪德国城堡中少数得以完整保留的城堡之一（见下图一），石匠们留下的刻印表明该城堡大约建于1220年。

　　回归霍恩贝格王朝之后，符腾堡家族他们与图宾根行宫伯爵（Counts Palatine of Tubingen）一起，在12世纪和13世纪，成为德国西南部地区的统治家族，拥有上内卡河谷（Upper Neckar Valley）的大片土地。除了霍恩贝格王朝的主城堡之外，他们后来还拥有了罗腾堡（Rottenburg）、符腾堡（Horb）和其他地区的一些城堡。

　　符腾堡坐落在山顶之上俯瞰内卡河（Neckar）的小城，正是符腾才让他们接近想要住在塔楼林立之城的梦想。符腾堡之前的主人已经规划好城堡的修建方案，即在符腾城市上方凸起的大石块上建起一座城堡，但是他却没有等到城堡建成完工就已经去世。13世纪末期，符腾堡由于家族间的联姻而转至霍恩贝格王朝名下，继而由霍恩贝格王朝完成了城堡的修建。建成后的城堡把符腾的中心区域与城堡连成一片，其中包括了城市教堂（完工于1260—1280年）、圣十字学院教堂（Collegiate Church of the Holy Cross）以及为圣母玛利亚特设的教堂。

　　符腾的城市和城堡以统一的形式向前发展（见下图二）。符腾几乎是第一座以城镇（源于德语 Residenz，即"居住地"的意思）为基地获取政权的德国城镇，这就意味着越来越多的伯爵家族成员集中在这座城市居住，而该情况也大大促进了宫廷作为社会行政体系的功能。

　　霍恩贝格王朝的阿尔布雷希特伯爵二世（Albrecht II）曾经在偏远的帮会城堡（Weilerburg）居住。1291年，他在罗腾这座城市后面的山上大兴土木，修建自己的府邸，把作为府邸的城堡与下方的城市连成了一体，而这也给内卡河上的罗腾带来了很大的变化。统治阶层越发倾向于在更加适合宫廷特殊社会和政治功能的地理位置，修建自己的政权所在地。罗腾这座山崖上的城堡与其下城市的社会活动隔绝，但没有被废弃，只是很大程度上失去了城堡的居住功能。政权所在地转移到罗腾，这座城市很快成为霍恩贝格王朝的首府，而它作为一座居住性城市时，甚至超越了霍恩贝格王朝的统治时期。

　　如此一来，城堡向城市转移，促进了14世纪居住性城市的发展。城市新格局影射了政治和社会情况的新格局，实际上是政权交替、财产易主的产物。为了巩固政权，统治者修建了更多奢华的宫廷建筑，也使耗资巨大的修建方案，如城堡城市和城堡宫殿，有了资金来源。

奥伯斯滕费尔德（Oberstenfeld）利希滕贝格城堡（位于斯图加尔附近），约1220年

内卡河上的符腾堡。位于教区教堂右侧的是"罗格塔楼"（Rogue's Tower）

《热恋中的情侣》雕版，约 1480 年
阿尔贝蒂娜博物馆，维也纳

《视觉》，约 1500 年
羊毛和丝绸挂毯，300cm×330 cm
巴黎克吕尼博物馆

后来，骑士精神发展成为中世纪宫廷理想文化的主要特点，这种文化最浪漫和最富色彩的表达方式便是典雅爱情（按照德国传统被称为 Minne），即卑微的骑士对贵族公主产生的无私侠义的爱情，其精髓就是可以为所爱之人牺牲自己。

这样的典雅爱情有着多种正式表达方式，而双方爱情的象征之物便是公主为骑士系上一根细绳。一幅大约创作于 1480 年的雕版作品，描绘了两道盾形纹章中间站着一对热恋情侣（见左上图一），作品还可以清楚地看到骑士的脖子上围着系有情人绳的流苏围巾。这根绳子显然是情侣之间爱情关系的象征之物。到了 14 世纪和 15 世纪，这种象征之物又变成了表示彼此忠贞不渝爱情的细绳双结。

情人绳的主题还可以从一位无名佛兰芒艺术家创作的《哥达的情人》（The Gotha Lovers，见右上图）画幅中明显看出：这幅作品大约创作于 1480 年，它生动地展现了 15 世纪流行的贵族服饰。中世纪时期，服饰是社会地位的明确标志，甚至还有法律明确规定着装要求，禁止中产阶层和农民穿戴某些贵族专属的着装样式。到了中世纪末期，城市的中产阶层逐渐地宣告自己的权利，并获得了一些穿戴贵族服饰的权利。然而，农民依然被排除在外。

典雅爱情的中心主题便是"爱情花园"（Garden of Love），这一说法首先出现于 13 世纪描写典雅爱情的寓言诗集《玫瑰恋史》（The Romance of the Rose）。"爱情花园"的创作大师大约在 1450 年创作的雕版（见左下图），把维纳斯化身成为米娜公主（Lady Minne），公主正在给她面前的廷臣们分发弓箭——弓箭也是宫殿爱情的一种象征。雕版的背景是一位全副盔甲的骑士跪在凉亭之下，他的双手抱在一起表示恳求，而他周围所有其他人却非常轻浮。

这样的绘画作品中，花园本身以及里面各种各样的动物和盛开着繁花的植物，都是典雅爱情的象征。

在很多情况下，画幅中还包括镜子，尽管镜子的含义并不明显：镜子是虚空的象征，或者是指代纳西塞斯（Narcissus）欣赏自己水中倒影时的自恋神情。

法国中世纪时期有一组描绘五种感官的挂毯，其中一幅名为《视觉》（Sight）的挂毯就刻画出一位坐在独角兽旁边的公主形象（见左上图二）。与只有处女才能驯服独角兽的寓言故事一致，她一边抚摸着独角兽，一边拿起镜子凝视自己。该场景置于花卉图案当中，脚底下还有一片鲜花盛开的草坪，草坪上还有各种动物，比如野兔、小狗、豹子和狮子等。

其实，这也是"爱情花园"的一种变形样式。"爱情花园"这个主题总是把一对恋人置于动物活蹦乱跳、植物枝繁叶茂的背景中，显然是在指代另外一座花园，即伊甸园。典雅爱情画幅中类似的宗教背景，在美因河畔法兰克福（Frankfurt am Main）的《天国花园》（Garden of Paradise）中体现得尤为明显。

宫廷的艺术作品借鉴了宗教艺术作品的构图方式和意象表达。中世纪后期，此类借鉴的主题既代表了灵魂和美德，又代表了基督教的启示，基督教艺术与宫廷艺术已经没有了确定的分界线。

无名佛兰芒艺术大师
《哥达的情人》
约 1480—1485 年
木版油画
11cm×82cm
哥达城堡博物馆

当然，通常情况下，对于政权的断言和宣扬也会招致祸患，所以城堡及其周围地区必须加以严格防范。固若金汤的城墙以及装备精良的爵士队伍，是抵御外敌入侵的必要条件。但一般来说，在武力冲突之前都会有艰难的外交谈判。如果所有非武力的解决方案都毫无效果，那么就会发给敌方一份宣告敌对状态的急件，然后双方均返回到各自的城堡，为即将开始的战争做好必要准备。

不论是主动对抗敌人的侵略，还是抵御外敌的侵略，城堡和城市都需要进行繁杂的准备工作。战争结束以后，通常会签订和平条约，以防止未来产生争端。条约会明确划定边界，而且边界的划定非常详细，具体到某个牧场或者某块封地。

然而，后代的子孙还是会因为这些战争的既得利益产生冲突，继而重新开始争夺。如果这些争端不得到解决，最终还会引发战争而造成城堡的毁坏或者易主。在中世纪时期，正式的争端通常被视为恢复祖辈权力范围的合法手段。

少数的中世纪城堡，也就是后来的居住性城市，逐渐发展成为文化中心。一些具有艺术修养的王公贵族把学者和艺术家们请到宫中，并创办大学，还下令修建教堂和宫殿，并对其进行装饰。

骑士是众多廷臣中的一类爵位，我们可以认定爵位的概念起源于中世纪早期的宫廷护卫。由于封建社会的世袭制度，骑士护卫逐渐获得土地，在很大程度上获得独立，所以有着骑士背景的伯爵一般都可溯源至骑士护卫。由于骑士护卫这样的经济和社会基础，自然形成了骑士爵位的军事性特征。骑士是国王和皇帝的随从人员，他们被册封土地，后来这些土地就成为了他们的个人财产。

描绘"爱情花园"的大师 《爱情花园的米娜公主》，约 1450 年，雕版 1450

芭芭拉·博恩格赛尔（Barbara Borngasser）

意大利的哥特式建筑

1962年，艺术史学家保尔·弗兰克尔（Paul Frankl）看着佛罗伦萨大教堂的主教堂（Duomo），问道："这样的哥特式算是真正的哥特式吗？"尽管之后的艺术史学家们总是作出强调性的肯定回答，但还有许多人对此表示怀疑，因为他们觉得这样一座厚实坚固的巨型建筑，根本不具备透明空灵和"化墙壁为无形"等阿尔卑斯山脉以北哥特式教堂的基本特征。然而，风格纯化论者更加疑惑还有以下原因：尖状拱券和肋形拱顶这两种设计在法国的哥特式建筑出现以前，已经在意大利被人熟知，很久以来这两种设计都被视为界定哥特式建筑的基本特征。西西里岛（Sicily）的诺曼人，早在11世纪末就从伊斯兰建筑中汲取了尖状拱券的设计手法，大约在同时期，肋形拱顶的设计也被引入意大利的伦巴第地区（Lombardy）。

人们现在普遍认为，意大利的哥特式建筑不能以其对法国的依赖程度来衡量。艺术史学家们确信，意大利早期从传统建筑中吸收的设计方案，尤其是古罗马传统设计中的空间概念，已经与当时在法国发展起来的建筑理念大相径庭。这种现象并非由于建筑师对欧洲北部设计模式的无知，而是由于他们有意识地在寻找意大利建筑本身的渊源。圣方济修会（Franciscan）和多明我会（Dominican）的教堂宏伟壮丽，与法国哥特式建筑透明空灵的风格形成鲜明对比。但意大利哥特式建筑并不以高耸的中堂和明亮的唱诗堂表现其宏伟、气派的形象，而是以建筑精心平衡后呈现出的清晰结构来达到这样的目的。但即使是这样，从大范围角度来看，意大利的哥特式建筑仍然保持了法国哥特式建筑的特征，而建筑的平面图更是如此。

然而，大教堂的修建很难采用更为简单的修道院式风格，因为大教堂必须修建得宏伟气派，才能成为城市的标志性建筑。市政大厅占据了城市景观的主要部分，其齿状的轮廓高高屹立于城中，骄傲地象征着政府的权力。宗教和公众的赞助人竞相建起更加奢华宏伟的建筑，这样富有行会、权重主教和势力家族之间的竞争状态，为文艺复兴文化诞生提供了必要条件。所以，意大利的哥特式建筑非常重视建筑的独特性和创造性，而这也是构成其特殊风格的另一重要因素。

在意大利，人们对于哥特式的建筑风格存在一些怀疑，甚至是争论。16世纪著名的建筑师、画家和艺术论家乔治·瓦萨里（Giorgio Vasari），就曾对受到欧洲北部影响的建筑进行了猛烈的抨击，他说那样的建筑似乎不是用大理石和石块砌成，而是用纸做成的。他哀叹说这是种不幸的建筑风格，是意大利建筑艺术的灾难。他还谴责这种无论在装饰还是结构上，都与古典和当时的风格大不相同的设计，应该被称作是德国式的。他相信这种风格最初由哥特人所创立，他们在毁掉了古典时代的纪念性建筑以后，开始着手创立自己野蛮的德国式风格。

瓦萨里是米开朗琪罗（Michelangelo）的朋友和拥戴者，他这样说的主要目的是要把文艺复兴艺术与中世纪艺术分开。然而，他的话语却具有更深刻的意义。"哥特"（Goths）这个词汇在整个中世纪时期被用来指代野蛮部落，特别指待罗马帝国灭亡以后跨越阿尔卑斯山来到意大利的野蛮部落。当时佛罗伦萨处于神圣罗马帝国（德意志民族）查理五世的统治之下，鉴于这种政治形势，瓦萨里对哥特式建筑的争辩超越了艺术史的范畴，而成为一种爆发性的政治力量。然而，不论他对哥特式建筑的抨击出于何种目的，他可能都不清楚自己创造了一个跨越整个历史的词汇。也许不能说他创造了"哥特"这个词汇，但他赋予这个词汇"哥特式建筑风格"（Gothic Style）的定义，即使是负面的定义，但"哥特式建筑风格"也成为与"古典建筑风格"截然相反的一种建筑风格。

与此密切相关的是整个欧洲后哥特式建筑风格的发展情况。由于文艺复兴在艺术史研究方面所起的重要作用，如何评价后哥特式建筑风格的争论，显得尤为激烈。是否如荷兰历史学家约翰·赫伊津哈（Johan Huizinga）的著名论断所声称的那样，15世纪是"中世纪艺术的衰落阶段"，抑或如同"中世纪研究家们的反抗活动"所表明的，15世纪是现代艺术的萌芽阶段？即使到了今天，人们依然强调后哥特时期和文艺复兴时期艺术的不同，而并不看重两者间的关联性。从意大利的建筑看来，这就意味着14世纪衰落时期的大型建筑工程——米兰大教堂（Duomo）和博洛尼亚（Bologna）的圣彼得罗尼奥教堂（Church of San Petronio）——在中世纪时期对古典建筑艺术发展新趋势造成阻碍，人们因此也否定了其大型建筑的意义。它们对于国际性传统建筑风格的回归或者总结作用，以及作为新型审美观念的先驱意义，直到今天仍然被大大地低估了。

中世纪后期的意大利

当时，意大利半岛地区的政治文化都没有统一，神圣罗马帝国和教会的利益不同，这片地区被划分为相互对立的两个阵营。帝王腓特烈二世（Emperor Frederick II，1220—1250年称帝）在意大利建立起大都市般的国家，而1266年前，意大利南部地区一直处于霍恩斯托芬王朝（Hohenstaufen）的斯瓦比亚家族（Swabian）统治之下。这一时期，复古风格的绘画和建筑工程与最新的哥特式风格相结合，宫廷的文化则全然接受了普罗旺斯的诗歌艺术和阿拉伯的科学技术。腓特烈二世的儿子曼弗雷迪（Manfred）于1266年逝世，后来他的孙子康拉丁（Conradin）又被砍头。两年以后，在罗马教皇的邀请下，安茹王朝继位，这也使意大利南部地区深受法国建筑的影响。在意大利中部地区，罗马和教皇之间的争端延续了整个14世纪，在两段"巴比伦流亡"（Babylonian Captivity）时期（1309—1377年间罗马教皇迁至阿维尼

翁时期，以及1378—1417年教会大分裂时期），罗马同时拥有两个甚至三个教堂，这种情况严重威胁到永恒之城的繁荣。

意大利中部和北部地区的统一有着同样变化的历史，这一段历史绝对不能说是风平浪静。腓特烈二世于1250年逝世，导致意大利北部地区的皇权逐渐衰落，该地区的城市开始独立，并逐渐富裕起来。城市人口增加，贸易和工业开始繁荣，为生动城市文化的出现创造了条件。即使这样，中世纪后期的意大利仍然危机重重。1347—1352年的黑死病夺去了许多生命，可能至少有三分之一的人口死于瘟疫。之后，又有其他一些瘟疫在意大利的城市中横行肆虐。同时，忠于教会的派系与忠于神圣罗马帝国的派系间持续内战，双方都精疲力竭。教皇的支持派圭尔夫派（Guelphs）与吉柏林派皇帝的支持派（Ghibellines）之间的冲突不仅导致了两大派系间的分裂，甚至也造成了派别内部的分裂。意大利的主要城市，比如佛罗伦萨、锡耶纳（Siena）和比萨也不时卷入战乱之中。

最终，非贵族阶层的中产阶层对于贵族间灾难性的冲突忍无可忍，他们开始自行组织起同行公会以及执行委员会。比如，佛罗伦萨在1293年颁布了《正义法规》（Ordinances of Justice），该法规把贵族和大地主排除在政府之外，而把政府权力交给行会的领袖（虽然原来的统治者可以通过参加行会来发挥其影响力）。然而，由于权力的控制依然不能稳定，试图建立人民统治政权的努力最终还是失败了。到了14世纪，意大利的各个地区都迫切地需要建立起强有力的统治政权。最后，中产阶层还是心甘情愿地将政权交给了贵族和富豪。在佛罗伦萨，从事银行业的麦迪奇家族嗅到了机会，他们开始以平民化的形象示人。

这样一来，意大利就形成了两个相互对立的政府：基于社会中上阶层的城市共和国政府，比如在佛罗伦萨和威尼斯实行统治，以及强权诸侯，原先通常是佣兵队长（condottieri）组成的政府，比如在米兰、费拉拉（Ferrara）和曼图亚（Mantua）进行的统治。

托钵修会的教堂

圣方济修会和多明我会率先给意大利哥特式建筑带来独特的形象。圣方济修会和多明我会的修道院一般建在靠近公众的地方，因为这两个修会的主要任务不是对生命的沉思冥想，而是给予公众教会关怀以及在日益发展的城市传教布道。托钵修会则响应了这项任务，他们在靠近城市中心建起了诸多宽敞的教堂，可以容纳数量众多的人入葬教堂。能够葬在这些教堂，就能确保进入天堂后获得富足的生活以及获得隐修会圣人的代祷。教堂的平面图和立视图简单清晰，装饰的元素尽可能地减到最少。教堂宽阔的墙面上画有叙述性的壁画，这些壁画与牧师的布道相互联系，成为牧师对世人传道的视觉辅助工具。

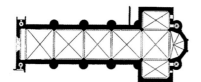

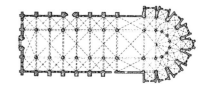

　　阿西西（Assisi）圣方济各教堂（San Francesco）的建成标志着意大利开始进入一个建筑艺术以及文化历史上的全新时代。圣方济各教堂是座双子教堂（一座教堂建在另一座教堂之上），1228 年为了埋葬阿西西的圣弗朗西斯（St. Francis，约 1181—1226 年）而修建了这座教堂。同年，圣弗朗西斯被封为圣人，这座教堂也在 1253 年被封为圣堂。教堂的建筑及其装饰体现了一种表达宗教虔诚的新构想，即圣弗朗西斯自愿接受孤独的生活方式：一种彻底贫穷和谦卑、怜悯一切生命以及抛弃所有世俗权力状态之下勤勉的生活方式。乔托（Giotto）和他的同事们把圣弗朗西斯的生活，以特别的壁画连载方式描绘于上教堂（见左上图）的墙壁。其中最引人注意的一段，描绘了圣人从出生到逝世的一生，其中包括一些著名的事件，比如他在离阿西西不远的小山上给鸟儿传道，身上还出现圣痕的故事。

　　虽然圣方济各教堂的下教堂仍然保持了罗马式的设计风格，它的上教堂却代表了一种新的设计概念，后来这种概念成为整个意大利教堂设计的特定模式。教堂墙壁上的光线非常充足，但却不影响两层楼宽敞空间清晰明了的层次结构。

　　教堂细长的附墙集柱支撑着四个长方形的隔间。虽然从平面图和立面图来看，圣方济各教堂模仿了法国教堂的模式（昂热大教堂、巴黎圣沙佩勒教堂），但教堂产生的空间感却与法国教堂的大不相同。教堂水平方向和垂直方向的线条彼此和谐相融，同时教堂的沉重感得以保留，而且教堂的墙壁与支撑元素间并没有清楚的划分。圣方济各教堂统一而又独立的空间美学设计理念，让人联想起古罗马的建筑艺术以及罗马式的建筑。

　　阿西西的其他教堂，比如圣基亚拉教堂（Santa Chiara），甚至意大利中部的很多教堂都沿用了圣方济各教堂的设计模式。然而，大约同时修建的博洛尼亚圣方济各教堂（见右上图），却采用了完全不同的传统设计。教堂突出的隔屏式西立面（立面与中堂的横截面并不互相呼应）后面是一座带回廊的中堂和侧堂结构，该结构是上乘的西多会风格设计。然而，教堂的立视图也体现出其他风格的痕迹。教堂的砖结构设计沿用了艾米利亚罗马涅地区的传统，而拱顶和独特的十字形交叉部扶垛又模仿了巴黎圣母院的设计。同样

[佛罗伦萨新圣母玛利亚教堂
始建于 1246 年]

[佛罗伦萨圣十字教堂，
1294—1295 年
平面图（右图）]

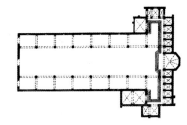

特别的还有其中堂和唱诗堂的不同风格。正如沃尔夫冈·申克鲁尔（Wolfgang Schenkluhn）指出的，这样不同风格的设计并不像人们通常认定的那样，破坏了空间的连续性，而是通过刻意对比的方式以增强设计的效果。

多明我会位于佛罗伦萨的新圣母玛利亚教堂（Santa Maria Novella，见左上图）为意大利的教堂建筑设立新的标准。这座教堂原则上也采用了西多会教堂内带耳堂的中堂和侧堂设计，教堂内的小礼拜堂为方形结构，它的东侧端墙为直线形设计。教堂新颖独到之处在于清晰鲜明的空间结构。教堂的扶垛又细又高，上面附有半边立柱，扶垛上方还有高拱券。这样设计显然起到了划分中堂和侧堂的作用，但更重要的是，它还起到突出强调教堂 100 米纵向空间层次的作用。教堂最有意思的设计是拱券之间的间隔顺着后堂的方向逐渐缩小，这一技巧在文艺复兴时期也用来增加空间的深度。教堂拱顶顶尖位置被抬高，产生了一种增加高度的视觉效果，在此之前这样的设计在意大利也非常罕见。同时，设计减少了水平方向

的推力，这样就省去了必须设置外部扶壁的麻烦。教堂的另一大特色就是用浅色和灰绿色砂岩做成的菱形条纹拱券，这样的设计赋予教堂别样的生机和活力。如此丰富多彩的建筑风格也是托斯卡尼（Tuscany）地区的传统建筑风格。

当时，圣方济各会和多明我会都在致力于扩大各自的影响范围，所以认为两个修会建筑之间有相互竞争的关系当然也是正确的。然而，圣方济各会强调对会众情绪状态的感染和影响，多明我会却更加重视对信仰的理性探求。两个修会这样的区别可以从其与大学的密切联系反映出来，它们各自的著作和组图都反映出彼此的不同之处。然而，在建筑艺术领域，对于不同意识形态的表现方式匆忙地给出结论，也并非明智之举。修会彼此之间、公众与教堂之间或者城市中对立的政治派系之间真的存在激烈的竞争，这种竞争通常较少地采用某种特别的建筑风格作为意识形态的武器，而多以建筑项目的质量和规模取胜于对手。

　　1294年，迫切地想要超过多明我会主要教堂的圣方济各会修士，开始在佛罗伦萨修建一座新教堂。该教堂长115m，宽74m，与耳堂连在一起。它的规模不仅比多明我会的教堂大六分之一，38m 的高度也比多明我会的教堂高出大约四分之一。圣十字教堂（Church of Santa Croce，见第247页右上图）这样的规模也让许多法国大教堂相形见绌，但教堂建成如此规模，并不完全出于修会自我标榜的目的。当时一些富有的佛罗伦萨人喜欢把家族的墓葬堂修在圣方济各会的教堂内，以表达他们对修会理念的顶礼膜拜——活着的时候没有拜过，那就在死去以后再拜。来自银行世家的巴尔迪（Bardi）、佩鲁齐（Peruzzi）和阿尔韦蒂（Alberti）家族在圣十字教堂建起小礼拜堂，乔托（Giotto）、加迪（Gaddi）和其他艺术家还在教堂的墙壁上创作了壁画，作为这些家族纪念性的丰碑。后来瓦萨里把这些壁画粉刷掉，这就完全改变了教堂内部的整体氛围。即使到今天，有些壁画仍被覆盖。

　　圣方济各会创始人虔诚地信仰简单贫苦生活的精神遗产，这与修士们紧密接触世俗贵权具有强烈的矛盾，而这些修士们完全意识到了这种矛盾。两位最赤诚的贫苦生活倡导者，彼得罗·奥利维（Pietro Olivi）和乌贝蒂诺·达·卡萨莱（Ubertino da Casale），就抨击佛罗伦萨人崇尚富贵奢侈的生活是反基督者（Antichrist）的表现。尽管如此，圣十字教堂还是耗费了大量财力，以早期基督教建筑的大规模形式进行设计建造。然而，这座教堂并不是以奢华的装饰，而是以教堂的大型规模、清晰的内部结构以及简单精致的装饰，来实现其富丽堂皇的建筑效果。划分中堂与侧堂的八边形扶垛和薄薄的明窗墙壁，看上去

一点也不起眼。教堂内唯一的装饰元素是扶垛柱头上扁平的半露柱和拱券上由托臂支撑、起强调教堂水平轴线作用的通道（ballatoio，英文译作walkway）。教堂采用跨越中堂的桁架屋顶代替拱顶设计，桁架屋顶对教堂的纵向起到了额外的强调作用。中堂一端宽阔的耳堂墙壁上，安装了高高的尖头窗，耳堂也因此显得非常明亮。位于多边形后堂左右的是五座直端礼拜堂。佛罗伦萨主教堂（Duomo in Florence）的建筑师阿诺尔福·迪·坎比奥（Arnolfo di Cambio，约1240—1302年）很有可能也参与了圣十字教堂的设计。14世纪和15世纪，意大利的建筑师们受到一个持续性问题的困扰，那就是教堂西侧里面的设计。就像新圣母玛丽亚教堂（Santa Maria Novella）、佛罗伦萨主教堂以及其他一些教堂一样，圣十字教堂长期以来都没有西立面，而且至今仍然没有完整的西立面。显然，长方形会堂式的立视结构，很难与意大利建筑师们的审美理念融合在一起。

　　托钵僧会的教堂设计不仅富有创意，而且质量上乘，但人们认为不存在"托钵僧会式建筑风格"的看法，只要对整个意大利其他的重要建筑稍加考量，就会遭到质疑。帕多瓦（Padua）的圣托（Santo）教堂（见上图和第249页平面图）就提供了一个典型例子，该教堂安放了帕多瓦圣人圣安东尼（St. Anthony）的遗骨。教堂的建造历史不大为人知晓，已知的教堂奠基时间大约在1230年，但1230年也可能是托钵僧会教堂的奠基时间。然而，我们可以确定的是教堂现有建筑完工于1310年。圣托教堂是多种建筑形式和传统之下产生的有机结合，尽管它陡峭的鼓形壁和巨大的穹顶，会让人联想到威尼斯的圣马可教堂（St. Mark），但其隔屏状的西立面、八边形塔楼以及砖砌的结构，又会

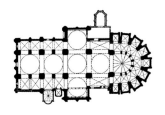

上一页图和左图：

帕多瓦圣托（圣安东尼奥教堂）

约 1290 年，外观（上一页），平面图（左图）

右图：

托迪圣福尔图纳托教堂（Church of San Fortunato），1292—1328 年

下图：

那不勒斯圣洛伦佐教堂，1270—1285 年

让人想起罗马风格的伦巴底教堂（Lombard）。拜占庭式（Byzantine）和阿基坦式（Aquitanian）的建筑元素，比如穹顶十字形的设计方案和中堂的穹顶设计，与教堂的平面图和内部装饰结合在一起。教堂回廊和辐射式礼拜堂的设计，取材于博洛尼亚的圣方济各教堂。教堂的立视结构主要由圆形拱券构成，它的设计还或多或少地采用了哥特式的结构特征。

位于托迪（Todi）的圣福尔图纳托教堂（Church of San Fortunato）是一座精巧雅致的圣方济各教堂，它的设计风格迥然不同（见右上图）。该教堂建于 1292—1328 年，外观看上去就像是其貌不扬的立方形结构，因此步入教堂以后会感到强烈的视觉震撼力：中堂和侧堂采用殿堂式教堂的方式布局，大型肋架拱顶横跨其下方宽敞的无定向空间。细长扶垛支撑的肋拱棱周围环绕着八根附墙立柱构成的集柱，集柱上的线条一直从柱头延伸到肋拱棱上面。因教堂大厅的设计过于大胆，施工人员不得不在侧堂上增建拱券以起到拉伸作用。圣福尔图纳托教堂的布局与法国西部的教堂，如普瓦提埃大教堂或者昂热的圣谢尔盖教堂（St.Serge）的设计模式有一定关联性。但根据这座墙墩式教堂的平面图显示，扶壁被改置于教堂内部和侧堂立面，而这又是西班牙加泰罗尼亚（Catalonia）地区，以及法国和意大利南部地区通常采用的设计模式。

基于这座地中海式男子修道院教堂设计而建的教堂中，有一座非常重要的教堂，即位于西西里岛墨西拿（Messina）的圣方济各教堂。这座教堂始建于 1254 年，我们今天所见的这座教堂大部分都是重建后的建筑。这座墙墩式教堂采用了简约的设计风格，是圣方济各会崇尚清苦简单生活这一理念的最佳体现。教堂的中堂不带侧堂，它的拱顶采用木料制成，中堂侧面还有八座小礼拜堂。教堂的耳堂很宽敞，其位置略微超出教堂的外墙，三座大小不同的多边形后堂把耳堂的位置向后延伸。教堂的墙壁几乎没有任何装饰，唯一的装饰就是连拱廊尖状宽拱券上贵气十足的线条轮廓。

那不勒斯的圣洛伦佐教堂（San Lorenzo Maggiore，见右下图）至今仍然是那不勒斯城最令人叹为观止的建筑之一。跟墨西拿的圣方济各教堂一样，圣洛伦佐教堂的中堂由桁架屋顶和侧堂所形成的宽阔空间构成。三心拱的拱券把中堂和突出的耳堂以及带侧堂的高坛连在一起，拱券一直延伸到带辐射式小教堂的回廊位置。教堂东侧立面基本上采用了法国风格的设计，该立面是在对中堂完全改造之前在老教堂建筑上进行增建的。高坛奢华的布局设计与中堂宏大却简单质朴的风格无法衔接，于是在历史学家中间产生了激烈的辩论。有些历史学家认为，查理二世统治时期动荡的政治环境造成了这样的差异；而其他一些历史学家则认为，必须要记住的是，个体的设计方案通常会根据修建过程中盛行建筑风格的变化（准确来说就是到底在博洛尼亚的圣方济各教堂发生了什么），而以几种不同风格的设计模式进行施工。

这座男子修道院教堂也对威尼斯的建筑设计产生了深远的影响。尽管帕多瓦的圣托教堂明显地体现了拜占庭和罗马的建筑风格，但在很大程度上由于托钵僧会的影响，伦巴底式和埃米利安式（Emilian）的哥特风格才是在威尼斯大幅发展的风格。多明我会的圣乔凡尼和保罗教堂（Church of Santi Giovanni e Paolo）在本地被称为圣扎尼波洛教堂（Zanipolo，1246—1430 年），这座教堂中堂高度达到 100m，中堂内厚重的圆形扶垛和宽阔的拱券强调了建筑的统一性，而石块和砖砌结构的有机结合呈现出魅力无穷的立视效果。然而，从建筑结构的角度来看，建筑师忽略了这样的现实情况，就是威尼斯泻湖的地质无法承

受如此大的重量。就在地基的木质立柱快要承受不起上面的重量时，工人们不得不在拱顶内插入拉杆和撑壁。与通常的修建方式不同，这座教堂的唱诗堂在中堂建成后，大约在 14 和 15 世纪之交，才开始修建，唱诗堂几乎完全以窗户覆盖，装饰也极其豪华精美。荣耀圣母教堂（Frari Church，始建于 1330 年）也采用了圣乔凡尼和保罗教堂的结构布局，只是减小了立柱之间的距离，这样建筑就会更加稳定，才可能用石材建造拱顶。

堡垒和早期的市政厅

哥特式堡垒的建筑原理，与哥特式教堂的建筑原理迥然不同。意大利蒙特城堡（Castel del Monte，见左上图）始建于 1240 年之前，它最初是霍恩斯托芬王朝腓特烈二世的狩猎行宫。时至今日，这座城堡的历史或者建筑背景都还未得到合理的解释。很难确切地知道城堡边角上的八边形塔楼是基于何种模式设计的，学者们对此也展开了争论：到底伍麦叶王朝（Ummayad）的宫殿、拜占庭或者诺曼式的城堡是不是其灵感的源泉？它是否受到十字军（Crusaders）或者条顿族骑士团（Teutonic Knights）城堡的影响？城堡抽象化的清晰结构是否体现了之前中世纪或者文艺复兴时期的设计风格？甚至人们都不清楚，这座两层楼建筑的修建到底是出于防御目的还是出于消遣需求。然而，城堡风格类型的划分却没有那么多问题：其结构形式表明它与西多会的哥特式建筑有着密切的联系。

这座城堡的重要意义，只有考虑到霍恩斯托芬王朝世界大同的文化理念时，才会显得清晰鲜明。尽管腓特烈大帝时期文化的持续时间非常短暂，但它却是欧洲文明发展的一项重要成就。可惜，这段时期几乎没有什么建筑遗留下来作为见证。除了复古风格的加普亚（Capua）凯旋门之外，这段时期主要的建筑遗址就只有一些被夷为平地或者经过大幅改造的城堡，比如位于曼弗雷多尼亚（Manfredonia）、焦亚德尔科尔（Gioia del Colle）、卡塔尼亚（Catania）、锡拉丘兹（Syracuse）和托斯卡尼（Tuscany）普拉托（Prato）的城堡。腓特烈大帝 1250 年逝世以后，意大利南部地区世俗建筑的短暂繁荣戛然而止。然而，霍恩斯托芬王朝的逐渐衰落使得公共力量迅速提升，从而促进了世俗建筑的发展。大量公共宫殿出现，它们傲然屹立的姿态可以媲美大教堂，成为重新定义城市中心的建筑。

哥特时期遗留下来的公共宫殿当中，最古老的宫殿是位于奥维多（Orvieto）的卡皮塔诺波波罗宫（Palazzo del Capitano del Popolo）。这座宫殿始建于 1250 年，它的结构坚固牢靠，说明在很大程度上它

是一座罗马风格的建筑。该建筑沿用了曼托瓦（Broletto），即米兰市政厅所采用的传统风格。跟米兰市政厅一样，卡皮塔诺波波罗宫的底楼是由拱券构成的宽敞大厅，其顶楼是一间全长拉通的会议室，大型窗户和阳台把会议室和外面的广场相连。宫殿侧面的阶梯是一项新设计，阶梯突出了宫殿与外界相连的特点。

位于皮亚琴察（Piacenza）的市政厅（Palazzo del Comune）始建于 1280 年（见第 250 页左下图），这座宫殿是此类建筑中最令人叫绝的一座建筑。宫殿的底楼以米白色和粉红色的大理石镶嵌，底楼的立面是一座大型的凉廊，凉廊上建有五座沉重的尖状拱顶，拱顶与外面的城市相呼应。宫殿高拱廊的窗户共有六扇，这六扇窗户全都以密集的圆形拱券镶边，而宫殿的墙壁则以赤陶和砖块装饰。宫殿立面的民用式设计风格并要与险要的城垛形成对比，而宫殿上装饰性的城垛则说明即使是后期的建筑，防御结构仍然是必要的。

例如，始建于 1293 年的佩鲁贾（Perugia）普利欧里宫（Palazzo dei Priori），后来在 14 世纪被重新改造。尽管宫殿是公共建筑，但跟其他所有的市政厅一样，该建筑同样采用了雉堞的设计。然而，就宫殿的整体外观而言，我们要记住许多现在看起来光秃秃的石块立面，其实之前都有一层壁画覆盖。同样地，宽敞的会议厅也有寓言式的壁画装饰，就像在帕多瓦拉吉尼宫（Palazzo della Ragione）的会议厅留存下来的壁画（1306 年）。

然而，其他一些城市宫殿，比如佛罗伦萨的巴杰罗宫（Bargello，始建于 1255 年）或者格里摩那（Cremona）的米尼蒂回廊（Loggia dei Militi，1292 年），也保留了修建有防御工事的城堡主楼的外观，突出表现了其用于对外震慑目的的军事化特点。甚至维泰博（Viterbo）的教皇宫殿（Palazzo dei Papi，见上图）也与意大利中部，尤其是奥维多（Orvieto）地区市政厅的风格紧密相连。这座牢固宏大的建筑也采用了防御式的外观设计，但同时又以宽阔的台阶和辐射式窗格设计的开放式凉廊，显示其具有民用建筑的风格特征。

在乡村地区，贵族的城堡也保留了军事建筑结实牢固的设计。瓦莱达奥斯塔（Val d'Aosta）的芬尼斯城堡（Fenis，见第 253 页）和加尔达湖（Lake Garda）的西尔米奥奈城堡（Sirmione，见第 252 页）看上去都是结实牢固的堡垒，但内部的居住环境却非常温暖舒适。

西尔米奥奈城堡（加尔达湖）
斯卡利格尔堡（Scaliger fortress）
13 世纪末

芬尼斯（瓦莱达奥斯塔）芬尼斯城堡，约1340年

佛罗伦萨的韦奇奥宫
（Palazzo Vecchio）
1299—1320/1330 年
从市政府广场方向（Piazza
Signoria）看到的景象（左图）
平面图（上图）

佛罗伦萨和锡耶纳：公共建筑竞争

从建筑艺术史来看，很少有地区像中世纪托斯卡纳地区那样有争议。自 13 世纪早期，支持教皇的圭尔夫派和支持皇帝的吉柏林派之间的矛盾，引发了大约两个世纪的内战，以及一系列条约签订和造反叛国的事件。中产阶级拟定共和政体宪法，竭力改变战乱的局面，但是城市里的情况主要还是由不同的贵族派系的矛盾决定的。中部的主要城市为圭尔夫派的佛罗伦萨和吉柏林派的锡耶纳，这两座城市的派系都要求联盟城市遵循各自的规矩。

这段时期频繁的政权更迭以及侵略和反侵略战争，尤其是在 13 世纪，产生了建筑领域的新现象。敌对一方的住所一旦被毁，他们就会重建防御性更强的建筑，而通常会建起比之前更高的塔楼。这些贵族的塔楼很快就成为标志性的城市建筑，尽管后来贵族们修建塔楼的权利受到约束，比如，1251 年的佛罗伦萨法案就规定塔楼的高度不能超过 26m。

社会的动荡不安令几乎所有的城市都无法保留中世纪的外观形状。佛罗伦萨和锡耶纳应该像圣吉米尼亚诺（San Gimignano）一样，坚不可摧的城堡塔楼屹立于城市中间。

然而，非常矛盾的是，这样的历史背景下却产生了另一种富有成效的对立建筑样式，这种样式也成为托斯卡纳和附近地区许多建筑工程的推动力量。

佛罗伦萨和锡耶纳几乎在同时重新发展各自的城市中心，并建造宏伟的公共建筑。修建锡耶纳公共宫（Palazzo Pubblico，见第 255 页右图）的第一份提案在 1282 年获批，修建公共宫前，贝壳状的广场的提案在 1297 年获批。佛罗伦萨的韦奇奥宫（Palazzo Vecchio，见左图和上图）是政府的办公地点，该座宫殿建于 1299—1314年之间。两座宫殿都具有防御性的特征，尤其是韦奇奥宫，它紧凑、坚实而且难以逾越的设计，

表明其修建时间应该是在战争年代。佛罗伦萨
的吉柏林派内部在世纪之交爆发了两个派系之
间的战争，即主要由影响力日益显著的中产阶
级构成的鞭笞派（Bianchi，白人）与由贵族构
成的内里派（Neri，黑人），这场斗争也造成了
但丁（Dante）的流亡。

　　锡耶纳公共宫的设计包括开放式的底层
连拱廊，宫殿内高拱廊的装饰也十分华丽气
派，看起来与 13 世纪市政厅的形式更为接近，
只是其四层楼中心建筑的设计显得十分新颖
独特。宫殿两层楼的延伸部分是 14 世纪初期
增建的建筑，它的顶楼于 1680 年增建。曼吉
亚塔（Torre della Mangia，见右图）高高地
耸立于宫殿左边的凉廊之上，这座标志性的
钟楼也于 14 世纪中期才增建，它的高度一定
远远超过了所有贵族宫殿塔楼的高度。锡耶
纳公共宫设有城市日常管理必需的公共和政
治性机构，这些机构自身的功能可以从艺术
家西莫内·马丁尼（Simone Martini）和安布
罗焦·洛伦采蒂（Ambrogio Lorenzetti）在
宫殿内部所作的壁画上看出一二（见第 448、
449、450 页上图）。

　　锡耶纳的城市规划也非常细致巧妙。公共
宫像舞台一样矗立于斜倾城市广场的较低一
端，看起来很像是古老剧院的前台。自 1280 年
起，广场周围的建筑必须符合相关规定，不能
影响广场的统一外观。该区域的最独特之处是
修建于巨型下层结构顶部后方的凉廊，站在凉
廊上可以看到周围美丽壮观的乡村景色。

　　相对而言，佛罗伦萨的韦奇奥宫就显得更
加保守，它看起来就像是一座古老的、堡垒式
的城市宫殿（比如巴杰罗宫），但其规模和结构
协调性又远远超过了城市宫殿。韦奇奥宫的塔
楼没有位于宫殿的中央位置，但它仍然象征着
这座城市的公共权利和无上的自豪感。

锡耶纳大教堂和佛罗伦萨主教堂

虽然意大利的大教堂无法与法国的哥特式大教堂相比，但也在城市的相互竞争中担任了重要角色。这并非一场以意大利风格超越法国哥特式风格的竞争，而是一场意大利国内的大教堂在建筑规模和创造性上的竞争。在这方面，锡耶纳（见上图）同样获得了领先地位，是好评如潮的一个例子。在意大利，以西多会圣加尔加诺教堂（San Galgano）的风格改造罗马式大教堂的过程，开始于13世纪。然而，当时人们都认同了较大型十字交叉部位的设计方案，以支撑跨越整个中堂宽度的巨型穹顶。因为穹顶的高度，中堂和西立面的设计同样也要修改。教堂的东侧，长方形的洗礼堂修建在倾斜地面较低的一端，洗礼堂同时也是新唱诗堂的地基。下一步就是要修建延伸结构，还有奢华气派的教堂东侧立面。

然而，这样的设计方案最终没有得到采用，因为教堂采用了另一种更为宏伟壮丽的设计方案。人们决定在教堂原来的基础上，以恰当的角度增建一座新的大教堂，即新主教堂（Duomo Nuovo），从而使原来的老教堂作为耳堂并入新教堂。然而，新教堂的中堂和右方侧堂建成以后，佛罗伦萨的专家指出教堂扶垛和拱顶强度计算存在错误。他们还指出，这样的错误可能使新教堂与老教堂的结构比例失衡，同时还可能导致穹顶倒塌。这样反对的声音，以及1348年黑死病瘟疫在锡耶纳的肆意横行，使得教堂的修建从此中断。锡耶纳大教堂是罗马式中堂与13世纪教堂重建工程折中的产物，然而很大程度上，由于内外都覆盖有黑白相间的大理石镶嵌，教堂最终呈现出高度统一的建筑效果。

佛罗伦萨的新修建筑（见第257页图）相对于锡耶纳获得了更大的成功。尽管雷帕拉塔教堂（Cathedral of Santa Reparata）的改造历经易稿，以及西立面的建设停工，改造工程还是以布鲁内莱斯基（Brunelleschi）著名的穹顶设计成功收尾竣工。雷帕拉塔这座老教堂的改造从1294年就开始进行商议，因为当时教堂空间太小，已经不能满足这座快速发展中的商业城市的需求。这座极度奢华的教堂于1296年奠基，由佛罗伦萨以及富裕的布商和纺织业行会出资修建。教堂修建的首批方案由著名的雕塑师和设计师阿诺尔福·迪坎比奥（Arnolfo di Cambio）提交。阿诺尔福同时为教皇和统治家族工作，他设计的工程主要在罗马，他的设计看起来有点像我们今天所看到的中堂，尽管教堂的拱顶后来采用了跟圣十字教堂一样的木制结构。教堂八边形的十字交叉部在当时就设计了穹顶，穹顶上本来应该附有如罗马卡比多广场（Capitol in Rome）阿拉科利的圣母教堂（Santa Maria d'Aracoeli）和科隆圣徒教堂（Church of the Holy Apostles）一样的三边半圆四方平面结构。

在阿诺尔福于14世纪初期逝世以后，教堂的施工曾经一度中止，直到1334年乔托（Giotto）被任命为教堂建筑师。然而乔托却完全致力于修建教堂的钟楼，所以直到1357年教堂的修建工作才真正开始，而这一次是基于弗朗切斯科·塔伦蒂（Francesco Talenti）的设计模型。与阿诺尔福的设计截然相反，乔托采用了大型肋架拱顶的设计，他还采用了更为大型的跨中堂和侧堂式穹顶设计，他还对教堂的东端进行了延伸。中堂四个隔间地面上的长、宽均为20m，隔间高度为40m，整个中堂于1378年完工。1413年穹顶鼓座建成以后，教堂的工程结构与建筑审美产生了矛盾，这也影响了教堂的继续施工。1420年，菲利波·布鲁内莱斯基（Filippo Brunelleschi）被委以重任来解决该问题，他设法在穹顶内建穹顶，圆满地解决了这个问题。教堂的穹顶既坚固结实，又精致美观，它不仅是文艺复兴早期最伟大的一项建筑成就，也是所有时代最伟大的一项建筑成就。

佛罗伦萨主教堂
始建于 1294/1296—1302 年，其间由阿诺尔福·迪坎比奥设计，1357 年以后由弗朗切斯科·塔伦蒂设计教堂东端（1380—1421 年），穹顶由菲利波·布鲁内莱斯基（1418—1436 年）设计
西立面由艾米利奥·德法布里斯（1875—1887 年）设计

佛罗伦萨，罗马式的洗礼堂，建于 19 世纪的新主教堂西立面。乔托设计的钟楼（右图）和布鲁内莱斯基设计的穹顶（左上图）。
内部图（左下图）

乔托·迪·邦多内（Giotto di Bondone）
佛罗伦萨钟楼，始建于 1334 年

洛伦佐·马伊塔尼（Lorenzo Maitani）

奥维多大教堂，西立面 1310 年

乔瓦尼·皮萨诺

锡耶纳大教堂，西立面

哥特式改造，1284—1299 年

完工于 1357 年之后

大教堂的西立面

　　从审美的角度上来讲，教堂西立面的设计显然不是件容易的事情。显而易见，即使就男子修道院教堂而言，还没有一种恰当的西立面能与长方形教堂内中堂和侧堂的独特布局相匹配。而且，教堂的修建还牵涉到如何与城市整体布局大体上保持吻合的问题，因为教堂位于城市的中心，具有重要的象征意义。阿诺尔福·迪坎比奥显然清楚地知道，佛罗伦萨主教堂的立面应该使用古典式建筑的结构，上面应该设有放置雕塑的壁龛。根据他的方案，这样的设计还应该与法国式的三角墙入口结合。然而，他的设计方案只有立面下方的三分之一得到执行（教堂的档案馆有设计草图），但这部分建筑在1587 年遭到毁坏，后来，建筑师艾米利奥·德法布里斯（Emilio de Fabris）在 1875—1887 年之间重建了哥特式复兴风格的西立面，代替被毁坏的西立面。

　　或许由于这样的毁坏，人们对西立面设计的热情却被激发起来了，并率先影响到了锡耶纳和奥维多，紧接着又对佛罗伦萨产生了影响。

　　1284 年，雕塑家和建筑师乔瓦尼·皮萨诺（Giovanni Pisano）开始在锡耶纳大教堂修建三门廊的隔屏式立面（见右上图），该立面明显采用法国教堂立面作为设计模式（要承担大教堂的总设计工作，乔瓦尼必须首先成为公社成员之一，因为如此的高位并不对外国的建筑师开放），这也点燃了人们对立面设计的热情。乔瓦尼设计的三重隔屏立面位于两座大型的角塔之间，底层主要由三个造型庄重的圆弧形拱门构成，拱门上冠以华丽三角墙，而立面的顶层主要由一个巨型的玫瑰花窗所占据，花窗的结构比例太大，以至于下面的大拱门都显得很小了。中央花窗的两侧是带连拱廊和三角墙的楼廊，花窗上是一面巨大的三角墙。三角墙的三角面和剩余的墙面均饰以奢华的镶嵌图案和装饰线脚，整个立面上都覆盖了复杂的雕塑作品，包括乔瓦尼著名的《先知》雕塑。这样的建筑结构构成了壮丽奢华的立面背景。

　　锡耶纳大教堂的设计很快就在奥维多被模仿沿用。几乎在同时，奥维多大教堂（见左上图）的西立面也被设计成了带三角墙的三门廊结构，而且该立面的内部结构比锡耶纳大教堂更紧凑合理。该立面与锡耶纳大教堂立面相对的另一特征，便是其由连续的扶壁强调的垂直设计。奥维多大教堂西立面的设计师是洛伦佐·马伊塔尼（Lorenzo Maitani），他的方案比另外一项单个三角墙的方案更受欢迎（两项设计图都存放在奥维多大教堂档案馆内）。

此类西立面设计的另一个例子是锡耶纳洗礼堂（Siena Baptistery，约 1339 年，实际并未建成）。以上所有的教堂立面都具有平整的挂毯式奇特设计，这与教堂内部宽敞的空间布局形成鲜明对比。这种对比设计的原因，可能是在意大利，人们一直认为所有建筑的表面都应该覆盖一层壁画，因此他们不喜欢在教堂内部运用同样复杂的结构设计或者使用小面积装饰。

建筑即是圣祠

14 世纪逐渐形成一种趋势，就是在立方体的建筑表面加以装饰的设计，佛罗伦萨主教堂的钟楼就是一个很好的例证。钟楼高约 85 米，高于佛罗伦萨所谓的"贵族之塔"（towers of nobility），但又不及韦奇奥宫塔楼的高度。钟楼依乔托（Giotto）的设计而建（设计草图保存于锡耶纳大教堂的档案馆内），始建于 1334 年。由于乔托于 1337 年逝世，该项工程又不得不交由其他人来完成。

乔托的继任者安德烈亚·皮萨诺（Andrea Pisano）和弗朗切斯科·塔伦蒂并没有对前任的设计进行多大改动，而且很大程度上保留了乔托正方形带八角扶壁的设计细节。水平方向结构设计有所不同，两层楼之间以镶板连接，嵌有窗户的三层楼下方装饰线脚。方案中的尖塔（让人联想起弗赖堡大教堂）后来并没有建成。建筑紧凑平实的结构与其后哥特式的窗格和彩色大理石镶嵌相得益彰，这样的设计同时又与佛罗伦萨主教堂的西立面相互呼应。镶板图案涉及的内容涵盖了整个中世纪：创世纪、传统学术理论所认定的世界、行业和工种、操行美德以及基督教圣餐。这些也是法国大教堂正门描绘的叙述性内容。

一些建筑圣殿式的精美特征也是设计师有意而为的，如佛罗伦萨的圣弥额尔教堂（Orsanmichele）一楼。教堂奇迹般出现在曾经作为谷仓的一个码头之上，使得开放的凉廊一下子变成了一块圣地。1366年，建筑师圣西蒙·塔伦蒂（Simone Talenti）把连拱廊围合起来，还把带有精美火焰式窗花格的窗户嵌入其中。安德烈亚·达菲伦泽（Andrea Orcagna）设计的大型大理石神龛（1249—1259 年）用来放置圣母雕塑。他在神龛上饰以金丝银线，使其看起来完全像是金匠的雕版作品。

同样地，如果不是知道教堂的实际规模，我们会以为比萨的圣玛利亚荆棘教堂（Santa Maria della Spina，见上图）就是一座神龛。教堂的祈祷室内保存有被认定属于救世主耶稣的部分荆棘冠，这部分荆棘冠由比萨城在 1333 年获得。荆棘冠的获得成为教堂扩建的推动力量，毫无疑问，保存完整荆棘冠的巴黎圣夏贝尔教堂成为该教堂扩建的模型，尤其是教堂侧墙呈现出了源于法国建筑元素的设计灵感，比如由三角墙、尖塔和窗格重叠构成的设计风格。如同圣夏贝尔教堂一样，雕版般的装饰线脚也是圣玛利亚荆棘教堂的一部分，但又跟锡耶纳大教堂不同，装饰线脚并不只是运用于建筑表面的装饰。从教堂中间位置凹进的三角墙可以看出，教堂的正立面本身已经完全构成三维形状。正是由于这种结构特征，以及其对空间比例协调性的强调，使得教堂看起来如此非同寻常、巧夺天工。

中世纪末的大型化趋势

米兰大教堂和博洛尼亚圣彼得罗尼奥教堂努力通过各自的方式对中世纪建筑进行总结。作为伦巴底统治权力中心，米兰在 14 世纪晚期吉安·加来亚佐·维斯孔蒂（Gian Galeazzo Visconti）的统治下成为

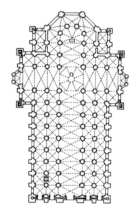

米兰大教堂，1387年至19世纪
唱诗堂和耳堂（左图）
教堂内景（下图）
平面图（底图）

了一个繁华的大都会。吉安·加来亚佐·维斯孔蒂的统治势力曾一度遍及整个意大利北部。

因而，米兰的主教教堂应该能够与基督教堂媲美。1386—1387年，西莫内·达奥尔塞尼戈（Simone da Orsenigo）开始设计规模宏大的双侧堂结构（见上图）。该结构中有突出的走廊式耳堂和巨大的多边形回廊。除了尺寸规格之外，设计均来源于意大利北部的建筑式样，例如皮亚琴察的罗马式大教堂。

在规划该建筑时，室内空间规模十分庞大，因此需要解决一些结构上的难题。国际上的专家被召集在此。其中坎皮奥内（Campione）家族的工匠大师和数学家加布里埃莱·斯托尔纳洛科（Gabriele Stornaloco）来自意大利；尼古拉·德博纳旺蒂尔（Nicolas de Bonaventure）以及后来的画家让·米尼奥（Jean Mignot）来自法国；汉斯·帕勒（Hans Parler）、海因里希·帕勒三世（Heinrich Parler III）、约翰·冯·弗赖布格尔（Johann von Freiburg）以及著名的斯瓦比亚塔楼建筑大师乌尔里希·冯·恩森根（Ulrich von Ensingen）来自德国。

主要的问题在于建筑立面。立面的高度与宽度要一致，并且采用大理石建造，因此需要精确地确定中堂高度与四个侧堂之间的关系，这不仅仅是结构上的原因。为了实现主要目的"异常的和谐"，结构比例须计算得十分精确。

由于有了设计图和规划草图，我们全面了解了专家们在建造"理想大教堂"过程中参与的各种讨论以及面临的技术难题。关于这项大工程的可行性，质疑声不断，海因里希·帕勒倡导如科隆或乌尔姆大教堂中堂之类的超高式中堂，但被那些想要广阔布局的意大利人否决了。帕勒愤怒地离开了建筑现场，嘟囔着"都是因为这些可恶行为造成巨大的损害和损失"。

1400年，拱顶结构工程即将开始，让·米尼奥却列出了54处必然导致建筑垮塌的缺陷。而他的意大利同仁对此作出的回答，显示出比技术层面更加严重的冲突。米尼奥对中世纪结构方案的学究式坚持，与米兰人的意见针锋相对。米兰人根据自己的建筑经验，认为结构方案应适用于更复杂的建筑，它体现了最新的审美观念和

博洛尼亚圣彼得罗尼奥教堂
约 1390 年开始修建

务实方针。针对米尼奥的主张"没有科学，就没有艺术"意大利人简要地提出反驳"没有艺术，就没有科学"。

在争论过程中，意大利工匠们显示出对北欧建筑相当的熟悉程度。他们严肃而自信地建议，对巴黎圣母院的错误进行矫正，特别是昏暗的教堂内部，并且建议采用意大利风格，以经典比例将其重建。1401年，一个由 12 人组成的新工作组成立，在最高理论层面方面对米尼奥的观点进行反驳。经过长时间的激烈争论后，最终决定采用数学家斯托尔纳洛科的设计。斯托尔纳洛科的立面设计规划依据是等边三角形——至今仍适用于已建部分结构的毕达哥拉斯概念。而米尼奥则被排除在外了。

意大利工匠大师们的计算并没有错，因为这座宏伟的建筑仍矗立在那里。尽管建筑在 1572 年完工，并且直到 18—19 世纪才对大片的外侧区域进行了装饰，米兰大教堂仍是引人入胜的中世纪晚期建筑历史证明。教堂内部十分宽敞，包含 52 根紧密排列的组合式墩柱。即使建筑师确实没有解决室内昏暗的问题，但其巨大的内部尺寸使得每位观赏者为之着迷。一个特征就是在柱头上方的拱墩上采用了雕塑。外观以 19 世纪哥特式复兴风格为主。由于有布满墙面和窗户的奢华条式窗花格装饰以及无数三角墙和小塔构成的屋顶轮廓，所以我们能够清楚地看到原设计者心目中的教堂模样。

在米兰大教堂设计工作开始后刚好四年，就出现了类似的竞争项目工程。这一时期，正是博洛尼亚市民兴建的教区教堂——圣彼得罗尼奥教堂（见右图）设定了新的标准。安东尼奥·迪维琴佐（Antonio di Vicenzo）设计的木制模型出现在一个带中堂和侧堂的长方形会堂中。该会堂长 182.4m，横跨耳堂的宽度为 136.8m。建筑采用砖砌，两侧有小教堂。如佛罗伦萨的主教堂一样，该建筑以庞大的东端收尾。那里还计划修建一片宽敞的交叉形状穹顶区，向耳堂和高坛呈十字形分散。比米兰大教堂内部更简单且更合理的庞大的教堂内部于 1390 年开始修建。1400 年建筑师去世时，已完成六个中堂跨间的前两个，高大的拱顶横跨在 20m 的跨间上。余下的跨间到 1525 年才建成，一个临时的南后堂和北面部分同时落成。之后，建设工程便终止了。尽管没有完全建成，但圣彼得罗尼奥教堂仍是托斯卡纳及伦巴底教堂建筑的一次重大发展。空间广度、典雅清晰的空间结构以及技巧性的材料使用再次显示出意大利哥特式建筑的惊人创造性。

威尼斯晚期哥特式非宗教建筑

在中世纪期间，威尼斯海运共和国成为地中海东部与西欧之间的主要纽带。其政治、贸易以及文化全都突出作为欧洲与东方中转角色的特征。尽管经济中心的重心逐渐向西移动，但这些都是 1453 年奥斯曼土耳其人（Ottoman Turks）征服君士坦丁堡（Constantinople）并未切断的联系。沿着大运河修建了奢华宅邸和商业建筑的贵族和富人们要求在威尼斯建造房屋。

威尼斯建于环礁湖岛屿上，由于其位置独特，形成了一类建于水面上的特殊城市宅邸。宽敞的正面中段有连拱廊和窗饰结构的凉廊。隐藏在凉廊背后的是位于底层的宽敞大厅和第二层的主要起居室。封闭的塔状墙壁区域位于精美装饰结构的两侧，使其达到光学平衡状态。1421—1436 年间为马里奥·孔塔里尼（Mario Contarini）修建的黄金屋（见第 263 页图）或许是晚期哥特式建筑是最佳例子。

上图：

威尼斯总督宫（Doge's Palace），始建于1340

年左右

于1424年进行扩建和改建

正对圣马克盆地（St. Mark's Basin）的正立面

下图：

贝尔纳多·罗赛利诺（Bernardo Rossellino）

皮恩扎大教堂（Pienza Cathedral）

始建于1460年

威尼斯在修建大型建筑工程方面有自己的方式，这在总督宫（见左上图）可以显示出来。1340年左右原建筑上部进行了修建，而总督宫现代化外观是1424年扩建后的结果。与当时意大利众多公共住宅建筑一样，其底层为一排开放的连拱廊。连拱廊上方为紧密的主体建筑和会议室。而在奥维多（Orvieto）或皮亚琴察作为坚实基础的结构在此却异常明亮。

总督宫位于两排优美的拱形结构上，上部的尖顶窗饰确定了宫殿的总体印象。从工程设计方面来看，一切似乎都颠倒了。宽大的窗口和彩色大理石图案勉强衬托出顶层结构的坚固性。牢固的顶层重量全部压在精致的拱券上，而拱券却轻松而优雅地担负着重压。对于这座非古典建筑而言，只有一种美感来源——伊斯兰建筑。只需看一下刚好在50年前修建的格拉纳达阿兰布拉宫（Alhambra）狮子院（Lion Court），就可以证实这一点。而且，封闭、紧实的墙面以粗细完全相同的圆柱支撑，仿佛在抵挡地心引力一般。

皮恩扎

最后，必须提到的是意大利哥特式建筑作品中的一座古怪建筑——皮恩扎大教堂（见左下图）。15世纪中期，教皇庇护二世埃内亚·西尔维奥·皮科洛米尼（Aenea Silvio Piccolomini，1458—1464年）对其家乡锡耶纳南部的科尔斯纳诺（Corsignano）进行改建。贝尔纳多·罗赛利诺被委以重任，依照建筑师莱昂·巴蒂斯塔·阿尔贝蒂（Leon Battista Alberti）的理论，将科尔斯纳诺中心重建为理想的"皮恩扎"小镇（以庇护的名字命名），目的是建造一个以人为本的现代化城市。大教堂、市政厅、教皇宅邸以及主教宅邸的布局像一个环绕广场的舞台，大教堂外观以文艺复兴风格为主。

然而，穿过大教堂的大门，观赏者则进入了另外一个天地。按照教皇的确切愿望，罗赛利诺于1460年修建了一座带有多边形唱诗堂的哥特式会堂式教堂，庇护二世在"奥地利的日耳曼建筑中"曾看到过这样的形式。一位年代记录者描述了明亮的大教堂内部："当你穿过中央大门，教堂的整体风貌便呈现在你面前，室内明亮的光线以及壮观的建筑工程令人惊叹。被称为侧堂的建筑结构有三间，高度均相同，是教堂建筑的组成部分。高坛末端分成五个小教堂，好像一个戴王冠的头部。小教堂的拱顶数量相同，拱顶高度与侧堂拱顶的高度一致。由于有金色星星和蓝色背景，看起来好像真实的天空一般。"教堂的参观者"想象自己是在一座玻璃建成的，而非石头建成的建筑中"。

意大利在整个中世纪修建的任何其他建筑，很可能都比不上这座建筑——向哥特式理想致敬的文艺复兴时期建筑，更适合哥特式形象。

阿利克·麦克莱恩

中世纪城市

哥特式城市代表了从罗马帝国衰落到工业革命的几个世纪之间欧洲城市发展的最高点。该时期，这些城市的经济学和人口统计学特征展示出在城市形态、建筑、艺术以及文化方面是多么富饶。

据估计，1000年时，欧洲总人口约为4200万。而到1300年，人口就达到约7300万。1300—1340年间，随着战争、饥荒和经济灾难一系列灾难的爆发，人口出生率开始下降。1347—1351年，又因黑死病，人口停止增长，甚至下降，总人口数下跌至约5100万。在意大利的某些城市中，死亡率高达50%。直到18世纪初，欧洲的出生率都不曾恢复，一直低于哥特时期的高人口水平。

这些统计数字所代表的不仅仅是人口数量。农业经济采用查理曼大帝所推行的制度，并一直沿用到11世纪。而11—14世纪，农业经济的改革推动了欧洲的经济增长。当时更多的耕地取得了综合效益，农业经济从自给自足走向过剩。这种过剩导致一部分农民迁徙至城市，而且他们到达城市后，这些过剩的农产品还能养活他们及其家人和邻里。涌向城市的农民潮壮大了城市官僚与军队的势力，同时使得封建领主失去影响力。

为了满足日益增长的人口的需求，将林地开垦为耕地的做法使生存环境更为开阔，也更安全。越来越多的土地落入城市中心的掌控之中，而城市的政府改善了交通要道的路况，从而促进了城市与农田，城市与城市，以及城市、港口与长途贸易线路之间的经济活动。

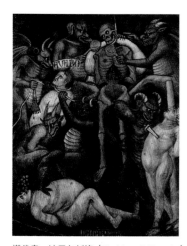

塔代奥·迪巴尔托洛（Taddeo di Bartolo）
恶魔与放贷人，《最后的审判》，1393年，圣吉米尼亚诺牧师会教堂

魔鬼与放贷人
沙特尔大教堂南门拱边饰塑像
约1210—1215年
"身体社会学"，索尔兹伯里（Salisbury）的约翰（John）《波利克拉替库斯》，J.迪金森1927年译

贸易通道更为便捷，热衷消费的体力劳动者队伍日益壮大，因此市集逐步发展。此时，供求关系的交叉点上，城市、国家和贸易线路的交叉点上，出现了两种现象。一方面是货币交易，比如货币兑换、保险和信贷。那时，一种抽象而方便的交易形式有助于提升市集的发展潜力，进而使其以几何级数递增。另一方面是新兴劳动者阶级，他们以抽象的交易方式进行工作，比如将商品转换为货币（卖家），将金钱转换为货币（买家），将货币转换为货币（货币兑换者），将担忧转换为货币（保险），甚或将时间转换为货币（银行家，按照那时的说法叫"放债人"）。这一部分人的特征我们可用现在的术语来描述：中产阶级。中产阶级在中世纪早期的社会结构中并无明确地位。

根据普卢塔赫（Plutarch）的理论，共和国相当于神赐予生命的"身体"，身体根据最高器官的指示行动，而共和国以所谓的理性节制力为准绳。君王相当于共和国的"头脑"，元老院相当于"心脏"，善恶之举皆发端于此。各省的法官和管理者相当于"眼、耳、舌"；政府官员与军人相当于"双手"；常常辅佐君王的人相当于"胁肋"；而法兰西军官和护卫可能就是"胃肠道"。

中世纪晚期的中产阶级在语言学上的不确定状态对应更大的社会问题。根据索尔兹伯里的约翰（约1115—1180年）的描述，在共和国的"身体"里，财产管理人就相当于"大肠"。

该思想的全部含义随着货币经济的发展而流传四方。圣吉米尼亚诺（San Gimignano）的牧师会教堂里，那幅地狱壁画的细节描绘就反映了这一思想（见左下图）。恶魔将金钱粪便排入放债人的口中。然而，僧侣和牧师们此前曾享有被描绘成极度富态的特权，而今，他们的地位却因另一类作威作福的神职人员而被抬高了，他们摆布着像祭品一样神秘，甚至超实质的东西：金钱。

中产阶级因兑换和借贷货币交易而产生的怨恨，这在迅速发展的以国际信贷为基础的经济当中是不可避免的。这从漫画中常见的贪婪的放高利贷的人的形象中可见一斑。这类人包括农业经济中令人憎恨的僧侣和牧师等，他们往往通过剥削而大肆敛财。事实上，在农业经济中，放债人仅在饥荒时才有生意可做，那时人们才会将积攒的钱财以过高利率借给那些没有存款的放债人。

即使新信贷经济的投资人或银行家作为投机活动的推动者以一种相反的方式运作，人们对于早期借贷的情形还是记忆犹新。虽然并非每笔交易的商人都参与了放高利贷或敛财的活动，但在当时与金钱打交道本身就让他们变得不值得信赖。

此前的交易活动常常基于实物交易或出于信任，同类货物直接交换或承诺此等交易，而今，信任交易被金钱取代。

在逐渐壮大的城市中，交易越来越频繁地发生在相互并无亲戚关系或邻里关系的个人之间。普遍接受的货币，比如12世纪的卢卡里拉（Lucca lira）或13世纪的佛罗伦萨弗罗林（Florentine florin），为人们提供了与陌生人交易所需的保障。货币还为此等保障需求提供了

根据档案和考古学资料，此为中世纪城镇的重建，约尔格·穆勒（Jörg Müller）画作

凭证，这说明人们不信任陌生人。因此，粪便的形象并不局限于放债人，而是延伸到任何一个与金钱打交道的人，特别是那些将金钱据为己有的人，因此在圣吉米尼亚诺的壁画上，放贷人的形象特别富态。

根据索尔兹伯里的约翰所著《波利克拉替库斯》，莱斯特·K. 利特尔（Lester K. Little，1978 年）译道："虽然挥霍之举明显不对，但我认为这里根本没有贪婪的余地。没有更坏的邪恶之举，也没有更令人憎恶的罪行。"又如圣彼得·达米安（St. Peter Damian，1007—1072 年）写道："最重要的是——消灭金钱，因为基督与金钱是不相容的。"贸易的发展与商人的增多从根本上讲是积极的，也是不可避免的。而对于该现象的曲解归咎于人们想象力过于丰富，倒不如说是想象力贫乏。人们仅可用放贷人和守财奴来理解中产阶级，甚至中产阶级自己也是这样看的。

因此，中世纪的中产阶级投入大量金钱以发展代表他们自己的两种行业，这并不奇怪。他们的经历被镌刻于城市建筑之上，与他们的文学、肖像画和家庭住宅所反映的经历一样。然而，中世纪新兴中产阶级的街道、街区和建筑并非只是记载他们的丰功伟绩，也在于表现他们的雄心壮志。

这个不同点是至关重要的。欧洲城市的中产阶级从未希望自己成为中产阶级，因为以他们的经历来看，这样的理想，往开了说是表达方式的相互矛盾，往坏了说是因人们对其相关印象的反感而不可能实现。然而，他们希望成为贵族或圣人，而且常常两种愿望都有。

值得讨论的是，由于中产阶级所攀附的贵族统治集团，其历史框架本身具有不恰当性，从而导致他们偏离了根据自己是哪一类人来定义自己的初衷。哥特式城市及其主要居民——中产阶级，其贵族理想必然随之引发人们反对将城市作为交易场地的现象，同时他们否认中产阶级作为财富的缔造者与交易者的社会功能。这个矛盾有助于解释

为什么当大城市和建筑项目尽显中产阶级庞大的经济实力之时，中世纪的中产阶级及其城市的地位根据地缘关系，在漫长的几个世纪里不知不觉地下滑。

中世纪中产阶级丧失自我的过程是循序渐进的。他们不能在人口稠密的城市里停止进行金钱交易，更不用提他们需要在不同国家之间旅行交易。而所有这一切让他们被看作是一群怪人，甚至在他们自己的城镇里也一样。然而，他们能以各种方式强化自身的存在，这些方式使他们与早期受人尊敬的社会一族相匹配。

其中之一就是与贵族攀关系，无论是通过联姻、经济合作，还是通过效忠的形式，有时仅仅是通过效仿他们的言行。另外一种方法也相似，即作为教堂财政的咨询人和资助人，效忠主教和神父。

第三种，也是最新颖的方法，是建立同业行会，包括骑士团一般的商业伙伴或行会、根据教规或僧侣会建立新的修会和城市宗教修会（即募缘会及其相关团体）。与贵族、宗教信徒和机构的此类联系或行为使商业阶层开始能够用财富换来地位。因此，中产阶级和哥特式城市的转化在一定程度上与历史机构及其形式有着动态联系。上述历史机构在这段时期内一直存在，并因时因地采用各种不同方式与中产阶级联系。因而，哪里建立了最有利于贸易发展的关系，哪里的城市发展增速就最快。在条件不利的情况下，城市仍然向前发展，只是中产与贵族阶级所开展的工程有别于牧师阶层所开展的工程。

城市的政治地位也影响着自身的发展，首都比主题城市或二级城市发展得更快，更宏伟。城市的政治地位变动之时，其基础设施、建筑，特别是平民百姓的身份均受到影响。历史、政治和城市景观极其复杂地交织在一起。具有悠久历史，尤其是有罗马根基的殖民地在多数情况下保留了罗马的行政长官，即主教。整个欧洲的基督教社会中，仅有主教的城市才被冠以西维塔（civitas，拉丁文，指城市）之名。

因而，中产阶级的发展对城市发展乃至城市的居民主要有两种影响力，即潜在贸易与罗马渊源。贸易发展因地理位置不同而不同。沿海城市最早并最快崛起。紧跟其后的是主要的内陆朝圣城市、十字军占领的城市或贸易线路，比如通往西班牙圣地亚哥·德孔波斯特拉（Santiago de Compostela）的圣詹姆斯圣殿或通往罗马的道路。

主要内陆城市趋向于农业生产集中化，也就发展了当地贸易。在这些城市中，无论是私人建筑还是占有的修道院基础建筑，拥有土地的贵族都占主导地位。主教所在的内陆城市实现了农业贸易与地方管理、世俗权力与宗教势力的平衡。

在北欧，此类城市仍处于主教的控制之下，主教控制时期常常比意大利的还长。本书其他章节所介绍的大教堂及其雕塑和玻璃作坊在这些城市蓬勃发展，展示主教的宗教权力和世俗权力，而这通常与中产阶级的意愿相左。

这些城市的风景图不仅解读了权力，还解释了权力的主张。下文是对不同地区的一些特色城市的概述，这应该能够为根据城市形象解读上述和其他中世纪城市提供依据。

在北部法兰西的内陆城市沙特尔市内，就这座城市的大小而言，大教堂的规模是不可理解的（上图）。我们仅可用地方势力的标志来解读。哥特时期地方主教仍拥有强大的势力范围，在该范围内能以单一的组织体系从法兰西岛谷物产区集中粮食。

虽然商人在此组织结构之内发达了，能自行修建具有突出象征性的私人住宅，但这样的住宅从未形成一种表现集体特征的风格，没法与主教牧师会的建筑相提并论。除了主教的牧师会以外，大教堂中可见到的团体便是数位雄心勃勃的法兰西国王。德国历史学家汉斯·泽德尔迈尔（Hans Sedlmayr）认为：这些国王以各大教堂新颖的哥特式风格、象征和规模来表现他们的远大抱负。

英格兰南部的索尔兹伯里虽然在地理位置上与法国相隔甚远而受制于英格兰王室，但却与法国的情况极为相似。正如索尔兹伯里的约翰的专著所言，索尔兹伯里大教堂清晰地界定了社会秩序的等级制度，这座教堂甚至从城市中分离出来，隔绝在一片绿地之中。

纵使抗税活动周期性爆发，一种极富代表性的理念吸引着城市各个阶层。这就是城市的二元理念——城市之天堂与人世的观点，它的诞生甚至比第五世纪圣奥古斯丁（St. Augustine）的专著——《上帝之城》（City of God）还要早。该秩序的最高点是神父与国王的结合，他们直接由上帝赋予权力，以统治凡间及其臣民。

德国科隆的历史便是一个极好的例子，它反映了索尔兹伯里的约翰所说的社会等级制度是多么强大，甚至在这样一座历史悠久、各种宗教教会云集以及社会高度多元化的城市也依然如此。虽然科隆是莱茵（Rhine）地区最重要的主教管区之一，但科隆的经济还是主要依靠河流沿岸各大港口的贸易。

到 1075 年，这里共有 14 座教堂被奉为神殿，并于 1150—1250 年间翻修或重建，为城市中形形色色的人服务：商人、银行家、牧师以及封建主。科隆的市民通过 1074 年和 1106 年的两大反抗主教的运动扩大了他们的势力，并最终于 1180 年成功扩建了城墙，以环绕全城的教堂、修道院、女修道院和市集。

晚期哥特式风格的两大结构开始改变这种多样化的城市格局。一种是晚期哥特式风格的城墙，这种哥特式形式仅显示了城墙的部分作用。城墙与城墙之间的广场建于拆除的犹太区，取代了重要的贸易和金融场所，表达了商人阶级中非犹太成员希望成为神圣而虔诚的基督

徒的愿望。另一种结构主宰着整座城市，不过是以一种扭曲城市本身的多样性和成功的方式。这就是始建于 1248 年的宏伟的哥特式建筑科隆大教堂（中图）。即使该市居民在 1288 年将主教赶走，他们仍继续花钱修建这座教堂，直至 15 世纪的经济萧条之时。因此，安东·沃恩塞姆 1531 年在阐述其城市观点时谈到的建筑师的犹豫可作为证据，表明这是科隆中产阶级限制其自身形象的结果，他们把作为重要成分的商人团体与活动排除在外了。这座大教堂直到 19 世纪都还未竣工。

大教堂的世界统领着欧洲的哥特时期，而同时城市发展的其他形式也齐头并进。其他的发展动向可在商业发达的城市中见到，比如都市生活及相关建筑如何呈现多样化并以更贴切的形式满足中产阶级的要求。其地理位置与历史渊源可赋予商人阶级这样一种地位——就像是主教不曾存在或就消失了一样。

弗兰德（Flemish）和汉莎（Hansa）的商业城市，比如阿姆斯特丹（Amsterdam）、布鲁日（Bruges）、伊普尔（Ypres）、吕贝克（Lubeck，下图）、格但斯克（Gdansk，但泽）等，乃至纽伦堡（Nuremberg）等皇室市场之城几乎没有建造统领整个城市的大教堂。

吕贝克最大的教堂为圣母教堂，它位于城市之巅，比大教堂的规模和影响力更胜一筹。此外，沃尔夫冈·布劳恩费尔斯指出，这座圣母教堂不像如科隆、斯特拉斯堡（Strasbourg）或雷根斯堡（Regensburg）等主教教堂，它的的确确完工了。

意大利城邦是个例外，是人们最感兴趣的，因为它最终实践了哥特式城市之准则。四大半岛城市（威尼斯、米兰、佛罗伦萨和锡耶纳）之中，只有一座城市从未将主教之大教堂建造为其主要标志性建

右上图：
城市广场，锡耶纳，建于 1280 年后

右下图：
威尼斯圣马可周边地区
雅各布·德巴尔巴里（Jacopo de'Barbari）
威尼斯科雷尔博物馆（Museo Correr）详细地图 1500 年

筑，那就是威尼斯。这里，圣马可的长方形会堂从小教堂发端进而邻接总督官邸。总督经选举产生，作为统治者与城市贵族的地方自治会共享权力。圣马可的露天广场（Piazza）与小广场（Piazzetta）构成了城市之势力均衡的形象。政府行政官邸办公楼均匀地围绕在露天广场周围，以守护圣徒的长方形会堂为主要形式结束。此处，几何形状呈 90°，总督府邸并非决定而是勾勒了主轴，主轴终止于城市的另一保护神——大海。

然而，威尼斯的其他两大城区——里阿尔多（Rialto）市场区和阿森纳（Arsenale）却支持着截然不同的社会秩序和经济秩序观念。它们促进了本地和长途贸易、海事联系，而这些因素有利于威尼斯作为共和国继续发展壮大。该共和国于 1797 年灭亡。

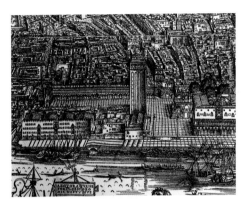

锡耶纳呈现的是某种混杂形态，即上述城市景观相互掺杂的形式。它是一座建于伊特鲁里亚（Etruscan）小山顶之上的罗马式城市。中世纪时，主教大教堂就位于意大利托克佐之城（Terzo di Citta）。这座大教堂位于最古老的居住区域之巅。

锡耶纳随着银行家推动的新式保险和信贷得以发展，进而开始从地中海经济中脱颖而出，同时这座城市开始跨越界定其位置的山脊，向周围地区（terzi）和居民区（contrade，至今仍存在）两种水平扩展。各居民区自己组建的民兵队伍效力于城市，相应地城市为居民区提供半自治权。13 世纪末时，锡耶纳启动了一项与科隆相似的项目：建造中央管理型豪华住宅与露天广场、锡耶纳公共宫（Palazzo Pubblico）和露天广场（Campo），以建筑条例严格规定的一致风格与门窗布局象征性地将城市的周围地区与居民区结合在一起。

就在这座扩建的城市确定统一形象之时，锡耶纳也开始形成一种与自身相反的形象。在公共宫内九位地方法官的会议室，即九人会议室（Sala dei Nove）的墙壁上，安布罗焦·洛伦采蒂（Ambrogio Porenzetti）为该自治区绘制了壁画《好政府与坏政府之寓言》（Allegory of Good and Bad Government）。这幅壁画将城市景观、风景画与寓言画融为一体，创造了一个丰富多样而错综复杂的画面，作为充满活力的好城市的标准。与此同时，描绘好政府的部分以一位神秘的男子为主。有些人说他代表着自治城市，还有人说他代表主要的法律机构、社会地位——好政府的基础。

在一座共和国体制下的多元化城市里，国王的肖像似乎挂在哪里都不合时宜。就这座城市同时期的工程而言，这让大教堂的重建更有意义。

由于担心锡耶纳的城市建筑会淹没在佛罗伦萨的光环之下，这座城市于 14 世纪 30 年代将罗马式和哥特式大教堂的中堂转变为宏伟的新式耳堂。后来的 20 年之中，又因为经济的下滑、瘟疫的影响、城市和地区冲突导致的资源流失，该工程被迫停止。从开始运用狭窄的哥特式墩柱到修建超大型建筑，这一切都是命定的。如博韦（Beauvais）和科隆的大教堂一样，城市的宏伟蓝图超越甚至损害了建造者的经济和设计能力。

锡耶纳曾试图修建一座中堂集中体现自己是一座圣城而不是商业城市。这对于这座迄今仍未完工的庞大中堂，既是一种赞扬，也是一种嘲弄。

芭芭拉·博恩格赛尔（Barbara Borngässer）

西班牙和葡萄牙的晚期哥特式建筑

如本卷前文所述，伊比利亚半岛的早期和盛期哥特式建筑极力仿效法国的建筑风格。西多会（Cistercians）修建的教堂和修道院，以及布尔戈斯（Burgos）、托莱多（Toledo）和莱昂（Leon）的古典大教堂，均以那些在法国北部地区已久经考验的建筑风格为蓝本。尽管如此，保留罗马式大体方案或者喜好伊斯兰风格装饰元素等风格，引起了当地风格的演变。这一演变直到 13 世纪末方才完成，当时，地域风格和装饰类型出现了相当大的差异。

伊比利亚半岛的建筑发展与该半岛各王国的历史息息相关。伊比利亚半岛各王国直到 15 世纪才独立。各地区的收复失地运动（将摩尔人驱赶出伊比利亚半岛的运动）的时间可能就是第一批哥特式教堂建筑的制造时间。这一运动主要影响了西班牙南部，所以那里很晚才出现哥特式建筑。其次，14 世纪地中海地区（Mediterranean）的经济繁荣，促进了加泰罗尼亚（Catalonia）的非宗教建筑的发展。最后，与法国、英国和德国在文化和王朝方面的联系，也有助于伊比利亚半岛王国建筑的发展。在 15 世纪晚期，一种将西欧晚期哥特式、穆德哈尔式装饰和文艺复兴风格结合在一起的西班牙民族风格才逐步形成。这就是被授予"天主教君主"头衔的卡斯蒂利亚女王伊莎贝拉一世（Isabella I of Castile，1474 年执政）和阿拉贡的斐迪南五世（Ferdinand V of Aragon，1479 年执政）时期的风格。而在葡萄牙，一种独特的曼奴埃尔式风格发展成了一种国家建筑风格。16 世纪，西班牙和葡萄牙大教堂同时再次奏响了晚期哥特式建筑最后的和弦。正当文艺复兴在意大利取得决定性胜利的时候，这些大教堂证明了中世纪建筑工程令人惊讶的适应性以及建筑作品的永恒魅力。

加泰罗尼亚（Catalonia）

阿拉贡王国地区加泰罗尼亚，以及马略卡独立王国的宗教和非宗教建筑一直被视为是从法国建筑衍生而来的。由于海上贸易繁荣，这两个地区曾在 13 世纪末变得富足而强大，并逐渐形成了独特的高品质建筑。尽管西多会的圣克雷乌斯（Santes Creus，1158 年）、波夫莱特（Poblet，1150/1162—1196 年）和巴利沃纳·德拉蒙赫斯（Valbona de les Monges，1172 年）修道院的总体设计参照了法国本部教堂模式，但却是融合并展现出罗马传统区域元素的开拓性建筑。另一个具有重要意义的建筑展示了其后期阶段的风格（自 1220 年起），即巴塞罗那多明我会圣卡塔利娜教堂（Dominican church of Santa Catalina in Barcelona）的风格。这是一家皇室资助修建的教堂。其带有侧堂的庄严大厅结构，将法国南部的立体结构

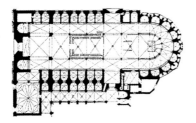

与法国巴黎大区的鼎盛时期哥特风格特征结合在一起，从而描述了 13、14 世纪在加泰罗尼亚修建的令人难忘的大型会堂式大教堂的背景。

加泰罗尼亚 - 阿拉贡王国首府——巴塞罗那成为建筑发展的中心。宗教建筑越来越朝非宗教建筑发展。最初，教会势力和非宗教势力争相在哥特区的新墙范围内建造展示用建筑物：大教堂、皇宫以及主教官邸争抢地盘，建筑物相互毗邻，从而有力地见证了这一切。不久之后，因国会大厦、市政厅、商会、交易所、医院，还有贵族统治政府的镇公所的建造，城市建筑类型更加丰富。还有必不可少的德拉萨内斯（Drassanes）皇家造船厂——海上霸权的保证。所有这些建筑一起作为不同凡响的整体保留了下来。

1298 年 5 月 1 日，巴塞罗那大教堂奠基。巴塞罗那大教堂是当地第三座教堂，与原先的建筑一样，供奉圣十字架和圣欧拉利娅。这座宏伟的建筑长 79m，宽 25m，高 26m，是加泰罗尼亚哥特式风格最令人难忘的宏伟建筑之一（见左图和右上图）。该建筑由石匠大师豪梅·法夫雷（Jaume Fabre）指挥建造。他修建了一座宽阔的带侧堂的中堂，侧堂与中堂高度相同，通向东端的回廊。巨大的支柱点缀中堂跨间。跨间的拱顶于 1448 年完成，上面装饰有大量浮雕装饰。礼拜堂上方的楼廊增加了教堂内部的复杂性，使雄伟壮观的内部更加庄严。1337 年，该教堂地下室建成，这很可能也是由豪梅·法夫雷督造完成的。12 肋拱顶同样也是出自豪梅·法夫雷之手，这一设计来源于 20 世纪著名建筑师安东尼奥·高迪（Antonio Gaudi）的作品。除了西面外观部分为 19 世纪哥特式复兴风格外，教堂外观没有装饰，壁面宽大并有少许的凹处。用于承受拱顶推力的飞扶壁，只在建筑上层窗户出现。往下，教堂内部设置了飞扶壁的支柱。因此教堂外观看起来好像是实心的封闭建筑，更像是一座堡垒，而不是一座教堂。在许多西班牙教堂中，拱顶上部均是开放的。这是一种节省材料和劳动力的建筑形式，但只能在非常干燥的地区应用。

然而，很快巴塞罗那海岸区的海之圣玛利亚教区教堂（见右下图）就令巴塞罗那大教堂黯然失色。圣玛利亚教堂建于 1329 年，并于 1384 年宣布成为神圣教堂，是航海家和商人的教堂。他们在圣母的庇护下，横渡世界七大洋，占领了许多外国的领土。船员们亲自参与建造教堂，为教堂的快速竣工作出了巨大的贡献，当时在柱头和浮雕上记载了建造信息。建筑文献记录得非常清楚，从中可一睹当时的建筑工程。

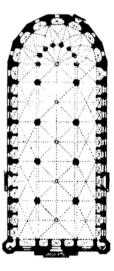

巴塞罗那海之圣玛利亚教堂，
平面图

第一位建筑师是贝伦格尔·德蒙塔古特。他早期曾修建了孟拉萨（Manresa）大教堂。紧接着拉蒙·德斯普埃格和吉列姆·梅特日接替他的工作。吉列姆·梅特日在该建筑被赋予神圣教堂之前去世。

与大多数加泰罗尼亚哥特式教堂一样，海之圣玛利亚教堂的外观简洁、朴实。砖墙仅由两处阴阳错位缝相互榫接；飞扶壁仅在上层位置的坚固建筑中显露出来。西立面外观甚至都没有装饰，没有任何迹象显示这里面隐藏着一座室内为哥特式装饰的壮观教堂。该建筑的内部具有势不可挡的影响力，其重要原因是与海岸区的狭长巷弄形成鲜明的对比。宽阔、和谐的比例以及黯淡而自然的光线，使得这片区域无比庄严。教堂并未装饰：简单的八角形墩柱支撑着拱顶，装饰线脚质量减至最低，因此建筑足以说明一切。简洁的平面图遵循了加泰罗尼亚和法国南部地区的传统风格：建有一个中堂和侧堂，但没有明显的十字形翼部；墩柱之间的侧堂和礼拜堂环绕唱诗堂，与孟拉萨早期建筑内布局一样。中堂的四个隔间跨度非常大。14m 的跨度在当时非常轰动，仅低于赫罗纳（Gerona）大教堂的拱顶。侧堂与中堂高度几乎相同，使该建筑呈现出会堂式大教堂外观。从审美角度来看，最显著部分就是墩柱与后堂拱顶的排列（见上图），从而让阳光进入。

同样引人注意的还有松之圣母玛利亚教区教堂（Santa María del Pi），以及克拉雷安贫会（Poor Clares）的无侧廊式修道院。前者的平面图来源于多明我会圣卡塔利娜教堂，后者由费雷尔·佩罗（Ferrer Peiró）和多米内克·格兰杰（Dominec Granyer）于 1326 年开始修建，艾莉森达皇后（Queen Elisenda）埋葬于此。

同样于 14 世纪在巴塞罗那修建的还有两座壮观的非宗教建筑。1359—1362 年间，吉列姆·卡沃内利（Guillem Carbonell）修建了皇宫谒见厅——蒂内尔厅（Saló del Tinell，见第 271 上图）。这座宏伟的无侧廊式建筑以其大胆的屋顶结构让人印象深刻：桁架屋顶置于六根巨大的横拱上。横拱几乎触地，跨度距离达 33.5 米。侧面压力由外墙扶壁承受。仅在加泰罗尼亚发现的建筑结构模型，很可能是圣克雷乌斯或波夫莱特等修道院的宿舍和食堂。该结构多以朴实的形式用于众多会议室。

巴塞罗那在德拉萨内斯造船厂拥有一座独特的、具有历史意义的工业纪念建筑（见第 271 页左下图）。大约 13 世纪末期，阿拉贡国王彼得大帝（Pere el Gran）下令新建造船厂，因为旧造船厂已经不适用了。

吉列姆·卡沃内利
巴塞罗那皇宫
蒂内尔厅，1359—1362 年

巴塞罗那德拉萨内斯（造船厂），13 世纪末至 18 世纪

最初，造船厂修建为露天式，建有柱廊和军事防御措施。不过在 14 世纪时期，扩建为 8 座平行的有顶大厅。可同时修理的单层甲板大帆船多达 30 艘。为了给建造更大船只提供空间，中间两个大厅被合并在一起，并且在 18 世纪中期，屋顶也增高了。

作为巴塞罗那皇宫建筑的一个范例，我们则会提到始于 15 世纪的巴塞罗那自治区政府或州议会的哥特式议会行政厅——哥特式庭院（Pati Gótic，见第 272 页图）。侧面是圣乔治礼拜堂（Capella de Sant Jordi，见第 273 页图）的正面，屋顶有火焰式装饰。这种建有台阶并且在楼层上设有带拱廊的通道的内部行政厅，成为加泰罗尼亚贵族阶级修建市政建筑的标准特征。

巴塞罗那市外的一座哥特式建筑需特别提及：赫罗纳大教堂。独特的唱诗堂以及壮观的中堂拱顶，使这座大教堂成为西班牙中世纪建筑中最重要的典型之一（见第 274 页图）。在米兰，在建筑工作开始之前，人们就技术和美观事项进行了长期的讨论。大教堂的全体教士大会决定 1312 年将在罗马式建筑中增加新的唱诗堂，以及引入自然天光的回廊和 9 个多边形礼拜堂。最初这个任务委托了亨利·德福朗，之后于 1321 年委托给了他的兄弟——纳尔博纳大教堂的石匠大师雅克。

亨利·德福朗、雅克·德福朗与吉列姆·博菲利（Guillem Bofill）
赫罗纳的圣玛利亚大教堂，1312—1604 年
中堂（建于 1417 年）和唱诗堂（14 世纪中期）

佩德罗·萨尔瓦（Pedro Salvá）
马略卡帕尔玛岛（Palma de Mallorca）贝利韦尔城堡（Castell Bellver）
1309—1314 年
庭院

尽管高坛在很大程度上依此规划，于 14 世纪中期完成，但在中堂两侧仅修建了少数几个礼拜堂。在 1386 年和 1416 年，专家曾讨论把该建筑修建成中堂带侧廊式还是无侧廊大厅式的问题。关于单拱顶的可行性，主要是巴塞罗那的工匠们提出了疑问。不过，1417 年还是决定修建一座无侧廊式教堂，因为这样的教堂会"更好、更引人注目"。赫罗纳中堂的争论也附带显示出一个最激动人心的发展过程：在争论过程中，审美方面的话题被提及的次数越来越频繁，而对于纯技术性质的考虑却很少。这种情况下，建筑师吉列姆·博菲利责无旁贷地开始建造哥特式建筑中最大的拱顶。拱顶高 34m，跨距 23m。

该建筑最终于 1604 年建成，但该设计对加泰罗尼亚哥特式建筑是有历史意义和代表性的。关于结构设计方面，该教堂代表了一种类似于巴塞罗那建筑型式（海之圣玛利亚大教堂和松之圣母玛利亚教堂）的完善。该形式中，拱顶压力由教堂内部扶壁承受。扶壁与扶壁之间留出了礼拜堂的空间。在外观方面，几乎没有突出任何建筑构件，因此外墙看起来是一面完好的墙面。外墙的密实度符合教堂内部空间幅度。内部为一座无耳堂、无侧廊的单会堂，不过更确切地说，是一座带几个高度几乎相同的侧堂的会堂。所有结构简化为最简单状态。墙面简单相连，甚至连支撑都深入承载肋拱中，几乎没有裂缝。该建筑的美学吸引力，不是由应用形状的多样性，也不是其分层强化方面表现出来的。在加泰罗尼亚哥特式建筑中，大型场所占主要地位，而简洁装饰突出其统一。

马略卡

马略卡王国，在 1276—1349 年曾是一个独立王国，最远延伸至今天的法国南部地区，在 14 世纪和 15 世纪，马略卡王国修建了许多新的杰出建筑。首先是将摩尔人建造的阿穆戴纳皇宫改造成一座基督教场所，并将佩皮尼昂（Perpignan）宫殿现代化。紧接着，在首府为主教堂奠基。圣欧拉利娅教区教堂（始于 1250 年）、圣方济各教堂（于 1286 年建成）和圣玛利亚大教堂（见第 276 页上图和第 277 页图）是中世纪时期马略卡教堂建筑中最重要的作品。

在摩尔人清真寺旧址上修建的大教堂，是一座具有非凡都市景观特点的建筑。此大教堂的基础墙一直保留至 1412 年。任何从海上走近这座岛屿的人都不太可能会忘记这座哥特式信仰堡垒的轮廓。

在整个范围内，教堂主体由一套巨大而紧密相连的支撑墙和扶壁连接。这些支撑墙和扶壁增添了 110m 的高侧壁，让人想起铁棒。教堂庄严而大胆，外部扶壁与内部的八间狭长隔间相对应，包括一个中堂、侧廊和礼拜堂（见第 276 页图）。第四间隔间延伸成一个耳堂样式，而东端则包含端部笔直的礼拜堂。其中一个礼拜堂向前突出，因为最初设计是作为皇室丧葬之用。中堂和侧廊建于 1369 年左右，将细长的八角形支撑物用于 42m 高的拱顶。位于西端的窗户也是在那时修建的。宏阔的空间使得这座教堂内部能够与布尔日、博韦（Beauvais）或米兰的大教堂相媲美。支撑系统的布局、讲究及高超技巧，表明加泰罗尼亚工匠大师贝伦格尔·德蒙塔古特受召至马略卡进行这项重大工程的情形。他曾修建了孟拉萨大教堂和巴塞罗那海的圣玛利亚大教堂。然而，中堂与侧廊明显不同的高度，以及典型的外部扶壁也表明受到了欧洲北部的影响。

从类型学方面，令人感兴趣的是帕尔玛附近的贝利韦尔城堡。该城堡由佩德罗·萨尔瓦在 1309—1314 年修建。作为马略卡国王的避暑行宫，该城堡是一座圆形的防御性建筑。其平面图上有四座巨大的塔楼。哥特式交叉拱廊构成的两层内院具有迷人的吸引力（见右上图）。它是如何适应建筑历史发展历程的，还未得到证实。建筑灵感可能来源于 60 年前修建的意大利阿普利亚区蒙特城堡（Castel del Monte）或者纳瓦拉（Navarre）奥利特（Olite）皇宫的中心建筑。

1426—1446 年间，马略卡帕尔玛岛交易所（见第 276 页下图）建成。该交易所表明，该建筑仿效了巴伦西亚和巴塞罗那这类相似建筑。

上图及下一页图：
贝伦格尔·德蒙特古特等
马略卡帕尔玛岛圣玛利亚大教堂
建于约 1300 年
外观（上图）
内景（下一页图），1369 年

吉列姆·萨格雷拉（Guillem Sagrera）
马略卡帕尔玛岛交易所
1426—1446 年

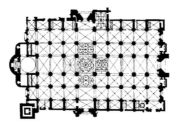

下一页图：

恩里克·埃加斯（Enrique Egas）
格拉纳达（Granada）皇家礼拜堂（Capilla Real），
始建于 1504 年
内景（左图），拱顶（右图）

交易所外观牢固，四角分别建有塔楼。大门和窗户装饰有火焰式花窗格。大厅式内部规模宏大，拱顶结构特别，让人印象深刻。拱顶仅用六根支柱支撑。顶棚的长、宽度分别为 40m、28m。这座开拓性建筑的创作人是马略卡建筑师吉列姆·萨格雷拉。在这座建筑完工后，吉列姆·萨格雷拉去了意大利，参与那不勒斯新堡（Castel Nuovo）的内部工程工作。

安达卢西亚（Andalusia）

15 世纪，安达卢西亚最大的建筑工程是塞维利亚圣玛利亚大教堂（见左图）。因为在 1248 年以前，塞维利亚一直是穆斯林最后的也是最重要的一处堡垒（格拉纳达拿撒勒帝国时期除外），所以塞维利亚大教堂的建造具有深刻的政治利益背景。重建主教教堂是一件相对困难的事。原清真寺基础墙代替了外形规划。该建筑在 1248 年征服塞维利亚时，被奉为基督教的神圣之地。原伊斯兰教式庭院（即现在的橘园）以及 1198 年建成的尖塔均保留了下来，并经过改建融入新的基督教环境中。

早在 1401 年，教士大会决定修建一座新的大教堂时，就需要建造一座让其他教堂都黯然失色的独一无二的教堂，即一座"让别人认为疯狂的"教堂。事实上，塞维利亚大教堂是西部地区伟大的宗教建筑之一。该教堂设计为方形，包括中堂、四间侧堂、侧面礼拜堂、耳堂和后堂。外观的梯形建筑配备了壮观的飞扶壁和实心扶壁结构及尖塔，用在其他坚固的综合建筑上也很适宜。最初的建造构想是一座双层回廊，与托莱多教堂一样，但该构想被完全放弃了。因为胡安二世（Juan II，1406—1454 年）放弃了将该教堂作为皇家丧葬之用的想法。因此，设计缺少明显的东部地区建筑趋势。宽敞的内部还仿效了清真寺的立体的、非定向的内部结构。中堂高度为 36.38 米，比侧廊略高。用于支撑高拱的华丽装饰的支柱，直达拱顶。没有高拱廊。拱顶本身仅在十字交叉部周围区域采用了一种晚期哥特式风格的奢华星形拱进行装饰。由四部分构成的高窗以及华丽的花窗格，让大量光线射入。

众多的工匠大师曾先后负责该教堂的修建工作。他们大多数来自国外，先是佩德罗·加西亚（Pedro García，1421—1434 年），然后是佛兰德斯建筑师伊桑贝尔（Ysambert，1434 年）、法国人卡兰（Carlín，查理·加尔捷·德鲁昂，1439—1449 年）、胡安·诺曼（Juan Norman，1454—1572 年），最后是胡安·德奥塞斯（Juan de Hoces）。1496 年，一位名为"西蒙"的大师经常被提及，他很可能是科隆的西蒙。在谈到布尔戈斯时，我们会谈论到他。

他很可能是宏伟的交叉部塔楼的设计人。塔楼于 1506 年建成，但在 1511 年倒塌了。1515 年，非常受欢迎的胡安·希尔·德翁塔尼翁（Juan Gil de Hontañón）接替工匠大师一职。正是胡安·希尔·德翁塔尼翁创作了奢华的火焰式拱顶式样。16 世纪与 17 世纪期间，大教堂的中部修建了合唱坛和主礼拜堂，紧接着还扩建和改建了许多其他的部分。

塞维利亚大教堂是伊比利亚半岛上中世纪晚期建筑的典范。该教堂是在清真寺的基础上修建起来的。尽管教堂高度更高一点，但仍包含了清真寺的空间结构。该教堂向世人发出信号，预示基督教会取得建筑的胜利。与此同时，原建筑的摩尔式砖结构上增加了大量的石材装饰。即使是在西班牙的哥特式建筑中，塞维利亚大教堂也是一个重大的转折点。因为它首次在卡斯蒂利亚和莱昂之外的地区使用扶壁将建筑外观分解，从而将法国古典哥特式元素与加泰罗尼亚或阿拉贡风格教堂的封闭外形相结合。胡安·希尔·德翁塔尼翁的国际性工作对西班牙中部地区产生了一定影响，他将火焰形式经由塞维利亚带到了新卡斯蒂利亚，特别是托莱多。

格拉纳达皇家礼拜堂（见上图）具有类似的象征价值。天主教君主于 1504 年委托恩里克·埃加斯，在格拉纳达市（1492 年收复）清真寺的主体后面直接修建这座教堂，作为丧葬之用。这是历史上的一次霸占行为。布置奢华的礼拜堂内放置了天主教君主及其女儿和女婿，即疯女胡安娜（Joanna the Mad）与美男子腓力（Philip the Fair）的陵墓。平面和立面、大门以及肋架拱顶均按照晚期哥特式传统风格设计，而墓室却是以文艺复兴时期风格进行装饰的。

除安达卢西亚教堂建筑广泛使用基督教哥特式风格外，西班牙的非宗教建筑继续使用摩尔式风格。这并不仅仅是一种观念问题，更多的还是因为伊斯兰式住宅更舒适而且内部装饰更加豪华。摩尔人的建造技术和装饰技巧在基督信徒客户中享有盛誉，而基督教艺术家常常仿效伊斯兰建筑模式。在 14 世纪和 15 世纪时期，整个伊比利亚半岛宫廷和贵族纷纷仿效摩尔文化。服饰、食品，尤其是建筑均以安达卢西亚摩尔式住宅为参照。这类住宅的奢华程度被认为是无法超越的。

芭芭拉·博恩格赛尔

穆德哈尔式建筑

名词"穆德哈尔"（来自阿拉伯文"mudayyan"），指臣民或纳税人，在西班牙基督教中用来专指"被允许留在基督徒收复的地区定居的摩尔人"。在 13—15 世纪时期，这些穆德哈尔一直是一个根本的社会因素，直到天主教君主伊莎贝拉一世与斐迪南五世对其施加迫害并将其驱逐。由此，西班牙失去了一部分重要的文化遗产以及众多的优秀工匠。

几个世纪以来，许多手工产业一直由摩尔人掌控。技术和知识均由阿拉伯学者传承和发展。伊斯兰的装饰形式，例如重复的几何图案、书法以及建筑正立面上的挂毯式装饰，都毫无例外地吸收进基督教艺术中。伊斯兰的砖体建筑（ladrillo）、桁架屋顶（artesonado）的艺术构造和成形等技术，对西班牙建筑产生了强烈影响。瓷砖（azulejos）、木制品（carpintería）、装饰灰泥（yeserías）满足了建筑表面装饰的奢华形式，并且至今仍是地中海手工制作的一大特色。

穆德哈尔风格，由西班牙艺术史学家阿马多尔·德洛斯·里奥斯（Amador de los Rios）于 1859 年首次使用。对于一些学者来说，这种风格被视为西班牙中世纪时期艺术的精髓。事实上，阿拉伯式的繁杂特征以前所未有的规模融入了西班牙的基督文化。而在相对较早回归基督教统治之下的葡萄牙，只有少数几处伊斯兰风格建筑还得以保留，例如梅尔图拉清真寺（mezquita of Mértola）。因此，葡萄牙并没有直接涉及"异教徒"艺术。相反在西班牙，穆德哈尔风格在几个世纪中经历了不同的阶段。当地工匠须考虑主顾的不同兴趣和变化的历史条件。

在这样的情况下，将穆德哈尔作为一种风格毫无用处。它们更像是几个世纪以来对伊斯兰文化的展示，可与西方艺术再现的古典主义

托莱多圣母升天犹太教堂（El Tránsito Synagogue），1355—1357 年
圣墙（Torah wall）

布尔戈斯的拉斯韦尔加斯（Las Huelgas）修道院，圣地亚哥礼拜堂（Capilla de Santiago）木制天顶约 1275 年

相媲美。按时间分类，穆德哈尔在不同历史时期的风格分别称作罗马式风格、哥特式风格和摩尔式风格。但是，利用伊斯兰风格和朝代术语，这种风格可划分为"穆德哈尔 - 泰法式"（mudéjar-taifa，自 1009 年起，在西班牙建立的泰法王朝或伊斯兰公国之后）、"穆德哈尔 - 阿尔摩哈德式"（mudéjar-almohade，自 1147 年阿尔摩哈德统治者执政之后）和"穆德哈尔 - 拿撒勒式"（mudéjar-nazarí，14 世纪和 15 世纪格拉纳达拿撒勒统治之后）。

托莱多成为最重要的穆德哈尔文化中心。这座卡斯蒂利亚城市，在 1085 年以前是泰法王朝的宫廷所在地，在阿方索六世攻占后，设法保留了伊斯兰风格的城市面貌。城墙不仅融合了基督教、犹太教以及更成熟、优雅的伊斯兰传统风格。学术和艺术经历了一段极难得的黄金时期。学者们编辑、翻译并传播希腊、拉丁、希伯来以及阿拉伯文学作品，因而整个欧洲都受益匪浅。托莱多因此成为多种文化和平共处、相互交流的一个典范。

在建筑领域，只在 15 世纪一些待修建的法式哥特风格的大教堂中保留了伊斯兰的艺术形式，用作象征意义。在 12 世纪和 13 世纪初期，就已经建造出结合了伊斯兰砖块技术和装饰（马蹄拱、尖拱以及多叶形拱）的建筑。这些建筑包括光明耶稣清真寺（El Cristo de la Luz）和圣罗曼教堂（San Román，约 1221 年，被奉为神圣教堂）。光明耶稣清真寺于 10 世纪修建并自 1187 年起改建为教堂。

圣地亚哥 - 阿拉巴尔教堂（见左图一）建于 13 世纪晚期，为中堂加侧堂式砖体结构，带有三个半圆形后堂。教堂内外均装有马蹄拱和多叶饰拱图案。圣母玛利亚教堂是 13 世纪修建的一座犹太教堂，在 1405 年由基督教徒所接管。马蹄形拱廊分成多个耳堂。平面图与清真寺的平面差不多，但梯形立面和哥特早期风格柱头则各有千秋。

一个运用西班牙摩尔式装饰理念并融入非伊斯兰建筑的杰出范例就是圣母升天犹太教堂（1355—1357 年，见右上图一）。教堂内部平面尺寸为 33m×9.5m。内部陈设展现了格拉纳达拿撒勒装饰艺术的特色，但是在新的背景下呈现出来的。犹如覆盖有挂毯的墙面被装饰得富丽堂皇，尤其是圣墙上涂有粉饰灰泥。

托莱多圣地亚哥 - 阿拉巴尔教堂（Santiago del Arrabal）13 世纪晚期

阿尔卡拉·德埃纳雷斯（Alcalá de Henares）大学礼堂，1516 年

墙面有带状装饰以及圣歌和圣经中赞美犹太祭司的文字片段。除此之外，一条带有一圈叶状卷须、百合以及卡斯蒂利亚莱昂皇家盾形纹章的连续饰带围绕着墙基。墙面上部四分之一位置的壁上拱廊让人想起基督教堂中的高拱廊，但明显带有伊斯兰风格特征。尖拱与尖拱之间有围屏窗（celosías），在围屏窗的上方，有一条钟乳石状图案的雕带。室内顶部是一个露式桁架，位于系梁之上。在精美的天顶镶板上，星形几何图案与线形象牙镶嵌装饰相映成趣。

由皇室资助修建的拉斯韦尔加斯西多会修道院离布尔戈斯不远，象征穆德哈尔文化在宫廷背景下立足。伊斯兰风格装饰，特别是小型围廊庭院（claustrillas）附近的摩尔式礼拜堂，表明安达卢西亚和托莱多的高水平大师们参与了这座修道院的建造。

其中一座礼拜堂，即圣地亚哥礼拜堂，修建于1275年左右，用作基督教骑士爵位的授予场所。它在周围建筑物的衬托下，成为异教徒唯一的真实信仰文化的有力表达。马蹄拱大门通向一个布置得非常精致的房间。该房间的顶部为独特的星形木制天顶（见第280页右上图二）。

木制拱顶是穆德哈尔装饰艺术的主要特征之一。这类拱顶被称为"家具木工"（carpintería de lo blanco），在非宗教建筑中效果特别好。表面常常配上灰泥装饰中的乳石状图案，从而让天顶进深更深，立体效果更好。16世纪时，穆德哈尔木匠开始将意大利式的古典图案融入其中。

这类桁架屋顶式顶棚作业的例子，可从阿尔卡拉·德埃纳雷斯大学1516年修建的礼堂（见第280页左下图二），以及托莱多大教堂（1508—1511年）的宗教活动会议厅中看出来。这里，穆德哈尔风格装饰附属于格子平顶总体方案设计。这两幢建筑均是为主教弗朗切斯科·希门尼斯·德西斯内罗斯（Cardinal Francisco Jiménez de Cisneros）修建的，他擅长将人文知识和西班牙传统相结合，这并非偶然。

穆德哈尔式顶棚结构为哥特晚期的石匠们提供了众多的模型。因此，伊斯兰风格的装饰图案被引入了萨拉戈萨大教堂（Zaragoza Cathedral，1412年）和布尔戈斯大教堂（Burgos Cathedral，1567年建成，见左下图）的装饰性角塔。在这两座建筑中，还结合了哥特式的火焰状饰，从而得到具有高水平技艺和艺术的拱顶。

穆德哈尔文化还传播至卡斯蒂利亚之外的地方。在阿拉贡，建筑同步发展，这里耸立着无数的高塔。高塔根据方形或八边形平面图设计建造，并且按照水平排列位置进行奢华装饰，是从伊斯兰教式尖塔发展而来的。最好的例子就是位于特鲁埃尔的高塔。摩尔人曾赋予特鲁埃尔多种特权。各式各样的塔楼与其他地区那些依靠彩色瓷嵌体将墙面分解的塔楼大不相同。

布尔戈斯大教堂，角塔（Cimborrio），1567年

特鲁埃尔（Teruel）的圣玛利亚大教堂
钟楼，1257—1258年

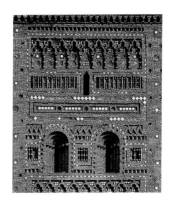

特鲁埃尔的圣马丁教堂（San Martin）
钟楼细部，1315年

著名的例子有特鲁埃尔的圣玛利亚大教堂（1257—1258年，见右上图一）、圣马丁教堂（1315年，见右上图二）、圣佩德罗教堂（14世纪早期）以及圣萨尔瓦多教堂。在接下来的一段时期，砖块上彩瓷图案装饰或浮雕应用于其他墙面，例如萨拉戈萨大教堂的后堂墙面。

在安达卢西亚，由于伊斯兰教的长期统治，摩尔风格文化保存完好，因此摩尔式风格至少在非宗教建筑中仍然是建筑模型。

值得注意的是，基督教国王佩德罗一世（1350—1369年）曾计划修建一座纯摩尔风格的塞维利亚摩尔式堡垒，并因此召集了格拉纳达拿撒勒和科尔多瓦（Córdoba）的艺术家。

甚至在1500年左右，安达卢西亚总督佩德罗·德恩里克斯（Pedro de Enriquez）选择用穆德哈尔风格装饰壮观的市政厅。塞维利亚的皮拉托之家（Casa de Pilatos）是一幢文艺复兴时期风格的别墅，装饰有摩尔式瓷砖、灰泥以及桁架屋顶，十分奢华。

庭院四周围绕着两层支柱式连拱廊（见右下图），楼梯间则全部贴有瓷砖。上方是一个小穹顶，通过抹角拱过渡，带有钟乳石状装饰。此外，雕塑的装饰完全符合意大利宫廷的奢华风格，有古式半身像雕塑、立柱、喷泉以及具有寓意的湿壁画，构成一幅和谐画面。

塞维利亚的皮拉托之家，约1500年，庭院

西蒙·德科洛尼亚（Simón de Colonia）
布尔戈斯大教堂，元帅礼拜堂（Capilla del Condestable），1482 年

卡斯蒂利亚和西班牙弗拉门戈风格

在卡斯蒂利亚，最初由于经济危机和内战等，建筑活动暂时处于停止状态，现存的大教堂禁止进行改建或装饰。这些大教堂中，阿拉伯艺术家流传下来的穆德哈尔风格通常掩盖了哥特式建筑结构。直到 14 世纪末期，才恢复了主要的教堂建筑工程，例如潘普洛纳（Pamplona）大教堂（始建于 1394 年）、奥维耶多大教堂（Oviedo）、木尔西亚（Murcia）大教堂（始建于 1394 年，之后被严重毁坏）以及卢戈（Lugo）和帕伦西亚（Palencia）的新圣坛。不过，这些建筑的设计大致相同。

在 15 世纪之初，在胡安二世的统治下，卡斯蒂利亚加强了与勃艮第之间的联系，从而使得卡斯蒂利亚与佛兰德斯之间的贸易关系得到发展，尤其是服装产业。皇室与贵族开始关注北欧的优雅生活模式，将许多法国、佛兰德斯以及德国艺术家邀请至西班牙或者购买这些艺

术家的绘画作品以及其他奢侈品。以这样的方式引入的风格完全融合了伊斯兰教的传统风格。

当那些受过穆德哈尔传统训练的艺术家的技术知识和工艺技巧中加入了北欧建筑传统后，摩尔式拱券中不再使用火焰状饰图案。由此形成的这种风格既是装饰风格，也是建筑风格，被称作西班牙弗拉门戈式风格。这个名词并没有真正反映出其包含的各类形式，但没有更好的表达。同样令人惊讶的是，除了少数例外，最先在意大利发起的文艺复兴早期风格，在卡斯蒂利亚几乎没有引起共鸣，即使胡安二世十分重视其人文主义研究。在卡斯蒂利亚和莱昂，这样的事情同样出现在塞维利亚大教堂。弗兰德斯和德国工匠大师被召集起来，参与重要工程建设。在接下来的数十年里，20 多个来自西欧或北欧的艺术家活跃于西班牙各王国。他们对艺术的发展做出了相当大的贡献。

其中之一就是来自布鲁塞尔的大师阿纳坎（Hanequin）。阿纳坎受阿尔瓦罗·德卢纳（Don Álvaro de Luna）的委托在托莱多大教堂回廊修建一座小教堂作为丧葬之用。随后，还在此修建了著名的狮子门（Puerta de los Leones）。该小教堂包括一面采用火焰状饰元素装饰得十分奢华的墙面和一个多边形拱顶。一系列宏伟建筑的灵感均来源于此，其中布尔戈斯的元帅礼拜堂大概是最奢华的例子。布尔戈斯成为西班牙弗拉门戈风格一个重要的传播中心。该风格中融入了众多德国元素。在 15 世纪中期，科隆的工匠大师汉斯（胡安·德科洛尼亚）可能受大主教阿隆索·德卡塔赫纳（Archbishop Alonso de Cartagena）所托来到西班牙，从而开启了具有德国特色的艺术家时代。汉斯是布尔戈斯大教堂尖塔的创造者。尖塔仿效乌尔姆和埃斯林根以前的建筑，之后成为其他西班牙式尖塔的模型。汉斯的儿子西蒙（西蒙·德科洛尼亚）在 15 世纪末期建造了元帅礼拜堂。在装饰方面，这是一座绝无仅有的建筑。它是具有哥特式结构的宽敞两层建筑，内外均采用火焰状的细丝装饰（见左图）。巧妙雕刻的星形拱顶让人想起摩尔人建立的阿尔摩拉维德王朝统治时期的建造结构。

天主教君主时期的建筑

西班牙弗拉门戈风格在 15 世纪中期广为流行，归因于一些有远见的客户的偏爱，在天主教君主统治时期，这种新的风格成为一种正式的风格。因此，将 15 世纪晚期及 16 世纪早期的这种艺术风格称为伊莎贝拉风格，或者更加准确一点，叫作天主教君主风格，也不是完全不恰当的（伊莎贝拉女王对于风格发展的影响程度尚不清楚）。

塞戈维亚帕拉尔海尔罗尼麦特修道院礼拜堂被认为是这种风格的第一座建筑。这是一座有巨大星形拱顶的无侧廊厅堂式教堂。三叶形

胡安·德科洛尼亚、西蒙·德科洛尼亚
加西亚·费尔南德斯·德马蒂恩索（García Fernández de Matienzo）
卡图加 - 米拉弗洛雷斯修道院（布尔戈斯附近）
始建于 1454 年
面朝迭戈·德西洛埃（Diego de Siloé）设计的祭坛装饰的室内景

胡安·瓜斯（Juan Guas）
托莱多的圣胡安皇家修道院（San Juan de los Reyes）
始建于 1476 年

胡安·瓜斯
托莱多的圣胡安皇家修道院
回廊，1500 年后建成

圣坛原本设计作为丧葬之用。1455 年，胡安·加列戈开始修建该教堂。胡安·瓜斯（让·瓦斯特，Jean Wast）自 1472 年接手工作。胡安·瓜斯可能是布列塔尼人（Breton），曾在托莱多当阿纳坎的助手，在当时收到了很多重要工程的委托。他创造的教堂类型成为天主教君主统治下大多数建筑基础的标准。

布尔戈斯附近的卡图加 - 米拉弗洛雷斯修道院同样是一座宏伟的建筑。这座新建筑原本是作为胡安二世及其妻子——葡萄牙的伊莎贝拉的安息之地（见左图）。这儿还准备修建一座没有侧廊并且室内装修豪华的教堂，由科隆的汉斯及其儿子西蒙·德科洛尼亚设计，加西亚·费尔南德斯·德马蒂恩索修建完成。安特卫普的希勒斯（Gilles of Antwerp），在西班牙称为希·德西洛埃（Gil de Siloé），创造了独一无二的雕塑装饰。

1476 年，伊莎贝拉女王在托莱多建立圣胡安皇家圣方济各修道院，以庆祝王位继承人的诞生以及在托罗取得的胜利（见中图和右图）。胡安·瓜斯再一次担任建筑师，并且再一次决定建造一座庄严的无侧廊式教堂，侧面建有礼拜堂以显示出装饰细节和完美的砖石工艺。十字交叉部上方抹角拱支撑的穹隆顶塔以及中堂跨间和礼拜堂的网状拱顶，展示出了精湛技巧，这与托钵修会最初信奉的清贫和朴素的观念大相径庭。盾形纹章、徽章以及图形雕像同样融入了装饰之中。

尽管如此，碑文上吹捧征服格拉纳达以及驱逐犹太人的内容呈现出专制的，甚至是宣传的特点。教堂正面最显眼的是枷锁，代表曾束缚安达卢西亚"基督徒囚犯"的镣铐，因此象征着西班牙基督教徒最终摆脱"伊斯兰教枷锁"。相邻的两层围廊庭院带有金丝装饰的窗格，以及结合了植物和字母形式的精致线条装饰，是伊莎贝拉风格艺术的杰出作品之一。这里使用"伊莎贝拉风格"这个名词十分恰当。该建筑原本设计作为天主教君主的殡葬之地，但在 1492 年收复失地运动结束后，修道院必须放弃这种授予格拉纳达的特权。

阿维拉圣托马斯教堂（San Tomás in Ávila）是多明我会的一个女修道院，于 1483 年根据天主教君主的宗教大法官命令开始修建。经费来源于从犹太人那里没收的财产。该教堂由马丁·德索洛萨诺（Martín de Solórzano）设计，采用花岗岩建造。与圣胡安皇家修道院相比，其装饰风格更拘谨。美学吸引力建立在对技术和材料的考虑之上，而同时这也反映了赞助者的苦行信仰（见第 284 页左图）。

紧接着在巴利亚多利德，出现了圣格雷戈里奥学院（Colegio de San Gregorio，1487—1496 年），它是现在的西班牙国立雕塑博物馆，以及圣巴勃罗教堂（San Pablo，约 1505 年）的西面主要以豪华外观装饰著称。通过奢华装饰的大门，两幢建筑表现出了一种在结构和象征意义上仅能够与西班牙特有的圣坛建筑相媲美的设计，其中墙壁和构造的带有图案的表面纳入巨型作品中。圣格雷戈里奥学院的大门（见第 284 页左上

马丁·德索洛萨诺

阿维拉的圣托马斯教堂，始建于 1483 年

萨拉曼卡大学（Salamanca University）

外观局部，约 1525 年

图）——可能由希尔·德西洛埃和迭戈·德拉克鲁斯（Diego de la Cruz）设计，呈现出明显的政治目的。很显然它是根据福音传教士的传道内容设计的，包括一只狮子和一头握着西班牙巨型盾徽的雄鹰。在重新进行的类似诠释中，耶西之树（耶西族谱）变成了一棵石榴树，象征再次征服格拉纳达。天使、使者、丘比特以及野蛮人构成整体，仍须进行令人满意的诠释。在圣格雷戈里奥学院的入口处，建筑不过是一面背景墙。从精致的葱形拱上方的中央图形区域显示的建筑连接方式来看，大门不过是一幅具有象征意义的油画（见第 285 页图）。

邻近的圣巴勃罗教堂仅晚修了几年。教堂正面的结构已开始变得非常清晰，尽管装饰和标志性风格仍然很明显。

"祭坛装饰外观"列表中不能忽略的是著名的萨拉曼卡大学的正立面（16 世纪初期，见右上图）。尽管已经设计成银匠风格，并且带有大量的文艺复兴式图案，但在精神和内容方面仍完全属于上述的传统风格。具有象征意义的奇异展示墙设计，被认为是图示法的先锋，

将西班牙君主的角色设定为信仰捍卫者、科学庇护人以及长期抵抗恶习的美德维护者。

然而，天主教君主时期的建筑并不仅仅是装饰品。除了已经提及的宏伟教堂外，还出现了医院建筑。这是年轻的西班牙帝国公开做出的慈善展示，期望让人知晓其社会福利责任。由于对意大利的中心建筑模式非常熟悉，西班牙人选择了一种四边长度大致相等的十字形平面构造，例如佛罗伦萨的新圣玛利亚医院（Santa Maria Nuova）、米兰的菲拉雷特马焦雷医院（Filarete's Ospedale Maggiore）和罗马萨西亚圣神医院（Santo Spirito in Sassia）都属于此类建筑。尽管这是文艺复兴时期的一种风格概念，但从实施情况看，仍然没有完全脱离西班牙的传统。因此，圣地亚哥 - 德孔波斯特拉医院（恩里克·埃加斯，1501—1511 年）和格拉纳达医院（恩里克·埃加斯，1511—1527 年）建有穆德哈尔风格的木制天顶，而十字交叉部则采用晚期哥特式风格的华丽星形拱顶。

左上图：
希尔·德西洛埃与迭戈·德拉克鲁斯
巴利亚多利德的圣格雷戈里奥学院，1488—1496 年
大门（左下图）

右上图和右下图：
希尔·德西洛埃与迭戈·德拉克鲁斯
巴利亚多利德的圣格雷戈里奥学院，1488—1496 年
回廊庭院以及装饰细部

城堡

在卡斯蒂利亚，城堡是非常重要的一类建筑。此外，还需列举少数几个例子，说明城堡复杂的发展过程。之前已经提及的住宅建筑，以及防御建筑很大程度都是根据阿拉伯建筑模型修建的。这些建筑不仅更加舒适和实用，而且在技术上也是久经考验的，使用砖块修建造价也更低。

令人难忘的城堡之一是 15 世纪为主教阿隆索·德丰塞卡（Bishop Don Alonso de Fonseca）修建的科卡城堡（见第 287 页下图）。这座城堡使用砖块建造，带有阿拉伯传统风格，工艺完美，而且颜色层次分明，达到极高的艺术效果。方形上层建筑物修建在巨大的圆形地基上方。要塞和护墙密布着无数的半圆形或多边形棱堡。这些棱堡在墙壁上突出，并且在顶部附有半露柱和尖顶，装饰得十分雅致。尽管修建得非常雅致，但是科卡城堡的真正防卫能力，仍完全具有中世纪城堡建筑的传统特征。

即使该城堡原封不动地照搬典型的伊斯兰式精致工艺和非凡装饰，但门多萨家族的支持仍为西班牙的城堡建筑设计提供了新的思路。从堡垒完美转变为精致城堡的一幢建筑就是曼萨纳雷斯皇家城堡。这座建筑在第一任桑蒂利亚纳侯爵统治时期开始修建，于 1435 年开始修建，并且在 1473 年以后，八成由胡安·瓜斯负责改建（见第 287 页上图）。尽管保留了堡垒的外观，但是走廊和塔楼的雕刻润饰让城堡外观具有观赏性。

在瓜达拉哈拉的因凡塔多宫（始建于 1480 年）中，防御特征已经完全排除，走廊则变成观景台。据推测，同一个建筑师为同一个主顾伊尼戈·洛佩斯·德门多萨（Iñigo López de Mendoza）修建了一座带两层庭院的宫殿式四方建筑（见上图）。该建筑具有明显的都市特征。在这一方面，这座建筑与文艺复兴时期意大利式都市宫殿相似，尽管繁复的建筑装饰中混合了伊斯兰式、晚期哥特式，甚至是古典风格图案。摩尔式钉头装饰线条和菱形物装饰了建筑外墙面，而庭院上下层分别由绞绳形柱和翻新的托斯卡纳式立柱连接支撑，立柱与立柱之间架有强烈的伊莎贝拉风格的装饰性曲线拱券。构成建筑的石材和灰泥装饰的复杂图像题材，显示了主顾的学识和社会地位。

16 世纪初期，西班牙的经济形势得到改善。与此同时，兴建了无数奇特的贵族宫殿，其中包括位于布尔戈斯、四周以石头设置警戒线的科登之家（Casa del Cordón，1482—1492 年），以及位于萨拉曼卡城以贝壳形石雕进行装饰的贝壳之家（Casa de las Conchas，1512 年）。这两座建筑均为庭院式都市宫殿，外观按照建筑主人的个人爱好进行设计。非宗教建筑比教堂建筑早数十年转向更现代的意大利风格形式，通过科戈柳多宫（Cogolludo，约 1492—? 年）和卡拉奥拉宫（La Calahorra，1509—1512 年）可了解这一发展过程。

胡安·瓜斯
曼萨纳雷斯皇家城堡（Castillo El Real de Manzanares）
始建于 1435 年

科卡城堡（Castillo de Coca）
15 世纪

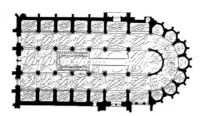

阿斯托加的圣玛利亚大教堂
始建于 1477 年
高坛

阿斯托加的圣玛利亚大教堂

16 世纪的哥特式大教堂

16 世纪的教堂建筑代表了西班牙哥特式建筑的鼎盛时期。然而，除了西班牙艺术史学家费尔南多·马里亚斯（Fernando Marías，1989 年）的开创性研究外，并没有关于 16 世纪哥特式大教堂的综合研究，也没有主要以西班牙晚期哥特式风格为内容的研究。曾几何时，圣彼得大教堂在罗马被改建为古典主义建筑的模型，萨拉曼卡、塞戈维亚、普拉森西亚（Plasencia）等城市纷纷按照晚期哥特式风格修建了惊人的新教堂，而帕伦西亚（Palencia）继续沿用 14 世纪的建筑风格。直到 18 世纪早期，众多的教区教堂和小教堂纷纷回到中世纪晚期寻找灵感。

这种仅仅抓住哥特式建筑设计的情形，决不能看作是退步。从各种资料来源来看，很显然两种建筑语言享有平等的地位：哥特式被视为现代式；文艺复兴时期采用的古典风格被称为罗马式。

哥特式风格体系并不过时，可归因于以下几个因素。首先，古典主义设计标准的拥护者并不认为西班牙的哥特式建筑不适用，而且该风格的建筑也没有被视为中世纪时期的典型。哥特式风格在当时并且一直是"炫耀式的风格"。首先，在腓力二世统治时代（1556—1598 年）之前，这种风格一直用于再现基督教战胜伊斯兰教的情形以及展现西班牙皇权。其次，西班牙的晚期哥特式建筑能够自行适用于新型建筑中，如医院和学院建筑。保留传统并不意味着阻碍更新和赋予新功能；而对保存的事物进行革新应视作对过去的完善。

尽管如此，一些贵族家族可能恰恰不接受晚期哥特式建筑所具有的象征性功能。因此，西班牙古典主义形式的提出与有权有势的门多萨家族密切相关。门多萨家族通过支持意大利风格和收集文艺复兴时期风格艺术作品，与皇室区分开。

晚期哥特式教堂建筑从阿斯托加圣玛利亚大教堂（见左下图）开始盛行。该教堂于 1471 年开始修建。教堂带有一个中堂和几个侧堂，没有耳堂，但却有三间多边形后堂。在结构上，好似回到德国式建筑模式。没有柱头的扶垛延伸至拱顶。其垂直应力引人注目。之后，罗德里戈·希尔·德翁塔尼翁对其进行增建和改建，让这幢建筑看起来比原先更西班牙式。星形和网状拱顶结构丰富多样。

萨拉曼卡大教堂（见第 289 页图）、帕伦西亚大教堂（见第 290 页图）、普拉森西亚教堂（始建于 15 世纪的一幢新建筑）以及塞戈维亚大教堂大体上属于同类教堂：萨拉曼卡大教堂有一个中堂和带小礼拜堂的侧堂，而塞戈维亚大教堂（见左上图）的东区为圆形，带有辐射状小教堂，但它们都没有延伸至外墙之外的耳堂。

胡安·德阿拉瓦（Juan de Álava）安东尼奥·埃
加斯（Antonio Egas）、胡安·希尔·德翁塔
尼翁、罗德里戈·希尔·德翁塔尼翁和胡安·希
尔·莫索（Juan Gil el Mozo）
萨拉曼卡大教堂，始建于1513年
十字交叉部

在修建这些教堂之前，专家们进行了讨论。这是一个充满现代氛围的讨论过程。最出名的建筑师有阿隆索·科瓦鲁比亚斯（Alonso Covarruvias）、安东尼奥·埃加斯、胡安·德巴达霍斯（Juan de Badajoz）以及胡安·希尔·德翁塔尼翁。胡安·希尔·德翁塔尼翁的设计分别于 1512 年和 1525 年在萨拉曼卡教堂（与安东尼奥·埃加斯合作）和塞戈维亚教堂中采用。1526 年胡安·希尔去世之后，他的儿子罗德里戈·希尔·德翁塔尼翁负责这两处教堂的工作。胡安·希尔因建设塞维利亚大教堂成名，选择他就意味着选择了晚期哥特式风格。萨拉曼卡教堂与塞戈维亚教堂十分相似，因此我们有理由认为，在选择塞戈维亚重要的教堂作为模型过程中，萨拉曼卡教士大会可能已经选择了一种计划好的建筑。

萨拉曼卡教堂的哥特式结构，呈现出宏伟的外观以及清晰而庄严的内部结构。内部为长方形廊柱大厅，内设高拱廊，在精美的窗饰栏杆上方，装有透光天窗。带有扶垛的柱身直通华丽的网状拱顶非常壮观，是建筑的唯一装饰。建筑的美通过其构造从另一方面展现出来。

1522 年萨拉曼卡教堂的一位发起人反对将文艺复兴风格图案加入装饰中，这并不意外。"胡安·希尔（莫索）在耳堂入口使用的这种罗马式风格，设计和安排得非常不好，并且不符合整体风格。"总之，这不是对执行力的批评，而是对古典主义特色的批判，实在是太明显了。

查理一世（神圣罗马帝国皇帝，1519—1556 年）在格拉纳达制定了新的建筑政策。然而，在天特会议改革以及埃斯科里亚尔建筑群的建造之前，西班牙帝国的教堂建筑仍然采用晚期哥特式风格。在欧洲其他国家，例如英国、佛兰德斯、德意志帝国以及法国，可观察到类似的现象，尽管并未仔细研究这些相似的建筑风格。更加值得注意的是，在欧洲人发现美洲大陆以及相关的传教活动之后，与伊斯兰教世界不同的倒不是作为基督教世界帝国象征的更现代的文艺复兴时期正式语言，而是与伊斯兰教世界格格不入的哥特式风格。

右上图：
里斯本圣玛利亚大教堂
回廊
14 世纪中期至 15 世纪前 30 年

右下图：
埃沃拉大教堂（Évora Cathedral）
长廊，1350 年之后

葡萄牙

14 世纪和 15 世纪

葡萄牙拥有一座著名的哥特早期风格宏伟建筑——阿尔科巴萨（Alcobaça）的西多会修道院（始建于 1178 年），它是保存最为完整的建筑之一。不过，葡萄牙对中世纪时期建筑所作的主要贡献比其他地方要晚一些。在 13 世纪和 14 世纪，大体上是托钵修会引领着发展历程，而在文雅的迪尼斯一世（1279—1325 年）与他的妻子阿拉贡的伊莎贝拉即位后，宫廷和贵族委托建造的建筑相继出现。

当时最伟大的两座建筑与同一个工匠大师息息相关，他就是深受皇家器重的多明戈斯·多明格斯（Domingos Domingues）。1308 年至 1311 年间，他修建了阿尔科巴萨修道院的围廊庭院，以及在建筑上具有更重要意义的可因布拉（老）圣克拉拉教堂（Santa Clara，1330 年被奉为神圣教堂）。宏伟的外观具有 14 世纪早期葡萄牙哥特式建筑的显著保守特征，但仍符合罗马式建筑风格。无耳堂式的中堂加侧堂设计，是葡萄牙首个完全加盖拱顶的建筑（中堂盖有尖角筒形穹顶），尽管技术处理上的难点仍清晰可见。奇怪的是，这座位于蒙德古河（River Mondego）沙滩上 5m 高的建筑随后使葡萄牙接纳了浪漫主义哥特风格。

在阿方索四世统治时期（1325—1357 年），里斯本罗马式教堂曾数次遭到地震的破坏。之后扩建了新的东区建筑。原建筑有一个高而狭窄的两层高坛，以及通往辐射状多边形小教堂的回廊。15 世纪，设计经修改后正式实施（见右上图）。延伸的纵向肋条加强了回廊拱顶的协调。巨大的扶壁从外墙突出，很明显这种修建方式是为预防地震。在里斯本南部的阿伦特茹（Alentejo）地区也修建了许多重要的建筑，最著名的就是 1350 年开始修建的埃沃拉大教堂围廊庭院（见右下图）。庭院的四侧均使用陡峭的肋架拱顶进行覆盖。延伸的纵向肋条再次与跨间相连。

西班牙建筑在修建巴塔利亚修道院（见第 292—295 页图）时取得了巨大突破。在阿勒祖巴洛特战胜卡斯蒂利亚之后，若昂一世（1385—1433 年）为履行誓言，修建了这座修道院。多明我会女修道院和皇家陵墓小教堂是新阿维兹王朝的宣传名片，该王朝在腓力二世（1598—1621 年）摄政之前，掌控着葡萄牙的命运。这种综合性的建筑风格在 16 世纪持续了很长时期，因此代表着葡萄牙建筑的一部分。巴塔利亚修道院被看作是一类实验室，并且成为整个葡萄牙重要教堂建筑建

上图：
巴塔利亚，维托里亚圣玛利亚修道院（Santa Maria da Vitória）
1388—1533 年

下图：
阿丰索·多明格斯（Afonso Domingues）
巴塔利亚的维托里亚圣玛利亚修道院
皇家围廊庭院，14 世纪晚期
迪奥戈·博伊塔克（Diogo Boitac）设计的花饰窗格，
约 1500 年

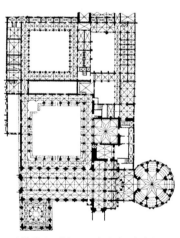

巴塔利亚，维托里亚圣玛利亚修道院
1388—1533 年
平面图

阿丰索·多明格斯与乌格特（Huguet）
巴塔利亚的维托里亚圣玛利亚修道院
教堂中堂，建于 1388 年
拱顶，15 世纪

上一页图：

乌格特

巴塔利亚的维托里亚圣玛利亚修道院

创建者礼拜堂，约 1426—1434 年

乌格特、马蒂姆·瓦斯克斯（Martim Vasques）、马特乌斯·费尔南德斯
（Mateus Fernandes）和若昂·德卡斯蒂略（João de Castilho）

巴塔利亚的维托里亚圣玛利亚修道院

未完工礼拜堂（Capelas Imperfeitas），始建于 1435 年，1533 年放弃修建

造的模型。随着阿丰索·多明格斯整体布局设计的出现，第一阶段于 1388 年开始了。

这种设计加入教堂建筑中，包括中堂、侧堂以及一间耳堂和五间附属礼拜堂。

尽管巴塔利亚是根据讲道会修建的最常见的一类建筑，但其规模非常罕见：长 80m，宽 22m，高 32.5m。在规模方面，显然仿效了阿尔科巴萨修道院。长方形廊柱大厅立面（无高拱廊）等局部以及扶垛与自然主义柱头之间的对比，为以后的建筑设定了标准，尤其是桑塔伦（Santarem）的奥古斯丁慈悲圣玛利亚教堂（Santa Maria da Graça）。里斯本的卡尔莫教堂和修道院（Igreja do Convento do Carmo）也必须包括在内。值得注意的是，与此同时，若昂一世的军事指挥官努诺·阿尔瓦雷斯·佩雷拉（Nuno Alvares Pereira）也在巴塔利亚创建了一座还愿教堂。因 1755 年发生了灾难性大地震，仅有高坛和中堂的连拱廊仍存在，现今改建成了一座考古博物馆。

在巴塔利亚，阿丰索·多明格斯完成了教堂的部分建筑，以及皇家围廊庭院和宗教活动会议厅。

1402 年，大师乌格特接手工作。乌格特可能是一位英国建筑师，或者至少与英国有密切关系。若昂一世与兰开斯特公爵（冈特的）约翰的女儿——菲莉帕联姻，从此建立了葡萄牙与英格兰王朝之间的联系，而英格兰的垂直式建筑对巴塔利亚的影响不能排除在外。乌格特的任务就是完成多明格斯修建部分拱顶。他提高了中堂的高度，从而提升了光亮度。他还修建了教堂的西面（见第 387 页左图）。入口处豪华的雕塑设计配有线性中心装饰，顶部为火焰状花格窗户。

然而，乌格特最重要的作品是位于教堂的两间陵墓小教堂南侧，于 1434 年完成的方形创建者礼拜堂（见第 294 页图），包括若昂一世与妻子墓，以及作为杜阿尔特一世（Duarte I，1433—1438 年）及其家庭成员陵墓的圆形礼拜堂。另一座礼拜堂并未完工，因此被称为未完工礼拜堂（见第 295 页图）。

创建者礼拜堂是一件杰出的砖石建筑作品。矩形空间里，国王夫妇二人陵墓上方为一个带精致星形拱的八角形穹顶，光亮通透。生动的建筑装饰产生了一种独特、明亮、清晰的氛围。建筑内的全部事物——建筑构材、肋拱、装饰线条、植物以及纹章图案——均十分精细，而浅色石材增加了装饰的柔韧性。或许，未完工礼拜堂原本也是打算使用相同的方式进行装潢的。中心结构包括 7 个小教堂，采用了西班牙的传统风格，如托莱多阿尔瓦罗·德卢纳礼拜堂或布尔戈斯元帅礼拜堂。所有宏伟建筑均位于教堂唱诗堂后面。

西班牙一些军事建筑大都经过修复，在葡萄牙都被保存了下来，例如莱里亚（Leiria）城堡、贝雅（Beja）城堡、吉马良斯（Guimarães）、阿尔莫罗（Almourol）要塞、奥比多斯（Óbidos）要塞、沙维斯（Chaves）要塞、以及众多防御塔楼和城墙。其中一个典型例子就是于 1390 年左右开始修建的布拉甘萨（Braganza）城堡。该城堡由护墙和加固塔楼构成，城堡中耸立着宏伟壮观的住宅高楼，即梅纳仁塔（Torre de Menagem，见上图）。直到 16 世纪，葡萄牙的防御建筑仍然与封地的住宅建筑息息相关，因为在乱世时期，防御工事建筑是非常必要的。而且，葡萄牙的军事建筑家们也在征服和防卫非洲、南美以及亚洲殖民地过程中，起到了不可或缺的作用，从而进一步对葡萄牙防御建筑的存续作出了贡献。

曼努埃尔式（Manueline）建筑

曼努埃尔式建筑风格很难用哥特时期的理论解释清楚，应该会在晚期哥特风格中找到其根源。在内容方面，或者更详细一点，在绘图设计方面，该风格属于现代风格。作为新兴的殖民国家所表现出的王朝宣传和权力要求开始涌现，从而使中世纪传统风格退居幕后。在历史和建筑方面，曼努埃尔式被公认是葡萄牙全盛时期合理的建筑式样，与曼努埃尔一世统治时期（1495—1521 年）是同一时期。作为风格上的一种专有术语，"曼努埃尔式"一词不是很恰当。"曼努埃尔式"将不同起源的晚期哥特式风格特征和文艺复兴时期形式，与其自身的政治象征主义设计结合起来。与西班牙不同，摩尔式风格并未在葡萄牙登场亮相。

15 世纪晚期的两幢建筑见证了从中世纪晚期仍旧上演的葡萄牙文化到大发现时代的世界性文化的根本转变。若昂二世（1481—1495 年）建立的埃沃拉圣方济各教堂，预示了 16 世纪空间形式的萌芽。宽敞的中堂两侧建有礼拜堂，盖有伸长的带有交叉穹棱的尖角筒形穹顶（见第 297 页左下图一）。室内装修的整合由意大利建筑师维尼奥拉在罗马耶稣教堂完成。耶稣教堂由耶稣会建立，是巴洛克教堂内部结构的典型建筑。

其他线索则显示出了人们对新建筑形式的追求：宽敞的柱廊、使

上一页图：
布拉甘萨城堡，12—16 世纪

弗朗切斯科·德阿鲁达（Francisco de Arruda）
贝伦（Belém），里斯本附近，贝伦塔（Torre de Belém）
1515—1521 年

用绞绳形柱装饰的大门以及象征性设计。其中鹈鹕象征若昂二世，浑天仪象征曼努埃尔一世。在塞图巴尔（Setúbal）耶稣教堂中，象征绞绳形柱图案移用到教堂内部装饰。该教堂始建于 1491 年，为厅堂式教堂，带有中堂和侧堂。六根船缆形立柱支撑肋架拱顶，而葬礼用礼拜堂则用一个繁复的星形拱装饰。该建筑被认为是由迪奥戈·博伊塔克（或叫作布塔卡，约 1460—1528 年）建造完成的。迪奥戈可能是一位来自法国的工匠，之后在贝伦和巴塔利亚修道院中，提出了正式的曼努埃尔风格。奥利文萨（Olivienza）抹大拉圣玛利亚教堂（Magdalene church）立柱（见左下图二）甚至比塞图巴尔教堂的立柱更加别致和繁复。 奥利文萨教堂的另一显著特征就是通往内殿的壮观曲线拱券。

贝伦海尔罗尼麦特修道院距离里斯本城墙外特茹河口不远。在建筑思想方面，它都是曼努埃尔统治时期的杰出作品。正是在中世纪逐步向现代发展的时期，葡萄牙的地理大发现使葡萄牙成为世界上的政治和经济强国。在 16 世纪前 25 年建立的贝伦修道院是其艺术成就之一，它结合了哥特式结构、银匠风格装饰和王朝象征，明显具有葡萄牙特色（见第 298、299 页图）。

修道院于 1496 年由皇室建立，最初设计作为阿维兹王朝丧葬之用，也作为从此地启航的航海家的祷告中心。现存的这座建筑修建于 1501 年，并转让给了海尔罗尼麦特隐修会。该建筑取代了航海家亨利（Henry the Navigator）建立的卡尔特修道院。卡尔特修道院曾处于圣殿骑士团的控制之下，但已经不再满足骑士团的实用方面或意识形态方面的要求。连同附近的贝伦塔（见上图）一起，海尔罗尼麦特修道院，和现在一样，是通往庞大殖民帝国首府的正式入海口站。

第一位建筑师是迪奥戈·博伊塔克。他曾因修建塞图巴尔耶稣修道院而成名。他的设计方案比之前的更加宏大。新的修道院带有四个围廊庭院。在他的指导下，设计出了一间大型厅堂式教堂的中堂和侧堂平面图，高坛清楚区分，而耳堂则未向外延伸。之后，博伊塔克最先建造了五个跨间中的两个，但支撑结构和覆盖整个室内的独特拱顶则由若昂·德卡斯蒂略（约 1475—1552 年）在 1517 年以后完成。若昂·德卡斯蒂略是一位来自西班牙的建筑师兼雕塑家，参与了曼努埃尔所有重要建筑的建造工作。

埃沃拉的圣方济各教堂，始建于 1481 年

奥利文萨（埃斯特雷马杜拉）抹大拉圣玛利亚教堂

迪奥戈·博伊塔克与若昂·德卡斯蒂略
贝伦的海尔罗尼麦特修道院
始建于 1501 年
面向特茹河的正立面

复杂的中堂网状拱顶，由六根八角形墩柱支撑于 25 米高处，并且完全以文艺复兴时期的风格进行装饰。

修道院的室内建造是工程设计和审美方面的一件杰作，甚至在 1755 年大地震中仍然保存完好。外观以其奢华装饰的大门结构著称。大门上有繁复的图案设计。但是曼努埃尔及其继位者的祠庙于 1563 年损毁。该祠庙由迪奥戈·德托拉尔瓦（约 1500—1566 年）以手法主义风格进行改建，由热罗尼莫·德罗奥于 1572 年完成。与西班牙埃斯科里亚尔修道院相似，这是确凿无误的。

可能最初由博伊塔克进行设计，而之后却主要由卡斯蒂略实施的部分就是修道院的围廊庭院。该庭院代表了在文艺复兴前夕，曼努埃尔式建筑的顶峰（见左下图）。方形的两层建筑每侧带有以网状拱顶覆盖的六间隔间，其中四间有宽阔的连廊，由沉重的扶壁支撑。转角的隔间成对角，由一宽拱券连接，露出奢华装饰的角柱石。围廊庭院内部以晚期哥特式形式为主，而在围廊庭院的侧面，银匠风格图案（可能是卡斯蒂略自己放置进去的）。大范围的表面装饰以及支撑尖头窗饰拱券的细长立柱中和了细丝装饰砖石建筑的呆板。通过使用连续规则的圆拱券以及着重强调水平结构，总体印象偏向文艺复兴风格。来自西班牙的影响也可窥见一二。围廊庭院不仅为修道士提供了一处冥想之地，而且还是王朝宣传的一处重要展示之所。教堂本身将晚期哥特式结构与文艺复兴时期的装饰图案和具有象征意义的图案，例如圣殿骑士团十字架、浑天仪和盾状徽章结合起来。尽管并没有完全将图像描绘出来，但还是很容易感受到建筑整体的审美韵味。

贝伦海尔罗尼麦特修道院的扩建，并不是宗教发展的必然结果，更多的是迅速发展的殖民列强的思想需要。为了重新实现西班牙和葡萄牙的统一，曼努埃尔打算让儿子若昂迎娶奥地利的埃莉诺（Eleanor of Austria）——后来的查理五世皇帝（西班牙查理一世）的妹妹。1517 年，人们决定将新阿维兹王朝的殡葬地从巴塔利亚的维托里亚圣玛利亚修道院迁移至贝伦。最初，这个计划并未成功，因为修道士们强烈反对。直到 16 世纪初期，曼努埃尔及其家族成员才在贝伦教堂的高坛与耳堂内找到最后的安息之所。

之前提到的贝伦塔在修建之时（1515—1521 年），位于特茹河的中央。然而现在这条河流已改道了。贝伦塔是军事建筑师弗朗切科·德阿鲁达的作品。

迪奥戈·博伊塔克与若昂·德卡斯蒂略
贝伦的海尔罗尼麦特修道院，始建于 1501 年，
围廊庭院，约 1517 年

迪奥戈·博伊塔克与若昂·德卡斯蒂略
贝伦的海尔罗尼麦特修道院
始建于 1501 年
礼拜堂，1517 年

然而，局部还是有一个新的特征。大门侧壁上，动植物图案的中间是杜阿尔特一世的座右铭："有生之年，笃行忠诚。"（见右下图）。还有象征曼努埃尔一世的浑天仪标志和圣殿骑士团徽章。1516 年，礼拜堂建筑工程基本上被放弃。原因可能是曼努埃尔专注于将贝伦海尔罗尼麦特修道院改造成为一处殡葬地，马特乌斯·费尔南德斯已经去世了。其他工匠大师，几乎全是军事建筑师，需保证非洲海岸的安全。即使是 1528 年接替工作的工匠大师若昂·德卡斯蒂略，也只是增建了一座文艺复兴风格的凉廊。杜阿尔特的神殿最终未建成。

葡萄牙的另一重要建筑作品就是托马尔（Tomar）圣殿骑士团修道院。堡垒形状的圣殿骑士团十字中心式教堂可追溯到 12 世纪下半叶，在 16 世纪初期在此又修建了一栋附属建筑。建筑师是若昂·德卡斯蒂略和迪奥戈·德阿鲁达。附属建筑用作高坛和宗教活动会议厅。该建筑并不是有趣的两层室内建筑，拱顶是普通的网状拱顶。在结合精致装饰和思想寓意方面，该建筑甚至比贝伦或巴塔利亚修道院技艺更加精湛，是曼努埃尔式风格的主要创作成果。若昂·德卡斯蒂略完成的华丽外观装饰，与空旷但令人难忘的室内设计形成对照。曼努埃尔风格的全部装饰形式展现在大门、窗框、巨大而呈反复阶梯状的扶壁以及檐壁上（见第 301 页图）。盾形纹章、皇家纹章、航海装置、船缆以及海中动植物全都在装饰中展示出来，在圣殿骑士团的十字架下，它们结合在一起，形成一个复杂的基督教符号。在贝伦海尔罗尼麦特修道院的南侧大门上，主要门道的构造为一个横跨整个正立面高度的晚期哥特式窗饰拱券，覆盖有复杂的图案。先知、圣徒以及圣母是传

尽管弗朗切斯科·德阿鲁达的布局代表了军事技术的最新进展，但这座建筑的象征意义大于非战略价值。

贝伦被建造成为里斯本的一个先行军事基地，同时巴塔利亚皇家修道院的修建工程也在如火如荼地进行。马特乌斯·费尔南德斯曾在 16 世纪初期，开办了一间工作坊。正是他被委托继续修建未完工礼拜堂——杜阿尔特一世神庙的建筑工作。1509 年，主大门建成。这可能是当时最豪华、最精致的砖石工艺建筑（见上图）。晚期哥特式八字形大门顶部盖有数层交叉拱券，几乎所有建筑结构都带有凤凰木装饰。植物、装饰物品以及纹章图案融入装饰织物中，让人想起枕结花边。

大门外观可被诠释为随后在西班牙（因凡塔多宫或圣胡安皇家修道院）、佛兰德斯以及勃垦第流行的晚期哥特装饰趋势的延续。

巴塔利亚，维托里亚圣玛利亚修道院
未完工礼拜堂大门，1509 年
杜阿尔特一世题铭

统的宗教主题，而拱边饰上方的浑天仪是突出曼努埃尔时代航海状况的航海知识象征。当然，这也是以基督的名义进行的：发现之旅被视为是将异教徒从灵魂的深渊拯救出来的任务，而新的十字军解放圣地的观点正在讨论之中。结果，在托马尔，如同 16 世纪早期的其他教堂建筑一样，非宗教元素开始崭露头角。

最引人注目的例子就是宗教活动会议厅窗户的外部窗框，据说由迪奥戈·德阿鲁达或若昂·德卡斯蒂略创作。

从窗户的设计中，曼努埃尔时代的想象与创造力显而易见（见上

图）。设计师巧妙地使用石材创作，将海草、珊瑚、贝壳以及绳索缠绕在一起。整个场景由一座半身塑像支撑，顶上有圣殿骑士团十字架，两侧为浑天仪，这是葡萄牙王朝的重要象征。托马尔圣殿骑士团教堂中虚构的自然主义象征性装饰图案，表现了一个横跨衰退的中世纪到现代转变时期的艺术特征，生动地将大发现时代转变成视觉形态上的表达。很明显，曼努埃尔一世统治时期是艺术和政治发生根本改变的时期。在风格方面，晚期哥特式风格仍然占据主要地位，但对阿维兹王朝的美化明显带有现代性的印记。

乌韦・格泽（Uwe Geese）

法国、意大利、德国和英国的哥特式雕塑

法国哥特式雕塑

誉为"皇家门户"的沙特尔大教堂（Chartres Cathedral）西侧三扇大门上的雕像普遍被认为是早期哥特式雕塑的一个缩影。这里原来有 24 尊雕像，但只有 19 尊幸存下来。1134 年，镇上的一场大火烧毁了大教堂的部分建筑后，在 1145—1155 年间，这些大门又得以重建。所以说，这些雕像已经不是最古老的哥特式雕塑了。这就是圣但尼（St. Denis）的哥特式雕塑，其历史可以追溯到 1140 年之前。尽管如此，艺术史学家仍把这些沙特尔雕塑视作划分罗马式和早期哥特式雕塑的一个明显界线。

这些雕像仿佛要脱离墙上的罗马式浮雕，从门口墙柱上走下来。对于这一向前迈步的姿态，艺术史学家们至今仍无法解释个中缘由，然而它们却标志着一个新雕塑时代的开始。用单块石料与柱子雕刻在一起的这些雕像几乎都很完整，尽管它们还不能算作独立的雕塑。雕像的宫廷服饰被拉长，虽与大门建筑结构元素紧密融合在一起，但它们给人的印象却是独立的，明显具有吸引力。这些雕像披着精致的绸缎，上面的褶皱下垂着，像刻在圆柱上的一排排沟槽，它们是如此生动，以至于 19 世纪法国作家里斯卡尔・于斯曼（Joris-Karl Huysmans）把它们想象成一根根芦苇。虽然这种源于大自然的类比有点滑稽可笑，可其中却有一些真知灼见，因为这些雕像向我们揭示了一种新的看待大自然的方式，实际上就是一种看待人的新方法。

看着沙特尔大教堂西侧中央大门旁边的这些柱雕像，人们会立刻意识到：一方面，雕塑从容的柱状形象与礼仪化姿态之间形成了鲜明的对比；另一方面，每一尊雕像又富有独特的个性色彩。这种个性色彩在中央大门左侧一位苗条的王后雕像身上得到了充分的展现，这位王后拖着富有青春气息的长辫，与右侧的另一位王后相对而立，可以看出她风华正茂。

人们尝试进一步解释这些侧壁雕像的面部表情。19 世纪中叶，法国颇具影响力的中世纪建筑设计与修复师维欧勒・勒・杜克（Viollet le Duc）声称这些头像具有"画像字符"。他如此指述中央大门口的一位先知（prophet）："眼睛讥讽地斜视着，嘴巴轻蔑地嘲笑着。"他还说："整个雕像在一种坚毅、高大而又敏锐气质的交融中浑然一体。"其扬起的眉毛看起来有些轻佻和虚荣，但在面对危险时又显得机智而冷静。这样的性格描写从未间断过，其结论也截然不同，但在文学上，尤其是在心理学时代，其成果已经颇为丰硕。

当然，在中世纪以前，没有出现过这样的雕塑。但就一些特定人物来说，尽管这种技巧在描写青春与暮年方面效法于自然，并且相当新颖，对他们的性格刻画却有点过了头。

《中世纪石碑风格的兴起》(*The Beginnings of the Monumental Style in the Middle Ages*，1894 年）是当时年仅 26 岁的威廉·博赫（Wilhelm Voge）写的。在这本描写沙特尔雕塑的书中，他承认这些用大量石料制作的雕像代表了一个新的起点。他解说了这些雕刻师是如何用那种方法来塑造雕像，从而达到风格上的一致。换言之，他把沙特尔大教堂的大门雕塑与其后期罗马式建筑背景分离开了，并把它看作哥特式雕塑的兴起。他的研究更为深刻，首次根据风格标准来尝试判断哪些个人作品出自哪些雕刻师之手。而这正如沃尔夫冈（Wolfgang Schenkluhn）所说的，这些是他们的"知识产权"。在他的研究中，博赫把沙特尔雕像与一种稍微古老的雕刻学派相联系，结果发现，该学派对法国雕塑具有举足轻重和持久的影响。这一理论在艺术史上具有重要地位，因为直到最近，这一关于法国早期哥特式雕塑的理论观点才被人们广泛接受。

博赫的解释流传甚广，这主要是因为经过 18 世纪和 19 世纪的破坏以及损失惨重的修复尝试后，圣但尼的那些古老大门雕塑大多已经遗失。保存沙特尔雕像的过程使得从这些雕像上难看出在圣但尼的直系祖先是谁，这是一个意外。正如最近的研究所揭示的，沙特尔大门的布局是不是原物，这也是有疑问的。当然还有更多的理由让我们去接受这种观点：正是在圣但尼，才真正出现了"皇家门户"。在那儿，要求政治合法性的主张受到了宗教与政治界的强力支持。

圣但尼的亚贝教堂（Abbey Church）

阿博特·萨热（Abbot Suger）曾下令建造圣但尼西侧新楼，在选定雕塑方案时，或许是受到门廊上的一系列祖先塑像的启发，这些门廊是查理曼大帝（Charlcmagne）在佩潘（Pepin）墓上建造的，而这些雕塑人物是谁，人们对此知之甚少。在圣但尼，路易六世（1108—1137 年国王）的朋友，一位充满活力且有政治影响力的修道院院长，有机会利用与君主的关系，把那座修道院建成君主政体下主要的宗教中心。圣但尼不仅是皇家陵墓，其中有秃头查理（Charles the Bald）和卡佩王朝的创建者休·卡佩（Hugh Capet）的坟墓，而且还是一个保存国王勋章和旗帜的地方。因此，除了行加冕礼的兰斯大教堂（Reims Cathedral），圣但尼是与法国君主关系最密切的一座教堂。在圣但尼主大门侧壁上，有 20 尊《旧约全书》里的列王、皇后和先知的"柱雕像"。可惜在 1771 年这些柱雕像被拆除了，只有一些碎片残存下来。关于这些柱雕

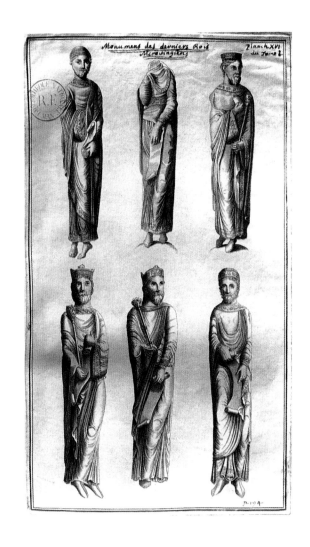

像的外观形象，蒙福孔（Montfaucon）在 1729 年法国君主墓碑文中有所记载（见上图）。

通过把《旧约全书》中的国王放在修道院教堂的新大门上，萨热在《圣经》与当代统治者之间建立了一个明确的关系。建立这种关系的目的是为了说明：现代的君主制是旧约全书中君主制的延续，从而赋予当代法国君主制一种神圣的合法性。这种做法具有政治意义，因为法国君主制是与德意志帝国（神圣罗马）相冲突的。

沙特尔

"皇家门户"这一名称据说早在 12 世纪上半叶就用于沙特尔的西大门（第 305—307 页图），当时还没有目前这种大门。这一名称的意义迄今尚未有令人满意的解释。

穆瓦萨克（塔恩－加龙省）
圣皮埃尔（St. Pierre）的前修道院教堂
南大门，1120—1135 年

然而，对整个法国来说，大教堂是最重要的圣母玛利亚圣地，有大量的朝圣者来访。由此看来，"皇家"这一名称已被认为是指天后圣母玛利亚。

在那些高塔的大型拱壁之间有一堵墙，看起来似乎是一种层次结构分明的、经过精心设计的雕塑品。虽然艺术史学家已把目前这一安排看作一种准则，但我们不应该忽视这样一个事实：这表明它已偏离了早期大门的设计原则。有关中央大门门楣中心的话题并不新鲜。教堂的门楣中心在罗马式时代首次用作绘画载体，此前一直以（神学的）末日审判作为主题。二十年前才刚建成的穆瓦萨克（Moissac）大门（左下图）为的是折磨走进教堂的虔诚观众。在这里，有上帝作为世界末日判官的威慑形象，旁边还有《启示录》中的威严人物雕像。

在奥坦（Autun），有一段令人不安的关于审判灵魂的描写；在蟠龙河畔多尔多涅（Beaulieu-sur-Dordogne），有地狱杂种生物的描写；在孔克斯·恩·鲁格（Conques-en-Rouergue），有一个关于地狱惩罚的戏剧性描述。

在沙特尔，世界判官似乎也登上了中央大门的门楣中心。但这一切已经改变！对上帝入迷的冥想，对世界末日的恐惧，这种感觉已不复存在。地狱妖怪现在已经撤退到大门的边缘，很难让人看见；而《启示录》里面的生物则表现出一副刻板不动的漂亮使者相。罗马式大门雕塑中那些无法无天的、平庸甚至色情的元素如今已变得温顺可亲。

对现代观察者来说，沙特尔西大门侧壁的塑像上目前发生的两件事情显得有点自相矛盾。在很长的一段时间内，雕像从墙柱旁"举步欲前"这一形象曾被看作是建筑雕塑艺术的解放，并被诠释为一种"艺术的进步"。但正如 1995 年霍斯特·雷德坎普（Horst Bredekamp）在其《我最痛恨的杰作》（*My Most Hated Masterpiece*）丛刊中指出的：从其历史背景来看，这一发展为我们提供了一个新的视角。在罗马式艺术中，奇形怪状的生物和精灵到处泛滥，这让圣伯纳的克莱尔沃（St. Bernard of Clairvaux）感到恼火，而在沙特尔的西大门上，雕塑品反映的是等级体系和君权，因此，让人恼火的因素在这里得到了消解。也可以说，这一做法是在蓄意遏制想象力。对柏德坎普（Bredekamp）来说，沙特尔的"雕塑已改变了性质，成了一种建筑样式，这一样式与罗马式保守的思想格格不入，因为罗马式的图景是一个秩序井然的太平世界。在西大门的创作中，雕塑已被逐出自由王国，然后又被放入狭窄的神学领地"。

西大门三个入口的横楣是互相连在一起的，它们的高度也相同。这些横楣还由侧壁柱的 24 根柱顶支撑着，形成一个坚固的整体，呈现出一幅有关基督生平的画卷。边门口门楣中心的组合结构几乎都一模一样，中央主门尺度最大。虽然南大门的主题是主显节（Epiphany）——基督的第一次显现，北大门门楣中心展现的则是基督升天的景象。天使们目睹了这些事件，对此中央大门门楣中心的画像上都有所描绘，此外还有末日审判时刻的基督再临。

在穆瓦萨克，《启示录》中的 24 位长老分布在门楣中心和横楣上，而在沙特尔，雕刻师们则把这些长老的景象刻在门楣中心的拱门上。通过这些大门层次的逐级变化，这些建筑元素为人们提供了新的想象空间。长老的形象被雕刻在外面的两个拱门缘饰上，虔诚而庄严。

沙特尔（厄尔－卢瓦尔省）
巴黎圣母院大教堂
皇家门户的正门，约1145—1155年

305

在这里，面对着上帝，人们不禁变得诚惶诚恐，但在虔诚的奉祀中大家都变得心平气和。在南大门的拱门缘饰上展现出来的是一种丰富的艺术内容，而在北大门的拱门缘饰上则刻着黄道十二宫和长年累月辛勤劳作的画面。

巴黎圣母院的前玛利大门

虽然巴黎圣母院西侧的建筑只能追溯到 13 世纪，但在南大门圣安妮（St. Anne）雕塑的建造过程中，又采用了古老的雕塑形式。我们可以在门楣中心、上横楣或者 52 块拱石上看到这种雕塑，这些拱石是从旧建筑上拆下来又用到新教堂西侧的那些建筑物上的。在那些拱石上，可以分辨出先知和国王；还有 24 位长老，从他们拿着乐器的形态就可以辨认出来。

在门楣中心（见上图）加冕的圣母玛利亚坐在华盖下的宝座上，膝上抱着圣婴基督，旁边站着两个天使。右边的天使身后跪着一位国王，左边的天使身后站着一位主教，而在主教后面则坐着一位侍从，正在写字。这两名权贵手里都拿着纸卷，铭文已无踪迹，也许那上面曾有他们的名字。现在有人认为他们其中的一位是圣杰曼努斯（Germanus），在巴黎被册封为主教，还有一位是国王希尔德贝（Childebert），他们在大教堂的建造过程中都发挥了至关重要的作用。

紧挨着横楣的正下方，左边是以赛亚（Isaiah），他是第一位预言救世主即将到来的先知，右边是天使报喜和圣母探访的场景。这些画面与耶稣诞生的情景在底座一端被一条分际线隔开。在底座的上首坐着约瑟夫（Joseph），他显得相当无聊。在他身后，有一个天使正在宣告基督已诞生在牧羊人中间的消息。在牧羊人与御座上的希律王（King Herod）之间，一位法利赛人和一位文士正坐在长凳上焦急地等待着。在最右边，我们还可以看到自东方来祝贺耶稣之降生的三贤人（Magi）以及他们的坐骑。

直到 1969 年圣安妮大门被修复时，这些雕塑品与圣但尼及沙特尔大门雕塑之间风格上的密切关系才得到公认。这意味着圣安妮大门的历史年代需要重新确定，因为通常对它们的年代界定都偏晚。法国博物馆的行政主管阿兰·厄兰·勃兰登堡（Alain Erlande Brandenburg）认为，那些旧大门的雕塑元素应该追溯到 1148 年之前，在那一年，巴黎圣母院的副主教厄兰·德格兰德（Erlande de Garlande）去世了。1977 年大量雕塑作品的发现证实了这一年代修订的正确性，因为在那些发现的物品中有一部分是中世纪教堂大门侧壁上的雕像和间壁柱墙。正如泽维尔·巴拉尔·阿尔泰（Xavier Barral i Altet）所指出的，这些优秀的雕塑作品使得该大门"在早期哥特式雕塑中位居极品之列"。

教堂原来的大门建于 4 世纪，是为了侍奉圣母玛利亚而修建的。12 世纪 20 年代对其进行了整修。这座玛丽大门后来与西侧新楼合并，该新楼始建于 1210 年，是由新任命的主教莫里斯·苏利（Maurice de Sully）于 1160 年设计的，他是前教会学校的校长。合并后，为了满足侍奉圣母玛利亚的母亲圣安妮的需要，玛丽大门不仅进行了扩建，而且其肖像的塑造法也被赋予了新的意义。其中最重要的是添加了下横楣，这样就更具圣安妮的特色了。这些圣但尼及沙特尔西侧著名的大门与前玛丽大门（在其改建后称为圣安妮大门）一起，应被列为标志着哥特式雕塑开端的主要作品。

桑利斯（Senlis）

在桑利斯圣母大教堂（the Cathedral of Notre Dame at Senlis），由两块面板雕刻出来的一根高大的横楣构成了西大门门楣中心的基座（见右图）。

左边的面板描写的是圣母玛利亚的去世与葬礼，其图像因年久受损。虽然门徒们把她的尸体安放在石棺里，但两个天使带着她的灵魂飞到天堂，那灵魂看上去像孩童，在她的头顶天使们举着王冠。在右边的面板上，还有一些更具体的描述：天使们把圣母玛利亚的尸体从石棺中抬起，以便一起送上天堂。这一横楣在建筑结构上和图像层面都是一种新形式。这种形式首次出现在大门上：圣母玛利亚和耶稣相对而坐——这一情景就描绘在门楣中心。他们坐在小巧玲珑的宝座上，每个宝座后均配有一个矩形框架，这一画面展示了天堂居民的平等地位。

在沙特尔及巴黎圣母院圣安妮西大门之南门道入口的雕塑中，圣母玛利亚怀里抱着圣婴基督，正襟危坐。这一形象描写富有上智之座的寓言风格，其题材取自《旧约全书》中的"所罗门之御座"。其他大门口的门楣中心一般只描绘基督。

正因为如此，我们在桑利斯发现的东西可以说是全新的。圣母玛利亚不仅被加冕，她还升了天，成了神圣的神，在地位上与基督平等。这反映了人们对圣母玛利亚与日俱增的崇敬之情。在人们的心目中，她已不仅仅是一个凡间基督之母了。然而，在一些拟人化的教会场所，她还被人解读为基督的新娘，相应地，基督则被解读为新郎。可见，把这两个人物的塑像安排在双拱形（M 形）的建筑结构中，这一现象绝非偶然。

其他雕塑也证实这一中心意象，尽管那些侧壁上的人物与基督的关系比圣母玛利亚更密切。右侧的那些人物是大卫（David）、以赛亚（Isaiah）、耶利米（Jeremiah）和西蒙（Simeon）。作为弥赛亚（Messiah）的先知，他们以其儿子的形象来象征上帝的化身。对面的人物有施洗者圣约翰（St. John）、萨穆埃尔（Samuel）、摩西（Moses），亚伯拉罕（Abraham）。他们均扮演基督救世主的角色。另一方面，在拱门饰中的那些人物则是《耶稣的家谱》（*The Tree of Jesse*）中两个神圣的核心人物，他们与基督及圣母玛利亚的关系都很密切。

对于圣母玛利亚肖像在创作上的这一重要突破究竟开始于何时，人们迄今尚未达成一致的意见。从大门的风格来看，有人提出修建时间约在 1170 年。沙维尔·巴拉勒·阿尔泰特（Xavier Barral i Altet）

把这项工作称为"特殊情况"，因为它虽然不是直接仿效的，但却常常被引用。例如，在芒特（Mantes）的圣母院巴斯亚贝教堂西侧正门，圣母玛利亚的生平与她升天的肖像稍微有些不同，但基督和圣母玛利亚头上的十字架却与桑利斯的肖像吻合。

拉昂和桑斯

大约在 13 世纪初，法国北部的雕塑开始表现出强烈的仿古典趋势。约在 1200 年，在拉昂（Laon）圣母院大教堂西大门（第 310 页左图及中图）的装修中，这种仿古典趋势似乎已经开始。在这三个

门道入口中，左边和中央门道塑造的是圣母玛利亚，而右边门道的主题则是末日审判。中央大门圣母玛利亚的肖像及其拱门缘饰在排列顺序上与桑利斯大门上的肖像是相同的。这里三个拱门缘饰的描绘也都出自"耶西的本"。

基督谱系中的所有人物都坐在小宝座上，周围树枝环绕。他们穿着古代服装，其肉体依稀可见。外拱门缘饰上的先知塑像看上去栩栩如生，在宽大的长袍褶皱下，其肢体活动的流畅曲线也一目了然。

如果把这些作品与桑利斯早期哥特式雕塑相比，抑或与巴黎或沙特尔的那些雕塑相比，我们就能看出，这一新风格是如此鲜明，而且，自1970年纽约大型展览以来，它已被誉为"1200年之风格"。哥特式神圣的雕塑实际上已变得更富有活力，但同时哥特式建筑却脱离了它的素材，这显然是一个矛盾。经院哲学对建筑样式提出了精神方面的要求，而需要解决的问题则是，如何赋予其更深邃的含义。另一方面，对于雕塑来说，其作品还需要吸收生活和精神方面的养料。把人物在石块上雕刻得栩栩如生，这种养料也就有了。但同时，

要是没有上帝和圣经里面的这些人物的不朽素材，哥特式风格的雕刻师也就无法获取这种养料。正是这种神的人格化，人们才会愈加崇拜圣母玛利亚。

在西侧的中央大门面墙上，只有拱门缘饰中的塑像幸存了下来。至于其他人物，似乎都被迫上了断头台，因为在法国大革命的反偶像运动中，他们已被破坏殆尽。在19世纪后，人们对这些塑像做了许多修复，所以我们现在已很难看出它们的原貌。

能够与拉昂的雕塑相媲美，并且在艺术史上居于同等重要地位的要数桑斯的圣艾蒂安教堂西大门的那些塑像了（右上图）。虽然这些建筑物属于最早的哥特式教堂，其历史记载始于1122—1142年的亨利·桑格利耶（Henri Sanglier）时代，但西侧塑像则可以追溯到1185—1205年。这里，从古代吸取了营养的雕塑风格，已经融入中央门道的拱门缘饰中了。在这五个拱门缘饰中，那些塑像人物或坐或站，姿态万千，带有褶皱的服装显得很华丽。那些内拱门缘饰上的天使，她们服装上的褶皱线条流畅，轻柔的下摆下垂着，给这些雕像平添了许多生气。

沙特尔的耳堂大门及向哥特式顶峰期的过渡：玛利的胜利之门

1194 年的一场大火烧毁了老教堂的大部分建筑，之后沙特尔大教堂又得以重建。重建后出现了一幢全新的建筑物，这些建筑的耳堂面墙配有大门，其重要性与西侧大门相等。其中最古老的要数北面墙的中央大门，这就是玛利的胜利之门（见上图）。

1204 年，布卢瓦伯爵（Count of Blois）赠给了沙特尔大教堂一份礼物——圣安妮头像。在接受了这一新奇而重要的遗物后，教徒们在北耳堂中央大门的间壁上塑造了圣安妮像。因此该大门的历史大概不会早于接受该礼物的时间。一般认为，其修建时间为 1204 年或 1205 年。其他耳堂大门的年代则比较晚。该建筑的风格和雕塑画面效仿了桑利斯的作品。在门楣中心，基督和他的加冕之母坐在一个哥特式拱廊里，横楣上的画面则是圣母去世和升天的景象。在拱门缘饰的最里面站着一些天使，她们围着门楣中心；后面还有一个反映"先知"的拱门缘饰，以及两个"耶西的本"的拱门缘饰；在最外面的拱门缘饰上还有更多的"先知"，他们都已登上宝座。另外还有一些《旧约全书》中的人物。在大门侧壁上，东侧有麦基洗德（Melchizedek）、亚伯拉罕与以撒（Abraham with Isaac）、摩西与无耻蛇（Moses with the Brazen Serpent）、塞缪尔（Samuel）、大卫（David）。在其对面的西侧有以赛亚、杰里迈亚（Jeremiah）、西蒙（Simeon）、施洗者圣·约翰（St. John the Baptist）和圣·彼得（St. Peter）。

拉昂和桑斯明显模仿古典雕塑的风格在这里也有所体现，但有所变化。在拉昂的拱门缘饰上，那些塑像身穿宽松而飘荡的长袍；而沙特尔的雕像则显得比较安静，身上的衣饰褶皱也更为严紧而整齐。艺术史学家维利巴尔德·索尔兰德（Willibald Sauerlander）曾经指出："这些塑像毫无感情和表现力可言，但却以其新颖的庄严相来弥补这一不足，这就是其创作概念。"索尔兰德亦表示，该大门的结构与其雕塑及建筑同等重要。对于这种情况，马丁·比斯尔（Martin Buchsel）最近评论说，与拉昂和桑利斯的圣母玛利亚门楣中心相比，沙特尔的门楣中心显然缺乏立体感。那两个塑像升天的姿势很富有动感，因而成为该大门作品的焦点。他还认为，其物质层面上的不足及其在深度方面的缺失，是由于过分强调作品线条的表现力所致。

素：就是他们对基督教的信仰，即使死于非命也不动摇。在右边大门的侧壁上，塑造的是忏悔者和教父，而在拱门缘饰和门楣中心上描绘了许多多的宗教传说。

在中央大门上，末日审判中的主人公们分列在不同的位置。在以前，那些使徒是与基督在一起的，可现在他们已被降级，站到侧壁中去了，陪伴他们的还有殉葬品。在门楣中心，审判者基督旁边站着人类的代祷者以及圣母玛利亚和圣·约翰，此外还有一些天使。在横楣上，大天使米迦勒（Michael）在履行其审判灵魂的职责。审判后，那些因行善而被赐福的灵魂站到了左边；而那些因行凶而遭谴的灵魂则站在右边，他们将被打入地狱。在拱门缘饰上，那些被赐福的灵魂因得救而复活了，他们将继续过着自己的生活；而那些遭谴的灵魂则踏上了通往地狱的凶险旅途。

在间壁上，基督又出现了，看上去似乎被侧壁上的使徒们包围着。与玛丽的胜利之门中的圣安妮塑像类似，在这里，基督"博迪厄"（Beau Dieu）完全缺乏人性的魅力；就大门的整体形象来看，他举起的右前臂仅仅给人一种直观的感觉而已。从间壁上的基督开始，整个塑像群竖排着，按中心轴线垂直向上，依次排列着大天使米迦勒等人物，一直排到审判者基督。使徒们的排列也严格遵循这一定向规则：他们的衣服顺着褶皱下垂着；为了保持垂直姿态，他们的头部只能略微转动，肢体动作也受到了限制。

巴黎圣母院

巴黎圣母院西墙的中央大门描绘的也是末日审判的景象（见第313页图）。大门已经过多次修复，第一次修复约在1240年，第二次在19世纪中期。这种重复修建在风格上导致了一些前后冲突，而更棘手的是，其技术上的问题至今还悬而未决。

巴黎圣母院西大门的末日审判塑像在风格上继承了沙特尔南大门塑像的技法，但在图像表现上却有着明显的改变。与在沙特尔的塑像类似，在门楣中心的上首位，基督正坐在审判者宝座上。但与他一起在场的那些人物——圣母玛利亚和圣·约翰，却走到了外侧，没有就座。他们在门楣中心下边的两个角落下跪着，正在为罪恶的人类祈祷。跟沙特尔的塑像一样，基督举起他的双手，露出了他的伤口。但在这里，他身旁的天使还拿着耶稣受难时的刑具（十字架、钉子和长矛），使得耶稣受难时的情景更加引人注目。此时此地，基督已不再以令人畏惧的审判者形象出现——早在沙特尔他就不以此形象示人了。他现在是以救世主的面貌出现在世人面前。他就这样镇坐在那建筑物之上。

比斯尔（Buchsel）着重指出，撇开建筑方面的因素，单从其姿态上来说，那不过是些程式化的东西而已。于是，在建筑物与雕塑之间就产生了一种共生关系，从而使得间壁上的圣安妮塑像在建筑水平上达到了一定的高度。塑像的方位，特别是其服装的取向，基本上是以建筑物方向按对称结构定位的。该塑像的姿态无任何特殊之处，只不过稍微有些点头的样子，其服装的褶皱笔直下垂着，像个圆筒，这样正好把塑像与间壁结合在一起。通过这种方式，建筑物和雕塑之间在整体关系上就得到了较好的表现。

审判之门

沙特尔南耳堂大门的题材是末日审判（见左上图）。这一画面塑造在中央大门上，但边门上还有一些其他肖像。这两种艺术要素——姿态和线条——的确是以中心准则为出发点。这一准则反映出一个要

在左门道上，有殉教者的塑像，旁边还有天堂的耶路撒冷（Heavenly Jerusalem），这在《圣·约翰启示录》里有所记载，其中四座塔代表着四大元素和四个福音。那城上的弧光并非凭空出现，在那弧光里，基督驻足凝视，在他的下方，一些灵魂正在经受审判。那些没有忏悔的罪人受到了报应，他们头向着下方，被打入了地狱，这景象与右边第一个拱门缘饰上的画面相似。但无论何人，只要信仰教会显示的福音，他就能得救。他们就可以与其他被救赎的灵魂一起投入亚伯拉罕的怀抱。左边第一个拱门缘饰上的天使正指着亚伯拉罕。侧壁上站着的是使徒，他们的身子正转向基督，而间壁上的基督则在宣讲福音。在使徒的下方，是展示表现善恶的两排浮雕；门框上的那些塑像展示的则是表现聪明和愚蠢的浮雕。

在19世纪重建的横楣上，那些图像描绘的是被天使之末日号角惊醒的死者。从坟墓里起来的人来自不同的阶层，在等待着被拯救。在构成门楣中心的两个拱门缘饰上，天使们仿佛坐在戏院的包厢里看戏。在那里，每个人物都在以自己的方式表达对当前发生之事的好奇，其表达的方式和姿态各不相同。马丁·贝塞耳（Martin Büchsel）从沙特尔大门口看到了一幅颇有新意的画面，它着重强调按每个人的功过来决定对其定罪还是拯救，这一独特的末日审判情节在这幅画面上表达得更加清楚明白。

人们已经意识到：生活在这个世界上的每个人，都希望得到拯救。人类与无所不包、亘古不变的宇宙息息相关，而这一切都由上帝所创造，由教会所宣讲。但这样一种观念已经不如以前那么强烈了，人们已经渐渐学会把自己看作一个独立的个体了。有了这个新的自我意识，人们就会重新观察周围的社会环境，会逐步分清个人存在与社会地位之间的关系。

巴黎圣母院大门的建造及其肖像雕塑始于 13 世纪初。当时，异教浪潮正席卷整个欧洲。早在 1140 年，教会法学者格拉蒂安（Gratian）宣布任何人若"在知识上表现得傲慢自大，或者固执己见而对宣讲教义者不敬"的，则可视为异教徒。更明白地说，个人信念，即个人倾向和个人的思维方式，正是"异端邪说"的标志；简而言之，这种个人信念是反对教义并挑战其权威的根源。

当时最大的异教运动的发起者也许要数卡特里派教徒（Cathars）了。对异教徒的迫害发生于 12 世纪晚期和 13 世纪的头几十年，后来在法国南部所谓的阿尔比派（Albigensian）十字军东征中发展到顶点。这一事件成了最特殊也是最令人沮丧的欧洲历史篇章。反对异教并捍卫真正的信仰，以达到对罪孽的赦免之目的，这样一种论调已成功地用来疏导十字讨伐军，而这一论调最初只是为了夺回圣地，或者为了反对卡特里派教徒。十字军东征在基督教国家中最终演变成一场反基督徒的战争。然后，它又在十字架加花冠之勋章的光芒下，进而扩大为一场残酷的殖民地战争。

当时，在巴黎，正在建造一座大门，其中一尊雕像上要用到一种全新而明白的图像语言。这种语言，几乎无一例外是针对文盲的，但随着时间的推移，该语言最终形成了自己的特色。对于前一个世纪门楣中心上的恐怖画面，人们已经不再会轻易感到不安。这些《启示录》中世界末日的画面已经难以打动他们灵魂深处的意念，而对异端邪说，他们却更容易接受。在圣母院的大门上，人们对画像已经有了新的要求，需要里面有一些人性化的东西，雕刻师们已经感觉到了（其实那些工程委托者们也已感觉到了）。于是这一要求便形成了一股不可阻挡的力量——一种对"说服力"需求的力量。因此，那大门上区分善恶的画面被描绘得非常明白，而代祷者温文尔雅之形象也刻画得一清二楚。少数几个地狱画面被安排在拱门缘饰上了。其中的情节很容易理解，因为这些画面的布局非常清晰明朗。这些大门画面折射出了该阶段的一种历史现象，这现象标志着欧洲人的思想情感正在经历着一个深刻的变化。一旦这一阶段到来了，就无回头路可走。

大门上还有圣母玛利亚的加冕画面，中央大门左边的画面（见上图）也同样清晰明白。门楣中心在法国大革命中受到严重损坏，后来又被巧妙修复，那上面的情节必须从下往上解读。在间壁的上方，除了圣母玛利亚的立像，还有圣龛（Tabernacle）和约柜（Ark of the Covenant），侧旁坐着神父、族长和国王。神器约柜在这里被用来见证《旧约全书》中圣母玛利亚升天的景象，升天开始时其肉体被抬起并出现在约柜上方，然后行加冕礼，这一情节在门楣中心的画面上非常显眼。加冕礼由天使们主持，这一情节和过程在塑像的制作上都有所创新，这样的创作如同当地圣徒首次出现在侧壁上一样颇具新意（见右上图）。

在巴黎圣母院西大门的雕塑品中，在艺术上给人的印象最深刻，但在其起源及肖像制作法上最令人费解的要数那四个小浮雕，它们正好地躺在中央大门一侧的墙垛下。画面描绘的是亚伯拉罕猎人（Abraham Hunter），也许他就是第一位尘世统治者尼姆罗德（Nimrod），另外还有一位坐在粪堆上受折磨的乔布（Job）。这些作品代表了雕刻师们的最高艺术水平，鲜明地反映了古典风格，这一风格对欧洲雕塑产生了深远的影响。尤其是描绘乔布的画面，它很有可能受到了晚期古典象牙浮雕的影响。

亚眠大教堂

位于亚眠的圣母院大教堂西侧的雕塑虽然装潢得太过富丽，但人们普遍认为它是法国哥特式高峰时期最重要的建筑之一。这里的中央大门描绘的主题也是末日审判，但其表现的内容要丰富得多。这里的侧壁多达六处，配有六个拱门缘饰，高悬在塑像之上。

亚眠（索姆省）圣母院大教堂
南耳堂大门（左上图）
间壁上的维耶热多瑞之细部（右上图）
约 1240—1245 年

三个大门上所有的侧壁塑像组合起来形成了一个水平的建筑结构，该结构正好横跨面墙和墙垛，在效果上达到了建筑物与雕塑的高度统一。门楣中心分为四个层次，其中最低的一层又分成两个区段。死者复活后的灵魂审判就在这里进行，而分辨善恶的场面一直延伸到第一个拱门缘饰。与在巴黎圣母院的画面相似，这里的基督也出现在间壁上。

虽然右边的门道以及间壁上的圣母立像与圣婴是专为圣母玛利亚而制作的，但在亚眠大教堂，左边的门道上还有当地圣徒的塑像，这一布局自从第一次出现在巴黎以来，已经在大型雕塑上广泛采用了。门楣中心的画面展示了当地的大圣徒圣·菲尔曼（St. Firmin），他是亚眠大教堂的首位主教，其塑像也位列在间壁上。

在艺术层面上意义更为重要的是南耳堂大门（见左上图），其塑像可追溯到 1235—1245 年间。在门楣中心与上面的拱门缘饰及下面的侧壁华盖之间有一根横楣，其侧翼排列着一些支柱，其中两根描绘的是使徒，他们身着旅行服装，彼此面对面站着，在互相告别。门楣中心各式各样的记事画面描绘的是圣·霍诺拉图斯（St. Honoratus），他是亚眠大教堂的另外一位前主教。上面的两幅记事画面合起来描写的是一个传说，基督被钉死在十字架上，这一幕就发生在霍诺拉图斯的遗迹前。

然而，最有名的人物在间壁上。这就是所谓的维耶热多瑞（Vierge Doree），圣母玛利亚金身（见右上图），其名称来自 18 世纪前的一次

塑像镀金。她的这个塑像要比侧壁塑像小，其底座则更高，她站在华盖下，华盖位于画面的中央，使徒们也站在那儿。她的肩膀和头部延伸到了楣梁，在楣梁上天使们手持一朵玫瑰花结，其螺旋式的花瓣犹如其头顶的光轮。维耶热多瑞处在这个大门真正中心的位置上，产生这一视觉效果的部分原因是她在门楣中心平面的那个前突位置，因此更具立体感。尽管上层的那些记事画面几乎都是浅浮雕，但越向下看，画面的立体感就越强；当看到下面间壁上的圣母玛利亚时，尽管在正面观察，塑像看上去也几乎是圆形的。那塑像的服饰右边有一排参差不齐的褶皱，左边隆起的部位形成了一条光滑而修长的曲线。在这条曲线的映衬下，坐在圣母玛利亚怀中的圣婴基督看上去与整个塑像浑然一体。圣母玛利亚注视着圣婴基督，使得基督成了整个塑像的重点。塑像的重点在圣婴身上，这一点是明白而公认的，但在修复圣母玛利亚的右手时雕塑师们也许犯了些错误，因为其原先的右手可能并未指向圣婴。

不过，在艺术史上，维耶热多瑞的真正意义却在于圣母玛利亚塑像本身。她微笑地看着圣婴，这样的创作相当新颖，这一形象不仅向我们展示了她与圣婴之间亲密无间的关系，而且也反映了该艺术形象人性化的一面。而且更重要的是该塑像内部似乎存在着一种张力，具体表现为塑像的右腿位置稍微有点伸出，于是其躯干上部似乎有点右倾，而其头部则略微转向左侧，这样就维持了平衡。

315

古典雕塑的原则，例如构图的对应和均衡性（把人物的身形反向扭转），已经应用在圣母玛利亚的立像上了，这一主题不仅在大教堂面墙上，而且在 13 世纪中期的法兰西岛上流传甚广。艺术史学家罗伯特·苏克（Robert Suckale）曾经指出，通过运动的表现，也就是说，通过形式的改变，塑像的内涵也改变了。仅仅通过其刻画人物的这一方式，雕刻师"就从神职圣母像表现法上前进了一大步，而那神职圣母像只不过是一个框架，在这个框架上有一个孩子依偎着母亲，其目的只是用来表现圣婴"。从这意义上来讲，亚眠维耶热多瑞（Amiens Vierge Doree）对许多圣母玛利亚和圣婴雕塑品来说，已经成了一种新艺术的起点，而且其影响范围已经超越了法国。

兰斯（Reims）

作为法国艺术的杰作，兰斯大教堂与沙特尔及亚眠大教堂一起，被认为是法国的经典大教堂。它的雕塑也一直延伸到西大门的内部，同样属于法国哥特式高峰时期的杰出作品。兰斯大教堂的优越地位得益于它是法国国王的加冕之地。由于它具备了这一加冕功能，每个大门雕塑均反映出该时期大主教的政治地位。

南耳堂大门是主教殿到主祭坛交叉口及祭司席的直接通道。这个大门具有大主教专用通道的色彩，因而未经特别装潢。但与分回廊毗邻并被其围绕的北耳堂，其设计布局就非常引人入胜，而且其雕塑也颇富丽堂皇（左下图）。有些比较小的西方大门的作品，如圣母玛利亚登座，也许取材于早期的教堂，而且在 1180 年已经出现了。

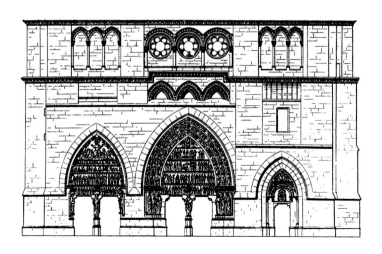

另外两个大门在其题材的选择上相当独特。左边是末日审判塑像，这一画面一般出现在公共场所。但在中央大门上，与这一画面同时出现的还有兰斯主教（bishops of Reims），这样的画面刚开始似乎只具有当地色彩。尽管被间壁分隔的每个门口实际上并不比教堂低层结构之上的框架高，但门楣中心相较于面墙却很高，在那里，除了后面的尖头窗梢外，其他建筑物均显得黯然失色。

我们若能看一下这些建筑及其主题的背景，这些大门的建造目的就一目了然了。在审判大门（Judgment portal）的间壁上，基督手持着世界之球，在一旁的侧壁上还站着一些使徒；而在中央大门上，教皇的塑像则由兰斯的两个首席主教圣·奈基斯（St. Nicasius）及圣·雷米吉乌斯（St. Remigius）陪伴。于是，在使徒作品与主教行为之间的直观连接就这样建立起来了：使徒们继续做着耶和华的事（the Lord's work），并出色地履行自己的使命；作为后继者站在他们旁边的有兰斯的主教雷米吉乌斯（Remigius）以及尼克西斯（Nicasius），前者是异教徒克洛维斯（Clovis）国王的牧师兼施洗，后者是在兰斯教堂被异教徒斩首的殉教者。以类型论中的类推法来解释中世纪神学这段救赎的历史以及旧约全书中所指的新生，这些使徒的形象看上去很像兰斯主教的先驱。

同样，间壁上的教皇形象让人感觉其教皇制度与主教之间的关系很融洽。这种对使徒的重点描绘具有政治意义，打着兰斯主教及圣徒的名义，来确保法国君主的君权。这大门是法国君主进入教堂行加冕礼的通道。

他们合法的君权就在这最神圣之地由神所授，且后世的君主不得染指。在兰斯大教堂，尽管君主来自于民，但只要经过西大门，便成神圣之君了。然而，兰斯大主教毕竟很重视维护自己的地位，且不太可能愿意看到君权太大，也许他们曾持续不断地捍卫过自己对国王的加冕权，他们仍坚持主张自己应亲自把神圣的君主政体通过加冕典礼授予新的统治者。因此，这一君权可以与罗马教皇的权力相提并论。也正是这一权力才让国王在经过北耳堂中央大门时产生深刻印象。

国王一旦走过西大门（见第 317 页图），走到门外，就算完成加冕典礼了，这是严格按照图像的排列顺序表现出来的。三个大门入口均位于西墙之前，并相互连接，其外观犹如凯旋门。那高大的门楣中心上并无雕塑，但有些圆花窗和叶形装饰。

右上图:
马恩省兰斯圣母大教堂
西大门之中央门道左扶墙旁的侧壁
塑像, 1252—1275 年

右下图:
马恩省兰斯圣母院大教堂西大门中
央门道右侧壁塑像, 1252—1275 年

发生在这里的故事通常都雕刻在门道之上的山墙上: 中间是圣母玛利亚之加冕礼; 左边是耶稣受难记; 右边是末日审判之基督归来。中央大门间壁上的圣母玛利亚和圣婴以及旁边的侧壁塑像描绘了基督降生及其童年的生活; 右边是天使报喜和圣母探访; 左边是教堂展示。

在不同时期制作的这八个塑像, 都属于 13 世纪法国雕塑的杰作。从正式的角度来说, 表现圣母探访、两孕妇室内会面、玛丽和伊丽莎白的这一组古代雕塑, 被认为是中世纪雕塑艺术的顶峰(见右下图)。从塑像对称的姿态上看, 那两个女人站在侧壁柱间, 似乎身边并无支撑物。年岁较大的那位是伊丽莎白, 正在做打招呼的手势, 但又似乎在等候, 这时年轻的玛丽正朝她转过身来。她们的服装如帷幔般轻柔地披在身上, 那帷幔飘起产生很深的褶皱, 富有动感。

两个塑像与天使报喜之圣母玛利亚(左边的一对)以及饰面侧壁上的教堂展示雕塑之间, 在艺术风格上有着鲜明的对比。其他的雕塑动感不太明显, 其重点更倾向于画面的垂直感。这一特点在这些塑像的服饰处理上尤其明显。伊丽莎白和玛丽的形态被认为是按亚眠大教堂的风格仿造的。有人还认为这两个塑像出自亚眠雕刻师之手。另外, 饰面侧壁上的塑像歌颂的是另一位雕刻大师约瑟夫(Joseph), 雕刻的内容是约瑟夫和西蒙旁的时装女性雕塑(她被初步确定为玛丽的女佣)。她也算是《天使报喜》中的一位天使, 她那著名的微笑很像约瑟夫的表情。

西大门的这些塑像和其他的塑像按风格可分成不同的组别, 关于这些塑像落成年代的考证问题根据近年的文件可知: 西大门的基石是在 1252 年 4 月 8 日后才打下的。但现在有人认为, 西大门的多数塑像很可能建于 1252—1275 年。

我们还可以再设想一下新国王走过的路线。在完成君权神授后, 新国王从教堂内向西大门走去。在那宽阔的台阶和华丽的侧壁映衬下, 西大门作为一个令人叹为观止的门道, 显然是为正式的典礼而设立的。站在教堂外的人群在等待着国王, 他们观看了基督童年的图像。顺着中世纪一般人的思路, 就可以看出那些山墙及侧壁上雕塑的主题表达的是: 新的世界之主来了, 法国未来的统治者降临了, 而这一切都是通过教堂大主教之手交付的。

新加冕的国王从祭坛向西边门口走去, 途中他看到了圣徒和殉教者: 施洗圣·约翰、基督普世君之施洗以及所有被斩首者; 在西墙间壁内侧, 还有圣·尼克西斯(St. Nicasius), 手里拿着被砍掉的头。这是否暗示着在后来的历史上法国国王会被砍头? 不太像。因为这些殉教者是用来提醒新国王: 他需要用自己的生命来捍卫刚刚加冕的君权。

317

下图及下一页图：

马恩省兰斯圣母大教堂西大门中央门道，

1252 年后，内景（下一页）

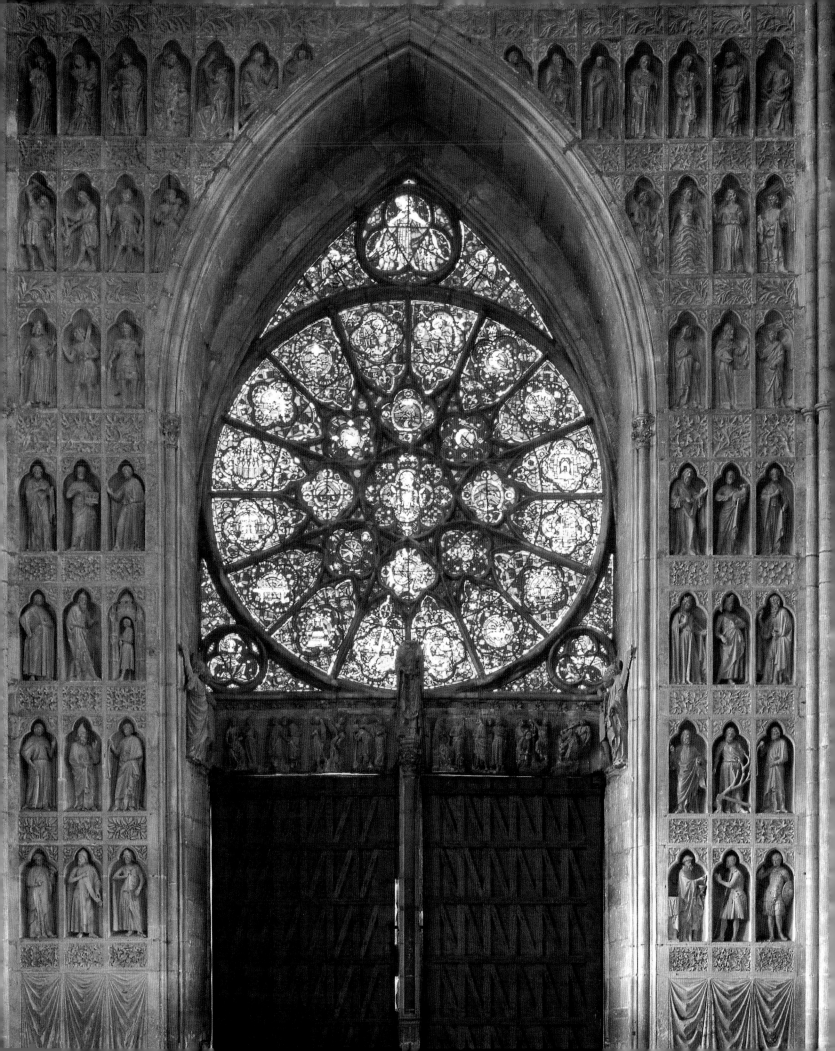

《亚当》，出自巴黎圣母院南耳堂，1260 年后不久
法国国立中世纪博物馆（克鲁尼美术馆）

兰斯大教堂的雕塑作为哥特式艺术的代表作，具有极其重要的意义，但不幸的是许多作品已经丢失了。因此，西大门中央山墙上圣母玛利亚加冕典礼雕塑是一个现代的仿制品（尽管它仿制得很逼真）。当法国古迹督察莫里斯·埃沙帕斯（Maurice Eschapasse）在他的 1975 年的旅游指南里遗憾地记下："第一次世界大战几乎摧毁了这件独一无二的作品——首个重要的历史建筑成了现代战争的牺牲品。"他记下的只不过是这场战争头一年里众多破坏事件中的冰山一角而已。当 1914 年 9 月 19 日德国军队炮击兰斯时，其火炮瞄准的就是其宿敌——前君主国的精神家园。

在炮声隆隆、杀声震天的轰鸣声中，格奥尔·迪赫（Georg Dehio）说了这样的话："对于那些纪念碑的膜拜，如今已经不合时宜；这种膜拜似乎是一种奇怪且落伍过时的感伤癖。目前最重要的并不是战场上某一次战斗的胜负，而是我们的生存问题，我们民族的存在问题，是德国在世界上的一切利益之成功或毁灭的问题。"他是当时德国艺术史学家中的领军人物，以其名义出版的《德国艺术纪念碑》今天仍能见到。虽然法国人做了种种努力，以防止战争破坏国家的文化瑰宝，但德国人却在谈论用 "Gallicism" 取代 "Vandalism"（破坏），并且带着嘲讽的语气骄傲地说，指挥兰斯的德国军队的将军是艺术史家。

来自巴黎圣母院的亚当塑像

亚当的裸体雕像（见左图）曾经配有一个夏娃的塑像。亚当雕塑原本在巴黎圣母大教堂南耳堂，如今位于克鲁尼美术馆（Musee de Cluny），亚当和夏娃站在救世主的脚边，旁边的天使手持基督受难之器具并吹着喇叭。虽然亚当雕像的一只手臂以及双手和双脚都经过修复，但这并无损其雕塑优异的品质。这尊稍微有点修长的雕塑，其各个细节处都雕刻得非常精巧而得体。由于没有服装遮掩，其构图之均衡、方向之变化，能够让人看得一清二楚：其向一边突出的右臀部，与右腿流畅的线条相连，亚当身体的重量就支撑在这条线上。其上体躯干相较于其他部位显得有点长，左腿稍微有点外伸，头部也有点右倾。这是一尊 13 世纪创作的与真人大小相同的裸体塑像；这尊塑像的形体动作清晰可见，这种形体动作的表现开始于亚眠的维耶热多瑞之帷幔下的塑像。亚当塑像在感知人体及其运动潜力方面取得了令人瞩目进步。我们可以设想它原本是放在一个壁龛中的，只能从一个角度观看。这尊塑像清洗后是淡粉色的。

该作品与另一组作品有密切的关系，它们都出自同一位雕刻师之手，来自内坛（choir screen），目前在卢浮宫。其中一件作品——基督在地狱之边（the Christ in Limbo），比南耳堂的亚当塑像动作更加粗犷。亚当和卢浮宫的塑像也许可追溯到 1260 年后不久。

鲁昂大门

大约在1300—1410年，卢昂圣母大教堂的两个耳堂大门就已建造好了。被认为后建的那座大门位于南边的德拉卡伦德广场（Place de la Calende），因此自 15 世纪以来它就被称为广场（见右图）。门楣中心的三个记事画面描绘的是基督受难图。在间壁上的基督，及在侧壁上的使徒，其基座都很有特色。在细长的基柱围护及直立式四瓣花带的装饰下，这些基座上面刻有取材于《旧约全书》的一些浅浮雕——间壁上的浅浮雕描绘的是乔布的故事；右侧壁上描绘的是约瑟夫的故事；饰面侧壁上描述的是雅各布（Jacob）的故事。就像画册中的画面一样，这些浅浮雕展示的故事情节极为详尽，然而，这些塑像的结构及其背景却表现得很简明。在这些浅浮雕和门楣中心的基督受难画面之间，有一些图像学及类型学方面的联系，但正如索尔兰德（Sauerlander）所指出的：“故事是通过推论和唠叨编织出来的。”

北边的大门书商（Portail des Libraires）因 15 世纪在大门前面的庭院出售续书而得名。在以末日审判为主题的门楣中心上，只有下层的两个记事画面幸存下来。正是这些下层画面图案的结构才引人注目。那画面描绘的是死者从坟墓起来，而上面的记事录展示的则是被赐福及被诅咒的两排人物。虽然他们手势和姿态的表达依赖于标准化的形态，但仔细观察下层的记事画面后可看出其不同寻常之处：从坟墓中起来的两排人物并不像常见的那样被分成两个记事画面，他们都处在一个记事画面中。这个画面给人一种骚乱的印象，与法国大教堂门楣中心常规而明晰的画面结构形成了一个强烈的反差。在上层浮雕中，几排人像重叠在一起，其创作比其他法国雕塑更具深度，使人不禁联想起意大利雕刻家尼古拉·皮萨诺（Nicola Pisano）的浮雕作品。然而在这里，虽然风格上的新元素在不断涌现并将不断发展，但德拉卡伦德大门（Portail de la Calende）上的雕塑形式仍坚持着前一个世纪的雕塑传统。

吉恩·德列日

人们发现，在 1360 年后有一位巴黎雕刻师吉恩·德列日（有史料记载的年代在 1361—1381 年），他最初是位殡葬艺术大师，其最

早的作品是创作于 1364 年的一个纪念碑头像，那是查理六世的女儿邦内·德弗朗斯（Bonne de France），她在一岁多的时候就死了。这一头像目前收藏于安特卫普（Antwerp）的梅耶博物馆（Mayer van den Bergh Museum），它展示了一种已经成熟的风格，这种风格是建立在解剖观察和鲜明的个体化倾向基础之上的。艺术史学家们把这一风格视作“伪像”（pseudo portraits）。

在吉恩·德列日创作的墓碑中，最重要和最具代表性的要数作于 1367 年制作的英国女王墓碑了。在威斯敏斯特教堂（Westminster Abbey）的唱诗班中，仍然可以看到保存状况非常良好的这一墓碑。它描绘的是艾诺的菲利帕（Philippa of Hainaut），她是爱德华三世的妻子，卒于 1369 年。她在墓地的表情被刻画得很独特，尽管实际上她并不是这个样子的。

在这里，吉恩·德列日也使用了一种艺术手段，乌尔丽克·海因里希斯-施赖伯（Ulrike Heinrichs-Schreiber）把这一艺术手段称为"凭经验能领悟的现象之模仿"，借此可创造一种墓地人物存在的强烈感觉。

相比之下，可追溯到 1372 年的藏有查理四世（Charles IV）和珍妮·德埃夫勒（Jeanne d'Evreux）重要器官的墓石卧像，其艺术价值就不是很高，它看起来更像是一种工场产品。这种墓石卧像可能与查理四世选择的埋葬方式有关。在查理四世死后，其遗物被安葬在三个不同的地方。而它的尸体则被安置在圣但尼，巴黎的多米尼加人收取了他的心脏，其他的重要器官则被放置在青年旅社（Maubuisson）。1371 年，在他的第三个妻子珍妮（Jeanne）死前不久，她已开始倾向于这一做法。

随着这一做法的日渐流行，雕刻师们受委托的活也越来越多。在青年旅社，目前在卢浮宫的小型墓石卧像（见第 323 页图），当时躺在带有镀金铭文、柱状图和华盖的黑色大理石板上。每个墓石卧像的左手都放在胸口，手里拿着一只袋，袋里装着脏腑，就像坟墓所装的东西一样。

由于吉恩·德列日著名的作品，人们已公认其为宫廷艺术家，关于他有历史记载的活动期在 1361—1381 年，他卒于 1381 年。他的重要作品，如威斯敏斯特教堂中的艾诺的菲利帕使我们认识到：作为一名雕刻师，其技艺是如此的高超，以至赢得了后来法国卡佩王朝君主的盛誉；而人们对其作品是如此之仰慕，以至于在英法百年战争期间人们还是对其热情不减。

克劳斯·斯吕特（Claus Sluter）

大约在 1400 年，在勃垦第（Burgundy）的第戎（Dijon）建造了一座大门，其造型是全新的。该大门的创作者在雕塑表现艺术上超越了以前的一切成就，并开辟了一片新的领地。1385 年，无畏的菲利普（Philip the Bold）从低地国家（Low Countries）召来了雕刻师克劳斯·斯吕特（约 1355—1406 年），让他到第戎装修勃垦第公爵（Dukes of Burgundy）的墓地礼拜堂（mortuary chapel）——即香普木之卡尔特修道院。

该大门（见第 322 页图）的间壁上有圣母玛利亚和圣婴。圣母玛利亚的身体重量由她的左腿支撑着，而她的右脚伸得很开，这样就恰到好处地维持了平衡。她左臂抱着圣婴基督，上身向圣婴侧倾着。她的整个披风收拢在前面，并像瀑布似的下垂着。在她伸开的右手中，拿着一根权杖。

在艺术史上，这一人物属于"清丽风格"时期的作品，尽管事实上它的某些特征已经超越了该风格。这种源自构图均衡性的姿势，一点也没有那种理想化的"漂亮的圣母像"（beautiful Madonna）的那种形态，而是基于精细的观察和对立像动作的熟练把握。脸部的塑造也是同样的道理，那微凸的双颊和浅凹的酒窝，显然来源于生活中的观察。

在侧壁上，那些看上去像在描绘异类的画面以及异常的构图，所表现的人物以前从未见过，也许只在远离公众视线的修道院礼拜堂里才会有。在左侧壁上，与实物大小一样、朝着圣母玛利亚下跪并作祷告的是无畏的菲利普——有权势的勃垦第公爵。在其对面的是他的妻子弗兰德斯之玛格丽特（Margaret of Flanders），旁边还有他们的客人圣·约翰和圣·凯瑟琳（St. Catherine）。这对夫妻作为修道院的创建者，他们的面部特征是生动可辨的。

活着的人从来没有在这些神圣的建筑上被描绘过，何况被描绘得如此逼真，而且被放在圣经中的神圣之位，这个位置在基督教近代史中是那些圣徒和殉教者所在之地。描绘地方圣徒，比如巴黎或亚眠的圣徒，这是允许的，因为他们已被看做是属于宗教历史上的人物。但是现世的人物在此被描绘，其塑像的大小与圣母玛利亚相同，并且表现得像宗教背景中拯救人类的人物那样庄严，这对统治者自我表现的愿望来说是一种全新的现象。

这些创作于 1389—1406 年间的大门雕塑，与相对自然主义的写照类似，同时具有圣母玛利亚立像之"佛兰德现实主义"（Flemish realism）之特征，并且在用雕塑刻画人类的艺术上开创了一个新纪元。

这一划时代的变化早在 1370 年左右的彼得·巴勒所作的布拉格（Prague）半身像上已经有了苗头。但是这一写实主义手法还渗透到了神圣的场所，其意义是如此之深远，以至于海因里奇·克洛茨（Heinrich Klotz）最近称之为阿尔卑斯山之北的"早期文艺复兴时期艺术中的首座丰碑"。

在香普木之卡尔特修道院的斯吕特的作品并未局限于这座大门。人们认为他在 1385 年后还作为吉恩·德马维尔（Jean de Marville）的助手，继续为无畏的菲利普的陵墓而创作。他最了不起的作品也许是在第戎的《摩西喷泉》（Moses Fountain）。在这个喷泉中，斯吕特创作的《旧约全书》中的塑像人物表明他具有精细而独特的观察能力，从这一作品可以看出，他已远远超越了他的时代。

意大利的哥特式雕塑

意大利的哥特式雕塑与法国的不同，而且其样式基本上不依赖于建筑物。法国大教堂富丽堂皇的带有塑像的大门以及侧壁和拱门饰雕塑，在意大利没有被广泛接受。尽管如此，在 13 世纪初，意大利雕塑清楚地显示了法兰西岛的影响，虽然这种雕塑往往会与教堂的家具设置和装饰等因素联系在一起。虽然意大利哥特式雕塑在早期阶段明显受罗马风格的影响，但由于接触了东方或拜占庭艺术更严谨的风格，所以也受到了它们的影响。

此外，与欧洲其他地区相比，在阿尔卑斯山以南地区的古老世界，传统风格更加明显：腓特烈二世（1220—1250 年）的霍恩施陶芬帝国（Hohenstaufen empire）给自己塑造了古罗马的皇权形象，可见其更倾向于看重古老的艺术。也正是在意大利，希望自己的技艺受人重视的那些艺术家，他们的名字才会比其他地区的艺术家更早地为世人所了解。因此，13 世纪意大利的艺术发展史同时也是艺术家的发展史，当然也有极少例外。

贝内德托·安特拉米（Benedetto Antelami）

来源于圣玛利亚阿桑塔大教堂（Cathedral of Santa Maria Assunta）

内坛的著名浮雕《耶稣遗体的下放》（Deposition of Christ），其铭文可追溯到 1178 年，且很早就受到分布在法国南部、埃里斯（Arles）的圣·特罗菲姆（St. Trophime）以及在圣·吉勒斯（St. Gilles）的贝内德托·安特拉米作品的影响，他的后期作品依然受到法国雕塑的较强影响，虽然现在还受到法兰西岛哥特式雕塑的影响。受影响特别大的是《各月劳作》（见左图），该作品约于 1220 年在帕尔马洗礼堂雕刻完成。人们一般认为安特拉米也是一位洗礼堂建筑师。虽然在洗礼堂的那些雕塑品原先的配置问题尚未弄清，但从这么多高质量的雕塑品来看，几乎已无人怀疑，这些作品应该出自安特拉米之手。《十一月图》表现的是：在人马座的黄道十二宫图下面，有一位农民正在地里干活。该雕塑的头部造型非常精致，其鼻子、头发、胡须的轮廓线清晰可见。这一作品标志着罗马式的意大利雕塑已开始向安特拉米所代表的哥特式风格转移了。在法国的雕塑品中，可能对他有影响的是沙特尔大教堂的北耳堂以及巴黎圣母院的玛丽大门。

尼古拉·皮萨诺（Nicola Pisano）

尼古拉·皮萨诺（Nicola de Pisis 来自比萨城（约 1205—1280 年）。1258 年 4 月他在卢卡（Lucca）立下的遗嘱是有文献可考的首次历史记载。那个时候他可能早已是比萨市民和有名的雕刻师了。因为近一年后，他签署了为比萨洗礼堂布道坛雕塑的合同，产生了第一个有文件证明的由他亲自完成的作品。由于他被称为尼古拉斯·彼得里·迪·普利亚（Nicolas Pietri di Apulia，即来自亚普利亚的石匠），且被认为出生于意大利南部地区，几乎可以肯定他曾在腓特烈二世宫廷蒙特城堡（Castel del Monte）工作过。在那里他不但获得了早期雕塑的经验，而且也习惯了从古代经典作品中学习和模仿。

比萨的布道坛（见第 325 页图）是一个在教堂中最早配有塑像的新区，在圣方济各会的修道士（Franciscans）们在布道中使用视觉图像法后，这一新区的意义就更显重要。亚历山大·佩里（Alexander Perrig）已经能够从当时神父们对新事物感到不安的讽刺诗句中演绎出布道的方式，并推断圣方济各会的修道士过去常在布道中使用小型画像，并用板画或横幅装饰布道坛。通过画像来宣传上帝之道（Word of God），从而使布道坛发挥更重要的作用，这一任务已经落在尼古拉·皮萨诺的肩上。

带有叶片状柱头的六根圆柱以狮背为支点，相互交替地支撑着半圆形拱门；那些拱门上装点着三瓣形花饰。在角落里，还有一些小雕像，

尼古拉·皮萨诺
比萨洗礼堂
布道坛，1260 年
大理石，高 465cm

详图
《教堂展示》（顶图）
《耶稣受难记》（中间）
《末日审判》（底图）
每版尺寸 85cm×115cm

尼古拉·皮萨诺和乔瓦尼·匹萨诺
锡耶纳大教堂
布道坛，1265—1286 年 大理石，高 460cm

此外还有施洗者圣·约翰的小雕像；那些拱肩上描绘的是先知和福音传道者（Evangelists）。那上面的实际布道坛由一个中柱支撑，中柱的底座上雕刻有动物和人类的图像。侧翼排列着一些小圆柱，大多成对而立；六边形布道坛的五边雕刻着浮雕，第六边是开放的，用作通道。诵经台由一只鹰展开的两个翅膀支撑着。

比较新颖的一点是，作为一个独立的物体，这个诵经台看起来与其说是教堂设施，倒不如说是建筑雕塑品，其结构形式和雕塑形象说明其受到了不同风格的影响。不仅那些狮子上雕刻有古老 "all' antica"（即 "古老的"）字样，而且许多塑像密集组合起来，一排紧贴一排，这种设计本身显然来源于古典的浮雕风格，而在这里，这一风格得到完全仿效。在一个独立的构架上同时描绘的还有天使报喜。耶稣诞生、圣婴基督洗礼、对牧羊人之天使报喜，这些都是这种构图艺术的杰出范例。

然而，耶稣受难记和末日审判画面（第 325 页右图）的雕塑法则完全不同。从耶稣受难图中丰富的画面及其鲜明的夸张成分来看，不能仅仅将其视作一种古旧风格，因为其中还有拜占庭式的元素。更重要的一点是，来自法国的哥特式艺术风格的元素，如所谓的 "三钉式" ——钉在十字架上的基督，还有以前在托斯卡纳区（Tuscany）未被发现的半圆形拱门上雕刻的叶形窗格。这两种特色风格是首次在法兰西岛被广泛采用的。

在 1265 年 9 月 29 日，锡耶纳大教堂（Siena Cathedral）的弗拉·梅拉诺（Fra Melano）与尼古拉·皮萨诺签订了一份合同，为大教堂修建一个新的布道坛（见左图）。他的两个学生阿诺尔福·迪·坎比奥（Arnolfo di Cambio）、拉波（Lapo），以及后来加入进来的尼古拉的儿子乔瓦尼（Giovanni）将和他一起完成这项工程。锡耶纳布道坛（Siena pulpit）呈八角型，而且它的支柱也是错落有致地立在狮背上，上面拱门之间立着一些武士。八角型布道坛上也有三瓣形花饰。

七个大理石浮雕的侧翼立着一些小雕像，排列方式与比萨布道坛很像，但基本风格不同。虽然这里每块面板上的塑像都紧密地聚在一起，但这一风格与旧传统并无联系。那些塑像服装上哥特式褶皱下垂的曲线特别显眼，下摆一直拖到地上，堆积在脚边。这使人回想起法兰西岛当时流行的塑像，尼古拉·皮萨诺日益看重这些塑像，它们的制作工程大概是由锡耶纳大教堂的主管委托的。结果，这些浮雕富有个性，表现强烈的情感，而在古典主义及静态场景元素方面却有些欠缺。比萨浮雕的发展首先成就了它在形体上透出的哥特式灵气，这种灵气将在这里随着浮雕创作的进一步深入而不断散发新的气息。但另一方面，该作品却缺少了雄伟的气势，原因是其仅有的模型只是几件小型的法国作品。

1268 年 11 月 6 日，象牙面板和银质浮雕等雕塑完成，尼古拉·皮萨诺收到了大教堂工场主管的最后一笔支付款。

早在 1254 年，佩鲁贾市议会托人设计了一个大型喷泉，为了从城外的蒙特·帕西诺（Monte Pacciano）取水，为此安装了一根地下管道，但管道在 1273 年被毁了。四年后建成了一根输水管，于是喷泉建造议案很快启动了（见右图）。艺术工程委托给了尼古拉和乔瓦尼父子仅一年多工程就完成了。

下层水池建造在一个由四级台阶组成的环状基座上。水池有 25 个面，每一面均由两个浮雕组成，浮雕之间由细长的柱子隔开。浮雕两侧交替排列着三根为一组的螺旋形柱，类似于比萨布道坛的样式。浮雕的形状为长方体，可以从多方面表现其主题，如《各月劳作》和《伊索寓言》《纹章兽》和《旧约景色》、博艺表现和罗慕路斯与雷穆斯（Romulus and Remus）的罗马神话。圆形结构内稍高的位置上排列着一些短柱，支承着第二层水池，水池形状为 24 边形，每个角上均雕刻着塑像。从图像学的角度来说，这些主题素材已经不再单一，这些素材不但表现了《旧约全书》中的人物和圣徒，而且把城市也人格化了，并且还描写了特拉西梅诺湖（Lake Trasimene）的女神，当代人物如市长马泰奥·德柯勒乔（Matteo da Correggio）以及喷泉竣工那年的名人埃尔曼诺·德萨索费拉托（Ermanno da Sassoferrato）、卡皮塔诺·台尔·波波洛（Capitano del Popolo）。虽然六月和七月浮雕可以确定为尼古拉所作，但文艺浮雕应该属于他儿子的创作风格。然而，由于人们对建筑施工的速度和质量要求更严格，对雕塑家的需求也越来越大了。乔瓦尼的署名是否跟喷泉的整体工程有关，这与他全面负责整个工程还是只负责浮雕部分的工作有关。这个问题在艺术史学家之间还是个有争议的话题。

上层水池的中央有一根圆柱，圆柱上有一个青铜盘，盘上的铭文说明该喷泉建造于 1277 年，建造者为 Rvbevs。意大利学者诺尔贝托·格拉马奇尼（Norberto Gramaccini）认为，该青铜器铸造者的意大利名字应该为罗索（Rosso），这一名字可能与同一时期的一位匿名的德国重要金匠（红色铸工）是同一人。喷泉的顶盖上是一组青铜女人像，她们背对背站着，肩上都扛着一个小水盘。这一雕塑的质量极其优异，常常被列为中世纪最古老的独立青铜像，这导致了关于其归属方面的分歧。皮萨诺父子以及阿诺尔福·迪·坎比奥，他们的取名均与此有关。

该喷泉建造在今天的台尔·夸特罗·诺万布莱游廊（Piazza del Quattro Novembre）里，它的一边是市政厅，另一边是大教堂的迪布

拉乔走廊（Loggia di Braccio），这座喷泉象征着每一位市民都拥有把水作为日用必需品的使用权。同时它还以一个不同凡响的形象，向世人展现了精巧的工艺、佩鲁贾的繁荣和市民的骄傲。

乔瓦尼·皮萨诺

由尼古拉的儿子乔瓦尼（约 1248—1314 年）独立完成的第一件作品，是锡耶纳大教堂的建筑立面的雕塑和装潢，该作品被认为是在意大利具有完整雕塑方案的哥特式面墙。他后来还与父亲一起参加了佩鲁贾的喷泉建造工程。这些严重风化的雕塑原件目前已放置在大教堂博物馆，在其原来位置上的是复制品。大约在 1297 年乔瓦尼收到了一份委任状，委托他负责皮斯托亚（Pistoia）的圣·安德烈（Sant'Andrea）布道坛工程。据一篇铭文记载，该工程于 1301 年完成。

这个布道坛与比萨洗礼堂的尼古拉布道坛类似，也是六角形结构，但其建筑型式更具哥特式风格。该建筑有尖顶拱，而不带三瓣形花饰窗格的半圆形拱门。在那些展示天使报喜和末日审判等基督生平画面的五个浮雕中，给人印象最深刻的要数一个屠杀无辜的画面。虽然这一场景中表现了许多人物，但给人一种单一的印象，使人想起古代后期石棺上的那些战斗场面，但这些塑像中的每一组人物还是具有与众不同的独立形象，且富有动感。这产生了一种现象：古典元素与哥特式元素的不断融合，结果无论哪种元素都不占主导地位了。这得益于比较自由的工作

左上图：

乔瓦尼·皮萨诺

皮斯托亚，圣·安德烈

布道坛，1301 年

大理石，高 455cm

《屠杀无辜》的局部

左下图：

乔瓦尼·皮萨诺

比萨大教堂

布道坛，1302—1311 年

大理石，高 461cm

《逃入埃及》版面画

方式。人物的头发只描绘出一个大概，但身形却刻画得很深入。乔瓦尼的作品也表现出当代法国哥特式象牙浮雕的影响。

尼古拉的作品与他儿子乔瓦尼 1311 年的作品中间只相隔半个世纪。尼古拉的作品（比萨的洗礼堂）是为圣方济会的新布道术而作的第一个配图布道坛。乔瓦尼 1311 年的作品是他们所设计的四个布道坛中的最后一件。他们一直没有停止塑像创作。

这些浮雕比同时代意大利雕塑中的其他作品具有更加清晰的表现力，在这些具有不同的影响力的古代经典作品以及来自法兰西岛的哥特式风格面前，雕刻师们既受到鼓舞，又面临着挑战。

在 14 世纪的头 10 年内完工的比萨大教堂的最后一个布道坛（见左下图）也是八角形，但它的圆形基座及浮雕凸起的曲线使这一教堂设施看起来像是圆形的。虽然在四个布道坛中，这个布道坛的设计最先进，也最精巧，但因它出自多人之手，所以风格有点不统一。此外，它在 1602 年经拆解后，其原样直到 1926 年都未恢复。在修复这个布道坛时，有些浮雕早已被搬到纽约和柏林的博物馆里了，于是只好重做。

阿诺尔福·迪·坎比奥

阿诺尔福·迪·坎比奥（约 1254—1302 年）是尼古拉·皮萨诺除了他儿子以外最重要的一位学生。人们认为他是在完成锡耶纳布道坛工程后才开始独立从事艺术创作的。他在锡耶纳布道坛工作到 1268 年。八年后他到了罗马，在那里制作墓碑。据记载，1277 年他开始为安茹（Anjou）的查尔斯国王（1268—1285 年）服务，他打着罗马议员的幌子为查尔斯国王做了一座塑像。在同一年里，佩鲁贾的五百人议事会（Council of Five Hundred）要求国王允许阿诺尔来城里参加宏大的喷泉建造工程。

在阿诺尔福到罗马开始其最富有创造性的工作之前，他在奥维多（Orvieto）待了一段时间。1282 年 4 月 29 日，就在奥维多小镇，法国红衣主教（兰斯的前副主教）纪尧姆·德布雷（Guillaume de Braye）在其拜访教皇马丁四世（Martin IV）时去世了。阿尔诺福受委托为那位红衣主教在圣多梅尼科教堂（the Church of San Domenico）设计一座大理石陵墓，这在《圣母玛利亚之王座》下的铭文中有记载（见第 329 页图）陵墓现在是经过重建的，原型已经没有了，但那里毕竟有过更为广博的建筑背景。两个天使端着香炉，这两座塑像原物目前在奥维多大教堂博物馆（Museum of Orvieto Cathedral）。

雕像的形象是这样的：已故的副主教闭着双眼，交叉着双手，躺在一张华丽的床上，那床安放在石棺上，并被置于一种类似神龛的场所内。两个侍者，即下层教士，正在揭开帷幕，将躺的塑像展露。还有一种可能，即这两个人是天使的塑像，正在替已故的红衣主教盖上帷幕这种解释尚不能肯定。在壁龛顶部的半圆拱里，在上部的圣母玛利亚记事录中，死者又在画面的左边出现了，旁边还有铭文。在这里，他被描绘成活着的样子，跪在圣母玛利亚面前，由对面之人向她引见，这人可能是圣彼得，抑或是圣·道明（St. Dominic）。不过，关于这些情节的某些部分仍有待探讨。特别是那些侍者复杂的动作形态，还有服装和左手帷纱的造型，证明设计师已经成功地把经典艺术与哥特式原理融会贯通了。

阿诺尔福·迪·坎比奥
奥维多，圣·多梅尼科
德布拉伊红衣主教之墓，约 1282 年
大理石

本在锡耶纳城，那里由教皇党（Guelph faction）统治。当时，因为蒂诺同时还是一名建筑师，所以他被委任为锡耶纳大教堂的工长。1319 年和 1320 年，他在那里工作很积极。随后他就回到佛罗伦萨去参加许多重要墓碑的制作工作了。

其中一件作品是安东尼·德奥索（Antonio d'Orso）主教的陵墓。安东尼死于 1321 年，他曾经是教皇的牧师，并在佛罗伦萨教皇派（Florentine Guelphs）反对亨利七世的斗争中担任领导者。毫无疑问，佛罗伦萨大教堂中独特的主教塑像闭着双眼，微微向前点头，必定属于该陵墓。他并未长眠，因为他双手交叉，这说明他死后成王了。把逝者描绘成如此模样，这在艺术上是史无前例的。圣母玛利亚陛下头戴王冠，手持书本，怀抱圣婴基督，其底座上刻有铭文 "Sedes Sapientiae"（智慧之位）。这一塑像现在被认为是奥尔索（Orso）陵墓的雕塑品之一，既严谨又抒情，表现手法细腻是这一塑像的艺术特色；它目前在大教堂博物馆中。这些艺术特色使蒂诺·迪·卡米诺在 14 世纪的前 30 多年成了宫廷风格的杰出代表。

在 1323 年或 1324 年，蒂诺·迪·卡米诺搬到了那不勒斯（Naples），他在那里一直生活至 1337 年去世。其间他创作了一系列安茹的罗伯特宫庭陵墓作品，这些作品对这一时期的雕塑艺术产生了深远的影响。

洛伦索·马伊塔尼（Lorenzo Maitani）

洛伦索·马伊塔尼（约 1270—1330 年）出生在锡耶纳，他的父亲维塔利·迪·洛伦索（Vitali di Lorenzo）也是一位雕刻师。洛伦索·马伊塔尼在建筑上的成就要超过在雕塑方面。关于洛伦索留下的最早历史记载是在 1290 年的锡耶纳，但随后他去奥维多工作了。在那里他先在大教堂工厂打工，后来在 1310 年 9 月 16 日他被任命为教堂建筑的总管。

他作为建筑师直接监管大教堂的建造工作并向主教负责，这一崇高地位不但给他带来了许多特权，如 15 年免税，而且也意味着他作为建筑师提出的专家意见会被设法引用到锡耶纳周边地区的许多证明文件中。他的主要建筑成就是奥维多大教堂的面墙（第 330 页图）。他同时还亲自动手参与了雕塑工作，这一事实是有文件可查证的，文件里还记载了他曾参加过一些青铜像的铸造工作。英国艺术史学家约翰·波普·亨尼西（John Pope Hennessy）认为他的雕刻象征了圣·约翰。

此外，阿诺尔福还给这座源于法国哥特式高峰期的壁龛式陵墓添加了一种意大利式的表现力，正如帕诺夫斯基（Panofsky）所指出的：他通过对死者不同方面的描绘，第一次尝试了将这一陵墓形式与人们对文艺复兴时期迅速发展起来的鉴赏力和精神追求结合起来。

蒂诺·迪·卡米诺（Tino di Camaino）

1315 年，随着亨利七世（1308—1313 年）的去世，乔瓦尼·皮萨诺的学生蒂诺·迪·卡米诺（1280/1285—约 1337 年）被召回由吉伯林派（Ghibellines）统治的比萨来修建陵墓。蒂诺·迪·卡米诺原

洛伦索·马伊塔尼
奥维多大教堂
西面墙中央大门，1310—1330 年（左图）
第四扶壁上的地狱画详图（右图）

铸造于 1329 年的其他三个福音传教士的标志以及铸造于 1325 年的六个天使，她们拉开了中央大门的门楣中心上的华盖帷幕，使圣母玛利亚现身。意大利历史学家切萨雷·纽迪（Cesare Gnudi）也把这些雕塑视作洛伦索的作品。

中央大门侧壁建筑立面上四个扶壁整面都装饰着大理石浮雕。在扶壁外侧的左边有创世纪、堕落、艺术的起源等故事画面，在中央大门左边的墙墩上还有末日审判，并与卷须状的《耶稣的家谱》画面交织在一起（见左图）。在扶壁内侧的右边有基督生平和受难情景图。这些画面一直排列到最右边，那里有死者复活图、善恶报应图、地狱图。这些浮雕的质量都非常之高。然而这些雕塑并不是只受法国的影响。这些浮雕借鉴了来自古代经典艺术各种各样的构图样式。这在情景构图与个体人物表现方面是显而易见的。因此，看到那地狱中两排人物的混乱景象，人们不禁会回忆起鲁昂的复活图，同时眼前还会浮现出经典浮雕上的那些战斗场面。然而，毕竟那些展示出来的裸体人体结构详图在后古典时期的欧洲雕塑作品中是罕见的（见右图）。例如雕塑人物腹部之上拱起的胸部轮廓，看上去已成了人体的一部分；还有他们突出的肋骨，简直可以清楚地数出来——这些来自地狱的憔悴魔鬼的特征，可以说目前都被保留了下来；而现在，这些特征已成了人体解剖学上的正确结构，尽管它来自魔鬼之体。腿的结构被完整而精准地雕刻出来，膝盖的塑造基于解剖学，筋腱将四肢牵连在一起，动脉供血和肌肉活动都描绘得一清二楚。

在创世纪故事中，如裸体的亚当图，其人体解剖学上的描绘也同样清晰可见。这幅地狱图缺少了一些强烈的自然主义色彩，但这并不一定意味着它们出自两个不同的雕塑家之手。这些对裸露人体的自然主义表现手法在地狱和魔鬼这幅作品中表现得淋漓尽致，这种情况并非偶然。人体，尤其是裸体，其地位仍在中世纪远远低于灵魂所拥有的地位。的确，裸体其实是属于邪恶国度的。阿西西城（Assisi）的圣·弗朗西斯（St. Francis）曾经哀叹："更可怕的并非是我一丝不挂。"正是对肉体的淫欲和邪念，才是虔诚的基督徒在去往天堂之路的最大威胁和障碍。从这一点来说，该裸体人形雕塑处理艺术展示的是一种领悟力，尽管这一领悟力有受古风启发的成分，但它指出了未来的发展方向。

安德烈·皮萨诺（Andrea Pisano）

虽然有文献证明，安德烈·皮萨诺出生在比萨附近的彭堤德拉（Pontedera），但其出生年份则不得而知。一般认为他出生在 1290 至 1295 年间，死于 1348 年。他自己也并未说过自己来自比萨。关于他的艺术训练以及早期的工作情况，人们无从知晓。有人认为他很可能在比萨或者佛罗伦萨的一个金匠处完成了学徒期，然后做过一些黄金、象牙和青铜等活计，这以后他才做出了有历史记载的第一件作品——佛罗伦萨洗礼堂的青铜门（见第 331 页左图）。

关于那些青铜门的制作过程，也有许多记载。

据文献记载，作为负责造门的主管，安德烈于 1330 年 1 月 22 日开始从事造门工作。门的铸造工程似乎在 1332 年 4 月就已经完成了。不过，门的安装工作却耽搁了四年。直到 1336 年 6 月 20 日，三对中的第一对青铜门才在洗礼堂的南大门面对着城池安装就位，正是这个门道，而不是教堂西侧洗礼堂的主大门，才是佛罗伦萨市民日常使用的通道，而且时至今日仍在使用，几乎一直都是开放的。

从门的构造和图像均可看出其使用地点是在洗礼堂并且是永久性使用的。那青铜门的第一个工程项目显然是要描绘教会的名义圣徒施洗圣·约翰，他同时也是那城池及呢绒布匹商会的创始人和守护神。此外，设计方案中必须包括这样的概念：两扇门要像一本打开的不朽之书，两个页面上的内容都独立有序、意味深长。

在每扇门上有 14 个浮雕，左侧门上面的雕塑描绘了施洗者·圣约翰的生活（见左图），而另一侧门上面的那些浮雕则描写了他去世的故事。右侧浮雕展示的是一些人格化的美德。这些景象和人物都雕塑在四瓣花饰之上，就像鲁昂大教堂西侧的下层及其他法语教堂中的构造一样。安德烈·皮萨诺的这一设计方案非常完美，每个图案均由圆圈和菱形组成，并以简洁明快的水平和垂直图案来构成景象。此外，当浮雕描写萨洛米（Salome）将翁浸之首献于其母时，他恰到好处地将建筑结构的高度与菱形的边长匹配起来了。那些结构图形组成了一个比例协调的系统，并在菱形与圆形之间产生了一种有趣的视觉效果。

从象征手法上来说，那四叶饰的作用已超越了装饰的意义，这一点在图框结构上是非常明显的。作为哥特式风格的一种标准形式，在中世纪象征主义艺术中，叶形装饰是最主要的一种表现手法，这主要也是因为其具有数字表现功能。例如，三瓣形花饰象征神圣的天堂，六瓣形花饰代表天堂与人间之关系，并且是六日创世纪的象征；四叶饰象征东南西北四个方向、春夏秋冬四个季节，并通过其他许多四叶形的组合从整体上来象征人间生活。在四叶饰中，还有施洗圣·约翰的故事，因为他作为一个人，被挑选来替上帝之子施洗。

安德烈·皮萨诺和乔托

在佛罗伦萨，乔托（Giotto）领导了教堂钟楼的前期工作和第一阶段的工程。教堂名为圣母百花大教堂（Santa Maria del Fiore），是教区中之主要教堂。他负责这项工作一直至 1337 年去世。钟楼建造工程由安德烈·皮萨诺负责，据历史记载，1340 年他的职务为工程高级主管。当时的建设工程已进行到了第三层，也正是在这一层，安德烈把塑像壁龛合并在一起了。

由乔托建造的下面二层则装饰有六角形和长菱形浮雕。在洛伦佐·吉贝尔蒂（Lorenzo Ghiberti）的评论中，他把这些作品中的大部分艺术发明归功于安德烈·皮萨诺。

吉贝尔蒂（Ghiberti）说他曾见过乔托的几幅画，画中给出了雕刻师应该遵循的理想模式。根据这些记载，人们通常认为安德烈·皮萨诺在主要工程青铜门完成后参加了钟楼外部的建造工作，时间为六个月。当钟楼第一层西侧的浮雕要拆除的时候，人们发现，这些浮雕与钟楼的其他三面不一样，因为在建造过程中，它们已被置入大理石贴砖中了。从这一情况可以推断，安德烈·皮萨诺和乔托确实一开始就在钟楼的建造工作上进行了合作，所以这也证明了吉贝尔蒂的说法。

根据浮雕的铁匠铺图（见右上图）这一画面，我们可以有很大把握地说，这是在工程第一阶段安德烈·皮萨诺的作品。这画面描绘了一个男人，他穿着长褂，腰前系着皮围裙，以免被火星烫伤。他用钳子钳着一块铁片在熔炉前锻打着。他身后的风箱在呼呼作响，为熔炉提供动力。虽然这个情景看起来像是当代的，但图中的男人却并不像是当代的铁匠。他的发式及胡须的样子，无一不受古代模式的影响。这些东西像是他的标识，使他看起来像是处于遥远的古希腊时期，又像是圣经故事里人类起源时期的人物。他就是图巴尔·凯恩（Tubal Cain）——圣经中的金工匠，凯恩（Cain）的后代，他天生具有发明创造金属器具的本领。因而他成了"打造各种铜铁利器"的祖师和典型。

整个铁匠铺处在六角形的框架之中，且每个细节的刻画都非常清晰。图巴尔·凯恩是整幅画面的主角。从这个场景的设计中，我们不难看出乔托考虑的是要创设一个独立的画面空间。在这方面，他已经成为所在时代代表艺术新航向的舵手。但正是由于其明快的建筑结构以及这一浮雕中自然主义人物的三维形象所释放出来的能量，才会让这两位艺术家产生敏锐的洞察力，并使他们成为并驾齐驱的天才。

尼诺·皮萨诺（Nino Pisano）

直到 1343 年，安德烈·皮萨诺一直在忙着钟楼建造的监督工作。其雕塑的时间可以追溯到 1343—1347 年，但这一历史，艺术史学家之间也有争议。著名的圣玛利亚教堂的《圣母哺乳圣婴图》如今保存在比萨的圣迪利玛窦美术馆（Museo Nazionale di San Matteo）（见第 332 页图）。根据瓦萨里（Vasari）的说法，直到 19 世纪 70 年代，这座塑像一直被认为是安德烈的儿子尼诺·皮萨诺（约 1315—1368年）的作品。这一说法基于一个假定：尼诺·皮萨诺和他的父亲在1343/1344 年至 1347 年曾一起在比萨的工厂工作过。但如今，这幅存于意大利的《圣母哺乳圣婴图》（*Virgin Suckling the Christ Child*）已

被认为是其父亲的作品。洗礼堂门在风格上的相似性以及与奥维多面墙上圣母玛利亚像的关联性，都支持这一观点。

安德烈·皮萨诺在 1347—1349 年期间主持了奥维多大教堂的建造工作。人们认为他去世的时间在 1350 年。1349 年 7 月 19 日，尼诺接替了他父亲的工作。尽管目前有一些资料可参考，但对尼诺这位集建筑师、金匠和雕刻师于一身的艺术家，人们仍然很难获得一个全面的了解。1357 年和 1358 年，尼诺作为一名银匠在比萨替教堂祭坛工作。但是他具体做什么工作，并无书面历史记载。然而，事实上确实存在三个签名雕塑——佛罗伦萨圣母玛利亚教堂中的圣母玛利亚塑像、威尼斯保罗大教堂（Santi Giovanni e Paolo）中的马可（Marco Coronaro）公爵墓的圣母玛利亚塑像，以及撒丁岛奥里斯塔诺（Oristano in Sardinia）的圣弗朗切斯科教堂（Church of San Francesco）被推崇为圣徒的主教塑像。这些作品都展现出尼诺的风格，当然他的风格受到了法国雕塑影响。这些作品的位置也证实了他的作品分布之广泛。当然，这些雕塑品事先在比萨制作好，然后被运往各地，这也有可能。

333

菲利波·克莱特利
威尼斯总督宫
大理石浮雕，1340—1355 年
《诺亚醉酒》（左图）
《亚当和夏娃》（右图）

下一页图：
巴托罗里奥·本
波尔塔·德拉·卡塔，1438—1442 年
威尼斯总督宫大门

菲利波·克莱特利（Filippo Calendario）

在威尼斯，建筑师兼雕刻师菲利波·克莱特利（生日未知）因马林·菲利总督（Doge Marin Falier）同谋案而在 1355 年被处决前，他的设计和建造工作并不局限于总督宫的建筑物，他还为总督宫的面墙创作了一些优秀的雕塑，该总督宫是威尼斯最宏伟的建筑之一。无论是离蓬德拉帕格里亚（Ponte della Paglia）最近一角的诺亚醉酒（Drunkenness of Noah）图，还是位于莫洛（Molo）与皮亚泽塔（Piazzetta）中间一角的逐出天堂（Expulsion from Paradise）图，都显示了他是一位观察力和表现力都极强的艺术家。

《圣经》中描述的第一对夫妇被安排在斜对角线上。在他们两个之间是一颗无花果树，树上盘着一条蛇（见右图）。他们彼此有点背对着，但却朝着观众，这在不同程度上显示了他们同谋串通的这一关键点。夏娃右手拿着一个无花果（而不是苹果），左手食指指着亚当。亚当的举止有点反常：他一边要去摘无花果，一边举起右手挡在胸前，似乎想挡开什么灾祸。

醉醺醺的诺亚摇晃着站在树旁，这个情景出现在画面的一角。他喝酒的杯子从手中滑落在地（见左图）。在树的另一边是他的两个儿子，一个在帮助他年迈的父亲，另一个在醉酒状态中，显得很恐怖。与亚当和夏娃图相似，面部表情也被用在这些对比反应的表现中。在 1340 年建造威尼斯总督宫直到他去世这段时间内，克莱特利完成的作品可以称得上是威尼斯哥特式风格最优秀的作品之一。

随着波尔塔·德拉·卡塔（Porta della Carta）的总督宫大门这样的作品出现，后期哥特式艺术进入了最光彩夺目的全盛时期（见第 335 页图）。巴托罗里奥·本（Bartolomeo Buon）在这里署名，表明他是整体设计的原作者，而不是雕塑品的实际施工者。虽然贾斯蒂斯（Justice）塑像毫无疑问是巴托罗里奥·本亲手做的，但他把其余的塑像留给其他雕刻师去做了。这些雕塑也属于威尼斯的后期哥特式风格大型作品。

德国的哥特式雕塑

德国的哥特式雕塑也受到法国的极大影响。在德国雕塑家眼中，沙特尔大教堂的耳堂正门雕塑与位于法国的拉昂、兰斯以及巴黎的教堂大门雕塑不啻为典范，尽管这种雕塑并没有被简单盲目地效仿复制。由于与建筑工程密切相关，模仿复制无论如何都难以实现，尤其是早期的法国哥特式雕塑，因为它们在12—13世纪中通常是与建筑工程紧密结合的。在12世纪，德国还并不是一个建筑业蓬勃发展的国家。这一现象在13世纪有了些改观，但精美的教堂正门雕塑却仍难面世。除了个别例外，比如在斯特拉斯堡（Strasbourg），宏伟华丽的雕塑作品几乎很难一见。在法国，建筑与雕塑的融合已臻完美，在三维立体的拱门缘饰出现的时候，德国的教堂却除了苍白的拱门之外什么都造不出来。但即便如此，我们也不能认为德国哥特式纪念碑雕塑要比法国的低劣。由于它通常是与建筑结构分离的，因此也就有了一定的独立性。其实，在13世纪，德国最重要的雕刻工作便是给教堂内部做装饰美化。

哈尔贝施塔特及韦克瑟尔堡之《凯旋十字架》雕塑群

1220年，也许是为了纪念哈尔贝施塔特大教堂（Halberstadt Cathedral），一组名为《凯旋十字架》的纪念性雕塑群被建造在了教堂中殿与圣坛的接合部位。在十字梁的中点，东边的两个交叉式墙墩之间，竖立着一个带有四叶饰梢的十字架。这个十字架由底部的亚当支撑着，亚当则躺在两个天使捧着的四叶花饰中。他的这一形象体现了基督赋予"新的亚当"的救赎过程。在横向的四叶饰上，两个天使握住十字架的横梁，另一个在四叶饰顶部的天使拿着标语。基督的双脚（没有钉钉子）站在一条象征着邪恶的龙身上，但基督通过自己的死亡降服了这条龙。尽管这幅图与四钉式耶稣受难图相似，但这幅图并未展示基督的胜利相——他的头向前低垂着，显示其已死亡。而那些附图则仍表现基督之胜利相——圣母玛利亚脚踩着蛇，这在《创世纪》中表示她"将捣碎那邪恶之首"；还有圣·约翰戴着王冠，蜷缩在地上，这形象表示其异教已被挫败。塑像群的侧翼还有两个小天使，每人长着六个翅膀，站在上帝宝座的火轮上，双手伸出拿着金球。他们的身体是中空的。那中空的腔体背后装有关闭的小门，也许里面曾存有遗下的圣骨。

在德国中世纪众多的《凯旋十字架》雕塑群中，只有少数几个幸存了下来。哈尔贝施塔特大教堂中的雕塑群既是最早的，也是最好的。这一意味深长的基督图把十字架上之死与耶稣复活联系在一起，并暗示着末日审判。

艺术历史学家认为这个多人物塑像群代表了德国早期哥特式雕塑的最高水平，既有传统的具象派元素，又有现代的风格特征。因此，基督在传统的"四钉"式十字架上，且缺少长矛伤口和荆棘冠冕的形态，是属于罗马式肖像艺术的。但另一方面，基督之死的描写隐喻了克里斯蒂·萨尔瓦托（Christus Salvator）的得救主题，而其人体活动与造型则利用了比较正式的早期哥特式手法。圣母玛利亚和圣约翰塑像的安放位置相当高，在这样一个高度，他们可以俯视众信徒。他们的头部倾斜着，远处的人们仰视着他们，这一艺术手法可以追溯到拜占廷式的建筑传统。另一方面，他们服装的精细褶皱，再加上服饰和身体之间的协调关系，说明那颇具灵气的古典主义艺术手法，已有可能在此得以运用；这种古典主义风格特征在拉昂和沙特尔的耳堂大门上表现得尤其明显。但不像在拉昂和沙特尔，哈尔贝施塔特的比真人更大的塑像被雕刻成了圆形，人们从圣坛以及教堂中殿就能看到这些塑像。

哈尔贝施塔特《耶稣受难记》雕塑是德国萨克森的韦克瑟尔堡教堂（Schlosskirche at Wechselburg）中《凯旋十字架》雕塑群的后续作品（第338页图）。该雕塑大约在1235年完工，安装在内坛上，在17世纪后期又经过了改造。现在的重建则颇具争议。如同在哈尔贝施塔特，目前的十字架四周围绕着带有三瓣形花饰的十字形框架。在这里，复活的亚当躺在直立的十字架下面，而两个天使则扶着十字架的横梁。但顶部站着的却不是天使，而是天父带着鸽子一起出现，鸽子的形象代表圣灵。所以这一雕塑群的图像学含义被扩大成三位一体化了。作为宝座护卫者的小天使不见了，圣母玛利亚也不再踩在蛇上了，而是踩在了一尊加冕的塑像之上，那塑像似乎跪在受难的基督面前，这是犹太教得胜的象征。因此，这一作品是塑像内涵已经发生改变的第一个实例。与哈尔贝施塔特的基督受难图并以此引喻末日审判的图式不同，韦克瑟尔堡的三个塑像以三位一体的符号性表象展示了仁慈的宝座（the Throne of Mercy）。

然而，最引人注目并且具有划时代意义的变化则发生在十字架上——基督被钉在上面，那是一种新的图式，即"三钉式十字架"。这种图式的改变赋予了人物更多的活动空间。基督的双腿已不再像以前那样僵硬地并排站着，取而代之的是双脚被固定在一个点上，使得前腿可以弓起，而臀部可以移到一边。这样展示出的是一个人性化的十字架基督。正是通过这种人性化的诠释，基督耶稣在这里被描绘成还活着的，而且眼睛是睁开的。

哈尔贝施塔特大教堂
《凯旋十字架》雕塑群
约 1220 年

耶稣基督戴着荆棘冠冕，身负重伤，在临死前投向了圣母的怀抱。那些人物塑像的动作形态要比哈尔贝施塔特更自由。他们的服装上排列着一条条狭窄而平行的褶皱，比如基督的束带，呈流线型隆起在双肩和手臂上。这种衣饰造型的褶皱样式虽然在哈尔贝施塔特清晰可见，但可追溯到 1200 年在拉昂以及随后在沙特尔耳堂大门的法国建筑雕塑艺术，可这种造型最初发现于萨克森（Saxony）的《凯旋十字架》雕塑群中，比韦克瑟尔堡的弗莱堡大教堂（Cathedral in Freiberg）早几年。

在这里，最有可能对韦克瑟尔堡雕刻师起到决定性影响的正是那些雕塑图式。

斯特拉斯堡

除了班伯格大教堂（Bamberg Cathedral），斯特拉斯堡大教堂（Strasbourg Cathedral）是这一时期德国教堂建筑中较为重要的一件作品。早在 13 世纪 20 年代，来自沙特尔的一些雕刻师受命为南耳堂的双大门制作风格最为先进的雕塑。他们创作出来的富丽堂皇的大门作品最早只能追溯到 1617 年，因为大多数作品在法国大革命期间被毁掉。左门楣中心（见第 339 页左上图及右图）展示的是圣母玛利亚之死。在下横楣，展示的是圣母玛利亚的尸体被送往坟墓的景象。在右边大门的横楣上描写的是圣母升天和递带给圣·托马斯（St. Thomas）；再接下去的情节是上门楣中心的加冕礼。可惜只有门楣中心幸存下来。侧壁上有 12 个使徒。在两个大门之间的基督半身像下，所罗门王（King Solomon）登上了裁判之位。在大门的侧翼，右边是教堂人物塑像爱克里西亚（Ecclesia），左边是犹太教会堂人物塑像桑纳高戈（Synagoga，见第 339 页左下图，图一和图二）。这些塑像的原物保存在圣母院建筑博物馆（Musee de l'Oeuvre de Notre Dame），而在原地的则是其复制品。但那些侧壁塑像、横楣以及所罗门塑像都是在 19 世纪重建的。

如同在班伯格的一样，那些教堂及犹太教会堂中的塑像创作法均出自于中世纪对《所罗门之歌》（Song of Solomon）的诠释。然而，最异乎寻常的是，有两个女性塑像彼此相对而立，但又同时面向双大门上的中心人物所罗门。这两个妇女代表基督教徒和犹太教徒，可是代表犹太教徒的桑纳高戈却地位低下，表现出被征服的样子，所以这样的塑像表现手法也颇具争议；但在斯特拉斯堡，似乎在某种程度上这一争议得到了调和，因为塑像被赋予了新的解释内容。

爱克里西亚塑像戴着花冠，僵硬地直立着。十字架和圣餐杯被置换了，但与塑像的雄姿相比，这些小变动都显得微不足道。她随之转向桑纳高戈说出了她的决定，而桑纳高戈，面对着她的对手，其排斥的态度也不会坚持太久。她手里虽仍持着断杖和神授十诫（the Tablets of the Law），但却转身离去，她的眼睛像被蒙住了，因为她辨识不出耶稣基督的启示。这一戏剧性的情节蕴藏着，对雅歌（the Song of Songs）的流行解释。当桑纳高戈最后把脸转向教堂时，她同时也会面对大门的中心人物所罗门；所罗门在这里的形象是类似救世主的先驱——他不但像一个法官，而且同时也预示其将成为天国的新郎。双母之争塑像中展示了他作为一名法官的传奇般的智慧，他将爱克里西亚和桑纳高戈联合起来，并最后"分享他们的神圣新郎之爱"。

左上图：
斯特拉斯堡大教堂
圣母玛利亚之死门楣中心
双大门，南耳堂，约 1235 年

左下图：
《爱克里西亚》（左图）
《桑纳高戈》（右图）
双大门，南耳堂
约 1235 年

右图：
圣母玛利亚之死门楣中心（局部）
双大门，南耳堂

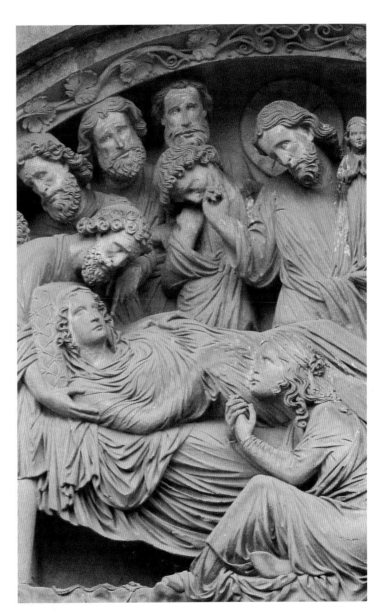

在这个大门的图像中，教堂被当作了法庭，而南耳堂（见第 340 页图）内的柱子上则雕刻着一些天使像，这两个景象已和谐地融为一体。八角形的支柱与附柱上的塑像组成了一个审判景象。在下层有四位福音传教士，他们手持纸卷站在形如花蕊的底座上，头顶上还戴着华盖。在中层，四天使吹响了《末日审判》之号角。在最上层，基督是中心人物，配角是一些天使，手持着基督受难之器具。基督举起左手，露出他的伤口，这个动作并不像是一个祝福的手势。在他之下，

一些复活后的小人物塑像向着他，因为圣母和圣约翰并未在场作代祷者。这里也没有善恶报应图。作为古代法律传统的象征，天使之柱也被视为主教进行教会司法的场所。

正因为如此，南耳堂的双大门和审判柱之间有一个肖像学连接关系。虽然在大门上，教会和犹太教会堂的和解让人期待，而在里面，面对着末日审判之像，审判和救赎的时刻已经到了。

从风格上来看，这两种雕塑属于同一类。无论是里面的还是

斯特拉斯堡大教堂
天使之柱，约 1225—1230 年
顶层：基督（右上图）
中层：天使吹号（右下图）
下层：福音传教士（左图）

外面的雕塑，他们都站在底座上，体形高大而苗条。他们衣服的褶皱精致而形态丰富，像面纱般轻柔而透明，几乎能让人看出那轻纱之下人体的动作，甚至连门楣中心《圣母玛利亚之死》浮雕的服饰也是如此。而其中两位寓言妇女雕塑的形象尤其如此，她们穿着长礼服，礼服紧贴在身上，礼服式样像法国宫廷的服装，在这里这种服装形象出现的时间比在班伯格要早，也许这是首次在德国出现。

班伯格

　　班伯格大教堂是德国在 13 世纪最重要的大教堂建筑工程之一。其大规模的装饰工程大约开始于 13 世纪 20 年代，实际完工时间大约在 1237 年大教堂题词时。仁慈之门的门楣中心使用的仍然是罗马式建筑后期带有政治色彩的习惯格调。

　　普林塞斯大门（Princes' Portal，见上图）门楣中心的格调则完全不同。兰斯门楣中心审判画面中的故事情节是分散在几个不同的记事画面里的，但在这里，末日审判的所有故事均在横楣上面的一个画面完全展现出来，一直延伸到门楣中心，看起来犹如一个舞台。在画面中心，基督端坐在一根柱子上，露出他的伤口，右边有几个天使陪伴着他，手里拿着基督受难的器具。圣·约翰和圣母玛利亚作为代祷者，正在摸基督的脚。在他们两人之间，还有两个有福者，裸露着身子，刚从坟墓中笑着出来。在两侧，善恶报应图雕塑群中的人物形象栩栩如生。一个微笑的国王，后面跟着他的妻子，由一位天使引路；他们的对面是一个魔鬼，长着驴的耳朵，翅膀长在腿肚子上，遭谴者正被链条拴着牵走。排在最前面的是国王，后面依次跟着教皇、主教、吝啬鬼和一位青年，那吝啬鬼背着一个胀鼓鼓的钱袋。这些人物的性格描绘是如此精准，人们不禁怀疑那艺术家心目中是否已经有了某个特别的人物。这种通过面部表情表达感情的高超手法，以前在德国雕塑界从未出现过。

　　作为审判画面的补充，大门外又立了两尊塑像：代表正义一边的是一位教会人物塑像爱克里西亚；另一边代表邪恶的是犹太教会堂人物塑像桑纳高戈。而如今这两个塑像人物都置于教堂内部。

他们的雕塑形象在设计中将《新约全书》和《旧约全书》的内涵联系了起来,并将基督教击败犹太教这一概念拟人化了。教会人物塑像爱克里西亚头戴花冠,平静地站在那儿,表现得沉着而自信(见左上图),其双眼失明的形象暗示其思想意识上的盲目性。她右手持着一根折断的长矛,摩西律法石版(Moses' Tablets of the Law)从她左手滑落了下来。她的服饰几乎透明,腰间系有束带,看上去那丝绸像是湿的。她的下身有点向前挺,这在当时的神学中暗喻她作为"上帝的第一个新娘",因对上帝不忠,终于堕落到妓女的地步,而在时间的尽头才能再回到上帝的身边。因为塑像是圆形的,所以从后面看这塑像,这一特征就更加明显;也许这一塑像样式是后古典时期的第一例。也正是在这里,雕塑家们才能把那塑像形象放荡的一面充分展示出来。

她的服饰好像是无袖的,从正面看倒没什么,从其他方向看好像其服装非常紧身。然而,犹太教会堂人物塑像桑纳高戈昂着头,维护着自己的尊严,与其对手教会人物塑像爱克里西亚保持着平起平坐的地位。

还有一对女性塑像即玛丽和圣·伊丽莎白(见右图),在圣乔治东部唱诗班中;这对塑像与兰斯的圣母探访(Visitation)塑像群关系很密切,在中世纪念碑雕塑经典隐喻艺术形象中,其本身也是一个亮点。班伯格塑像在很大程度上衍生于这种古典技法。该塑像人物的体重转移到一条腿上,上身则相应地移动,头部微微侧向一边。女性塑像披着斗篷,斗篷垂下来形成了一些很深的褶皱;在非支撑的一条腿上面的那些布料,却聚拢在左手部位,从左手位置开始,布料成束地形成褶皱,下垂到支撑体重的一条腿前。与早期兰斯的塑像相似,在这里班伯格的塑像也在某种程度上给人留下深刻的印象。几乎其每一个姿态,以及这两个塑像的造型,都受到了古代经典艺术的影响。《圣母探访》情景发生在玛丽家里,两位女士相对而立,看起来像是怀孕了,她们将给耶稣给洗礼。她们属于罗马皇帝奥古斯都(Augustus)时代。针对这一历史背景,海尔格·舒尔里(Helga Sciurie)提出了一个令人信服的解释:这些女士的古典装束是用来表明其身份的——她们源于基督教诞生之时。这一解释也证明了关于兰斯肖像雕塑法的一种新观点,而考虑到班伯格塑像的那种情形,这一解释似乎有其合理的成分,因为发起建造那新教堂的王子兼主教埃克伯·冯·艾得梅莱尼(Ekbert von Andechs-Meranien)是腓特烈二世皇帝(1220—1250 年在位)最亲近的人员之一。皇帝本人也曾在 1225 年通过在班伯格购买封地,这为该建筑工程特别提供了 4000 块银币的一笔巨款。因为已经知道阿普利亚宫廷(Apulian court)因其政治野心而偏好古风,并将其当作一种消遣,罗马皇帝奥古斯都罗马统治下的和平主教埃克伯把《新约圣经》人物与古代世界的联系摆在了尤为突显的位置。班伯格大教堂建筑中采用的各式各样的风格样式,其设计思想就是要使人联想起光辉的过去,以提高霍恩施陶芬(Hohenstaufen)帝国的威信。

马格德堡

13 世纪 40 年代,在马格德堡(Magdeburg)的一个工场里有一些雕刻师非常富有创新精神,他们在雕塑中采用了对比鲜明的艺术风格。如果我们对比一下两个建筑文脉联系均有限的雕塑群,这种现象就尤为明显。

《马格德堡骑士》（奥图一世皇帝）
阿尔特广场马格德堡
马格德堡艺术史博物馆
约 1245—1250 年

一个是阿尔特广场（Alter Markt）的马格德堡骑士（Magdeburg Rider，见左图），另一个是大教堂中的《聪明贞女》（*Wise Virgins*）和《愚拙贞女》（*Foolish Virgins*，见第 344 页图）。如今，在巴洛克式的阿尔特广场矗立的是马格德堡骑士的现代青铜复制品，而其损坏的原物经修复后，与其随从塑像一起陈列在市博物馆。那骑士坐在马背上，双脚牢牢地踏在马镫上。他的左手紧握缰绳，右手伸出，嘴唇微微张开，仿佛要说话。他一头波浪式长发，戴着王冠，无胡须的面孔表明他是个青年男子。他脖子上系着一顶有扣子的旅行式斗篷。原先格德堡骑士站在一根细长柱上，其头顶有一神龛状的华盖，那华盖下还有两个塑像，她们都是年轻女子，拿着盾和矛（或旗）。

那圆柱本来立在市政厅的对面，在那里贵族们举行大主教和皇家司法活动。与一般的骑马塑像不同，那加冕的骑士本身并未象征"权威"，但却追求权威，他的嘴巴位置恰到好处，张开着像要说话，右手的姿势也是一种有力的象征。从这些方面以及他的旅行服饰可以看出，这里的塑像表现的是欢迎统治者的到来。当一位国王或皇帝走近一个 14 世纪的城市时，迎接他的是一个华盖，于是他戴着华盖，骑着马，在隆重的欢迎仪式中进城。君主受到这样的迎接对于展示都市及其特殊阶层和神职人员的特权具有非常重要的意义。而马格德堡雕刻师的作品展示的正是这种特权。

作为一种正义和法律的象征，这一全立体雕像的造型在一定程度上也受到了班伯格骑士塑像的影响，它被设计成从远处由下往上向其观看。在处理这个主题时，马格德堡雕刻师展示了一个艺术意境。要处理好这种张力关系，要做到两点：一方面，塑像要反映出宽大沉重的斗篷圆形褶皱和高头大马；另一方面，还要刻画出骑士精致的波浪形长发。换句话说，这里对人类特征的描写已经达到了一种境界，在这种境界中，已经无须按某个塑像捐助者规定的样式来创作了，而瑙姆堡大教堂（the Cathedral at Naumburg）中的塑像创作情况也与此类似（将在后文讨论）。在马格德堡工场，显然有一位雕刻师善于用一种独特的艺术风格来表现人类形象。艺术史学家认为他是大教堂工场雕刻工作的主管。

聪明和愚拙贞女塑像群共有 10 尊，每一类 5 尊。今天，这些塑像就在大教堂的北侧门廊里。贞女的举止以及服饰上旋涡状的流动感，至今仍令艺术史学家困惑不解。这些塑像不适合配置在大门侧壁上或者其他建筑条件受约束的地方。

343

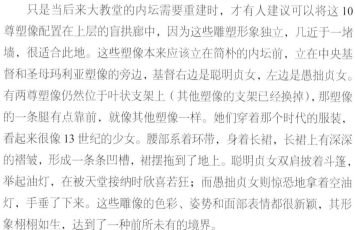

只是当后来大教堂的内坛需要重建时，才有人建议可以将这 10 尊塑像配置在上层的盲拱廊中，因为这些雕塑形象独立，几近于一堵墙，很适合此地。这些塑像本来应该立在简朴的内坛前，立在中央基督和圣母玛利亚塑像的旁边，基督右边是聪明贞女，左边是愚拙贞女。有两尊塑像仍然位于叶状支架上（其他塑像的支架已经换掉），那塑像的一条腿有点靠前，就像其他塑像一样。她们穿着那个时代的服装，看起来很像 13 世纪的少女。腰部系着环带，身着长裙，长裙上有深深的褶皱，形成一条条凹槽，裙摆拖到了地上。聪明贞女双肩披着斗篷，举起油灯，在被天堂接纳时欣喜若狂；而愚拙贞女则惊恐地拿着空油灯，手垂了下来。这些雕像的色彩、姿势和面部表情都很新颖，其形象栩栩如生，达到了一种前所未有的境界。

从图像学的角度来说，这些贞女塑像是与末日审判主题相联系的。雕塑大师能取得如此辉煌的成就，首先在于他能用熟练的构图技巧将人类的基本情感通过面部特征表现了出来。这两位女性塑像表达出来的情感是如此强烈，中世纪的观察者一定会感觉：在面对末日审判的永恒诅咒时，她们是何等恐惧。然而马格德堡贞女塑像在艺术史上尤为重要，这其中还有一个原因：塑像宽大的服饰和奔放的姿势表示她们已经从建筑雕塑的块状结构和死板的垂直轴线中解放出来了。于是，简单的正面像让位给了三维感更强的立体塑像了，眼睛的位置也偏向两边了。

瑙姆堡

瑙姆堡的圣彼得和圣保罗大教堂（the Cathedral of St. Peter and St. Paul）西唱诗班著名的捐助者塑像，是 13 世纪欧洲的一件杰出作品。关于其历史，艺术史学家们讨论了不少，但一直是众说纷纭，争议不断。关于这方面的历史记载，揭示了意识形态方面的风气常常会对艺术家带来太多的影响。如果同时把讨论的主题集中在历史和风格的标准上的话，那么有时候，会出现一些很有创见的浪漫想法，但在另一时期，会在意识形态上强调沙文主义的"德意志"特质。到了 20 世纪 60 年代后期，人们才把国际性跨学科的研究方法引入到了这一问题的研究中。虽然人们对此仍有分歧，但总体上对这一问题有了一个更清晰的认识。在那些悬而未决的问题中，其中仍有一些问题如下：这些雕塑是何时完成的？这些雕塑的创作和设置的动机是什么？如何从艺术史和文化史的角度来解读这些塑像？

在支撑着拱形圆顶的附墙柱前面，有 12 个与真人一样大小的塑像立在瑙姆堡西唱诗班的模壁面墙上。这些塑像的安放位置与窗口同高，就在大教堂西头的通道上面，其安放的位置和高度与人们看到圣徒和传道者的正常高度相当。这些塑像的形象几乎无一例外都是俗人，有些还可以从铭文中看出是谁。除了两尊塑像直接安放在墙上外，其他塑像都跟建筑物不可分离，因为这些塑

瑙姆堡圣彼得和圣保罗大教堂
《埃克哈德和乌塔》，来源于捐助者
西唱诗堂，约 1250 年

像与法国的大门雕塑相似，都是由整块石料同连所在的柱子一起雕刻出来的。这些塑像还是拱形圆顶支承结构的一部分。由此可见，这些雕塑是在唱诗班组建的时候完成的。而且，这些建筑物和塑像之间的结合是如此完美，人们不由得会得出结论：那位雕刻师也一定是位建筑师。

在 1249 年的一封通常被认为与塑像的瑙姆堡捐助者有关的著名信件中，主教迪特里赫·冯·韦廷（Dietrich von Wettin）呼吁人们为建筑捐款。建筑工程很可能在那一年之前就已经进行了，而雕塑工作也一定是在那个时候就已经开始了。大概时间是 13 世纪 40—50 年代。但那封信件的内容并不仅仅局限于呼吁捐款。它还提到了 11 世纪的捐助人员，还列出了其中十人的名字。这些人被看作是当时人们学习的榜样。他们在死后，被铸成纪念性塑像，立在西唱诗班中，生者为其祈祷。假如为瑙姆堡大教堂募捐的款项用于雕塑工程，那么建造捐助者雕像的原因就直接与此相关了。他们通过的捐款行为赎回了尘世的罪孽，他们的灵魂可在审判日得救。他们被安放在通道中与窗齐高的位置，其中的含义是：他们正处在一个中间国度，正在通往天国的途中。

瑙姆堡大师（我们不妨这样称呼他，因为我们并不知道他的姓名）在塑像人物个性方面，在他之前无人能敌。他需要雕刻的人物早在百年前过世了，而在遗物崇拜的环境中，人们已经习惯用雕塑形象来表现他们的个性，而真实人物形象已经不可能由瑙姆堡大师描绘出来了。这些捐助者都是 11 世纪的人物，但都是由 13 世纪的塑像展示出来的。正如这里的建筑和雕塑之间的整体关系被设计得非常完美，那些个体人物塑像之间的关系也被安排得非常融洽。在 13 世纪的服饰中，埃克哈德（Ekkehard）侯爵与他的妻子乌塔（Uta）的打扮代表的是一种高贵（见右图）、力量、自信和贵族式的超然。埃克哈德紧握着佩剑，因为此剑是其司法权力的象征。

从其容貌特征可以看出，他是一个正处在巅峰时期的统治者，他也许有点肥胖，但精力旺盛。他的妻子站在他身边，美丽迷人，是一个高贵的贵妇人。但是通过其上翻的衣领可以看出，她似乎在强调其独立性，即使对她的丈夫也是如此。

在东端，捐助者的唱诗班由一块屏风阻隔，以阻止外人进入。唱诗班入口处屏风两面各设计了一个盲拱廊。上面有一个中楣，

瑙姆堡圣彼得和圣保罗大教堂
西唱堂屏栏入口
约 1250 年

被一个建筑结构隔开，其中有几个浮雕，展示出基督受难的景象。这屏风是属于门廊中的一道设施（见第 346 页图）。两个尖顶拱门中有一个普通拱廊，位于屏风之前、山墙之内，那里也装饰着四叶花饰，上有基督审判画面，旁边有几个天使，手里拿着基督受难的器具。这一画面以及四叶饰周围的铭文显示，这就是末日审判。这门廊在某种程度上也因此而获得了教堂大门的地位。但是在这横楣、间壁以及大门的十字架结构上，有一个基督受难的十字架，基督就是在这里被钉死的。在两个拱门的门楣中心上，有几个天使浮雕，她们在摆动着香炉，而圣母玛利亚和圣·约翰则悲痛地站在大门侧壁旁。但走过这门道并不像走过教堂正门，当牧师们走在十字架基督下，进入基督与两位哀悼者之间的捐助者唱诗班时，他们自己也似乎亲身经历了耶稣的受难，感受着基督在十字架上的痛苦。可能再也不会有比这样的艺术更冒昧而放肆的了，因为它授予了凡间的代祷者救赎捐助者灵魂的权力，甚至在这些代祷者进入纪念这些捐助者的专门场所时，他们也被授予了见证基督献身的权利。

迈森

被认为在雕刻艺术上取得革命性成就的瑙姆堡大师，在迈森大教堂（Meissen Cathedral）又开始了他的精彩创作。迈森大教堂的这项雕塑工作究竟是瑙姆堡大师自己亲自完成的，抑或是他的助手或学生做的，现在尚不清楚。艺术史学家们正在不遗余力地收集有关这位无名雕塑家的背景和生涯方面的信息，有一点已经清楚：迈森雕塑与这位瑙姆堡大师的雕塑艺术是一脉相承的，人们认为他很可能在法国受过训练，并且经鉴定确认，美因兹大教堂（Mainz Cathedral）西唱诗班内坛的塑像残存物是他的第一件作品。在该西唱诗班内坛的工程中，他可能已经作为一个独立的雕刻师进行工作了，可惜那个内坛在 17 世纪被拆除了。在美因兹周边地区找到的一件作品现在已经确认出自他之手，那是一尊贝森黑姆骑士（Bassenheim Rider）浮雕。

他的迈森作品包括 7 件 13 世纪的雕像，那是该教堂中两个不同地方的最古老的装饰物。

右上图：
不伦瑞克狮王亨利与其妻玛蒂尔达
的圣布莱斯陵墓教堂，约 1230—
1240 年

右下图：
封特弗罗（曼恩 - 卢瓦尔省）
亚贝教堂
狮心王理查一世与其妻的卧像，13 世纪的
头 25 年

三尊塑像分别是圣母玛利亚、施洗者圣·约翰和持香炉的执事。其余 4 尊塑像在上层唱诗班的外延区，那个地方可能是专门为塑像建造的。在唱诗班前隔间的北面有一座塑像名为《奥图一世皇帝及其第二个妻子阿德尔海德（Adelheid）》的塑像（第 347 页图），他们的对面是福音传教士圣·约翰和主教多纳图斯（Donatus）。这样，一边供奉的是教堂的创立者，另一边则是守护神。

这对皇家夫妇穿着华丽的长袍，站在简朴的墙前，行动比瑙姆堡捐助者塑像更显得自由，因为瑙姆堡捐助者塑像是与建筑物紧紧连在一起的。皇后用左脚支撑自己的身体，右脚伸到一边，上身转向皇帝。由于塑像有意突显皇权，皇后给观众留下的印象似乎有点忧郁。甚至那高贵的勋章、花冠和饰针，似乎都是为了强调其王室身份，而不是真正为了把个性与身份和谐地融合起来。然而那两个塑像露出的面部表情似乎都在暗示：自身价值比身份标志更重要，他们拥有那突兀的勋章，但他们更拥有自我。而且，在个性表现力方面，这两个塑像借助勋章形成了一种对比——一种外在的皇室气派与自我个性意识之间的对比。就这样，瑙姆堡大师替迈森皇帝与皇后之间创造了一种很强的亲和力和人物性格。

相比之下，在这个小小的唱诗班外延区，守护教堂的圣徒展示的是真正的权力。通过与圣·约翰的福音相联系，并由福音传教士打开书宣示，主教圣徒就将其权力与上帝相连通了。正如厄恩斯特·舒伯特（Ernst Schubert）所指出的：真正的皇权时代已经过去，但教堂还在。

陵墓雕塑

狮王亨利与其妻玛蒂尔达之墓

大约 12 世纪在法国北部，一位死者的陵墓上做了一个墓石卧像，随后这一形式就流传开了。这样一种丧葬纪念碑变得越来越普遍，世俗统治者用的更多。修建于 1200 和 1256 年间的封特弗罗（Fontevrault）的亚贝教堂中的金雀花王家陵墓（Plantagenet tombs），也许是直接以卧像形式供公众瞻仰的最早尝试（右下图）。四尊塑像（原来有六尊，最近发现了第五尊，但有争议）并未像以前的塑像一样躺在光石板上，而是躺在很精致的床上，穿着最好的服饰，葬礼仪式很隆重。

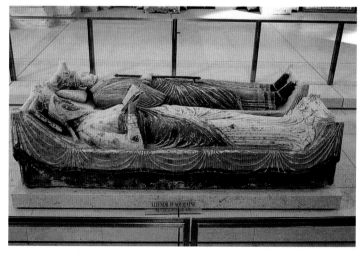

在德国，这种类型的陵墓最早建于1230—1240年，属于双墓式，位于不伦瑞克大教堂（the Cathedral at Braunschweig）。那儿的陵墓可能与封特弗罗的陵墓有直接的联系，因为它也是描写撒克逊人狮王亨利与其第二个妻子玛蒂尔达（见第348页右上图），玛蒂尔达既是金雀花王家的王妃，又是狮心王理查的妹妹。该雕像是封特弗罗的四座陵墓雕像之一。

狮王亨利的雕塑比真人稍大；那塑像躺在石棺之上，而石棺则埋入地下。他手里拿着一个教堂模型，以表明他是圣布莱斯大教堂的创立者，他在1173年从耶路撒冷和君士坦丁堡回来后，又对该教堂进行了重修和慷慨捐助。亨利左手持一把拖着饰带的佩剑，高举在肩上，以显示他的司法力量。他被描绘成慷慨而正义的形象，他的妻子则被描绘得虔诚而贞洁。玛蒂尔达静静地躺在丈夫身边，双手折叠着，边作祷告边拉上身上的斗篷，她比丈夫稍矮。

两塑像的头都枕在枕头上，脚搁在趾板上，趾板形如层状基座，经雕刻，其平面可供站立。其主题同时采用了两种不同的方式来展示。通过枕头和床上摊开的一部分衣服，还有那躺下的姿势，人类在尘世生活的短暂性这一主题就表现出来了。但他们同时又被描绘成另一形象——他们正当壮年，双眼睁着，眼神比平时更深邃，他们身上有出身和权力的象征，玛蒂尔达的带状头饰表明她是英王的女儿；狮王亨利的剑展示出他那至高无上的君权和正义，他携带的教堂模型说明他是一个慷慨的捐助人。

美因兹的大主教齐格弗里德三・冯・爱普斯坦之墓

与法国的墓石卧像不同的是，美因兹（Mainz）大主教齐格弗里德三世・冯・爱普斯坦（Siegfried III von Epstein）的塑像被雕刻在他陵墓的石板上，其形象不但还活着，而且还很有活力（见第350页图）。在这一自相矛盾的构图中，他的头靠在枕头上，但他的脚却踩在一条龙和一头狮子身上。他并不是孤身一人，旁边有两个小塑像陪伴着，他的手搭在他们头顶的花冠上。这两个小塑像都带着佩剑，剑上拖着饰带。他们还带着世俗管辖权的标志，拿着一根手杖，手杖顶部有一朵百合花，以显示出他们王子的身份，说明经教堂核准他们有权戴花冠。他们的身份已经被确认，他们就是图林根州（Thuringen）的海因里奇・拉斯佩伯爵（Landgrave Heinrich Raspe）和荷兰的威廉伯爵（Count William）。

这座陵墓石板上的雕像图形具有一种强烈的政治主张，强调美因兹大主教拥有为德国君主加冕的权力。这也证明13世纪中叶这一时期的两大势力——教皇和皇帝——之间的权力斗争。1237年，在维也纳的一次大会上，腓特烈二世皇帝让他年仅9岁的儿子康拉德（Conrad）当选为德意志国王及未来的皇帝，并指定美因兹大主教为摄政王。1241年8月，腓特烈不共戴天的对手教皇格列高利九世去世了，他曾在1239年第二次开除腓特烈的教籍。虽然大主教齐格弗里德・冯・爱普斯坦（Siegfried von Epstein）一开始曾拒绝在德意志宣布除教令，但在教皇死后他改变了策略，他与权力欲很强的科隆（Cologne）大主教康拉德・冯・霍赫斯塔顿联手，实行了除教制度。腓特烈未能与教皇英诺森四世达成和解，在经历了漫长的空位期后于1243年当选。在红衣主教团中，反对皇帝的势力一再占上风，以至于1245年7月12日在里昂的总理事会中，教皇从腓特烈手中逃脱。最后，皇帝被废黜，同时腓特烈的所有臣民对其效忠的誓言均被免除。

海因里奇・拉斯佩（Heinrich Raspe）在背叛两个教会王子后，曾被任命为摄政王，在英诺森四世当选教皇后，他一开始有点犹豫不决，但1244年初他决定向教皇派效忠。1246年5月，拉斯佩当选为德意志君主，即所谓的反国王，在登上王位时他收受了教皇的25000块银币。他被戏称为"牧师王"（the Clerics' King），也没行过加冕礼，因为他很快就在1247年2月12日去世了。他的反国王接任者——荷兰的威廉伯爵，未能将其统治范围扩大到莱茵河流域以外较远的地方。

因而，原本只是作为一块墓室盖板的葬礼石板，在德意志主教与君主的权力之争中却成了大主教的一种政治主张。

大主教乌列尔・冯・格明根之墓

在13世纪后的很长一段时间内，莱茵河中上游仍是杰出雕刻师活动的区域。在葬礼雕塑领域，另一座著名的陵墓纪念碑也在美因兹大教堂，这座纪念碑标志着哥特式后期时代的终结。这是大主教乌列尔・冯・格明根（Uriel von Gemmingen）之墓（见第351页图），他死于1514年。该作品被认为出自汉斯・贝克菲（1460/1470—1519年）之手，而且一定创作于1514—1519年。在耶稣受难之十字架下，站着两位身披主教祭服的教区大圣徒圣・博尼费斯（St. Boniface）和圣・马丁（St. Martin），他们的旁边还站着几个天使。在十字架下面，有一个来自卡尔弗里山（Mount Calvary）的人跪在十字架前面，他凝视着被钉在十字架上的基督。该陵墓纪念碑已经不在原来的地方了。

左图：
美因兹圣马丁和圣史蒂芬大教堂
大主教之墓碑 齐格弗里德三世·冯·爱普斯坦，1249 年后

下一页图：
美因兹圣马丁和圣史蒂芬大教堂
大主教乌利尔·冯·格明根之墓，
1514—1519 年

《封在科隆大宝座上的圣母玛利亚和圣婴》，约1270年
橡木，上漆，
高61.5cm，宽46cm，深20cm
科隆希努特根博物馆

虔诚的雕像

建筑雕刻和陵墓雕塑是雕刻师们在教堂工场所做的主要工作。13世纪后半叶，雕刻师和工匠们组成行会，越来越多地从事木质雕刻，这些塑像由专业画家绘成彩色的。这些雕塑作品是受修道院、基金会或教区委托建造的。与以前不同的是，它们已经脱离了建筑物，成为可搬动的雕像。这意味着雕像的形式能适应不断变化的宗教需要。同时还意味着，这些塑像通过本身形式的改变，反过来会影响基督教徒的宗教活动。

宗教图像的力量在于能激发战争或暴力行动来破坏偶像。从远古时代起，对偶像的崇拜就属于圣经上所禁止的盲目崇拜范畴——即禁止崇拜伪神像。在754年的埃雷亚（Hiereia）宗教会议上，这一禁令就得到了确认，确认的根据是，尘世中的基督画像，把基督的本质给分割了，而基督的本质是一体且不可见的，其一体性在于其神凡合一性。

这一观点在中世纪末的教士中引发了争执，他们争辩道：禁止制造神的图像这一诫命属于《旧约》中的摩西律法，因此这一律法只属于上帝尚未以肉身化现的时代。而在新约中，在上帝已经以肉身化现后，那么制造相似的肖像就不应该再被禁止了。提倡偶像化的人甚至声称这样做是合乎需要的，因为图像对文盲来说具有教育意义，正如圣经文稿对有文化的人具有教育意义一样。于是，在14世纪初叶，许多新的肖像和图像开始出现了，大部分主题与基督受难相关，以及唤起目睹者的共鸣和虔诚心。

然而，这种虔诚的性质继续遭到责难，因为圣徒的图像很可能描绘得不清楚。而圣徒遗骨对圣徒的肖像具有特别重要的意义。在奥图（Ottonian）艺术中，活动式雕塑的出现就得益于对圣骨的妥善保管。这在很大程度上使得雕塑品被指责为盲目崇拜，因为圣徒遗骨被认为是真实存在的。从早期的藏有圣徒遗骨的盒子（被称为"真圣骨匣"），到后来终于发展出了圣徒半身像和全身像。在这些塑像身上，圣骨被组合起来，成了可见的肖像，还被证明是真实可靠的，但后来这些证据基本上都隐匿了。

圣母玛利亚陛下

在科隆的希努特根博物馆中，收藏着一尊《圣母玛利亚陛下》塑像。它是因《封在科隆大宝座上的圣母玛利亚和圣婴》（Virgin and Child Seated on a Broad Throne）塑像而出名的（见左图）。因其质量优异，人们常认为这是一件法国作品。但最近研究结果显示，它来自科隆工场，因为其雕刻的材料是莱茵河橡木。

此外，旁边护卫的塑像不见了，格明根的头部差不多又恢复到了原来的样子，而一个男孩在其背后窥视这一景象。这是复原时犯的一个错误。

战袍侧面挂着美因兹徽章，一看就知道这人物的身份属于格明根家族。据铭文记载，是已故的大主教接任者阿尔布雷克特·冯·布兰登堡（Albrecht von Brandenburg）请人修建了这个纪念碑。阿尔布雷克特还把雕刻师汉斯·贝克菲请到了美因兹。关于汉斯·贝克菲在美因兹的最早历史记录是在其去世前的十年，在那个时期，他与另外几个雕刻师一起，在缺乏其他相关艺术家信息的条件下创作了许多高质量的雕塑作品。1509年是记载贝克菲最早的一个年份，其中提到了他曾为美因兹的圣史蒂芬教堂（Church of St. Stephen）雕刻过一个木质耶稣受难像，该雕塑目前已经失传。除了乌列尔·冯·格明根（Uriel von Gemmingen）陵墓外，在该教堂中的大主教雅各布·冯·利本施泰因（Jakob von Liebenstein，死于1509年）纪念碑被认为是他最重要的作品。

该雕像的原样已经改变了。早在 1317 年对其进行修复时，塑像的两侧被拓宽，后面被修平了，这样做是为了把塑像放入一个祭坛中。修复时采用了新的颜色，而且，为了迎合当时人们对圣母像的审美品位，还将塑像镀金了。圣母玛利亚左脚踩着一条小龙，右脚提起，让圣婴基督站在上面。圣母玛利亚左手扶着圣婴基督，右手拿着一个苹果在喂圣婴。但圣婴并没有吃，他的注意力在上面，好像在向上看着什么东西。这一景象所要表达的主题是不同的人从不同的角度观察会得出不同的结论。若直接从正面观察，圣婴耶稣正看着圣母的双眼，但从四分之三的侧面像观察，她似乎正凝视着天堂。而那位母亲似乎也没看着自己的孩子，她的目光朝下，但并没有看下面的观者，而是投向远处。虽然乍一看他们有一些互动交流，但实际上他们的注意力并没有在对方身上。圣婴基督虽然还在母亲的怀抱里，但那凝视的目光表明，他已经不再幼稚，他的出生和天命都包含在这目光里。而他尘世母亲凝视的目光则预示着他会有十字架这一劫难。她手持苹果这一形象表明她是新夏娃，表明她终于战胜了邪恶，犯罪者也蒙救赎。这尊雕像的年代可追溯到约 1270 年，这一时间是经过与同时代的法国雕塑对比后确定的，并且还经过对从同时代幸存至今的凯迪尼克（Kendenich）圣母像"原色"的调查确认，该雕像也存于希努特根博物馆（Schnutgen Museum）。

《拉芬斯堡仁慈的圣母像》

圣母玛利亚的塑像通常是站立的，她的斗篷敞开着，保护着一群信徒。这一图像可能来自中世纪律法条文中。于是，地位高的妇女被赋予了一种特权——她们有权将需要救助的受苦之人保护在其斗篷之下，使他们不再受迫害。这一主题可以在 13 世纪前的神学文献中找到，不久就出现在造型艺术中。13 世纪晚期出现了虔诚的图像，并在随后的两个世纪流传开来。这一有法理依据的象征性标志不仅让圣母玛利亚的形象为更多人所知，也适用于其他女性圣徒如圣·厄休拉（St. Ursula）和圣·奥迪利亚（St. Odilia）。西多会（Cistercians）和道明会（Dominicans）在图像传播方面做出特别大的贡献。

对于在柏林收藏的著名雕塑《拉芬斯堡仁慈的圣母像》（见右图），原来艺术史学家认为其作者是拉芬斯堡雕刻师弗里德里克·施拉姆（Friedrich Schramm），现在一致认为是乌尔姆的米歇尔·埃哈特。修长的圣母玛利亚站在一个草绿色的基座上。只是在身体微微弯曲时才显得有点动态。她的双手扶着斗篷。在斗篷里面有一大群人找到了

《圣母怜子图》
中莱茵河，约 1300 年
椴木，上漆，高 88.5cm
（带柱基）
波恩工业博物馆

《圣母怜子图》
15 世纪初
木材，上漆
弗莱堡圣马丁大教堂

避难所。她优雅而高贵的姿态以及文雅的面部表情与其纤细的头颈正好相配。此外，她披着围巾，波浪似的长发垂到肩上，这一造型反映出埃哈特在雕塑造型上对美的追求，并用新颖别致的配色来增添美感。

《圣母怜子图》

在基督教艺术的表现形式中，令人最为感动的作品是圣母怜子图。这是在 13 世纪末期出现的一幅独特的图像。这幅图的德语名字叫 "Vesperbild"，它来源于在圣周五晚祷时纪念耶稣受难日的习俗，圣周五晚祷的时间是从基督死在十字架上与到葬礼这段时间内。

这幅图像的意大利名称叫 "Pieta"，其意思就是 "怜悯" 或 "分担痛苦"，这一名称与这幅图像受人祭拜的性质内涵很贴切。看到

母亲那悲痛欲绝的神态以及她儿子在十字架上被钉死的尸体，每一个目击者都会不由得心生同情而哭出声来。这幅图通过人所共有的精神和肉体上的痛苦感受，让中世纪的信徒获得了一种强烈而神秘的情感刺激，而这种刺激在自笞者们仪式化的自我折磨中并不少见。

最有名的也是表现力特别强的另一尊《圣母怜子图》是勒特根（Rottgen）以前的收藏品，该塑像目前在波恩的莱茵河州立博物馆（见左上图）。

圣母痛苦万分地抱着受尽折磨的儿子。她头戴荆棘冠冕，头向后下垂，毫无生气。葡萄般大小的滴滴鲜血正在从伤口流出，这似乎是在暗喻基督的 "神秘的葡萄园"。勒特根约在 1300 年完成的

《基督和福音传教士圣·约翰》
西格马林根，约 1330 年
橡木，上漆和镀金
柏林国立美术馆
普鲁士文化遗产

《圣母怜子图》是同类雕塑品中最早的作品之一，这幅图以其直接
的痛苦表现力而颇具特色。就像同时代的《启示录》，这一图像表
达了一种神秘而强烈的宗教感情，而这种感情正好反映了 14 世纪
中叶饱受了战争和瘟疫之苦的欧洲人的共同情感。于是这一图像很
快从德意志传到欧洲的其他地区。

在弗莱堡的圣马丁大教堂（St. Martin's Cathedral）的《圣母
怜子图》（见第 354 页右上图）是 1400 年左右出现的样式。它与美
圣母像（Beautiful Madonnas）差不多同时代出现。该图同样以精细
的精神表现力而著名。圣母玛利亚年轻貌美，穿着布满褶皱的长裙，
流露出温和而痛苦的表情，反映出来的是一种优雅高贵的审美感。
基督的尸体在表现形式上也少了一份残忍感，他几乎水平地躺在圣
母的膝上，这景象正符合当时的风俗。那很不协调的向后下垂的头，
以及那极端自然主义的头发，是后来重塑肖像时加上去的。

《基督和福音传教士圣·约翰》

圣约翰的福音书中有两个段落是 14 世纪初叶德国西南部雕塑主
题中的一种图形样式的来源。在最后的晚餐中，当耶稣预言将有人
背叛他时："耶稣的一个爱徒将倚靠在其胸口。"圣·约翰将头靠在耶
稣的胸口，并问：是谁出卖了他。从一开始，基督和圣·约翰之间
的密切关系就出现在神学和图像学含义中了，而且他们还在雅歌中
被联想成婚礼的象征。基督与圣·约翰在哥特式雕塑中的出现，特
别顺应幻想图像潮流，这股潮流是由 13 世纪的一些德国女神秘主义
者发起的，她们在作品中把这种幻想图像描写得栩栩如生。在女修
道院，基督和圣·约翰之间的友谊被婚礼的象征意义强化了，于是
这一主题导致了一种神秘的冥想，这种冥想认为存在着一种超自然
的"神秘合一"。在这一神秘的统一中，修女们体验了她们的灵魂与
上帝的结合。

年轻的基督坐在小板凳上，右边坐着他的门徒约翰。约翰看上去
一脸孩子气，但很英俊，他的头正靠在耶稣的胸脯上。他的眼睛闭着，
右手正搁在基督的手上，而基督则用左手轻轻地扶着他的肩膀。这两
个人物似乎已合二为一了。他们的肤色在那软柔地飘动着的镀金服装
映衬下，似乎正透射出天国的光彩。这尊塑像表现了门徒与神之间的
神秘结合，一种深厚的亲密感情自然而然地表现出来（见右图）。

355

艺术史学家海尔格·舒尔里曾经指出，由《圣母怜子图》和《基督和福音传教士圣·约翰》这两个塑像所表达出来的两种精神形象都属于同一个女修道院。在该修道院，"妇女被禁锢的情感在《神秘合一》这幅图中得到了释放"。这些早期女修道院的雕塑充满了强烈的情感主义，这种情感主义反映出一种冲突——一种贵族成员对理智和感官方面的需求与禁欲生活之间的冲突。舒尔里指出："修道院中早期的这种献身塑像有助于调和这一冲突。"他还指出，在《基督和福音传教士圣·约翰》雕塑中，两个人之间情感与身体之间的密切关系首次得到了展现。

巴勒风格

大约在14世纪中叶出现了一个艺术之家，在随后的半个世纪中，他们对建筑和雕塑艺术产生了举足轻重的影响。这个艺术之家的独到之处在于他们对自然界逼真的模仿能力。这种模仿能力适用于对人体形态的感知，同样也适用于肖像创作。在雕塑中，这种创作能力可用来表现服饰和植物。假使发生在中世纪的这种艺术风格革新能够与既有的，并且一再证明其不可思议之魅力的基督献身像相匹敌的话，这一新的雕塑表现手法会产生更为深广的影响。

艺术史学家常说"巴勒风格"（Parler style），但是对于作品属于巴勒家庭中哪个成员的一些有关问题却仍未解决。有关巴勒朝代的历史记载是残缺不全的，但是彼得·巴勒（Peter Parler，1330/1333—1399年）也许是巴勒家庭最重要的成员，他是科隆本地人，约在14世纪50年代初去替查理四世（Charles IV）工作，人们认为他当时的年龄是23岁。他成了布拉格（Prague）最杰出的艺术家。查尔斯曾经想把布拉格建成可以跟巴黎媲美的知识分子和艺术家之都。

所谓的《帕利半身像》（见右图），其实是一个叶饰托架，它展示的是一个年轻女子的半身像，这女子有金黄色的头发，穿着连衣裙，领口很宽。她温柔地浅笑着。她胸前的徽章是直角形的，这是巴勒家族的标记。与佩戴着荆棘冠冕的基督头像类似，她戴着一顶植物茎干盘成的花冠，那枝叶形成了一个托架，其形状犹如圣母的哥特式花冠。虽然其色彩是后来加上去的，但据文献记载，它原来也是经过油漆的。这个托架式半身像可能是为科隆的哥特式圣马拉登女修道院（Convent of St. Mariengraden）制作的。它在1817年被拆除，后来又在那儿被发现，目前保存在希努特根博物馆。这个半身像被认为是海因里希四世巴勒的作品。

这个半身像的面孔拥有的不同凡响的魅力，这似乎是因为该雕塑呈现出一种所谓的"柔和风格"，而同时又特别像一幅画像，虽然她具

有神奇的一面，但她仍是巴勒家族的一名女性成员。该雕塑她还兼具托架的功能。

安东·莱格纳（Anton Legner）曾设想，这尊塑像还有一尊未知的姐妹像，那尊像可能是温柔的圣母像。圣母也是由一个托架支撑着，在她下面的应该是夏娃。夏娃头上戴着植物做成的花冠，经鉴定是一种艾属植物。这种植物在中世纪与圣母玛利亚有联系，于是这种植物就在基督教的两位女人之间产生了联系。这样我们就获得了一种表现夏娃和玛丽的类型图像法，根据这种图像法，我们就得到了这样一个画面：玛丽的温和战胜了夏娃的忤逆给这个世界带来的"罪孽和死亡"。这个假说应该是正确的。把可能与巴勒有关系的肖像结合起来研究，也许能增添艺术家的自信，而这一点对自负的艺术家来说很重要。

美圣母

在进入15世纪后不久，欧洲各地的艺术样式几乎都趋向统一了。欧洲宫廷之间多样化的接触和持续不断的交流，使得以雕塑和其他形式代表着特殊审美内涵的艺术风格在14世纪末迅速传播开了，并且人们已很难找到它的渊源了。

《弗兰塞特圣母像》
科隆，约1370年
核桃木，上漆，镀金
高132 cm，宽41 cm，深32 cm
科隆希努特根博物馆

但是有许多迹象表明，这种风格也被称作国际风格，它产生于波希米亚（Bohemia），随后很快传播开来，部分原因是巴勒一家人在许多国家积极地工作。在1400年左右雕塑艺术发展史上具代表性的重要作品要数被艺术史学家称为《美圣母》的塑像了。虽然圣母玛利亚以及站在其左臂的圣婴像的雏形来自13世纪的法国教堂雕塑品，但14世纪晚期出现的这些作品却为塑像和宗教图像树立了新的标准。

与14世纪雕刻出来的肖像不同的是，这些圣母像已经不再含有圣徒遗骨来证明其正统性了。通过对审美内涵的精心提炼，这一新型的塑像已经能够取代以前由圣徒遗骨流传下来的形象，来表达宗教主题了。结果，艺术作品的宗教意义极大地提升了，旧有的偶像崇拜风走向了它的反面：这些雕塑品受崇拜的前提条件是塑像的主题应该与塑像本身的形象相符。对宗教信仰来说，艺术已经成为一种必不可少的重要辅助手段。

《弗兰塞特圣母像》

这一新型雕塑品的突出例子是收藏在希努特根博物馆中的一尊塑像。这一塑像来源于一座名叫弗兰塞特（Friesentor）的城门，该城门于1882年被拆掉了。这尊塑像是用核桃木做的，基本上仍保持着原色，它展示的是圣母玛利亚的立像，她抱着圣婴基督，身体稍稍有点弯曲。这两个人物右手的前半部分已经没有了。基督左手拿着一只鸟。玛利的斗篷收拢在她的左臀部，斗篷上密集排列的管状褶皱下垂到她的膝盖，膝盖下面露出了长袍。长袍上的垂直曲线形褶皱和斗篷上的水平曲线形褶皱之间有着一种微妙的的关系。织物布料与人体贴得很紧，因此布料下的人体形态清晰可辨。褶皱本身是中空的，因而用料不多。从风格上来说，科隆的圣母玛利亚像与教堂南边入口的圣彼得大门（St. Peter Portal）上的侧壁使徒像是有渊源的。巴勒家雕刻师们的这些塑像作品的原物目前存放在主教区博物馆。虽然褶皱的处理不够精细，边缘轮廓不够平滑，整个人物形态有点呈块状，肤色太单调，但弗兰塞特（Friesentor）圣母像很有可能与大教堂使徒雕塑是同一时间，但不是在同一工场雕刻的。不过，这尊可追溯到1370年的塑像被认为是已知最早的大型《美圣母》类塑像，在德国流传甚广。出自阿尔滕贝格修道院（Altenberg abbey）的圣母玛利亚塑像被认为是这类塑像的第一尊后继像。

357

《圣母玛利亚》
中莱茵河，约1390年 红砂岩，石膏修复
高 151cm
美因兹加尔慕罗教堂

美因兹"葡萄藤"圣母像

大约在 1400 年，莱茵河中游的雕刻师雕刻了一些圣母玛利亚塑像。从这些塑像中可以看出：以弗兰塞特圣母像（Friesentor Madonna）为代表的是另一类塑像。这些塑像被叫作"葡萄藤圣母像"，有时也称作"十字权杖圣母像"（Cross sceptre Madonnas）。这里的圣母并未手持百合花权杖，而是右手拿着一个树状十字架，就像在美因兹的考白加斯（Korbgasse），现为美因兹国家博物馆中的圣母玛利亚像那样，那塑像现在手持的是一根藤条，上面挂着葡萄，这在中世纪的玛丽像中暗喻的是"藤生基督，她像葡萄般被挂在十字架上"。

在美因兹的加尔慕罗教堂（Carmelite church）中有一尊塑像（见左图），展示出这样一幅画面：天使们边在树状十字架周围盘旋，边收集着十字架上的基督伤口流出的鲜血。在十字架上面有一只鹈鹕，它用嘴扯破自己的胸脯，要用自己的血来喂幼子，这象征着基督为人类牺牲的行为。圣母玛利亚戴着华丽的花冠，展示出一副庄严的天国皇后相。圣婴基督用右手抓着他母亲的披肩，左手拿着一只鸟，鸟嘴上有一纸卷。这形象的含义与考白加斯的圣母像相似：圣婴基督正在写字。

美因兹圣母像和弗兰塞特圣母像一样，它们都具有柔和的 S 形曲线和服饰形态效果。圣母的左臀部至右脚呈现出一个大斜角曲线形，其齐膝长的斗篷上有一条条管状褶皱，布料从两侧垂下来。这些塑像还有一个共同的特征是，在波浪形头发的映衬下塑像的脸型变宽了。这类雕像的广泛分布以及它们风格的相似性说明，这些雕像来源于一种未知但很重要的塑像礼拜习俗，它是通过一种极其忠诚的献身形象来体现其价值的，而这种忠诚形象也被流传开了。有两种塑像都支持这一理论：一种是亚琛大教堂（Aachen Cathedral）中保存的银质小雕像，它采用了 14 世纪 30 年代的那种典型主题；还有一种塑像的历史可以追溯到 14 世纪末。

汉斯·穆尔次（Hans Multscher）的《法兰克福的三位一体像》

在法兰克福古代雕塑品博物馆（Liebieghaus in Frankfurt）的小型高浮雕标志着一个转折点—— 从哥特式后期的写实主义到风格清丽、相貌温和，以及抽象化和理想化的转变（见第 359 页图）。天使抱着临死的基督，不让他掉到地上。基督头上的荆棘冠冕掉落在一边，他的嘴巴和眼睛微微张开，双臂无力地垂了下来。天使的旁边站着天父，他举起手在做祷告。在天父和基督两人的头之间有一只鸽子，它代表圣灵。这一浮雕原来外围的装饰品已经没有了，这些装饰品可能是通

汉斯·穆尔次
《神圣的三位一体像》，约 1430 年
施洛斯·桑迪策尔
雪花石膏浮雕，部分上漆
高 28.5cm，宽 16.3cm
法兰克福古代雕塑品博物馆

过如花饰等特别背景来突出塑像的意境。

　　从基督的形体可以看出，雕刻师的观察模仿能力非常强。手臂和腿上的静脉密密麻麻地分布着；还有锁骨和肋骨的走向非常符合解剖学原理；肚脐上细微的折叠则反映出雕刻师在人体描写方面的写实主义风格。这一写实风格又通过着色而得以强化，如皮肤的颜色是暗浅蓝色，静脉清晰可见，流血的伤口呈红色。类似地，神和天使的脸和手有着很强的三维立体感和自然色彩感。肤色与雪花石膏之间有一种对比。除了

神和天使的长袍折边镀金外，其他地方都是着色的。这种石料质量特别好，它像水晶般坚硬，而且不会反光。当光线进入半透明的石料时，就变成了乳白色的光辉，看起来好像是材料自身在发光。材料的这种光线视觉效果，使得衣服在基督身上像一层箔片，里面似乎隐藏着什么秘密，不由得让人联想到来世之天国，从而赋予一种圣洁的神秘感。

　　这一作品，既不同于《三位一体》（Trinity），也不同于《施恩宝座》（Throne of Grace），它通过把不同的元素组合在一起，以表达出一种不同寻常的神学意义。作品中最引人注目的一点是基督作为一个普通人在临死前被折磨的这一情景。塑像似乎是想捕捉死亡这一景象，因此，在描写献身这一画面时，添加了大量的情感色彩。基督被天使扶着，其情形如同《忧患之子》（Man of Sorrows），不由得让人联想到《圣母怜子图》。在施恩宝座上，天父拿着十字架，他儿子就钉死在上面。在他俩之间，鸽子在盘旋，它代表着圣灵。在神学上，这表示接受献身精神，通过这种献身精神，神圣的救赎计划就能实现。

　　这一由汉斯·穆尔茨（约 1400—1467 年）在 1430 年创作的浮雕，借鉴了哥特式后期荷兰的写实主义风格。关于穆尔茨的艺术训练情况，人们知之甚少。但是他肯定对"清丽风格"（Schonen Stils）的肖像学和形态格调非常熟悉。他很可能在荷兰的勃垦第地区（Burgundian-Netherlandish regions）待过几年，在那里他引入了 15 世纪早期的自然主义这一开创性的艺术风格。1427 年，他被授予乌尔姆（Ulm）公民权，可免税，并被赋予不受某个行会管辖的权利。据历史记载，他曾拥有"宣誓大师"这一身份，说明他在艺术界地位很高。

哥特式后期祭坛画

　　到 13 世纪末，哥特式祭坛的设计经历了重大的变化，这种变化要求对礼拜仪式进行改革。在罗马式风格时期，台式祭坛是很常见的。祭司在庆典上通常站在这种台式祭坛石上。早期的祭坛装饰采用有彩画的帷幔，人们将这种帷幔、一块布或者一块油画板挂在或放在祭坛前面。当圣骨匣（reliquaries）放在祭坛上后，祭司就需要站到祭坛前面来，背对着全体会众做弥撒。圣骨匣最后发展成为一种祭坛画（altarpieces），开始时是简单的画板，放在祭坛后沿上。祭司和会众都要面对祭坛画，这使得祭坛画成了祭坛的一大特色，并成了一种新的肖像媒介。而到了 16 世纪初叶，它在建筑构图上已经越来越精细了。

里米尼耶稣受难群雕

　　法兰克福古代雕塑品博物馆拥有一组雪花石膏雕塑群，这组雕塑群来自一个祭坛，是于 1430 年为里米尼（Rimini）的圣玛利亚修道院（Santa Maria delle Grazie）制作的。

　　塑像幸存了下来，但其框架已经不见了（见上图和第 361 页图）。博物馆的工作安排只不过是想把它修复一下。在中心耸立着一座异常高大的十字架。圣玛利亚·玛德琳（St. Mary Magdalene）抱着十字架的脚，凝视着死去的基督。两边小偷的十字架则很小。在基督的前面，右边站着悲痛欲绝的玛利、百夫长罗马人朗加纳斯（Longinus）和一个仆人，左边站着罗马战士司提法顿（Stephaton），他正用一块海绵给基督喂水，另外还有一个赤脚的年轻人。在这些人与十字架之间，还站着悲恸的圣·约翰。十二个使徒小雕像也在基督被钉十字架的现场。

　　虽然这些塑像在风格上有关联，但在制作上似乎采用了不同的工艺。使徒雕塑通常被认为是比较传统的作品；而基督受难像则显得比较现代化。这种明显的风格差异很可能会折射出其表达内容上的不同。那些使徒的服装彼此之间很难看出有什么区别。每个人的长衫上都围着一块布当作斗篷。他们弯曲的身体上披着的衣料还真不少，但衣饰的式样都很相似。他们的头部形态虽各不相同，却没有个性。服装上呈现出来的优美线条也与头发和胡须的风格相配。

　　用这样一种抽象而合理的艺术框架来表达基督受难这一事件，确实产生了一种永恒不朽的效果。因此，里米尼使徒（Rimini

Apostles）塑像可以看作是柔和风格（Soft Style）的一个晚期代表作品。

耶稣受难场景在表现手法上也颇有独到之处。站在十字架两边的每个人物的面部表情都被刻画得既自然，又富有性格。盲人朗加纳斯（Longinus）及其仆人的愚相是用丑陋的形象来表现的。这些耶稣受难时的见证人穿着当时流行的服装，这样的描绘手法显得格外真实而有力度。

布劳博伊伦群雕

在布劳博伊伦（Blau-beuren）的前本笃会修道院（Benedictine

Abbey，现在为教堂的圣坛）中，有一组群雕，高约 12 米；这组群雕是由乌尔姆雕刻师米歇尔（Michel）和格雷戈尔·埃哈特（Gregor Erhart）创作的（见第 362、363 页图）。经查证，米歇尔在 1469 年至 1522 年间是乌尔姆的雕刻师。据记载，他的儿子格雷戈尔（Gregor）（1460/1479—1540 年）最早出现在德国南部城市奥格斯堡（Augsburg）的时间是 1494 年。在此之前，他也有可能在乌尔姆他父亲的工场受过训练。

在一张宽度相同的祭坛桌作为台梯的支撑下，布劳博伊伦群雕以一种多联画屏（polyptych）的形式陈列，两侧可开放。群雕两侧的内外面以及台梯上都经过绘画装饰。只有在圣母玛利亚节或圣诞节那样最高规格的节庆日，群雕两侧才开放，人们才有机会看到全部的雕塑。

在台梯上有基督和使徒们的半身塑像，在中间，圣母玛利亚抱着圣婴站在一轮弯月上。在她的右边供奉的有施洗圣·约翰和教规的建立者圣·本尼迪克（St. Benedict）；左边有福音传教士圣·约翰和修女教规的建立者圣·斯考拉斯蒂卡（St. Scholastica）。左面的浮雕展示的是基督降生，右面用精美花饰装饰的建筑物中央有一尊《忧患之子》雕像。基督本来有两个天使陪伴着，天使手里拿着基督受难的器具。可惜一尊天使像已经失传了。在上层建筑物的两边还站着圣母玛利亚和圣·约翰。每一尊下面均立着三个圣徒和教父的半身像。

有两尊塑像可以搬出来放在祭坛两侧开放的内翼部上面，以便让人们观看，这样的安排的确很有特色，这也是这个祭坛值得自豪的地方。右边的一尊塑像描绘的是仍当着修道院院长的主教海因里奇三世法布里（Heinrich III Fabri）。他在该修道院的改革、建筑物和图书馆的重建以及 1477 年杜宾根大学（Tubingen University）的创立方面，有着举足轻重的作用。在 1491 年开始修建新亚贝教堂后，他被任命为主教，1493 年亚贝教堂进入重建的高潮，这些事件是祭坛铭文中的最早记载。主教的肖像位于渥特堡（Wurttemberg）的埃伯哈德·巴尔特（Eberhard im Barte）伯爵半身像的对面，这种位置安排揭示了一种自我表现的欲望：只有法国勃垦第宫廷的富裕贵族，或者是市民阶级中最有势力的人，如国际银行家富格家族（the Fuggers），才能与之相提并论。

于 1493 年和 1494 年间建成的布劳博伊伦群雕被认为是埃哈特（Erhart）工场最具特色的作品。而在 15 世纪后叶的乌尔姆，米歇尔·埃哈特则成了继汉斯·穆尔茨之后最重要的雕刻师，并且多数专家认为他是该群雕的雕刻总管。

米歇尔和格雷戈尔·埃哈特

布卢本阿尔塔，布劳博伊伦的前本笃会修道院，

1493—1494 年

中央部分（下图）

法伊特·施托斯

圣玛利群雕, 1477—1489 年

中央部分详图

木质, 上漆

高 1395cm, 像身 280cm, 宽 1068 cm

克拉科夫圣玛利群雕

下一页图:

法伊特·施托斯

圣母玛利亚群雕, 1477—1489 年

中央部分

布劳博伊伦的这一作品标志着米歇尔·埃哈特成熟的乌尔姆风格达到了顶峰, 而他后期的雕塑作品成就不大。

克拉科夫 (Cracow) 的圣玛利群雕

关于法伊特·施托斯 (Veit Stoss, 约 1447/1448—1533 年) 的最早记载可追溯到 1477 年。这一年, 他放弃纽伦堡 (Nuremberg) 的公民权, 专心为克拉科夫的圣玛利教堂创作一组纪念性群雕 (见左上图和第 365 页图)。圣母玛利亚教堂是一座日耳曼族的教区教堂。这组群雕高 14m, 宽约 11m, 如此巨大的尺寸在流传下来的雕塑品中还从未见过。这座已知最早的、由施托斯创作的塑像也许是在已经有了其他更大的塑像作品后才制作的。施托特在经过多次旅行和接受其他工程的委托之后, 1489 年才准备搭建祭坛。

中央部分是群雕的主体。群雕中央雕刻出来的人物要远比真人大, 他们好像站在舞台上, 凝视着圣母玛利亚的去世和升天。在哥特式后期的群雕中, 从未见过对主题的处理手法有如此气势。画面上, 在临终之时, 使徒们并未聚集在一起, 而是围在年轻的圣母玛利亚周围, 玛利亚跪下祈祷, 使徒们被深深地感动了。在他们的头顶上, 天堂的大门打开了, 里面光彩夺目, 圣母玛利亚在基督的引领下进去了。再上面的一个画面是圣母玛利亚的加冕礼, 她身旁有两个天使陪伴, 另外还有波兰圣徒阿德尔伯特 (Adalbert) 和斯坦尼斯洛斯 (Stanislaus)。在台梯上展示的是《耶稣的家谱》。外翼的建筑是固定的, 只有里面才有些装饰。内翼关好后, 十二浮雕群是可看见的。这组浮雕描写的是圣母玛利亚和基督的生活场景。而当内翼打开后, 左边展示的是《天使报喜》, 左下角是《基督降生》和《东方三贤人来朝见初生之耶稣》, 右边是《基督受难》、《基督升天》和《圣灵下降》。

这些雕塑画面在表现手法上采用了三个层次。从两翼外面的浅浮雕开始到里面的高浮雕, 雕塑画面的情景逐层向前推进, 直到主角去世, 情节到达了高潮。立体感也在逐渐增加, 色彩越来越鲜明, 外边的雕塑色调平淡, 越接近中央, 色调越浓, 镀金也越来越多。在中世纪有关色彩的寓言中, 黄金被赋予了最崇高的地位。正如意大利人文学者洛伦佐·瓦拉 1430 年所描写的:"金色最高贵, 因为它代表光明。"作为一种最贵重、最难腐蚀的金属, 黄金象征着天堂的光芒, 在其光芒的沐浴下, 死者才得以清净。同时, 它还代表永恒。黄金的这些特征, 在圣母玛利亚升天的画面中得到了展现。画面中的蓝色背景也有一种象征意义: 它是天空的颜色, 也可理解为天堂的颜色, 因此它可代表圣道。圣母玛利亚在她的儿子陪伴下, 走进了这一天蓝色和金色交相辉映的群雕中央。中世纪的寓言以比喻的形式一步一步地在发展, 而发展的方向随时有可能会变。于是代表圣道的天蓝色的含义就延伸了, 而使徒们蓝色的服装也具有了象征意义, 那就是: 坚持真理, 坚定信念。另一方面, 雕刻师在处理塑像面部表情方面也展示出了非凡的观察和表达能力。在这里, 每尊塑像都被赋予了个性, 同时, 这种个性又通过着色而强化了。

在克拉科夫工作了 19 年后, 法伊特·施托斯于 1496 年回到了纽伦堡。在那里, 他凭着自己的作品和雕刻技能做起了各种投机生意。后来他被判伪造文书罪, 逃往慕尼斯塔特 (Munnerstadt)。在马克西米利安皇帝 (Emperor Maximilian) 的多次斡旋下, 他终于恢复了名誉, 又开始干起了他的老本行, 其辉煌的创作历程一直延续到 1525 年。

蒂尔曼·里门施奈德
圣血群雕，1499—1504 年
椴木，未上漆。
高 900cm，塑像达 100cm，
陶伯河上游罗滕堡，圣雅各布

虽然有关他的历史记载特别多，但关于他的生平，人们仍然不清楚，而在创作克拉科夫圣玛丽群雕之前，他作为一个雕刻师是如何发展的，这方面人们也知之甚少。

陶伯河上游罗滕堡的圣血群雕

陶伯河上游罗滕堡（Rothenburg ob der Tauber）的圣雅各布

教堂（the church of St. Jacob）群雕顶部的十字架中心有一颗小水晶球（见左图）。水晶球中保存着最早的基督遗物——一滴基督的血。这一基督遗物吸引了大量的朝圣者，而许多信徒也经历了不少神奇之事。赐赎罪券之说更是让基督遗物的吸引力有增无减。在 15 世纪末，罗滕堡镇议会决定造一个祭坛来安放这一基督遗物，于是雇了蒂尔曼·里门施奈德（Tilman Riemenschneider）来为这一工程做雕塑。

里门施奈德（死于 1531 年）来自德国图林根（Thuringia）艾希斯费尔德（Eichsfeld）的海里休斯坦特（Heiligenstadt），他在维尔茨堡（Wurzburg）开的雕塑工场生意非常兴旺，这个工场为弗兰科尼亚（Franconia）大部分地区供应各种材料。除了众多的学徒，他还聘请了专门的工匠，难怪英国艺术史学家迈克尔·巴克森德尔（Michael Baxandall）说这是里门施奈德的"雕刻厂"。在这样的兴旺时期，这一工场当然出产颇丰。里门施奈德主要的创作时期是在 1485—1525 年，他在 1485 年获得维尔茨堡的市民身份及大师资格，而在 1525 年，他作为农民与主教斗争的声援人，受到了监禁和刑讯，并且失去了市民身份。除了那些独一无二的祭坛作品，里门施奈德的工场还制作宗教用品，如耶稣受难像和手持烛台的天使塑像，这些雕塑品做工精细，并且大多还成系列。工场的生产方式必定要求雕塑风格在形式上简化，这一点在罗滕堡群雕上可见一斑。

瘦长的群雕祭坛配上高高的纤细尖顶，颇像一个超大型的圣体匣。在其他地方，祭坛看起来就像一块巨大的底座，而罗滕堡群雕祭坛则坐落在精致华丽的拱廊里。在原先通常安放基督遗物的中央拱门矗立着耶稣受难像，两个天使站在外拱门。同样难得一见的是，基督之血遗物（blood relic）被安放在尖顶，而不是在中心部位。

《最后的晚餐》（见第 367 页图）与基督之血遗物有直接渊源。正是在那个场合，基督说："这是我的血。"于是就开始了圣餐。其中一个在座的使徒指着圣餐桌，意指基督之血在日常圣餐礼中的存在。然而，那中心位置的一个场面设计却非同寻常：叛徒犹大（Judas）取代了基督的位置。这个人是里门施奈德设计的"主角"。根据圣·约翰的《福音书》，这样的设计画面似乎是在暗示：犹大这一人物是基督选定的，他的背叛行为也是为了实现救赎。通过这样一种表现形式，雕刻师显然是想引导观察者对这一事件进行严密的思考。

对于这一反思，不同的人可能会有不同的思路。这一点，在雕刻师的设计中显然也有所反映。里门施奈德还把圣坛的窗口跟群雕的设计结合起来了，从而使得白天的光线射入不同的窗口后，能够在不同的时间始终照亮《最后的晚餐》这一场景。

可是他设计的这一作品只获得了 60 盾的报酬，这跟《基督遗物》的重要性和祭坛装饰品的地位相比，实在是微不足道。可能是工场的制作方式有问题，也可能跟作品的背景色彩也有关系。该作品不需要昂贵的材料，也没有必要给画工付费，这样的态度也相当符合工程委托者当时的情况。包括罗滕堡在内的陶伯河谷（Tauber valley），自从 15 世纪以来，已成了民众暴动的中心，而且在 1525 年的农民战争（the Peasants' War）期间，该城镇也被民众占领。那些雕像在设计上不仅抛弃了奢华的光彩，还疏远了肖像与观众之间的距离，而且画面一点也不生动，缺乏色彩感，从而使得描绘的内容与人们崇拜的对象难以吻合。但也正因为如此，该祭坛才未被指控为偶像崇拜，才能使那些群雕在"农民战争"中得以幸免。似乎《圣血群雕》与宗教及肖像的新观念早已一脉相通。

圣·约翰，来自约克郡圣玛利修道院
约 1200—1210 年
砂岩
约克郡博物馆

英国的哥特式雕塑

约克郡

英国的大教堂和修道院大门口一般很少采用雕刻装饰，即使有，相对于法国式的大型塑像来说，英国的塑像也显得太小、太粗浅了。尽管如此，在 19 世纪，约克郡的圣玛利修道院的南部通道下却出土了一批文物，总共有 12 尊真人大小的塑像。因为这些塑像的后背还带着柱身，所以人们认为它们应该是大门塑像，当然，它们在 1200 年左右建造时的原位和原样已经不可能恢复了。

在这些塑像中，有八尊是信徒，其中有一位名叫圣·约翰，他站在正面，表情僵硬，着装相当平整（见左上图）。这尊雕塑身上的

衣服褶皱很富有动感，这说明其艺术处理上受到了晚期罗马式建筑风格的影响。这位信徒头部的雕刻质量非常高：他那充满年轻活力的面容是精雕细琢而成的；波浪式卷发富有古典韵味。这尊塑像与其他塑像一样，一定是经过高规格的着色和镀金，才会显得如此庄严而不朽。

显然，雕刻师是想通过风格对比来寻找艺术模式之间的联系，但他并没有脱离孤立的形式化范畴，因为这些塑像看起来在风格上如此不协调。一般认为，1200 年左右法兰西岛上的雕塑是最早出现的原型，因此，圣玛利修道院的雕塑风格在英国罗马式风格和哥特式风格之间的转型期。

韦尔斯

韦尔斯大教堂（Wells Cathedral，第 369 页图）西侧的塔楼建在侧廊旁，而且宽度达到侧廊的两倍，从而使得建筑物的正面显得过宽了，宽得让大门口都几乎看不见。中央大门的门楣中心与下层塑像廊道的高度相当，并且达到了上面拱廊的高度。两个边大门则建造在下层。大教堂的进出通道穿过教堂中殿北侧的前庭。

在 1230 年左右建成的"塑像墙"（wall of images）有 176 尊壁龛塑像、134 尊浮雕，这些塑像都被供奉在饰有四叶花的拱肩上。中央大门上门楣中心的圣母玛利亚陛下之浮雕以及拱廊中心的圣母玛利亚加冕浮雕，都是用整块石料做成后，再镶嵌到墙上，并与建筑物连成一体的。其他的人物像都是分别雕刻好后，再放到各个壁龛里去的。

至于这些肖像的标志，它们原先都是由木料或金属制作的，但现今已经丢失，所以人们已很难去判断这些塑像确切的含义，或是去理出一幅有关这一肖像工程的清晰画面；该肖像工程一直延伸到中央三角墙的《末日审判》塑像。使徒、圣徒等人物塑像都来源于新约和旧约全书，同时这些塑像旁边又由教会和修道院等人物以及世俗统治者的塑像陪伴着。由于雕像的数量极多，雕刻质量参差不齐也就毫不奇怪了。

但这一浩大的工程已遭到了相当大的破坏。比如下层廊道的壁龛现在是空的，那里以前很可能放置过最好的雕塑，但在英国历史上，这些基督教塑像中有许多作品已经在历次反偶像崇拜的浪潮中被毁了。只有那些宗教狂热分子触碰不到的塑像才幸存了下来——如果这些塑像还没成为牺牲品的话。但英国贵族阶层的墓碑境况却完全不一样，因为那些墓碑很少会成为暴力袭击的目标。

韦尔斯大教堂
西侧，约 1230 年

林肯大教堂
1192—1235 年
教堂中殿柱头

林肯大教堂
女王玛格丽特头像
砂岩，约 1260 年

林肯大教堂

有一尊没有被反偶像者破坏的塑像是用砂岩材料制作的，位于林肯大教堂（Lincoln Cathedral）天使唱诗班的扶壁上（见左上图）。这尊塑像附近原本有两尊损坏的塑像：一尊是爱德华一世（1239—1307 年）；另一尊是卡斯提尔（Castile）的埃莉诺（Eleanor），它在 19 世纪得到修复，头部被替换，之后此塑像就成了英国哥特式雕塑中最具有争议性的作品了。有人认为这尊塑像是爱德华一世的第二个妻子——法国的玛格丽特（Margaret），但这一说法未经证实。

而更为严肃的一个问题是，这尊塑像是否在 19 世纪的修复过程中经过重新造型。据文献记载，至少在其他塑像的修复过程中，此塑像未受损。且经调查，该塑像的头是原来的，是与塑像的主体同时制作的。

这一所谓的"女王玛格丽特"（Queen Margaret）头像，是英国少

数几个幸存的优质哥特式雕塑品之一（见右上图）。清秀的脸蛋、明晰的脸庞、深邃的眼窝，外加嘴边纹路，这些造型均未沿袭传统的风格，但却表现出一位贵族女士文雅高贵的气质。从这尊雕像可以看出，1260 年，雕塑技术已经达到了较高的水平。而且，至少还有另外两尊雕像也反映出了这种高水平的技术。

约翰王之墓

有了这些陵墓雕塑，我们才有更多的机会去评价英国哥特式雕塑艺术的质量。而对建筑雕塑来说，这样的评价机会就没有那么多了，因为很多已经被毁。约翰王（King John，1199—1216 年）的珀贝克大理石陵墓纪念碑建于他去世后不久。遵照他的遗嘱，该纪念碑安放在伍斯特大教堂圣伍尔芙斯坦神龛（Shrine of St. Wulfstan）的近旁（见第 371 页上图和中图）。

上图和中图：

伍斯特大教堂

约翰王之墓

珀贝克大理石，约 1225 年

下图：

格洛斯特大教堂

罗伯特·柯索斯爵士之墓

橡木，13 世纪后叶

罗伯特爵士之首详图

约翰王的脚搁在狮子的背上，这一形象也许是一种隐喻：来世为人他也有点儿小心眼。他的服饰是传统的样式，但又增加了一些褶皱。他一手持着权杖，另一手持着出鞘之剑。他身旁有两个小雕像，一个是圣·奥斯瓦尔德（St.Oswald），另一个是圣·邓斯坦（St.Dunstan），他们正对着约翰王的头为他敬香。这样的肖像主题表达法真是有点异乎寻常。

这一图形很像当时其他葬礼的艺术作品，似乎来源于某本书中的图样。然而，这一陵墓雕塑的目的是要为约翰王恢复名誉，他在位时几乎受尽了屈辱。最引人注目的是，1214 年 7 月 27 日在与法国作战的布汶（Bouvines）战役中，他遭受了惨败，英国贵族们终于迫使他在 1215 年签署了有名的《宪章》。

那些王冠、手套上的凹陷以及国王制服的镶边说明，该陵墓曾经装饰得很奢华，并且还用上了闪闪发光的宝石，也许那只是一种用玻璃仿造的宝石。但仍看得出，为了维护他的帝王尊严，陵墓修建者已经尽了最大努力。到了 19 世纪，装饰风格更是华丽，1873 年，在原有的着色基础上，人们又替雕像镀了金，而雕像原来的着色已经看不清楚了。

罗伯特·柯索斯爵士之墓

征服者威廉（William the Conqueror，1066—1087）的长子，罗伯特·柯索斯（Robert Curthose，约 1050—1134 年）被埋葬在格洛斯特大教堂(Gloucester Cathedral)的主祭台前面。关于他的墓碑，并无历史记载，一般认为可追溯到 13 世纪的下半叶（见下图）。

骑士雕像是用橡木做的。在 1280—1360 年，这种材料在英国经常用来制作陵墓雕像。虽然大约有 80 尊雕像保存了下来，但大部分已经损毁了。在 17 世纪的内战中，罗伯特·柯索斯的雕像被解体了，而在 17 世纪末，该雕像才又被恢复原状。也许正是在那时，人们才替他做了块陵墓纪念碑，纪念碑上有他的雕像，现在该纪念碑在大教堂的圣坛里。

虽然经过多次改变，该骑士雕像于 13 世纪首次在英国露面时的独特形象仍在，而且很快得到广泛应用。因为当时雕刻的材料为木材，要比石料容易雕刻。那尊雕像的头正躺在枕头上，他的右手伸出，欲拿佩在左臀部的剑。他的左脚微弯着伸向一边，右脚则搁在一个什么物件上，可惜那物件已经丢失了。木雕家们竭尽所能创作的这一形态，使得骑士雕像极其生动，而这一形态又通过现实主义着色手法得到了强化，可惜这种手法现在却很少见。这一骑士墓碑风格与《虔诚祈祷的死者》的肖像风格形成了鲜明的对比。

爱德华二世之墓

在格洛斯特大教堂里，还保存着爱德华二世国王（1307—1327 年）的墓碑。当时，他被废黜，1327 年 9 月 21 日在伯克利城堡（Berkeley Castle）惨遭杀害（第 372 页图和左下图）。早在 1314 年，在苏格兰斯特灵（Stirling）附近的班诺克本（Bannockburn）的一场战斗中，苏格兰步兵打败了英国军队的骑兵，于是爱德华的统治进入了屈辱的衰退时期。

在他的妻子——法国的伊莎贝拉（Isabella）以及她的情人罗杰·莫蒂默（Roger Mortimer）的压力下，爱德华被迫退位。

在爱德华的墓碑上，丝毫看不出他被这种突然而残酷的方式剥夺权力的痕迹。在用半透明材料雪花石膏制作的这块墓碑上，爱德华君主肖像的形象非常理想化。刚开采出来的雪花石膏还有点柔软，而雕刻师采用的加工技术又非常先进，并且国王的头发和胡须也经过了程式化的艺术处理，从而造就了英国的一件优雅杰作。爱德华的面部表情严肃，但又透出几分伤感，天使恭敬柔和地摸着他的头发，这使他的形象有点圣徒的意味。

当然，在国王死于非命后没几年就修建的这座陵墓，是想通过雕像来为其恢复名誉，或者说是美化他的形象。为了加强柔软的雪花石膏那闪闪发光、美丽如画的效果，并通过对比来增强整体形象感，基座和华盖的一部分是用珀贝克大理石制作的。

黑骑士之墓

爱德华三世（Edward III，1327—1377 年）的长子威尔士王子爱德华（1330—1376 年），在许多军事行动中的恐怖作风，使他背上了一个残忍的名声。毫无疑问，正是这一残忍名声，而不是传说中的那副黑色盔甲，才使他获得了"黑色王子"（Black Prince）的绰号。这些史实的最早记载是在 1379 年，也就是他的儿子理查德二世（Richard II，1377—1400 年）当政的第二年。

莎士比亚也许是在理查德二世时期引用了这一故事，并称爱德华为"那个年轻勇士"。英国首次设立的康沃尔公爵领地于 1337 年授予了这位"黑色王子"。在 1346 年的克雷西（Crecy）战役中，他起到了决定性的作用，那场战役在军事史上具有划时代意义。1356 年在普瓦捷（Poitiers），他成功地捕获了法国国王约翰二世（John II）。他于 1362 年被封为阿基坦公爵（duke of Aquitaine），但他在 1371 年遭驱逐而被剥夺了这一封号，当时他生病了。

坎特伯雷大教堂的爱德华陵墓建于 1377—1380 年之间（见右上图），建造者很可能与建造威斯敏斯特教堂中爱德华三世纪念碑的是同一人。这两尊塑像都是用黄铜制作的，这种材料包容性强，可以在造型时形成各种线条，从而满足设计图纸提出的优雅精美的要求。有了这样的工艺技术，爱德华三世的面容才能制作得如此自然，服装的处理才如此简单。黑骑士的盔甲制作得十分精细。死者雕像正凝视着头顶的华盖，华盖上有一幅《三位一体》画像。

雷吉内·阿维格 (Regine Abegg)

西班牙和葡萄牙的哥特式雕塑

13—14 世纪的卡斯提尔 (Castile) 和莱昂 (Leon)

布尔戈斯 (Burgos) 大教堂

卡斯提尔最早的哥特式雕塑是与同时代的法兰西雕塑直接接触的产物，它以法兰西雕塑作为极力模仿的对象。这可以从 1235—1240 年的布尔戈斯大教堂的南耳堂正门（见第 375 页左上图）看出。门楣中心和拱门饰的风格直接源于位于亚眠 (Amiens) 西门的雕塑。基督像与那里的 "博-迪厄"（"Beau-Dieu"）有深厚的渊源，其作者必定是那个工作坊首屈一指的雕塑家。卡斯提尔的第一个哥特式人物雕塑正门的成功在后来的作品中得到了印证。尽管这一门楣中心的造型样式老派，并取材于罗马式风格，但附近的萨赛蒙 (Sasamon) 牧师会主持的教堂正门（约 1300 年）以及莱昂教堂南耳堂的正门（13 世纪下半叶），都以它为模仿对象。

在布尔戈斯修建新哥特式教堂的一个重要原因是毛里西奥 (Mauricio) 主教在卡斯提尔国王裴迪南三世 (Ferdinand III，国王 1217—1252 年) 宫廷的显赫地位。毛里西奥受国王委托，将国王的新娘 [霍亨斯陶芬家族的 (Hohenstaufen) 贝亚特丽斯 (Beatrice)] 带到卡斯提尔，并于 1219 年在这个罗马式教堂为国王伉俪举办了婚礼。国王对其效劳甚为感激，封赏的重要礼物就是 1221 年奠基的这座教堂。但凡重要的宫廷庆典活动都在此教堂里举办，从而赋予了其皇室教堂的地位，直到 1248 年重新征服塞维尔 (Seville)。在此之后，政治重心转移到重新基督化的南部主教区。布尔戈斯教堂作为卡斯提尔的老首府，开始渐渐淡出人们的视线。

与布尔戈斯教堂地位丧失形成鲜明对比的是 1260—1270 年大教堂雕塑的扩建工程，其中最为突出的主题是君主政体。装饰建筑物北侧及西侧立面的雕塑群的主题是关于国王的故事，而西边塔楼上常常装饰着世俗人物雕像。经南耳堂到达同期修建的两层回廊的上层，这里有宏伟的人物雕塑正门，装饰有凯斯提尔-莱昂的纹章标记，这个复杂的造型旨在颂扬卡斯提尔君主（见第 375 页右上图）。回廊的壁龛里是真人大小的主教和国王的雕塑，外貌形象栩栩如生（见第 375 页右下图，第 376 页上图一）。入口旁边是一对皇室新婚伉俪，可能是裴迪南和贝亚特丽斯，他们在庆祝新教堂的建成（见第 376 页上图二）。一根隅柱上描绘了奠基仪式。正如瑙姆堡 (Naumburg) 和梅森 (Meissen) 一样，在相似的历史背景下，奠基人和捐助人的纪念性雕塑回顾性地记录了他们在现实世界中受到威胁的权力地位或影响力。

尽管主持创作的工作坊吸取了法国式风格的经验，本次（第二次）建筑活动中雕塑的风格却显示了更强的独立性，这在雕塑品的定位中也得到了体现：塔楼上和回廊中的雕塑背部与石块灰浆精确地融为一体，必定是在砌墙之时就固定于此。这项技术要求建造者和雕塑家高度专业化并相互协调，如此精湛的技术只有在中世纪的建筑里才可以看到。

卡斯提尔雕塑作坊

除了布尔戈斯附近洛斯德斯卡尔萨斯雷亚尔（Las Huelgas Reales）的西多会修道院教堂加建（最后一次加建于 1279 年）的一系列正门以外，在 1260 年以后，仅有两栋建筑物与为大教堂工作的作坊有直接联系。一个是建立于 13 世纪初期卡斯特罗赫里斯的圣母玛利亚（Santa Maria de Castrojeriz）的牧师会主持的教堂，位于布尔戈斯以西 45 千米处。13 世纪下半叶，它的立面进行了装饰，与教堂塔上的人物密切相关联，华盖都是由相同的模型线条制造的。不言而喻，作坊之间的联系源于修道院的地位，其教区长是主教座堂会的成员，是由主管教区管理署的主教直接管理的 9 个要员之一。

布尔戈斯大教堂和坤卡（Cuenca）大教堂的后期部分之间具有直接的联系，这可追溯到 1250—1275 年。除了几乎完全相同的西正门总体效果外（没有一个保留下来），布尔戈斯耳堂美术馆和坤卡的中堂天窗设计有许多相似之处，天使的雕像置于灵活设计的窗饰部分。在这里，建筑思想和工匠们的思想还通过个人之间的接触进行交流和碰撞。主教马泰奥二世（Mateo II）耐诺（Rinal）很可能于 1257 年从坤卡迁移到了布尔戈斯。

莱昂大教堂

第二次全面修建哥特式大教堂始于1230年（卡斯提尔-莱昂联合王国时期），源自一个主教的提议。该主教是阿方索十世（Alfonso X，1252—1284年在位的国王）的大臣，与朝廷紧密联系。莱昂大教堂的修建约始于1255年，由主教马丁·费尔南德斯（Martin Fernandez）负责，并得到了国王的资助，项目于1300年左右完全落成。尽管这项工程是由同一个艺术大师恩瑞克斯（Enricus，卒于1277年）负责指导，但是，作为布尔戈斯第二阶段的建筑物，两个大教堂在建筑技巧或形式上却没有显示出相似之处，正门总体效果除外。而且，两个大教堂的雕塑家之间也没有交流，这可能是因为布尔戈斯作坊与大教堂作坊的联系太过紧密。唯一的直接联系是负责布尔戈斯北耳堂正门（约1245—1250年）中央门楣的一位大师，他后来转移到了莱昂的一个新作坊。莱昂大教堂西正门中央门道间柱上的圣母玛利亚雕塑即是他的杰作（见右下图）。

在创作西正门雕塑品的众多雕塑家中，作品《最后的审判》（Master of the Last Judgment）的作者是一位杰出的大师，他在中央门道的门楣上创作了该主题最为经典的代表作之一。其突出的风格类型显示了夸张的优雅气质，远远超越了法国形式，其精美的细节恰如象牙上的微型雕刻。

维拉卡扎德赛格圣母玛利亚主教堂
南门，13 世纪晚期

在主题层面，该大师的灵感更多来自日常生活而非肖像传统技法，一个令人愉悦的例子是他对天国之门前正在演奏的风琴的描绘。而门厅柱子和南耳堂正门侧柱上的雕塑设计则缺乏新颖性（见第 376 页上图三）：修长的人物形象缺乏生气，杏眼眯成缝，几乎是盲目模仿二十年前的法国模式，如亚眠（Amiens）的玛利正门和兰斯（Reims）的中央正门。然而，正如西门道的一些先知和使徒雕塑所表现的一样，莱昂的雕塑家也熟知当时流行的法国衣饰风格。教堂的建筑风格和雕塑装饰彰显出创作法国集大成之作品的雄心，以创作出集中体现哥特艺术理想的作品。至今，莱昂大教堂仍被公认为法国以外受法式风格启发的最伟大的哥特式作品。

莱昂的后继者与地区传统

对布尔戈和莱昂大教堂的直接传承当数布尔戈·德奥斯马（Burgo de Osma，索里亚（Soria）的新哥特式大教堂，由主教胡安·德多名格斯（Juan de Dominguez）于 1232 年开始建造，他是国王的大臣，后担任布尔戈斯大教堂主教。南耳堂正门的建筑特点直接参考布尔戈斯大教堂，而侧柱的人物雕塑风格和质量水平则表明雕塑家们已从莱昂正门作坊获得了经验。

位于托罗（Toro）的圣·马约尔·玛利亚牧师会教堂的西正门始建于 1160 年，可能于 13 世纪晚期建成，是展现未经哥特式教堂作坊培训的雕塑家们如何进行艺术革新（见第 377 页图）的典范。侧柱由两个部分组成，是罗马柱式正门（带有醒目的旧式柱头与浮雕装饰）与正门现代理念的结合，灵感来自布尔戈斯和莱昂大教堂。这两处华盖下的细柱之间有一些独立的人物雕塑。从肖像学和构成法来看，中央门楣和门楣上的《圣母的加冕》和《圣母玛利亚之死》仿效了莱昂的《圣母的加冕》正门雕塑，有些主题则借鉴于布戈尔·德奥斯马（El Burgo de Osma）的门楣雕塑。个别风格上的借鉴展示了雕塑家对大教堂雕塑的熟稔，但不足之处是风格过于刻板和僵化。

最外侧拱门缘饰上《最后的审判》中的人物采取径向排列，这遵循了 12 世纪末期当地的罗马传统，比如托罗的北正门以及索里亚（Soria）圣多明戈（Santo Domingo）的西正门。与此相似的是，维拉卡扎德赛格（帕伦西亚）的白色圣玛利亚教堂（Santa Maria la Blanca，约在同时期建成）南正门的构成可追溯到罗马式建筑传统（见左图）。该正门无中央门楣，其拱门缘饰上方有两排带有人物雕塑的假拱，它仿效的是位于附近卡利翁德洛斯孔德斯（Carrion de los Condes）的圣地亚哥（圣詹姆斯）教堂。上中楣有一幅古体肖像画（基督耶稣由福音传道者围绕，两侧站着使徒）。在卡利翁也有一幅更早期的作品。另一方面，侧柱的哥特式柱头和拱门缘饰及假中楣里精雕细刻的人物雕像充分证实了技艺精湛的工匠作坊的存在，该作坊与莱昂的大教堂作坊颇有渊源。

墓碑雕刻：革新与传统

在源自北方的周期性革新中，在卡斯提尔－莱昂大教堂引入渥甫（enfeu）墓碑（最初仅在大教堂中采用）是其中一例。这种设置在墙龛里的墓碑的早期实例有位于莱昂大教堂的主教罗德里戈二世阿尔瓦雷斯（Rodrigo II Alvarez，卒于 1232 年）的墓碑和马丁二世罗德里格斯（Martin II Rodriguez，卒于 1242 年）的墓碑（见第 379 页上图）。墓棺采用法国样式，斜躺的雕像嵌入墙内，上方是正门式弧形建筑结构，其上有浮雕展示的是天使和灵魂从天上降生。然而，塑像工程的规模是史无前例的。壁龛后墙展示了死者墓室以及表情凝重的悲伤哀悼者，而墓棺前面则以平等的现实主义手法和布施场景描绘出了慈善的美德。14 世纪也同样有类似的墓碑雕塑（例如阿维拉大教堂中的主教之墓），这种"现代"式墓碑成为当时大教堂教士墓地的首选。

莱昂大教堂，北耳堂，
马丁二世罗德里格斯（卒
于1242年）主教之墓

维拉卡扎德赛格，因方特·费力佩的
圣母玛利亚石棺
建于大约1300年的圣母玛利亚·贝德
拉贝斯修道院的石棺，巴利亚多利德
大教堂博物馆

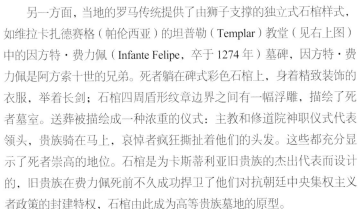

　　另一方面，当地的罗马传统提供了由狮子支撑的独立式石棺样式，如维拉卡扎德赛格（帕伦西亚）的坦普勒（Templar）教堂（见右上图）中的因方特·费力佩（Infante Felipe，卒于1274年）墓碑，因方特·费力佩是阿方索十世的兄弟。死者躺在碑式彩色石棺上，身着精致装饰的衣服，举着长剑；石棺四周盾形纹章边界之间有一幅浮雕，描绘了死者墓室。送葬被描绘成一种浓重的仪式：主教和修道院神职仪式代表领头，贵族骑在马上，哀悼者疯狂撕扯着他们的头发。这些都充分显示了死者崇高的地位。石棺是为卡斯蒂利亚旧贵族的杰出代表而设计的，旧贵族在费力佩死前不久成功捍卫了他们对抗朝廷中央集权主义者政策的封建特权，石棺由此成为高等贵族墓地的原型。

　　在卡利翁德洛斯孔德斯、贝涅维维尔、维加、贝纳维兹、阿吉拉尔代坎普、马塔利亚纳（Matallana）和帕拉苏埃洛斯（Palazuelos）等地的圣索伊洛（San Zoilo）大教堂有大量受到费力佩墓碑风格影响的墓碑，其中一些现保存在巴利亚多利德（Valladolid），帕伦西亚以及马德里（Madrid）的博物馆内。这些作品质量参差不齐，风格上与大教堂作坊所奉行的优雅的哥特形式法则相去甚远，很明显它们是当地雕塑家作坊的作品。这一点可以从残存的艺术家签名得到证实：在阿吉拉尔·德坎普（Aguilar de Campoo）的石棺上发现1293

年安东佩雷斯·德卡利翁（Anton Perez de Carrion）的签名，在贝纳维德斯（Benavides）的墓碑上发现罗伊·马丁内斯·德布雷瓦（Roy Martinez de Bureba）的签名，在卡利翁德洛斯孔德斯的另外一个墓棺上发现佩德罗·平托尔（Pedro Pintor）的签名。这些传统特点以及对当地雕塑家的支持作用，在对来自比利牛斯山脉以外的雕塑产生的影响非常强烈时会变得更加普遍。这是一个有趣的现象，特别是当作品是由熟悉新潮流的社会阶层委托制作时。显而易见，"反现代"是特意挑选的词汇，用以表达贵族对基于旧封建法律的传统权力的固守。

14世纪的雕塑：托莱多（Toledo）

　　在阿方索十世（Alfonso X，1252—1284年）统治的最后数年里，经济危机爆发，王位继承权争夺导致了几次内战，同时，王权与贵族间的斗争将牧师也卷入其中，这样的社会环境对宏大建筑工程的实施极为不利，建筑雕塑领域也鲜有艺术创新。因此，模仿布尔戈斯风格、创作于14世纪早期的奥维耶多（Oviedo）大教堂回廊的雕塑装饰，质量也就较差。为数不多的杰出作品是维多利亚的圣佩德罗（San Pedro）、圣麦古尔（San Miguel）和圣母玛利亚（Santa Maria）的城市教堂的人物雕塑正门，阿维拉（Avila）大教堂的北正门，以及托莱多大

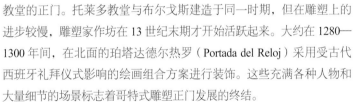

教堂的正门。托莱多教堂与布尔戈斯建造于同一时期，但在雕塑上的进步较慢，雕塑家作坊在 13 世纪末期才开始活跃起来。大约在 1280—1300 年间，在北面的珀塔达德尔热罗（Portada del Reloj）采用受古代西班牙礼拜仪式影响的绘画组合方案进行装饰。这些充满各种人物和大量细节的场景标志着哥特式雕塑正门发展的终结。

从西正门（追溯于 14 世纪上半叶）的绘画方案中也可看出培育传统的意愿。中门道的中央门楣（见左上图）由一个特别能干的作坊创作，以装饰有卡斯提尔 - 莱昂盾形纹章的拱门缘饰作为框架，是专为当地圣人伊尔德方索（Ildefonso）而作，作品中的圣人正在接受圣母玛利亚的十字架。因此，《最后的审判》被移至右手侧的正门。

这种新的艺术驱动力与托莱多古老大主教城市和皇城的当地传统结合在一起，似乎源于桑乔四世（Sancho IV，1284—1295 年）统治时皇室的资助。桑乔四世在遗嘱中规定，在他驾崩后将自己葬于大教堂内。1289 年，他为葬于此处的先祖建造了皇室葬仪礼堂，恢复了大教堂作为皇室墓地的地位。在 14 世纪，有影响力的高级教士对教堂进行扩建和装饰，大主教位的权力和影响再次得到了增强。1360—1375 年，内部唱诗班与扩大的浮雕部位，在中堂竖立起来。佩德罗·德特诺里奥（Pedro de Tenorio，1367—1399 年）是一

个多产的建筑师，他修建的伊尔德方索教堂中包括他的前任卡迪纳尔吉尔德阿尔沃诺斯（Cardinal Gil de Albornoz，1338—1350 年）的墓碑，以及主立面的上部、底部回廊和他自己的葬仪礼堂——圣布莱斯（St. Blaise）礼拜堂。

在加泰罗尼亚（Catalonia）和亚拉贡（Aragon）的哥特式雕像

直到 13 世纪 70 年代，由于地中海商贸的发展和皇室的巩固，以法国北部模型为基础的哥特式建筑才引入加泰罗尼亚和亚拉贡地区。在塔拉戈纳（Tarragona），为大主教和教堂全体教士效力的巴托默夫大师（Barthomeu）从 1277 年起创建了教堂的西正门，在侧门柱上雕刻了 8 个人使徒人物形象，在门间柱（右上图）创建了圣母的形象，可以看出这些雕刻作品直接受到了法国同类型的圣母和以前在贡比涅的圣康奈尔（St. Corneille）教堂（建于大约 1270 年）的启发。在 14 世纪，雕塑的委托创作出现热潮，特别是用于礼拜和墓碑的工程。现存的文件使我们了解艺术家的活动和契约地位，许多设计师名字已经为我们所熟知。例如，巴托默夫大师（Barthomeu）不仅为教堂工作，而且在 1291—1300 年间接受了皇室委托的任务，为皇帝佩尔三

圣克雷伍斯修道院，西多会教堂耳堂，佩尔三世和西西里的康斯坦斯（Constance of Sicily）（前面），若姆二世（Jaume II）和安茹的布兰奇（Blanche of Anjou）（后面）的墓地。

世（1276—1285 年）和他的妻子在圣克雷伍斯（Santes Creus）的西多会教堂里修建宏大的墓地（见第 381 页图）。刻有彩色人物浮雕的大理石石棺靠在古典式的斑岩浴缸上，其上是装饰着带有褶皱的华盖。这个墓碑与在巴勒莫（Palermo）的霍亨施陶芬王朝群墓非常相似，也是纪念皮尔（Pere）占领西西里（于 1282 年占领）的一座墓碑，其声明是以他与霍亨施陶芬王朝（Hohenstaufen）的女继承人康斯坦斯的婚姻为基础的。

　　参与设计的雕塑家来自不同国家，数量在不断地增加，可以反映出与其他国家，诸如法国、荷兰、意大利、英国和德国之间的政治和经济联系不断加强。在 1327—1339 年间，来自比萨（Pisa）和锡耶纳

（Siena）的雕塑大师为在巴塞罗那大教堂（见上图）的地宫里的圣欧拉利亚的遗骨创建石棺。这个石棺上的浮雕展现了生命、挣扎以及这个当地圣人的仙逝。他站在圣坛之后，浮刻在带有古典柱头的柱子上。角落壁架的天使显示了这个作坊与意大利的渊源，壁架中心立有蜡烛台和圣母的人物形象，具有优美的曲线。在塔拉贡（Tarragona）大教堂的大主教胡安·德·阿拉贡（Juan de Aragon）的大理石墓（约 1337 年）是由意大利雕塑家蒂诺·德卡迈诺（Tino di Camaino，约 1285—1337 年）完成的复古作品。

　　波布莱特（Poblet）的西多会教堂的皇室墓，最终由皮尔四世（Pere IV，1336—1387 年）发展成为王朝陵墓，来自佛兰德斯（Flanders）

的雕塑家阿洛伊西·德蒙布里亚尔（Aloi de Montbrai）在1337—1368年间从事该陵墓雕塑的建设。从1347年起，当地的雕塑家豪梅·凯斯库斯（Jaume Cascalls）接受命令去协助蒙布里亚尔。这个陵墓构造相当奇异独特，陵墓中躺着两个不规则的长方形石棺，与中堂并列，石棺躺在宽阔而平坦的拱形上，横跨在相交处的柱子之间。在倾斜的盖子上，躺着君王及其王妃的雕像（大部分都已经修复过）。阿洛伊西或者凯斯库斯也负责君王的雕塑，这些雕塑现在已看不见了。雕塑在完成后被运往巴塞罗那的皇宫，赫罗纳（Gerona）可能有一座查理曼大帝（Charlemagne）的雕像，是雪花石膏的人物雕塑形象。在塔拉戈纳、巴塞罗那、波布莱特、列伊达以及其他地方都有记录的豪梅·凯斯库斯，不仅是这些艺术家流动性的例证，也是艺术家涉猎广泛的例证。在1352年，他为巴塞罗那的宫殿礼拜堂创作画像。在1361—1364年间，他作为列伊达教堂工程的大师创建了一所重要的雕塑学校。在1375年，他受委托建造塔拉戈纳教堂的西门（见第380页右上图），但是，三个使徒和九个先知的人物形象相当粗糙，可能是由其作坊的其他成员创作的。

15世纪，在加泰罗尼亚和亚拉贡都记录了许多当地和国外的雕塑家。安东尼·卡内特（Antoni Canet）和佩尔·奥兰（Pere Oller）在1420—1426年间完成了维多利亚大教堂雪花石膏祭坛。佩雷·琼（Pere Joan）是这种后期哥特式风格的另一个重要代表人物，反映出了勃艮第和佛兰芒的影响。他最早成名的作品是在巴塞罗那的帕劳·德拉·卡塔龙尼亚（Palau de la Generalitat）正立面的圣乔治的图案（完成于1418年）。在1426年，他受大主教达尔莫·德米尔（Dalmau de Mur）委托，为塔拉戈纳大教堂（1426—1436年）的高位祭坛创作雪花膏祭坛作品。在德米尔被调到萨拉戈萨（Zaragoza）以后，1434年，佩雷·琼（Pere Joan）开始在那里的主祭坛工作，但是在被召见到那不勒斯宫廷之前，他只完成了祭坛台座。该作品是用雪花石膏建成的最伟大的哥特式祭坛作品之一，由一个叫汉斯·旺·格明德（Hans von Gmund）的斯瓦比亚人（Swabian）保存，记录在1467—1477年间的档案中。

卡斯提尔的后期哥特式雕塑

从15世纪下半叶起，卡斯提尔再次在雕塑方面处于领先地位。朝廷、贵族家族和高级教士人员想通过精湛而昂贵的坟墓和教堂装饰为自己歌功颂德，这种需求不断增加，卡斯提尔获得了很多颇有声望的委托任务。这种哥特式建筑在胡安二世（Juan II，1406—1454年）、恩里克塔四世（1454—1474年）、凯斯提尔的伊莎贝拉天主教国王（1474—1504年）以及阿拉贡的裴迪南（1479—1512年）的统治时期，出现了最后阶段的繁荣。除了瓦拉多利德（Valladolid）、皇室所在地和大主教城市以外，托莱多和布尔戈斯成为重要的艺术中心。连续几代来自北欧的大师定居在这里并引进了凤凰木雕花板技术，并与当地的穆德哈尔式艺术（Mudejar art）元素相互补充。

相关的档案来源分析使我们能够再现一组来自北方建筑师和雕塑家的作品，他们在15世纪中叶以后活跃在托莱多地区。最杰出的是来自布鲁塞尔（Brussels）的阿内坤（Anequin），他是1452—1465年教堂建筑的监管员，负责南耳堂那座精湛的德洛斯·莱昂内斯（Puerta de los Leones）的普埃尔塔，他的弟弟埃加斯·库曼（Egas Cueman）是该作品的雕塑家。埃加斯在卡斯提尔的活动始于1454年，最初为昆卡（Cuenca，今天的贝尔蒙蒂牧师会学院教堂）大教堂雕刻唱诗堂座位，后成为托莱多的知名雕塑家之一。他与来自里昂（Lyons）的建筑师胡安·瓜斯（Juan Guas）合作创作了大量重要的作品。受红衣主教和大主教佩德罗·冈萨雷斯·德门多萨（Pedro Gonzalez de Mendoza）的委托，他于15世纪80年代和瓜斯一起创作了教堂祭坛上方及后面的雕画装饰，这个奢华而艳丽的建筑与雪花石膏制作的大量人物雕像和浮雕相得益彰。据推测，在托莱多大主教的推荐下，在瓜达拉哈拉（Guadalajara）的门多萨宫殿（Mendoza palace），帕拉西奥·德尔·因凡塔多（Palacio del Infantado）的建筑物和装饰成为了上述团队的杰作，这是卡斯提尔后期主要的哥特式建筑之一。

在托莱多的圣胡安得洛斯雷耶斯（San Juan de los Reyes）修道院，教堂的建筑和装饰同样是由胡安·瓜斯设计并完成修建的。尽管缺乏证据，但这些装饰性的纹章，尤其是内部的质量上乘的人物群像，大部分极有可能出自埃加斯之手，建筑师昂里凯·埃加斯（Enrique Egas）是胡安·瓜斯（Juan Guas）的儿子，1494年以后也投身于建筑领域。

在瓜达卢佩（Guadalupe）修道院为贵族家庭建造坟墓是具有挑战性的委托任务，埃加斯在那里多次接受这类任务。例如1467年，他为阿隆索·德韦拉斯科（Alonso de Velasco）夫妇建造了墓碑，设计几经修改，终于在1476年大功告成。在这种壁龛式坟墓中，死者被雕刻成立体雕像，跪着祈祷，这种新型的墓碑由此开始推行，在卡斯特尔地区，尤其在宫廷中被广泛模仿。

在布尔戈斯的委托修建情况与托莱多的情况相类似，尽管15世纪下半叶的建筑物贸易实际上由胡安·德科洛尼亚（Juan de Colonia）垄断，他来自科隆（Cologne），他的儿子西蒙（Simon）是下莱茵（Lower Rhine）或者佛兰德斯的本地人，以承包雕刻品闻名，之后却搬到了吉尔·德西罗耶（Gil de Siloe）。作为一个备受尊敬的市民，他掌管着布尔戈斯的一个大教堂，而且在瓦拉多里德也很活跃。他有记录的最早作品是在大教堂的（1486—1488年）圣安妮礼拜堂的木雕祭坛，这是卡斯提尔最早的墓碑式雕刻祭坛作品。西罗耶（Siloe）的两项主要作品分别创作于1489和1499年，由伊莎贝拉授予创作契约。布尔戈斯附近的米拉弗洛雷斯（Miraflores）的天主教加尔都西会教士修道院由胡安（Juan）和西蒙·德科洛尼亚（Simon de Colonia）共同建造：胡安二世（Juan II）和他的妻子的墓碑，在类型和风格上符合勃艮第统治者坟墓的传统，但八角星的形状却使其别具一格。

亚科贝莎，圣母玛利亚主教堂
佩德罗一世的石棺，建于 1360—1367 年
《石棺头部的幸运之轮》

伊莎贝拉兄弟因方特·阿方索（the Infante Alfonso，卒于 1468 年）的墓碑内有装饰斑斓的壁龛，死者跪在祈祷椅之前（见第 384 页图）。西罗耶（Siloe）也设计出了女王最喜欢的侍从官胡安·德帕迪利亚（Juan de Padilla）的墓碑（现在收藏于布尔戈斯博物馆），胡安·德帕迪利亚在 1491 年死于格兰纳达（Granada）包围之战，葬于弗雷斯德尔维尔教堂。作品饰有精致的丝装饰品，与金匠的作品一样精致，死者华丽的衣服和肖像采用了现实主义的手法。它属于西班牙后哥特式时期最好的雕刻作品，是卡斯特尔宫廷本身具有的艺术奢华的清晰表征。墓碑式的祭坛作品位于特殊环形结构中心的《十字架上的耶稣受难记》，以及边上的皇室捐助人吉尔·德西罗耶（Gil de Siloe）等许多其他人物的雕像一起构成了装饰华丽的"艺术幻境"（见第 385 页图）。

葡萄牙的哥特式雕塑

直到 13 世纪末期，哥特式风格才在葡萄牙得以广泛传播。科英布拉（Coimbra）作为 1139—1383 年间的葡萄牙君主府邸，与里斯本（Lisbon）和埃武拉（Evora）一起成为了哥特式雕塑的主导中心。雕塑品委托领域中最重要的一项就是墓葬雕塑。在该领域里，最重要的作品之一是由阿拉贡的佩尔大师所创作的，他在 14 世纪 30 年代很活跃，作品有布拉加大教堂（Braga）的贡萨洛·佩雷拉（Goncalo Pereira，卒于 1336 年）主教之墓、科英布拉古教堂的因凡塔瓦塔卡之墓和阿拉贡的伊莎贝拉女王（Queen Isabella，现位于科英布拉的桑塔克莱尔诺亚）之墓。除了具有受到加泰罗尼亚 - 阿拉贡雕塑影响的保留形式之外，佩

尔大师引入了一种新型的葬礼墓碑，证明了其影响力：由狮子石雕支撑石棺，具有平卧的雕像和哥特式的封闭拱廊，圣徒形象环绕四周。最杰出的例子是在亚科贝莎（Alcobaca）圣玛利亚修道院教堂的两个石棺，时间追溯至 1360—1367 年，这证实了国王佩德罗一世（1357—1367 年）和妻子的侍女伊内斯·德卡斯特罗（Ines de Castro）之间的情爱韵事（见上图）。继承王位之后，佩德罗命令建造两个白色石灰石石棺，长度为 3m 多，分别为他自己和伊内斯（1355 年被他父亲所杀）使用。该石棺和他们高雅的建筑细节以及不寻常的绘图浮雕，集中刻画了人物形象，就像是象牙制成的精致雕刻品。这个悲剧性的爱情故事由佩德罗石棺头的情景所唤起，融入了一个像玫瑰花座般的幸运之轮。

为了纪念 1385 年阿尔茹巴罗塔（Aljubarrota）对抗卡斯提尔人的胜利，并作为阿维什王朝皇室的埋葬地，约昂一世（Joao I）建造了圣母玛利亚维多利亚的多米尼加修道院。这个路西塔尼亚（Lusitanian）晚期哥特式建筑瑰宝的建设和装饰工程直到 16 世纪才竣工，耗费了最顶尖建筑者和雕塑家数十年的时间。在 1434 年，创建人兰切斯特（Lancaster）的约昂（Joao）和菲利帕（Philippa）被埋葬在专为建造者设计的豪华双人墓里。横卧的人物被加冕了华盖，紧握着双手——该主题可能是由菲利帕从英国墓葬礼雕刻品引入的。西立面的中央部分突出了艳丽风格的实心窗格（见第 387 页左图）。1434 年前，其正门就有 78 个雕像（一些是由复制品所替代的），显示了与克劳斯·斯留特尔相关联的勃艮第特色。由曼纽尔一世（1495—1521 年）的建筑师焦戈·波伊塔可（Diogo Boytac）建造的回廊拱门细密网状和铁楞窗格（见第 387 页右上图）属于建筑工程的最后阶段作品。

圣母玛利亚维多利亚修道院
西门（建于约 1426—1434 年间）

右上图：
圣母玛利亚维多利亚修道院
回廊，建于 1495—1521 年间

右下图：
贝伦圣哲罗姆隐修会教堂
西门，建于 1517 年以后

另外一座旨在颂扬葡萄牙伟大的纪念碑是在贝伦的圣哲罗姆隐修会教堂修道院，由曼纽尔一世在 1499 年邀请从印度返回的瓦斯科·达·伽马和他一起建造。南正门建造于 1517—1522 年，由布瓦塔克（Boytac）的继承者诺昂·德卡斯蒂尔（Joao de Castilho）大师建造，在间壁上雕刻的是航海家亨利（1394—1460 年），亨利是葡萄

牙扩张的开拓者，这个缅怀圣母玛利亚的教堂是他建立的。西正门（从 1517 年开始修建）由芊塔润内（Chantarene）建造，上面有创建者跪着的形象，他们是曼纽尔和他第二任妻子——来自卡斯提尔的玛丽娅（见右下图）。尽管丰富的装饰依然显示了后哥特时期的特点，但可以看出创建者们的绘图作品渐渐开始向文艺复兴转变。

埃伦弗里德·克卢克特（Ehrenfried Kluckert）

哥特式绘画艺术

简述

难以明确定义哥特式绘画艺术的原因有两点：一是我们需要对哥特式艺术和文艺复兴时期的艺术进行清楚的区分；二是我们还需要阐明意大利艺术与北欧艺术之间的关系，尤其是关于早期尼德兰绘画艺术。因为比较容易确定哥特式与之前的罗马式之间的差异，所以，我们可以先把重点放在这一主要问题上，即哥特式艺术与文艺复兴时期的艺术有怎样的联系。这样一来，我们就应该能够消除并列比较这两个时期总会出现的一些矛盾。我们应该还能对 14 世纪意大利艺术有一个清晰的认识，从而确定它与北欧画家（从扬·范艾克（Jan van Eyck）到希罗尼穆斯·博斯（Hieronymus Bosch））的艺术关系。

自然空间、图画空间以及日常生活

上述问题中的一个核心问题就是形式和主题皆与自然相似。下面引用的一句话为该问题提供了一个很好的切入点。"不论贵族还是平民，不论牧师还是教徒，都一起嘲笑主竟成了人。甚至连卑微的窃贼也一起来奚落他。许多人肆无忌惮地站在他面前，抬首望着他，龇牙咧嘴，大喊大叫。这样的横蛮行为并不只是十次或二十次，而是数百次之多。"

这段文字摘自 15 世纪初期的一篇布道辞，是中世纪关于耶稣受难的典型文学作品，也是公众对绘画作品的特有认知，因为这类主题出现在祭坛画以及板面绘画作品中。虔诚的世俗之人想要更多了解福音书之外关于基督受难和死亡的信息。这种"想尽可能多看"的渴望，或者更准确地说是这种想要尽可能详细地看问题的渴望，既涉及了宗教体验的真实感，也涉及了人们感觉到的这种渴望与其日常生活之间的密切关系。融入当代艺术需要新的观赏方式，即采用不同形式和新图案进行表现的方式。

通过对哥特式绘画中期的研究，即 1250—1450 年间，我们可以清楚地阐明早期尼德兰艺术在美学和主题方面的重新定位，尤其是扬·范艾克的艺术作品。这种新的艺术以一种令人难忘的方式，融合了传统图画模式以及图画代表意义的新需求。该形成过程在汉斯·贝尔廷的《图画的发明》（*The Invention of the Picture*）一书中有概述。在该书中，贝尔廷将宗教图画的一系列旧功能描述为"新美学的外形"。贝尔廷认为已经找到了一种完全决定"欧洲观赏方式"的新绘画准则。这是分析尼德兰绘画艺术的一个有用工具。

应该记住，早期佛朗哥 - 佛兰德插画，以及罗伯特·康宾（Robert Campin，佛兰德斯画师）的作品均在此次"发明"中发挥了决定性的作用。而且，14 世纪的耶稣受难文学和场景设计形成了新的群体结构和图画叙事形式。

因此，扬·范艾克或者罗希尔·范德魏登（Rogier van der Weyden）可能参照了现成的空间结构模式和观赏方式。正是艺术史学家埃尔温·帕诺夫斯基（Erwin Panofsky）系统地分析了这些关系，从而断然将早期的尼德兰画家排在中世纪时期艺术的中心位置。

对扬·范艾克与罗希尔·范德魏登作品的分析是非常有趣的。因为分析有助于确定这些横跨扬·范艾克到希罗尼穆斯·博斯时期的作品是属于哥特式风格还是文艺复兴时期风格。罗希尔·范德魏登的形式语言采用范艾克的现实审美标准，从而发展成为与中世纪受难文学图画密切相关的宗教叙事画，这对于早期尼德兰绘画艺术属于"哥特风格阵营"的观点（即使学者们的意见并不一致）起到了最大的支撑作用。"范德魏登模式"甚至被视为北欧中世纪晚期，即整个 15 世纪艺术发展的审美基础。因此，我们如何描述这一时期的尼德兰绘画艺术呢？通过更仔细了解意大利绘画艺术的发展情况，可找到这一问题的答案。

汉斯·贝尔廷认为"绘画发明"同时但独立地出现在尼德兰和意大利。不过，对于该观点人们有很多异议。毫无疑问，尼德兰自然主义与佛罗伦萨画派的透视画法实验并不一致，然而乔托为其画像构造的现实空间，与 14 世纪其他画家提出的空间感之间还是有类似之处的。在阿尔贝蒂看来，基于光影技巧在画面上如幻似真的开阔感是写实手法的先决条件，这样才能画出动感的人物和创造有立体感的物体。

阿尔贝蒂在其著名的《绘画论》（1436 年）中，描述了一种中心透视作图法，这是文艺复兴时期艺术的一个主要特征。但是构造这种使"新的观看方式"变成可能的透视法要求的数学计算，很大程度上要归功于乔托的实证研究。乔托很可能提出了决定性的问题。那就是，怎样在平面上构造出立体虚幻效果。对于一百年之后的扬·范艾克而言，实证研究还发挥了重要作用。不过，关于在平面上形成三维立体绘图，扬·范艾克的解决方法完全不同。正如帕诺夫斯基恰如其分地叙述，扬·范艾克使用的光线仿佛是透过显微镜和望远镜一样。

同样的事项既涉及从乔托到弗拉·安吉利科（Fra Angelico）的意大利画家，也涉及从扬·范艾克到希罗尼穆斯·博斯的尼德兰艺术家。正当意大利艺术家学习以中世纪的风格进行绘画并注入了一

些"现代"气息的时候，中世纪晚期北欧艺术家的绘画则走向了现代，即朝向文艺复兴式绘画发展。

意大利与北欧

当我们在欣赏 1300 年左右的艺术作品时，会发现意大利与北欧之间存在着很大的区别。只有这样，我们才能鉴别这两种迥异的绘画方法，并且更清楚地了解形成"哥特式"艺术的不同发展形势。物体空间的准确描绘是 13 世纪到 15 世纪期间绘画的关注重点，这并不是一件仅涉及乔托之后的意大利艺术家的问题，法兰西艺术家也曾深受困扰。半个世纪之前，达戈贝特·弗赖（Dagobert Frey）认为，从宏伟的大教堂来看，法兰西艺术家肯定已经提出了有关三维立体空间的相似观点，以便逼真地描绘物体或空间。因此，他认为北欧的哥特式绘画是线状或平面的，而意大利从乔托到文艺复兴初期的绘画是表现三维空间的，这种将两者截然分开的流行说法是站不住脚的。

乔托以及 13—14 世纪早期巴黎派画家均把三维主题描绘作为起点，只不过空间概念不同。14 世纪以及之后的文艺复兴初期的画家试图实现一种统一的图形表现手法，换言之，他们将一幅绘画作品中的不同部分融合在一起。然而，法兰西艺术家却试图将图画的不同部分全部连在一起，好像空间是由相互放在一起构成场景的离散图像组成的一样（见第 390 页图），而这些艺术家的审美模式影响了北欧的其他地区。严格地说，这种刻画方法同样也应用于扬·范艾克的作品中。

通过把这些不同的空间描绘方法描述成"同时而连续"的方式，弗赖启示性地让我们对这一时期有了深入的了解。弗赖认为，法兰西艺术家修建了大教堂，但也意识到空间的表现形式。这对意大利艺术家而言，也是成立的。因此，关于艺术发展形式沿直线从南到北移动的观点，应进行纠正。集中于哥特式扇形拱顶中心（通常指拱顶石）周围的事物，构成一幅依赖于抽象线性系统的整体图画。该线性系统中的单个图案以意大利风格方式相结合。如果哥特式扇形拱顶的某些部件能够被广义地描绘成图画，那么我们或许可以认为，当乔托在意大利工作时，北欧已经开始将图像整合到图形空间中。

当然，毋庸置疑的是，意大利艺术家为欧洲其他的艺术家装饰其哥特式教堂提供了重要的模型。14 世纪的意大利画家们首先关注的是在建筑结构背景中准确表现一个主题。他们想让虔诚的观看者融入这个神圣的主题中，从而建立起图画与信徒之间的关系。在严格意义上，而非象征意义上，教堂为宗教绘画提供了一个框架。

左上图：
乔托（Giotto）
《与十字架对话的圣弗朗西斯》（*St. Francis in Dialogue with the Crucifix*）
约1295年
湿壁画
阿西西圣方济各教堂，楼上教堂

左下图：
《圣狄俄尼索斯抵达巴黎》（*St. Dionysus Enters Paris*），摘自《圣丹尼斯生平》（*Vie de St. Denis*），约1317年
彩图，24cm×16cm
巴黎国家图书馆，Ms.fr.2813, fol.474v

这可能就是乔托将墙面作为图画空间最前的平面的原因。现在，信徒似乎可以进入到画面中，圣人变得可以接近。因此，通过阿西西圣方济各教堂上堂中的作品（见左上图），证明在13世纪即将结束之际，将外部现实融入绘画艺术中是可能的。这一阶段意味着完全背离了当时流行的拜占庭风格。尽管拜占庭风格暗示了一种亲密性，但也强调了圣徒和圣经人物的难以接近。

亚历山大·佩林（Alexander Perrig）清楚地证明，在中世纪时期，拜占庭式图像风格被认为是早期基督绘画的美学标准。通过教皇和元老院的命令，在形式和内容上，拜占庭风格被视为宗教艺术唯一的有效媒介。根据佩林的叙述，在锡耶纳，拜占庭风格是国家庇护的官方风格。他认为，恰恰是因为这种官方庇护，杜乔（Duccio）的《宝座上的圣母》（*Madonna Enthroned*）比乔托的《圣母登极》（*Ognissanti Madonna*）更受欢迎。换言之，对于锡耶纳人而言，乔托的自然主义风格很"虚假"，并且描绘了一位"难以让人相信的"圣母，而被认为是最接近于早期基督绘画的杜乔的拜占庭风格，确保图像与圣母玛利亚的真实面容尽可能相似。

乔托和他的学生，甚至杜乔的效仿者纷纷通过多种方式把拜占庭风格抛诸脑后。基本上，自然主义风格盛行于意大利，从而导致新观看方式的形成。新的观看方式在数学模型和光学实验的帮助下，在中心透视法的基础上逐渐形成。

拜占庭传统与自然主义风格之间的重要争论，是意大利哥特式绘画艺术的重要主题。因此，从狭义上来讲，不应该使用"14世纪的画家"的说法，应扩大范围，包括15世纪的一些画家，如弗拉·安吉利科或皮萨内洛（Pisanello）。这样还能让我们将其同时代的画家，例如马萨乔（Masaccio）和乌切洛（Uccello）排除在外，并清楚地区分开哥特式绘画和文艺复兴时期绘画。因此，可以认为文艺复兴绘画艺术创建于1300年左右——即使中心透视法还要一百年才形成。

文化和知识的改变往往伴随着其他动荡事件。从13世纪末到14世纪末的这一时期是一段大动荡时期。1296年，汉萨同盟在吕贝克创立，随后在德国的其他汉萨同盟城镇和波罗的海地区也建立同盟，从而促进经济繁荣发展，加强了北欧众多城市商人阶层的力量。在中世纪初期和中期的社会结构中占主导地位的封建政治秩序，逐渐由一种以阶层为基础的社会秩序取而代之。英法百年战争（1339—1453年）摧毁了英格兰与法兰西，并且造成严重的经济衰退。而且，黑死病（1347—1351年）几乎使欧洲至少三分之一的人丧生。最后，

《人生十部曲》（*Wheel of the Ten Ages of Man*）
《罗伯特·德莱尔诗集》（*Psalter of Robert de Lisle*），1339 年以前 彩图，34cm×22.5cm
伦敦大英图书馆（British Library）

所谓的巴比伦囚虏时期（Babylonian Captivity），即 1309—1377 年教廷中心不再位于罗马，而是迁至法国南部的阿维尼翁（Avignon）时期，政治和宗教斗争以及之后的大分裂（Great Schism）使基督教世界发生动摇。

因而，这一时期可称为"起点时代"。人文主义的开始以及非宫廷文学的形成，预示着现代社会的萌芽。然而，教会对于进步的唯名论（Nominalistic）学说和自答者等学派的禁止，同样也表明保守主义继续存在。

旧拜占庭风格及其北欧的风格变体———一种与哥特式风格的典雅相比，看起来好像生硬而矫揉造作的风格———的持续，以及一种对自然界及艺术描绘日益增长的敏感性，可以视作是对这一时期复杂的文化、社会、政治以及宗教发展的反映。

13 世纪的艺术转型

与 14 世纪一样，13 世纪是一段发生分裂和不稳定的时期。随着霍恩施陶芬（Hohenstaufen）帝国的衰亡，一些小的独立社会阶层逐渐形成，其中就有中产阶层。当时的宗教冲突可以从两兄弟政治信仰和政治抱负的对立方面表现出来。他们就是路易九世（Louis IX，1226—1270 年）和安茹伯爵查理（Charles of Anjou，1266—1285 年）。前者被奉为"楷模国王"；后者在其扩张政策中与教皇势力纠缠不清。

教会中发生了意义深远的变革。一方面，卡特里派教徒（Cathars）以及其他可疑团体被称为"异教徒"并且被血腥镇压；另一方面，圣方济各会和多明我会让其修道院中做杂役的修士获得友爱而清贫的生活。甚至古典时期的异教徒哲学派别正逐渐融入教师和神学家的教义，尽管教会多次试图对其进行控制。

这就是绘画观点变化的背景。主题和图案变得更加丰富多彩。例如，对受难耶稣基督的描绘的转变，象征着哥特时期的开始。十字架旁哀悼妇女的高雅与耶稣饱受酷刑的身体形成鲜明的对比；具有人性化反应的圣母几乎昏厥，由同伴搀扶着；一位仆人正阻止鲁莽的持杖者。耶稣被钉死在十字架上的画面，转变成了一个故事，一种耶稣图像与人物的形式。对耶稣被钉在十字架上所受的痛苦和折磨的描绘对中世纪的观看者而言是一幕非常容易理解的场景。这类图画使用的现实主义，预示着自然主义风格的初次觉醒。这种日益发展的自然主义在哥特艺术中有许多种形式，并且最终使早期尼德兰画家取得了辉煌成就。

日常生活融入早期哥特式绘画艺术的另一标志就是祈祷书的盛行。祈祷书不仅仅用作祈祷，而且作为审美享受，因为书中加上了精美的插图说明。13 世纪末，祈祷书已被修饰得十分华丽，因此被当做奢侈品进行交易，尤其是在法国路易九世（被尊为"圣路易"）宫廷中。最出名的工作坊均在巴黎，为欧洲艺术中新图像和新形式的传播做出了巨大贡献。

早期哥特式绘画形式

哥特式绘画并不是完全从罗马式绘画发展起来的。哥特式建筑的大教堂墙壁带有精美的花窗格和巨大的窗户，结构精致，艺术家不能在墙面上进行绘画。哥特式大教堂建筑开始的时期也正巧是罗马式绘画艺术达到鼎盛时期，尤其是罗马式壁画。然而，不久之后其他艺术技法开始占据主要地位，而绘画艺术不得不退居二线。在建造第一批哥特式大教堂时期，我们可以从常常效仿流行样式的画家采用的技巧以及昂贵的镶嵌玻璃和彩色玻璃技术可以看出绘画的这种从属地位。

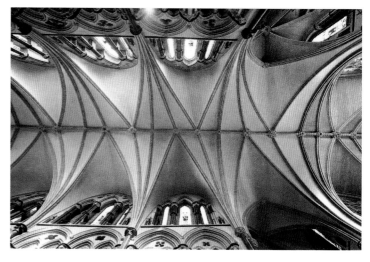

这一过渡期之后，绘画和建筑之间的关系高度密切，从而出现了许多有趣的主题和变化。通常绘画使用建筑中的图案和结构之后，绘画作品的美学价值会更高。1339 年以前的《罗伯特·德莱尔诗集》中的一幅插图（见第 391 页图）展示了《人生十部曲》，中心为全知的上帝。毫无疑问，这幅图的灵感来自哥特式大教堂的玫瑰花窗。来自上帝面容的光线间的空白采用星形和瓦片形装饰，模仿了哥特式大教堂的肋架拱顶。

绘画作品使用建筑图案的另一个例子，可以在《圣路易诗篇》（Psalter of St. Louis）中找到。其中有一幅教堂图像与路易曾大约在同一时间任职的巴黎圣礼拜堂（Ste.Chapelle）非常相似。尖顶窗、三叶饰、四叶饰以及圆花饰成为标准装饰设计的构成部分。

然而，自 1250 年左右起，英国插画设计在这一方面尤其出色（见左上图）。这一场景来源于《启示录》，其中一位天使正向跪着的圣约翰指示圣城耶路撒冷的方向，摆脱了罗马艺术中的形式概念。该插图的特点是明显的对角布局：圣约翰的背部线条、天使的手臂以及翅膀的位置，好像在画面中形成一条主要的对角线，画像似乎发生诡异的变形。一种类似的不对称匀称可以在林肯大教堂唱诗堂的所谓"怪异拱顶"（见右上图）中找出。在此处，拱肋自教堂拱廊处向上，以意想不到的角度与脊肋上的凸饰相连，打乱了对称性。这样拱顶的有机结构变得生动活泼，因此透明墙壁看起来似乎升高了。动态动画的相同意图大概就是解释《英国启示录》的缩影。这一时期，艺术家从其他艺术形式中寻找灵感的例子有很多。

新体裁

我们已经知道，在哥特式绘画艺术发展过程中，不只是风格发生变化。对画家和资助者而言，新形式的探索也意味着对新主题的探索。迄今为止，哥特式绘画的范围一直以信仰类图画、祭坛画以及描绘圣徒生活的壁画为主。这种情况并未改变，但人们通过艺术秘密途径，探索到了新的主题和各种各样的图案。

宗教与日常生活之间的紧张局面，产生了新的体裁。在 14 世纪时期，这些体裁还与宗教主题形影不离。可识别的花朵嫩芽首次出现在圣徒和天使的双脚之间。圣母室通常装饰有精致的枝状大烛台和傲然直立的百合。在这里，圣母惊喜地收到天使的报喜。这些对大自然和真实生活的描绘，开始独立存在，而以前他们仅拥有艺术属性，被称为"伪静物画"。例如，乔托为帕多瓦（Padua）阿雷纳礼拜堂（Arena Chapel）的一个小礼拜堂壁龛以错视画法（trompe l'oeil）绘画了一个大烛台（见 393 页左图）。而乔托的学生塔代奥·加迪（Taddeo Gaddi），则在一个经着色的三叶形壁龛内，放置了圣器、圣餐盘以及细颈瓶（见第 393 页右图）。

这些是首批静物画中尼德兰画家在 15 世纪继续大力发展的一种体裁。在天使报喜中，烛台和蜡烛、书和圣母旁边桌上缝好的床单，仍然具有象征含义，但它们也逐渐形成一个具有自身审美价值的单独整体。

同样，早期风景画采用了宗教主题的形式和结构，例如《圣家庭逃往埃及》(The Holy Family fleeing to Egypt)。描绘的人物比例逐渐变小，因而，自 15 世纪起，我们就可谈及"圣徒风景画"。然而，并不仅仅是宗教主题产生了新的形式和体裁。

14 世纪中期，安布罗焦·洛伦采蒂（Ambrogio Lorenzetti）在锡耶纳市政厅画了一幅巨大的全景风景画，作为《好政府的寓言》（*Allegory of Good Government*，见第 450、451 页图）的背景。从此，欧洲风景画在锡耶纳出现复兴。意大利诗人彼特拉克（Petrarch）登上了法国南部的旺图山（Mont Ventoux），这对该类作品的产生发挥了重要作用，我们将在下文中谈及。

在众多哥特式绘画作品中，明显还有另一因素引发了一种新体裁的形成。那就是赞助者。赞助者越来越想要以一种可信的、非常逼真的方式参与到神圣事件中，通过他们的参与，赋予画面一种真实感。

因而，他们被描绘成虔诚践行宗教使命的具有熟悉面孔的个体（见第 394 页图）。形式上，个人展现虔诚态度的双连图画——民间祭坛画的主要形式，赞助者和圣徒在一面各占一半，而另一面则为圣母。这种关于奉献和崇拜的新艺术观点，是欧洲肖像画形成的起点。

赞助者与艺术内容

重现中世纪赞助人、艺术家以及绘画内容的决定者之间的关系，几乎是不可能的。相关记录凤毛麟角，但还是找到了一些阐明图画产生及其主题和图案的记录。

在中世纪鼎盛时期，正是神学家在很大程度上负责确定一幅大型图画的图案构成（插图设计），但是在中世纪晚期，宗教和非宗教主顾开始扮演这一角色。这些主顾们并不一定亲自参与人物图像设计，但他们通常对设计具有支配权，并且常常规定一些重要的图案。

左图：
乔托
凯旋门墙上静物画
湿壁画，1305 年
帕多瓦的阿雷纳（斯克罗维尼）
礼拜堂

右图：
塔代奥·加迪
《壁龛与圣餐盘、圣器和细颈瓶》（*Niche with Paten, Pyx, and Flasks*）
湿壁画，1337—1338 年 佛罗伦萨
圣十字教堂（Santa Croce）

帕多瓦阿雷纳（斯克罗维尼）礼拜堂的装饰就是最好的例子。礼拜堂的修建者恩里科·斯克罗维尼（Enrico Scrovegni）被教皇赋权全权享有这座礼拜堂。随后，斯克罗维尼聘请了一位所谓的"设计者"——附近圣方济各堂的一位神学者，以确保湿壁画中描绘的圣经场景的准确性，还确保其愿望都要满足。亚历山大·佩林曾指出，阿雷纳礼拜堂《逃往埃及》(Flight to Egypt) 中的大量人物，无法参考《福音书》或《伪经》进行判断。斯克罗维尼很有可能是通过让商人陪伴着圣家族，随心所欲地表现其虚荣心，从而引起人们对其信仰的注意。

贝尔特拉姆大师（Master Bertram）受托为汉堡（Hamburg）圣彼得教堂主祭坛所作的祭坛画，向我们展示了一个完全不同的例子（见第435 页上图）。我们知道该祭坛画的设计者是出生于古老贵族家庭的威廉·霍尔博尔希（Wilhelm Horborch）。霍尔博尔希还是罗马教皇大使兼大教堂执事。我们还知道，正是霍尔博尔希委托贝尔特拉姆大师执行设计。

祭坛画的设计相对较简单。人们想知道一个如此繁忙而具有高学识的人怎么会参与一项原本一个普通神学者就能很容易完成的任务。原因也许就是世俗的虚荣心作怪。威廉的兄弟贝尔特拉姆·霍尔博尔希（Bertram Horborch）是当时的汉堡市长，并且被称为"圣彼得大教堂的保护人"。我们可以认为，为了提高家族的声望，这兄弟俩希望明确地被视为祭坛的捐赠人。

对于众多教徒而言，似乎只有艺术才能描绘出宗教体验的真实感，让显圣场面真实可触，且最终证明上帝永存。在患病之初，佛兰德斯的乔治·范·德巴尔教士（Canon Georg van der Paele）委托扬·范艾克制作了一幅《神圣的对话》(Sacra Conversazione)，即描绘了巴尔、替巴尔求情的两位圣徒以及教区教堂布鲁日圣丹尼斯联合教会中的圣母之间的一次谈话情景。但巴尔最终还是因病去世。

汉斯·贝尔廷一针见血地指出，绘画场景模仿了真实教堂，因而将画面提升至日常现实领域。通过这样的画面，范·德巴尔教士不仅实现了愿望，而且还证实了他被许可在圣母宝座面前祷告，受到特别赐福的事实。

这些来自意大利、德国和低地国家等地区的例子，不仅证明了捐赠人与赞助人的意图，还通过其结构和主题表明了那一时期的社会和知识问题。正是艺术家已展现的审美模型投合了主顾心意，因而第一个得到委托。

哥特式绘画的特征

因哥特式绘画艺术风格和主题多种多样，而且各地区的风格也不同，所以我们无法清楚表述什么是"哥特准则"。然而，这并没有阻止许多人尝试确立这样一个准则，即能为诠释哥特式绘画及确定其基本特征提供明确原则的准则。要确立这样一个公式的话，必须清楚地加以区别。在此情况下，最重要的就是哥特式艺术与文艺复兴时期艺术之间的区别。

荷兰历史学家约翰·赫伊津哈（Johan Huizinga）在其关于北欧这一时期的经典著作《中世纪的衰落》(The Waning of the Middle Ages，1919 年）中，认为我们需要追溯"文艺复兴"（该名词跟"中世纪的"一样，自身并不含有有限的一段时期的意思）的原意。斯吕特（Sluter）和范艾克很显然不属于文艺复兴时期。他们在形式和

右上图：
《法兰西皇帝查理四世与查理五世观看
十字军东征戏剧》（*Emperor Charles IV
and Charles V of France Watch a Play on
the Crusades*），摘自《法国大编年史》
（*Grandes Chroniques de France*），
约 1380 年
彩图，35cm×24cm 巴黎国家图书馆

风格上都带有中世纪的味道。赫伊津哈认为，范艾克及其追随者的作品是中世纪真正的精神成果，试图尽可能真实地在画中描绘一切。

我们已经提过，利用光线作为传达物质性的工具，是增强观察力的一种方式。不过，从图画物体的构造方式方面，也可以研究这种新的物质形态感知方式的传统根源。例如，范艾克兄弟所作的《根特祭坛画》（*Ghent Altarpiece*）中的人像和群像处于组画的某些特定部分，但它们的相互关系更多的时候是装饰关系，而非本质关系。

这一特征是北欧以及意大利 13 世纪与 14 世纪绘画的一个固定特色，仍然受到拜占庭风格的影响，例如契马布埃（Cimabue）或杜乔的作品。北欧哥特式绘画仍然紧紧抓住人物孤立的观念，就像罗马传统风格绘画一样，画中每个人物或物体均可看作是一个标志。

装饰结构将各组成部分分开，而不是将其连接在一起，因而促使观看者连续地观看图画中的组成部分。图形的表达似乎倾向于语言的具体表现，因此一段文字的主题可以直接转化为图形描述（见右上图）。这种技法还应用于众多 14 世纪壁画作品中，但相较于 14 世纪绘画，不同之处在于空间结构方面。

哥特式绘画的独特风格或许可以用从罗马式或拜占庭传统脱颖而出来解释。"自然主义""保守主义"或"典雅"等常见的名词，仅指哥特式艺术的表达方面，不应视作其定义性特征。如果我们逐步阐明赫伊津哈关于 13 世纪晚期至 15 世纪时期绘画发展的观点，我们可以得出结论：哥特式艺术在早期尼德兰艺术家作品中达到了巅峰。

尽管如此，海因里希·克洛茨（Heinrich Klotz）最近应用于扬·范艾克及其追随者的术语"早期北方文艺复兴"还是不能被摒弃。许多绘画作品均表现出了新旧特征，并且过渡的精确时间点很难确定。而且，艺术历史语言对于文化交点而言，不管对于时间或是地点，通常都太僵硬了。

阿尔布雷特·丢勒自 1498 年创作的《启示录》木版画组图在 1494—1495 年首次意大利之行之后开始创作，该作品在其叙述构思方面，看起来差不多是中世纪式风格的，换言之，为哥特式风格。不过，丢勒还是将连续的场景组合在一个准确定位观看者视角的统一空间里。达戈贝特·弗赖的评论很正确，即中世纪与文艺复兴风格并存于丢勒创作的《启示录》（见右下图）。

主观性、美观与自然：中世纪艺术理论

以下三点体现了中世纪的艺术观点的特征，及其形式和结构上的变化：如何确定主题、美的思考，以及发现自然（这是审美和情感体验的真实来源）。

普遍的观点认为，中世纪艺术家将自己看作是神圣工具，因为他的所有才华都用于侍奉上帝，其实，这种看法不完全正确。中世纪绘画并不仅仅是超自然现象的写照，而且在某些方面，还是对世俗的世界的描绘，其中描绘日常物品和事项是其特点。

翁贝托·埃科（Umberto Eco）的小说《玫瑰之名》（The Name of the Rose）标题就引用了这些关于分离物体的评论和对其真实性的思考。中世纪的核心哲学问题之一——共相问题，在他的小说中赫赫有名。对于坎特伯雷的安塞尔姆（Anselm of Canterbury，1033—1109年）等唯实论者而言，个别事物的实在由其体现的一般概念（共相）决定。共相似乎比个别事物"更实在"。

另一方面，孔皮埃涅的洛色林（Roscelin of Compiège，约1050—1123/1125年）、彼得·阿伯拉尔（Peter Abelard，1079—1142年）等唯名论者，坚持认为一般概念仅仅是单词或名称，即意识抽象概念。对于唯名论者而言，只有个别事物是真实存在的。玫瑰的"名称"并不是实体，只是一类通称。只有作为一件"个别事物"，玫瑰才成为实体。

这类早期关于实在本质的讨论，显示出增强本质和共同经验的重要性。这类讨论与中世纪对于古典哲学的处理有关，尤其是亚里士多德（Aristotle）的作品。关于这一点，圣托马斯·阿奎那（St. Thomas Aquinas，1221—1274年）是最重要的人物，因为他的思想体系大量借

鉴了最近重新发现的亚里士多德哲学论中的逻辑性和系统性。

阿奎那认为，艺术作品只是物质世界的镜像，而物质世界本身是神圣宇宙的象征。阿奎那在其最重要的哲学作品，也可以说是中世纪最伟大的作品——《神学大全》（Summa Theologica）第一卷中指出，感官用于规定、协调和寻找美感。我们从美中得到愉悦，因为感官感知到其内在和谐。他的结论是，完美、和谐与鲜明是美的三个条件。

艺术家应该根据作品的功能，给予作品"最佳的外形"。"艺术家用铁制作成锯，因此它可以用于锯切。他没有想要使用玻璃来制造锯子，若使用这种材料肯定更美，因为玻璃的这种美会妨碍锯子的使用。"一方面，阿奎那将"美"与作品的制造者（艺术家和手艺人还未被视为是分开的职业），以及观看者的主观判断联系起来。从现代角度而言，阿奎那从观看者的主观性中寻找美的特征。然而，在另一方面，阿奎那也限定了主观性的意义：完全靠个人获得的物体美，不能与该物体的适用性相抵触。换言之，在此我们须再次从现代角度提出问题，物体的创造以及我们对该物体的主观反应，应始终针对其潜在实用性进行测试。

阿奎那是共相问题的一名自由主义者。与唯名论者一样，他强调个别事物的实在，但仅仅是那些可以从共相中得出的事物。上帝是真实存在的，而作为上帝造物参考点的个别事物也是如此。

对于个别事物实在的认识，是不断熟悉亚里士多德思想引发的一次经验转变结果。在这方面，值得一提的是，哥特式绘画中的画像形式安排通常仍然是传统形式。改变的是，赋予画像个性的欲望越来越强烈。

无论是在圣母周围天使的包围中，或是在《最后的审判》（Last Judgment）的宏伟场景中，单个画像被描绘得更加详细，而且具有独特的轮廓。面貌变得可以识别，并且肢体动作从整个组图中脱颖而出，因此，组图变得越来越复杂（见左图）。

圣托马斯·阿奎那认为，美是获取善和真的一件工具；感官的内在秩序为这一切的发生创造了必需的前提条件。因此，事物中的愉悦是由认识引起的，而非感觉。阿奎那从未就这点对纯感觉进行讨论。

但是意大利诗人、学者弗朗切斯科·彼得拉克（Francesco Petrarca，1304—1374年），从感觉和感性方面思考了美的愉悦感。他可能是第一个将真实景观作为审美和情感事件进行颂扬的人。

在明知是"跨越精神境界"的情况下，彼特拉克在法国南部的时候，决定去登旺图山。他在1336年所写的一封信中记述了他对登上山顶时展现在其面前的壮观景象的感受："白雪皑皑的阿尔卑斯山似乎触手

罗伯特·康宾（佛兰德斯画师）

《圣母子像》（*Virgin and Child Before a Firescreen*），约 1425 年

木版油画，63.5cm×49cm

伦敦国家美术馆

可及，却又如此遥远。我感觉我看到了意大利，甚至能够呼吸到意大利的空气，并且我感觉抑制不住想要再次见到我的朋友们和我的祖国的欲望。"

彼特拉克促进了从自然风景到绘画的转换。由于主要作为《圣经》事件的背景，风景画成了可以触动我们灵魂的东西。渐渐地，标准的基督主题，例如《耶稣受难》《哀悼基督》（*Lamentation over the Dead Christ*）或《逃亡埃及途中的休息》（*Rest on the Flight to Egypt*)，均融入一幅含有河流、山川、森林和原野等多种世俗特征的风景画中。

《圣母圣诞》或《天使报喜》中描绘的密闭空间，如今有敞开的窗户，可以看见窗外广阔的风景，犹如神圣活动正发生在山顶上的一幢建筑中。窗外的景色成为一幅风景画（见右图）。

甚至从基督救赎信仰——一种信奉"整个世界"的信仰中，获得图形空间与图形主题之间的关系时，该画如今仍十分感人。生活场景以及普通的动植物，让观看者能够直接联想起熟悉的日常画面。

即使是对于圣母给圣子喂奶的私密性描绘——一类被称为《哺乳圣母》（*Madonna Lactans*）的绘画，也可能是为了加强信徒与所绘主题之间的情感联系。

法国佚名画家

《天使报喜》，约 1375 年

木版油画，35cm×26cm

克利夫兰（Cleveland）艺术博物馆（Museum of Art）

法国和国际哥特式艺术风格

"柔和风格""国际哥特式艺术风格"以及"1400 年左右的典雅艺术"均是对欧洲雕塑和绘画艺术风格的描述。此风格的特点是衣饰柔软飘逸，人物姿势优雅，装饰十分逼真及奢华。法国艺术史学家路易·库拉若（Louis Courajod）在 19 世纪使用"国际哥特式艺术风格"（International Gothic）一词来描述查理六世（1380—1422 年）统治时期法国的绘画艺术，通过这种方式将该术语置于一个全欧洲背景中。14 世纪，统治阶级内部的家族关系和政治关系网十分复杂，从而导致艺术思想的热烈交流。国际哥特式艺术风格是一种典雅而国际化的风格，主要受到锡耶纳、法国、科隆以及波西米亚绘画艺术的影响。

阿维尼翁的教皇官邸（见第 190、191 页图）将意大利的艺术思想带到了法国，并且对巴黎学派的风格产生了深刻影响。通过政治上的接触，这些思想观点传递到了布拉格的宫廷中，并因此很快对波西米亚的工作坊产生影响。

与插画相比，只有很少一部分法国哥特式板画和壁画流传至今。然而，幸存的几幅作品还是表现出类似的风格。毫无疑问，意大利的因素发挥了重要作用。1339 年起在阿维尼翁工作的西莫内·马丁尼（Simone Martini）对法国艺术的影响，可从克利夫兰艺术博物馆的《天使报喜》（见右图）中窥见一二。这幅板画是否出自法国画家之手，仍有争论，但色彩设计、润色等特征，明显表明其来自一间巴黎工作室。圣母宝座结构式样以及金色背景和润色，可能是受到锡耶纳绘画艺术的影响。我们甚至能够在一些珠宝首饰局部找出拜占庭风格的痕迹。

《威尔顿双连画》很可能是 1395 年英格兰国王理查二世委托制作并且几乎可以肯定是在法国的一间绘画工作室完成的。这幅画同样也很好地阐明了国际哥特式艺术风格。左面圣徒的面部，以及右面圣母和天使的优雅而近乎格式化的动作和姿势，均指出其与波西米亚和科隆绘画工作室在艺术上的密切联系。画作者的身份仍未确定，其主题同样也未确定。

国王是在 1377 年加冕礼之际委托工作的或是在 1395 年圣战之前寻求神的保护。埃尔温·帕诺夫斯基坚持认为，直到理查去世之后，这幅作品才绘制出来，作为 1413 年将其尸体从金斯兰利（Kings Langley）运往威斯敏斯特教堂（Westminster Abbey）途中的正式伴随物。这就意味着这幅画正如人们普遍认为的那样，并不表示祈祷，相反是对国王死后的赞颂。

英国缺乏类似作品的原因通常是，画作被认为是法国学派所画，并且人们普遍认为，法国艺术家被召唤到了英国宫廷。然而，帕诺

夫斯基还是将双连画与曾为勃垦第皇室工作的艺术家——伊珀尔（Ypres）的梅尔基奥尔·布罗德拉姆（Melchior Broederlam）联想在一起，由此将该画与伊珀尔学派的一本作品文集联系起来。他们提出的风格与归属方面的问题很难解决，但确实清楚地显示了邻国之间的密切联系以及跨境艺术交流。

伊珀尔的梅尔基奥尔·布罗德拉姆、海尔德兰（Gelderland）的让·马鲁埃（Jean Malouel）、阿图瓦（Artois）的让·博姆斯（Jean Beaumetz）以及布拉班特（Brabant）的亨利·贝勒肖兹（Henri Bellechose）都是在壮观的第戎勃垦第宫廷最重要的画家。布罗德拉姆与佛兰德斯雕塑家雅克·德贝尔泽（Jacques de Baerze）一起，在 1392—1397 年间创作了第戎尚莫尔（Champmol）加尔都西会修道院祭坛画（见第 399 页图）。布罗德拉姆的这幅祭坛画中的人物及其动作、姿势和特征，与《威尔顿双连画》中的人物、动

梅尔基奥尔·布罗德拉姆
《天使报喜与圣母往见》(Annunciation and Visitation)
尚莫尔修道院（Chartreuse of Champmol）
祭坛画左版面，1394—1399 年
木版画，167cm×125cm
第戎（Dijon）美术馆（Musée des Beaux Arts）

作、姿势和特征相比，在某种程度上支持了帕诺夫斯基对于《威尔顿双连画》归属的判断。而且，布罗德拉姆清楚地将风景和建筑之间的场景和圣母的生活区分开。《天使报喜》和《圣母参拜神殿》（Presentation at the Temple）中的内部场景出现在豪华建筑背景的横断面，使得事件看起来好像正在中世纪舞台上演。建筑紧靠着上部分高耸的大山和树木。这幅图中描绘的其他两件事情——《圣母往见》和《逃往埃及》与建筑场景在同一水平线上。其中有很多让人想起意大利 14 世纪的绘画作品，例如：建筑和景观的明显区分、符合人体大小的建筑以及看起来像超大号圆石的高山。也许是阿维尼翁再次发挥了媒介作用。

巴黎卢浮宫中让·马鲁埃与亨利·贝勒肖兹的一幅板面绘画，表现出了建筑、金色背景和景观之间的相互作用。该画于 1400 年之后不久完成，显示了十字架上的耶稣以及圣狄俄尼索斯殉难。土生的

海尔德兰人马鲁埃受第戎皇室委托做进一步的工作，因为他定居在勃垦第首都。很可能，马鲁埃只画了上部分内容，之后没有完成剩余的工作。最终该画由亨利·贝勒肖兹完成。亨利·贝勒肖兹在 1419 年马鲁埃去世前的一段时间抵达第戎。

我们刚刚谈论到的画家，尤其是布罗德拉姆，都是哥特式自然主义的实践者。哥特式自然主义被认为是勃垦第学派的特别分支。随着《来自普罗旺斯埃克斯的天使报喜》（Annunciation from Aix-en-Provence）的画家和昂盖朗·卡尔东（或沙龙东）（Enguerrand Quarton）（Charonton）所创作的作品，法国绘画艺术几乎已经触及中世纪绘画的边界。

埃克斯《天使报喜》（见第 400 页上图）由布匹商人彼得罗·科尔皮维（Pietro Corpivi）在 1445 年左右委托创作，不仅显示出范艾克兄弟的影响力，尤其是在写实局部方面，而且展现了普罗旺斯（Provençal）或意大利特征，例如光线的大量使用。圣母和天使的放大像看起来好像是使用石头雕刻而成的，位于一间哥特式教堂内，透视图使他们看起来好像是这间教堂中的真实景象。卡尔东试图立体地描绘其人物，但他却将人物放置于一处空间组图中，人物能够通过姿势活动表达自身想法（见第 400 页下图）。

这些创新在普罗旺斯绘画艺术上如此惹人注目，可能再次显示出阿维尼翁的影响力，尽管佛兰德斯的影响力也非常强烈。甚至连现代绘画的发源地意大利也深受扬·范艾克、胡戈·范德胡斯（Hugo van der Goes）等佛兰德斯画家的影响。

画家让·富凯（Jean Fouquet）被认为是 15 世纪法兰西绘画艺术领域最重要的人物之一。富凯于 1420 年左右出生于图尔，60 年之后在那里去世。他对早期意大利文艺复兴时期的画家进行了大量的研究。马萨利诺（Masolino）、乌切洛（Uccello），尤其是弗拉·安吉利科均对富凯的风格产生了影响。根据后来意大利作家菲拉雷特（Filarete）和瓦萨里（Vasari）的记述，富凯是一位德高望重的画家。他曾为罗马密涅瓦圣母堂（Santa Maria sopra Minerva）绘了一幅教皇尤金四世（Pope Eugenius IV）肖像画。不幸的是，这幅画现已丢失。1480 年富凯去世后不久，波旁王朝彼得二世大臣弗朗索瓦·罗贝泰（François Robertet）曾在一份手写记录中提到了富凯受路易十一（1461—1483 年）委托绘制了一幅微型画（见第 466 页下图）。

我们可以从自 1450 年左右起富凯开始创作的双人肖像画《艾蒂安骑士与圣史蒂芬》（Étienne Chevalier with St. Stephen）中看出意大利风格对他产生的影响（见第 402 页图）。立体人物像的背景为一面带有精美装饰的半露柱和镶边的华丽建筑大理石墙。

下一页图：
尼古拉·弗罗芒（Nicolas Froment）
《燃烧的荆棘》（*Burning Bush*），1476 年
三联画的中部
木版画，高 410cm
普罗旺斯埃克斯的圣索弗尔大教堂（Ste.Sauveur）

埃克斯《天使报喜》佚名画家
《天使报喜》，约 1440 年
三联画的中版
木版画，高 155cm
普罗旺斯埃克斯的圣马德莱娜教堂（Ste. Madeleine）

昂盖朗·卡尔东
《圣母怜子图》（*Avignon Pietà*），约 1470 年
木版画，163cm×218cm
巴黎卢浮宫

让·富凯
《艾蒂安骑士与圣史蒂芬》
约 1450 年
木版油画，93cm×85cm
柏林国立普鲁士文化遗产博物馆（Staatliche Museen
Preussischer Kulturbesitz）绘画陈列馆（Gemäldegalerie）

让·富凯
《圣母子》（Virgin and Child），约 1450 年
木版油画，94cm×85cm
安特卫普皇家美术博物馆（Koninklijk Museum voor Schone Kunsten）

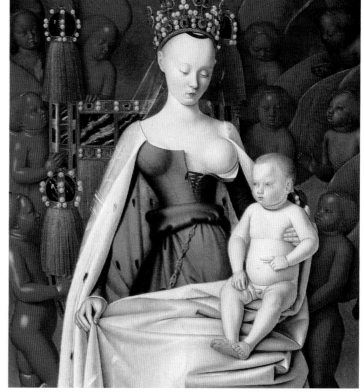

这幅作品很可能是与安特卫普"美丽的圣母"——《圣母子》（见右上图）联系在一起的。两面板画构成一幅双连画。根据 17 世纪古文物家德尼·戈德弗鲁瓦（Denis Godefroy）的记载，在 1775 年以前，这两面板画一直保存在梅伦圣母院教堂中。

戈德弗鲁瓦甚至认为圣母还具有国王查理七世的情人阿涅丝·索雷尔（Agnès Sorel）的特征。该作品的赞助人艾蒂安骑士是皇室财务主管，也是索雷尔的遗嘱执行人，还可能是索雷尔的爱人。在这种"流行模式"（约翰·赫伊津哈对这幅圣母图的描述）中，骑士崇拜的人是圣母玛利亚还是他的情人尚不清楚，根据赫伊津哈所述，世俗与宗教之间的交叠在中世纪晚期是普遍存在的现象。不断增加的重叠远远超出了开明人文主义思想规定的范围，并且真正让图画不仅仅具有一层颓废色彩。

除了昂盖朗·卡尔东之外，尼古拉·弗罗芒（约 1435—约 1485 年）是阿维尼翁学派最杰出的代表。他的绘画作品《燃烧的荆棘》，即 1476 年左右为普罗旺斯埃克斯圣索弗尔大教堂所绘的三联画的中间一板（见第 401 页）是一幅广阔的风景画。画中的透视画法主要是通过微秒的色彩变化呈现出来的。画面延伸至山的两侧。画面中部按透视法缩短的河流沿着纤细的树木蜿蜒曲折，两边的树苗消失在遥远的雾霭之中。燃烧着的荆棘布满了山坡，而圣母抱着圣婴坐在山坡上。山体就好像景观中耸立的一块巨石并形成了天穹（弗罗芒的特有技法），从而将画面上半部分与前景联系起来，使摩西与天使的位置在画面中显得更加突出。

这幅板画确实受到了意大利 15 世纪绘画艺术的影响。与之相比，1461 年起创作，现陈列于佛罗伦萨乌菲兹美术馆（Uffizi）的所谓的《拉撒路三联画》（Lazarus Triptych）（见第 403 页上图）深受佛兰德斯绘画的影响。左边板面的前景是一群很高的人物像，遮住了画面中间部分的景色。背景仅露出画面上三分之一的位置，展现了山和树木的全景图，与一座带堡垒和塔楼并筑有城墙的小镇相连。

14 世纪中期，普罗旺斯学派涉及的范围非常广，正如弗罗芒、卡尔东以及其他法兰西南部画家的丰富多彩的作品展现出的一样。佛兰德斯和意大利风格与观念对普罗旺斯学派而言非常熟悉，但他们以不同的方式经过修改并采用的。

相反，穆兰画家所作画像比普罗旺斯画家的更柔和、更优美，并且更温和一些。对穆兰画家明显产生影响的让·富凯的作品色调和形状变得柔和。《耶稣诞生与主教罗兰》（*Nativity with Cardinal Rolin*）（见左图）使用了佛兰德斯的结构类型，人物松散地排列在圣子周围。更具体地说，牛和驴、损毁的屋顶以及象征基督教堂构造的大理石柱全都指出罗希尔·范德魏登的影响范围。另一方面，人物面容、衣饰处理以及人物平静的姿势表明了当代意大利艺术家，如佩鲁吉诺（Perugino）、基尔兰达约（Ghirlandaio）或乔瓦尼·贝利尼（Giovanni Bellini）的影响。

这件作品大概最清楚地表现出佛兰德斯与意大利交叉影响力了，而这两个地方对 15 世纪法国的绘画艺术发挥了非常重要的作用。对意大利早期文艺复兴风格的热衷和学习，以及同时采用佛兰德斯风格模式完美地描述了法国这一时期的绘画艺术。

1400 年左右绘画艺术中的建筑主题

14 世纪绘画见证了建筑描述中的一个重大变化。建筑以前是构造或装饰绘画的一种手段，而如今却成为一种主题。图形建筑并没有丧失其结构功能，但更加完整地融入绘画组成部分中，并且建筑以及室内成为一个独立的主题，变得越来越重要。

乔托在阿西西圣方济各教堂上堂中使用的建筑主题，清楚地阐明了这一发展历程。

尽管该建筑并不是按照中心透视法构造的，但是绘制得好像能够直接进入一般。建筑的一些方面有意识地展现出建筑物好像是真实修建的，并且有一定程度的破损，例如屋顶上缺失的瓦片、破损的天窗以及西墙缺少的部分。这种技法增强了主题的真实性，以及所述神圣事件的真实性。而且，乔托还避免了建筑与画面结构的重叠，从而展示出有形空间的教堂。

乔托是欧洲绘画艺术发展最主要的动力之一，主要是因为他能够在二维平面上创造出三维立体效果。另一方面，阿尔卑斯山脉北部地区的哥特式画家要比意大利 14 世纪的画家更难摆脱传统风格的束缚。建筑与画像之间的组成关系尤其显示出这点区别。14 世纪与 15 世纪早期的插画书籍中，插画家常常模仿乔托将各个图像安置于角色扮演的一个特定空间。

15 世纪早期，在《特伦斯公爵》的一幅插图中（见左下图二），画家描绘宫殿的方式与意大利的画家几乎一样：宫殿的最前面就是图画的平面，但画家为了展现出桌子的场景，改变了建筑物的比例。这些"不真实"建筑物的描绘是 14 世纪法国插画艺术的典型特征，经常用于描绘风俗场景的画作中。

自 14 世纪起，波西米亚绘画艺术对图像与建筑关系的主题还有另外一个改变。

《圣母颂》中的一幅插图由海恩堡的康拉德所绘，展示了圣母参拜神殿的情形（见左下图一）。参拜事件发生在图画的最前面，圣婴被放在祭坛上。左右两边的人物很有礼貌地与耶稣基督保持一定的距离。

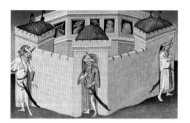

上图：

布西科与贝德福画家

《大汗宫》（*Palace of the Great Khan*），出自《世界奇观》（*Book of the Wonders of the World*），约 1410 年，彩图，巴黎国家图书馆

右图：

弗兰克画家

《奇迹之墙》（*Miracle of the Wall*）《圣芭芭拉祭坛画》（*St. Barbara Altarpiece*）细部，1410—1415 年，木版画，91.5cm×54cm 赫尔辛基(Helsinki)国家博物馆(Kansallismuseo)

在画面的最上方，高坛耸立。一排排的圆柱、精致的尖头窗以及在画面背景展开的拱顶，都表明了图画深度，犹如事件发生在一间教堂一般。但这并不是事实：人物背后与罗马式插画类似的建筑装饰，起隔断作用。人物并没有融入建筑物中。毋庸置疑，画家十分熟悉乔托的新空间观念，创作出了与意大利画家作品中非常相似的建筑场景。虽然人物并没有进行巧妙的融合，不过该建筑只是这幅场景的背景。

直到 15 世纪初期，法国才开始采用乔托的空间概念，例如埃克斯的《天使报喜》（见第 400 页上图）。这幅画的关键因素是最前面的图形平面与教堂内部最前面的平面在同一位置。这个平面延伸至背景部分，并且将人物合并到画面空间的下半部分。

建筑本身作为一个主题，其地位得到提升，通过艺术手段，表现了更加接近现实并更有信心证实的欲望。

建筑与画像之间的关系甚至可能完全颠倒，从而画像成为建筑的一个标志。建筑与画像之间的这种不相称元素可以在布西科画家的作品找到。在《世界奇观》的其中一幅插画中，他将大汗宫描绘成一座带有堡垒和带窗走廊的同类建筑（见右上图一）。这幅画中的人物仅为三个卫兵。几乎布满整个画面的建筑才是主题。

值得一提的是，15 世纪初期活跃于汉堡的弗兰克画家，在其《圣芭芭拉祭坛画》的其中一面板画中，几乎复制了布西科画家的作品：宫殿左侧与警卫出现在《奇迹之墙》中（见右上图二）。这些对法国插画艺术作品的借鉴，代表了这位北部日耳曼画家作品中主题和图案的选择。弗兰克画家对宫殿主题的兴趣，可以从其祭坛画中墙壁的主要地位看出。

弗兰克画家对法兰西艺术的赞美众所周知，并代表了 1400 年左右国际哥特式艺术风格。这种风格最重要的特征就是将图形建筑结构提升至更高的艺术地位。

海恩堡的康拉德（Konrad of Hainburg）

《圣母参拜神殿》，出自《圣母颂》（*Laus Mariae*），约 1364 年

插画，布拉格大学图书馆，国家博物馆

《宫女进餐》（*Courtesan at Table*），出自《特伦斯公爵》（*Ducal Terence*），约 1405 年

插画，巴黎国家图书馆

罗希尔·范德魏登
《皮埃尔·布莱德兰三联画》(Pierre
Bladelin Triptych),细部 约1445—1450
年 木版画,高91cm,柏林国立普鲁士
文化遗产博物馆,绘画陈列馆

作品——1263—1267 年创作的位于威斯敏斯特教堂国王厅的一组壁画，已被大面积破坏。教堂祭坛画上仅有的一些残片，表明 13 世纪时期英格兰绘画的发展情况。《圣彼得》（见左上图）中的圣彼得被描绘成一个纤细的人像。他的臀部优雅地转向左侧，礼袍自由下垂，带有轻柔、宽泛的褶皱，背后是金色的背景。人像周围是模塑圆柱和三叶形建筑。大量的褶皱、优雅的人物、夸张张开的手指以及时髦的卷发是典型的欧式风格。这种风格自 13 世纪晚期起在英格兰非常流行。

将这件作品与现存于巴黎克吕尼博物馆的一幅祭坛画《耶稣诞生》进行比较，就会发现类似的艺术特征（见下图第一个场景）。宽大的衣饰褶皱、迷人的面貌特征、圣婴娇弱的四肢以及圣母优雅的姿势，都显示出与威斯敏斯特教堂祭坛画片段的相似点。不过，这件作品的创作时间应该更靠后，大约 1350 年左右。这种艺术的守旧似乎与欧洲大陆的艺术发展有惊人之处，但是英格兰艺术的发展倾向在很大程度上并不依靠法兰西或日耳曼作品中的推动力。

因为缺少更多的例子，所以须谨慎看待依据这类比较作出的结论。而且，这面与其他三幅场景——《圣母之死》（*Death of the Virgin*）、《东方三贤人的崇拜》（*Adoration of the Magi*）和《天使报喜》组成一幅单独祭坛画的板画，装饰有奢华的哥特式框架，表明该画深受英格兰诗篇的影响（见第 407 页左下图）。因此，应在插画艺术背景下看待英格兰板画和壁画的发展，尤其是这类艺术形式的更古老的例子。

针对这一证据，具有争议的《威尔顿双连画》来源于法国的可能性似乎大一些。我们已知道，人物的特征和姿势以及衣饰的

英格兰学派

英格兰哥特式绘画艺术的发展并没有完整的文献记载。幸存的些许作品不能让我们辨别出其流派，甚至是其风格中的独特元素。据我们所知，亨利三世（Henry III，1216—1272 年）曾聘请意大利和法兰西艺术家在威斯敏斯特宫廷工作。这一时期唯一一件杰出的

褶皱显示出波西米亚艺术家的影响，可能甚至还有科隆艺术家的影响。这些都是国际哥特式艺术风格的典型特征。这种风格在优雅的法国绘画艺术达到顶峰。正是这些特征描绘了《威尔顿双连画》。但是，这幅绘画是波西米亚艺术家还是日耳曼艺术家的作品还有待考证。这些艺术家可能于 1382 年与波西米亚的安妮公主，即查理四世的女儿，理查二世的未婚妻，一起到达英格兰。

意大利风格对英格兰绘画艺术的影响程度微乎其微。14 世纪中期的一幅湿壁画（现存于伦敦大英博物馆），显示了在一次宴会中宫殿倒塌，导致约伯的孩子死亡的情景（见上图）。图像显示出意大利 14 世纪绘画艺术的典型特征，尤其是贵族式挺直的鼻子以及紧闭的嘴。

英格兰的哥特式绘画是否如在建筑方面一样真正独立，仍存在争议。然而因缺少证据，这个问题无法完全解决。不过我们可以肯定，国际哥特式艺术风格与英格兰的风格类似，并且英格兰艺术家受到欧洲大陆画家的影响，尤其是法兰西和意大利的画家。

由近及远看到的世界：尼德兰学派

想要追溯佛兰德斯绘画艺术的起源，那么看一下阿尔卑斯山脉南部地区并对那些从一开始就承认尼德兰辉煌艺术的意大利艺术家的见解作出评论，这是非常有帮助的。乔瓦尼·桑蒂（Giovanni Santi）在 1485 年左右所作的一首编年体诗中写道：

A Brugia fu tra gli altri piu lodati

El gran lannes: el discepul Rugiero

Cum altri di excellentia cbiar dotati.

"在布鲁日，备受推崇的艺术家就是伟大的扬（范艾克）和他的学生罗希尔（范德魏登），以及其他大师级别艺术家。"胡戈·范德胡斯当然是其中之一。他的作品《牧羊人的朝拜》，即著名的《波尔蒂纳里祭坛画》（*Portinari Altarpiece*）（见第 421 页上图），是在桑蒂写下这些诗句之前不久由意大利的托马索·波尔蒂纳里（Tommaso Portinari）委托绘制的。这个观点对意大利来说当然有点遥远。例如，我们现在知道扬·范艾克有一个哥哥名叫休伯特·范艾克，并且知道尽管罗希尔·范德魏登无疑受到扬·范艾克的影响，但他应被看作是北欧绘画艺术不同传统风格的组成部分。

从 1432 年范艾克兄弟的《根特祭坛画》（见右图和第 410、411 页图）与众不同的创新来看，意大利人的这种狂热是可以理解的。扬·范艾克去世几年之后，意大利人文主义者巴尔托洛梅奥·法齐奥（Bartolommeo Fazio）称赞他为 "15 世纪的画家王子"。对于扬·范艾克在景观、人物以及建筑上的处理手法，意大利人意识到他们自己的大师同样也是经过艺术上的摸索奋斗，才达到这种三维空间的表现效果。然而，两者存在一个决定性的差别。尽管马萨乔构建了一套透视法网格系统，从而将图形事件和图形建筑结合在一个统一的空间里，但范艾克却未依赖任何数学辅助物，清楚地表现出真实状态。

范艾克的意大利崇拜者们也没有忘记正确评价范艾克独特的艺术风景画。画面充满柔和光线，并且通过丰富的色彩差异表现出立体感。就在几十年前，南北艺术家仍仅用图示布景，无论风景画或建筑布置，作为宗教主题的背景，好像就是在舞台上发生的事件一般。梅尔基奥尔·布罗德拉姆为尚莫尔加尔都西会修道院绘制的板画就是一个很好的例子。画中展示了天使报喜和圣母往见的情形。

确定扬·范艾克进而确定所有早期佛兰德斯绘画的艺术先驱的一个难点，与我们能够发现的其他作品中反映出的观念突然变化有关。毕

竟布罗德拉姆和范艾克二者都在勃垦第宫廷工作，并且他们在时间上只是相隔了几年。

正是扬·范艾克绘画作品的创新之处，让一些艺术史学家将其视为北欧第一个早期文艺复兴画家。

我们仅在此附带提及的其他对照，更清楚地阐明了范艾克的全新绘画方法，以及对作品反映出的有形世界的态度变化。简单地说，布罗德拉姆的风景画为背景墙，而建筑是圣经事件发生的地点。与之相比，范艾克的作品中，日常现实以及人和物的实际外观都具有其各自的内在价值。范艾克并没有将其视作道具，也没有理想化地表现。将《根特祭坛画》板面收拢后，外板面表现的几乎全是这种新视觉真实性的细微变化，并且清楚地指出佛兰德斯绘画发展的方向。

扬·范艾克
《天使报喜》，约 1435 年
画布油画，93cm×37cm
华盛顿美国国家美术馆

报喜的天使和圣母被描绘在一个房间内，观看者好像可以进入房间。事实上，画家希望观看者产生这种感觉，因为背景中，半圆拱面对着城市并在很远的地方可以看到。赞助人佐都古·维德（Jodocus Vijd）及其妻子被描绘成具体的个人，分别位于施洗者圣约翰和传福音的圣约翰画像的一边。圣徒像被描绘成彩绘，以强调他们所处的现实层面是不同的。

范艾克的写实特点就是，将天使报喜描绘在一间家庭建筑室内，其中类似宗教的特征只有教堂式窗户。毫无疑问，佐都古·维德就是范艾克选择室内布景的原因。尽管图像设计可能是由一位神学家决定的，但他并没有忽视主顾希望得到的东西。不过，在选择室内布景时，范艾克可能受到罗伯特·康宾（佛兰德斯画师）创作的《梅罗德祭坛画》中间板面《天使报喜》的影响。《天使报喜》比《根特祭坛画》早几年完成，即 1425—1428 年。在中世纪晚期，将神圣事件放置在日常生活中，这是很普遍的。但是，在另一方面，范艾克的神圣肖像研究在很大程度上归因于玄学。目的很明显：日常生活领域不仅与宗教领域连在一起，而且还通过神的存在使其神圣化。

这就是《根特祭坛画》中间板面——《羔羊的崇拜》（Adoration of the Lamb），也是范艾克其他作品中圣母生平相关主题的真实情况。例如他于 1435 年左右创作的《天使报喜》，现存于华盛顿国家美术馆（见右图）。天使报喜的背景设在一座哥特式大教堂内，信徒在这里参加礼拜，从而获得力量与勇气和邪恶斗争并希望灵魂得到救赎。场景局部涉及了对信徒精神上的关注。地板上可以见到代表战胜邪恶的参孙和大卫故事中的元素，而在彩色玻璃窗户上方，基督坐在金球上，象征神的永恒恩典。大教堂中的神圣空间被象征性地强化，并被用来突出教堂的日常礼拜活动以及信徒的精神需求。

暂时回到《根特祭坛画》上面，我们可以看出，日常生活以极为贴切的宗教元素表现出来，可被诠释为一种新的审美观，也可作为一种更亲民的接近基督的证明。打开祭坛画后，我们可以看到人类的第一对夫妇亚当和夏娃（见第 410 和 411 页图），其姿势和稍微润色的裸露身体，让他们看起来更加真实。而主题包括几块板面《羔羊的崇拜》、圣徒、天使音乐会以及天父与圣母和施洗者圣约翰。

有人甚至可能把这些说成是亚当和夏娃的故事场景，因为（从观赏者的角度来看）它们的位置稍微有点高，看似正赶赴圣会。

休伯特·范艾克与扬·范艾克
《根特祭坛画》，1432 年
《亚当与夏娃》（Adam and Eve），左右翼细部
木版油画，根特圣巴夫大教堂

休伯特·范艾克与扬·范艾克
《根特祭坛画》，1432 年
打开后视图
高 375cm

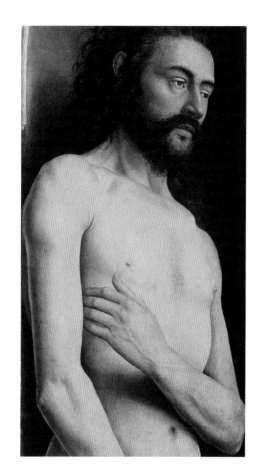

休伯特·范艾克与扬·范艾克
《根特祭坛画》，1432 年
《亚当与夏娃》（Adam and Eve），左右翼细部

扬·范艾克

《圣母与掌玺官罗兰》（*Chancellor Rolin Madonna*）

约 1435 年

木版油画，66cm×62cm

巴黎卢浮宫

扬·范艾克
《卡农的圣母》(*Canon Paele Madonna*),1434—1436 年
木版油画,141cm×176.5cm
布鲁日市立美术博物馆

夏娃毫不掩饰怀孕及其上方展示该隐谋杀亚伯的情形开启了人类受难之路,但同时也为神的恩典以及愿意牺牲自己的儿子"上帝的羔羊",从而履行其救赎誓言开辟了道路。这种诠释考虑了艺术家完全依照当时的虔诚行为进行写实的绘画方式。

用自然主义风格与不同写实层面的结合说明了神进入世俗背景的过程。天堂与人间、默祷的内在生活与鲁莽的外在世界、祈祷者和圣恩姿势——这些在扬·范艾克的神秘绘画作品中的一幅,即 1435 年的《圣母与掌玺官罗兰》(见第 412 页图)中全都可以找到。

赞助人尼古拉·罗兰于 1422 年被任命为布拉班特的掌玺官。画面上他正在一座华丽的宫殿中祈祷。圣母坐在他的面前,天使正为其加冕天后。圣婴坐在圣母的膝盖上,其右手抬高,做出赐福动作。这位掌玺官默默地祈祷,找寻并意识到神的存在。同时,世界本身被描绘成这一神圣景象的见证者,显示神既在尘世间,又代表尘世间。画面中部的庭院内种了百合花,象征圣母无沾成胎,还可以看见孔雀和喜鹊,使作品有一种非现实世界的性质。栏杆上站着两个人——邀请观众放眼远望的次要人物。展开的风景代表世界。带有热闹广场和街道的城镇、与桥交叉的河流、宽阔的乡村和原野风光以及远处白雪皑皑的大山,这些全都是 15 世纪代表"世界"的工具。

尽管画面信息表现得十分微妙,但还是清晰可辨的。基督现世,将人类从罪恶中拯救出来。脑中充满神的话语的掌玺官罗兰明显表现出虔诚的态度,清楚地告知这一信息。同样地,神与人之间的联系可以从宫殿左边角落柱头上的象征物找出。这些展示了人类是怎样初步形成救赎需求的:它们代表了逐出伊甸园、亚当之子该隐谋杀亚伯、诺亚醉酒以及大洪水的情景。越过栏杆凝视远方的两个次要人物,惊愕地站在神创造的和平而美丽的世界面前。神隐藏在他们的视线之后,但是画面前的观众还是见证了神的现世。

范艾克将宗教与世俗紧密地结合在一起,从而同时确保了这个世界的真实性以及现实中的内在拯救。通过对有形世界纪实性的描述,将二者结合在一起。正如帕诺夫斯基所述,范艾克"透过显微镜和望远镜观看世界"。

与此同时,即 1434—1436 年,范艾克完成了《卡农的圣母》(见右上图)。这幅图中,画面和主题元素与《圣母与掌玺官罗兰》中的很类似。

范艾克展现了一幅幻想中的场面,从而阐明神真实存在于我们的世界中,与尼古拉·罗兰出现在其宫殿中一样,在易于识别的环境中,似乎更能真实地观看圣母,所以范·德巴尔教士位于布鲁日圣多纳蒂安牧师会教堂的唱诗堂。在这里,圣乔治与圣多纳蒂安引领着他拜见圣母。汉斯·贝尔廷认为,这幅画曾悬挂在唱诗堂现已损毁的教堂内。这就意味着描绘的地点反映了真实的位置。范·德巴尔因而将在其绘画的场景中看见自己,从而向世人"证明"其神启经历的真实性。

精美的锦缎、毛皮以及丝绸显示其真实性和确切性。另一方面,背景柱头和圣母宝座上的浮雕和雕塑都暗指基督对人类的救赎。有关亚当和夏娃、该隐谋杀亚伯和参孙打败狮子,以及柱头上亚伯拉罕祭献以撒的描绘,构造了《旧约》框架,从而让观众深思神之慈悲。神差他的儿子——救世主耶稣降世。只有通过信仰的力量(参孙打败狮子),才能从罪恶中得到拯救(该隐杀死其弟)。"在真理面前",神的善良与恩典(亚伯拉罕祭献以撒),证明了救赎的力量以及神仆的存在——天神圣乔治与凡人范·德巴尔教士。

这就是范·德巴尔表达绘画信息的方式:天堂近在咫尺,不仅在现实背景下,而且在宗教背景下。

扬·范艾克
《阿诺菲尼夫妇的婚礼》（*Arnolfini Marriage*），1434年
木版油画，82cm×60cm
伦敦国家美术馆

圣母手持一束花并抱着牙牙学语的圣婴，这一画面明显仿效了伊甸园故事，并且二人的脸都面向正在默想的教士。

在1434年的《阿诺菲尼夫妇的婚礼》（见上图）中，范艾克尝试以一种最不寻常的方式进行不同层次的诠释。新郎盯着观赏者以外的画面，好像他正密切注视着一个特定的人。画面前景中的小狗也是一样，同样聚精会神地望着外面。但观赏者并不是他们所注视的对象。那么是谁呢？唯一可能的答案就是画家自己——扬·范艾克。他站在这对夫妇面前，见证了他们的结合，正如画面背景墙上镜中的微弱反射显示出来的一样。镜子上方的文字说明写道："扬·范艾克到此一游，1434年。"因此，镜子见证了此次婚礼，但正如汉斯·贝尔廷所指出的，

它还是一种视觉工具。也就是说，镜子提供物理定律以及自然客观性两方面的证据。

换言之，观赏者对世界的视觉印象不应仅仅理解为主观感受，还应理解为对现实图像本身的抽象。将所描绘的世界与镜中观看行为结合在一起后，观赏者会意识到这些主观视觉印象是只能在一幅画中出现的现象。只有当观看过程转换为一种意识时，艺术家才能开始写实地描述经验性行为。在许多早期尼德兰绘画作品中都可以发现镜子作为图形或主题插图使用。

正如我们所见，从布罗德拉姆至范艾克，即1399—1432年，风格变化异常迅速而持久，这使佛兰德斯绘画起源问题变得错综复杂。帕诺夫斯基认为，问题的根源应该从佛朗哥-佛兰德斯插图本中寻找，如让·皮塞尔的作品。甚至布罗德拉姆的作品都被认为可能是一个起点：即使有些犹豫不决，但布罗德拉姆将天堂描绘成大自然的一部分，这不仅仅是天使的王国，还是土生土长的鸟类的领域。这些特征清楚地说明了范艾克具有惊人的艺术才能：将世界分开，形成现实细节大杂烩，然后再次将其拼合在一起，融入一个统一的图形空间里的惊人能力。

佛兰德斯绘画的特征是对大自然逼真写实的描绘。这在林堡兄弟于1415年左右为勃艮第宫廷绘制的作品《最美时祷书》中也可找到。15世纪初期，插图本在发展与理解佛兰德斯绘画艺术的过程中占据举足轻重的地位。

法兰西的政治版图在这一时期发生了重大变化。1415年，法军在阿金库尔被英军重创后，英王亨利五世成为法兰西大部分地区的国王。勃艮第公爵好人腓力（Philip the Good of Burgundy）与英格兰结成联盟，并与英王共同统治勃艮第。这次联盟（1420年）给予了勃艮第公爵在其领地行动的自由，因此他能够在尼德兰推行领土统一的政策。他继承了布拉班特和林堡，购置瑙穆尔（Naumur）与卢森堡公国并从法兰西手中购买了马孔区（Maconnais）和欧塞瓦（Auxerrois）。一种热切的艺术生活逐渐在这些地区内形成。这种生活不仅仅在首都第戎受到勃艮第公爵的鼓励，而且还受到商人、主教以及富有的手艺人的鼓励。在大型祭坛上被描绘成谦逊态度的赞助人，有力地证明了这种鼓励。

很快，在这种新的社会政治氛围下，出现了创新的审美和主题设计。《根特祭坛画》并不是其最早的表现形式。这些设计最

上图：

罗伯特·康宾（佛兰德斯画师）

《梅罗德三联画》（*Mérode Triptych*），1425—1428 年

木版油画，高 64cm（中版宽 63cm，两侧版面宽 27cm）

纽约大都会艺术博物馆（The Metropolitan Museum of Art）

右下图：

雅克·达雷（Jacques Daret）

《东方三贤人的崇拜》，1435 年

木版画，57cm×52cm

柏林国立普鲁士文化遗产博物馆绘画陈列馆

早连同所谓佛兰德斯画师一起出现，帕诺夫斯基已确认该画师是来自图尔奈的罗伯特·康宾。康宾出生于 1375 年左右，作为"图尔奈小镇画家"，他是第一个在 1410 年的档案记录中被提及的。

康宾最重要的作品就是 1425—1428 年间绘制的《梅罗德三联画》（见上图）。左边板面的 X 射线表明这部分的作者很可能是康宾最有才华的学生——罗希尔·范德魏登。这一场景中描绘了祭坛的赞助人彼得·恩格尔布雷克特（Peter Engelbrecht）及其妻子虔诚地跪着的情景，而一个人站在背景大门的旁边。绘画附加图层的发现可以得出以下结论：赞助人的妻子和门边的男人是后来才被添加进去的。

而且，绘画的技巧、细节和板面的空间构成表明，这幅画的作者与《天使报喜》（中间板面）以及沉思的《作坊里的约瑟》（*Joseph in his Workshop*）（右边板面）的作者不是同一人。很可能罗希尔·范德魏登画了左边这幅板面，也许后来又添加了男人和女人的图像。这个女人很可能是恩格尔布雷克特的第二任妻子——埃尔维希·比耶（Heylwich Bille）。也许是她 1456 年的画像代替了恩格尔布雷克特的第一任妻子的画像。

我们将范德魏登早期作品与这幅板面相比较，一些类似之处非常明显。面部特征处理以及砖石与植物的细节设计——看起来像是镶嵌的一样，都表明这幅画创作于康宾的工作坊。罗希尔·范德魏登自1440 年起创作的《天使报喜三联画》结合了所有这些特征（见第 416页下图）。这件作品表明，范德魏登采用一种新的图形概念作为中间板面《天使报喜》的中心，这可能是康宾首次使用的主题概念。

因此可以说，佛兰德斯绘画艺术起源于勃垦第的尼德兰图尔奈。康宾的另一个学生雅克·达雷在当时同样也非常活跃。1435 年的《东方三贤人的崇拜》祭坛画（见第 415 页右下图）肯定是他的作品。好人腓力的御用画师康宾遇到了曾在《根特祭坛画》开始前两次到图尔奈的范艾克。我们可以认为，在这样的情况下，范艾克仔细检查了年轻的范德魏登的作品。

我们可以找到范德魏登、达雷以及其老师康宾之间的紧密联系，因此人们对他们长期待在同一工作坊的事实一点也不吃惊。但很快范德魏登就开始创作出明显与老师不同的作品。康宾重点集中于物体的外观以及光线和色彩的氛围效果，而范德魏登则致力于创造适合于严峻的宗教主题描绘的图形空间。

对于 1454 年左右绘制的布鲁日圣詹姆斯教堂《圣约翰祭坛画》（见第 416 页上图），范德魏登描绘的大门看起来像真实的教堂大门。他采用灰色模拟浮雕画法描绘了拱边饰画面，以及与主要图案类似场景中的圣徒。中间板面中的主要场景《基督受洗》(The Baptism of Christ) 伴有拱券上造型的小图像，展示出《诱惑基督》和《圣施洗约翰布道》场景。

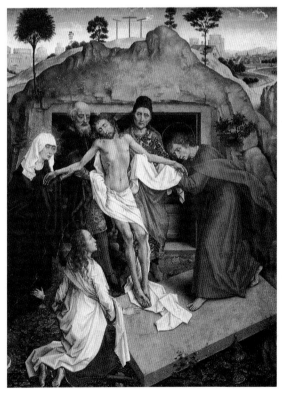

因此，教堂正面不仅仅是一处神圣之地，而且是一个在圣经背景下有力设定事件场景的图形元素。与此同时，精神世界变得易于接近世俗世界：场景来源于日常生活，而视野景色既包括风景，又包括远处城镇。正是在此处，范德魏登的艺术观点与范艾克的观点一致。宗教与日常生活相融，并且圣事朝向日常生活方向发展。二者之间的不同之处当然不能忽略：范艾克对宗教和世俗之间关联的处理是自由而闲散的，而范德魏登则坚持要严格分离。

1450 年范德魏登的意大利之行让他学到了全新而更加严密的构造方法——在二维平面中的空间构造。法兰克福斯特德尔美术馆中一幅板面绘画表现了完全非北方式神圣对话（圣徒围绕着圣母子），可能受到意大利风格影响（见右上图）。

迪尔克·鲍茨（Dirk Bouts）
《圣母往见》（*The Visitation*），约 1445 年
《幼年祭坛画》（*Infancy Altarpiece*）
木版画，80cm×52cm
马德里普拉多博物馆

甚至《埋葬耶稣》也并不完全等于尼德兰传统风格（见第 417 页右下图）。画中宏伟的陵墓居中放置。正是在范德魏登的意大利之行之后，他形成了一种特有的风格。然而，我们同意马克斯·弗里德伦德尔（Max Friedlaender）的观点，那就是，结构看起来有些僵硬并且人物看起来毫无生气。范德魏登从未显示出范艾克丰富的叙述或者胡戈·范德胡斯大量的姿势动作。尽管如此，他的艺术作品以及人物的真诚和虔诚仍然存在于佛兰德斯后继者创作的大量图画中。

据推测，迪尔克·鲍茨曾在范德魏登的布鲁塞尔作坊待过一段时间。马德里普拉多博物馆中可能画于 1445 年左右的四幅板面画（见上图）似乎证实了这一推测。不过，作为包含圣母在内场景的内框，拱边饰则具有装饰作用，但并不是按照教堂建筑进行写实构造的。

在那些学习罗希尔·范德魏登作品并采用其技法的画家中，有一位特别值得一提：汉斯·梅姆林（Hans Memlinc，布鲁日官方记录称为 Jan van Mimmelinghe ghebooren Zaleghenstadt）。这条记录表明梅姆林具有德国血统，出生于美因河畔的塞里根斯塔特

（Seligenstadt）。尽管有理由认为梅姆林出生于 1435—1440 年间，但是具体日期并不能确定。根据其他资料来源，梅姆林在塞里根斯塔特往南几公里的默梅林根（Moemlingen）长大。无论如何，梅姆林是官方提及的 1466 年在布鲁日的第一个画家。可能是在他完成了在罗希尔·范德魏登布鲁塞尔作坊的学徒生涯之后。他画的众多圣母像，尤其是圣母的面部表情和头部形状，表明受到范德魏登的影响。例如，范德魏登的《东方三贤人的崇拜》（见第 419 页上图）中圣母的特征，以及圣母微微倾斜的头部和几乎定格为谦逊态度的柔和面部表情，也可以在梅姆林 1487 年为布鲁日贵族马尔滕·范·尼乌文霍弗（Maarten van Nieuwenhove）描绘的双连画圣母像（见第 419 页下图）中看到。在梅姆林的作品中，圣母与圣子看起来更加生动，其姿势也更加自然。耶稣基督的姿势与范德魏登作品中的相似，十分渴望够着圣母手中的苹果。这个姿势表示了耶稣以后所受的苦难，而受难对于把人类从原罪（以苹果作为象征）中拯救出来是十分必要的。

这面板画显示出梅姆林对于范艾克式佛兰德斯传统中丰富典故词汇的精通。在《阿诺非尼夫妇的婚礼》中，一面凸起的镜子悬挂在圣母背后的墙上，捕捉住了整个场景。我们可以看到祷告的贵族及其身旁的圣母。通过艺术手法，他的神圣幻想变得真实，从而隐喻地见证了圣事的发生。双连画的形式使意义的层次不同：圣母与圣子的宗教形象在一面，而赞助人的世俗画像在另一面。然而，这些不同的意义层次都位于一个囊括两面板画的统一的室内空间里——富裕贵族宅邸的一个现实房间，这显示出神域进入这位布鲁日贵族日常生活的领域内。

范德魏登圣母像的影响力在一幅女仆画像中更加明显。女仆正在侍奉女主人拔示巴出浴并为女主人裹上浴衣（见第 420 页图）。她与范德魏登描绘的圣母具有如此明显的相似点，因此学者们先前倾向于认为这幅巨幅画作是范德魏登所作。这幅画展示了宗教背景之外的一幅裸体像，这很罕见（裸体像通常只在描绘《原罪》或《最后的审判》中出现），而且对展现曾有助于定义梅姆林对 15 世纪绘画艺术重要性的大量特征具有重要意义。

梅姆林在这件作品中构造了一个叙事空间。这种叙事空间在北欧绘画艺术中具有代表性。浴室后墙上的一扇窗户开着，露出一处屋顶平台："夜间，大卫从床上起来，漫步在王宫屋顶上。他在屋顶

罗希尔·范德魏登
《东方三贤人的崇拜》，约 1455 年
《圣科伦巴祭坛画》（St. Columba Altarpiece）中间版面
木版画，138cm×153cm
慕尼黑（Munich）
拜恩国立绘画收藏馆古典绘画馆
（Bayerische Staatsgemäldesammlungen, Alte Pinakothek）

汉斯·梅姆林
《尼乌文霍弗双连画》
（Nieuwenhove Diptych），1487 年
木版油画，各版面大小：52cm×41.5cm
布鲁日圣约翰教会医院博物馆（梅姆林博物馆）Museum van het Sint Jans-Hospitaal
（Memlingsmuseum）

汉斯·梅姆林
《拔示巴》（*Bathsheba*），1485 年
木版油画，191cm×84cm
斯图加尔市（Stuttgart）国家美术馆（Staatsgalerie）

雕塑方式。梅姆林描绘裸体画像与其说是关注圣经故事，不如说他关注的是将一个《圣经》故事主题转换为 15 世纪佛兰德斯的一个生活场景。而且，在晚些时候，可能是在 17 世纪，才添加了左上角的部分。现存于芝加哥美术馆（Chicago Art Institute）的原左上角画面内容显示的是，大卫遣一名使者送一枚戒指给拔示巴。

胡戈·范德胡斯与梅姆林大约出生在同一时期。出生地点可能是泽兰（Zeeland）的特尔胡斯（Ter Goes）镇，也可能是根特。1465 年，正是在根特，首次有他的名字记载。判定他大师身份的档案资料来源可追溯至 1467 年。

一年后，胡戈·范德胡斯被召唤至布鲁日，与其他艺术家一起，为大胆查理（Charles the Bold）与约克的玛格丽特（Margaret of York）的婚礼进行装饰工作。在当时，也许是更晚些时候，他肯定与托马索·波尔蒂纳里取得了联系。托马索·波尔蒂纳里与其家人住在布鲁日，是美第奇银行的代表。《波尔蒂纳里祭坛画》的委托时间则在这个时期（见第 421 页上图）。

中间板面描绘了《牧羊人的朝拜》，左侧描绘了圣安东尼、圣托马斯、托马索·波尔蒂纳里以及他的两个儿子；右侧则描绘了圣母大拉玛利亚（St. Mary Magdalen）、圣玛格丽特、玛利亚·波尔蒂纳里及其女儿。板画由一幅连续的背景风景画面结合在一起。简陋的马厩、残垣断壁在中间版面的前景和中部位置十分突出。巨大的圆柱代表即将以作为奠基石的耶稣基督为基础建立的新教堂。风景被描绘成一次叙事。岩层、小山、山谷以及远处的建筑物和栅栏，构成了一幅介绍耶稣基督诞生以及诞生之前的故事的场景。在左扇板面，我们可以看到待产的玛利亚在约瑟的搀扶下从山上走下来。在中间板面的一座山上，牧羊人从一个飘浮在空中的天使那里得知耶稣诞生这个喜讯，而右扇板面上，东方三贤人正要去坐火车。

与同时期的意大利绘画作品相比，画中人物看起来尽管很高贵，但也很粗糙。他们满脸皱纹、胡子拉碴，还有中间牧羊人的牙缝，都是注重细节的证据，这是那时很难得的。早期意大利文艺复兴时期的画家肯定是被这幅作品深深迷住了，尽管在很多方面，这幅作品几乎不可能与他们自己的艺术观念相符。

这就解释了多梅尼科·基尔兰达（Domenico Ghirlandaio）约 1485 年为佛罗伦萨圣三一教堂（Santa Trinita）萨塞蒂小礼拜堂（Sassetti Chapel）所作祭坛画《朝拜》（见第 421 页下图）的灵感来源是《波尔蒂纳里祭坛画》的原因。

上看到一个女人正在洗浴。而这个女人看上去非常美丽。"这是《撒母耳记（下）》中在大卫王犯下通奸和谋杀罪之前的事件描述。宫殿下方，是一扇通往教堂的大门。可以看见大门墙上的浮雕，描绘了拔示巴的丈夫赫梯人乌利亚的死亡场景。大卫让他在战争中送了命。在大门旁边，有一个突出的后堂。墙壁上作为律法代表的摩西和亚伯拉罕彩塑清晰可见。

图画被分为主要场景和次要场景：前者位于画面前景，而后者是图画的次要部分，位于画面背景。背景叙事为传统模式，即彩绘教堂

胡戈·范德胡斯

《波尔蒂纳里祭坛画》，1475—1479 年

木版油画，高 249cm（中版宽 300cm，两侧版面宽 137cm）

佛罗伦萨乌菲兹美术馆

多梅尼科·基尔兰达约

《朝拜》（Adoration），1485 年

木版油画，285cm×240cm

佛罗伦萨圣三一教堂萨塞蒂小礼拜堂

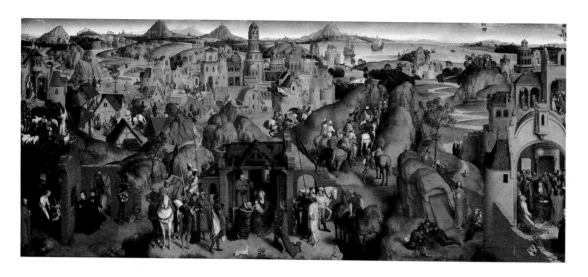

汉斯·梅姆林

《圣母七喜》(The Seven Joys of Mary)

1480 年

木版油画，81cm×189cm

慕尼黑

拜恩国立绘画收藏馆古典绘画馆

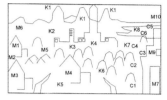

汉斯·梅姆林作品的叙事主题

佛兰德斯绘画艺术形成了一种独特的图中叙事形式。我们已经看到，罗希尔·范德魏登和扬·范艾克作品中有一些图画区域。例如彩色教堂大门用来表现一种附属的叙事次序。这些区域都采用灰色模拟浮雕画法，因此能够在画中形成清楚而独立的叙事地带。

就肖像画法而言，采用灰色模拟浮雕画法描绘场景，利用了普通的哥特式大门，叙述了用于补充图画的主要事件。不过，可以看见展示城堡、宫殿、庭院、市场或者风景的画面中间区域有时作为日常生活事件发生的舞台。这些作为补充特征并且无论如何都不会与主题相关的事件，按故事在一个统一的都市或乡村场景发生的顺序逐渐排列。

个别场景逐渐融入用建筑、山体或树丛分隔开的一系列事件顺序中。这意味着观赏者能够很快地分清故事的不同场景。一个完整的故事描绘在一个统一的图画空间里，而时间层序则故意以幻觉表现出来。这是一种被称为"连续叙述"的表现形式。正是通过这种叙事绘画形式，梅姆林大获成功。最知名的例子之一就是《圣母七喜》。

这幅作品于 1480 年为布鲁日大教堂所画（见上图），先存于慕尼黑古典绘画馆。

人们在第一眼看到画面时，感到茫然迷惑。不过，梅姆林对各种不同叙述平台进行了概述，从而使每处场景，甚至是那些远处仅有含蓄暗示的场景，能够被辨别出来。他忽略了人物与风景之间的比例关系，将图画中部和背景连得更紧密，从而使二者更加靠近前景。他还将风景画面微微向前倾斜，从而形成一个壮观的舞台，而画面人物出现在这个舞台上。

巨幅风景画好像非凡的世界全景，其中可以看到三贤人的到达和离去、希律王的耶路撒冷、耶稣诞生的马厩、圣灵降临奇迹发生的宫殿以及耶稣升天山陵。

为了区分这类不同而复杂的故事，梅姆林采用集中技法。例如，他毫不犹豫地将马厩描绘了两次，从而既保持了解读图画的方向，又保留了《朝拜》与《耶稣诞生》的时空顺序。

汉斯·梅姆林，《圣母七喜》

K1. 东方三贤人观看星象，K2. 耶路撒冷之行，K3/K4. 欢迎以及与希律王对话，K5. 朝拜，K6. 离开，K7. 乘船。M1. 圣母领报，M2. 牧羊人领报，M3. 耶稣诞生，M4. 朝拜圣子，M5. 屠杀无辜、麦田奇迹，M6. 逃往埃及，M7. 圣灵降临，M8. 圣母之死，M9. 圣母升天。C1. 耶稣复活，C2. "不要触摸我"（圣抹大拉玛利亚），C3. 耶稣基督遇见母亲玛利亚，C4. 前往以马忤斯途中（Road to Emmaus），C5. 加利利海（Sea of Galilee），C6. 耶稣升天

《圣子朝拜》作为主要场景描绘，并且利用两条将画面左右两边与中间隔开的深沟进行强调。中间坍塌的马厩屋顶上，有一层岩层，一直通到右边东方三贤人骑马离去的峡谷。土墙、屋顶和矮树丛将那些在空间上很近，但在时间上却相隔很远的事件分隔开，例如从天使报喜到牧羊人（最左边），以及刚好在该画面右侧发生的《屠杀无辜》。画面省略了建筑物展示，从而露出内部场景。风俗画面场景中也有间隔，例如前景中部位置，即在画面中部右边一点的地方，正饮水的马匹。甚至连《经外书》中提及的麦田奇迹（伯利恒屋顶上方，左边）等微小事件也都包含在这次神圣叙述中。麦田奇迹发生在圣家庭因被希律王的亲信追捕而从伯利恒逃亡的过程中。

圣家庭成员离开了马厩，匆忙跑向一块留茬地，不过士兵们却没有发现他们的任何踪迹，因为谷物奇迹般地迅速生长，遮盖了圣家庭成员的足迹。

在另一处连续叙述中——《都灵受难记》，梅姆林将耶稣受难场景融入中世纪晚期的一个城市建筑中（见第 423 页图）。这幅作品与《圣母七喜》差不多在同一时间创作，但是规模要小一些。画面将受难场景集中在密集的人群中，并且利用宽敞通道贯通的建筑物，将场景分隔开。

我们仅在图画的外边缘看到城墙、山陵、矮树丛以及悬崖。它们均为耶稣进入耶路撒冷（此处未显示）、橄榄山（左下）、十字架苦路（右下）、耶稣被钉死在十字架上（上）、埋葬耶稣和耶稣复活（右上）以及堕入地狱（右）等场景提供了参照点。

正如《圣母七喜》中一样，梅姆林将图形空间进行压缩，并且将风景画面稍微向前倾斜，从而能够描绘遥远处的其他场景，例如加利

汉斯·梅姆林
《都灵受难记》(*Turin Passion*)，约1480年
木版油画，56cm×92cm
都灵萨包达美术馆

汉斯·梅姆林，《都灵受难记》
1. 耶稣进入耶路撒冷，2. 被驱赶出圣殿的放贷者，3. 犹大站在祭司长面前，4. 最后的晚餐，
5. 橄榄山，6. 耶稣被捕，7. 耶稣站在该亚法和比拉多面前，8. 耶稣受鞭笞，9. 耶稣
荆冠加冕，10. "你们看这个人"（戴荆冠的耶稣画像），11. 巴拉巴，12. 基督背负十字架，
13. 耶稣被钉在十字架上，14. 耶稣受难，15. 耶稣被解救，16. 埋葬耶稣，17. 耶稣复
活，18. 堕入地狱，19. "不要触摸我"，20. 前往以马忤斯途中，21. 加利利海

利海上奇迹（右上）。此处的微小人物几乎不能辨认，但在基督圣迹的大背景下都很清楚。

连续叙述方式在15世纪佛兰德斯绘画中就有预兆了，尽管叙述并没有梅姆林创作出的那么具体和连贯。梅姆林还在其《圣乌苏拉之圣骨匣》(*Shrine of St. Ursula*，1489年) 和吕贝克《三联画》(1491年) 中描绘了这类附带叙述，从而支持主要场景。这类连续叙述为希尔·范德魏登、迪尔克·鲍茨和胡戈·范德胡斯所知，但是叙述的统一和梅姆林在形式中用到的单个场景的平衡布局，非常新颖而且几乎是他所独有的。

梅姆林是第一个最先关注叙述的人。他的灵感很少来源于插画或罗马式壁画，而是来自中世纪剧院和耶稣受难戏剧。尤其是后者通过利用一系列不同场地，讲述了耶稣复活故事。舞台会设置在一个市场中，建筑则作为舞台布景和背景幕。

受难游行徐徐穿过小镇，沿路围满虔诚的信徒以及好奇的旁观者。在经过不同地点时，游行队伍会停下脚步，而表演者则会表演受难中的场景。

有学者指出，梅姆林的主要叙述作品应该感谢中世纪晚期的神秘剧以及所谓的圣母剧。中世纪剧院不仅仅是大众宗教教育的发源地，而且也是艺术家的重要灵感来源地。

423

上一页图：

汉斯·梅姆林

《最后的审判》，约 1466—1471 年

三联画中间版面

木版油画，220cm×160cm

格但斯克

国家博物馆（Muzeum Narodowe）

迪尔克·鲍茨

《地狱》（Hell），1470 年

三联画《最后的审判》右侧版面

木版油画，116cm×71cm

巴黎卢浮宫

希罗尼穆斯·博斯作品中的天堂与地狱景象

"恐怖幻想""梦幻场景""魔鬼似的惊悚场面"是学者用于试图阐述希罗尼穆斯·博斯作品世界的一些词语。博斯于 1450 年左右出生于斯海尔托亨博斯（s'Hertogenbosch），1516 年去世。有学说认为，博斯属于秘密社团或密宗，并为其创造了恶魔人物和令人毛骨悚然的画面。此类臆测虽然很普遍，却无法证实。如果在其他方面不能阐明这位艺术家生平所有相关事项，那么利用我们仅有的一些知识解释我们所不知道的事，也是一个方法。

西班牙国王腓力二世的藏品清单编制人把博斯的《乐园》（Garden of Delights）——一幅常被认为是一个秘密教派的崇拜图像的画作——描述为"一幅展示世间百态的作品"。尽管这样的描述毫无吸引力，但还是能够作为我们了解博斯艺术作品的一个起点，即使是一个平淡无奇的描述。博斯描绘了世间的种种画面：他的绘画主题就是我们要尽力去了解这样的世界——一个我们能找到自己的世界，一个通常陌生而神秘的世界，一个我们似乎注定要在其中受苦受难的世界。

汉斯·霍伦德尔（Hans Hollaender）在以前对博斯做出的分析现在仍实用，通过博斯作品与人类境况（conditio humana）的关系，描述了其作品广泛主题的特征。这样的描述对于耶稣受难场景以及《地狱》画面或说教场景一样适用，因为霍伦德尔的解释在一定程度上囊括了博斯的所有主题范围。

博斯艺术作品的说教意义在一幅名为《七宗罪与万民四末》（The Seven Deadly Sins and the Four Last Things）（见上图）的板画中显而易见。画面采用圆桌形式，劝告那些吃喝或赌博的人要适度。人类的罪过通过一系列日常生活图画场景描绘出来。

当时的观赏者肯定会无比震惊地在其中一幅或其他图像中认出自己。是因为这些罪过的结果被描绘在画面左下方的一个小的圆图中（见下图）。一只蟾蜍跳到一个被标上"superbia"（七宗罪）的年轻裸体女人的膝上。一个猿人似的怪

希罗尼穆斯·博斯
《七宗罪与万民四末》
约 1485 年，木版油画
120 cm×150cm
马德里，普拉多博物馆

下一页上图：
希罗尼穆斯·博斯
《干草车三联画》，约 1500 年
木版油画，135cm×190cm
马德里，普拉多博物馆

希罗尼穆斯·博斯
《地狱》，《七宗罪与万民四末》局部

下一页下图：
希罗尼穆斯·博斯
《魔术师》（细部），1480 年
木版油画，48cm×35cm
圣日耳曼昂莱市立博物馆

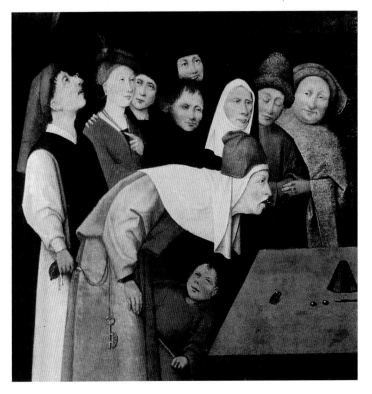

物匆匆跑来，拿着一面镜子，递给这位被吓坏的女人。在一张大红色床上，一对情欲高涨的夫妇被蝙蝠以及长满刺的害虫形状的恶魔拉开。一只蜥蜴形状的怪物蹲伏在床尾，等待破坏他们。

此处博斯作品的主题是日常罪过与恶魔惩罚之间的联系，而惩罚是犯罪后必然的后果。对于博斯而言，人们不幸或受苦，常常是他们的愚昧所造成的。在《魔术师》（*The Conjurer*）（见右图）的集市场景中，一个轻信的牧师倾向一张放有魔术师道具的桌上。牧师后面站着一位身着修道士法衣的人。修道士虔诚地仰着头，却很巧妙地窃取牧师的钱包。一个可能与修道士是同伙的小孩子，站在牧师身旁，以便在关键时刻分散牧师的注意力。受害者是一位连神都没有伸出援手去救助的牧师，因为他看起来连自救的能力都没有。相反，罪犯却是一个在神的帮助下充分利用其职权的修道士。画面描述的这个世界看起来充满着矛盾。

另一个更加复杂的博斯绘画作品信息可能会用一个问题表示出来，那就是，人们怎样应对生活？说他们"寻找天堂"并不是一个准确的答案，因为人们很明显是在寻求日常生活中的成功以及意义。博斯针对这个问题，给出了众多答案，在宗教描绘以及世俗世界中探索。

普拉多博物馆的《干草车三联画》（*Haywain Triptych*）（见上图）就是最佳例子之一。左幅描绘伊甸园，右幅则描绘地狱，中间是一个

世俗寓言。中板中间位置是干草车，本作品也因此得名。在车身周围以及车上，人们进行着各式各样的活动，这里是世界的缩影。人们在车轮下喧嚣，麻木而漠不关心的皇帝与教皇骑马走在一群牧师和信徒的前面。一对夫妇在矮树丛中的车顶拥抱。

耶稣基督悬浮在一朵云中，手臂伸展，望着这个场景。他是正在展示其伤口说明做过的赦免，还是在向眼前的大众表达其悲伤，这都不能确定。不论如何，世间事仍在正常进行，没有一个人意识到救世主的存在，而且观赏者得出的结论是：他在白白受苦。干草车——尘世的象征，由怪物牵引着，并且其方向非常清晰——缓缓滚向地狱。而在右幅画面上，地狱大门敞开着。

这幅作品不太可能是教堂委托的，很可能是一次私人委托和皇室委托。《干草车三联画》为腓力二世所有。他拥有两个版本。一个存于马德里，而另一个位于其埃斯科里亚尔宫殿修道院。但不知道哪一个是真迹。

然而，如果我们仅仅是把博斯和地狱场景联系起来的话，那我们就伤害到博斯了。这些形象的确很惊人，但应在人类境况背景下看待。我们一直在危险之中，而在很大程度上这都是我们自身的行为造成的。但教堂也同样面临威胁，因为不被宽恕的罪过观念与可怕的来生景象相关。

为此，博斯创作了一种西方艺术不可匹敌的地狱结构。在《干草车三联画》的地狱描绘板面，我们看到身披鳞状物、半人半蜥蜴状的

生物在地狱塔中工作。奇形怪状的废墟背后是火红色背景。绞刑架正在搭建中，被刑讯的人必须承受绞刑，但不能死。

《人间乐园》（上图）是博斯最著名且最令人费解的作品，三联画的地狱描绘板面中，有一个相似场景：熊熊燃烧的海洋中的冰山、火花四射的黑暗废墟以及大批被推入怪异刑具中的罪人。被汉斯·霍伦德尔贴切地描述为"流水线式魔鬼"的地狱生物，协助刑讯，不断地将新的罪人扯进去。

大多数的象征意义都令人费解，大概只能依照画家丰富的想象力进行解释。所绘素材种类前所未有：怪物身上有精美的盔甲、钢片、角环、骨甲套装或皮革制服。收集古怪事物肯定是博斯的一个灵感来源。

正常日常生活中的扭曲形象由畸形的乐器表现，例如风琴或弦乐器。这些乐器在运转时，罪人被困其中，曾为他们带来欢愉的乐器此刻却让他们饱受折磨。

很显然，中间板面从欣喜与感官方面描绘了来生的喜悦，似乎让伊甸园都失色。奇异且陌生形状构成的植物出现在画面左侧，但偶尔看起来很稀疏。天父以及新造的亚当和夏娃夫妇的场景看起来有点暗淡无趣。有的动物在亚当和夏娃脚边，有的在画面中间的湖中翻腾，其中一些互相攻击。

这幅画代表了人类的梦想之一——动物与人类和谐共存，这是没有罪恶的乌托邦，还是对人性贪欲后果的警告？

这些问题从来都没有令人满意的回答。或许，我们应该满足于腓力二世财产记载中的描述：这是"一幅展示世间百态的作品"。

上图：
《三位一体、圣母及圣施洗约翰祭坛画》(Trinity, Virgin, St. John the Baptist Altarpiece)，约 1250 年
为苏斯特（Soest）维森教堂（Wiesenkirche）所作
木版画
柏林国立普鲁士文化遗产博物馆
绘画陈列馆

下图：
科隆画师
《耶稣受难场景》，摘自《圣阿加爵生平》(Crucifixion and Scenes from the Life of St. Achatius)，约 1310 年
木版画，中版大小：54cm×41cm，左右两幅：54cm×18cm
科隆瓦尔拉特博物馆（Wallraf-Richartz Museum）

自然主义与乐于叙事： 德国、奥地利以及波西米亚的绘画艺术

区别德国罗马式绘画与哥特式绘画要相对容易一些。所谓的棱角分明，或参差不齐的风格可以看作是哥特式绘画的前身。这种风格的变体形成于 13 世纪中期。这种单一的风格只限于德国，最典型例子就是追溯至 1250 年左右的苏斯特维森教堂祭坛装饰（见上图）。衣饰的尖形褶皱让人物充满了一定的活力，并且与当时广为采用的罗马式风格衣饰形成鲜明对比。

对于背离罗马风格晚期的呆板形式主义的新艺术手法的采用，是由法国大教堂哥特式风格的形成，以及具有古典雄伟风格的霍恩施陶芬王朝的衰落导致的。毫无疑问，拜占庭风格的影响力也很重要，也许正如晚期罗马式英格兰绘画，温彻斯特大教堂（Winchester Cathedral）圣墓礼拜堂（Chapel of the Holy Sepulchre）中的例子显示出来的一样。

棱角分明的风格对德国早期哥特式绘画的影响虽小，但意义重大。值得注意的是，科隆里斯基尔辛圣玛利亚教堂（St. Maria Lyskirchen）拱形顶棚上湿壁画也显示出棱角分明的风格。最明显的就是，这种风格持续存在于 1300 年后早期科隆画家创作的祭坛画、双扇祭坛画以及双连画等作品中，只是用得更加谨慎，形式也逐渐简化。

现存于科隆的一幅描绘了圣阿加爵传奇的祭坛画的两扇板面（见左下图），展现了锥形、锯齿状的衣饰，尽管优雅的弧形形状仍然占据主要地位。而且，可以看出尖形图案并不统一。因而，棱角分明的风格暂时用于动作刻画。换言之，棱角分明的风格独有的动态形式转换到了人物身上，即使这样做需要对原风格做出一些修改。

不过，将早期科隆绘画的起源归因于棱角分明的风格，那就错了。对于任何一种单独风格占据主导地位的能性主张，有太多的影响力决定。而且，断言在 14 世纪和 15 世纪科隆就有这样一种统一的风格，是错误的。科隆位于欧洲重要交通路线的枢纽位置，并且其居民非常精于向大主教施加压力，要求获得自由。1333 年造访科隆的彼特拉克称之为"皇家城市"，并且艺术家从很远的地方来这里工作，尽管我们基本上并不清楚他们的姓名。13 世纪法国插图本的影响力，也同样显现出来。这种影响的主要渠道是多明我会和圣方济各修会那些与巴黎保持密切联系的修士，以及做杂役的僧侣。在当时，巴黎是政治与神学思想的温房。

绘于 1360 年左右的科隆大教堂《克拉伦祭坛画》(Klaren Altarpiece) 中的六幅场景表达了一种新的形式语言（见下一页下图，右）。圣母把身体重心放在一条腿上，非常优雅。她的动作和表情柔和而得体。这种风格比得上 1395—1425 年间活跃于科隆的画家，即《圣韦罗妮卡》(St. Veronica) 作者的风格。他曾负责《圣韦罗妮卡》（见第 431 页左图）的绘制。这位画家是 15 世纪早期科隆学派的核心人物之一。他的作品表现了欧洲各种风格的集合，从而形成国际哥特式艺术风格。其特点是形体流畅、过渡柔和而平滑、姿势动作克制有度。高敏感的色彩细微差别以及在着色对比中展现出的严谨是其他科隆画家的特征。

1430 年左右绘于科隆的《瓦塞尔瓦耶稣受难像》(见上图)与《圣韦罗妮卡》作者的作品相似,尤其是在这位画家已创作一幅人物类型类似的耶稣受难作品的情况下。但我们还必须从其他地方找寻更重要的线索。

自然写实方式、画家对于叙述故事的偏好以及组画的结构布局都指向勃垦第,尤其指向范艾克兄弟俩。这幅耶稣受难像似乎证明了帕诺夫斯基的观点。他把 1402 年布鲁塞尔雅克马尔·德埃斯丹(Jacquemart de Hesdin)的一份手稿称为"北欧风景画诞生的证明",并断言这些手稿会成为后来绘画艺术的模板。那么,完全有可能,这幅画正是在德国绘制的第一幅佛兰德斯或勃垦第"叙事风景画",甚至对于汉斯·梅姆林的连续叙述有促进作用。

斯特凡·洛赫纳(Stefan Lochner)的作品使科隆哥特式绘画达到新的高点。洛赫纳来自康士坦茨湖(Lake Constance)地区,1422 年首次在官方记录中被提及,1451 年因瘟疫在科隆去世。他的《耶稣受难祭坛画》(Passion Altarpiece)中的戏剧性和写实性显示出受到佛兰德斯画家的影响。

洛赫纳最伟大的作品就是《东方三贤人的崇拜》(见第 432 页上图)。这幅圣母小教堂中的作品绘于 15 世纪 40 年代初期,但直到 1810 年,才最终被转移至仍未完工的科隆大教堂。将板画闭拢后,外侧板面图像为《圣母领报》(见第 432 页下图)。画面可与扬·范艾克早几年的《根特祭坛画》媲美,从而阐明了科隆及莱茵河下游地区的(Lower Rhine)工作坊与佛兰德斯工作坊之间的密切联系。

由于佛兰德斯画家都十分擅长新写实方式,毫无疑问,洛赫纳的《玫瑰亭中的圣母》(Madonna of the Rose Bower,见第 433 页图)比他的《东方三贤人的崇拜》更具有启发性。

斯特凡·洛赫纳
《东方三贤人的崇拜》，约 1440—1445 年
木版画，部分覆有亚麻布
中间版面：260cm×285cm
左右幅：261cm×142cm
科隆大教堂

下图：
斯特凡·洛赫纳
《圣母领报》，出自《东方三贤人的崇拜》（折叠状态）

下一页图：
斯特凡·洛赫纳
《玫瑰亭中的圣母》，约 1448 年
木版混合画，51cm×40cm
科隆瓦尔拉特博物馆

康拉德·冯·泽斯特（Konrad von Soest）
《耶稣诞生》，1403年 《维尔东祭坛画》（Wildung Altarpiece）板面
木版混合画，73cm×56cm
巴特维尔东根（Bad Wildungen）教区教堂

背景中的金色融入细节设计中，并由华丽的藤蔓与花朵构成。圣母深蓝色的长袍下面铺着树叶、青草和花朵组成的厚地毯。天使坐在她的脚边吹奏乐曲，从而使结构和颜色两方面相得益彰。

在洛赫纳去世之后，这种由他所完善的风格逐渐衰落。渐渐地，富裕殷实的科隆市民委托外地的艺术家绘画。例如，戈德尔·冯·德姆·瓦塞尔瓦（Godder von dem Wasservass）就拥有一幅罗希尔·范德魏登为其家族礼拜堂绘的《圣科伦巴祭坛画》。从那时起，佛兰德斯绘画风格不断影响着科隆画家。

多特蒙德画家康拉德·冯·泽斯特的作品应放在早期科隆绘画背

景中来看。

康拉德的《维尔东祭坛画》标注日期为1403年，在作品背面签有"画家康拉德·冯·泽斯特绘"。画中场景效果归功于画面细节与温和流畅的风格。色彩对比不可思议，明亮的金色、黄色、深蓝色以及红色使场景充满生气。康拉德的《耶稣诞生》（见左图）是一幅成功的风俗画：约瑟跪在地上，鼓起双颊，正要把火吹灭。我们可以从他的脸上看出，画中描绘的世界是朴实而迟钝的农民的世界——人民和日常生活物品给宗教绘画提供了很好的图画效果和主题。

汉堡编年史中有这样的记载："汉堡圣彼得教堂主祭坛板画绘于1383年，作者为明登的贝尔特拉姆（Bertram of Mynden）。"明登的贝尔特拉姆画师是作品创作者，使用了同康拉德·冯·泽斯特一样的绘画手法。他的《耶稣诞生》（见第435页左下图）中马厩的外观，比泽斯特作品中的还要简陋，马厩像要倒塌似的。约瑟弯腰将圣婴递给玛利亚。在玛利亚身旁，躺着缩小的一头牛和一头驴。

贝尔特拉姆画师十分清楚怎样利用单独祭坛板画绘画相对有限的空间，将最多的事件移入圣经故事中。他考虑更多的是物体表现方式，而不是写实描绘。在《创造动物》（Creation of the Animals）（见第435页下图中），鱼儿跃出水面，漂浮上来。在鱼儿的上方，天鹅、公鸡、孔雀以及金翅雀从低到高依次排列。

对于写实细节的注重，以及包括整个圣经内容在内（从善良到邪恶、从服从到暴力）的祭坛画主题范围，指向一位私人赞助人。经确认，赞助人是汉堡一个古老贵族家庭成员——威廉·霍尔博尔希。很可能由他负责图像设计。他的兄弟贝尔特拉姆·霍尔博尔希在1366—1396年间担任汉堡市长，并且与布拉格的查理四世大帝以及阿维尼翁教皇保持密切联系。这件作品的创作可能是受这兄弟两所托。

贝尔特拉姆与波西米亚的联系则具有重大意义。1340年出生于明登的贝尔特拉姆画师，首次作为汉堡居民记载见于1367年，可能曾在布拉格一家波西米亚画师那里当过学徒。这解释了为什么他的作品中出现波西米亚风格。当他还在布拉格工作时，多半就已经接受绘制汉堡祭坛的委托了。

在查理四世统治时期（1346—1378年），波西米亚经历了一次政治和文化上的复兴。布拉格的工作坊中主要有两个具有特殊才能的人物——霍恩浮斯祭坛画画师（Master of Hohenfurth）和画师狄奥多里克（Master Theoderic）。霍恩浮斯祭坛画画师的

贝尔特拉姆画师
《格拉博祭坛画》(*Grabow Altarpiece*)，1383 年（打开）
木版画，266cm×726cm
汉堡市立美术馆

贝尔特拉姆画师
《耶稣诞生》
《格拉博祭坛画》版面

贝尔特拉姆画师
《创造动物》
《格拉博祭坛画》版面

霍恩浮斯祭坛画画师
《耶稣诞生》，约 1350 年
木版画，99cm×92cm
布拉格国家美术馆（Narodní Galerie）

《耶稣诞生》（见第 435 页右下图）是霍恩浮斯修道院教堂中的一幅板面绘画。这幅画在风格上与贝尔特拉姆画师板画有很多相似之处，尤其是风格化的小山、缩小的树木以及单独置于土堆上的植物。

带有"之"字形沟壑的山体岩层，源自乔托和杜乔。很显然，霍恩浮斯祭坛画画师对帕多瓦阿雷纳（斯克罗维尼）礼拜堂中乔托的《耶稣诞生》主题进行了再加工，表明了布拉格宫廷与欧洲其他国家相连的文化网络。对邻国奥地利的波西米亚风格艺术发展的影响，也不应小觑。

1365 年左右，布拉格的画师狄奥多里克被任命为布拉格画家协会的负责人。作为一位具有原创精神的画家，他打破了意大利、奥地利以及法国主导的艺术风格，并且尝试形成自己独有的风格。绘于 1360—1365 年间，用于装饰卡尔施泰因城堡圣十字礼拜堂的 30 幅图标式圣徒肖像画，是最令人难忘的努力成果之一（见左图）。让人印象深刻的是，他对每个圣徒都进行了特色描绘，并添加了三维物体，例如通过在图画表面拼贴的方式进行镶嵌的雕饰盾形纹章。以镀金彩色装饰玻璃圆盘，以及镶嵌半宝石的大理石带进行装饰，礼拜堂看起来好像一间拜占庭式宝库。皇帝很可能打算把这间房与相邻的密室塑造成未来东罗马帝国景象。

随着查理四世的去世，波西米亚绘画的黄金时代逐渐终结。查理四世的继任者——瓦茨拉夫四世（Wenceslas IV，1378—1419 年），即著名的酒鬼兼懒汉瓦茨拉夫，对艺术并没有发挥多大的赞助作用。随着威亨高的画师（Master of Wittingau）的出现，波西米亚绘画的鼎盛时期也随之结束。威亨高的画师为瓦茨拉夫工作，我们在后文将对他进行更加详细的论述（见第 440 页右下图）。

奥地利绘画艺术与波西米亚风格的邻国具有密切关系，并且同样受到法国和意大利风格发展的影响。1322 年，克洛斯特新堡（Klosterneuburg）凡尔登的尼古拉（Nicholas of Verdun）制作的珍贵银制祭坛被大火烧毁后，重建的城堡大量采用镀银珐琅。后侧有四幅板画，包括《墓中三玛利亚与"不要触摸我"》（*Three Marys at the Tomb and "Noli me tangere"*，见第 437 页左下图）。板画绘于 1324 年，即波西米亚绘画繁荣之前，这个事实非常重要。其中，显眼的意大利式绘画结构元素，例如坟墓的颠倒视角和典型乔托式小山与 V 形峡谷风景画，可能对霍恩浮斯祭坛画画师产生了一定的影响，至少这幅画或许唤醒了奥地利对意大利 14 世纪绘画的兴趣。

在 14 世纪下半叶和 15 世纪初期，中欧不同国家的艺术家在风格

上莱茵河的画师
《天国花园》(Garden of Paradise)，约1410年
木版混合画，26cm×33cm
法兰克福斯特德尔美术馆

下图：
《墓中三玛利亚与"不要触摸我"》，1324年
《克洛斯特新堡祭坛》(Klosterneuburg Altar) 版画
木版画，108cm×120cm
克洛斯特新堡修道院 (Stift Klosterneuburg)

上并没有很大的差异，科隆《圣韦罗妮卡》画师、康拉德·冯·泽斯特、贝尔特拉姆画师以及波西米亚和奥地利画家，均赞成相同的风格标准。这些在全欧洲运用的标准，在不同程度上基于法国和意大利的风格。

欧洲统治阶级的通婚以及王室之间的不断交流，对于一个异常生动的文化生活的形成做出了很大贡献，并且最终促使国际哥特式艺术风格的形成。

然而，在1400年之后，艺术风格方向发生改变，关于这点我们已在尼德兰相关内容中讨论过了。佛兰德斯绘画的主导地位延伸至意大利，同样也影响着德国绘画。法国插图本的影响力仍很大。我们已经看到，斯特凡·洛赫纳作品是如何被视作这次新的晚期哥特运动的组成部分的，而在谈到法国插画艺术时，对弗兰克画家进行了讨论。

15世纪20年代，生硬风格向柔和风格的过渡预示着新的形式和结构观念的出现。贝尔特拉姆画师的图形空间要求连续表现出图中元素——有点像阅读顺序，而1410年左右的弗兰克画家，却是第一位设法将不同元素融入一个统一图形空间的北欧艺术家。因此，在哥特式祭坛画中，只有元素增加物被合并到图形元素中。元素相互关联，并且一起形成一个统一的场景。无论图画是一个单独的场景，或者是同时叙述的一系列场景，这一点都是真实存在的。

法兰克福的《天国花园》(见上图)运用了这种概念。《天国花园》于1410年左右绘于下莱茵河的一间作坊中。场景抓住了画中各事物的某一单独时刻，包括圣徒、圣母、圣子、细致描绘的绿色草坪装饰布景、精美的春花和使人分辨善恶的智慧之树，以及巧妙盘旋的树干和栖息在树上和花园墙上的鸟儿。画面描绘了一座带围墙的花园景象，

卢卡斯·默泽（Lucas Moser）（蒂芬布隆抹大拉祭坛画师）
《蒂芬布隆抹大拉祭坛画》（*Magdalene Altarpiece*），1432 年
木版混合画，300cm×240cm
蒂芬布隆（Tiefenbronn）圣抹大拉玛利亚教堂

象征圣母的贞洁。画中确切的细节描绘，说明创作者对大自然的研究兴趣越来越大。这种兴趣总是与绘画艺术的新时期——文艺复兴时期相关。

在德国，很难区分晚期哥特时期与通常被称为"文艺复兴时期"的艺术典型。斯特凡·洛赫纳绘于 15 世纪早期的作品，处于中世纪与现代之间的模糊区域。另外，本章开头提及的阿尔布雷希特·丢勒《启示录》木刻画出现在 15 世纪晚期，但仍显示出中世纪特征，即使同时存在"现代"绘画概念。

艺术风格转变通常都是连续的，并且处于上述时期形成的艺术是多种多样的。风格的应用方式众多，并且特定区域的艺术形式的影响促成独特的成就，其中一些成就我们已经讨论过。

其他作品也很值得一提。卢卡斯·默泽的《蒂芬布隆抹大拉祭坛画》（*Tiefenbronn Magdalene Altarpiece*）就属于 15 世纪上半叶德国

非凡作品之列（见左图）。我们单独将这件作品提出来，是因为这件作品的艺术性是这一时期艺术发展的代表，而且还有关于画家本人的争论。

据笔相家兼论文专家格哈德·皮卡德（Gerhard Piccard）所述，"卢卡斯·默泽"是不曾存在的。他认为，祭坛画背面的姓名和年份都是自 19 世纪起杜撰的。皮卡德还说，板画是在之后合并起来的，从板画曾被切割成适当尺寸这一点就可以看出。而且他认为，图画风格显示这幅画来源于勃垦第，而非德国西南部，甚至更确切地说，是来自康士坦茨湖附近地区。据他推测，这幅画可能是由锡耶纳画师西莫内·马丁尼的学生于 1380 年绘制的，因为他们曾在教皇流亡期间为阿维尼翁工作。

事实上，除了祭坛画上这个不确定的签名之外，并没卢卡斯·默泽这个名字的文献记载。然而，技术分析对皮卡德的理论提出了很大的质疑。对于象征性风格、风景描绘以及所画建筑与德国西南部艺术作品没有什么共同之处这一点，并不代表这就是一件来自锡耶纳或勃垦第作品。毕竟，人物面孔确实不亚于当时的斯瓦比亚作品。在与欧洲密切关系的背景下观赏作品很有必要，就像斯特凡·洛赫纳和贝尔特拉姆画师一般。《蒂芬布隆抹大拉祭坛画》可能参照了梅尔基奥尔·布罗德拉姆的双连画，因为圣抹大拉玛利亚的生活场景被安置在图形建筑前方和室内。通过同一种方式，洛赫纳的《最后审判日》（*Judgment Day*）显示出佛兰德斯艺术家罗希尔·范德魏登作品的影响。

另外，这一时期德国的许多其他绘画作品清楚地阐明其与勃垦第和佛兰德斯艺术的密切联系。其中的代表有 1470 年左右乌尔姆作坊创作的作品，如《圣餐磨坊祭坛画》（*Eucharist Mill Altarpiece*）和汉斯·莱昂哈德·绍费林（Hans Leonhard Schäufelin）创作的祭坛画。

金色、光线与色彩：康拉德·维茨

波西米亚画家运用色彩的特点是华丽色彩的对比。例如，威亭高的画师采用的色彩明暗对比（见第 440 页右下图）。风景与人物衣饰颜色柔和，而光环和布满星星的红色背景却色彩明亮。色彩设计对于光线描绘是非常必要的。该画中通过明暗之间的对比，从而产生明亮部分。这种对比形成一种空间幻觉。此外，画家还让人物更加立体化，使人物看起来更富有活力。

不过，威亭高画师的技法仍然不能将光线自身的效果与所绘物

康拉德·维茨 (Konrad Witz)
《所罗门王与示巴女王》(*King Solomon and the Queen of Sheba*)
出自《海尔施皮格尔祭坛画》(*Heilspiegel Altarpiece*) , 1435 年
木版画, 84cm×79cm
柏林国立普鲁士文化遗产博物馆
绘画陈列馆

体的颜色进行区分。他利用色彩对比，而非单个物体中系统颜色调制，形成一种光亮底色。因此，他将背景颜色描绘成红色，然后在上面画了一排排的星星。因而光环的金色亮度增加，并成为一种耀眼的非物质化光亮。

绘画中光的发现可能源于14世纪晚期所做的类似试验过程。波西米亚学派画家是这一新生事物的先行者。其中之一就是康拉德·维茨。维茨在1400年左右出生于维滕贝格（Württemberg）的罗特维尔（Rottweil）小镇，运用了洛赫纳通过色彩的明暗对比进行光线描绘的概念。在1444年《圣彼得祭坛画》（Altarpiece of St. Peter）的一幅板面绘画《神奇的双鱼宫图》（Miraculous Draft of Fishes）中，耶稣基督身穿红色长袍，几乎是立体化地面对着平静的湖面（见左下图）。画面前景和中景深色而柔和的色调让红色给人一种夺目的效果，从而看起来似乎是人物本身散发出来的一般。同样地，风景画面也被分为明亮而清晰的区域，树木、建筑以及原野看起来好像源于画面远处黛色山脊下。

维茨主要关注的是传达主题的现实性，而非创造一个真实世界景象或明确表达三维形式。光是由观赏者所经历的景象而决定的。

《神奇的双鱼宫图》是最早的壮丽风景画之一。其中单独的组成要素，即日内瓦湖以及港口岸壁和远处的小萨雷布山，至今仍然历历在目。

利用色彩描绘光线并不仅仅就是区分黯淡背景与闪亮人物或物体的颜色。传统的金色背景是神圣的象征，加强了人物的立体性。

在1435年《海尔施皮格尔祭坛画》的《所罗门王与示巴女王》板面中，维茨描绘了带细丝装饰的金色背景，并将作品中人物安排在背景之前（见第439页图）。衣饰的红蓝白绿以及手部和脸部的黄褐色可能是仅有的颜色，但这些颜色在金色背景的衬托下却散发光彩，而且通过精心镶嵌的图案使得这种效果大增。维茨认为，抽象的金色背景增强了外形并且使其变得几乎触手可及。

维茨的这件作品结合了两种截然不同的艺术技法：背景使用传统金色，而采用新手法通过色彩定义光线。假若我们将所罗门王图画与贝尔特拉姆画师等柔和风格艺术家的传统金色应用比较，异同点就一目了然了。贝尔特拉姆画师还意识到了金色能够让人物和物体更加明显的性质。相反，维茨却并没有简单地运用金色表明一处神圣而非特定的地方，而是对垂直背景进行装饰，并因此与盖有大红布料的水平长椅形成对比。坐着的所罗门，以及身体倾向所罗门的示巴女王展示在空间中，空间的光亮用金色背景衬托出来。

利用金色表面突出轮廓，在范艾克兄弟所作的《根特祭坛画》中圣母与传福音的圣约翰身上同样可见。在这样的背景下，应看出颜色的发光度：暗色阴影区与闪光的金色显现出形状内的光亮度。

对于光线描绘方式的探索，毫无疑问是扬·范艾克与维茨的共同特点。二者的区别在于怎样通过色彩写实描绘光线。范艾克采用一个人物众多并详细刻画的完整体系，光线可四处散开，而维茨却是构建重要人物。尽管这些人物像是真实的平面雕塑，但却好像自身散发出光芒。

景象描绘与视觉感知

汉堡圣彼得祭坛中的贝尔特拉姆画师创作的《圣母领报》（见下图一）是依据当时标准肖像画法进行构造的。天父出现在画面左上角，

左图：

康拉德·维茨

《神奇的双鱼宫图》摘自《圣彼得祭坛画》

木版画，85cm×79cm

日内瓦，艺术与历史博物馆（Musée d'Art et d'Histoire）

右图：

威亭高的画师

《橄榄山上的基督》（Christ on the Mount of Olives），约1380—1390年

摘自圣埃吉迪乌斯（St. Aegidius）教区教堂祭坛画

并发出光束，从而让以鸽子形状出现的圣灵和耶稣进入圣母腹部。手指指向上方的天使是这一奇迹的引导者。

将这幅画与另外一幅完全与宗教无关的绘画——中世纪一份关于视角问题的手稿中的人眼画（见下图二），放置在一起，那么画中的突出特性则全部显而易见。这份手稿由约翰·佩卡姆（John Peckham）于1320年发表，标题为《普通透视》（*Perspectiva Communis*）。

据中世纪的一个思想学派所记载，光线发自物体，落到眼睛的半圆面上，最终到瞳孔，然后，物体在视网膜上形成一个像。不过，根据这个系统，观看过程具有重大影响，也是不足为奇的。圣托马斯·阿奎那及其老师阿尔贝图斯·马格努斯（Albertus Magnus）认为，源于眼睛自身的光线能够对大自然产生影响。尽管眼神也可以让人恢复健康和为人赐福，但实际上可以置人于死地或让人遭殃。因此，《圣母领报》中描绘的神的注视象征了人类的拯救与原罪的救赎。

这种视力光线理论受到科学光学探索的支持，正好解释了关于认知方面的神迹。这些光线的描绘主要局限于那些仅通过精选才能看见的超自然和神圣事件。

当牧师举着圣体时，经常上演的关于圣餐面包和葡萄酒变成了耶稣的身体和血的圣餐变体论戏剧达到了高潮。通过这一行为，信徒可以感觉到神的存在，但不能看见对于这一转变发生必要的神的注视光线。这是只有被神选出来人才能见证的事，瑞典圣女毕哲（St. Brigitte of Sweden）就是其中之一。

从她的视野中，我们可以看到，圣体转换是如何发生的（见上图）。圣徒坐在写字台旁。圣餐面包及葡萄酒展示在她面前。头部被来自天国的神圣光线照亮。天国中，天使与圣徒云集。圣像画中的圣母与耶稣基督给予揭开奇迹的光线：仅有毕哲能够看到圣饼中基督的圣体。

这些宗教和科学范例展示了视觉感知的方面。视觉感知与当时新建大学讨论的两个理论相关：进入说和发出说。发出说的支持者认为，人眼是一种光源，通过照亮物体从而使物体可见。12世纪晚期，圣维

《瑞典圣女毕哲的神见》（*Mystical Vision of St. Brigitte of Sweden*），羊皮纸插画，14世纪末期，26cm×19cm
纽约皮尔庞特摩根图书馆（Pierpont Morgan Library）

克多的理查德认为，人眼有能力感知景象中神的实体。然而，进入说的支持者反对这种说法，认为人眼首先能够看见，换言之，人眼必须得到神创光的恩赐。

13世纪，这种源于亚里士多德的概念在争辩中占据主要地位。物体本身发送图像，要么在视网膜上呈现出真实部分，要么在心里形成物体景象。后者被认为是神的灵感，要准确一些。

弗朗切斯科·特拉伊尼在比萨创作的一幅意大利祭坛画中，圣托马斯·阿奎那不仅仅接受了神明智慧，还接受了福音传道者和古典世界哲学家的智慧（见下图三）。随后他将这种智慧传给了基督徒社团，并且为了使其皈依，还传给了教会的敌对者。视觉或智慧光线的缠绕结构（在一件小型复制品中很难看出），确定了图画的组成并形成了反映出宇宙神圣秩序的图画顺序。

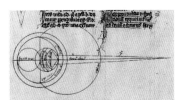

约翰·佩卡姆
人眼示意图，摘自《普通透视》，约1320年
羊皮纸彩图，18cm×11cm
牛津博德莱安图书馆（Bodleian Library）

贝尔特拉姆画师
《圣母领报》，1383年
出自《格拉博祭坛画》
木版画 汉堡市立美术馆

弗朗切斯科·特拉伊尼（Francesco Traini）
《圣托马斯·阿奎那的凯旋》（*Triumph of St. Thomas Aquinas*），约1340年
木版蛋彩画，375cm×258cm，比萨，圣卡泰里娜（Santa Caterina）

乔托
《圣弗朗西斯向鸟儿布道》（*St. Francis Preaching to the Birds*），约 1295 年
湿壁画
阿西西圣方济各教堂，楼上教堂

下图：
阿西西圣方济各教堂
后堂与北侧耳堂
内有契马布埃（Cimabue）及其学院所作绘画，约 1280 年

如建筑元素自身打开一般。中图《圣弗朗西斯告别父亲》中，建筑物左右均分，作为分界线的中心轴穿过不明确的空间，强调了父子之间的分离。左边场景中的建筑明显是右侧板画中圣弗朗西斯支撑教堂的扩建部分。垮塌的拉特兰长方形会堂的圆柱和塔楼由相邻客房的两根圆柱支撑着，从而以这种方式构成图画。

这三部分插画位于在阿西西教堂窗户下方的一间单独跨间里。为了显示出这种人物顺序在教堂中形成一个艺术整体，乔托采用了另一种技法：图像序列下方的着色支柱檐壁视角与湿壁画中板的中心轴成一条直线。这种三部分图像序列方式可应用于教堂的整体装饰设计中。乔托试图制定一种图画空间与教堂内部空间及其内部分区共存的绘画体系。

通过限定一处能够看见绘画人物出现的空间，乔托与拜占庭式传统风格背道而驰，在圣方济各教堂的其他地方也清晰可见。1279 年左

意大利艺术中的空间结构

我们已经知道，乔托的"同步空间"概念与北欧绘画的"连续性空间"形成鲜明对比。这种对比在乔托的《圣弗朗西斯向鸟儿布道》（见上图）与贝尔特拉姆画师的《创造动物》（见第 435 页下图中）的比较中可以清楚看出。德国北部画家将鸟、鱼以及哺乳动物安排在一起，层层堆叠，而意大利画家却将人类、动物和风景融入一个统一的空间里。乔托应用的融合方式要求图像元素同时可见，而贝尔特拉姆画师的风格却要求依次观看单独的主题。

这类比较并不作为对乔托作品的先进构图法的认可，而是阐述不同空间处理方式的一种方法。圣弗朗西斯湿壁画是乔托为阿西西圣方济各教堂创作组图的一部分。图画原本应该是逐幅阅读的，以便跟随圣徒的行动轨迹，但通过绘画和真实建筑环境，单独画面的内容实际上构成了一个整体。《圣弗朗西斯在圣达米亚诺教堂祷告》（*St. Francis Praying in San Damiano*）、《圣弗朗西斯告别父亲》（*St. Francis Saying Farewell to His Father*）和《圣弗朗西斯支持教堂》（*St. Francis Supporting the Church*）（见第 443 页上图）通过人物与建筑之间的关系结合在一起。左边，圣达米亚诺教堂的位置稍微靠后，犹

上图：

乔托

《圣弗朗西斯在圣达米亚诺教堂祷告》

《圣弗朗西斯告别父亲》

《圣弗朗西斯支持教堂》

约 1295 年湿壁画

阿西西圣方济各教堂，楼上教堂

下图：

契马布埃

《宝座上的圣母》，1280—1285 年

木版蛋彩画，385cm×223cm

佛罗伦萨乌菲兹美术馆

右，即乔托作品出现的二十年前，契马布埃（1240 年出生于佛罗伦萨）以传统"希腊式"将唱诗堂、十字交叉部以及耳堂部分区域进行了绘画装饰（见第 442 页右下图）。庄严的福音传道者位于十字交叉部拱顶，正如拜占庭学院规定的一样。人物在中央定位，并且其确切位置位于拱肋对角线上，可被视为是典型的北方风格。在哥特式教堂中，该类人物通常位于拱顶肋架之间，从而使肋架形成对角并构成一种以中心点为拱顶石的结构。图画的统一建立在一个集合了所有图画元素的抽象线性系统的基础上。

当我们将契马布埃的《宝座上的圣母》（见下图）与乔托的《圣母登极》（见第 444 页右图）进行对比时，可以更加清楚地看见这种与传统的决裂。仅仅 20 年的时间就将契马布埃的作品与乔托的作品分隔开，而且区别还非常大：乔托将契马布埃的平面结构转换为空间结构。在乔托的手中，庄严的耶路撒冷塔楼构成的宝座建筑成为一座以金丝装饰的逼真宝座，带有踏脚板和坐垫。契马布埃绘画中的天使面孔的形式风格与圣母子的一致。相反，乔托区分了圣母的精致五官、圣子憨态可掬的外观、周围天使的面孔以及具有明显的不同发型和胡须特点的圣经人物。

杜乔
《宝座上的圣母》（*Rucellai Madonna*），约 1285 年
木版蛋彩画，450cm×290cm
佛罗伦萨乌菲兹美术馆

乔托
《圣母登极》，约 1305 年
木版蛋彩画，325cm×204cm
佛罗伦萨乌菲兹美术馆

在乔托的作品中，僵硬的拜占庭式处理方法变得宽松，并且他对空间的利用让人物变得活灵活现。乔托创作的逼真而高贵的圣母，看起来好像从宝座上站起来走向观赏者一样。天使围绕着宝座，犹如在一间画廊为神的亲临打开通道。

乔托使用的衣饰根据人体形状与服装的动态互动作用决定。二者联合在一起，确定人物的构造。乔托清楚地认识到，衣饰的形状必须反映出衣饰下身体的动作。在帕多瓦阿雷纳礼拜堂的《拉撒路复活》中（见上图），人物的动作可以从其衣饰的褶皱中看出来。另外，人物与人物上演的情节突出了动作，并且提供了组织结构。该结构来源于对真实场景的观察，并不是由传统的视角审美观所决定的。

这些方面突出了契马布埃与乔托在人物处理上的差别，并显示了空间人形定义——从而定义个体，所必要的进化步骤。与乔托差不多同一时代的作家薄伽丘（Boccaccio）对于这一点可能记得很清楚。他评价乔托是最伟大的艺术家——一位绘画"事物本质"，而不仅仅是事物外观的画家。

契马布埃的拱顶湿壁画与阿尔卑斯山脉北部地区哥特式大教堂中的相似作品之间的关系已有所暗示。同样地，乔托刻画的身穿褶皱服饰的人物很可能也是源于哥特式作品。哥特式大教堂艺术的研究对这方面很感兴趣，尤其是兰斯大教堂西门上衣饰飘飘的人物（见第317页）。尽管典型的哥特式宽大褶皱占主体，但人物的动作让衣物的几处地方变得比较平滑。圣徒与圣经人物看来好像更强壮、更真实，特别是大门外侧柱上坐着的较矮小的人物。

乔托与北部风格之间的关系也可以在帕多瓦阿雷纳礼拜堂的装饰系统中找到，尤其是在善恶墙下方壁龛中的灰色模拟浮雕人像。正义人像坐在一个哥特式宝座上。宝座背面采用一个三叶形窗户形式。兰斯大教堂西侧室内以类似的人像——也位于三叶形壁龛内的微型雕塑——进行装饰（见右下图）。看似合理的是，乔托可能是从商人或银行业者带回的草图中知道法国大教堂中的新生事物，并将这些主题应用到自己的作品中。乔托的学生塔代奥·加迪于1300—1366年在佛罗伦萨工作。他在1328年左右为佛罗伦萨圣十字教堂巴龙切利（Baroncelli）礼拜堂进行绘画装饰，巧妙地采用了乔托的技术成果。他绘画的《圣母生平》（见第446页下图）场景考虑了两个目标。第一，创作与带拱券的小教堂跨间形状相符的绘画作品；

第二，通过图画自身结构为事件开演顺序搭建一个有足够深度的舞台。加迪为拱券下方的画面上部分提出了一个独创性的解决办法。他将神殿建筑直接安排在右侧隐约出现的悬崖边，从而在上部分构成一个四叶形状——一条天使降临通道。这用于连接《被驱赶出圣殿的约阿基姆》（*Joachim Driven from the Temple*）和《约阿基姆领报》（*Annunciation to Joachim*）场景。下面交替呈现内景和外景，看起来像四间套房，故事就发生在房前和房内。从《金门相会》（*Meeting at the Golden Gate*）开始，紧接着是《圣施洗约翰诞生》（*Birth of St. John the Baptist*）、《玛利亚前往圣殿途中》（*Virgin on Her Way to the Temple*），最后为《与约瑟订婚》（*Betrothal to Joseph*）。正如在阿西西圣方济各教堂中一样，图画结构与教堂结构紧密相连，观赏者的观赏方式形成连续叙述。

乔托的艺术风格可能是由其学生马索·迪班科与贝尔纳多·达迪（Bernardo Daddi）进一步发展而形成的。绘画结构更不受拘束，人物动作更富有活力和表情。装饰也更精细。场景细节更多是根据人物群形成的环境基调而定，而非一致的叙述顺序。

马索·迪班科可能是乔托学生中最富有创造性的一个。在他的绘画作品中，事件在建筑空间发生的顺序与乔托的一样，但为了强调个体的动作和独特面貌，他对人物进行了重新诠释。佛罗伦萨圣十字教堂的圣西尔维斯特传奇中罗马式景观遗迹（左上图），传达了一种与陵墓打开场景相称的神秘怪异氛围。残垣与饱满的人物形象之间的变换自如，是一个名师的成就。然而，场景的戏剧性与整体事件的相关性比与个体动作描绘的相关性更小。

尽管锡耶纳绘画艺术随着乔托及其追随者的绘画作品发展，但锡耶纳绘画的奠基人杜乔·迪博宁塞尼亚（Duccio di Buoninsegna）却有与众不同的审美观念。杜乔作品的基础仍旧是拜占庭风格，但他努力尝试转变这种乔托的风格。他关注的是强调对神及其相关的作为日常生活重要部分的精神方面的沉思。杜乔的主要工作是为国家创作宗教祈祷图画，以及较少的完整系列的湿壁画。他关注的不是人物空间位置以及物体写实描绘的细微之处，而是偏爱保守或宫廷风格的顾主的审美要求。拜占庭风格模式偏爱庄严肃穆的主题，例如耶稣变容或宝座上的圣母。杜乔 1285 年创作的《宝座上的圣母》（见第 444 页左图）仍具有拜占庭风格，但显示出新生事物迹象。

宝座建筑结构传递了一种空间感，并且让大部分姿势统一的天使看起来更加逼真。雅致的窗帘似乎与当时的法国风格一致，也许是绘画赞助人喜好的风格。

二十五年后，杜乔为锡耶纳大教堂绘画了《光轮中的圣母圣像》(见上图)。"Maestà"是指礼拜堂祈祷的圣母图像名称，用于装饰公共空间。对于锡耶纳人而言，这些图像具有特殊的意义：因 1260 年锡耶纳与佛罗伦萨爆发战争，天后也就变成了锡耶纳女王。在被团团围住的情况下，锡耶纳人将自己置于圣母玛利亚的庇护之下，然后击退了强大的佛罗伦萨人。自那之后，圣母玛利亚被视为城市的守护神。因此，《光轮中的圣母圣像》成为国家肖像画。画中圣母犹如从天国降临，坐在大理石宝座上。宝座的半露柱反映出大教堂的建筑。圣母既是祈祷的对象，又是吸引观众成为其臣民的女王。这类"肖像定位"无疑是客户的政治意图。他渴望圣母继续管理这座城市。

杜乔完全明白怎样在写实与神圣象征之间取得平衡。金色背景、人与天使的统一排列以及镶嵌装饰仍属于传统的拜占庭形式风格，

西莫内·马丁尼
《光轮中的圣母圣像》，1315—1316 年
湿壁画，1060cm×980cm
锡耶纳市政厅（Palazzo Pubblico）

因此强调了天后的荣耀和神圣秩序。然而，宝座结构具有乔托呈现的一种空间外观，赋予了圣母与圣子深度感和动作感。板画背面是26 幅受难场景（见第 447 页下图）。虽然是在不同的板面上，但场景的风格还是重复了写实与象征，形成了协调的场景。正是大自然元素看起来具有示意性和拜占庭式，而空间构造却是根据乔托的模式。这也适用于单独描绘并且具有生气的人物的动作和姿势。如果说乔托对早期文艺复兴发展至关重要，那么杜乔逐渐形成了一种对拜占庭传统风格而言范围更广的审美观，这也是事实。这就解释了14 世纪中期锡耶纳艺术比乔托及其学派的形式概念在欧洲更声名远播的原因。

正是杜乔的学生西莫内·马丁尼第一个让锡耶纳绘画变得国际闻名。彼特拉克曾在其十四行诗中赞扬他。将杜乔的《光轮中的圣母圣像》成功运至锡耶纳教堂的之后几年，西莫内·马丁尼接到委托，另外为市政厅描绘一幅锡耶纳神圣君主的画像。世界地图厅（Sala del Mappamondo）中的湿壁画（见上图）完成于 1316 年。这幅《光轮中的圣母圣像》仍然显示出杜乔的影响力，但波浪形华盖、圣母的立体性、天使和圣徒的空间分组等局部描写，显示出现代艺术与拜占庭式传统之间正在产生鸿沟。

从下往上看，华盖的透视效果清楚地表明对乔托的空间描绘的深刻研究。西莫内·马丁尼还曾在阿西西圣方济各教堂工作过。1322—1326 年，他在圣方济各教堂绘制了他最重要的作品——圣马丁礼拜堂湿壁画（见第 449 页图）。图形结构、人物构成以及装饰系统与礼拜堂

的实际结构和谐共处。与乔托一样，马丁尼是根据礼拜堂观赏者的观点来安排画像人物的。

西莫内·马丁尼也可以说是第一个真正的宫廷画家。他主要为法兰西安茹皇室服务，并于 1317 年因所做的贡献而被封为爵士。鉴于马丁尼的声望和成就，在其生命的晚期，即 1340 年，他还被召唤至阿维尼翁为教廷工作，这也就不足为奇了。令人遗憾的是，阿维尼翁大教堂圆柱式门廊上马丁尼所创作的湿壁画已经遗失了。不过，始于 1340 年左右的教皇官邸（教皇克莱门特四世当时居住在此）中的湿壁画，至今仍可见。这些湿壁画由马丁尼的学生或属于其派系的画家所绘。这些源于古典罗马式园林绘画的图画独特地描绘了中世纪时期的乡村景色。西莫内·马丁尼及其学生逐渐形成的所有重要审美观念，不仅在法国，而且在欧洲其他许多地方也具有很大的影响力。

记住杜乔之后的锡耶纳绘画发展在很大程度上是基于他的《光轮中的圣母圣像》，这一点很重要。尤其适用于描绘受难场景的背板面。杜乔如此巧妙地将群组人物融入《耶稣进入耶路撒冷》（*Christ's Entry into Jerusalem*）（见第 450 页左下图）的建筑背景中，而彼得罗·洛伦采蒂（Pietro Lorenzetti）明显地被这些人物吸引。这些群组人物以类似结构出现在洛伦采蒂为阿西西圣方济各教堂所作的一幅相同主题的湿壁画中（见第 450 页右下图）。

彼得罗的弟弟安布罗焦·洛伦采蒂也从杜乔的建筑描绘中得到灵感。他似乎对杜乔的《圣彼得不认主》（*Denial of St. Peter*）（见第 451 页左下图）中人物定位特别感兴趣。阿西西圣方济各教堂中包括了乔托在《逐出阿雷佐魔鬼》（*Expulsion of the Demons from Arezzo*）（见第 451 页右下图）中做出的另一结构研究。二者肯定有助于安布罗焦对于市政厅独特城市描绘的构思（见第 450、451 页上图）。群组布局和单个人物的安排显示出，安布罗焦比乔托更擅长解决人物与建筑之间的关系问题。而且，比例更加准确，因而一种逼真的都市生活描绘取代了乔托的建筑结构幻想。

这种虚构的空间和象征群组处理发展成为一种清晰结构布局，并因此发展为画中物体、所绘空间以及墙面之间的一种新关系。阿尼奥洛·加迪（Agnolo Gaddi）、乔瓦尼·达米拉诺（Giovanni da Milano）和阿蒂基耶罗·达泽维奥（Altichiero da Zevio）在乔托的形象空间发展过程中相互竞争。

448

西莫内·马丁尼
《圣马丁受封骑士》（Knighting of St. Martin），约
1320—1325 年
湿壁画，265cm×200cm
阿西西圣方济各教堂，楼下教堂

安布罗焦·洛伦采蒂
《好政府的寓言》 约 1337—1340 年
湿壁画 锡耶纳市政厅的和平厅（Sala della Pace）

杜乔·迪博宁塞尼亚
《耶稣进入耶路撒冷》，1311 年
摘自《光轮中的圣母圣像》背板受难场景图
木版蛋彩画 锡耶纳大教堂艺术博物馆

彼得罗·洛伦采蒂
《耶稣进入耶路撒冷》，约 1330 年
湿壁画
阿西西圣方济各教堂，楼下教堂

杜乔
《耶稣在公会里受审》(Christ Before the High
Council) 与《圣彼得不认主》,1311 年
摘自《光轮中的圣母圣像》背板受难场景图
锡耶纳大教堂艺术博物馆

乔托
《逐出阿雷佐魔鬼》
约 1295 年
摘自《圣弗朗西斯传奇故事集》(Cycle of St. Francis)
湿壁画

乔瓦尼·达米拉诺仍然保留了作为虚构空间最前面的结合了深度透视的墙面。但他于 1365 年所创作的佛罗伦萨圣十字教堂里努奇尼礼拜堂图画清楚地表明图画装饰框架中图形结构进一步发展的可能性。尽管圣母故事中的人物在一个建筑场景中活动,但压缩后的空间失去了建筑空间意义,并增加了装饰的优雅性。他们动作中的诗意反映了框架上所绘的精致图案(见上图)。

意大利维罗纳画家阿蒂基耶罗在帕多瓦学习乔托的湿壁画,并从中借鉴并形成了新的图形结构形式。1380 年左右,他和雅各布·阿万佐(Jacopo Avanzo)一起在帕多瓦圣安东尼奥教堂圣贾科莫礼拜堂创

作了一组湿壁画。《耶稣受难像》(见左下图)的人物群体组成明显是乔托作品中的人物,但构造了建筑物,因而看起来似乎后退到图画背景深处。离礼拜堂仅咫尺之遥的地方,年轻的提香 1511 年在圣斯科拉教堂工作(Scuola del Santo),在这里他被阿蒂基耶罗的色彩组合与结构深深打动。

14 世纪,乔托及其学生和继承者无疑是第一批让这种新的空间理解方式引起公众注意的人。他们的感性模式鼓励了马萨乔、菲利波·布鲁内莱斯基(Filippo Brunelleschi)、莱昂·巴蒂斯塔·阿尔贝蒂等早期文艺复兴艺术家和理论家自己进行的实验,以便证明可以在二维平面上按照准确的比例描绘空间。

但如果我们只看到空间显示和对应构图新方式的发展,那么我们就没有真正理解 14 世纪意大利的绘画艺术。哥特式绘画扩大了审美观念的可能性和必要条件。画面变得有立体感,并且通过这样的方式,图画可被重新定义为一个适合动作和自然描绘的舞台。此外,逐渐形成了融合不同空间视角和图案主题的艺术作品。

自 16 世纪起,被称为西班牙小教堂的佛罗伦萨圣玛利亚诺韦拉教堂会礼堂中的绘画作品具有代表性。受多明我会的委托,安德烈亚·达菲伦泽[Andrea da Firenze,或称为安德烈亚·博纳尤蒂(Andrea Bonaiuti)]创作了一幅修道会教育和工作寓意画,将画面与灵魂拯救故事联系起来(见第 453 页图)。在这幅名为《救赎之路》(Path to Salvation)的湿壁画中,似乎已结合了 14 世纪时期的图形观念,并形成了新的层面。建筑、景观以及人物根据诠释角度的不同,比例都各不相同。一小群在舞蹈中迷失的年轻女孩,与一个正指引被赐福的人通过天国大门的圣多明我会修道士在一起。背景中可见的建有城堡的绵延起伏的托斯卡纳山脉,与前景中突出的佛罗伦萨大教堂雄伟而理想化的景象形成对比。神高高地坐在天上,周围围绕着天使合唱团。所有不同元素——景观、分散的建筑描绘和人物场景——全都集合在一个巨大的统一空间里。

试图对活跃于 15 世纪初期的一些意大利画家进行分类的话,则意味着进入了不确定的领域。这些画家是属于哥特式艺术风格,还是文艺复兴初期艺术风格?至少其中一些,如维罗纳画家安东尼奥·皮萨诺(Antonio Pisano,又称皮萨内洛)和佛罗伦萨弗拉·安吉利科,只能被认为具有一定资格的"文艺复兴"艺术家。

也许,下列方式最好地描述了问题所在。皮萨诺利用中世纪图案的技法与阿蒂基耶罗利用的中世纪晚期手法一样,但是以"现

安德烈亚·博纳尤蒂（安德烈亚·达菲伦泽）
《救赎之路》，约 1365—1367 年
湿壁画
佛罗伦萨圣玛利亚诺韦拉教堂
牧师会礼堂（西班牙式小教堂）

皮萨诺

《圣尤斯塔斯显圣》(Vision of St. Eustace)，约 1440 年

木版蛋彩画，55cm×65cm

伦敦国家美术馆

弗拉·安吉利科

《圣母领报》，约 1440—1441 年

湿壁画，187cm×157cm

佛罗伦萨圣马可博物馆（Museo di San Marco）

代"方式，利用马萨利诺或马萨乔的"图形建筑"结构进行的，尽管他并不熟悉其透视法的数学模型。因此，皮萨诺有时仍求助于中世纪绘画技法。他的《圣尤斯塔斯显圣》（见上图）不仅运用了文艺复兴时期乌切诺作坊和多那太罗作坊激烈争论过的比例技法（从马与骑兵中可辨别出），还使用了国际哥特式艺术风格语言。山、树以及堆叠在一起的动物的布局，与佛朗哥 - 佛兰德插图本中的布局类似。已经确定，皮萨诺借用了林堡兄弟的祈祷书中的主题。同样地，他所作的年轻女人肖像画人物——可能是吉内芙拉·德斯特（Ginevra d'Este，见第 457 页右图）——非常单一，尽管取材于大自然，但画中的花朵和蝴蝶看起来像是法国或佛兰德斯挂毯中的装饰图案。

一个类似的特殊例子就是弗拉·安吉利科。他的作品完全归于哥特式与文艺复兴初期风格的分界线上。弗拉·安吉利科能够将对神圣秩序的领悟和渴望救赎的内心感受与图形空间的数学构造结合在一起。庄严的天使和圣徒画像是用于满足纯冥想需求的神圣图片。在 15世纪中期左右，弗拉·安吉利科对佛罗伦萨圣马可修道院 45 位修道士的房间进行了绘画装饰。协调的空间布局和在尘世间祈祷静修的人物非常适合修道院小屋作为冥想隐居处所之用。

其中一间表现的是，在没有装饰的墙和雅致的交叉拱背景下发生的场景。图画似乎在说，每个修道士在进行深入祈祷时都能够感知神的存在，即使是在没有装饰的小屋中。

与之相反，科尔托纳的《圣母领报》（见第 455 页图）则突出了装饰形式和装饰式样，让人想起拜占庭模式。天使周围的金色光线、金色光环、圣母宝座上的金色图案装饰以及长袍设计均是杜乔或另外一个锡耶纳画家的风格。圣经故事以传统形式告知。背景的凉廊是按照当时建筑习俗所画的（模型为几年前布鲁内莱斯基所绘的育婴堂）。圣母和天使仅稍微进入图画建筑中，而建筑戏剧性地按透视法缩短了。花朵和棕榈树风景，以及远处展现亚当和夏娃被驱赶出伊甸园场景的小山，形成凉廊的边缘。

弗拉·安吉利科是文艺复兴初期最有趣的艺术家之一。在许多方面，他还参与哥特式绘画。通过中心透视作图法，对于中世纪表达形式和现代观赏方式的运用，是 15 世纪上半叶丰富而多变的绘画风格的一方面。从弗拉·安吉利科的作品可知，透视法并不一定是现代的成就，而是中世纪晚期画家乐于进行写实描绘实验的一方面。空间数学概念透视法可被认为是一种阐述神圣宇宙秩序的审美模型。

弗拉·安吉利科

《圣母领报》，约 1432—1433 年

木版蛋彩画，175cm×180cm

科尔托纳（Cortona）迪奥塞萨诺博物馆（Museo Diocesano）

下一页图：

尼古拉斯·施皮林（Nicolas Spiering）

《耶稣被钉在十字架上》（Christ Nailed to the Cross）

摘自《勃垦第玛丽的祈祷书》（Book of Hours of Mary of Burgundy），约 1480 年

羊皮纸彩图，22cm×16cm

维也纳奥地利国家图书馆（Austrian National Library）

通往个人主义之路

中世纪时期哲学中有一句名言：个体是语言难以形容的（individuum est ineffabile）。该思想传达了一种基本理念，而直到中世纪至人文主义的过渡期时这种基本理念的所有支派中才对该思想进行了充分的讨论，其中人文主义是指人拥有不依赖于上帝和神圣力量的永恒内在价值。

个性的任何定义均赋予了人文主义思想的色彩。人文主义者将人视为被赐予理智的独立个体，这些个体可勇于为自己的行为负责并将自己视为伦理道德价值的承载者。对个性的这种看法只能慢慢形成，且从未通过理智的方式形成。我们不应忽略下列事实：中世纪时期的术语"不可言传"实际上激励了哲学家和艺术家去尝试描述或解释术语"不可言喻"。通往个人主义理念的漫漫长路可追溯至中世纪至现代开端之间的过渡期。而我们已经指出了这条道路沿途间的某些站点。

倾向于绘描家庭祈祷画的杜乔（Duccio）不得不将自己从拜占庭风格的重重束缚中脱离出来，以实现顾主的个人心愿。神圣的主题通过这个世界所拥有的物品——地毯、花卉和脉管渲染得淋漓尽致，这些物品构成了与人类生活息息相关的物品总和，且后来的艺术家将它们用于独立的静物画中，如乔托（Giotto）和塔代奥·加迪（Taddeo Gaddi）的作品。早期佛兰德斯画家尤其致力于这种"画中画"的创作，并最终形成了一种风格，这种风格将神圣的事件置于令人信服的家庭背景中。

摘自勃垦第玛丽的祈祷书的一幅彩图创作于 1480 年左右（见右图），这幅画展现了耶稣正被钉在十字架上的框架图。这个圣经事件因其周围建筑的富丽堂皇显得好似一个偶然性事件。画中描绘了赞助人的私人小教堂，其中的垫子、珠宝盒、瓶子、珍珠项链和打开的书籍《圣经》均按照静物分布。此外，大胆查理（Charles the Bold）与马克西米利安一世大帝（Emperor Maximilian I）的第一任妻子的继承人玛丽转过头来看着观画者，从而突出了这幅画与私人领域的联系。

法国画派（French School）
《善王约翰》（*John the Good*），约 1360 年
木版油画，59cm×37cm
卢浮宫

皮萨诺（Pisanello）
《吉内尔瓦·达埃斯塔》（*Ginevra d'Este*），约 1433 年
木版蛋彩画，43cm×30cm
卢浮宫

　　这种日益重视私人领域的画法可看成是对个人主义的认识越来越深的暗示。对于因个人爱好而购买宝物的艺术收藏家来说，尤其是如此。

　　中世纪的代表性收藏家是让·德贝利公爵（Duke Jean de Berry）。精印插图本《最美时祷书》（*Les Très Riches Heures*）是让·德贝利公爵委任林堡兄弟（Limbourg brothers）绘制的插图，这幅画含有描绘德贝利公爵的城堡的插图。

　　对狮子抬头注视树上的猿的描述也耐人寻味：这体现了德贝利公爵对收藏的钟爱。当代文献资料表明，德贝利公爵在 1388 年拥有狗、熊、狮子、天鹅及其他奇异动物共计 1500 只。

　　如果将艺术用于满足国王和王子一时的兴致，则宗教主题会逐渐失去其重要性，并在某种程度上，最终不过成为描述世俗主题的托词而已。

　　在中世纪，通往个人主义之路受探索大自然和发现艺术方式来精确地描绘这个世界所激励。

　　据我们所知，乔托通过界定图画空间并将成功地其融入人类外形的空间中，从而实现了个人主义。这种可暗示运动的自然空间的演化过程又有助于对人类进行生动而逼真的描述。

　　现代肖像画的渊源——通往个人主义的决定性步骤——可追溯至另一种刻画人物的三维方法，即 13 世纪的雕塑，包括斯派尔大教堂（约 1280 年）中哈布斯堡王朝鲁道夫（Rudolf）的雕塑和圣丹尼斯教堂（St.Denis，1298—1307 年）中勇敢者腓力（Philip the Bold）的雕塑。因此，使人物孤立及创造设置人物的自然空间曾是肖像画发展的前提条件。乔托似乎在其画作中创造了这些条件，画作中似乎呈现了一种虚幻空间，其中他所刻画的人物在外表上愈加个性化。

　　但仅在 14 世纪期间，画作中才将人物刻画为人物肖像，比如卢浮宫的《善王约翰的肖像画》（*Portrait of John the Good*，约 1360 年）（见左上图）或同一时期的皇帝查理四世（Emperor Charles IV）的肖

像和来自施韦德尼兹（Schweidnitz）安妮（Anne）的肖像（现藏于靠近布拉格的卡尔修坦城堡）。

　　这些考虑因素暗示："个人探索"既是人文主义者，又是艺术家的成就——观察和理解通常具有相互的刺激作用。对画面空间的探索与对以充分的个人主观性来刻画人物的方式的探索紧密相关，该主张具有重要意义。个人主义是一种有"动力"意义的概念，必须能够在空间上发展，或者说，应给它成长的空间。

　　哲学家库萨的尼古拉（Nicolas of Cusa）已确立了这些思想，且它们与这种信念——"上帝已赐予了我们自由意志的天赋"相关。因为个人主义必须"可识别"，那么需将其转化为图画术语。对人脸的描绘，以及相应的空间构思，这种手法非常接近库萨关于个体主义的哲学概念。

457

意大利、法国和佛兰德斯对西班牙绘画的影响

西班牙哥特式绘画可分为具体的时期。1290—1490 年分为四个不同的时期，其中第一个时期仍受晚期罗马式风格的强烈影响，最后一个时期可追溯至文艺复兴绘画的早期阶段。

第一种风格，即直线式风格（Linear Style），主要形成于西班牙北部地区，这种风格中的直线和严格的比喻性图式使人回想起当代罗马式启示录的手抄本。描绘桑丘·赛斯·卡里略（一位来自布尔戈斯的贵族）陵墓天顶上的一排悲哀的女人（现藏于巴塞罗纳）的画作仅属于哥特式风格，因为画中人物成排排列且交错重叠（见左图）。她们的姿势、手势，甚至外貌均借鉴了极传统的风格，这种传统风格显然具有罗马式风格的特征。这幅作品中强有力的线条使该画作成为直线式风格中尤其大胆的实例。1290—1350 年，直线式风格主宰了整个西班牙的绘画艺术。

对于西班牙绘画的发展而言，描绘一群站在格拉纳达（Granada）阿兰布拉宫（Alhambra）皇室大厅中间壁龛的穹顶里的伊斯兰达官显贵们（见第 460 页左图）的画作也引人入胜。虽然这幅画实际上是由基督教艺术家运用其惯用的技法绘制而成，但该画作并未落入基督教圣像图的俗套之中。这类画作绘于皮革上，并描绘了用金色背景衬托的那斯里德王朝（Nasrid Dynasty）的统治者。在这幅画中，外形也起主导作用。刻画细致的面庞使人想起阿维尼翁艺术家的作品，这幅画可能在 1380 年左右才完成。

意大利对加泰罗尼亚（Catalonia）的影响尤其显著，因为加泰罗尼亚地区与普罗旺斯（Provence）和意大利北部地区的密切联系而易受法国和意大利文化的影响。这些联系显然导致了西班牙绘画的第二阶段——意大利风格的形成。14 世纪中叶祭坛画的中央部分描绘了圣母子及弹奏乐器的天使们，这一画作在组合方式和人物修饰处理上均属于锡耶纳（Siena）画派（见左下图）。

国际哥特式艺术风格在受法国绘画，尤其是阿维尼翁绘画的激发后，自 1400 年左右起在西班牙北部地区占有一席之地。拉蒙·德穆尔（Ramón de Mur）被视为第三阶段最伟大的代表画家，其中第三阶段的特征在于脱离了意大利形式。穆尔在现藏于维克（Vic）主教博物馆的一幅祭坛画中，描绘了四周环绕城堡式建筑的伊甸园中的堕落场景（见第 459 页右上图）。

这种风格的其他代表人物及作品包括画家洛伦佐·萨拉戈萨（Lorenzo Zaragoza）及其作品《赫里卡祭坛画》（*Jérica Altarpiece*，1395 年）和德国画家马萨尔·德萨克斯（Marçal de Sax）及其作品《圣乔治祭坛画》（*St. George Altarpiece*，伦敦，维多利亚与艾伯特博物馆）。从他们的作品中可以看到佛朗哥－佛兰德斯（Franco-Flemish）彩图的初步影响。后来，主宰整个西班牙工作室，尤其是位于卡斯蒂利亚（Castile）和莱昂（León）的工作室的艺术却是佛兰德斯艺术。这便是西班牙哥特式绘画的最后阶段，即佛兰德斯风格（Flemish Style）。

1431—1436 年，路易斯·达尔马奥在佛兰德斯（Flanders）工作，并研究了范艾克（van Eyck）兄弟的诸多作品。他深受范艾克兄弟的影响，而在 1445 年创作了一幅描绘巴塞罗那市政厅小教堂的祭坛画（见右下图）。圣母和圣子位于中央，簇拥在周围的是圣人和议员。圣母端坐在珠光宝气的哥特式宝座上，而宝座位于色彩鲜明的教堂建筑的中央。装饰有花窗格和四叶饰图案的窗户将视线引向圣人的头部上方，再逐渐融入构思巧妙的场景中。圣母的形象，尤其是她的手势，与范艾克的圣母画像极具相似性。这幅画作中显而易见的另一个影响是佛兰德斯建筑，这种建筑在当时广为流行。

海梅·乌格特（Jaime Huguet）却选择了一种不同的风格。他试图脱离自己仔细研究过的佛兰德斯绘画，以便开创自己的风格。其作品《文岑茨祭坛画》（Vinzenz Altarpiece）绘于 1458 年左右，现藏于萨里亚（Sarrià），该画作表明他自成一体的风格非常成功（见第 460 页右图）。建筑物的许多图案特征和细部均使佛兰德斯原型映入眼帘，但海梅·乌格特刻画的人物的个性化容颜及他对群体的空间组合表明，他是第一位找到自己的形式概念的西班牙画家，这些形式概念又是诠释文艺复兴的"西班牙方式"。

与此同时，意大利大师们的作品或许也得到研究。统治巴伦西亚（Valencia）的国王阿方索五世（King Alfonso V，任期 1416—1458 年）与那不勒斯（Naples）建立了密切的政治关系。西班牙画家，如阿隆索·德萨迪纳（Alonso de Sadena）在那不勒斯工作过一段时间，在他回国后，便将这些新影响告知西班牙同行。因此，将 15 世纪下半叶的诸多发展明确看成是佛兰德斯影响的结果便很片面。与法国和德国相比，西班牙欣然接受来自北欧和意大利的影响。

佩德罗·贝鲁格特（Pedro Berruguete）与佛兰芒艺术家于斯特斯·凡·根特（Justus van Ghent）曾一同致力于装饰意大利乌尔比诺（Urbino）的费德里戈·达·蒙蒂菲尔特罗（Federico da Montefeltro）的宫殿。西班牙画家佩德罗·贝鲁格特在这位乌尔比诺公爵的画室中描绘了文科的寓言故事和大部分的肖像画，包括费德里戈及其儿子的肖像画，这幅肖像画至今仍挂在公爵宫中（见第 461 页右图）。

西班牙绘画因受到这些强烈的国际影响，而在 15 世纪晚期在形成自身的风格特征方面相对较慢。在欧洲政治文化动乱的几十年内，王子和国王渴求流行的现代风格，因此他们会选择任用精通这些风格的艺术家。因此，为了完成较多的委托任务，许多佛兰德斯或意大利画家被召唤到西班牙宫廷中。比如，胡安·德法兰德斯（Juan de Flandes）显然是一位佛兰德斯画家，但在 1496—1504 年，却是卡斯蒂利亚女王伊莎贝拉（Isabella of Castile）的宫廷画家。

自 1567 年起，腓力二世（Philip II）任用了许多意大利艺术家来装饰埃斯科里亚尔宫殿（Escorial palace）。直到 16 世纪晚期，多明尼科士·底欧多科普洛斯（Domenikos Theotocopoulos），即埃尔·格列柯（El Greco）的作品的问世才迎来了西班牙绘画的伟大时代。

阿维尼翁画派（Avignon School）
《十位伊斯兰权贵》（Ten Islamic Dignitaries），约 1380 年
皮革油画
格拉纳达阿兰布拉宫皇室大厅（Royal Hall of the Alhambra）
的天顶画

海梅·乌格特
《文岑茨祭坛画》，约 1458 年
来自萨里亚教区教堂
木版油画，巴塞罗那加泰罗尼亚国家艺术博物馆

费尔南多·加列戈（Fernando Gallego）

《鞭笞》（Flagellation），约 1506 年

木版油画，104cm×76cm

萨拉曼卡（Salamanca）主教管区博物馆（Museo Diocesano）

佩德罗·贝鲁格特

《费德里戈·达·蒙蒂菲尔特罗及其子盖多巴尔多》（Federico da Montefeltro and His Son Guidobaldo），约 1477 年

木版油画，138cm×80cm

乌尔比诺公爵宫（Palazzo Ducale）

461

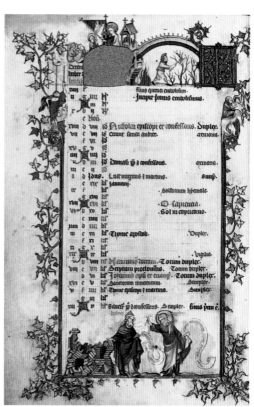

精印插图本

法国

巴黎大学的教学要求及国王和贵族的慷慨赞助意味着，法国的泥金装饰手抄本在接近 13 世纪晚期时达到了前所未有的繁荣程度。巴黎成为欧洲细密画的中心，细密画工作室位于埃朗堡街（Rue Erembourg），即布特布里街（Rue Boutebrie），这条街离抄写员和纸商工作的羊皮纸业街（Rue De La Parcheminerie）很近。

当时最著名的微图画家是马斯特·奥诺雷，他在 1288—1291 年开办了一家有影响力的工作室，用于绘制画作《美男子腓力的每日祈祷书》。这幅插图描绘了大卫的两个场景（见左上图），画中将典型的法国装饰图案与拜占庭式叙事风格结合起来，值得注意的是，同一人物在画中多次出现：前景中大卫准备用投石器时，歌利亚已捂住了自己的额头，而背景中画的是大卫拔出他的剑，将歌利亚的头砍了下来。这幅作品的显著特征在于：人物的优雅姿态中还透露出倦怠慵懒，这几乎在 16 世纪的矫饰主义（Mannerism）中描述的扭曲、瘦长而柔软的体态中体现了出来。

人们通常认为，在埃朗堡街工作的让·皮塞尔的影响力依然大于马斯特·奥诺雷。马斯特·奥诺雷倾向于刻画图案，而非装饰性元素，而让·皮塞尔却竭力寻找装饰性元素并加以转化。让·皮塞尔在框架边框和小体大写字母上添加装饰物，并将这些元素与建筑主题和人物融为一体，以形成近乎抽象的图案。

他于 1325 年左右绘制的作品《十二月》（摘自《贝尔维尔的每日祈祷书》）特别有趣（见右上图）。伐木工及正在吞噬伐倒木的熊熊燃烧的冬季火焰描绘了这个月的活动。天后（Queen of Heaven）圣母举着旗帜，突出了躺在婴儿床上的圣子。在下边框处，出现了一位先知，并带来预言："我此行的目的就是要唤醒您的孩子。"以此指明基督教堂和耶稣复活、永生的主题。画面中的犹太教会堂早已化为废墟。页边处有一些奇形怪状的小人物，即滑稽人物，他们被困在葡萄藤和树叶之间自得其乐，还演奏着乐曲，耍着各种小把戏。这些姿态优美的微型人物及融为一体的装饰、建筑和笔迹使让·皮塞尔的这幅作品别具一番吸引力。让·皮塞尔对彩图艺术具有极其深远的影响，这一事实尤其可在位于勃垦第的工作室的作品中看到。

勃垦第公爵对法国政治日益增强的影响力使画家们对勃垦第公爵（尤其是让·德贝利公爵）的艺术产生了浓烈的兴趣。英国对法国的干预削弱了法国君主制，但巩固了勃垦第及其他公爵领地的势力，并使这些地区的经济和艺术繁荣昌盛。法国查理五世（Charles V）的弟弟让·德贝利是首批为自己修建大图书馆的亲王之一。

人们曾认为藏于都灵（Turin）的画作《德贝利公爵的最美时祷书》（Les Très Belles Heures du Due de Berry）出自扬·范艾克之手；这幅画结合了风光秀丽的风景，设计轻巧，且空间布置得恰如其分的室内，以及让·皮塞尔的作品中惯用的装饰性边框。佛兰德斯人的性格在这幅画中显而易见，但在雅克马尔·德斯·埃斯丹（Jacquemart des Hesdin）的作品中更加明显，这位作家于 1384 年从佛兰德斯的阿图瓦（Artois）抵达让·德贝利公爵的宫廷。

右上图：
《圣施洗约翰之诞生》（Birth of St. John the Baptist）和《基督受洗》（Baptism of Christ）
摘自《德贝利公爵的最美时祷书》，约 1400 年 都灵玛德玛宫（Palazzo Madama）

右下图：
林堡兄弟
《诱惑基督》（Temptation of Christ）
摘自《最美时祷书》，约 1415 年
尚蒂伊（Chantilly）孔德美术馆（Musée Condé）

雅克马尔·德斯·埃斯丹的工作室中创作了关于德贝利公爵的所有时祷书，包括现藏于巴黎国家图书馆的著名画作《圣母玛利亚的最美时祷书》（Les Très Belles Heures de Notre Dame）和现藏于布鲁塞尔皇家图书馆（Royal Library）的画作《布鲁塞尔祈祷书》（Brussels Book of Hours），即《最美时祷书》（Les Tres Belles Heures）。除了不可或缺的装饰图案和佛兰德斯风格的建筑外，还会在面部刻画和衣饰处理中看到波希米亚的影响。

雅克马尔·德斯·埃斯丹在德贝利公爵的宫廷中工作到 1409 年。一年后，林堡兄弟被召入让·德贝利公爵的宫廷【位于靠近布尔日（Bourges）的耶夫尔河畔的默安（Mehun-sur-Yevre）】。在这里，林堡兄弟创作了一幅杰作《最美时祷书》，这幅画至今仍吸引着不计其数的崇拜者去参观巴黎北部的尚蒂伊孔德美术馆。目前，仅这位公爵最喜爱的城堡（位于耶夫尔河畔的默安）的遗址尚存，但在其年表中的 1400 年，法国诗人让·弗里奥尔萨特（Jean Frioissart）将这座城堡誉为世界最美丽的城堡。一幅描述基督受诱惑的插图（选自《最美时祷书》）充分证明了弗里奥尔萨特赞美诗的描述恰如其分（见右下图）。一座座装饰有哥特式花窗格的白堡使所描述的城堡仿佛一顶不朽的皇冠一般。这座城堡象征着世界的财富，而站在宣礼塔般高山上的耶稣却拒绝了世间的荣华富贵，以抵制魔鬼的重重诱惑。德贝利公爵可能想将这个场景与其生活中的变化联系起来，他的生活水平在有关城堡的描绘中有所暗示，这些场景是对世界诱惑的一种隐喻。但我们质疑德贝利公爵是否自始自终如他为自己塑造的模范那样清廉正派。

月份的描述将人的活动与具体的历史地点联系起来。例如，六月份在巴黎城墙外晒制干草（见第 465 页图）。西岱宫（Palais de la Cité）和圣沙佩勒教堂（Ste. Chapelle）的中世纪建筑都被刻画得精细入微。人物与风景的关系使人联想起意大利的类似组合布局，比如安布罗焦·洛伦采蒂（Ambrogio Lorenzetti）画作中的布局。林堡兄弟也可能受过洛伦采蒂的城市建筑及建筑群的组合方式的启发。

在保罗·林堡和让·林堡前往让·德贝利公爵的宫廷前，他们效忠于这位公爵的兄弟，即勃艮第公爵（Duke of Burgundy）勇敢者腓力。勇敢者腓力还任用了其他艺术家并从巴黎委派工作。位于第戎（Dijon）的宫廷也收到来自巴黎工作室的书籍，这些书籍的插图由布西科（Boucicault）和贝德福大师（Bedford Master）绘制。

15 世纪中叶，佛兰德斯的影响力更加显著。在菲利普西古德（Philip the Good）的统治时期，让·德沃奎林（Jean de Wauquelin）的工作间为《亚历山大大帝传奇》（Alexander Romance）和《埃诺编年史》（Hennegau Chronicles）绘制了插图。在腓力的献辞页（见第 466 页上图）中，佛兰德斯大师用心悟出的装饰性元素尤为突出。这些大师不限于描绘画的边框，还将重心拓展至内部及人物的装束上。

林堡兄弟
《六月》（June）
摘自《最美时祷书》，约1415年
尚蒂伊孔德美术馆

465

在英法百年战争期间及之后，从查理七世（Charles VII, 1422—1461 年在位）至弗朗索瓦一世（Francois I, 1515—1547 年在位）这期间在位的所有法国国王均将宫廷设在卢瓦尔河谷（Loire Valley）。这些国王就在这里修建了许多精美的府邸。让·富凯大概在他结束了巴黎微型画学徒的生涯后曾在卢瓦尔河谷工作。让·富凯的罗马之旅给他提供了灵感，于是他运用独具匠心的画法将这些启迪融入插图中。《法国国王大年表》（*Great Chronology of the French Kings*）通过对城市、村庄和人物的详细描述而展现了一幅关于中世纪法国人生活的生动画面。查理七世的秘书兼财政大臣艾蒂安·德舍瓦利耶（Étienne de Chevalier）的祈祷书中的微型画甚至更有意义。在这幅微型画中，我们可欣赏到意大利文艺复兴早期的典型风景及林堡兄弟或巴黎派所描绘的典型宫殿和城堡（见下图）。

曾效忠于法国王室的富凯及来自都兰（Tourain）的其他艺术家使法国彩图的这一伟大时代落下了帷幕。罗伯特·康宾（Robert Campin）、扬·范艾克和罗吉尔·范德魏登（Rogier van der Weyden）的出现意味着欧洲艺术的重心已转移至佛兰德斯和尼德兰。

意大利

意大利彩图艺术的主中心区为米兰和帕维亚，这两座城市是米兰维斯孔蒂公爵们的官邸所在地。甚至在博洛尼亚，尽管大学对微型画有一定需求，但微型画的发展并非一帆风顺，而是起起落落，因此它从未达到法国公国所达到的巅峰，这是毋庸置疑的。意大利的北部中心博洛尼亚和米兰均受到法国发源地的强烈影响。第一位独立艺术家为博洛尼亚的尼科洛·迪·贾科莫（Niccolò di Giacomo da Bologna）。他的典型主题为背景中的金色叶形装饰性葡萄藤、身材苗条的写实人物和鲜明的色彩（见第 467 页左上图）。

富丽堂皇的维斯孔蒂宫廷及其与勃艮第的政治联系为伦巴底（Lombard）工作室的艺术留下了深深的烙印。主题为骑士传奇故事，比如《特里斯坦和兰斯洛特》（*Tristan and Lancelot of the Lake*）。乔瓦尼·德格拉西（Giovanni de' Grassi）绘制了《安布罗斯每日祈祷书》（*Ambrosian Breviary*）的微型画，画中借用了勃艮第的原型。用树叶结合小人物和精致的哥特式叶尖饰装饰性边框反映了维斯孔蒂宫廷的品位（见第 467 页中上图）。

尽管伦巴底微图画家的作品在意大利中部地区也同样受欢迎，但佛罗伦萨大师却试图与意大利北部的同行保持一定距离，并竭力形成自己的风格。起初，伦巴底微图画家转向乔托风格，并试图通过运用更逼真的主题，使其作品更贴近民众的生活。多梅尼科·伦齐（Domenico Lenzi）创作的一幅名为《城市风貌》（*City Scene*）（摘自手卷《收割者》）

的插图也描绘了普通民众的生活（见右上图）。这幅插图绘于 1340 年左右，使人回想起乔托或安布罗焦·洛伦采蒂描绘的城市画面。

半个世纪后为但丁（Dante）的《神曲》（*Divine Comedy*）创作的插图（见右下图）也体现了简约朴实的风格。

微图画家多梅尼科·伦齐避免了装饰性图案并仅运用画中所需的那些建筑或风格特征来装点画中场景。与伦巴底大师们相比，佛罗伦萨微图画家却根据其自身的艺术传统习惯来描绘微型画。

德国、瑞士、奥地利和波希米亚

在 13 世纪晚期之前，德国的绘画工作室依然深受罗马式彩图的影响，尽管各地的艺术观念并不统一，也没有与国家机构有任何正式概念上的约束关系。总体而言，德国微图画家的美学观念却受拜占庭风格（尤其是法国风格）的影响。

瑞士马内斯家族（Manesse family）编撰的著名手稿《吟游诗人》（*Minnesänger*）是这个地区在该时期创作的所有书籍中最具吸引力的。这部手稿于 1315—1340 年创作于苏黎世，在其插图中将奥斯曼（Ottoman）装饰风格和法国具象风格融为一体。尽管如此，这部手稿却捕捉了某种别具一格的特征，这几乎无可非议地是因主题与众不同所致。这部手稿也称为《皇家手稿》（*Royal Manuscript*），其中收纳了 140 位诗人的歌曲和诗。每位诗人的作品均采用插图注解，

佛罗伦萨画派（Florentine School）

《但丁的地狱之旅》（*Dante in Hell*）摘自《神曲》，约 1405 年

米兰特里武尔齐亚纳图书馆 Ms. 2263, fol. 31r

通常还采用与主题相关的小场景进行描述。最著名的场景是对瓦尔特·封·德尔·福格威德（Walther von der Vogelweide）的描述，图中福格威德以他在诗文中描述的姿势坐着（见第 468 页左图）。

　　对海因里希·弗劳恩洛布（Heinrich Frauenlob）指挥的管弦乐队（见右图）的描述作为文化历史的一部分真是耐人寻味。中提琴、长笛和喇叭无一例外地映入眼帘，而乐队指挥正在指挥站在人群中央的独奏者。此时，其他音乐演奏人员已停止演奏，并关注地看着乐队指挥。

　　尽管描绘这些篇章的这位艺术家仍受传统彩图艺术的强烈影响，但奥地利微图画家却指望意大利为其提供素材。多个文献资料表明，乔瓦尼·迪盖巴纳（Giovanni di Gaibana）曾就职于位于阿德蒙特（Admont）、赛滕施泰滕（Seitenstetten）和克洛斯特新堡（Klosterneuburg）的修道院的工作室。13 世纪晚期作品《阿德蒙特弥撒书》（Admont Missal）和 14 世纪早期作品《克洛斯特新堡圣经故事》（Klosterneuburg Bible）值得一提。

　　维也纳宫廷也任用了波希米亚艺术家。波西米亚微型画与绘画艺术并驾齐驱，于是前者在 14 世纪达到了辉煌的顶峰。《女修道院院长库尼贡德的圣徒受难记》（Passional of Abbess Kunigunde）绘于 1320 年左右（见第 469 页左图）。这种别具一格的彩图反映了法国和意大利带来的重重影响，且将波西米亚地区的火焰式哥特风格展现得淋漓尽致。甚至摘自《韦利斯拉夫典籍》（Bible of Velislav）的罗德故事的场景（见第 469 页右图）也以清晰的线条勾勒出法国原型产生的影响。这些作品再次证明了其中融合了国际哥特式艺术风格的特征。但这并不会影响这些作品的独特性。波西米亚彩图艺术风靡于整个欧洲，而欧洲宫廷【如巴黎和布达（Buda）宫廷】中的波西米亚微图画家便可证明这点。但应强调的是，哥特彩图艺术的中心为法国。法国创造的书籍在种类和质量上无可匹敌。

波希米亚学派（Bohemian School）

《战斗教会》（*Church Militant*）

摘自《女修道院院长库贡德的圣徒受难记》，约 1320 年

布拉格大学图书馆（University Library）

波希米亚学派（Bohemian School）

《罗德的故事》（*Story of Lot*）

摘自《韦利斯拉夫典籍》，约 1340 年

布拉格大学图书馆

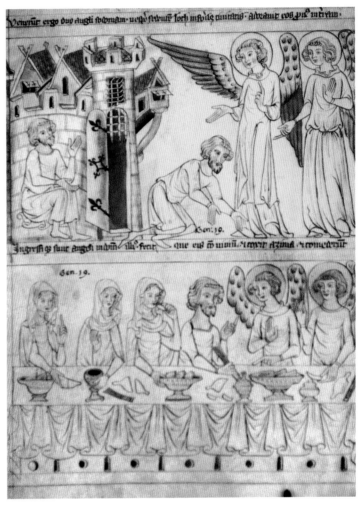

布丽吉特·库尔曼·施瓦茨（Brigitte Kurmann Schwarz）

哥特式彩色玻璃

尽管彩色玻璃窗是中世纪艺术中最美丽迷人的作品，但长期未受到像湿壁画和板面画那样高的评价。用彩色玻璃创作纪念性画作当然不是哥特时代的发明。这一技法可追溯至古典主义后期。彩色玻璃产生的独特效果由半透明的彩色玻璃材质决定，而勾勒轮廓所用的黑色颜料却不透明。相反，中世纪的板面画家和湿壁画画家却将颜料涂在不透明的平面上，并需要运用金色或白色调仿造光亮。

玻璃画家也是从画草图开始的，且需按照顾客的吩咐办，然后再交给顾客过目。如果构图符合顾客的期望，方可正式开始绘图。正如 12 世纪早期一位名叫特奥菲卢斯牧师（Theophilus Presbyter）的僧侣在一篇论文中所记述的，彩色玻璃画家首先要准备木板，再按成品的实际尺寸将草图复制到木板上。他们在木板上勾勒出铅框的线条，并确定玻璃需使用的颜色，最后上色。玻璃将切割成定制的尺寸。玻璃画家是先勾勒玻璃轮廓线，还是先给玻璃涂上透明色，这要视工作室的习惯而定。然后对衣饰褶皱、面部、肢体和物体进行阴影处理，使其成型并富有立体感。

直到 1300 年左右，玻璃画家仅可运用黑色或棕色可玻化颜料。此后，彩色玻璃画家在法国宫廷的环境中再次发现了银黄着色剂（但伊斯兰艺术家却早已有所知晓）。这种新颜料不久便从法国传至相邻地区，如英格兰和德国西南部。

构成窗玻璃的玻璃片一经上色，便将其放在炭窑中烧制。这样可固定灰色装饰图案，该图案由玻璃的光滑表面上的粗碎玻璃和金属着色剂（主要为锻铁鳞）构成。如果烧制顺利，画作便可保持几个世纪不被风化。银黄着色剂是粉碎的银和锑的一种合金，其中还添加了赭石黄和水。在烧制期间，银黄色着色剂始终固定在玻璃的背面，与玻璃熔合，以将玻璃染成黄色。这种新的颜料阴影处理方式使两种颜色并行设置，同时免去切割玻璃这一复杂的步骤。

玻璃片充分烧制后，立即将其平放在工作台上，并在绘有原底图的木板上同时镀铅。这个步骤需采用有槽铅条来完成，有槽铅条是长度大约为 60cm，且侧面为 H 形的槽型铅条。这些有槽铅条经浇铸而成。在 15 世纪，有槽铅条的制造工艺有了改进，可以制作更长、更大的铅条，从而制造较大形状的铅条。将柔软且易于适合不规则的玻璃形状的有槽铅条焊接在一起，以制造一块支撑所有玻璃片的连接腹板。最后，将最终图案经薄金属加强料固化，并镶嵌在窗框上。

470

布尔日大教堂
《回头浪子启程》（*Departure of the Prodigal Son*）
《浪子回头的寓言》（*Parable of the Prodigal Son*）的局部
窗户，回廊
约 1210 年

有证据表明，在英国东北地区的贾罗（Jarrow）和修道士威尔河口（Monkwearmouth）的修道院中发现的中世纪彩色玻璃最早可追溯至 7 世纪。这些彩色玻璃的特征是带图案的装饰性窗玻璃，但玻璃本身并未上色。罗什修道院（Monastery of Lorsch）现藏于达姆施塔特（Darmstadt）的黑森州州立博物馆（Hessisches Landesmuseum），这座修道院的一个顶部可能是装饰有技艺纯熟的绘画，是现存最古老的窗玻璃片段。这个窗玻璃片的制作日期不详，但可能在 9 世纪下半叶。尽管文字记载表明，教堂早已装饰有《圣经》场景、圣人传奇故事和诸多不朽人士，但尚缺乏证据证明玻璃绘画可追溯至 1100 年前。1100 年后不久，特奥菲卢斯牧师编撰了一篇艺术论述文，其内容包括对制作彩色玻璃的描述。这一描述证明了其制作技艺相当纯熟，从而表明玻璃绘画在 1100 年左右已蓬勃发展起来，而不是如现存的少量作品可能暗示的那样在 1100 年左右发展才刚起步。

直到 12 世纪中叶，教堂拥有的窗户仍相对较小，因此这些小窗户仅可容纳描绘少量场景或单个人物的彩色玻璃。但在大约 1150 年后，持续倾向于将前所未有的大窗户镶嵌在墙壁内。最终导致光滑壁面的面积大大减少，以至于墙壁结构实际上几乎由窗框构成。在 12 世纪晚期才开始采用玻璃窗的大教堂——法国的苏瓦松（Soissons）大教堂、布尔日大教堂和沙特尔（Chartres）大教堂及英国的坎特伯雷（Canterbury）大教堂——构成了这一发展中的第一个高峰期。其颇具影响力的大窗户装饰有展示叙事连环画的彩色窗玻璃，而整个几何窗框中还插入了连环画中的多个场景。相反，高侧窗的玻璃上却仅装饰有几个人物或寥寥可数的几处小场景。

在中世纪，人们将光视为神的显灵，因此色彩鲜明的彩色玻璃图仿佛是对上帝之道最为淋漓尽致的诠释。神学家最终向彩色玻璃赋予了可启迪人类并使之远离邪恶的力量。在 1200 年左右，回头浪子（Prodigal Son）的寓言是彩色玻璃中特别喜欢描述的一个故事。这个故事使人受益匪浅。这则故事告诫那些虔诚的信徒们，切勿傲慢无礼、挥霍无度、酗酒成性、嗜赌如命、嫖娼狎妓，因为恶习最终会使人时运不济，这是毋庸置疑的。这个故事通过回头浪子父亲的事例还教导人们，欢迎那些背离正道后痛改前非的失足人回归。

布尔日大教堂（Bourges Cathedral，见上图）的窗玻璃上描绘了故事开端时的回头浪子。回头的浪子是 13 世纪的一位代表性贵族，画中他骑着灰马，手上拿着他的猎鹰。他身穿一件紫色长袍和

装饰奢华的皮大衣，紫色长袍随意地披在他的身体上，其褶皱非常精美。

这个故事是用交替镶嵌在大四叶饰和小圆形浮雕之间的多个场景来讲述的。一块装饰性挂毯布满了整个画面，而带棕叶饰装饰的边框为整个画面镶框。这一图画主题反映了那些上层阶级人士的观点。对上层阶级而言，回头浪子因一念之差迅速沦为卑贱的牧猪人这个故事显得骇人听闻。

窗户的颜色范围包括红色和蓝色，而白色、紫色、黄色和绿色是修饰性区域的主要特征。故事主人公是否画在画框上，还是前行于略微连绵起伏的地段上或某种桥上，这取决于这个场景发生在建筑物内还是户外。在启程的场景中，色彩繁多，暗示着这是一次陆地旅程。布尔日大教堂的玻璃窗画中描绘的人物身材纤细苗条，上部头大且颅骨凸出。

471

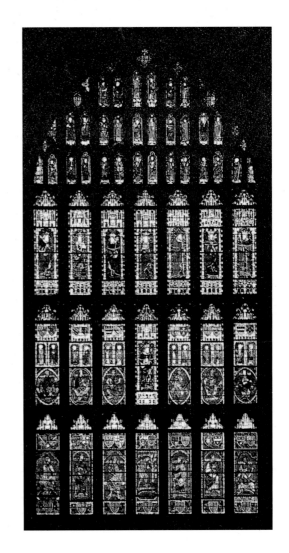

贵族社会也包括来自圣尤斯塔士玻璃窗画的场景，这扇窗户位于沙特尔大教堂的北侧堂（见第 472 页图）。这扇窗户由大小不一的连环画构成，而这些连环画又设置在位于中央的正方形周围。正方形中第一幅图描绘了一位骑马打猎的圣人。正如布尔日大教堂，红色和蓝色双色是装饰性区域的主色调，而绿色、紫色、白色和黄色是修饰性区域的主色。这个画框作为鹿在竭力逃出骑手的视线时的活动区域，而骑手却从左侧强攻进画框。这位艺术家成功地描绘了骑手衣饰下透出的健硕强壮的身体，这体现了他在处理线条和色彩搭配方面得心应手。

布尔日和沙特尔的大教堂均始建于 12 世纪 90 年代。甚至在那时，权威人士也必然设计了玻璃窗，并开办了玻璃窗工作室。迄今所讨论的这两个实例均可追溯至 1200—1210 年。但设计人的名字和家庭背景却毫无记载。圣尤斯塔士传说的撰稿人可能是从德国北部或圣康坦（St. Quentin）来到沙特尔的。但沙特尔并没有关于这位画家身份的任何线索。处理衣饰细节的高超技艺将布尔日和沙特尔的彩色玻璃与法国北部和马斯（Maas）地区的其他作品（可追溯至 12 世纪下半叶）联系起来。这类衣饰褶皱使大约 1230 年前的早期哥特式玻璃的艺术作品独具一格，且突出了学者堪称的"中空褶皱"或"仿古"风格。

这种艺术风格迅速风靡整个英国和德语区并在此根深蒂固。这种风格形成了多种地方变体。坎特伯雷大教堂于 1174 年惨遭一场大火后，负责这座教堂的权威人士决定重建，他们先后对修道院唱诗堂和祭坛后的小教堂（圣三一教堂，Trinity Chapel）进行了重建。地平面上的窗户装饰有叙事连环画，而高侧窗上装饰有耶稣祖先中的执政人物。这种迷人的设计不再位于原始位置上，但随着时间的推移，玻璃却装饰在西南耳堂和大西窗中，这也是重新描绘亚米拿达的地方（见左图）。风格各异的衣饰再次将强壮健硕的身躯裹得严严实实。

位于布赖斯高地区的弗赖堡的晚期罗马式大教堂中的彩色玻璃片体现了早期哥特式风格的后期变体。1509 年，这些彩色玻璃片用于晚期哥特式唱诗堂中，而后来又用作南耳堂正立面上的窗户。族长雅各布是耶稣家谱（即耶西树）中的一员，其左手拿着一块刻有他名字的牌匾，右手扶着天梯（见第 474 页上图）。这可追溯至以赛亚（Isaiah）的一则寓言："从耶西的本必发一条，从他根生的枝子必结果实。"根据这段寓言，得出了沉睡耶西的形象，而从他的胸膛长出了一棵树。

在家族支系中，列举了圣母和基督的祖先，他们位于先知和族长的两侧。弗赖堡大教堂的彩色玻璃可能在 1218 年前完工，且体现了与上莱茵河地区的现存作品相关。新研究表明，弗赖堡的耶西玻璃窗画可能是马斯地区的绘画工作室中的杰作，且雕塑中的仿古风格也起源于马斯地区。弗赖堡大教堂创始人的纪念碑与亚米拿达的纪念碑有相似之处，但亚米拿达的身材比例更匀称，表情更拘谨。

瑞士洛桑大教堂南耳堂的玫瑰花窗保留了大部分弗赖堡大教堂中的华丽玻璃，这些玫瑰花窗描绘了人们在 13 世纪所设想的宇宙世界（见下图）。太阳、月球、地球、黄道十二宫这四大元素代表着整个世界。对季节和月令劳作等主题的描绘象征着时光流逝。雍容华贵的女人象征着圣母的黄道十二宫，她优雅的身材和大大的脑袋与布尔日的浪子回头玻璃窗画上的人物形象极其相似，但其色彩更接近沙特尔大教堂的圣尤斯塔士玻璃窗画。与布尔日大教堂和沙特尔大教堂比较后，表明洛桑大教堂的玫瑰花窗的彩色玻璃或许要早于先前推测的时间，即为 1200—1210 年。

早期哥特式风格在法国持续至 13 世纪 30 年代，该风格的特征为风格各异的衣饰褶皱、宝石着色和丰富多样的装饰。卡劳努斯大师（Caraunus Master），即圣谢龙的一位画师（Maître de Saint-Chéron）绘制的彩色玻璃窗及沙特尔大教堂耳堂中的彩色玻璃窗预示着法国彩色玻璃风格的转变。但沙特尔却未直接参与巴黎的新发展中。后来，巴黎成为了艺术创新的发源地。或许，从巴黎来到沙特尔的雕刻家促成了彩色玻璃的改变。无论如何，直到 13 世纪 40 年代以前，盛期哥特式人物风格盛行于法国哥特式风格的中心地区，盛期哥特式风格的特征为优雅的身材比例和大幅刻画鲜明的衣饰褶皱。

如圣沙佩勒教堂中的彩色玻璃所暗示，以上情况并非一时兴起，因为在一个大项目中会聘用老画家和年轻的画家。描绘《旧约》中女王以斯帖的事迹的连环画是完全采用盛期哥特式风格的作品之一（见第 475 页上图）。这些人物因具有匀称的身材比例和优雅的行为举止而引人注目。始建于 1239 年的圣沙佩勒教堂是盛期哥特辐射式风格中最有造诣的建筑物之一。因为圣沙佩勒教堂完全采用花格窗修建，可将每个窗口延伸至这座建筑物的承重元素之间的整个区域，从而形成真正意义上的玻璃墙。

与沙特尔大教堂和布尔日大教堂的彩色玻璃画家相比，圣沙佩勒教堂的画家却面临着为极其高耸、狭窄的尖头窗提供场景的新任务。因此，对于圣沙佩勒教堂，初步做法就是将窗框分为挂毯背景中的多个几何画区。

上图：
巴黎圣沙佩勒教堂
《以斯帖和亚哈随鲁》（*Esther and Ahasuerus*）
摘自《以斯帖的玻璃窗画》（*Esther Window*）
楼上教堂（Upper Church），1240—1250 年

下图：
瑙姆堡大教堂（Naumburg Cathedral）
西唱诗堂
《圣塞巴斯蒂安》（*St. Sebastian*）（左
侧），约 1250—1260 年

然而，因为每个窗框极其狭窄，所以不得不减小画区的尺寸并增加数量，这又降低了整体清晰度。这些连环画的肖像设计方案中涵盖了世界历史的数百个场景，包括从上帝造物至路易九世（Louis IX，1236—1270 年在位）为其私人小教堂购买的耶稣受难的圣物到达巴黎的场景。这些画中处处影射法国王室，并将法国王室与《旧约》中的国王以及耶稣联系起来。女王以斯帖的生平和事迹真实地反映出女王们在宫殿祈祷室中做弥撒的情景。

13 世纪上半叶，在拜占庭艺术中获取了许多灵感，于是德语区便形成了一种与众不同的绘画风格，与法国早期哥特式风格的多种变体并存。这种绘画风格因大量使用尖角而以参差不齐的风格（Jagged Style）著称，这种绘画风格可视为这些德语区的典型绘画风格。在13 世纪中叶后，这种绘画风格逐渐呈现出法国盛期哥特式绘画的更多特征。

这种改变可追溯至瑙姆堡大教堂的西唱诗堂（建于 1250 年后）中所采用的玻璃。瑙姆堡大师（Naumburg Master）与玻璃画家同时在瑙姆堡大教堂中工作，这位大师可能是哥特时代最伟大的德国雕塑家。他为这座大教堂创作了最杰出的雕塑作品，即东唱诗堂中的主教迪特里希（Bishop Dietrich）的墓碑和西唱诗堂入口墙壁上的教堂捐助人的著名雕像（见第 345 页图）。他的风格借鉴了法国东部各省（如兰斯）的盛期哥特式早期艺术作品的风格。玻璃画家也沿用了他的人物处理方法，并将这些方法加以整合，以形成自己独特的参差不齐的风格。

圣塞巴斯蒂安这个人物经延伸的卷曲窗格镶框，其中卷曲窗格由两个相交的四叶饰构成，四叶饰通过丰富多样的挂毯图案衬托（见下图的左侧人物）。这种组合方式在德国和奥地利 13 世纪的彩色玻璃中极其盛行，且使艺术家可将若干站立的人物相互层叠置于单个画框中。圣塞巴斯蒂安的人物类型和手势无疑借鉴了西唱诗堂中捐赠人的雕像，而其造型和盘着的腿仍在参差不齐的风格的传统及其罗马式渊源中根深蒂固。红色和蓝色在色彩设计中有举足轻重的作用，但这两种颜色还结合绿色和黄色，以构成德语区哥特式彩色玻璃的典型调色板。

在瑙姆堡大教堂的西唱诗堂装玻璃前不久，斯特拉斯堡大教堂（Strasbourg Cathedral，见第 476 页图）的中堂高侧窗也开始安装彩色玻璃。于 1250—1275 年制作的这些窗框逐步见证了从参差不齐的风格到源于法国的盛期哥特式风格的发展历程。唯有南面最东边的窗户上的人物是通过延伸的卷曲窗格镶框的。这些人物如今几乎占据了整个区域，以便可省去装饰性挂毯，从而为边框留出充足的空间。

　　相比之下，北面窗户却呈现了一种全新的组合，组合中不包括更复杂的卷曲窗格图案，但包括具有建筑华盖的连拱饰框架。这些形状的设计不再源自艺术家的想象力，而是模仿了哥特式建筑物中斯特拉斯堡大教堂的建筑图。北面高侧窗的第三扇窗户中的人物圣阿博加斯特被刻画得如此栩栩如生，画中圣人们呈多排设置（见左上图）。显眼的圣阿博加斯特将头转向一侧，同时站在基座上。装饰有自然主题的双边框将人物从石质窗框中分离出来。这位圣人装饰华丽的服饰分为多层：无袖长袍有几处碗状折痕，它因经雕刻成形而显得笨重，无袖长袍的里面是竖条纹紧身短上衣和线条淡雅流畅的白麻布圣衣。尽管就盛期哥特式彩色玻璃的理念而言，该作品成功地刻画了这个人物，但这位圣人表情丰富的脸却赋予了作品特征：头部、头发、胡须、眼睛和嘴唇与面部和颈部的肤色形成鲜明的对比。

　　宏伟的斯特拉斯堡大教堂（中堂始建于13世纪40年代）和科隆大教堂（唱诗堂始建于1248年）的建筑物在将法国哥特式风格推广至德语区方面起着举足轻重的作用。然而，多明我会修道士和方济各会修道士也与法国有紧密联系。

　　现藏于明斯特（Münster）威斯特法伦州立博物馆的圣格达玻璃窗画是卡尼茨伯爵赞助修建的，这幅玻璃窗画源自科隆的一家已毁坏的多明我会修道院（见第477页右上图）。圣格达玻璃窗画及科隆多明我会修道院中采用的《圣经》玻璃窗画（现位于科隆大教堂）标志着法国盛期哥特式风格在莱茵河流域的最后胜利。正因为圣格达玻璃窗画与科隆和斯特拉斯堡现代建筑有密切联系，彩色玻璃采用盛期哥特式风格的时间要早于其他绘画艺术，从而为绘画风格在13世纪晚期以后的发展指明了方向。在圣格达玻璃窗画中，圣母站在神龛下方，神龛的华盖与斯特拉斯堡的圣阿博加斯特玻璃窗画上的华盖极其相似。蓝色的菱形斜纹挂毯使建筑框架与背景单独隔离，而建筑框架周围是以红色图案为主的板面。

　　在仪态优雅的圣母的脚下方，跪着多明我会僧侣伊格步兰杜斯（Igbrandus），其中圣母的手势和姿势完全来源于法国原型。伊格步兰杜斯可能是彩色玻璃的捐赠者，他或许要将彩色玻璃作为捐赠物捐献给修道院，而捐赠活动中包括在这位捐赠者忌日当天举行的年度礼拜仪式。除了捐赠者与女修道院之间在此类情况下通常达成的书面协议外，这位捐赠者本身的形象也使做祷告的修女们在脑海中不断浮现出修道院捐助人的身影，并为他祈祷。在中世纪，甚至连彩色玻璃也是捐赠的，而捐赠的原因不是它拥有极大的艺术价值，而是它开启了通向天堂的大门。

虽然法国盛期哥特式风格的彩色玻璃很快传播到英国，但优雅的人物比例和大大的尖角衣饰褶皱在 1270—1280 年左右才深入人心。

这些大教堂（索尔兹伯里大教堂，约克大教堂和林肯大教堂）和威斯敏斯特教堂均在后来才装上玻璃，且主要配以灰色调单色玻璃，即西多会教堂因意识形态而专用的这类无色装饰性窗玻璃。这些装饰性窗玻璃提供了绝妙的自然光照，使早期英式风格和晚期装饰风格中精雕细琢的建筑物显得熠熠生辉。法国的另外两项创新之处是设置在华盖下的花格窗和人物，这对英格兰盛期哥特式彩色玻璃的发展产生了重大影响，其中设置在华盖下的花格窗和人物的形式由实物建筑确定。比如，花窗格使约克大教堂、埃克塞特大教堂和格洛斯特大教堂的东区和西面变成了玻璃墙。在唱诗堂中，这会产生如下效果：将东墙变为如今位于祭坛背面的一幅巨大的圣坛装饰画。

埃克塞特大教堂东窗中的以赛亚这一卓越人物（见下图，右侧人物）弯着腰站着，姿势却显得优雅，右手指着左手拿着的画卷，这与以赛亚之前提及的耶西树中的原文一致。衣饰和外衣呈大幅松弛的褶皱布置，这些褶皱包裹着这位先知细长的身体，他卷曲精巧的头发和胡须勾勒出他面部的轮廓。如科隆圣格达玻璃窗画中修建

时间略早的圣母窗框一般，蓝色的菱形图案提供了画面的背景，从而衬托出建筑框架。

具有自然叶饰的边框将人物和建筑均框了起来。档案材料显示，埃克塞特大教堂东窗中最古老的彩色玻璃可追溯至 1301—1304 年。（人物本身为原创，但于 1884—1896 年对建筑和框架进行了大量的修复工作）。

法国盛期哥特式彩色玻璃的又一个高峰期是可追溯至 1325—1338 年的鲁昂（Rouen）圣旺修道院（St. Ouen Abbey）唱诗堂（见第 478 页上图一）中的一排排窗户。这已表明，花格窗使玻璃画家面临着一系列前所未有的问题，因为当时面临的问题是为高耸而又狭窄的窗户区域安装玻璃。与此同时，辐射式风格的细部和装饰要求室内具有充足的自然光照，以便参观者可清晰看到嵌线和其他建筑元素。而画家们的答案是制造半透明度较高和颜色较明亮的薄玻璃，但他们最终却摒弃了用色彩来充填整块窗玻璃的想法，继而选择了灰色装饰图案上色彩鲜艳的图案设计。

起初采用了多种方法来解决如何分隔窄窗框的问题。特鲁瓦大教堂唱诗堂（见第 478 页左下图）的全色玻璃呈现出每个框架在水平方向上均分为三个区域，且每个框架均由着色的结构或某种延伸的卷曲窗格镶框。于 13 世纪 50 年代至 70 年代安装玻璃的图尔大教堂（Tours Cathedral）唱诗堂仍以全色窗框为主。

1260 年左右，为洛什城（Loches）大殿的议事司铎团大楼绘制玻璃的画家首先发现了一种绘画方式，这种方式以一种符合美学要求的方式为高耸而狭窄的尖头窗安装彩色玻璃，同时不必将人物拉长，而亚眠大教堂唱诗堂（见上图二）的中央窗户便是如此。他们的解决方案也使室内光线更充足。这些窗户已装上大面积的灰色调单色玻璃，其中人物被设置为一条水平色带。这个体系在特鲁瓦的圣于尔班牧师会教堂（见上图三）中有进一步的阐述，且在 1280 年左右在赛茨大教堂（Sées Cathedral）中也有体现，14 世纪中叶之前，这种方式在法国建筑物的彩色玻璃中占主导地位。

在鲁昂圣旺修道院的唱诗堂中，灰色装饰图案和彩色玻璃这一组合已演变为标准技法。回廊的祈祷室中已装上带彩色边框和中央彩色元素（头部、叶饰）的灰色调单色窗户。菱形结构，即灰色装饰图案形成了一个格子结构，而格子结构周围缠绕着精美的自然叶饰。放置在中央的全色人物窗框大约占窗户面积的一半，从而形成大幅色带，延伸在这座唱诗堂底楼的整个外层周围。

天使报喜画位于轴向祈祷室——圣母礼拜堂的东北窗中。圣母站在华丽的华盖下，一个红色的叶状背景在华盖后铺展开来。圣母的身姿呈优雅的 S 形曲线，她的衣饰随意地披在圆润丰满的身体上，宽松地向下垂着，呈现出自然的褶皱（见第 479 页左上图）。

左上图：
鲁昂圣旺修道院
天使报喜画
圣母礼拜堂（Lady Chapel），1325 年

右上图：
埃夫勒大教堂（Évreux Cathedral）
唱诗堂高侧窗，约 1340 年

对阴影微妙差异的熟练处理给衣饰褶皱、头部和肢体赋予了纵向感，从而使人物从背景中向前突出，犹如一蹲浮雕。各式各样的黄色调和蓝色调及深红色调使整个色彩洋溢在温暖之中，从而衬托了上方和下方的银灰色装饰图案窗框中的人物。鲁昂圣旺修道院的窗户中所采用的图案风格与巴黎绘画中的最新发展相关，而在最新发展中，彩图画家让·皮塞尔在其连环画中形成的风格尤其值得一提。鲁昂圣旺修道院与现代巴黎艺术在风格上有密切联系，中央祈祷室中的彩色玻璃必然可追溯至 1325 年左右，表明圣旺修道院的院长曾召集了来自首都巴黎的艺术家为教堂设计玻璃。

位于鲁昂圣旺修道院西南面的埃夫勒大教堂的唱诗堂（见右上图）尚保存了其他质量一流的成果。在埃夫勒大教堂中，新建的唱诗堂高侧窗中采用的彩色玻璃是主教若弗鲁瓦·勒法埃（Bishop Geoffroy Le Faë）及其他人的创意。但圣旺修道院的唱诗堂中的窗户却在灰色装饰图案背景上刻画了彩色的纪念性人物，位于埃夫勒（Évreux Cathedral）圣所的端部的三扇窗户均装上了全色玻璃。中央窗户上主要刻画圣母和圣子（这座大教堂是献给圣母的），而前任主教让·杜普拉（Jean du Prat）的守护神圣施洗约翰（St. John the Baptist）尾随其后。左侧窗户上是一幅纪念性圣母加冕礼画，而右侧窗户上是一幅《天使报喜图》。在每种情况下，底部窗框中彩色玻璃的捐赠人均跪拜在地，且将盾徽置于一旁。

在这幅玻璃窗画中，典雅的回廊玻璃达到了气派宏伟的程度，而这不是对鲁昂风格的死板效仿，而是其独创的新成就。

为位于瑞士凯尼克斯费尔登（Königsfelden）的前修道院教堂的唱诗堂（1325/1330—1340 年）修建了可与圣旺修道院和埃夫勒大教堂中的彩色玻璃媲美的一排排窗户。这座修道院的创始人是两名来自哈布斯堡王朝的女人，即伊丽莎白女王（Queen Elizabeth）和艾格尼丝女王（Queen Agnes），她们将修道院修建在国王阿尔布雷希特一世（King Albrecht I）于 1308 年遭其侄子谋杀的旧址上。因为此行为与这两位女人显赫的地位相符，于是她们为圣方济各会修道士和克拉雷会苦行修女（Poor Clares）的男女修道院提供了大量的房产。在这座唱诗堂的玻璃中央，描绘了耶稣生活的场景，包括《东方三贤人的崇拜》（Adoration of the Magi）（见第 580 页左图）。建筑外围将这个故事的场景围了起来，将这些场景分配在玻璃窗画的三块窗框上。坐在圣母玛利亚膝盖上的圣子扭头转向给他们带来礼物的到访者。圣母的三维宝座及中央窗框中人物的重叠布置可能为图案中运用三维手法作了隐约的铺垫。这种设计起源于意大利，于 14 世纪 20 年代首先在巴黎的阿尔卑斯山北部的绘画艺术中进行了系统的运用。这些华丽的玻璃窗画的创作地点不得而知（或许为巴塞尔）。

三维风格大约在同一时期出现在德国西南地区的三类彩色玻璃窗玻璃中：现位于大教堂的圣劳伦茨小教堂（St. Lorenz Chapel）已毁坏的斯特拉斯堡多明我会教堂的轴向窗、埃斯林根方济各会教堂的轴向窗和凯尼克斯费尔登的窗户。以上三种连环画均可追溯至1325—1330年。

维也纳圣斯蒂芬大教堂的唱诗堂（见右图）中描绘圣母和圣约翰（来自纪念性耶稣受难图）的窗框也用于哈布斯堡王朝赞助的一座建筑物。在奥地利的公爵阿尔布雷希特二世（Duke Albrecht II）的统治下，这座唱诗堂的盛期哥特式设计最终完成，并于1340年被奉为神圣。耶稣受难图这一杰作应当绘制于举行献祭仪式前不久。圣母和圣约翰两位人物富有情感的脸部在深红色背景的衬托下显得更加明亮，深红色背景是当时表达对宗教深厚感情的惯用手段。

14世纪下半叶是德语区彩色玻璃的黄金时代。

据推测，布拉格也是一个著名的艺术中心，其影响力波及奥地利（维也纳、东德埃尔福特、弗兰科尼亚、纽伦堡、斯瓦比亚、乌尔姆、上莱茵兰、斯克雷茨塔）乃至英格兰；而胡斯的信徒（Hussites）曾在布拉格销毁了 15 世纪这类艺术的所有证据。在法国，大量的彩色玻璃也饱受变幻无常的战事（1337—1453 年展开的英法百年战争，16 世纪的宗教战争）的洗礼。在 14 世纪末，两大中心——巴黎和布拉格的艺术风格步调也日益一致起来，以至于 1200 年和 1400 年前后，形成了一种国际艺术风格，即艺术历史学家所称的柔和风格或国际风格。

埃夫勒大教堂（1390—1400 年）的唱诗堂中的皇家窗（Royal Window）和吕内堡（Lüneburg）市政厅（约 1410 年）的宫廷大厅中的大窗户是这种风格的杰出代表。埃夫勒的查理六世的捐助可能受一家巴黎绘画工作室（见右图）的委托。这位国王位于这个四屏窗户的中央。在这幅玻璃窗画中，他跪在一个小拱顶空间中，并与身旁的圣丹尼斯教堂的雕像一同将目光投向圣母。这些窗框透射出的艺术鉴别力和内涵是在那个时代之后法国的其他任何地方均无法超越的。吕内堡市政厅还保留了寥寥可数的具有世俗主题的纪念性彩色玻璃的实例之一（见下图）。在中世纪晚期，查理曼大帝和亚瑟王等"九大英雄"被视为好政府的模范代表，因此人们通常在市政厅中对他们进行描绘。

在 20 世纪中叶，当时的主要画派佛兰德斯板画对彩色玻璃的影响日益显著。1451 年，家资颇丰并被封为贵族的法国商人雅克·科尔（Jacques Coeur）为成本高昂的彩色玻璃提供了慷慨的资助，以用于装饰他自己在布尔日大教堂中的私人小教堂。

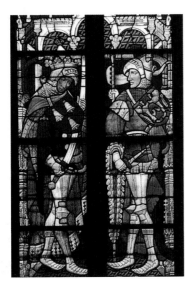

吕内堡市政厅（Lüneburg Town Hall）
查理曼大帝和亚瑟王的宫廷大厅
约 1410 年

这些玻璃上有扬·范艾克风格的体现（见第 483 页图）。像埃夫勒大教堂一样，中央场景被分为两块窗框。一块窗框中刻画正在宣布好消息的大天使加百列（Archangel Gabriel），另一块窗框刻画了圣母的形象。另外两块窗框中描绘了这位捐助人及其夫人的守护神（此处未显示）。天使们在花窗格间轻盈飞舞着，手握雅克·科尔效忠王室的盾徽。这种玻璃是一家绘画工作室以巴黎彩色玻璃画派的艺术传统风格制造的，图纸由一位佛兰德斯画家设计。纪念性彩色玻璃中的常规做法是，人物置于组合的前景中，同时不用填补所有可用空间。除了吕内堡市政厅中的玻璃窗画外，我们的注意力已集中于大教堂和与宫廷连环画相关的豪华建筑物中的玻璃上。但在 14 世纪中叶后，也逐渐在城市教区教堂中看到彩色玻璃。玻璃画家在受领导人物的聘任后，均纷纷来到尚未拥有彩色玻璃传统的城镇，比如乌尔姆，这里的大教堂唱诗堂在 1390—1420 年期间才重装了玻璃。

左上图：
乌尔姆大教堂，贝塞雷尔小教堂
（Besserer Chapel）
天使报喜画，约1430—1431年

右上图：
穆兰大教堂（Moulins Cathedral）
红衣大主教波旁的查理
（Cardinal—Archbishop Charles de
Bourbon）的耶稣受难玻璃窗画，约
1480—1490年

在1430—1431年左右，彩色玻璃用于这座唱诗堂南面的贝塞雷尔家族的私人小教堂中（见左上图）。熟悉来自图尔奈（Tournai）的佛兰德斯画家罗伯特·康宾（尼德兰画派大师）的作品的画家必然曾获得过贝塞雷尔家族的聘任。罗伯特·康宾运用的最新风格使乌尔姆绘画工作室成为德国南部地区最重要的绘画工作室之一，并为其争取了大量的外部业务，比如来自康士坦茨湖、布劳博伊伦和伯尔尼的业务。

正是这家乌尔姆绘画工作室于1441年为伯尔尼大教堂（Berne Cathedral）的哥特式唱诗堂提供了第一幅玻璃窗画。1447年，伯尔尼大教堂的权威人士决定聘请一些地方艺术家来完成唱诗堂后续的工作。其中的一项任务便是为这座唱诗堂的北面设计《博士来拜》的玻璃窗画（见第484页图），而画家的酬劳由林格尔廷根家族（Ringoltingen family）支付。设计上由沿袭上莱茵河大师（Master of the Upper Rhine）的风格传统的一名或多名画家进行（见第437页，现存于法兰克福（Frankfurt）的《天堂花园》（Garden of Paradise））。这些窗框中描绘了东方三博士的故事，这个故事在彩色玻璃中常有描述，而在这幅玻璃窗画中却以一场盛大的朝拜场景闭幕。

自15世纪中叶以来，正是佛兰德斯的影响决定了法国彩色玻璃的艺术发展。1474年，尚·德波旁二世公爵（Duke Jean de Bourbon II）开始着手在穆兰（Moulins）城堡旁修建一座新牧师会教堂（现名

大教堂）。施工于1527年终止，这座教堂直至19世纪才得以竣工。这座教堂已竣工的部分于1480年左右装上玻璃。其中之一为里昂红衣大主教（Cardinal-Archbishop of Lyons）波旁的查理的耶稣受难玻璃窗画（见右上图）。这幅彩色玻璃窗画意义深远，它采用了佛兰德斯画家雨果·凡·德尔·高斯（Hugo van der Goes）的风格，但这幅玻璃窗画按照彩色玻璃的最佳传统分为三个独立的场景。

大约在同一时期，德国彩色玻璃也逐渐受到佛兰德斯板画的影响。安德洛（Andlau）的彼得·埃梅尔（Peter Hemmel）曾经营过斯特拉斯堡的一家绘画工作室，他是阿尔萨斯（Alsace）新风格的主要代表人物。彼得·埃梅尔的作品正好符合当代人的品位，所以他开办了一家合资企业，拥有四家绘画工作室，经营时间长达四年，处理了许多委托业务。

1481年，埃梅尔为纽伦堡圣劳伦茨教堂（St. Lorenz）中的伏卡梅尔家族（Volckamer family）的私人小教堂设计了华丽无比的系列玻璃窗画，这些玻璃窗画是埃梅尔合资企业创造的最精美的玻璃窗画之一。组合简约大方的中心装饰品上描绘了《圣凯瑟琳的神秘婚礼》（Mystic Marriage of St. Catherine）中的场景（见第485页图）。这个场景将典雅的具象风格与玻璃绘画的精湛技巧融为一体。遗憾的是，这是这家合营工作室创作的最后一部巨作，也为晚期哥特式彩色玻璃史画上了圆满的句号。

上一页图:
伯尔尼大教堂
《博士来拜》玻璃窗画的窗框，约 1453 年

纽伦堡圣劳伦茨教堂
伏卡梅尔家族的玻璃窗画《圣凯瑟琳的神秘婚礼》，约 1481 年

埃伦弗里德·克卢克特（Ehrenfried Kluckert）

中世纪的学术和艺术

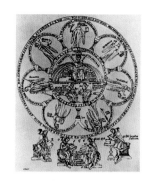

辩证法（左图）、修辞学（中图）和几何学（右图）
弗赖堡大教堂（Freiburg Minster）
西立面

《知识的寓意》摘自女修道院
院长埃拉达·冯·兰兹伯格的《逸
乐园》，13 世纪

佛罗伦萨中央教堂（大教堂）旁边的钟塔正是乔托（Giotto）于 1359 年设计完成的作品。钟塔底部是呈六角浮雕形式的独特图案设计（见左下图一），这种设计方案由乔托于 1337 年完成。乔托不仅是一位画家，而且是位德高望重的建筑师。这些浮雕通过对基督教徒的三德、圣礼、占星术、七艺和圣经题材的表现刻画了世界历史以及历史上帝拯救恩典的教义。乔托信奉经院哲学，即所有知识均源自上帝并旨在完成神的意志，知识是对信念的辅助。

这种宏大的世界观与中世纪的教育机构有着密切的联系。城市生活方式的涌现是大学兴起的先决条件。这是意大利在中世纪时期最初造就人文主义者的情形。

在意大利北部，许多城市早在 11 世纪就获得独立并设立了属于自己的政府。在 13 世纪，许多城市摆脱了封建制度（博洛尼亚：1256 年；佛罗伦萨：1289 年），并使农民阶级脱离奴隶状态。此后，无论是富足的行会会长还是统治城市的商业贵族均不再是土地贵族。农民可在自己的商铺中出售货物或将货物售卖给商人。在自己的作坊中工作的工匠不再隶属于贵族，而是属于行会。

有趣的是，14 世纪的第一批人文主义者来自不同的社交圈，这也这个时期的特征。诗人和学者彼特拉克（Petrarch，1304—1374 年）起初是阿维尼翁罗马教廷中一名温文尔雅的牧师；作家博卡桥（Boccaccio，1313—1375 年）出生于商业阶层。

城市中心的个人主义与新理性主义相伴而生，从而开始否定基于宗教的形而上学来认识世界的方法。该理性主义的第一组特征之一为

佛罗伦萨钟楼，1359 年

罗兰迪诺·帕萨热（Rolandino Passageri）（卒于 1300 年）
法学家陵墓，博洛尼亚大学

唯名论哲学，即，仅个别物体"真实存在"和抽象概念仅具有字面意义。正是引入经院哲学的唯名论首次对城市中产阶级的精神生活进行了表达。这可在经院神学家托马斯·阿奎那的哲学中得到体现（1224/1225—1275 年）。在阿奎那看来，知识不仅基于理智，而且还以知觉为基础。因为理智起初是被动的，因此需要通过感觉（我们对周围世界的直觉）来塑造，使得理智的一部分发挥作用。只有存在大量感觉的情况下，理智才可发展为真正的知识。尽管阿奎那从未挑战启示的主导性，但他坚持认为人的心智能够独立地认识上帝的存在与本质。通过使这些观念在中世纪神学和哲学之间的不确定领域发展，阿奎那试图通过发展人类理解力的补充理论（一种借鉴了希腊哲学家亚里士多德的世俗观念的理论）来阐明信仰。

正是带着这种对信仰和知识的态度，20 岁的阿奎那于 1245 年左右进入巴黎大学学习，也正是在这里，后来他开始任教，阐述他的理念。

巴黎大学建于 1210 年，与所有中世纪大学一样，其旨在提供知识总和——"普遍学问"，包括神学、哲学、法律和医学。当时，巴黎大学（University of Paris）被视为一所一流的教育机构，因为它明确着重于普遍院系，即神学系和哲学系。无论是在法律为核心课程的博洛尼亚（见左下图二），还是在以医学为主的萨勒诺（Salerno），均未完全实现知识总和的特征。哲学系教授七艺、人文学科。在中世纪复杂的学术体系中，中世纪的敬虔与理智学说存在明显的结合。罗马的政治家和作家迦修多儒（Cassiodorus，约 490 年—约 583 年）是中世纪早期教育标准的缔造者，他在其第二本书《要义》中拟定了世俗研究的准则。这包含对所罗门言论的参考，即知识依赖于智慧所凿成的"七柱"。新柏拉图派哲学语法学家马提诺斯·卡布拉（Martianus Capella，公元 5 世纪）将这七根柱子定义为自由艺术，但理智艺术至少要追溯到罗马哲学家塞内加（Seneca，公元前 4 年—公元 65 年）。七门自由艺术细分为三学科和四学科：前者包括语法学（即拉丁文研究）、修辞学和辩证法；后者包括算术、几何、天文学和音乐。

根据巴黎大学神学和哲学核心科目的普遍性，女修道院院长埃拉达·冯·兰兹伯格《逸乐园》（The Garden of Delights）的图解（可追溯至 13 世纪）使七艺拟人化。在知识寓意画的中央，哲学被封以王位，其手握书卷，上面写道"一切知识均源于上帝"。苏格拉底（Socrates）和柏拉图（Plato）坐在她脚下。七艺以其胸部为中心辐射至外部圆环，

周围环绕着标志和警句。所描绘的语法学带一本书和一根教杆，修辞学带一支笔和写字板，而几何学带有罗盘和量杆（见第 486 页右上图二）。

在德国，阐释七艺的仅存绘画系列位于弗赖堡大教堂的门廊南侧（见第 485 页右上图一）。七艺被描绘为手持其标志物的女性化身。大部分图案遵循标准肖像学：例如，可看到语法学手持教杆，为学生授课。然而，三学科中辩证法和修辞学这两个化身却偏离了传统的肖像学。辩证法的明显手势大概源于辩论中使用的手势。可看到正在用双手分发金币的修辞学也同样不同寻常。这或许指代修辞学为追求知识者所赐予的"财富"。这些描绘也与神学知识准则紧密相关。

这同样也适用于佛罗伦萨圣玛利亚·诺维的西班牙礼拜堂中的圣托马斯·阿奎那湿壁画（见左上图）。该纪念性湿壁画通常以《神化的圣托马斯·阿奎那》为人所知，但有时也被称为《圣托马斯·阿奎那精神中的基督教智慧》（*Christian Wisdom in the Spirit of St. Thomas Aquinas*），该标题同时强调了其哲学方面和神学方面。

该湿壁画由安德烈亚·达·菲伦泽创作于 1366—1368 年，展示了坐在宝座上的七艺，其连接在一起形成唱诗席位。为每种寓言人物指定一位领导人物，其可为圣人、俗人或正统派人物。

虽然此表现形式将知识以神佑的形式展示，但乔托的钟楼浮雕中对日常生活的表现存在明显的转变。这些表现形式着重表现了城市环境以及活跃的社区生活。这些浮雕系列开始由安德里亚·皮萨诺（Andrea Pisano）及其工作室于 14 世纪中期承接，并由卢卡·德拉·罗比亚（Luca della Robbia）于 1437 年完成。德拉·罗比亚负责下排的六角浮雕，包括《语法学校》（*Grammar School*）（见下图一）和《逻辑学与辩证法之争》（*Dispute between Logic and Dialectic*）。

在中世纪的学习体系中，语法学是指对拉丁文和文学的学习，辩证法（逻辑学）是指教授理性思想和逻辑推理，而修辞学重在口才和说服艺术。

卢卡·德拉·罗比亚也对四学科进行了描绘，其同样妙趣横生。音乐由犹八（Jubal）象征（见左下图二），因为安德里亚·皮萨诺和乔托在早期用圣经中的第一位"铜铁工匠"土八该隐（Tubal Cain）象征音乐。在两种情况下，将金属工匠的锻锤所击打的旋律和节奏视为音乐形成的隐喻。在中世纪的思潮中，数学原理是音乐的基础，因为协调可通过数值关系表达。

焦尼图斯（Gionitus）以第一位天文学家著称，象征计算天体位置和运动的学科（见下图三），而希腊人欧几里得（Euclid）和毕达哥拉斯（Pythagoras）同样以浮雕的形式出现，象征几何学和算术学科（见左下图四）。

这些人物并非抽象人物而是历史人物的化身，并且其标志物也是长期使用的熟悉工具，这在这些实例中尤为突出。在中世纪，工艺技术取得了长足的发展，极大地改进了机械钟、放大镜和测量仪器（如星盘或象限仪）。

在将科学活动作为可见于工作室和学校中的日常活动的描绘中，我们可看到自我意识成长的明显迹象，这种自我意识对文艺复兴的发生起了推波助澜的作用。正是这些现在已替代的中世纪晚期的世界观如此丰富生动地镌刻在佛罗伦萨钟楼的浮雕上。

卢卡·德拉·罗比亚
《语法学校》，1437 年
钟楼浮雕
佛罗伦萨大教堂博物馆（Museo dell'Opera del Duomo）

卢卡·德拉·罗比亚
《犹八》（*Juba*）或《音乐》（*Music*），1437 年
钟楼浮雕
佛罗伦萨大教堂博物馆

卢卡·德拉·罗比亚
《天文学》（*Astronomy*），1437 年
钟楼浮雕
佛罗伦萨大教堂博物馆

卢卡·德拉·罗比亚
《几何学和算术》（*Geometry and Arithmetic*），1437 年
钟楼浮雕，佛罗伦萨大教堂博物馆（Museo dell'Opera del Duomo）

克内瑟贝克的哈拉尔德·沃尔特·冯（Harald Wolter von dem Knesebeck）

哥特式黄金制品

1237 年，法兰西国王路易九世（Louis IX，1236—1270 年在位）从陷入困境的君士坦丁堡（Latin Emperor of Constantinople）拉丁皇帝鲍德温二世（Baldwin II，1228—1261 年在位）手中购买了一件最重要的基督教圣物——基督的荆棘冠。基督的荆棘冠及其他圣物旨在用于向全世界展示这位法兰西国王在基督教君主中的崇高地位及其民族的至高无上。实际上，用来保存这件珍宝的是一座巨大的纪念性圣祠——圣沙佩勒教堂。圣沙佩勒教堂矗立在西岱岛（Île de la Cité）的皇宫附近。最新的建筑技术使这座宏伟建筑得以在创纪录的 3—5 年之内竣工，并于 1248 年投入使用 40000 英镑的修建成本在某种程度上创下了纪录，但与圣祠内珍宝的实际成本 100000 英镑相比，也就算不上什么了。荆棘冠由黄金制成，并镶嵌有宝石。它被供奉在一个自带的高台上，上方遮着华盖，华盖前面就是楼上小教堂里的圣坛。在这里，还保存着其他更为珍贵的圣物。因为原来的圣祠已不复存在，所以我们只能从匈牙利马尔堡圣伊丽莎白（St. Elizabeth of Hungary）圣祠（见第 489 页上图）等同时代圣祠（即使它们的奢华程度逊色一些）中体会它的辉煌与壮观。在神学家让·德约登（Jean de Jandun）1323 年有关圣沙佩勒教堂楼上小教堂的叙述介绍中，最精彩的部分正是这座不复存在的圣祠及其珍贵的藏品以及附近存放其他圣物的其他圣祠："绘画色彩恰如其分，镀金雕刻奢华尽显，红光闪烁的玻璃窗画雕琢精细且晶莹剔透，祭坛覆盖物华丽无比，圣物充满神奇力量，神龛因镶嵌宝石而璀璨夺目，这些无不使这座教堂锦上添花，以致使人在一踏入一座圣祠时，便犹如置身天堂，好似驻足于天堂那最华丽的殿堂。"

富丽堂皇的神龛嵌满金银珠宝石，使这些珍贵、不朽的材料也拥有像圣物一样的价值或感召力，在天国之都耶路撒冷，只有这样的神龛才配作为天堂一角的布景。在《圣约翰启示录》（Revelation of St. John）第 21 章中，耶路撒冷这座城市被描述为"犹如一块价值连城的宝石，甚或一块晶莹剔透的碧玉"，且"其墙壁也为碧玉材质；这座城市用犹如透明玻璃一般的纯金打造，墙壁的地基等均装饰有各式各样的宝石；十二道城门好似十二颗珍珠"。

这幅画面阐明了装饰耗资巨大的神龛旨在体现这座圣城的诸多方面。特别是在一座山墙端下方，可看到圣人正在穿过天堂之门。一直以来，黄金和宝石被视为象征圣人永垂不朽（天堂中已接受）的媒介，这尤其恰当。

这在气势逼人的亚琛查理曼大帝大型圣骨匣胸像（见第 489 页右下图）中尤为显著。他头戴皇冠，俨然是最理想的宫廷骑士，他的波浪发型在设计圣骨匣（1350 年左右）时非常时髦。

上图：
《匈牙利圣伊丽莎白圣祠》（Shrine of St. Elizabeth of Hungary），建于 1235/1236—1249 年后
铜制和镀金 长 187cm；宽 63cm；高 135cm
马尔堡伊丽莎白大教堂（Elisabethkirche）

右下图：
《查理曼大帝圣骨匣胸像》（Bust
Reliquary of Charlemagne），约 1350 年
银制（局部镀金），高 86.3cm
亚琛大教堂珍宝馆（Cathedral Treasury）

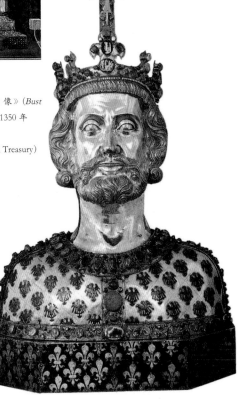

　　这座圣祠被设计成带耳堂的厅堂式建筑物，用于安放 1235 年被
封为圣者的图林根伯爵夫人（Countess of Thuringia）——匈牙利的圣
伊丽莎白的遗物。四面三角墙显示了三叶形拱券和尖顶山墙下方的耶
稣和耶稣受难画像（耳堂）、登位的圣母及踏入圣城的圣伊丽莎白
（中堂）。山墙端与环绕使徒的连拱饰相连。异乎寻常的是，屋顶坡
度上专门描绘圣伊丽莎白的生活场景，圣伊丽莎白以其孝行、自谦和
虔诚著称。或许，图林根或萨克森的绘画图可作为原型。大体上，圣
伊丽莎白的圣祠延续了罗马时期宏伟的莱茵兰圣祠的传统风格。这座
圣祠与较古老的亚琛圣母圣祠密切相关。这个大型半身圣骨匣用于存
放查理曼大帝的头部。黑色的鹰徽和金色的百合花（fleurs-de-lys）象
征帝国老鹰像和查理曼大帝的盾徽（实际上，这仅可追溯至 13 世纪）。
在其他方面，查理曼大帝以 1350 年左右的贵族身份装扮。

《查理曼大帝圣骨匣》(*Reliquary of Charlemagne*)，约 1350 年 银制（局部镀金），高 125cm
亚琛大教堂珍宝馆

在这座圣骨匣奢华至极的建筑结构中，圣物按照其神职分布在多层上，而这座圣骨匣在尺寸和作品质量上均更高一筹。天使及查理曼大帝生命中的四位重要人物，包括图尔平大主教（Archbishop Turpin）和教宗良三世（Pope Leo III），均站在圣骨匣前方，用手抬起装有查理曼大帝臂骸遗物的长方形开敞式神龛。

长方形箱的盖子作为圣母和圣子（位于中央）圣凯瑟琳（右侧）和查理曼大帝（左侧）的底座，

其中圣凯瑟琳举着放在微型圣骨匣中的牙齿遗物，查理曼大帝端着亚琛大教堂（Aachen Cathedral）的模型，仿佛一个圣骨匣。在三座塔楼的顶部展示了最重要的圣物，即耶稣受难（Passion of Christ）的圣物。中间的塔楼容纳了耶稣本人，他用手托着一个钉头饰，而两侧的两座塔楼中站着天使。

如同这一时期的另外两座亚琛圣骨匣，查理曼大帝的这座圣骨匣胸像（约 1350 年）及于 1370—1380 年设计的一座三塔楼圣骨匣均未对其捐赠人加以暗示。对于这件作品的发源地是列日（Liége）还是科隆的疑问也众说纷纭。

自哥特式时期以来，更为常见的做法是通过将圣物封装在玻璃制品中突出其位置显著。一个实例便是在《查理曼大帝圣骨匣》（见左上图，也保存于亚琛）中对各种各样的圣物进行展示。这使人想起一座哥特式陵墓，高 1.25 米，它是这个时代尚存的最大、最宽的实例。这座圣骨匣还放置了查理曼大帝的肱骨遗物。但甚至一件极小的物品，如在 1991 年发现的木质耶稣受难十字架，它的空心头部中有一个蝴蝶形耶稣受难像圣骨匣（见右下图），明确运用了死亡与永生之间的对比，即使其宝贵的圣物并非显而易见。这只漂亮的蝴蝶用金器打造，使其转瞬即逝的生命被赋予了永恒的含义。这个圣骨匣用大师级的透明珐琅工艺，在蝴蝶上刻画了耶稣受难的情景，引用了耶稣通过死亡与复活来为人类赎罪的典故，同时也暗示了蝴蝶的各个发育阶段——它把自己缠起来的时候从幼虫变成了蛹，最后破茧而出又"复活"为一只蝴蝶。作为胸饰挂在牧师胸前的珠宝及其中的圣物也旨在驱逐邪恶。

中世纪的民众认为，做弥撒时看到的黄金制品对成功救赎起着决定性的作用。首先是圣餐杯，它占据了西欧尚存的中世纪黄金制品中的 40%，所以它毋庸置疑是最重要的类型。自从葡萄酒改革后在做弥撒时从这些圣餐杯中吸取基督圣血起，甚至尚存的数千件极其简单的圣餐杯也均由耐用的金属材质（至少银材质）制成。尤其是那些宝贵的圣餐杯，如希尔德斯海姆（Hildesheim）的圣伯恩瓦尔德圣餐杯（St. Bernward Chalice）（见第 491 页，左起第三幅图）等均为纯金打造，这个圣餐杯的圣饼圣餐盘也保存了下来。这个圣餐杯在做弥撒时的主要功能可参考杯子外侧上描绘的圣餐场景。

多瑙施陶夫（Donaustauf）的蝴蝶形耶稣受难像圣骨匣
法国，14 世纪上半叶 银制、镀金和珐琅
高 4cm；宽 5cm；深 0.5cm
雷根斯堡（Regensburg）大教堂博物馆（Cathedral Museum）

1991 年，在木质耶稣受难十字架的圣骨匣残骸中发现了这件圣骨匣，它形如一只蝴蝶，上面雕刻了耶稣受难像。这件小物品是一件精美的法国镀银制品，它采用半透明的浅浮雕珐琅工艺制成。在该工艺中，珐琅的透明层相互重叠设置，再经抛光后，重新铺设在金属表面上。因为这件圣骨匣保存完好，可能在很早时便被置放在耶稣受难十字架中。

图一和图二：
《教皇格雷戈里一世领导的一次游行》
（*Pope Gregory the Great Leading a Procession*）
摘自《最美时祷书》，约 1415 年
尚蒂伊孔德美术馆

图三：
圣伯恩瓦尔德圣餐杯
希尔德斯海姆（不详），14 世纪晚期
黄金
高 22.5cm，杯子直径 15.2cm
希尔德斯海姆大教堂珍宝馆

图四：
科隆（不详），圣体匣，1394 年
银制和镀金；高 89cm
拉廷根（Ratingen）圣彼得大教堂与圣保罗
大教堂

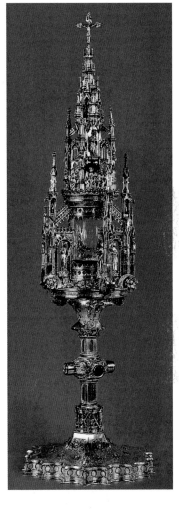

同样的场景也出现在利希滕塔尔修道院（Lichtental Monastery）的小圣饼盒的盖子上（见第 494 页右下图）。

圣饼即耶稣担负救赎重任的身体，通常置于圣体匣中以供展示。在 13 和 14 世纪，随着关于圣餐礼（Eucharist）的教条的改革，尤其是 1264 年制定的基督圣体节（Feast of Corpus Christi），一种陈列柜也随之形成。圣体匣中运用了以下信念：甚至面对圣饼冥想也是一种救赎行为。在艺术史上举足轻重的一个典例便是存于拉廷根的圣体匣（见上图四）。圣体匣既适于放置在圣坛上，也适于发出圣灵时用来存放圣物。

圣体匣并非唯一用于圣坛上而需在队列中所拿的教堂装饰品。其他物品包括用陈列封皮装订的礼仪手稿（见第 498 页左图一）、香炉（见第 500 页右图）和存放圣水的容器。教皇格雷戈里一世（Pope Gregory the Great）在罗马瘟疫期间组织的这类圣灵发出仪式如让·德贝利公爵的著名《最美时祷书》中的一幅彩图（见上图一和图二）所示。在这幅画中，贵格利走在由两位神职人员抬在担架上的圣骨匣神龛后，队列前面的担架上还抬着封装在华丽封皮中的礼仪抄本、一个香炉和一个圣水容器。这种圣灵发出仪式的效果可通过站在哈德良大帝的陵墓（Mausoleum of the Emperor Hadrian）上的天使长米迦勒（Archangel Michael）的显圣来体现。圣米歇尔（St. Michael）将他的剑插入鞘内，而贵格利认为这预示着这场大瘟疫即将结束，这场瘟疫甚至在圣灵发出期间也夺走了一条人命。

圣坛上常见的其他装饰物，比如耶稣受难像，也可用于圣灵发出仪式。除了常规的教堂队列外，也会举行重大的"救赎展览"，在展览上可向好奇的公众陈列所有黄金制品。

根据铭文，这件圣体匣是拉廷根的教区教士布鲁诺·曼斯（Bruno Meens）献给教区教堂的礼物。它被设计为一件四扶壁圣体匣且装饰有人物，显得富丽堂皇。拿着耶稣受难乐器的天使们围绕在圣体的水晶缸周围，从而使人联想起圣餐礼救赎力量的源泉。水晶缸上的塔楼中呈现了下方的耶稣十二使徒和上方的四位圣人。这件作品可能来自科隆的一家重要的金匠车间，且具有深远的影响。

这件祭坛装饰物与 15 世纪的希尔德斯海姆的主教贝恩华德（Bishop Bernward）相关。希尔德斯海姆的主教格哈德·冯·贝格（Gerhard von Berge，1365—1398 年在职）将这件圣餐杯捐献给大教堂，以庆祝丁克勒战役（Battle of Dinklar，1367 年）取得胜利。这件圣物由极大的纯金圣餐杯和圣餐盘构成。它是由这位主教的战利品资助的，显然主教也参与了这场战役。圆头饰上的黄水晶和底座上的优质古式琢石格外珍贵。尽管雕刻在底座上的《新约》场景与盛大的基督教节日和希尔德斯海姆大教堂（Hildesheim Cathedral）的守护神圣母相关，但杯子上《最后的晚餐》（*Last Supper*）场景却描绘了人们在做弥撒时圣餐杯在祭坛上的功能。雕刻采用德国北部对国际风格（1400 年左右）的变形风格。鉴于此，几乎可以肯定这件圣物的制造时间可追溯至主教格哈德的任期结束之前。

靠近沃尔姆斯（Worms）的利伯瑙修道院（Liebenau monastery）的圣骨匣《耶稣受难十字架》
维也纳，1342 年后
银和镀金雕塑；高 83.5cm 弗赖堡奥古斯蒂娜博物馆（Augustinermuseum）

靠近沃尔姆斯（Worms）的利伯瑙修道院（Liebenau monastery）的圣骨匣《耶稣受难十字架》
维也纳，1342 年后
银和镀金雕塑；高 83.5cm 弗赖堡奥古斯蒂娜博物馆（Augustinermuseum）
原底座上设有圣物容器的这座十字架是一位多明我会行乞修道士的捐赠物，这名修道士
在他的圣地朝圣之行途中去世。
在宝石、珍珠和珐琅的华丽背景中，镶嵌在耶稣手部和脚步周围的红石仿佛象征着耶稣
的伤口。这座耶稣受难十字架可能是死者的父亲厄廷根，即瓦勒施泰因家族的路德维希
十一世伯爵，委托其主要居住地维也纳的一家绘画工作室绘制的。

对于特别重要的参观者，会定期组织展览或举行一次性展览，通过将大教堂的圣骨匣和其他宝物放置在主祭坛或专门设计的阳台上或在队列中携带，以进行展览。甚至神职人员的画像也因金加工而显得栩栩如生：华丽的礼拜法衣通常镶嵌有宝石的装饰性编织带装饰物，并时常通过宝贵的扣件来固定。主教随身携带装饰奢华的科隆牧杖（见第 493 页左上图）。

虽然在接触到上帝和圣人时（即踏入教堂时），一排华丽的黄金制品可谓比比皆是，但黄金制品也在更为世俗的背景（比如法廷或镇议会）中起着重要的作用。对于可追溯至 1443 年的吕内堡市民宣誓玻璃杯（Lüneburg Civic Oath Glass，见第 493 页右图），宣誓的人会将其双手放在小型神龛形物品顶部的玻璃杯中，以证明他们的誓言句句属实。这个宣誓玻璃杯恰如其分地装饰有《最后的审判》（The Last Judgment）中的一幅全能的神耶稣（Christ Pantocrator）的画像，以提醒那些潜在的伪誓者欺骗带来的后果，那便是地狱的酷刑。

吕内堡市民向玻璃杯宣誓使我们想起具有基督教主题和个人效忠信念的非宗教物品的主题。这些非宗教物品包括一些来自宫廷界的重要物品，比如巴伐利亚的伊丽莎白于 1405 年献给其丈夫法国国王查理六世（French King Charles VI，1380—1422 年在位）的新年礼物——藏于旧厄廷（Altötting）的著名的《金马》（Golden Horse，见第 495 页图）。它可能是中世纪尚存的玻璃搪瓷中最引人入胜的一件作品，这一杰作采用了礼物及同等宫廷艺术品惯用的技法，即雕刻在粗糙金表面上的镶嵌珐琅或镶嵌珐琅技术。这种技法代替了 14 世纪备受青睐的半透明珐琅技术，并用于博尔塞纳（Bolsena）的圣骨匣（见第 494 页左上图）等重要物品。在作品《金马》中，查理六世跪在左侧，向圣母和圣子祈祷。因为这位国王身患日益严重的心理疾病，因此这件礼物也是一种还愿祭，以直观地表达其对疾病痊愈的恳求。

另一件采用镶嵌珐琅技法且具有类似的还愿意向的物品是存于列日大教堂（Liege Cathedral）中的圣兰伯特圣骨匣（St. Lambert Reliquary，自 1467 年，见第 496 页右图）。在这个雕像中，向勃垦第公爵大胆查理呈献圣骨匣的圣乔治（St. George）跪在这位公爵面前，双手握着圣兰伯特的遗物。这幅雕像和《金马》中的男士均为身披铠甲的基督教骑士，这种理想的骑士风格在 15 世纪再次盛行起来。

因为当时人们对圣母的膜拜与日俱增，圣母通常出现在贵金属装饰的作品中，且其作品不限于供私人祈祷用的小作品，如《金马》。

科隆牧杖（Cologne Crosier），科隆，约1322年银制（局部镀金）

长146cm，弯柄高57.5cm

科隆大教堂珍宝馆

这件牧杖为一种广为流传的风格。主教位于弯柄的弯曲部分，他跪在圣母和圣子面前，而一位天使从下面托起弯柄

尽管半透明珐琅暗示该雕塑源自法国或德国，但最可能源自德国黄金制品中心——科隆，因为对人物和珐琅形式的设计以鸟为主，与1320—1330年左右的设计有诸多相似之处。这件牧杖展览品可能为科隆大主教（Archbishop of Cologne）海因里希·冯·菲尔内堡（Heinrich von Virneburg）而作，以用于大教堂的盛期哥特式唱诗堂的献祭仪式（1322年）。

汉斯·冯·拉费尔德（Hans von Lafferde）

吕内堡市民宣誓玻璃杯，吕内堡，1443年

银制（局部镀金）；高24.5cm 柏林（Berlin），国立普鲁士文化遗产博物馆（Staatliche Museen Preussischer Kulturbesitz）

这件玻璃杯由吕内堡金匠汉斯·冯·拉费尔德于1443年为市议会而作，它的一侧上描绘了《最后的审判》的场景，暗示伪誓者因其欺骗行为必须接受惩罚。

圣母和圣约翰位于审判中耶稣的两侧，以替人类求情。顶部天使采用大约50年前的风格—风格类似的天使也可在一家科隆绘画工作室创作的拉廷根圣体匣（Ratingen Monstrance，见第491页右图）中看到。冯·拉费尔德或许曾在科隆工作，也将较古老的原型（大约1400年后）用于其他人物中，这也是司空见惯的事。

左图：

合唱队外衣的扣件

科隆或亚琛（？），约1425—1450年

银制和镀金；高20cm

亚琛大教堂珍宝馆

这件富丽堂皇的四叶饰纽扣显得珠光宝气，并用蓝色的半透明珐琅点缀，四叶饰纽扣的中央位置处描绘了天使报喜的场景。跪在年轻的圣母玛利亚面前的天使念祷告书时，圣母露出了惊愕的神情。玛利亚与天使之间的百合花象征着纯洁。这幅场景下方描绘了圣克里斯托弗（St. Christopher）、圣高尔乃略（St. Cornelius）和捐赠人大教堂教士。根据盾徽（随后配上），可推测这位捐赠人是尚特内尔家族（Schanternell family）的一员。

493

乌戈利诺·迪·维耶里（Ugolino di Vieri）
博尔塞纳的圣体布圣骨匣（细部）
锡耶纳（Siena），1337—1338 年
银制和镀金：高 139cm 奥维多（Orvieto）大教堂珍宝馆

圣体布是做弥撒时置于圣饼下的一块布。1263 年，在博尔塞纳，一块圣体布被圣饼奇迹般地染上了鲜血，得以说服一位牧师，这位牧师不相信人们在做弥撒时面包和葡萄酒会转变成耶稣的血肉这一事实。这则传奇故事对基督圣体节的确立起着重要作用，维耶里将它与《新约》场景一同描绘在圣骨匣上，而整个场景仿佛一幅圣坛装饰画。这幅画作价值连城，是半透明珐琅技术创作的图案连环画中首屈一指的大幅画实例。这幅画的风格与 14 世纪早期的锡耶纳绘画密切相关，原因是奥维多主教（Bishop of Orvieto）及其大教堂的全体教士委任的金匠乌戈利诺·迪·维耶里来自锡耶纳。因为创作时间为 1337—1338 年，因而助手也协助完成这项任务，这一点是毋庸置疑的。

利希滕塔尔修道院的圣饼盒
斯特拉斯堡（？），约 1330 年
银制（局部镀金）
长 16.6cm，宽 11.6cm，高 15cm
纽约皮尔庞特·摩根图书馆（Pierpoint Morgan Library）

根据盒盖上的铭文，这件圣饼盒是西多会修女玛格丽特·普弗鲁博姆（Margarete Pfrumbom）献给她的女修道院【位于靠近巴登—巴登（Baden—Baden）的利希滕塔尔】的礼物。因此，在这件雕塑上，普弗鲁博姆与东方的三博士一同站在前面朝拜圣母和圣子。西多会创始人克莱韦尔的圣贝尔纳（St. Bernard of Clairvaux）站在右侧。他再次与捐赠人一同出现在盒盖上，朝拜《最后的晚餐》场景中的耶稣。这个中央场景指明了该圣饼盒的圣餐功能，与此同时，盒盖表面的其他地方上却描绘了恰如其分的《旧约》场景，预示着圣餐礼（逾越节）即将举行：天使为以利亚（Elijah）送上食物，麦基洗德（Mechizedek）给亚伯拉罕（Abraham）带来了面包和葡萄酒。

这种预示论可能源自 1324 年完成于斯特拉斯堡的《济世宝鉴》（Mirror of Human Salvation）(Speculum humanae salvationis) 一书。这本书以图画的形式描绘了《圣经》所包含的两本书中系统性的相互参考。也可从精美的微型珐琅图画和利希滕塔尔与斯特拉斯堡的密切联系这一事实来证明斯特拉斯堡便是这件圣饼盒的发源地。

《金马》 法国（巴黎），1405 年前
珐琅 旧厄廷珍宝馆

《金马》（俗名，源自见习骑士牵着马这一不太重要的特征）
是巴伐利亚的法国王妃伊丽莎白献给其丈夫查理六世的新年
礼物，其中可看到查理六世跪在一个可通过两个楼梯到达的
凸起式平台上。这位国王正在朝拜坐在圣母膝盖上的圣子，
而国王对面，一位骑士双手捧着自己的头盔。圣母端坐在草
地的凉亭前，仿佛置身于一座天堂花园之中，两位天使站在
其顶部。圣凯瑟琳、圣施洗约翰和传福音的圣约翰（St. John
the Evangelist）这些人物或许在此为国王查理六世祈祷，因
为当时国王身患日益严重的心理疾病。这些人物采用镶嵌珐
琅技术处理后成形，这种技术尤其适于此类贵重物品。然而，
这种比例的多人物组合显得独具一格。

《圣母与圣子》(*Virgin and Child*)

创作于巴黎，为法国王妃珍妮·戴弗罗（Jeanne d'Évreux）而作，约 1339 年

银制和镀金；高 69cm（包括底座）卢浮宫

圣母抱着圣子，站在珠宝箱上，而珠宝箱采用珐琅描述了耶稣受难情景。一行铭文注明了这位皇家捐赠人。盛装打扮的圣母站着，姿势呈优雅的 S 形曲线，这是当时圣母塑像最典型的风格。

热拉尔·卢瓦耶（Gérard Loyet）

圣兰伯特圣骨匣 献给勃墨第公爵大胆查理，1467—1471 年

镀金和镀银；高 53cm

列日圣保罗大教堂（Cathedral of St. Paul）

这座圣骨匣雕像是大胆查理委托热拉尔·卢瓦耶采用镶嵌珐琅创作的，其中可看到圣乔治双手握着圣兰伯特的手指遗物，准备献给这位公爵，圣乔治的姿势与 35 年前扬·范艾克对范·德巴尔教士（Canon van der Paele）的描绘中所刻画的圣人大同小异。

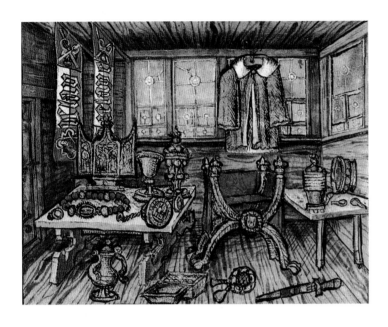

另一个典型例子便是大戈斯拉尔矿杯（见左下图），这是一件典型
的哥特式高脚杯，且是哥特时期以来尚存的世俗黄金制品中最大的制
品之一。一件类似的制品是纽伦堡舰艇（Nuremberg Ship，见第 501
页图），它是为纽伦堡的冯·施吕瑟尔费尔德家族（von Schlüsselfeld
family）而作的。纽伦堡舰艇与戈斯拉尔矿杯一样均显示了不计其数
的人物。这座舰艇可能出自著名的纽伦堡画家阿尔布雷特·丢勒的父
亲——老阿尔布雷特·丢勒（Albrecht Dürer the Elder）之手。

在中世纪晚期，人们会在教堂及宗教性游行和公民游行期间不断
接触到黄金制品，也可在公共和私人世俗生活中看到黄金制品，但仅
以公民的服饰和珠宝饰物，如戒指、项链、皮带扣、胸针、垂饰和
纽扣的形式出现。小康之家及其他家庭均有能力购买这种黄金制品。
甚至以诗人和冒险家著称的奥斯瓦尔德·冯·沃尔肯施泰因（Oswald
von Wolkenstein）那样的"贫穷骑士"也能够拥有"两个银碗"，而当
时其位于提洛尔阿尔卑斯山的住处简陋而偏僻。

比如，1339 年，法国王妃珍妮·戴弗罗将一件银质圣母和圣子
雕塑（见第 496 页左图）捐赠给圣丹尼斯皇家修道院。这件雕塑高
69cm，它在艺术上是尚存的屈指可数的哥特式银塑像中最重要的雕塑
之一。

宫廷委任的宝贵金属制品中仅有少部分用于宗教目的。在数量
上，绝大多数的制品供宫廷展览用。除了权力的标志，如王冠、权杖、
印章等，世俗宝库中的贵金属餐具和宫廷服的装饰物比比皆是。

"勃垦第战利品"使我们有可能一睹这类宝库的财富。"勃垦
第战利品"指瑞士人在 1476 年的格兰森战役和其他场合下从大胆查
理及其军队那里掠夺而来的物品。如 1511—1513 年的一幅微型画所
示（见左上图），这些珍宝作为战利品在卢塞恩展览。除了华丽的椅
子和两台桌子上的众多器皿外，瑞士人还掠夺了一个折叠式祭坛、
一根放置在祭坛前面的桌子上的装饰性腰带和放在腰带右侧的公爵
私人印章（尚存）。从特征上看来，这座祭坛明显是这幅微型画中唯
一的宗教物品；大酒杯、高脚杯和玻璃杯等若干饮用器具及用于宫
廷盛宴的大小不一的餐盘构成了这位公爵全部的财物，暗示了公爵
权高位重。

这些展品通常不适合日常使用。它们的主要用途是放置在大陈列
橱柜中，向来宾们炫耀这所宅邸的主人家财万贯和品位高雅。类似地，
大葡萄酒杯，比如卡策埃伦博根杯（见右下图）也许可追溯至 15 世
纪早期，它既用作实用性酒具，又用作餐具摆设。

绅士奥托大公（Duke Otto the Gentle）设计的图书封面
不伦瑞克（？），1339年
高35.4cm，宽26cm
柏林国立普鲁士文化遗产博物馆手工艺馆（Kunstgewerbemuseum）
一则手写条目准确地标注了该封面的时间，封面上还画有捐赠人，即不伦瑞克—哥廷根（Brunswick-Göttingen）的绅士奥托大公的一副雕刻头像，封面背面上画有他的妻子艾格尼丝（Agnes）。
画板上有设置在水晶窗玻璃下方的世俗微型画，而窗玻璃上装饰有正方形的红碧玉。重新设置了这些方格，使之不再为明暗交错的原始图案，而是环绕在中央十字架圣骨匣周围。围绕十字架的中央区域运用浮雕技术描绘了福音传教士的标志。

饶有讽刺意味的是，尽管将金、银和宝石用作永恒的象征人尽皆知，但用金、银和宝石制造的艺术品却绝非经久耐用。因为金银珠宝的材料价值高，但它们也常易被人们损坏或进行熔化处理。几乎每件新黄金制品都意味着淘汰旧制品、受损的或过时的制品，而受损的或过时的制品又可为新制品提供原料。另外，在困难时期，比如战争和经济衰退，此类作品均是现成的资金来源。因此，屈指可数的几件哥特式制品（尤其是世俗作品）尚存至今。

尽管教堂珍藏物相对而言保存较好，但宗教改革运动和世俗化变革也造成了巨大的损失。在法国，法国大革命便摧毁了这个国度的贵金属作品。在财务困境时期，甚至教堂用金银器皿和权力徽章也被抵押或在极端的情况下，草率地进行熔化处理后出售。这些极端措施的一个典型的例子便是巴列丁奈特的鲁珀特三世（Rupert III of the Palatinate，1400—1410 年在位）的做法，因为他在遗嘱中下令将他的王冠用于清偿他欠药剂师、裁缝和修鞋匠的债务。

仔细查看中世纪晚期幸存的文献，尤其众多的大地产清单和富人的遗嘱，我们清楚地发现教堂很少聘用金匠来设计黄金制品。这可能令人匪夷所思，因为黄金制品在教堂珍藏中保存较好，而教堂珍藏又已构成了现代人们对中世纪贵金属作品的看法。实际上，大量作品包括衣饰、高脚杯、盘碟和杯子等日用品，但与教堂金银器皿相比，这些物品或许仅占欧洲现存物品的10%。在中世纪晚期，这一比例不高。尚存的许多世俗物品也是如此，因为它们已成为教堂收藏物。

一个格外引人瞩目的实例便是绅士奥托大公图书封面（见左图），这个封面藏于圭尔夫珍宝馆（Guelph Treasure，该珍宝馆藏有不伦瑞克圣布莱士教堂（Church of St. Blasius）中琳琅满目的宝物，这座珍宝馆被奥托家族的祖先——狮子亨利公爵（Duke Henry the Lion）建立成一个王朝葬地。这个图书封面可追溯至1339 年，其中重新采用了设计时间略早的威尼斯棋盘。棋盘的亮色方格由设置在透明的水晶薄板下方的微型画构成，而暗色方格为红碧玉镶板。尽管这些微型画均描述了宫廷生活及狩猎和战斗场景世俗主题等，它被保存了下来并设置在中间的十字架圣骨匣周围。

然而，一些教堂珍宝也损失惨重。虽然不伦瑞克的圣布莱士教堂有幸保存了不伦瑞克圭尔夫珍宝馆中一位王子的贵重捐赠物和大部分的陪葬家具，但圭尔夫派捐给吕内堡附近的圣米歇尔里斯教堂（Church of St. Michaelis）的第二件宝物也在 18 世纪熔化了。

雕刻《基督圣像》（Christ in Majesty）的圣餐盘 吕贝克（？），14 世纪早期
银制和镀金；直径 16.5cm
吕贝克圣·安尼博物馆（Sankt Annen Museum）
这件圣餐盘来自吕贝克玛丽安教堂的珍宝馆。如果它属于这座富有的波罗的海城市，则它说明了半透明珐琅技术已从法国发源地快速传播到了其他地方。
1289 年，金匠约翰内斯·高卢卡斯（Johannes Gallicus）被记录在这座城市的档案之中，这位金匠的姓可能暗指其法国血统。吕贝克作为汉萨同盟的首府，拥有绝好的优势将这一技术传播至斯堪的纳维亚。

比勒姆·马斯特（Bileam Master）
《绘画工作室中的圣埃利吉乌斯》（St. Eligius in his Workshop）
版画，15 世纪中叶
阿姆斯特丹（Amsterdam）国立博物馆（Rijksmuseum）

许多重要的大教堂和修道院中保存的哥特式黄金制品同样也屈指可数或尚无收藏。

甚至对于科隆这样重要的黄金制品中心和吕贝克这样的富有城市也无一例外，吕贝克可能是这件格外赏心悦目的半透明珐琅圣餐盘（见左上图）的发源地。这件精美的圣餐盘在一定程度上些许弥补了已丧失的大量黄金制品。

这种黄金制品的巨大损失与现存的大量哥特式黄金制品文献记载形成了鲜明的对比。除此之外，这还突出了金匠拥有极高的社会地位，在黄金制品方面，金匠指顶级工匠和艺术家。实际上，毋庸置疑，这个行业既涉及地位谦卑的小镇金匠，又涉及城市商人，城市商人因其对贵金属和硬币的了解而成为重要的银行家及贵金属、黄金制品和珠宝的国际批发商。总体而言，人们赋予这个行业的高价值并不基于所需的精湛技巧，甚或所用的材料的价值，尤其是基于这个行业对城市经济的重要性。因此，金匠可能常会谋得高级职位的市参议员甚至市长一职。

金匠大师在完成其学徒和熟练工生涯后，便会选择一座城市定居，然后在靠近其他金匠的地方开店面，招收一两名员工和学徒。通常，金匠大师生活和工作的地点均位于市场（如吕贝克）周围的专门从事这行且地理位置优越的街道（如科隆和斯特拉斯堡），甚至在河上的一座桥（如巴黎）上。他们也在用作拍卖行的绘画工作室中展开业务，同时象征性地开着窗户，以便人们可随时监督金匠在处理这些昂贵材料时是诚实可信的。

比勒姆·马斯特在一幅版画中描绘了这样的一家绘画工作室，呈现了金匠的守护神主教埃利吉乌斯工作时的场景（见右上图）。可看到这位圣人正坐在绘画工作室的中央，锤打着铁砧上圣餐杯的杯身。这是金匠的基本工作技巧之一，他们尤其擅长锤击金属，如戈斯拉尔矿杯等代表性物件上的大师级工艺所示。两名学徒坐在工作台的右侧，其中一名冲压金属，另一名在制作皮带扣。装饰华丽的火炉前的这名学徒（位于左侧）正通过多孔板拉线。

金匠除组织成行会之外，在主要宫廷附近工作的工匠也可不受任何行会的约束而自行拓展业务。比如，杰出的金匠创作了《金马》（第 495 页图）和圣兰伯特圣骨匣（见第 496 页图）等耗资巨大的珐琅作品被授予贴身侍仆的头衔。圣兰伯特圣骨匣的创作者热拉尔·卢瓦耶正是如此。在法国，也记载了一位女性金匠马里耶·拉·孔泰斯（Marie la Contesse）。

黄金制品的确切年代和风格类别很难确定。一个原因是，按照传统，金匠先在一座城市学习，在其熟练工生涯期间遍游各地，然后在第二座城市定居。另一个原因是，贵金属作品实际上通常受到其他艺术（尤其是确定整个时代的艺术特征的建筑艺术）的强烈影响，以至于通常很少存在风格连续性。

黄金制品中个人风格的形成可追根溯源，若可以，也仅可在特定形式和大众产品类型的演变中实现。虽然如此，却正是那些如今自成一格的巨著可能与这些个人风格相关。遗憾的是，在许多情况下，我们所能发现的便是建筑、雕塑和绘画或图表艺术中类似特征的形成，但这些类似特征对作品的创作地提供的线索少之又少。

珐琅珠宝箱，15世纪早期
银制和镀金；高34cm，宽30cm，深18.5cm
雷根斯堡大教堂珍宝馆
这件屋形装饰性珍宝箱内外均装饰有华丽的珐琅镀层。
除了用末道漆绘制的珐琅动物，还雕刻了数百个金色星星和月牙形状。在这些装饰物被
涂覆至珐琅装饰前，要将其熔化，以营造一种繁星点点的氛围。设计这件珠宝箱的绘画
工作室是位于威尼斯还是法国佛兰德斯地区，尚不确定。

香炉，约1500年
银制品；直径12cm
哈勒姆主教宫祈祷室
这座香炉是由德国雕刻师马丁·施恩告尔（Martin Schongauer）按照一个设计图在艾登创
作的，它装饰有晚期哥特式装饰图案，显得格外奢华。

总体而言，现存于教堂宝库中的诸多作品的创作地点可能是其收藏地或至少位于收藏地附近。即便如此，许多重要的教堂宝库及对人们理解艺术发展至关重要的主要杰作却荡然无存。

另外，金匠在熟练工生涯和随后的游学期间一直可提高其技能和设计水平。他们通常运用其他地区的较古老原型或印章作为具象装饰和纹饰。几家风格不同且专业度不够的绘画工作室合作来创作更多华丽的黄金制品，也可能导致一种混合风格的形成。最后，顾主通常在金匠们制定出原型创作时需遵循种种要求，这些要求通常在确定作品的形式上起关键作用。因此，或许可追溯至1400年之前的圣伯恩瓦尔德圣餐杯，它的比例遵循了一种晚期罗马式原型，这种原型可能与当时对希尔德斯海姆圣人的狂热崇拜的复兴有关——自11世纪以来，圣洁的希尔德斯海姆主教一直被视为一名金匠。

此外，如纽伦堡舰艇（见第501页图）和哈勒姆香炉（见右上图）等作品均效仿了雕刻原型。同样地，对于更奢华的建筑作品，可能参照了图纸。诸如图书封面上的小教堂正立面（见第502页图）和亚琛大教堂珍宝馆中的三塔楼圣骨匣（可追溯至1370—1380年）等作品

便是如此，其中前者质量一流，从而对早期莱茵兰哥特式风格的发展具有重大影响，这毋庸置疑。

因为建筑对黄金制品具有重要影响，所以不足为奇的是，佛罗伦萨文艺复兴初期的一些最重要的建筑师，比如菲利波·布鲁内莱斯基（Filippo Brunelleschi）和米开罗佐（Michelozzo）均以金匠身份开始职业生涯。哥特式黄金制品结合了绘画与制图、雕塑与建筑，并运用了形式和装饰。

正是黄金制品与其他艺术的关系使金匠们极负盛名，也正是这一特征使约翰·米夏埃多·弗里茨（Johann Michael Fritz）在哥特式黄金制品中将黄金制品最佳艺术成就描绘为所有其他艺术形式在贵金属中的一个缩影。

纽伦堡舰艇（餐桌中央的摆饰）
纽伦堡，1503 年前
银制（局部镀金）；高 79cm
纽伦堡日耳曼国家博物馆
（Germanisches Nationalmuseum）
中央摆设中的这个舰艇由一位美人鱼
支承，并载有大量船员。这件物品真
实地描绘了一艘商船。

奥托大公图书封面

斯特拉斯堡（？），1260—1270 年

银制和镀金；高 38.7cm，宽 27.3cm，深 4.5cm

拉旺特谷的圣保罗修道院 [St. Paul in Lavanttal，卡
林西亚（Carinthia）]

主要区域由大框架围起来，大框架上布满了密密
麻麻的葡萄叶和三叶饰图案，三叶饰装饰在画有
福音传教士的角落处。象征天堂之门的小型哥
特式教堂的正立面占据了整个中心区域。教堂
正立面下方是圣母和圣子，左侧是黑森林圣布
莱斯修道院的创始人——圣·里根巴特（Blessed
Reginbert），另一侧是阿博特·阿诺尔德二世（Abbot
Arnold II，1247—1276 年在位）。上方是圣母加冕
礼，圣母位于圣尼古拉斯（St. Nicholas）和圣布莱
斯（St. Blaise）之间。内部和外部确定了规定的获
赠教堂的修建日期和可能的渊源。斯特拉斯堡早
期哥特式作品的类似风格与里根巴特和阿博特·阿
诺尔德二世的日期和区域位置相一致。这幅图书
封面的优质特点使这幅作品成为欧洲盛期哥特式
黄金制品的杰作之一。这幅作品中无处不折射出
法国辐射式风格（尤其是巴黎和兰斯的风格）的
影响。这种影响可能源于个人建筑草图甚或金匠
和建筑师同样使用的小型写生集，如法国艺术家
维拉尔·德奥内库尔（Villard de Honnecourt）的写
生集。

附录
术语表

顶板： 构成圆柱柱头顶部的平板。

叶形装饰： 蓟形风格化叶饰；主要用于科林斯式圆柱的柱头上。

神龛式门窗： 一种建筑围绕物，通常由支承山形墙的两根圆柱构成或用作壁龛或窗户的框架。

（教堂的）侧堂： 沿中堂侧面延伸并通过一排圆柱或墩柱与中堂隔开的通道。

城堡： 一种设防的城堡，主要以密闭四翼结构的形式存在。

天顶： 位于西班牙和伊斯兰建筑中，一种带平板装饰的主要呈槽形的敞开式木质天顶。

过道： 一种走道，尤其是城堡护墙或教堂屋顶周围的走道。

讲道台： 一种凸起式读经台或布道坛，位于教堂的中堂且通常紧靠唱诗堂屏栏。

回廊： 一种围绕教堂后堂的通道；在法国哥特式建筑中，回廊为圆形或多边形；而在英国哥特式建筑中，回廊通常为长方形（这在德国哥特式建筑中很罕见）。

帷幔： 一种用于圣坛前方的覆盖物。

后堂： 教堂建筑物的半圆形或多边形凸出部分（通常位于唱诗堂东端）。

水罐： 牧师在做弥撒时洗手的小水罐。

连拱廊： 圆柱或墩柱支承的一连串拱券；封闭拱廊嵌入墙壁表面。

拱券： 一种结构件，通常为砖石建筑，且构成开口（如门或窗）或支柱（如桥梁）的弯顶或尖顶。拱券承受其上方结构对构成其支柱的墩柱圆柱的推力。

额枋： （古典建筑中）从一根圆柱延伸至另一根的水平石过梁，用于承受柱上楣构的中楣和飞檐；通常指位于门、窗和拱券等周围的模制框架。

拱边饰： 拱门的内表面周围的连续式弯曲嵌线。

浑天仪： 一种由钢带制成的天球仪，用于演示行星的运行轨迹。

（伊斯兰风格的西班牙建筑中）镶板： 一种装饰性木质天顶，有时经上色和雕刻处理。

阁楼： （古典建筑中）建筑物主飞檐上的楼层；它有时会隐藏屋顶底部并可具有下层的形状。

花瓷砖： 上色的玻璃墙面砖和地面砖。

巴比伦囚虏时期： 法国统治下的罗马教皇受制于法国阿维尼翁的时期（1309—1377 年）。巴比伦囚虏时期的结束标志着天主教会大分裂（Great Schism）的开端。

华盖： 一种由圆柱支承的独立式布盖；通常置于宗教物体（如教堂神龛）的上方或教堂队列中所拿的布盖。

栏杆： 一种小型立柱或墩柱，通常为带模轴且支承围栏的栏杆。

小旗： 一条狭长的旗帜或飘带，通常指写有简短文字的旗帜或飘带。

洗礼堂： 教堂中用作洗礼的部分（通常为独立式）；其平面主要为圆形或八边形。

筒形穹顶： 一种带半圆形横截面的拱顶。

柱基： 支柱或圆柱的成型底部，提供底座至轴身的过渡。

长方形会堂： 原为一种市场或宫廷用罗马式厅堂；在基督教建筑中，指一种带侧堂（圆柱将其与中堂隔开）和侧堂上方的一排高窗（高侧窗）的教堂。

三心拱： 一种浅拱，形如带两个侧弯的篮子的把手，它经平直处理后形成较大的圆形部分。

浅浮雕： 一种浮雕，其设计图案从背景中略微突出。

浅雕珐琅工艺： 一种珐琅装饰形式，其中嵌入金属底座的设计图案可通过半透明珐琅而清晰可见。

堡垒： 一种从设防建筑的角落突出的壁垒或舷墙。

跨间： 建筑物的一种主要的规则性间隔，其由窗户、拱券和圆柱等构件确定。

圆线条： 一种嵌线，类似于用于飞檐或圆柱底座上的串珠。

倒角： 一种常用于边缘的斜面。

黑死病： 1347—1351 年在欧洲发生的一场淋巴腺鼠疫。黑死病起源于中国，经贸易航线传播，于 1347 年传播到黑海，然后快速传播到意大利、法国和欧洲的其他地方。据说，至少有 1/4 的欧洲人因此丧生，但一些地区的死亡率可能达到了 3/4。黑死病对当时的社会、宗教和经济生活产生了深远的影响。

凸饰： 一种凸起式拱顶石，常经上色或雕刻处理，并形成拱肋的交会点。

扶壁： 一种用于支撑墙壁的纵向石砌或砖砌结构，以抵消拱券、屋顶或拱顶的横向推力。

圆顶： 一个带半圆形横截面的圆屋顶或拱顶（不带鼓座）。

刻浮雕的玉石： 雕刻有浮雕图案的宝石或次宝石，常用于具有不同彩色层的石头中。

钟楼： 一种通常与主建筑（通常为教堂）隔开的钟楼。

柱头： 圆柱或墩柱的模制或雕刻顶部，用作圆柱及其支承的荷载之间的过渡构件；常有装饰。

凹弧饰： 一个凹形线脚侧面，其截面大约为 90° 角的圆弧。

中心放射型建筑： 一种圆形、多边形或建于等长十字架的臂端上方的建筑物。

圣杯： 一种通常由贵金属制作而成的且装饰精美的杯子，在圣餐仪式时用于盛放圣酒。

雕刻后填上油漆： 将珐琅填塞物嵌入金属表面的珐琅装饰方式。

（英国教堂的）祈唱堂： 一种用于为往生者举行弥撒仪式的祈祷室。

小教堂／祈祷室： 一个做礼拜用的小型独立式建筑物，为大教堂或独立式建筑的一部分。

（英国大教堂和修道院的）宗教活动会议厅： 一间全体教士（管理机构）举行会议的房间或厅堂；其平面常为多边形或圆形。

圆室： 主要存在于法国建筑中，指后堂、回廊和祈祷室构成的教堂东端。

（教堂的）唱诗堂屏栏： 由木材或石头构成且通常装饰有雕刻品的隔墙，用于将神职人员（圣坛）与俗人（中堂）两者的空间隔开。

唱诗堂： 教堂中举行唱歌活动的一部分；位于教堂东端，尤其是十字交叉部和后堂之间的区域。

教堂类型： 长方形会堂；厅堂和阶梯式大厅；双开间或无侧堂的教堂；中心建筑。

圣坛华盖： 一种装饰性容器，通常由贵金属制成，用于盛放圣餐；一种存放圣餐的有盖神龛。

高侧窗： 窗户穿透的中堂墙壁的楼顶层。

景泰蓝：珐琅装饰形式，其中珐琅用于填充开间，而开间的墙壁为薄金属片。

修道院回廊：有顶或拱形通道围绕的四角空间，其中通道连接教堂与内部区域；这些通道的内壁经柱廊通往该四角形区域。

围场：英国大教堂的围地或场地。

方格顶棚：由凹陷式装饰板构成的墙壁、天顶或拱顶装饰的形式，常为方形或多边形。

柱廊：支承拱券或柱上楣构的一系列圆柱。

巨柱式：一种建筑柱式，其中圆柱或半露柱穿过若干楼层耸立。

圆柱：一种纵向结构件，其具有圆截面且通常由柱基、长轴身（通常在顶部和底部略微渐缩）和柱头构成。

组合式墩柱：一种由轴束或实心构成的墩柱，其中实心被附柱或独立柱包覆。

半圆形后堂：一种半圆形后堂，其拱顶通常为半圆形。

（艺术中）构图的对立平衡：一种身体上部与身体下半部方向相反的姿势。

压顶：沿墙壁或其他构件盖顶的石层。

枕梁：砖石建筑的凸起块（通常雕刻有植物图案），支承着横梁、拱券或雕像。

飞檐：沿建筑物或墙壁的顶部设置的水平模制横档；一种介于墙壁和屋顶之间的装饰性线脚。

（砖石砌体的）层：墙壁中的连续式石层或砖层。

卷叶饰凸雕：雕刻的哥特式装饰，像各种各样的叶形，常见于小尖塔、三角墙等上。

（教堂的）十字交叉部：中堂和耳堂交叉口的中央位置；十字交叉部的顶部通常为塔楼或穹顶。

地下墓室：教堂下的小室或地下室，通常位于教堂东端，用于安置坟墓或遗物。

尖顶：位于哥特式窗户和拱券的花窗格中的弧拱交叉口的凸点；尖顶确定卷曲窗格的大小。

盛饰式（建筑风格）：英国哥特式建筑的第二大风格，约1240—1330年，形成于早期哥特式建筑之后。在华丽花窗格的发展和菱形拱的运用中尤为显著。其次形成垂直式风格。

菱形组饰：由重复的菱形或方形组成的表面装饰。

戴克里先式窗户（或浴场式窗）：一种由纵向竖框分为三个部分的半圆形窗户。

解散修道院：1536—1540年，亨利八世（Henry VIII）挪用英国修道院和威尔士修道院的财产。这意味着既要削弱基督教堂的权力，又要补给国库，大部分财产归贵族和绅士所有。

穹顶：一种凸顶，通常为半球形、方形或多边形空间。

城堡主楼：领主及其家人居住的城堡的中央设防塔楼，居于要塞位置。

屋顶采光窗：一种从斜面屋顶突出的纵向窗户。

鼓座：穹顶的圆柱形或多边形底座。

矮廊：教堂外的小型连拱廊通道，尤其见于罗马式建筑中。

早期英国式：英国哥特式建筑的第一大风格，约1170—1240年。

折中主义（学派）：若干历史建筑风格的混合。

选帝侯：一位被选任神圣罗马帝国皇帝的德国亲王。从14世纪中叶起，共有七位选帝侯：波西米亚国王（king of Bohemia）、萨克森公爵（duke of Saxony）、莱茵行宫伯爵（count Palatine of the Rhine）、勃兰登堡侯爵（margrave of Brandenburg）、美因茨大主教、特里尔（Trier）大主教和科隆大主教。

壁柱：一种"纹理"纵向延伸的圆柱；在早期哥特式建筑中，建成壁柱的圆柱通常为未嵌入墙壁内部的壁联柱。

壁龛内支座：设置在壁龛内，尤其为置于教堂壁龛内的墓碑。

附墙圆柱：一种与墩柱或墩柱后的墙壁连接的圆柱。

柱上楣构：古典建筑中圆柱支撑的三个水平构件：额枋、雕带和飞檐。

还愿（礼物）：一个履行誓言的还愿场景，通常因为祈祷者已蒙神的感召。

正立面：建筑物的正面，尤其是精心构造的正面；封闭正立面为纯粹用于装饰且不与建筑结构相关的正立面。

扇形拱顶：一种英国拱顶形式，其中拱肋从其枕梁处延伸，以形成扇形图案。这些拱肋为装饰性拱肋，而非建筑用拱肋，每个扇形为带凹面的实心半圆锥。

封地：中世纪法律中，领主封给诸侯的土地，作为诸侯对其效忠的回报。

尖顶饰：一种装饰在小尖塔、三角墙和台架端等的顶部的雕塑装饰；在哥特式建筑中，这些尖顶饰通常为风格化叶饰。

自笞者：通常在公众游行时作为精神修炼或自我惩罚以替自己或世人赎罪而进行自我鞭笞的兄弟会男女成员。

火焰式：法国哥特式建筑的最后一大主要风格，它因其精雕细琢的"火焰状"花窗格而得名。这种风格继辐射式风格之后。

凹槽：圆柱或半露柱轴身中的狭窄竖向槽。

飞扶壁：一种拱扶垛，用于将墙壁的推力传递至纵向扶壁。通常它将中堂拱顶的推力经侧堂屋顶传递至外扶壁。

（花窗格的）卷曲窗格：一种尖顶形成的叶片或叶形。三叶形由三个卷曲窗格构成；四叶饰由四个卷曲窗格构成。

湿壁画：将颜料涂在湿灰泥上的壁画技术；将颜料与干灰泥混合，以形成一幅高度耐用的图画。

雕带：一种建筑装饰的水平带；在古典柱上楣构中，指位于额枋与飞檐之间的水平构件带。

三角墙：斜屋顶或类似建筑形式的端墙，它通常为三角形，但有时也为阶梯形或拱形。三角墙可纯粹用作装饰，比如用于哥特式大教堂门廊（通常具有雕刻装饰）上方。

楼廊：原为一种侧面敞开的带顶通道；在城堡中，指一种长祭典厅；在教堂中，指召开事务时将特定群体（朝臣、女性）分开的阳台。

镀金：用薄金层覆盖。

墓石卧像：一种将死者以尸体形式描绘的墓石雕像。

哥特式复兴（或新哥特式）：19世纪复兴的一种哥特式建筑和设计风格。

（11世纪东西方教会的）大分裂：基督教会的分裂（1378—1417年），当时罗马教皇的世袭制度存在于两座城市，即罗马和法国的阿维尼翁（伪教皇）。大分裂发生在巴比伦囚虏时期（当时罗马教皇居住在阿维尼翁）之后。

希腊式十字架：带等长臂端的十字架。

装饰画法：单色画，通常如雕塑一般。

弧棱拱顶：一种由两个筒形拱顶的直角交叉部构成的拱顶。

归尔甫派（教皇派）和吉伯林派（皇帝派）：在中世纪时期的德国和意大利，争夺神圣罗马帝国权力的两大对立派别。这一冲突发生在12世纪的德国，关于发生在两大统治家族之间的纷争：韦尔夫家族（the Welfs，意大利称为归尔甫派）和霍亨斯陶芬家族（the Hohenstaufen，意大利称为吉伯林派）。这一冲突传至意大利，在这里，韦尔夫家族支持罗马教皇即位掌权，而霍亨斯陶芬家族却支持神圣罗马帝国的拥有主权。

厅堂式教堂：一种中堂和侧堂等高（或接近等高）的教堂；尤其常见于德国哥特式建筑中。

露头石或露头砖：墙壁中铺设的仅露出端部的石头或砖块，与横梁相对。

四坡攒角屋顶：一种尖顶，具有耸立于三角墙之上的四个或更多的斜面。

四坡屋顶：一种带坡度而非纵向端的屋顶；伪造的四坡屋顶具有半个坡度、半个纵向端。

神圣罗马帝国（德国）：包括中欧大部分地区的政治团体，它在中世纪和文艺复兴时期的政治体系中起重要作用。神圣罗马帝国的前身是查理曼大帝建立的罗马帝国，并随奥拓一世（Otto I）于962年的登基而形成。神圣罗马帝国的帝王通常是其他德国亲王（选帝侯）选举的有统治权的德国亲王。直至13世纪中叶，这个帝国占领了德国各省、奥地利、瑞士、法国东部地区、意大利北部和中部、尼德兰和波西米亚（现为捷克共和国和斯洛伐克）。

马蹄形拱：一种球状马蹄形拱，主要在伊斯兰建筑中。

肖像研究：给定的艺术作品所用的一套符号。

模仿：（古典修辞学中）对世俗原型的模仿。

拱墩：一块位于圆柱或立柱顶部或嵌入墙壁内的石板，用于支撑拱门。

宗教法庭：基督教堂设立来压制异教的法庭。它于1231年举行正式的落成典礼，当时教皇格雷戈里一世成立了一个委员会，用于调查法国南部的卡特里派教徒（Cathars）是否信奉异教。1478年，西班牙的费迪南（Ferdinand）和伊莎贝拉（Isabella）

创立了西班牙宗教法庭（Spanish Inquisition）。这个法庭实际上是政府的一个分支，且在很大程度上独立于教皇制度，它在迫害深信基督教的犹太人和摩尔人中起着关键作用。

嵌花：一种家具装饰，其图案通过不同的彩色薄木板形成，有时为象牙和珍珠材质。用于墙板、橱柜和门上等。

伊莎贝拉风格：15世纪下半叶期间形成于西班牙的晚期哥特式建筑和装饰风格，以西班牙伊莎贝拉一世女王（Spanish Queen Isabella I）命名。

拱顶石：位于拱门或拱顶的中央的石头，有时经雕刻处理。

（英国教堂的）圣母堂：一种纪念圣母的小教堂。

尖顶窗：顶部为尖拱的细长窗户。

灯笼式天窗：一种设置在穹顶或屋顶的窗角塔；为下部区域提供光线。

拉丁式十字架：一种主纵臂长于横臂的十字架。

支肋：（拱顶的）一种短肋，用于连接其他拱肋，而不与任何起拱点或中央凸饰连接。

（大窗的）光线进口：竖框之间的区域。

凉廊：一侧或多侧敞开的有列柱的楼廊或门廊；凉廊可为建筑底层或高层的一部分，或作为一个独立结构。

纵脊肋：沿拱形天顶延伸的支承肋。

屋顶窗：屋顶或塔顶的小窗户或开口。

弦月窗：一个扁平的半圆形区域，通常修建在门或窗户上；指任何半圆形或新月形区域。

梅斯塔：圣母子荣登圣座图。

（宗教图）装饰板：圣人（尤其是耶稣或圣母）周围的杏仁形光照区域。

曼努埃尔式风格：葡萄牙16世纪早期的一种晚期哥特式和早期文艺复兴式装饰风格（以曼努埃尔一世（Manuel I）命名）。

圣祠：殉教者的陵墓；一座建在殉教者遗址上的教堂。

圣坛石顶板：祭坛桌。

夹层楼面：两个高层之间的低层。

米哈拉布：清真寺中指向麦加的祈祷壁龛。

敏拜楼：清真寺中的高讲经坛。

（清真寺）尖塔：发出祈祷召唤的细长高塔。

修道院：修道士使用的建筑群。建筑群的主要元素包括教堂、回廊、宗教活动会议厅、食堂和宿舍。

僧人唱诗堂：修道院教堂中为修道士预留的独立空间，通常设有唱诗席位（带雕刻的座位）。

独石制品：由单个石块切成的圆柱、立柱等。

圣体匣：一种容器，通常有装饰且由贵金属制成，用于弥撒时盛放圣餐。

莫沙拉比风格：由伊斯兰风格影响的西班牙艺术和建筑风格。

穆德哈尔风格：效仿伊斯兰形式的西班牙装饰艺术风格。

竖框：分隔大窗户的主窗框的垂直支柱。

繁叶饰：一种包括多个叶饰的花窗格形式。

厚壁：指一种带通道的空心厚壁，罗马式建筑的典型特征。

教堂前厅：穿过主入口（西面入口）而通向中世纪教堂的大型门廊或门厅。

中堂：教堂中从西门廊延伸至两侧设有侧堂的唱诗堂或圣坛的中心区域。

（视觉艺术）光轮：一种晕环或光环，通常描述为金色，置于圣人的头后。

浅凸洋葱形拱：一种从表面向外凸出的葱形拱，形如薄薄的华盖。

方尖碑：角锥或圆锥的四面体圆锥。

八边房：一种八边建筑或平面。

圆窗：一种圆窗开口。

（教堂外侧上）倾斜部位：有助于使雨水不落在下方墙壁上的墙壁倾斜区域。

S形线脚：一种具有S形凹凸轮廓的线脚。

洋葱形拱／波斯拱：四条曲线形成的拱，其中下方的两条凸曲线成为交会于尖点的凹曲线。

透孔装饰：由精美花窗格构成的镂空表面或墙壁，比如德国哥特式教堂中的透孔尖塔）。

小礼拜堂：私人小教堂；供演讲用的教堂。

宫殿：统治者或主教的官邸，尤其是在意大利，指一座宏伟的民用建筑或私人宅邸。

主楼：中世纪城堡的主建筑物之一，通常设有祭典厅。

帕拉迪奥式：意大利建筑师安德烈亚·帕拉迪奥（Andrea Palladio，1508—1580）设计的风格；帕拉迪奥形成了一种源于古典罗马建筑的简约古典形式。

棕叶饰：一种由风格化棕榈叶构成的装饰图案。

波形瓦：一种具有扁平S形剖面的屋顶瓦（以使各瓦片相互衔接）。

前院：教堂前的封闭式院子或空间。

装饰帘帷：教堂用帘布或祭坛布。

圣餐盘：一种小型贵金属盘子，用于做弥撒时盛放圣饼。

（西班牙建筑中）天井：一种内院。

斗拱：拱形结构的弯曲形和凹形三角形部分，用于将穹顶连接至穹顶的方形底座。

凉棚：棚架覆盖的走廊，上面生长着攀缘植物。

垂直式（风格）：英国三大哥特式建筑风格中的最后一种风格（约1330—1530年）。其特点在于装饰相对简单、垂直线高耸入云，由此得名。这种风格先于盛饰式风格。

门阶：通过台阶到达并通向建筑物主入口的露天平台。

透视法：一种在平面上表现三维空间的方法。

实现此类深度感的方法不胜枚举。最基本的方法为重叠（一种物体置于另一个之后）和缩放（近物比例大于远物）。在空间透视中，远景上淡色调和浅色，透明度低。

在西方艺术中，自文艺复兴时期以来，最重要的透视形式一直为直线透视，其中物体的实线或虚线交会成地平线上的一个没影点（或多点）。在15世纪早期，在意大利，这种方法形成了一种形式体系，但在中世纪晚期，在意大利和北欧形成了基于经验的直线透视。

主要楼层：大楼（尤其是意大利宫殿）中的底层。

墩柱：一种大型独立式实心支柱，其截面通常为方形或圆形。见组合式墩柱。

墩柱教堂：一种无侧堂且墩柱嵌入中堂墙壁的教堂；小教堂有时建于这些墩柱之间。

半露柱：一种嵌入墙内的长方形柱子，通常作为装饰图案而非结构件。

桥墩：由圆柱形芯杆构成的墩柱，设有四根附墙柱。

支柱：一种纵向承重件，支柱不必具有柱基和柱头，其截面可为方形、长方形或多边形和圆形。

小尖塔：一种小型塔状建筑结构，通常装饰华丽，且架在护墙、窗户或门上的山形墙、飞扶壁和尖顶等上方。

斜屋顶：两端均带三角墙的屋顶。

银匠式（风格）：15世纪晚期和16世纪早期风靡于整个西班牙的一种华丽无比的建筑装饰风格。

柱基：位于立柱或圆柱底座下的方形或模压板；任何一种实心底座。

六肋弯曲拱顶：通过使对角线和墙肋从不同高度凸出而形成的弯曲拱顶表面。

列柱门廊：圆柱支撑的门廊或走道；建筑物的有顶入口。

祭坛饰台：置放祭坛或神龛的平台；圣坛装饰画的主场景或板画下的绘画或雕刻。粉饰的狭长祭坛饰台通常描绘有故事中的多个场景。

内殿／内室：位于教堂唱诗堂东侧为神职人员预留的区域。

圣器：一种存放圣饼的容器。

四叶饰：一种由四个叶饰构成的花窗格形式。

15世纪：意大利艺术中的15世纪。这一术语通常指文艺复兴初期，尤其是马萨乔（Masaccio）、布鲁内莱斯基（Brunelleschi）、多纳泰罗（Donatello）、波提切利（Botticelli）和弗拉·安吉利科（Fra Angelico）等的作品所特有的新艺术风格。

辐射状小教堂：坐落于半圆形或多边形唱诗堂的回廊上的小教堂。

辐射式风格：在13世纪中叶至14世纪中叶期间盛行于法国的哥特式建筑风格，其特征在于：大量运用彩色玻璃并采用玫瑰花窗的辐射式花窗格（由此得名）。巴黎的圣沙佩勒教堂是这种风格的典范。

这种风格是法国哥特式风格的第二大形式，其后为火焰式风格。

收复失地运动：基督教各国逐渐夺回摩尔人统治的西班牙王国与葡萄牙王国的运动，其中摩尔人在8世纪早期就占领了大部分伊比利亚半岛。1492年，收复失地运动结束，摩尔人失去了格拉纳达（Granada）的统治。

宗教改革：16 世纪对罗马天主教堂进行改革且导致新教成立的运动。西方基督教国家（Western Christendom）的这一分裂造成了深远的政治影响，使整个欧洲分为两大对立阵营。宗教改革运动的领袖人物包括扬·胡斯（Jan Hus）、马丁·路德（Martin Luther）和约翰·加尔文（John Calvin）。

圣物箱：一种盛放圣物（通常为圣体的一部分）的容器，通常装饰华丽。

壁联柱：一种附壁方柱或圆柱，用于支承拱门一端或拱肋。

祭坛装饰：祭坛后面的绘画或雕刻板。

网状拱：拱肋形成网格的晚期哥特式拱顶风格。

（大教堂的）唱诗堂后部：位于祭坛后面的唱诗堂区域。

拱肋：细长的石拱或砖拱，用于构成拱顶的结构骨架。虽然拱肋为结构件，但它日益成为教堂装饰设计的重要元素，同时形成了高度复杂的图案。

肋架拱顶：一种拱顶，其推力完全由交叉肋的结构承受。

屋脊小塔：屋脊上的小塔。

（楼梯）梯级板：台阶的立面。

镶嵌珐琅：一种珐琅装饰形式，其中乳油搪瓷被涂覆至三维物体上。

（教堂中）十字梁隔屏：一种将供神职人员用的圣坛与供信徒用的中堂隔开的屏风；其顶部设有十字架（基督受难十字架）。屏风通常因装饰有雕塑和绘画而显得富丽堂皇，有时也用作演唱者的楼廊。

玫瑰花窗：一种圆窗，通常较大且装满花窗格。

毛石工：粗凿石或未加工石构成的砖石建筑。

碎石填充墙：由设置在规则的墙壁外层之间的碎石和灰浆建成的墙。

粗面光边石工：大方形砌块中使用的石砌部分，其外表面通常保持粗糙；预期效果为宏伟、坚固。

圣器收藏室：教堂中供牧师穿法衣和用于存放祭祀容器和圣衣的一个侧室。

鞍状屋顶：一种用于塔上方的斜屋顶。

圣所：教堂主祭坛周围的区域。

经院哲学：中世纪教师所用的方法和学说。作为一种方法，经院哲学指通过严格的逻辑问答过程对文字进行的详细分析。作为一种学说，经院哲学指中世纪教育机构中所教授的神学、法学、哲学和医学。经院哲学的许多内容均是希腊哲学家亚里士多德学说以基督教术语重新进行的解释，其中理智服从于信仰。

（中世纪大户人家的）管家：负责家务安排（尤其是仆人的任务）的官员。

柱身条形圆箍线脚：柱身上的环形钢筋。在哥特式建筑中，常用于壁联柱上。

拱腹：拱券、飞檐或其他建筑元素的下侧。

拱肩：拱券外缘及其长方形框架或线脚之间近乎三角形的区域。

尖顶：教堂塔楼或角塔上的高锥形屋顶。

起拱点：拱券或拱肋从其支架处拱起的点。

内角拱：一种角拱，形成方形底座与圆顶或多边形尖顶之间的过渡段。

星形拱顶：拱肋（尤其是支肋）为星形的晚期哥特式拱顶形状。

阶梯式山墙：具有阶梯式侧面的三角墙。

阶梯式大厅：一种侧廊与中堂不等高的厅堂式教堂。

密叶饰：一种由弯曲的密叶饰构成的雕塑装饰，用于柱头、凸饰、枕梁等上，尤其见于英国哥特式风格中。

石匠铺：一种由工匠和建筑师组成的组织，以设计中世纪教堂的结构。

（墙壁内的）横砖：铺设的石头或砖块，其长边清晰可见并与墙外围线平行（与顶盖形成对比）。

层拱：一种沿墙壁延伸并将各层相互分开的水平石线脚。

灰泥：涂至外墙的粗灰泥的保护层；浇铸灰浆装饰，常为室内装饰。

辐射式：见辐射式风格。

中间部分省略的连拱饰：设置的双层盲连拱饰，使得前连拱廊的圆柱耸立于后面拱券的中央。

神龛：一种小型带华盖的壁龛或容器，用于盛放圣餐或圣物。

基石：构成最底层哥特式拱肋的石头；拱肋起拱点与各拱肋分隔点之间的咬接石块体系。

拉杆：使结构具有更大强度的金属杆或木杆。

居间肋：哥特式拱顶从跨间的角部拱起的装饰性拱肋。

木构架：一种构造方法，其中建筑物的框架完全由木柱、木梁和支柱等构成，其间隙填满黏土、板条、灰浆和砖块等。

凸圆线脚：位于圆柱柱基的大型凸线。

塔立面：设有一座或多座塔的正面。

花窗格：建筑中交错línea或支线构成的装饰物，常见于屏风、镶板和门上的窗户（石窗和木窗）的上部。精美的花窗格是哥特式建筑的典型特征，花窗格形式有时也用来识别风格。

围屏窗：一种装饰有透孔屏风或格子的窗户开口。

耳堂：十字形教堂中与中堂成直角的一部分，其中中堂和耳堂的交叉部形成十字交叉部。

圣餐变体：做弥撒时面包和葡萄酒会化为耶稣的肉和血。

14 世纪：意大利艺术中的 14 世纪。这一时期通常被视为"前文艺复兴"，当时作家和艺术家为 15 世纪中早期文艺复兴的发展奠定了基础。14 世纪的杰出人物包括乔托、杜乔、西莫尼·马尔蒂尼（Simone Martini）、洛伦泽蒂兄弟（the Lorenzetti brothers）和皮萨诺（Pisano）氏雕刻家。

三叶形：一种由三个叶饰构成的花窗格形式。

教堂拱廊：一种带拱廊的墙式通道或盲连拱廊，构成哥特式教堂正面的中间层，且介于连拱廊和高侧窗之间。

凯旋门：（古典建筑中）一种纪念帝王或战役的纪念性拱门，通常由两个较小拱门形成的主拱门构成。

错视画法：一种绘画艺术，其通过若干自然元素使人产生一种错觉，好似描绘的物体真实存在一般。

中央柱：构成门廊门楣中心的中间支承的立柱或竖框。

四心拱：一种浅拱，其角部由多个四分之一圆构成，中部由交会于低点的多条直线构成，是 16 世纪英国建筑的典型特征。

（中世纪建筑中）门楣中心：门楣上由拱门环绕的半圆形区域，通常装饰有雕刻或镶嵌图案。

象征主义：基于《旧约》中的人物和事件可通过形象预示着《新约》中的人物和事件，比如，约拿（Jonah）与鲸鱼的故事预示着耶稣的死亡与复活，而对《旧约》与《新约》中的对应事件进行描绘。

劝世画：一种暗示死亡必然性或世俗抱负与成就无所裨益的绘画。

拱顶：按照拱门原理设计的任何石屋顶。拱顶在结构中日益复杂，其发展对哥特式建筑的发展起着关键作用。

穹顶开间：拱肋之间的非承重区域。

景观画：一种对城市或风景的正确地形学认识。

梭饰：带尖头和尖角的椭圆形花窗格图案。

门厅：门廊。

别墅：一种意大利乡村住宅。自文艺复兴时期以来，别墅便具有宫殿的特征。

拱石：形成拱门或拱肋的楔形石头。

墙拱：拱门的墙壁或窗户侧上的拱。

排水口：一种装饰华丽的水管，用于排出屋顶的雨水。

肋板：拱肋之间的石头填充物。

西面塔堂：加洛林王朝（Carolingian）的教堂或罗马式教堂的西端，通常设有门廊和位于门廊上通向中堂和小教堂的房间；正立面的两侧通常为塔楼。

圆花窗：一种圆窗，其辐射式花窗格产生一种车轮形状。

侧屏祭坛画：一种祭坛装饰画，通常由雕塑和绘画构成，中部设有可开合的侧屏。侧屏祭坛画可能具有可在若干组合上开合的多对侧屏。

抹灰：摩尔人的抹灰泥装饰。

参考文献

本参考文献以本书章节为顺序编写。除了各作者引用的作品，还包含其他次要材料。 关于某些主题，仅提供了 有限数量的作品。

罗尔夫·托曼
绪论

Assunto, R., La critica d'arte net pensiero medievale, Milan 1961

Bandmann, G., Mittelalter/iche Arch it ekt itr dls Bedeutungstrdger, Berlin 1994 (orig. pub. 1951)

Binding. G., Beilrdge zum Goiik—Verstdndnis, Cologne 1995

Camille, M., Gothic Art. Glorious Visions, New York 1996

Chatelet, A., Rccht, R., Ausklang des Mittelalters: 1380—1500, Munich 1989

Dmzelbacher, P., Hogg J. Lester (ed.), Kulturgeschichte der chnstlichen Orden. Stuttgart 1997

Dmzelbacher, P. (ed.), Europaische Mentalitdtsgeschichle, Stuttgart 1993

Duby, G., The Age of the Cathedrals. Art and Society 980—1420, London 1981—, 'The 'Three Orders. Feudal Society Imagined, Chicago/London 1980

Ebcrlcin,J. K., Jakobi—Mirwald, C., Grundlagen der mittelalterlichen Kunsi. Fine Quellenkunde, Berlin 1996

F.co, U., Art and Beauty in the Middle Ages, New Haven/London 1986

Erlande—Brandenburg, A., L'Arl Gothiqm, Paris 1983

—, The Cathedral. The Social and Architectural Dynamics of Construction, Cambridge 1994

Grodecki, L., Prache, A., Recht, R., Gothic Architecture, New York 1977

Huizinga, J., The Problem of the Renaissance, 1920

—, The Autumn of the Middle Ages,: Chicago 1996 (orig. pub. 1924)

Jantzcn, H., Die Gotik des Abeudlandes, Cologne 1997 (orig. pub. 1962)

—, High Gothic. The Classic Cathedrals of Chartres, Reims, Amiens, Princeton 1984 (orig. pub. 1962)

Kimpel, D., Suckale, R., Die gotische Archilekiur in Frankreich 1130—1270, Munich 1995

Le Goff, J., Intellectuals in the Middle Ages, Cambridge, Mass./Oxford 1993

List, C, W. Blum, Sach— Worterbuch zur Kunst des Mittelalters, Stuttgart and Zurich 1996

Male, E., The Gothic Image. Religious Art in France of the Thirteenth Century, New York 1983 (orig. pub. 1913)

Mirgclcr, A., Revision der europdischen Geschichte, Freiburg 1971

Nussbaum, N., Deutsche Kirchen—baukunst der Gotik, Darmstadt 1994

Pan of sky, E., Abbot Suger on the Abbey Church of St. Denis and its Art Treasures, Princeton 1979 (orig. pub. 1946)

—, Gothic Architecture and Scholasticism, New York 1957

Pieper, J., Scholasticism. Personalities and Problems of Medieval Philosophy, London I960

Sauerlander, W., Le siecle des cathedrales, 1140—1260, Paris 1989

Schwaiger, G. (ed.), Monchtum, Orden, Kloster, Munich 1993

Sedlmayr, H., Die Entsiehung der Kathedrale, Freiburg 1993 (orig. pub. Zurich 1950)

Simson, O. von, Das Mittelalter II, Das Robe Mittelalter (Propylacn—Runstgeschichte, vol. VI), Berlin 1972

Simson, O. von, The Gothic Cathedral.Origins of Gothic Architecture and the Medieval Concept of Order, New York 1965

Warnke, M., Ban und Uberbau.Soziologie der millelallerlichen Architektur nach den Schriftquellen, Frankfurt 1976

布鲁诺·克莱因
法国及其邻国哥特式建筑的起源概述

Binding, G., Spcer, A. (ed.), Abt Suger von Saint—Denis, De Consecratione, kommentierte Studienausgabe,Cologne 1996

Bruyne, E. de, Etudes cPestethique medievale, 3 vols., Bruges 1946

Dehio, G., Bezold, G. von, Die kirchliche Baukunst des Abendlandes,, histonsch und systematise!] dargestellt, Stuttgart 1884—1901 (repr, Hildesheim 1969)

Duby, G., The Age of the Cathedrals.Art and Society 980—1420, London 1981

Erlande—Brandenburg, A., Frankl, P., Gothic Architecture, Harmondsworth, 1962

Frankl, P., The Gothic. Literary Sources and Interpretations through Eight Centuries, Princeton 1960

Gotz, W., Zentralbau- und Zentralbautendeuz in der gotischeu Architektur, Berlin 1968

Grodecki, I.., et al, Gotik und Spatgolik, Frankfurt 1969

Jantzen, H., Die Gotik des Aheudlandes. Idee und Wandel, Cologne 1962

Panofsky, E., Gothic Architecture and Scholasticism, New York 1967

Sauerlander, W., Das jahrhundert der grossen Kathedraleu, Munich 1989

—, 'Die Ste—Chapeile du Palais Ludwigs des Heiligen', jahrbuch der bayrischen Akademie der Wissenschaften, 1977, 1—24

Sedlmayr, H., Die Fntstehung der Kathedrale, Freiburg 1993 (orig. pub. 1950)

Simson, O. von, The Gothic Cathedral. Origins of Gothic Architecture and the Medieval Concept of Order, 3rd. ed., Princeton 1988

—, Das Mittelalter, vol. II, Das hohe Mittelalter, Berlin 1976

建筑、建造及结构

Binding, G., Baubelrieb un Mittelalter, Darmstadt 1993

Binding, G. Et al. (ed.), Dermittelalterliche Baubetrieb Westeuropas, exhib. cat., (Cologne 1987), 1992

Castelfranchi Vegas, L. (ed.), Die Baukunst im Mittelalter, Solothurn and Dusscldorf 1.994

Claussen, P. C, 'Kathedralgotik und Anonymitat 1130—1250', Wiener jahrbuch firr Kunslgeschichte, 46—47, 1993—94,142—160

Colombier, P. du, Tes Chantiers des cathedrales, Paris 1973

Hahnloscr, H. R., (ed.), Villard de Fionnecourt. Kntische Gesamtausgabe. des Bauhitttenbuchs ms. jr. 19093 der Fariscr Nationalbibtiolhek, Graz 1972

Kimpel, D., 'Le developpement de la taille en serie dans l'architecture medievale et son role dans 1' histoire economique', Bulletin Monumental, 139, 1977,195—222

—, 'Okonomie, Technik und Form in der hochgotischen Architektur', in Clausberg,K. etal. (ed.), Bauwerk und Bildwerk im Mittelalter, Giessen 1981

Kraus, H., Gold was the Mortar, The Economics of Cathedral Building, London and Boston 1.979

Recht, R. (ed.), Tes Bd.tisseurs des cathedrales golhiques, Strasbourg 1989

Scholler, W., Die recbtliche Organisation des Kirchenbaus im Mittelalter Vornchmlich des Kathedralbaus. Baulast — Bauherrschaft — Baufinanzderung, Cologne and Vienna 1989

Ungewittcr, G. G., Lehrbucb der goiischen Konstruktionen, 2 vols.. Leipzig 1890—1892

Warnke, M., Ban und Uberbau. Soziologie der mittelalterlichen Architektur nach den Schriftquellen, Frankfurt 1976

法国概述

Aubert, M., Maille, G. de, Cistercian Architecture in Trance, Paris 1947

Bony, J., Trench Gothic Architecture of the 12th and 13th Centuries, Berkeley and London 1983

Branner, R., St. Louis and the Court Style in Gothic Architecture, London 1965 Erlande—Brandenburg, A. and Merel— Brandcnburg, A.—B., Histoire de l' architecture francaise du Moyen Age a la Renaissance (IVe siecle—debui X Vie siecle), Paris 1995

Kimpel, D., Suckale, R., Die gotische Architektur in Frankreich 1130—1270, Munich 1995

Lasteyrie, R, de, IT Architecture religieuse en France a Vepoque golhique, 2 vols., Pans 1926—27

Schlink, W., Die Kathedralen Frankreichs, Munich 1978

Viollet—lc—Duc, E., Dictionnaire raisonne de l' architecture francaise du Xle au XVIe siecle, 10 vols., Paris 1858—68

区域研究

L'Architecture normande au Moyen Age. Actes du colloque de Cerisy4a—Sallc (28 septembre—2 octobre 1994), ed. Maylis Bayle, 2 vols., Caen, Condc—sur—Noireau 1997

Bidciiult, M., Lautier, C, He—de—France gothique, 1, Les egltses de la valiee de I'Oise et du Beauvaisis, Paris 1987

Blomme, Y., Potion got hi que, Paris 1993

Branncr, R., Rurgundian Gothic Architecture, London 1960

Burnand, M.—C, La Lorraine gothique, Paris 1989

Frcigang, C, Imitare ecclesias nobiles.Die Kathedralen von Narbonue, 'Toulouse und Rodez und die nordfrauzosische Ray onn ant gotik mi Languedoc, Worms 1992

Mussat, A.., Le Style gothique dans Vouest de la France (Xlle—Xllle siecles), Pans 1963

Thiebaut, J., Les Cathedrales gothiques en Picardie, Amiens 1987

独立建筑 亚眠

Murray, S., Notre—Dame, Cathedral of Amiens. The Power of Change in Gothic, Cambridge 1996

欧塞尔

Titus, H. B., The Auxerre Cathedral Chevet and Burgundian Gothic Architecture', Journal of the Society of Architectural Historians, 47. 1988, 45—56

博韦

Murray, S., Beauvais Cathedral. Architecture of Transcendence, Princeton 1989

布尔日：

Brainier, R., The Cathedral of Bourges and Its Place in Gothic Architecture, Cambridge, Mass. 1989

Michler, J., 'Zur Stellung von Bourges in der gotischen Baukunst', Wallraf—Ri—chartz—Jahrbuch, 41,1979, 27—86 Ribault, j.—Y., Vn Chef—d'oeuvre gothique, la cathedrals de Bourges, Arcueil 1995

布雷纳：

Caviness, M. Harrisson, Sumptous Arts at the Royal Abbeys in Reims and Braine. Ornatus elegantiae, varietate slupendes. Princeton 1990

Klein, B., Saint Yved in Braine, und die Anfange der hochgotischen Architektur in Frankreich, Cologne 1984

卡昂：

Lambert, E., Caen roman et gothique Ses abb ayes et son chateau, Caen 1935

Chalons—sur—Mame: Corsepius, K., Notre—Dame—en—Vaux.Stud/en zur Baugeschichte des 12.jahrhunderts in Chalons—sur—Marne, Stuttgart 1997

沙特尔：

Aubert, M., La Cathedrale de Chartres, Paris 1952

Branner, R., Chartres Cathedral, London 1996 (orig. pub. 1969.)

Erlandc—Brandenburg, A., Chartres dans la lumiere de la foi, Paris 1986

Klein, B., 'Chartres und Soissons, Uberlegungen zur gotischen Architektur urn 1200', Zeitschrift fiir Kunst—geschichte, 49, 1986,437—466 Prache, A., Lumieres de Chartres, Paris 1989

—, 'Observations sur la construction de la cathedrale de Chartres au Xtlle siecle', Bulleton de la Societe Nationals des Antiquaires de Prance, 1990, 327—350

克莱蒙—费朗：

Davis, M., 'The Choir of the Cathedral of Clermont—Ferrand, the Beginning of Construction and the Work of Jean Des— ehamps', journal of the Society of Archi— tectural Historians, 40, 1981, 181—202

勒芒：

Herschmann, J., 'The Norman Ambulatory of Le Mans Cathedral and the Chevet of the Cathedral of Coutances', Gesta, 20, 198 1, 323—332

拉昂：

Clark, W. W., Laon Cathedral. Architecture, The Aesthetics of Space, Flan and Structure, London 1987

努瓦永：

Seymour, C, Notre—Dame of Noyon in the Twelfth Century, Yale 1939

Polk, T, St—Denis, Noyon and the F.arly Gothic Choir, Frankfurt and Berne 1982

巴黎（圣母院）：

Erlande—Brandenburg, A., Notre—Dame de Paris, Paris 1991

Kimpcl, D., Die Querhausarme von Notre—Dame in Paris und ihre Skulpturen, Bonn 1971

巴黎（圣沙佩勒）：

Hacker—Suck, I., 'La Ste—Chapeile de Paris ct les chapelles palatines du Moyen—Age en Prance1 , Cahiers archeologiques 13, 1962,217—257

Leniaud, J.—M., Perrot, F., La Sainte—Chapelle, Pans 1991

Sauerlander,W., 'Die Ste—Chapel le du Palais Ludwig des Heiligen', Jahrbuch der bayrischen Akademie der Wissenschaften, 1977,1—24

巴黎（圣日耳曼佩德）：

Clark, W. W., 'Spatial Innovations in the Chevet of Saint—Germain—des—Pres', Journal of the Society of Architectural 'Historians, 38, 1979, 348—365

普罗万：

Maille, Marquise E. de, Provins, les monuments religieux, 2 vols., Paris 1939

兰斯（大教堂）：

Hamann—MacLean, R., Schussler, L, Die Kathedrale von Reims. Die Architektur, 3 vols., Stuttgart 1993

Kunst, H. J., Schenkluhn, W., Die Kathe—drale in Reims. Architektur als Schauplatz politischer Bedeutungen, PrankhrT 1988

Kurmann, P., La facade de la cathedrale de Reims, 2 vols., Paris 1987

Ravaux, J.—R, 'Les Campagnes de construction de la cathedrale de Reims au XIIIe siecle'. Bulletin Monumental, 137, 1982,7—66

Reinhardt, H., La Cathedrale de Reims, Pans 1963

兰斯（圣雷米）：

Lanfry, G., La Cathedrale apr'es la conquete de la Normandie fusqu'a l'occupation anglaise, Rouen 1960

Prache, A., Saint—Remi de Reims. L'oeu— vre de Pierre de Celle et sa place dans Varchitecture gothique, Geneva 1975

圣丹尼斯：

Abbot Sugcr and Saint—Denis. A Symposium, ed. Paula Lieber Gerson, New York 1986

Bruzelius, C. A., The 13th—century Church at Saint—Denis, New Haven and London 1985

Crosby, S. McKnight, The Royal Abbey of Saint Denis from Its Beginnings to the Death ofSuger, 475—11 SI, New Haven 1987

Formige, J., The Royal Abbey of Saint—Dems, Paris 1960

Winterfeld, D. von, 'Gedanken zu Sugers Bau in St—Denis', Festschrift fur Martin Gosebruch, Munich 1984

圣格莫德海：

Henrict, J., Tin Edifice de la premiere generation gothique. L'abbatiale de Saint— Germ er—de—Fly', Bulletin Monumental, 143,1985,93—142

圣康坦：

Heliot, P., La Basilique de Saint—Quentin, Pans 1967

桑利斯：

Vcrmand, D,, La Cathedrale Notre—Dame de Senlis au Xlle siecle, Senlis 1987

桑斯：

Henriet, J., LLa Cathedrale Saint—Etienne de Sens. Le parti du premier maitre et les campagnes du Xlle siecle'. Bulletin Monumental, 140, 1982,81—174

苏瓦松：

Sandron, D., La Cathedrale de Soissons, architecture du pouvoir, Paris 1998

图尔奈：

Heliot, P., 'Le Choeur de la cathedrale de Tournai et 1'architecture du XIlle siecle', Bulletin de VAcademic rovale de Belgique (Classe des Beaux—Arts), 1963, 31—54

特鲁瓦（大教堂）：

Bongartz, N., Die friihen BauteUe der Kathedrale in Troyes, Stuttgart 1979

特鲁瓦（圣于尔班）：

Davis, M., 'On the Threshold of the Flamboyant. The Second Campaign of Construction of Saint—Urbain, Troves', Speculum, 59, 1984, 847—884

Bruzelius, C. A., 'The Second Campaign at Saint—Urbain at Troves', Speculum, 62, 1987,635—640

Salet, R, 'St—Urbain de Troyes', CongresArcheologique de France, Troyes, 113, 1955,96—122

维泽莱：

Salet, E, La Madeleine de Vezelav, Paris 1948

城堡

Mesqui, J., Chateaux et enceintes de la France medievale. De la defense a la residence, 2 vols., Paris 1991—93

神圣的罗马帝国

Krautheimer, R., Die Kirchen der Bettelorden in Deutschland, Cologne 1925

Nicolai, B., Libido Aedificandi. Walkenried und die monumenlale Kirchenbaukunst der Zisterzienser urn 1200, Braunschweig 1990

Nussbaum, N., Deutsche Kirchenbaukunst der Gotik, Darmstadt 1994

意大利

Enlart, C, Ongines francaises de Parchitecture gothique en Italic, Paris 1894

Wagner—Rieger, R., Die italienische Baukunst zu Beginn der Gotik, 2 vols., Graz1956—57

西班牙和葡萄牙

Azcarate, J. M., Arte gotico en Espana, Madrid 1996

Chico, M. Tavarcs, A Arquitecture gotica em Portugal, Lisbon 1 981

Diaz, P., A arquitectura gotica portuguesa, Lisbon 1994

Karge, TL, 'Gotischc Architektur in Kastilien und Leon (12.—14.)ahrhundert), in Spamsche Kunstgeschichte, Fane F.infiihrung, ed.

S, Hansel and H. Karge, vol. 1, Berlin 1991

—, Die Kathedrale von Burgos und die spanische Architektur des 13. Jahrhunderts. Franzosische Hochgotik in Kastilien und Leon, Berlin 1989

Lambert, E., Gothic Architecture in Spain. Twelfth and Thirteenth Centuries, Paris 1931

Nobre de Gusmao, A., A Real Abadia de Alcobaca. Lstudo Histonco— arqueologico, Lisbon 1992

Yarza, J., Arte y arquitectura en Espaha 500—1250, Madrid 1987

瑞士：

Biaudet,J.—C. etai, La Cathedrale de Lausanne, Berne 1975

Gantner, J., Kunstgeschichte der Schweiz, vol. III, Die gotische Kunst, Frauenfeld 1947

Reinhardt, H., Die kirchliche Baukunst der Schweiz, Basle 1947

独立建筑 科隆：

Clemen, P., Der Dom zu Koln (Die Kunstdenkmiiler der R.heinprovinz, vol. 6,3, Die Kunstdenkmiiler der Sladt Koln 1,3), Dusseldorf 1937

Wolff, A., 'Chronologic der ersten Bauzeit des Kolner Domes', Kolner Domblatt 28—29,1968,7—229—(ed.), Dergotische Dom in Koln, Cologne 1986

马尔堡：

Hamann, R., Wilhelm—Kastner, K., Die Flisabethkirche zu Marburg und ihre kunstlerische Nachfolge, 2 vols., Marburg 1924—29

Kimst,H.J. (ed.), Die Elisabeth—Kirche—Architektur in der Geschichte, Marburg 1983

莫奥尔布朗：

Frank, G., Das Zisterzienserkloster Maulbronn. Die Baugeschichte der Klausur von den Anfdngen bis zur Sakularisation, Hildesheim, Zurich, New York 1993

马格德堡：

Ernst U. (ed.), Der Magdeburger Dom. Otlcmische Griindung and staufiscber

Neuhau (Symposium vom 7. — 11. Okrober in Magdeburg), Leipzig 1989

芭芭拉·博恩格赛尔
法国南部地区的异教流派卡特里派

Aue, M., Das Land der Katbarer, Vicen— Bigorre 1992

Baier, L., Die grosse Ketzerei.Verfolgung und Ausrottung der Katbarer dutch Kirche und Wissenschafl, Berlin 1984

Borst, A., Les Catbares, Paris 1988

Brenon, A., Les Catbares. Vie et rnort dime eglise chretienne, Paris 1996

Domkc, H., brankreichs Siiden. Im Bannkreis der Pyrenden, Munich 1982

Lambert, M.., Medieval Heresy.Popular Movements from Bogomil to Hus. London 1977

Nelli, R., Les Catbares, Paris 1995

Quchen, R., Dieltiens, D., Les Chateaux catbares et les autres. Les cinquante chateaux des Hautes—Corbieres, La Barbere 1983

Roquebert, M., L' Epopee cathare, 4 vols., Toulouse 1970—89

Zerner—Chardavoinc, M., La Croisade albigeoise. Choix des textes et documents, Pans 1979

乌特·恩格尔 英国的哥特式建筑概述

Age of Chivalry. Art in Plantagenet England 1200—1400, ed. J. Alexander, P. Binski, exhib. cat., London 1987

Age of Chivalry. Art and Society in Late Medieval England, cd. N. Saul, London 1992

The Archaeology of Cathedrals, ed.T. Tatton—Brown and j. Munby, Oxford 1996

Artistic Integration in Gothic Buildings, ed. von K. Brush, P. Draper, V. Raguin, Buffalo and Toronto 1995

Bock, H., Der Decorated Style, Heidelberg 1962

Boker, H. j., F.nglische Sakralarchitektur des Mittelalters, Darmstadt 1984

Bony, j., The English Decorated Style. Gothic Architecture Transformed, 1250—1350, Oxford 1979

Cook, G. H., Mediaeval Chantries and Chantry Chapels, rev. ed., London 1963

Fergusson, P., Architecture of Solitude. Cistercian Abbeys in Twelfth—Century England, Princeton 1984

Harvey, J., English Medieval Architects. A Biographical Dictionary Down to 1550, rev. ed., London 1984

—, The Perpendicular Style, 1330—1485, London 1978

The History of the King's Works. The Middle Ages. ed. H. M. Colvin, 2 vols., London 1963

Kowa, G., Architektur der Englischen Gotik, Cologne 1990

Lccdy, W. C, Van Vaulting. A Study of Form, Technology and Meaning, London 1980

Metcalf, P., Pevsner, N., The Cathedrals of England, 2 vols.. New York 1985

Pevsner, N., 7 he Buildings of England (in county volumes), Harmondsworth 1950

—, The Englishuess of English Art, Harmondsworth 1978 (orig. pub. 1956)

Piatt, C, The Architecture of Medieval Britain. A Social History, London and New Haven 1990

Tatton—Brown, T., Great Cathedrals of Britain, London 1989

Webb, G. F., Architecture in Britain.The Middle Ages, London 1956

Willis, R.j Architectural History of Some English Cathedrals, 2 vols., Chicheley 1972—73

Wilson, C, The Gothic Cathedral The Architecture of the Great Church, 1130—1530, London 1990

独立建筑
坎特伯雷：

Druffner, F., Der Chor der Katbedrale von Canterbury. Architektur und Geschichte his 1220, Egelsbach, Frankfurt, Washington 1994

Woodman, F., The Architectural History of Canterbury Cathedral, London 1982

格洛斯特：

Welander, D., The History, Art and Architecture of Gloucester Cathedral, Stroud 1991

瑞盆：

Hcarn, M. F., Ripon Minster. The Beginning of the Gothic Style in Northern England, Philadelphia 1983

索尔兹伯里：

Cocke, T., Kidson, P., Salisbury Cathedral. Perspectives on the Architectural History, London 1993

威尔士：

Wells Cathedral. A History, ed. L. S.Colchester, Shepton Mallett 1982

Westminster (London): Binski, P., Westminster Abbey and the Plantagenets. Kingship and the Representation of Power, 1200—1400, London and New Haven 1995

温切斯特：

Winchester Cathedral. Nine Hundred Years, 1093—1993, ed. J. Crook, Chichester 1993

伍斯特：

Engcl, U., Die Katbedrale von Worcester, in course of publication

约克：

A History of York Minster, ed. G. E.Aylmer and R. Cant, Oxford 1977
British Archaeological Association Conference Transactions (BAACT), Bristol (vol. XVIII), Canterbury (vol. V), Durham (vol. Ill), East Riding of Yorkshire (vol. IX), Ely (vol. U), Exeter (vol. XI), Gloucester and Tewkesbury (vol. VII), Hereford (vol. XVI), Lichfield (vol. XIII), Lincoln (vol. VIII), London (vol. X), Salisbury (vol. XVII), Wells and Glastonbury (vol. IV), Winchester (vol. VI), Worcester (vol. I), Yorkshire Monasticism (vol. XV)

克里斯琴·弗赖冈
中世纪的建筑方法

Binding, G., Baubetrieb im Mittelalter, Darmstadt 1993
Binding, G., Der mittelalterliche Baubetrieb Westeuropas, exhib. cat., Cologne 1987—92
Castelfranchi Vegas, L. (ed.), Die Baukunsl im Mittelalter, Solothurn and Diisseldorf 1994
Claussen, P. C, 'Kathedralgotik und Anonymitat 1 130—1250', Wiener lahrbuch fur Kimstgeschichte, 46—47, 1993—94, 142—160
Colombicr, P. du, Les Chantiers des cathedrales, Paris 1973
Der Dom zu Regensburg. Ausgrabung—Rcstaurierung — Forschung. Regensburg, Domkreuzgang und Kapitelhaus, exhib. cat., Diozesanmuseum Regensburg, (Kataloge und Schriften vol. 8), Munich and Zurich 1989
Freigang, C, 'Ausstellungen unci ncue Literatur zum gotischen Baubetrieb', Kunstcbronik, 43, 1990, 606—627 —, 'Die Expertisen zum Kathcdralbau in Girona (1386 und 1416/17). Anmerkungen zur mittelalterlichcn Dcbattc um Architektur', in idem (ed.), Gotisehe Architektur in Spanien (Akten des Kolloquiums Gottingen 1994), Frankfurt 1998
Hahnloser, H, R., Villard de Honnecourt. Kritische Gesamtausgabe

des Bauhuttenbucbs ms. fr. 1909 3 der Pariser Nationalbibliothek, Graz 1972
Kimpcl, D., 'Le devcloppement de la taille en seric dans ('architecture medievale et son role dans l'histoire economique', Bulletin Monumental, 139, 1977, 195—222
—, 'Okonomie, Technik und Form in der hochgotischen Architektur', in Clausberg, K. et al. (ed.), Bauwerk und Bildwerk im Mittelalter, Giesscn 1981
Mojon, L., St.—johannsen, Saint—lean de Cerlier. Beitrage zum Bauwesen der Benediktinerabteikirche 1961—1984, Berne 1986
Recht, R. (ed.), Les Batisseurs des cathedralesgothiques, Strasbourg 1989
Schollcr, W, Die rechtliche Organisation des Kircheubaus im Mittelalter vornehmlicb des Kathcclralbaus. Baulast — Bauherrschaft – Baufinanzierung, Cologne and Vienna 1989
Vroom, W H., De financiering von de kathedraalbouw in de middeleeuiven in bet bijzonder von de dom van Utrecht, Marssen 1981

彼得·库尔曼
法国和荷兰的后哥特式建筑

Albrecht, U., Von der Burg zum Schloss. Franzosische Schlossbaukunst im.Spdtmittelalter, Worms 1986
Buyle, M. et al., Architecture gothique en Belgique, Brussels 1997
Christ, Y., Pierres flamandes, Paris 1953
Erlande—Brandenburg, A., 'La priorale St— Louis de Poissy', Bulletin monumental 129,1971,85—112
Freigang, C, Imi—tare ecclesias nobdes. Die Kathedralen von Narborme, Toulouse und Rodez und die nordfranzosische Rayonnantgotik im Languedoc, Worms 1992
Gosse—Kischinewski, A., Gatouillat, E, La cathedrale cTEvreux, Fvreux 1997
Hacker—Suck, L, 'La Sainte—Chapelle de Paris et les chapclles palatines du moyen—age' Cahiers archeologiques, 13, 1962, 217—257
Haslinghuis, E. J., Peeters, C. J. A. C, De Dom van Utrecht (De Nederlands Monumenten van Geschiedcnis en Kunst), 's—Gravenhage 1965
Heliot, P., Les eglises du moyen—age dans le Fas—de—Calais, Memoires de la Commission departementale des monuments historiques du Pas—de—Calais (Arras), vol. 7,1951—53
Klijn, K., Smit, J., Thunnisscn, C,

Neder— landse Bouwkunst. Ecu Gescbiedenis van tien eeuwen Architectuur, Alphen 1995
Krohm, H., 'Die Skulptur der Querhausfassaden an der Kathedrale von Rouen', Aacbener Kunstblatier, 40, 1971, 5,40 ff.
Kurmann, P., 'Koln und Orleans', Kolner Domblatt, 44/45, 1979/80, 255—272
Kurmann, P., Freigang, C, 'L' eglise de l'ancien pricure de St—Thibault—en—Auxois. Sa chronologie, ses restaurations, sa place dans l'architecture gothique', Congres arcbeologique de. France, 144, 1986 (1989), 271—290
Mesgui, J., Chateaux et enceintes de la France, medievale. De la defense a la residence, vol.. 2, La residence et ses elements d'architecture, Paris 1993
—, 'La naissance et l'essor du gothique meridional an XI.lie Steele', in Cahiers de Fanjeaux,9, 1974
Nantes. La cathedrale St—Pierre. Inventairc general des monuments et des richesses artistiques de la France, 2 vols., Paris 1992
Ozinga, M.D., Meischke, R., De gotische kerkelijke houtvkunst (De Schoonbeid van oris land), Amsterdam 1953
Peeters, C, De Sint Janskathedraal le 's—Hertogenboscb (De Nederlandse Monumenten van Geschiedenis en Kunst), VGravenhage 1985
Sanfagon, R.., L'architecture flamboyante en France, Quebec 1971
Schurenberg, L., Die kirchliche Baukumt in Frank reich zu'ischen 1270 and 1380, Berlin 1934 van deWalle, A. L. J., Belgiqiie gothique. Architecture, art monumental, Brussels 1971
Villes, A., La cathedrale de Tottl. Histoire et architecture, Toul 1983

克里斯琴·弗赖冈
阿维尼翁的教皇宫殿

Castelnuovo, E., Un pittore italiano alla corte di Avignone. Matteo Giovanetti ela pittura in Provenza nel secolo XIV, Milan 1963
Kerrschcr, G., 'Herrschaftsform und Raumordnung. Zur Rezeption der mal—lorquinisclien und spaniscb—islamischen Kunst im Mittelmeergebict', in Freigang, C. (ed.), Gotische Architektur in Spanien f Akten des Kolloquiums Gottingen 1994). Frankfurt 1998
Labande, L. H, Le palais des papes et les monuments d'Avignon au XI Ve siecle, 2 vols., Marseilles 1925

巴勃罗·德拉列斯特拉
德国土地摄上的哥特式建筑

Antoni, M., West— und Ostpreussen (Dehio), Munich and Berlin 1993
Binding, G., Mainzer, U., Wiedenau,, A., Kleine Kunslgesclvchie des deutschen Fachwerkbaus, Darmstadt 1977
Boker, H.—J., Die mittelalterliche Backsleinarchitektur Norddeutsehlands. Darmstadt 1988
Brautigam, G., Gmiind—Prag—Niimberg, die Numberger Frauenkirche und der Prager Stil vor 1360, Berlin 1961
Butcher, G.,, Gotische Ban.kunst in Oslerreich, Salzburg and Vienna 1990
Busch, H., Deutsche Gotik, Vienna and Munich 1969
De la Riestra, P., F,l claustro de Gomeudadoras de Santiago en Valladolid y el Patio Welser de Nuremberg, Valladolid 1994
—., 'Varia sobre el »juego« entre lo sacro y lo profano en arquitecturas del gotico alcman', in Estudios de Arte, Valladolid 1995
Fehr, G., Prag, G eschich lelKirnsi! Kultur, Munich 1979
Griep, H.—G., Kleine Kunstgeschichte des deutschen Burgerbauses, Darmstadt 1992
Gruber, K., Die Gestalt der deutschen Stadt, Munich 1952
Kier, EL, Ernsting, Krings, U., Koln, der Rathausturm, Cologne 1996
Klotz, H., Der Stil des Neueu, Stuttgart 1997
Kunst, H.—J., Aspekte zu einer Geschichte der nutielalierlichen Kirch enarchitektur in den uiedersdehsiscben Stadten, Braunschweig 1985
—, 'Der Domchor zu Koln und diehochgotische Architektur in Norddeurschland', Niederdeutsche Beitrdge zur Kunstgeschichte 8, "1969, 9—40
—, Die Marienkircbe in Lubeck, Worms 1986
Legner, A. (ed.), Die Parler und der Schone Stil 1350—1400, Cologne 1978
Llitzeler, H., Der Turin des Freiburger Miinsters, Freiburg 1955
Meischke, R., De gothische bouwtraditie, The Hague 1988
Meuthen, E., Das IS. Jahrhundert, Munich 1984
Mobius, F. (ed.), Geschichte der deutschen Kunst 1200—1350, Leipzig 1989
Mulzcr, E., DieNiirnberger Altstadt, Nuremburg 1976
Nussbaum, N., Deutsche Kirchenbaukunsl der Gotik, Darmstadt 1994

Philipp, K. J., Pfarrkirche, Funktion, Motivation, Architektur, Marburg 1987

Phlcps, H., Deutsche Fachwerkbauten, Konigstcin im Taunus 1962

Schubert, E,, Fanfi'thrung in die Grundprobleme der deutschen Geschichte im Spatmittelalter, Darmstadt 1992

Seibt, F., Karl IV., ein Kaiser in Furopa 1346 bis 1378, Munich 1978

Wagner—Rieger, R., Mittelalterliche Architektur in Osterreich, Darmstadt1991

Windoffer, B., Backsteinbauten zwischen Lubeck und Strahund, Berlin 1990

Wolff, A., Der Kolner Dom, Cologne 1995

Worringcr, W., Formprobleme der Gotik, Munich 1927

Zorn, E., Landshitt, Entuncklungsstufen mitt el alter licher Stadtbaukunst See also Dehio, G., individual Hand—hucher der deutschen Kunstdenkmdler, Deutschen Kunstverlages Munich; Schweizeriscbe Kunstfiihrer, CSK, Berne, Kleine und Grosse Kunstfiihrer, Schnell &. Steiner Verlages, Regensburg

巴勃罗·德拉列斯特拉
斯堪的纳维亚和中东欧的哥特式建筑

Andersson, A., Medeltida konst, Stockholm 1966

Benzon, G., Vote Garnle Kirker og Klostre, Copenhagen 1973

Crossley, P., Gothic Architecture in the reign of Kasimir the Great, Cracow 1985

Eimer, G., Berut Hotke, Bonn 1 985

Essenwein, E., Die Mittelaltherlichen Kunstdenkmale der Stadt Krakau, Leipzig 1869

Estreicher, K., Collegium Mams dzieje gmachu, Cracow 1968

Frey, D., Krakau, Berlin 1941

Hootz, R. (ed.), Kunstdenkmaler. Ballische Staaten Estland, Eettland, Litauen, Darmstadt 1992

Kamphausen, A., Backsteingotik, Munich 1978

Knox, B., Fhe architecture of Poland, London 1971

Lagerlof, E., Svahnstrom, G., Die Kirchen Gotlands, Kiel 1991

Lorenzen, V., De garnle Danske Domkirker, Copenhagen 1948

Murray, R., A Brief History of the Church of Sweden, Stockholm 1961

Skibinski, S., Folskie Katedry Gotyekie, Poznan 1996

See also individual volumes of Danmarks Kirker and Sverige Kyrkor, Copenhagen and Stockholm

埃伦弗里德·克卢克特
Medieval Castles, Knights, and Courtly Love

Bumke, J., Hofische Kultur im Mittelalter.

Lileratur unci Geseliscball im hohen Mittelalter, 2 Yoh. Munich 1986

Hess, D., Das Gothaer Eiebespaar, Frankfurt 1996

Kluckcrt, E., 'Das Kunstwerk im mittclalterlichen Bildungsplan', Zeitschrift fur Kunstpadagogik, 5/6, 1978,263—280

—, Rembrandt neben der Honigpumpe. Von der Fhemenvielfalt der Kunst, Pliezhausen 1982

Le Goff, J., La civilisation de l'accident medieval, Paris 1964

芭芭拉·博恩格赛尔
意大利的哥特式建筑

Ackerman, J., 'Ars sine scicntia nihil est.

Gothic Theory of Architecture and the Cathedral of Milan', Art Bulletin, 31, 1949,84—111

Arslan, E., Gothic Architecture in Venice, London 1972

—, Venezia gotica. Earclntettura civile gotica veneziana, Venice 1970

Bialostocki, J., Spdtmittelalter und begmnende Neuzeit (Propylaen Kunstgeschichte vol. 7), Berlin 1972

Biebrach, K., Die holzgedeckten Franziskaner— und Dominikanerkirchen in Umbrien und. Toskana, Berlin 1908

Braunfels, \V., Mittelalterliche Stadtbaukunst in der Toscana, Berlin 1979

Bruzclius, C. A., 'Ad modum Franciae. Charles of Anjou and Gothic Architecture in the Kingdom of Sicily', Journal of the Society of Architectural Historians, 48. 1989,158—71

Decker, H., Gotik in Itaiien1 Vienna 1964 Dellwing, H., Studien zur Baukunsl der Bettelorden im Veneto (Kunstwissen—schaftliche Studien 43), 1970

Dellwing, H., Die Kir chenb auk mist des spdten Mittelalters in Venetien, Worms 1990

Enlart, C, Origines francaises de Varchitecture gothique en Italic. Paris 1894

Franklin, J. W., Fhe Cathedrals of Italy, London 1958

Grodecki, L., Gothic Architecture, New York 1977

Gross, W., Die ahendldndiscbe Architektur um 1300, Stuttgart 1948

Kruger, J., S. Lorenzo Maggiore in Neapel. Fane Franziskauerkirche zwischen Ordensideal und Herrschaftsarchitektur, Werl 1986

Middeldorf, A., Die Fassade der Kathedrale von Orvieto. Studien zu Architektur und Skulptur 1290—1330, Munich 1996

Paatz, W,,, Werden unci Wesen der 'Lrecento—Architektur in Foscana, Burg bei Magdeburg 1937

Paatz, "W. und E., Die Kirchen von Florenz, Frankfurt 1952—55

Pace, V., Bagnoli, M. (ed.), II Gotico europeo in Italia, Naples 1994

—, II Palazzo Ducale di Venezia, Turin 1971

Porter, A, Kingsley, Lombard Architecture, New Haven 1917

Rodolico, E, Marchini, G., I Palazzi del Popolo nei comuni toscam del medio evo. Florence 1962

Romanini, A. ,VL, JJarchitettura gotica in Lombardia, 2 vols., Milan 1964

Schcnkluhn, W., Ordines Studentes. Aspekte zur Kirchenarchitektur der Domimkaner und franziskaner im 13. Jahrhundert, Berlin 1985

Simson, O. von, Das Mittelalter, II. Das Hohe Mittelalter (Propylaen Kunstgeschichte Bd. 6), Berlin 1972

Sthamer, E., Dokumente zur Geschichte der Kastellbauteu Kaiser Lriednchs II. und Karls L von Anjou, 2 vols., repr. Tubingen 1997

Tocsca, P,,, Storia dell'arte italiana, vol. II, II lrecento, Turin 1951

Trachtcnberg, M., 'Gothic / Italian 'Gothic'. Towards a Redefinition', Journal of the Society of Architectural Historians, 50. 1991,22—37

Wagner—Rieger, R., Die italienische Battkunst zu Beginn der Gotik, 2 vols., Grazand Cologne 1956—57

White, J., Art and Architecture in Italy, 1250—1400, New Haven and London 1993 (orig. pub. 1965)

阿利克·麦克莱恩
中世纪城市

Barber, M., The Two Cities. Medieval Europe, 10 50—1320, London 1992

Barone, G., 'L'ordine dei predicatori e la citta. Teologia e politics, nel pensiero enell'azione dei predicatori', in Les Ordres nendicants et la mile en Italic

centrale (v. 1220—1350), Melanges d'Archeologie et d'Histoire, May en Age—Temps Modemes, 89, 2 (Rome, Ecole Francaise deRome, 1977), 609—618

Benevolo, L., La alia italiananel Rinascimento, Milan 1969

Bertvenuti Papi, A., Pastori di popolo. Storie e leggende di vescovi e di citta nelldtalia medievale, Florence 1988

Bering, K., Kunsl and Siaatsmetaphysik des Hochm.ittelalters in Italian. Zentren der Bait— and Bildpropaganda in der Zeit Priedrich II, Essen 1986

Braunfels, W., "La storia urbanistica tedesca nel sacro Romano Impero di Nazione Germanico 1.300—1 800,' in La sioriografia urbanistica. Alii del I convegno inlernazionale di storia urbanistica, Lucca 1976, 45—56

—, Mitteialterliche Stadtbaukunst in der Toskana, Berlin 1988

—, Urban Design in Western Europe, Chicago 1988

Burckhardt, J., The Civilization of the Renaissance in Italy, New York 1954

Buttafava, C, Visione di Citta nelle op ere d'arte del Medioevo e del Rinascimento, Milan 1963

Cecchclli, C, 'Continuita storica di Roma antica nell'alto medioevo,' in La citta neIt'alto medioevo. Settimane di stud; del centro italiano di studi sull'alto medioevo, VI, Spoleto 1959, 8.9—150

Cipolla, C, Before the Industrial Revolution. European Society and Economy, 1000—1700, 3rd. ed., London and New York 1993 Culturae Societa nel I Italia Medievale, 2 vols. Rome, 1988

Deckers, J., 'Tradition und Adaption, Remerkungen zur Darstellung der christlichen Stadt', Mitleiluugen des Deulschen Archeologiscl)en instiiuts Roemische Abt., 95, 1988, 303—82

Fasoli, G., Bocchi, F. La citta medievale italiana, Florence 1975)

Frugoni, C, A Distant City. Images of Urban Experience in the Medieval World, Princeton 1991

Girotiard, M., Cities and People. A Social and Architectural History, New Haven and London 1985

Guarducci, A. (ed.), 'Investimenti ecivilta urhana, secoli XIII—XVIII, in Atti delta Settimana di Studi, 9, Florence (22—28 April 1977), 1989

Jones, P., 'La citta—stato nellTtalia del tardo Medioevo1, in La crisi degli ordinamenti comunali ele origini dello staio del Rinascimento, cd. G. Chittolini, Bologna, 1979

—, 'Communes and despots. The city—state in late—medieval Italy", Transactions of the Royal Historical Society, 15,1965

Larner, J., Culture and Society in Italy 1240—1420, London 1971

Le Goff, J., 'Ordres mendicants et urbanization dans la France medievale', Annates E.S.C., 25 (1970), 924—946

—, 'Apostolat mendiant et fait urbain dans la France medievale. Etat de 1'enquete', Annates E.S.C., 25 (1970), 924—46

Little, L.K., Religions Poverty and the Profit Economy in Medieval Europe, Ithaca 1978

—, "Pride Goes before Avarice. Social Change and the Vices in Latin Christendom,1 American Historical Review, 76 (1971), 16—49

Martinelli, R., Nuti, L., ed., La sioriografia urbanistica, Atti del I convegno internazionale di storm urbanistica, Lucca 1976

Martines, L., Power and imagination. City—States in Renaissance Italy., Baltimore 1988

Mumford, L., The City in History, New York 1989 (ong. pub. 1961)

Pevsner, N., 'Term of Architectural Planning in the Middle Ages', Journal of the Warburg and Courtauld institutes, 1942,233—237

Peyer, PLC, Stadt und Stadtpatron im Mittelalterlichen Italien, Zurcher Studien zur allgerneinen Ceschichte, 1955, 13, 99—123

Pirenne, H, Medieval Cities, Princeton 1974

Topografia urhana e vita citiadina nell'alto medioevo en occidente, Settimane di studio del Centro italiano di studi sull'alto medioevo, XXI (26 aprile - 1 maggio, 1973), Spoleto, 1974

Vauchez, A., ed., 'Les Ordres mendicants et la ville en Italie centrale (v. 1220— 1350)", Melanges d'Archeologie et d'Histoire, Moyen Age – Temps Modernes, I'Ecole Erancaise de Rome, Rome 1977

—,Les Laics en Moyen Age. Pratiques et experiences religieuses, Paris 1987

Waley, D., The Italian City—Republics, 3rd. ed., London 1988

Wolff, P., 'Les constructions civilcs d'interet public dans les villes d'Europe an Moyen Age sous 1'Ancien Regime et leur financement', in Actes du Colloque international de Spa, 1971

—, 'Finances et comptabilite urbaines du XIIIe au XVIe siecle', , in Actes du Colloque international de Blackenberge, Brussels, 1964

—, "'Pouvoir ct investisscments urbains en Europe occidentale et centrale du XIIIe au XVIIe siecle,' in Investimenti e civilta urhana, secoli XIIIe au XVIe—siecle,'" Atti della Settimana di Studi 9, ed. A. Guarducci, Florence 1989

芭芭拉·博恩格赛尔
西班牙和葡萄牙的晚期哥特式建筑

Actas del I Simposio Internacional de Mudejarismo (1975), Teruel and Madrid 1981

Actas del II Simposio Internacional de Mudejarismo. Arte, Tcrucl 1982

Azcarate, J. M., Arte gotico en Espana, Madrid 1996

Bayon, D., L'architecture en Castille au XVIe siecle,Puns 1967

Bialostocki, J., Spatmittelalter und heginnende Neuzeit (Propylaen Kunstgeschichte. vol. 7), Berlin 1972

Blanch, M., Cart goihique en Espagne, Barcelona 1972

Borras Gualis, G. M., Arte mudejar aragones, Zaragoza 1985

Buesa Condc, D., Las catedrales de Aragoiu Zaragoza 1987

Cantera Burgos, F., Sinagogas espaholas. Madrid 1955

Chueca Goitia, F., Breve historia del urbanismo, Madrid 1968

—, Casas lieales en Monasterios y Conventos espanoles, 1982

—, Historia de la arquitectura espanola. Edad antigua y Edad media, Madrid 1965

Cirici, A., Arquitectura gotica calalana,. Barcelona 1968

Gomez Ramos, R,s Arquitectura Alfousi, Seville 1974

Cooper, E,., Castillos senoruiles de Castilla de los sighs XV y XVI, Madrid 1980

Dimier, A., L'Art cistercien. Hors de France, 1971

Durliat, M., I'architecture espagnole, Toulouse 1966

—, Art Catalan, Paris / Cjrenoble 1963

—, L'art dans le Royaume de Majorque. Les debuts de. Part goihique. En Roussillon, en Cerdagne et aux Baleares, Toulouse 1962

Grodecki, L., Gothic Architecture, London 1986

Hansel, S., Kargc, PL, Spanische Kunstgeschichte. P.inc. Euifiihrung, vol. 1, Berlin 1992.

Harvey, J. H., The Cathedrals of Spain, London 1957

Hillgarth,]. N,, The Spanish Kingdoms 1250—1516, 2 vols., Oxford 1976—78

Kargc, H., Die Kathedrale von Burgos unci die spanische Archiiektur des 13. fahrhunderts, Berlin 1989

Lambert, E., L'Art goihique en Espagne aux XIIe et XIIIe siecle, Paris 1931

—, Art Musuhnan el Art Chretien dans la. Peninsulc iberique. Pans 1958

Lamperez y Romea, V., Historia de la arquitectura cristiana espanola en la Edad Media, 1 vols., Madrid 1930

—,Histeria de la arquitectura civil espanola, Madrid 1922

Lavedan, Paul, Uarchitecture goihique religieuse en Catalogue, Valence et Baleares, Paris 1935

Lomax, D. W., The Reconquest of Spain, London, New York 1978

Marias. F., El largo siglo XVI, Madrid 1989

Mayer, A. L., Gotik in Spanien (Handbuch tier Kunstgeschichte, vol 5), Leipzig 1928

Merino, W., Arquitectura hispano flamenca en Leon, Leon 1974

Miralles, F. (ed.), Historia de Part catala, vols. 2 and 3, ed. N. Dalmases and A. Jose lPitarch, Barcelona 1984—85

Navascues, P., Monasterios de Espana, Madrid 1985

Navascues, P., Sarthou Carreres, C, Catedrales de Espana. Madrid 1 983

Nicto, V., Morales, A. J., Checa, F, Arquitectura del Renacmiiento en Espana, 1488—1599,, Madrid 1989

Nuere, E., Pa carpinteria de to bianco, Madrid 1985

Pa von, B., Arte mudejar en Castilla la Vieja y Leon, Madrid 1975

Pijoan, J., A Arquitectura Gotica na Peninsula lb erica (Historia da Arte, vol. 4), 1972

Piqucro, M. de los A., El gotico mediterrdneo, Madrid 1984

Ponz, A., Viajes de Espana, 1772—1794, Madrid 1947

Pricto y Vivcs, A., El arte de la laceria, Madrid 1977

Puig i Cadafalch, J., Historia General del Arte. Arquitectura (gotica), vol. 2, Barcelona 1901

Rafols, j. F., Techumbres y artesonados espanoles, Barcelona 1945

Simson, O. von, Das Mittelalter, II, Das hohe Mittelalter (Propylaen Kunstgeschichte, vol. 6), Berlin 1972

Street, G. E., Some Account of Gothic Architecture in Spain, 2 vols.. New York 1969 (orig. pub. 1865)

Torres Balbas, L, Arquitectura gotica Ars Hispauiae vol. 7), Madrid 1952

—, Arte Almohade, Arte Nazari, Arte Mudeiar (Ars Hispaniae vol. 4), Madrid 1949

—, Ciudades hispanomusulmanas, 2 vols., Madrid n.d.

Valdes Fernandez, M., Arquitectura mudejar en Peon y Castilla, Leon 1981

Weise, G., Studien zur spanischen Archiiektur der Spiitgotik, Reutlingen 1933

—, Die. spanischen Halleukirchen der Spiitgotik und Renaissance, Tubingen 1953

Yarza Luaccs, J., Arte y Arquitectura en Espana. 500/1250, Madrid 1979

—, La Edad media (Historia del Arte Hispdnico, II.) Madrid 1980

—, Ba/a E.dad Media. Los siglos del Gotico, Madrid 1992

—, Puentes y documentos para la Historia del Arte, II, Arte. Medieval, Barcelona 1982

On individual buildings, see the volumes of the Catalogo monumental... and Inventario Artistico...

葡萄牙的哥特式建筑

Atanazio, M. C. Mendes, A arte do manuelino, Lisbon 1984

Bialostocki, J., Spatmittelalter und heginnende Neuzeit (Propylaen Kunstgeschichte, vol. 7), Berlin 1972

Chico, M. Tavares, A arquitectura gotica em Portugal, 3rd. ed., Lisbon 1981

Cocheril, Dom M., Notes sur Varchitecture et le decor dans les Ahbayes Cisiercien/ies du Portugal, Paris 1972

—, ROM tier de Ahbayes Cisterciennes du Portugal, Paris 1978

Dias, P., A Arquitectura gotica portuguesa, Lisbon 1994

—, A. Arquitectura inanuelina, Porto 1988

—, O Gotico (Historia da Arte em Portugal, vol. IV.), Lisbon 1986

Evin, P.—A., Taut—il voir un symbolisme maritime dans la decoration manueline?' in XVIe Congres International d'Histoire de 1' art, vol. 2, Lisbon and Porto 1949

Franca, J.—A,, Morales y Mann, J. L., Rincon Garcia, W., Arte poriugues (Summa Artis, vol. 30), Madrid 1989

Grodecki, L., Gothic Architecture, New— York 1977

Gusmao, A. Nobrc de, A Expansdo da Arquitectura Borgonhesa e. os Mosteiros de Cister em Portugal, Lisbon 1956

Haupt, A., Die Baukunst der Renaissance in Portugal, 2 vols., Frankfurt 1890—95

Lambert, E., F'Art Portugais, Paris 1948

Raczynski, Fes Arts au Portugal, Paris 1846

Santos, R. dos, O estilo manuelino, Lisbon 1952

Silva, J. C. Vicira da, O Tardo—Gotico em Portugal. A Arquitectura no Alentejo, Lisbon 1989

—, Pacos M.edievais Portugueses. Garacterizacao e Evolucao da Habitacao Notre. Seculos XII a XIV, Lisbon 1993

Simson, O. von, Das Mittelalter, II, Das bohe Mittelalter (Propylaen Kunstgeschichte vol. 6), Berlin 1972

Watson Crum, C, Portuguese Architecture, London 1908

On individual buildings, see also the volumes of: Inventario Artistico dc Portugal... and Boletim dos Monumentos...

乌韦·格泽
法国、意大利、德国和英国的哥特式雕塑

Baler, L., Die grosse Ketzerei. Verfolgnng ims Ausrottung der Katharer durch Kirche und Wissenschaft, Berlin 1984

Baxandall, M., The Eimewood Sculptors of Renaissance Germany, New Haven/London 1980

—, Painting and Experience in Fifteenth—century Italy. A Primer in the Social History of Pictorial Style, Oxford 1988

Beck, H., Buckling, M., Hans Multscher.

Das Frankfurter Trimtatsrelief. Ein Zeugnis spekulativer Kunstler—individualitat, Frankfurt 1988

Beck, H,, l.iehieghaus — Museum alter Plastik. Fithrer durch die Sammlungen. Bildiverke des Mittelalters I, Frankfurt 1980

Bergmann, U., Schnutgen—Museum. Die Elolzskulpturen des Mittelalters (1000—1400). ed. Anton Legner, Cologne 1989

Bi.er,J., Tilman Riemenschneider. His Life and Work, Lexington, Kentucky, 1982

Bredckamp, H., 'Harmonisiert, Westportal von Chartres. Mein meistgehasstes Meisterwcrk (14)', in Frankfurter

Allgemeine Zeitung, 13 September 1995,35

Biichsel, M., Die Skulptur des Querhauses der Kathedrale von Chartres, Berlin 1995

Duby, G. et ah, Sculpture. The Great Art of the Middle Ages from the Fifth to the Fifteenth Century, New York 1990

Erlande—Brandenburg, A., Notre—Darne in Paris. Geschichte, Architektur, Skulptur, Freiburg 1992

—, Triumph der Gotik. 1260—1380, Munich 1988

Gardner, A., F.nglish Medieval Sculpture, Cambridge 1951

Geese, U., 'Die hciiigc Elisabeth im Kraftefeld zw^eier konkurrierender Maehte', in 700 Jahre 'Elisabethkirche in Marburg 1283—1983, vol. 1, Die Flisabethkirche — Architektur in der Geschichte. Fin Handbuch zur Ausstellung des Kunsthistoriscben Institutes der Philipps—Universitat Marburg, Marburg 1983

Gramaccini, N., 'Zur Ikonologie der Bronze im Mittelalter", Stddel—jahrbuch, NeueFolge, vol. 11, Munchen 1987

Harbison, C. The Art of the Northern Renaissance, London 1995

Hawel, P., Die Pietd. F.ine Bllite der iCM«sr,Wurzburgl985

—, Schoue Madonnen. Meisterwerke gotischer Kunst, Wurzburg 1989

Hcinrichs—Schreiber, U., Vincennes und die hofische Skulptur. Die Bildhauerknnst in Paris 1360—1420, Berlin 1 997

Hermann, H., Baur, W., Kloster Blaubeu—ren, Tubingen n.d Hinz, B., Das Grabdenkmal Rudolfs von Schwaben. Monument der Propaganda unci Paradigma der Gattung, Frankfurt 1996

Hoffmann, K., 'Zur Fntstehung des Konigsportals in Saint—Denis', Zeilscbrift fur Kunstgeschichte, 48, 1985

Houvet, E., Die Kathedrale von Chartres. Kleine Monographic, Chartres 1973

Jung, W., Der Dom zu Mainz (975—1975), Munich and Zurich 1955

Keller, H., 'Die Fntstehung des Bildnisses am Kndc des Hochmittelalters", Romisches Jahrbuch fur Kunstgeschichte, 3,1939,267 ff.

Kimpel, D., Suckale, R., 'Die Skulpturenwerkstatt der Vierge Doree am Honoratusportal der Kathedrale von Amiens', Zeitschrift fur Kunstgeschichte, 36,1973

Klotz, H., Der Stil des Neuen. Die europdische Renaissance, Stuttgart 1997

Kunst, H.—J., Schenkluhn, W., Die Kathedrale in Reims. Architektur als Schauplatz politischer Bedeutungen, Frankfurt 1988

Kunst um 1400 am Mittelrhein. Tin Teil derWirklichkeit, cxhib. cat., Liebieghaus — Museum alter Plastik — Frankfurt am .Main, ed. H. Beck, Frankfurt am Main 1975

Kurmann, P., Nachwirkungen der Amienser Skulptur in den Bild hauerwerkstatten der Kathedrale zu Reims', Skulptur des Mittelalters. Funktion und Gestalt, ed. Eriedrich Mobius and Ernst Schubert, Weimar 1987

Liebieghaus — Museum alter Plastik —Frankfurt am Main, Museumsblattcr, Kreuzigungsaltar aus Rmuni, Sudliche Niederlande /Nordfrankreich, um 1430

Lorenzoni, G., 'Byzantinisches Erbe, Klassizismus und abendlandisober Bcitrag zwischen dem 13. und 14. Jahrhundert', in Giandomenico Romanelli (ed.), Venedig: Kunst und Architektur, Udine and Cologne 1997

Machat. C, Veit Stoss. Fin deutscher Kunstler zivischen Nuruberg und Krakau. Kulturstiftung der deutschen Vertriebenen, Bonn 1984

Mack—Gerard, M., Nachantike grossplastische Bildwerke. Italien, Frankreich und Niederlande 1380—1530/40, Liebieghaus, Museum alter Plastik, Frankfurt am Main. Wissenschaftliehe Kataloge vol. II, Melsungen 1981

Nette, H., Eriedrich II. von Hobenstaufen in Selbstzeugnissen und Bilddokumenten, Reinbek bei Hamburg 1975

Olson, R.J. M., Italian Renaissance Sculpture, London 1992

Panofsky, E., Renaissance and Renaissances in European Art, London 1970

—, Tomb Sculpture. Four Lectures on its Changing Aspects from Ancient Egypt to Bernini, London 1992 forig. pub. 1964)

Die Parler und der Schbne Siil 1350—1400. Europdische Kunst unter den Luxemburgern. exhib, cat., Kunsthalle Koln, ed. Anton Legner, Cologne 1980

Perrig, A., Lorenzo Ghiberti. Die Paradiesestur. Warum em. Kiinstler den Fiahmen sprengt, Frankfurt 1987

—, 'Malerei und Skulptur des Spatmittelaltcrs im 1 3. und 14. Jahrhundert', in Rolf Toman (ed.), Die

Kunst der italiemschen Renaissance. Architektur, Skulptur. Malerei, Zeichnung, Cologne 1994

Pope—Hennessy, J., Italian Gothic Sculpture, 4th. ed., London 1996

Sauerlander, W., Gotische Skulptur in Frankreich 1140—1270, Munich 1970

—, Das Konigsportal in Chartres. Heilsgeschichte mid Lebenswirklichkeit, Frankfurt am Main 1984

—, Das Jahrhundert der grossen Kathedralen. 1140—1260, Munich 1990

Schenkluhn, W., 'Die Wcstportale von Chartres und Saint—Denis. Uber Lehrbeispiele in der Kunstgeschichte', in Herbert Beck and Kerstin Hengevoss—Diirkop fed.), Studien zur Geschichte der Europaischen Skulptur im 12.1 13. Jahrhundert, Frankfurt 1994

Schubert, D., Von Ilalberstadt nach Meissen. Bildiverke des 13. Jahrhunderts in Thiiringen, Sachsen und Anhalt, Cologne 1974

Sciurie, H., 'Plastik', in Friedrich Mobius and Helga Sciurie (ed.), Geschichte der deutschen Kunst. 1200—1350, Leipzig 1989

Simson, O. v. (ed.), Das Mittelalter, II. Das Elohe Mittelalter, Propylaen Kunstgeschichte. Sonderausgabe, Frankfurt and Berlin 1990

Suckale, R,, Studien zu Stilbildung und Stihvandel der Madonnenstatuen der lie— de—France zwischen 1230 und 1300, Ph.D. thesis 1971

—, ' Die Bamberger Domskulpturen. Technik, Blockbehandlung, Ansichtigkeit und die Einbeziehung des Betrachters', Munchner lahrbuch der bildenden Kunst, dntteFolgc,vol.38, 1987

Warnke, M., The Court Artist. On the Ancestry of the Modern Artist, Cambridge 1993

雷根·阿贝格
西班牙和葡萄牙的哥特式雕塑概述

Azcaratc, J. M., Artegotico en Espaiia, Madrid 1990

Duran Sanpere, A., Ainaud de Lasarte, J., Escultura gotica {Ars Hispaniae 8), Madrid I 956

Mayer, A. L., Gotik in Spanien, Leipzig 1928

Williamson, P., Gothic Sculpture 1140—1300, New Haven and London 1995

卡斯蒂利亚与莱昂

Abcgg, R., 'Romanische Kontinuitat als Gegenenrwurf? Zum Grabmal des kastilischen Hochadels im spiiten 13. Jahrhundert', in Mitteilungen der Carl Jiisti—Vereinigung, 5, 1993, 58—78 —, 'Die Mcmorialbilder von Konigen und Bischofen imKreuzgang der Kathedrale von Burgos", in Georges— Blocb—Jahrbuch des Kunstgeschichtlichen— Seminars der Universitat Zurich, 1, 1994

—, Die gotiscben Skulpturen des 13. jahrhunderts un Kreuzgang der Kathedrale von Burgos. Enter besonderer Beriicksichtigung der Memorialstatuen von Konigen und Bischofen, forthcoming Ara Gil, J. C, La escultura gotica en Velladolid y su provineia, Valladolid 1977

—, 'Escultura', in Historia del arte de Castilla y Leon (ed. Junta de Castilla y Leon), vol. 3, Arte gotico, Valladolid 1995

Deknatel, F. B., 'The Thirteenth— Century Gothic Sculpture of the Cathedrals of Burgos and Leon', Art Bulletin, 17, 1935

Franco Mata, A., Escultura gotica en Leon, Leon 1976

—, 'Gotische Skulptur in Kasrilien und Leon (13.—14. Jahrhundert)', in Spanische Kunstgeschichte. Fine Finfuhrung (ed. S. Hansel / H. Karge), vol. 1, Berlin 1992

—, 'Influence franchise dans la sculpture gothique des cathcdrales de Burgos, Leon et Tolede', in Studien zur Geschichte der europaischen Skulptur im 12 /13. Jahrhundert, ed. H. Beck, K. Hengevoss—Dtirkop, Frankfurt 1994

Gilman Proske, B., Castihan Sculpture. Gothic to Renaissance, New York 1951

Gomez Barccna, M. J., Escultura gotica juneraria en Burgos, Burgos 1988

Martinez Frias, J.—M., El gotico en Soria. Arquitectura y escultura monumental, Salamanca 1980

Moralejo, S., Escultura gotica en Galicia 1200—1350, Santiago de Compostela 1975

Yarza, J., Gil de Sitae, Madrid 1992

加泰罗尼亚:

Freigang, C, Gotische Architektur und Skulptur in Katalonicn und Aragon (13.— 14. Jahrhundert)', in Spanische Kunstgeschichte. Fine Einfubrung fed. S, Hansel and H.Karge), 1, Berlin 1992

Miralles, F. (ed.), Historia de I'Art Catald, vols. 2 and 3, Barcelona 1984—85

葡萄牙

Cardoso Rosas, L. M., Escultura e Ouriversaria', in Nos confins da Idade—Media. Arte portuguesa seculos XII —XV, exhib. cat., Museu Nacional dos Reis, Porto 1.992

Dias P., O Gotico (Historic! da Arte em Portugal vol. 4), Lisbon 1988

Dos Santos, R., L art portugais, Paris 1953

Franca, J.—A., Morales y Marfn, J. L., Rincon Garda, W., Arte port—agues (Summa artis, vol. 30), Madrid 1986

埃伦弗里德·克卢克特
通往个人主义之路

Alexander, J. J. G., Medieval Illuminators and their Methods of Work, London 1992

Antal, F. Florentine Fainting and its Social Background, London 1986 (orig. pub. 1948)

Assunto, R., Die Theorie des Schonen mi Mittelalter, Cologne 1963

Baxandall, M., Giotto and the Orators. Humanist Observers of Painting in Italy and the Discovery of Pictorial composition, 1350—1450, Oxford 1991

Belting, H., Blume, D. (ed.), Malerei und Stadikultur in der Dantezeit. Die Argumentation der Bilder, Munich 1989

—, Bild und Knit. Fine Geschichte des Bildes vor dem Zeitalter der Kunst, Munich 1991

Belting, H., Kruse, C., Die Erfindung des Gemdides. Das erste Jahrhundert der niederldnd/schen Malerei, Munich 1994

Bcutler, C., Meister Bertram. Der Hochaltar von Sankf Petri, Frankfurt 1984

Blume, D., Wandmalerei als Ordenspropaganda. Bildprograrnme im Ghorbereich franziskanischer Konvente Italiens his zur Mitte des 14. Jahrhunderts, Worms 1983

Boskovits, M., The Origins of Florentine— Painting (1100—1270), Florence 1992

Buddc, R., Koln und seine Maler. 1300—1500, Cologne 1986

Camille, M., The Gothic Idol. Ideology and Image—Making in Medieval Art, Cambridge 1991

Chatclct, A., Thuillier, J., Franzosische Malerei, vol. 1, Von bouquet his zu Poussin, Geneva 1963

De Hamel, C, A History of Illuminated Manuscripts, Oxford 1986

De Vos, D., Hans Memling. Das Gesamtwerk, Stuttgart 1994

Dittmann, L., Parhgestallung und Parbtheorie in der ahendldndischen Malerei. Pine Pinfuhritng, Darmstadt 1987

Erlande—Brandenburg, A., Triumph der Gotik. 1260—1380, Munich 1988

Erosi, A., Die Malerei der internationalen Gotik, Budapest 1984

Evans, J., Life in Medieval France. Bath 1969

Fraenger, W., Hieronymus Bosch. Das tausendjahrige Reich, Amsterdam .1969

Frey, D., Gotik and Renaissance, Augsburg 1929

Fricdlander, M. J., From Van Eyck to Brueghel New York 1981 (orig. pub. 1969)

Gallwitz, K., Sander, J. (cd.), Stddelsches Kunslinstitut, Frankfurt 1993

Festschrift fur Joseph Gantner. Konrad Witz, Zurich 1987

Gosebruch, M., Giotto und die Entwicklung des neuzeitlichen Kunsihewusstseins, Cologne 1962

Hetzer, X, Das Ornanientale und die Gestalt, Munich 1956

Hills, P., The Light of Parly Italian Painting, New Haven and London 1987

Hofler, J., Die lafelmalerei der Gotik in Karnten (1420—1500), Klagenfurt 1987

Hollander, H., Hieronymus Bosch. Weltbilder und Traumwerk, Cologne 1975

Karlowska—Kamzowa, A., 'Die gotische Malerei Mittel—Osteuropas', in Akten des 25. Internationalen Kongresses fur Kunst— geschichte, Vienna 1983, vol. 3, Vienna, Cologne, Graz 1985

Kelberg, K., 'Bilder im Bilde. Ikonografischc Details auf spatgotischen Tafelbildern', Das Munster, 39, 1986 (2), 144—148

Klibansky, R., Panofsky, E., Saxl, F., Saturn and Melancholy. Studies in the History of Matured Philosophy, Religion, and Art, London 1964

Klotz, H., Der Stil des Neuen. Die europaische Renaissance, Stuttgart 1977

Krugcr, K., Der frithe Bildkult des Franziskus in Italien. Gestalt— und Fuuktionswandel des lafelbildes im 13. und 14. Jahrhundert, Berlin 1992

Lane, E., Die mittelalterliche Wandmalerei in Wien und Niederosterreich, Vienna "1983

Mandel, G., Die Buchmalerei der llornanik und Gotik, 1967

Martindale, A., The Rise of the Artist in the Middle Ages and Early Renaissance, New York 1972

Michlcr, J., Gotische Ausmalungssysteme am Bodensee', jahrhuch der Staailichen Kunstsammlungen in Baden—Wiirttemherg23, 1986, 32—57

Oertel, R., Die Prithzeit der italienischen Malerei, Stuttgart 1966

Otto—Michalowska, M., Gotische lafelmalerei in Polen, Berlin 1982

Panofsky, E., Early Netherlandish Painting, Cambridge, Mass. 1971

Romano, S., 'Pittura ad Assisi 1260—80'. Arte Medievale 1985, III, 109—40

Roth, E., F)er volkreiche Kalvarienherg, Berlin 1967

—, Gotische Wandmalerei in Oberfranken,Wiirzbmg 1982

Sander, J., Niederldndische Gemdlde im Stddel, 1400—1550, Mainz 1993

Schenkluhn, W., San Francesco in Assisi — Ecclesia Specialis. Die Vision Papst Gregors IX. von einer Erneuerung der Kirche, Darmstadt 1991

Schneider, N.,Jan van Eyck. Der Genter Altar, Frankfurt 1993

Schrade, H., Die Malerei des Mittelalters, Stuttgart 1954

Souchal, G., Carli, E., Guidol, J., Die Malerei der Gotik, 1967

Stechow, W., Northern Renaissance Art 1400—1600, Sources and Documents, New York. 1966

Suckale, R., Rogier van der Weyden. Die Johannestafel, Frankfurt, 1995

Suckale, R., 'Die Wicdergcburt der Kunst.

Von Giotto bis Lochner', in Malerei der Welt. Pine Kwistgeschichte in 900 Bildanalysen, ed. I. F. Walther. Cologne 1996

Thurlemann, F., Robert Campin. Das Merode—Triptychon, Frankfurt 1997

Tolnay, C. de, Hieronymus Bosch, London 1975

Thurmann, P., Symbolsprache und Bildstritktur. Michael Packer, der Trmitdtsgedanke und die Schnften des Nikolaus von Kues, Frankfurt and Berne 1987

Volker, B., Die Entivicklung des erzahlerischen Halbfignrenbildes in der niederldndischen Malerei des 15. unci 16. jahrhunderts, Ph. D. thesis, Gottingen 1975

514

布丽吉特·库尔曼·施瓦茨
哥特式彩色玻璃

Atibert, M. Et al., I,e vitrail francais, Paris 1958

Beck, M. et ai, Konigsfelden, Geschichte, Bauten, Glasgemiilde, Kunstschdlze, Olten and Freiburg 1970

Becksmann, R., Deutsche Glasmalerei des Mittelalters.. Voraussetzungen. F.ntivicklungen. 7,usammenhduge, (Deutsche Glasmalerei des Mittelalters, 1, ed. R. Becksmann), Berlin 1995

Beer, E.J., 'Les vitraux du Moyen Age', in Blander, J.—C, La cathedrale de Lausanne, Bern 1975

Blondel, N., Le Vitrail. Vocabulaire, typologie el technique, Paris "1993

Brown, S., O'Connor, D., Glass—painters, London 1991

Castclnuovo, E., Vetrate medievali. Officine, techmche, maestri—, Turin 1994

Caviness, M. Harrison, Stained Glass Windows [Typologie des Sources du Moyen Age Occidental, 76). Turnhout 1996

Manhes—Deremble, C, Les vitraux narratifs de la cathedrale de Chartres. Etude iconographique (Corpus Vitrearum France, Etudes, 2), Paris 1993

Frodl—Kraft, E., Die mittelalterlichen Glasgemdlde in Wien (Corpus Vitrearum Medu A.evi Osterreich, 1), Graz, Vienna, Cologne 1962

Gatouillat, F., Lchni, R., Le vitrail en Alsace (Images de Patrunoine), Eckbolsheim 1995

Gosse—Kischinewski, A., Gatouillat, F., La cathedrale d'Pvreux, Evreux 1997

Grodecki, L., Brisac, C, Le vitrail gothique au XHIe siecie, Fribourg 1984

Kurmann—Schwarz, B., Franzosische Glasmalereien urn 1450. Pin Atelier in Bourges und Riom, Bern 1988

—, 'Les vitraux de la cathedrale de Moulins', in Congres archeologique de France, 146, Le Bourbonnais, Paris (1988), 1991,21—49

—, Die Glasmalereien des 15.— 18. jahrhunderts im Berner Miinster (Corpus Vitrearum Medn Aevi Schweiz, 4), Berne 1998

Lafond, J., Les vitraux de I'eglise Saint— Ouen de Rouen [Corpus Vitrearum Medii Aevi Prance, IV, 2, 1), Paris 1970

Leniaud,J.—M., Perrot, F., LaSainte—Chapetle, Paris 1991

Marks, R., Stained Glass in England during the Middle Ages. London 1993

Strobl, S., Glastechnik des Mittelalters, Stuttgart 1990

Ehrenfried Kluckert Medieval Learning and the Arts Flasch, K., Einfiihrung in die Philosophic des Mittelalters, Darmstadt 1987

—, Das philosophische Denken im Mittelalter. Von Augustin zu Machiaveili, Stuttgart 1986

Le Goff, J., Intellectuals in the Middle Ages, Cambridge, Mass. and Oxford 1993

克内瑟贝克的哈拉尔德·沃尔特·冯
哥特式黄金制品

Angenendt, A., I leilige und Reliquien. Die Geschichte ihres Kultes vom fruhen Christentum his zur Gegenwart, Munich 1994

Carli, E., Il Reliquiario del Corp or ale ad Orvieto, Milan 1964

Deuchler, F., Die Burgunderbeute. lnventar der Beutestucke cms den Schlachlen von Grandson, Marten und Nancy 1476/77, Berne 1963

Dinklcr—von Schubert, E., Der Schrein der hi. Elisabeth zu Marburg. Studien zur Schrein—1konographie, Marburg 1964

Fritz, J. M., Goldschmiedekunsi der Gotik in Milleleuropa, Munich 1982

Das Goldcne Rossi. Ein Meisterwerk der Pariscr Hofkunst urn 1400, exhib. cat. Bayerischen Nationalmuseums, Munich 1995, ed. R. Baumstark, Munich 1995

Karbacher, R., 'Ein unbekanntes Reliquiar im gotischen Kruzifixus des Regensburger Schottenklosters', Jahrhuch der Bayerischen Denkrnalpflege. Forschungen und Berichte, 44, "1996, 29—33

Kotzsche, D., Der Welfenschatz im Berliner Kunstgeiverbemuseurn, Berlin 1973

Ein Schatz aus den Triimmcrn. Der Silberschrcin von Nivelles und die europaische Hochgotik, exhib. cat., Schniitgen—Museums Cologne, 1995/—1996, ed. H. Westermann—Angerhausen, Cologne 1995

Schatzkammcrstiicke aus der Herbstzeit des Mittelalters. Das Regensburger Emailkastcbcn und sein Umkrcis, exhib. cat., Bayerischen Nationalmuseums Munchcn 1 992, ed. R. Baumstark, Municl 1992

Stcingrabcr, E., 'Beitrage zur gotischen Goldschmiedekunst Frankreichs', Pantheon, 20, 1962, 156 ff.

—, 'Emailkunst urn 1400. Zwei Munchner Ausstellungen und ihre Kataloge', Kunstclnonik, 1995, 586—602

Les Tresors des Eglises de France, exhib. cat., Musee des Arts Decoratifs, Paris 1965

Wolfson, M., 'Der grosse Goldkelch Bischof Gerhards', in Geschichte, Frornmigkett und Kunst urn 1400, Plildcshcim, Zurich, New York 1996